高等学校省级规划教材

——土木工程专业系列教材

建筑力学(Ⅰ)

刘安中　主　编

张　速
崔建华　副主编

干　洪　主　审

合肥工业大学出版社

内容提要

本书是参照原国家教委编写的高等工科学校理论力学和材料力学课程的教学基本要求编写而成的。

本书分为两篇，共19章。上篇为刚体静力学，包含了理论力学的静力学部分；下篇为材料力学，包含了材料力学的全部基本内容。本书根据21世纪高等学校工科教育发展的新形势和各相关专业发展的需要，结合建筑类院校的教学特点，对理论力学和材料力学的内容进行了适当整合，形成了内容紧凑，层次清晰，重点突出的教材体系。

本书主要作为高等工科学校各类建筑力学、工程力学课程的教材。也可用于各类成人教育的教材以及工程技术人员的参考书。

图书在版编目(CIP)数据

建筑力学. 1/刘安中主编．—合肥：合肥工业大学出版社，2006.12(2025.8重印)
ISBN 978-7-81093-530-2

Ⅰ.建…　Ⅱ.刘…　Ⅲ.建筑力学—高等学校—教材　Ⅳ.TU311

中国版本图书馆CIP数据核字(2006)第162170号

建筑力学(Ⅰ)

主编：刘安中　　责任编辑：汪　钵　　特约编辑：吴咏梅

出　版　合肥工业大学出版社
地　址　合肥市屯溪路193号
邮　编　230009
电　话　总　编　室：0551-62903038
　　　　市场营销部：0551-62903198
网　址　press.hfut.edu.cn
E-mail　hfutpress@163.com
版　次　2006年11月第1版
印　次　2025年8月第12次印刷
开　本　787毫米×1092毫米　1/16
印　张　23
字　数　566千字
发　行　全国新华书店
印　刷　安徽联众印刷有限公司

主编信箱　anzhongliu@126.com　　责编信箱　912464608@qq.com

ISBN 978-7-81093-530-2　　定价：35.00元

安徽省高校土木工程系列规划教材

编委会

前　言

建筑力学是建筑类高等工科学校的一门重要的专业基础课。建筑力学的内容主要包括理论力学、材料力学和结构力学。《建筑力学（Ⅰ）》包含理论力学和材料力学的内容。《建筑力学（Ⅱ）》包含结构力学的内容。

《建筑力学（Ⅰ）》分为两篇。上篇为刚体静力学部分，共有6章。主要内容包括理论力学基本概念、物体的受力分析以及各种力系的合成与平衡条件。下篇为材料力学部分，共有13章。主要内容包括材料力学基本概念、杆件的内力、应力和变形以及杆件的强度、刚度和稳定性计算。

本书是按照原国家教委编写的高等工科学校理论力学和材料力学课程教学基本要求，根据新形式下教育改革趋势和建筑类院校的教学特点，结合编写组教师的长期教学经验编写而成的。本书对理论力学中的静力学内容和材料力学的内容进行了整合与凝炼，合并为一本书。本书在内容上注意和后续课程的衔接，将对后续课程影响不大的内容或重复的内容进行了适当的压缩和精简，突出重点内容。在理论上力求简明，强调对学生的工程计算能力和分析问题能力的培养。

本书适用于建筑类高等学校各专业建筑力学课程的教学，教学课时建议为70～80学时。也适用于工科非机械类、非土建类专业的学生对建筑力学（工程力学）课程的学习。也可供工程技术人员参考。

本书由安徽建筑工业学院刘安中教授任主编，张速副教授和崔建华副教授任副主编，参加编写的教师有安徽建筑工业学院刘安中（前言、第5章、第7章、第8章、第13章）、张速（第1章、第2章、第3章、附录2）、崔建华（第10章、第14章、第15章）、苏少卿（第6章、第16章、附录1）、晏燕（第17章、第18章、第19章）、杨文（第9章、第11章、第12章）和铜陵学院孟令运（第4章）。

安徽建筑工业学院干洪教授主审了本书，并对本书的编写提出了许多宝贵的建议，特致谢意。并对周道祥教授、沈小璞教授、孙强教授、吴约副教授在本书的编写过程中给予的关心和帮助表示谢意。

在本书的编写过程中参考了有关书籍，并从中引用了部分例题和习题。在此表示感谢。

书中如有不妥之处，敬请读者提出指正。

编　者

2006年10月

目　录

[上篇]　刚体静力学

[下篇]　材料力学

[上篇] 刚体静力学

引 言

本篇的内容是研究物体在力系作用下的平衡规律。

所谓平衡，是指物体相对于地面保持静止或匀速直线运动状态，它是机械运动的特殊情形，而机械运动是指物体在空间的位置随时间的变化。作用在物体上的一群力，称为力系。工程中常见的力系，按其作用线的位置分为平面力系和空间力系两大类，而这两大类又可分为汇交力系、力偶系、平行力系和任意力系。平面力系是指作用在物体上各个力作用线全部在同一平面的力系，空间力系是指作用在物体上各个力作用线不全部在同一平面的力系。若一个力系作用在物体上使物体保持平衡，则此力系称为平衡力系。

本篇主要研究三个问题：

1. 物体的受力分析

即分析物体受几个力的作用，这几个力的方向和作用位置。

2. 力系的简化(或合成)

就是将作用在物体上的较复杂的力系用一个与其作用效果相同的简单力系来代替。这种简单力系称为原力系的等效力系。若某力系与一个力等效，则称此力为该力系的合力，而该力系中的各力称为此力的分力。

3. 建立力系的平衡条件

所谓力系的平衡条件是指物体处于平衡时，作用在物体上的力系所应满足的条件。通过建立和应用平衡条件可求力系中的未知力，并推广应用于第二篇的变形固体。

静力学在工程中有着广泛的应用，在设计结构、构件和机械零件时的静力计算必须要用到静力学的知识。静力学是学习材料力学、结构力学以及专业课的基础。

第1章　静力学基本概念与公理

本章介绍力、刚体的基本概念、几个公理以及约束基本类型、物体受力分析和受力图。这一章将与以后各章联系非常密切。

1.1　静力学基本概念

1.1.1　力的概念

力是物体间的相互机械作用，这种作用使物体产生运动状态发生变化和物体发生变形的两种效应。例如人推车子使车子由静止进入运动，锻锤对工件的冲击力使工件发生变形。前者称为力的外效应，后者称为力的内效应。静力学只讨论力的外效应，至于力的内效应在材料力学、结构力学等篇中讨论。

力对物体作用的效应取决于力的三要素，即：(1)力的大小；(2)力的方向；(3)力的作用点。因此，力是具有大小和方向的量，它是矢量，力矢量可以用一带箭头的直线段表示，如图1-1，其中线段AB的长度（按一定的比例尺）表示力的大小，线段的方位（例如与水平线成θ角）和箭头的指向表示力的方向，线段的起点A或终点B表示力的作用点。过力的作用点沿力的矢量方位画出的直线（如图1-1中KL），称为力的作用线。此外，在本书中，凡是矢量都用粗斜字母表示，如力$\boldsymbol{F}$，而矢量大小（亦称矢量的模）则用细斜体字母表示，如F。手写时，为了方便，矢量往往在细斜体字上加一带箭头横线表示，如$\vec{F}$。在国际单位制中，以"N"作为力的单位符号，称作牛[顿]，有时也以"kN"作为力的单位称号，称作千牛[顿]。

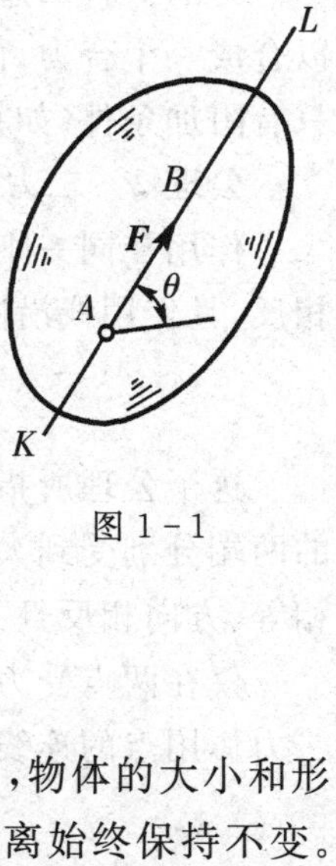

图1-1

1.1.2　刚体的概念

在静力学中，所研究的物体都是刚体。所谓刚体，就是在任何外力作用下，物体的大小和形状始终保持不变，或者说，物体在任何外力作用下，其内部任意两点之间的距离始终保持不变。刚体是一个理想的模型，在自然界中是不存在的，因为任何物体受到力的作用都要发生变形，只不过变形有的大，有的小，当物体发生变形非常小，可以忽略不计时，则可把该物体视为刚体。实际物体经过这样的抽象以后，将使静力学（亦称刚体静力学）所研究的问题大为简化。

1.2　静力学公理

公理是人们在长期的生活和实践中积累的经验总结，又经过实践反复检验，正确反映客观实践的最普遍、最一般的规律。静力学中所有的定理和结论都是由几个公理推演出来的。

公理1　力的平行四边形法则

作用于物体上同一点的两个力，可以合成为作用于该点的一个合力，它的大小和方向，由以

这两个力为邻边所构成的平行四边形的对角线确定(图 1-2(a)),或者说,合力等于这两个力的矢量和。即

$$F_R = F_1 + F_2 \tag{1-1}$$

也可以另作一力三角形,求这两汇交力合力的大小和方向,如图(1-2(b)),即将力 F_2 平移连在力 F_1 的末端 B,连接 A 和 C 两点,则矢量 $\overrightarrow{AC}$ 即表示合力 F_R,这样的作图方法,称为力三角形法则。

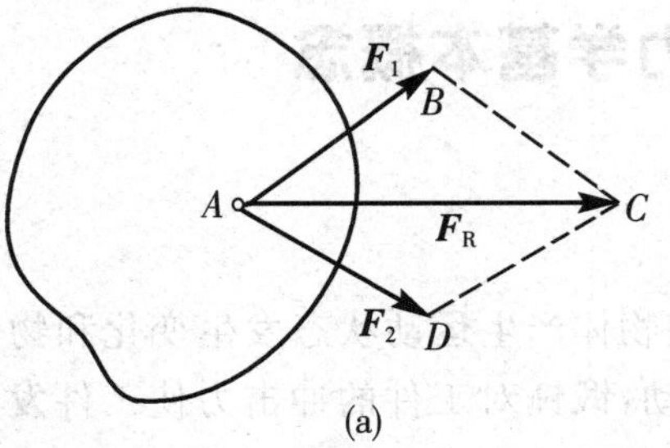

图 1-2

力的平行四边形法则是力系简化的基础;同时,它也是力分解的法则。同一点的两个分力可以合成一个合力,而以一个力为对角线可以作出无穷多个不同的平行四边形,因此,解答不确定,只有附加条件(如将力向 x 轴 y 轴分解),才能得到确定的解答。

公理 2 二力平衡条件

作用在同一刚体上的两个力,使刚体平衡的必要和充分条件是:这两个力的大小相等、方向相反,且作用线沿同一直线上(图 1-3)。即

$$F_1 = -F_2 \tag{1-2}$$

这个公理所指出的条件,对于刚体是必要和充分的,但对于变形体就不是充分的。例如绳子的两端分别受到大小相等、方向相反且共线的两个拉力作用时,绳子可以平衡;但如果受到大小相等、方向相反且共线的两个压力作用时,绳子就不能平衡。

仅在两点受力作用而处于平衡的构件称为二力构件,简称二力体。二力体所受的二力沿此二力作用点的连线,且等值、反向。如图 1-4 所示。

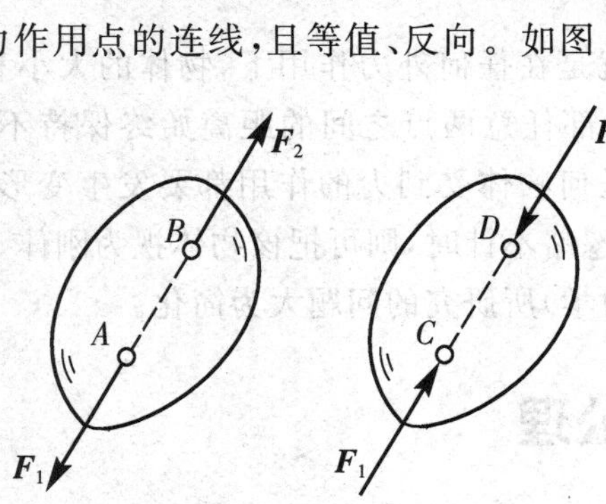

图 1-3

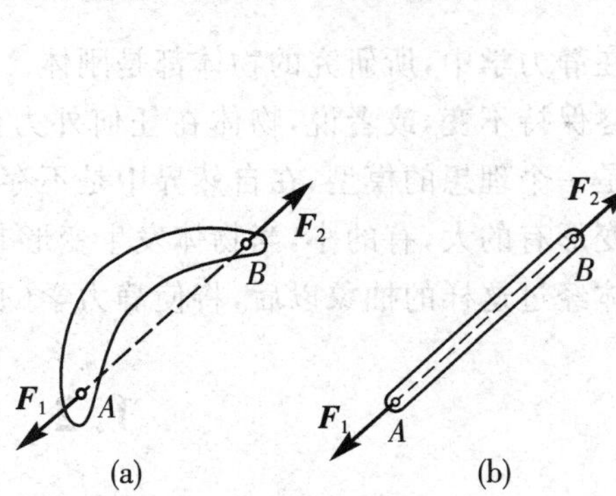

图 1-4

公理 3 加减平衡力系公理

在作用于刚体上的任意力系上,加上或去掉任何一个平衡力系,并不改变原力系对刚体的

作用。

这个公理是研究力系等效变换的重要依据。

根据上述公理可以导出下列推论：

推论1 力的可传性原理

作用于刚体上某点的力，可以沿着它的作用线移到刚体内任意一点，并不改变该力对刚体的作用。

证明：在刚体上的点 A 作用力 $\boldsymbol{F}$，如图1-5(a)所示。今在力 $\boldsymbol{F}$ 的作用上任选一点 B，根据加减平衡力系公理，在 B 点加上两个相互平衡力 $\boldsymbol{F}_1$ 和 $\boldsymbol{F}_2$，使 $\boldsymbol{F}=\boldsymbol{F}_1=-\boldsymbol{F}_2$，如图1-5(b)所示。因为力 $\boldsymbol{F}$ 和 $\boldsymbol{F}_2$ 也是一个平衡力系，所以可以除去，这样就剩下一个力 $\boldsymbol{F}_1$，如图1-5(c)所示，即把作用在 A 点的力 $\boldsymbol{F}$ 沿其作用线移动至 B 点。推论证毕。

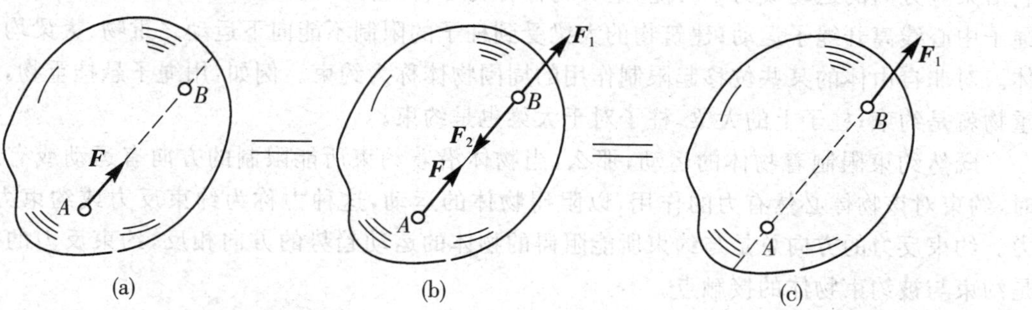

图1-5

由上述推论可知，对刚体来说，力的作用点已不是决定力的作用效应的要素，它已被力的作用线所代替。因此，作用于刚体上的力的三要素是：力的大小、方向和作用线。由此可见，作用于刚体上的力，可以沿着其作用线移动，这种矢量称为滑动矢量。此外，力的可传性原理不适用于变形体，而且只适用于同一刚体，不能将力沿其作用线由一个刚体移到另一个刚体上去。

推论2 三力汇交定理

刚体在不平行的三力作用下平衡时，此三力的作用线必共面且汇交于一点。

证明：设在刚体 A,B,C 三点上，分别作用不平行的三个相互平衡的力 $\boldsymbol{F}_1,\boldsymbol{F}_2,\boldsymbol{F}_3$，如图1-6所示，根据力的可传性，将力 $\boldsymbol{F}_1,\boldsymbol{F}_2$ 移到其汇交点 O，然后根据力的平行四边形法则，得合力 $\boldsymbol{F}_{R12}$。则力 $\boldsymbol{F}_3$ 应与 $\boldsymbol{F}_{R12}$ 平衡。由于两个力平衡必须共线，所以 $\boldsymbol{F}_3$ 必定与力 $\boldsymbol{F}_1$ 和 $\boldsymbol{F}_2$ 共面，且通过力 $\boldsymbol{F}_1$ 与 $\boldsymbol{F}_2$ 的交点 O，于是定理得到证明。

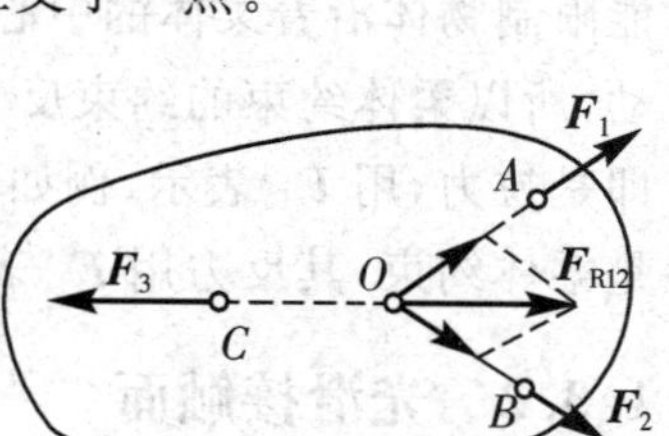

图1-6

公理4 作用和反作用定律

两物体间相互作用的一对力，总是大小相等、方向相反，沿同一直线并分别作用在这两个物体上。若用 $\boldsymbol{F}$ 表示作用力，又用 $\boldsymbol{F}'$ 表示反作用力，则 $\boldsymbol{F}=-\boldsymbol{F}'$。

这个公理概括了物体间相互作用的关系，表明作用力和反作用力总是成对出现的。由于作用力与反作用力分别作用在两个物体上，因此，不能视作平衡力系。

公理5 刚化原理

当变形体在某一力系作用下处于平衡时，若将此变形体转化为刚体(刚化)，则平衡状态不变。

此公理表明，若某力系能保证变形体平衡，则该变形体刚化为刚体后，该力系仍能保证其平衡。换句话说，对已经处于平衡状态的变形体，可以应用刚体静力学的平衡条件。但是，刚体静力学中得到的平衡条件，对刚体而言是充分和必要的，而对变形体的平衡来说，却只是必要的而不一定是充分的。例如，绳索在等值、反向、共线的两个拉力作用下处于平衡，如将绳索刚化成刚体，其平衡状态保持不变；反之就不一定成立。

1.3 约束和约束反力

通常把物体分为两类：一类为自由体，它们的位移不受任何限制，例如，在空中飞行的飞机，发射的火箭、炮弹均为自由体。相反，另一类物体，它们的位移受到了预先给定的条件的限制，使它沿某些方向的运动成为不可能，这类物体称为非自由体。例如用绳子悬挂重物，使重物不能沿绳子中心线离开绳子运动；建筑物的大梁受到柱子的限制不能向下运动。重物、大梁均是非自由体。对非自由体的某些位移起限制作用的周围物体称为约束。例如，用绳子悬挂重物，绳子对于重物就是约束；柱子上的大梁，柱子对于大梁也是约束。

既然约束限制着物体的运动，那么，当物体沿着约束所能限制的方向有运动或有运动趋势时，约束对该物体必然有力的作用，以阻碍物体的运动，这种力称为约束反力或约束力，简称反力。约束反力的方向总是与约束所能阻碍的物体的运动趋势的方向相反，约束反力的作用点就是约束与被约束物体的接触点。

与约束反力相对应，能主动地引起物体运动或使物体有运动趋势的力，称为主动力，如重力、水压力、风压力等。工程中把作用在结构上的主动力称为荷载。通常主动力是已知的，约束反力是未知的，在静力学中，往往由已知荷载根据静力平衡方程来算约束反力。

下面介绍在工程的常见的几种约束类型及其约束反力的特性。

1.3.1 柔体约束

由柔软的绳索、链条，胶带等所构成的约束统称为柔体约束。由于柔体约束只能限制物体沿着柔体的中心线伸长方向的运动，而不能限制物体沿其他方向的运动，所以柔体约束的约束反力必定是沿着柔体约束的中心线且背离被约束的物体，即是拉力，用 $\boldsymbol{F}_T$ 表示，例如，图 1-7 所示，用绳子悬挂重物使重物不下落，绳子就是柔体约束，其反力用 $\boldsymbol{F}_T$ 表示。

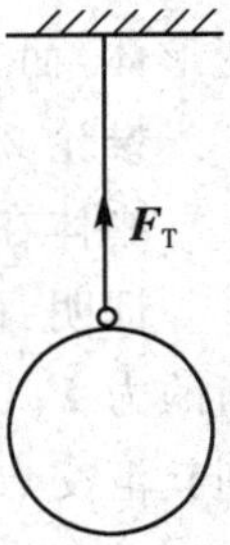

图 1-7

1.3.2 光滑接触面

当两物体接触面上的摩擦力很小并可忽略不计时，即可认为光滑接触。

如图 1-8 所示，物体放置在光滑支承面上，那么支承面对物体的约束就是光滑接触面约束。不论支承面的形状如何，这种约束只能限制物体沿着接触面的公法线而指向支承面运动，但不能限制物体沿着切面或离开支承面运动。因此，光滑接触面的约束反力通过接触点，方向沿接触面的公法线并指向被约束的物体(即为压力)，用符号 $\boldsymbol{F}_N$ 表示。

1.3.3 光滑圆柱铰链

圆柱铰链(简称铰链)是工程结构和机器中经常用来连接构件或零部件的一种结构形式。它的构造是将两个构件(或零件)钻上同样大小的光滑销钉圆孔，并用光滑的圆柱销钉插入圆孔而

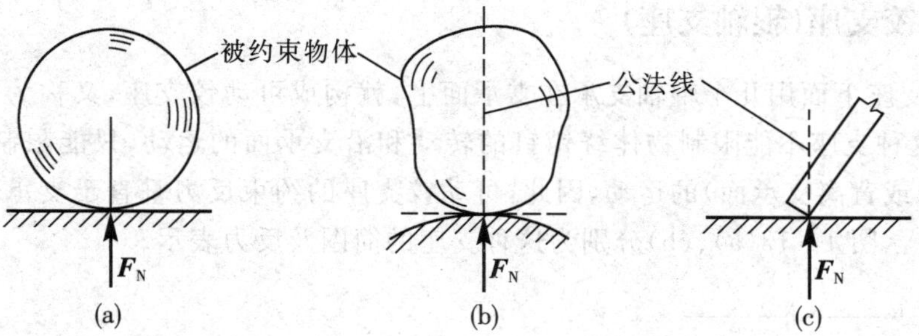

图 1 - 8

将两个构件(或零件)连接起来,其结构如图 1 - 9(a)所示,图 1 - 9(b)是图 1 - 9(a)的简图。

这类约束的特点是只限制物体在垂直销钉轴线的平面内沿任意方向的相对移动,但不能限制物体绕销钉轴线的相对转动和沿其轴线方向的相对滑动。因此,铰链的约束反力作用在垂直于销钉轴线的平面内,通过销钉中心,而方向待定(如图 1 - 9(c)中的 $\boldsymbol{F}_A$)。在实际应用中,通常把它分解为两个互相垂直且通过销钉中心的分力,用 $\boldsymbol{F}_{Ax}$,$\boldsymbol{F}_{Ay}$ 表示(图 1 - 9(d)),其指向可以任意假定,再根据计算结果来判定其正确性。只要确定了这两个分力,约束反力 $\boldsymbol{F}_A$ 也就确定了。

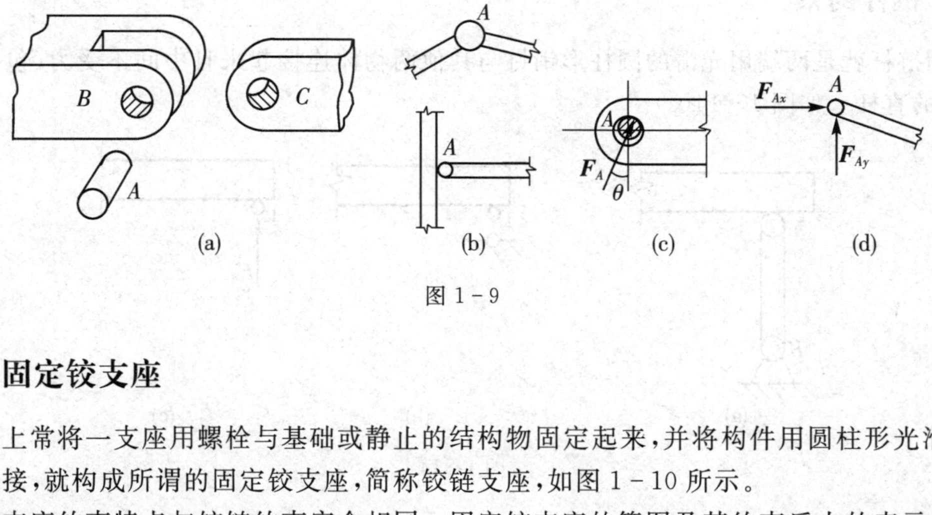

图 1 - 9

1.3.4　固定铰支座

工程上常将一支座用螺栓与基础或静止的结构物固定起来,并将构件用圆柱形光滑销钉与该支座连接,就构成所谓的固定铰支座,简称铰链支座,如图 1 - 10 所示。

这种支座约束特点与铰链约束完全相同。固定铰支座的简图及其约束反力的表示法如图 1 - 11(a)、(b)所示。

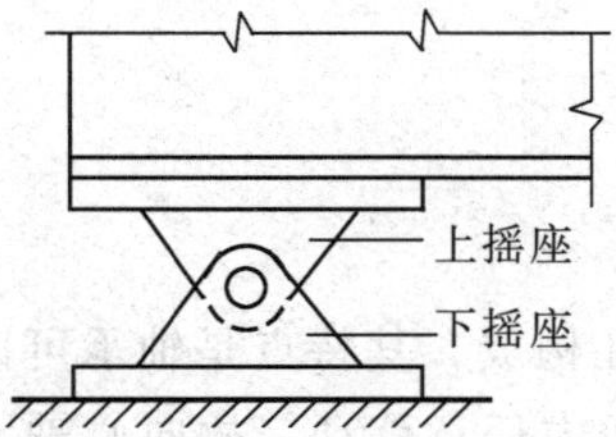

图 1 - 10

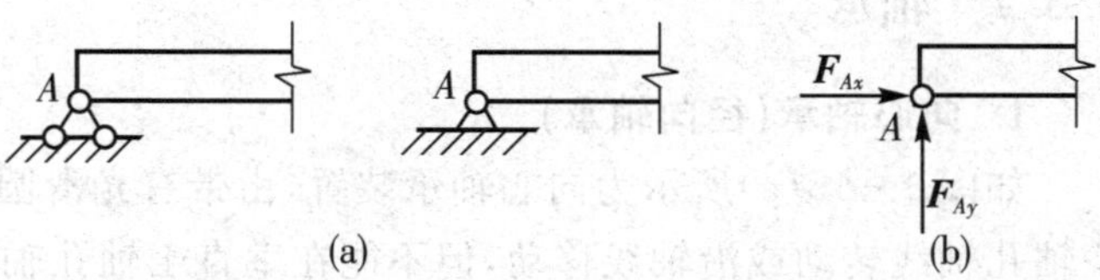

图 1 - 11

1.3.5 可动铰支座(辊轴支座)

在固定铰支座下面用几个辊轴支承在支承面上，就构成可动铰支座，又称为辊轴支座，如图1-12所示。这种支座不能限制物体绕销钉的转动和沿支承面的运动，只能限制物体与支承面垂直方向(指向或背离支承面)的运动，因此，可动铰支座的约束反力垂直于支承面，且通过销钉中心，指向待定。图1-13(a)、(b)分别为这种支座的简图及反力表示。

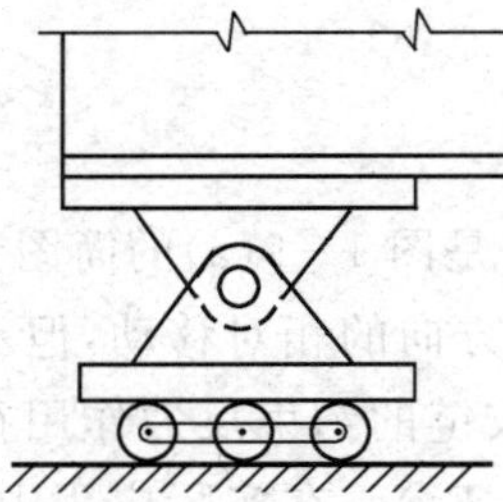

图1-12

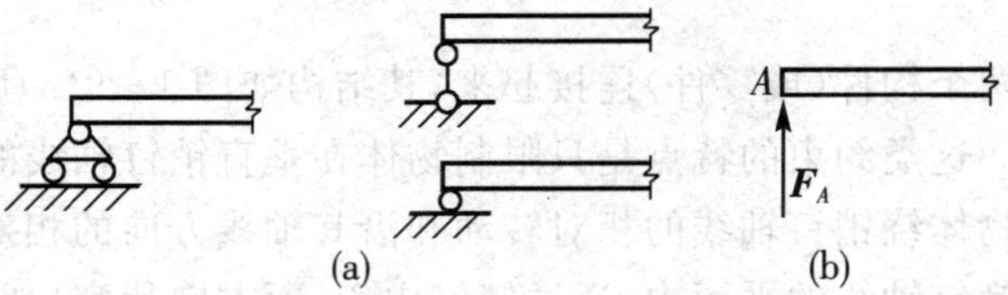

图1-13

1.3.6 链杆约束

所谓链杆就是两端用光滑的圆柱形销钉与其他两物体连接起来且中间不受力(包括自重忽略不计)的直杆。如图1-14(a)。

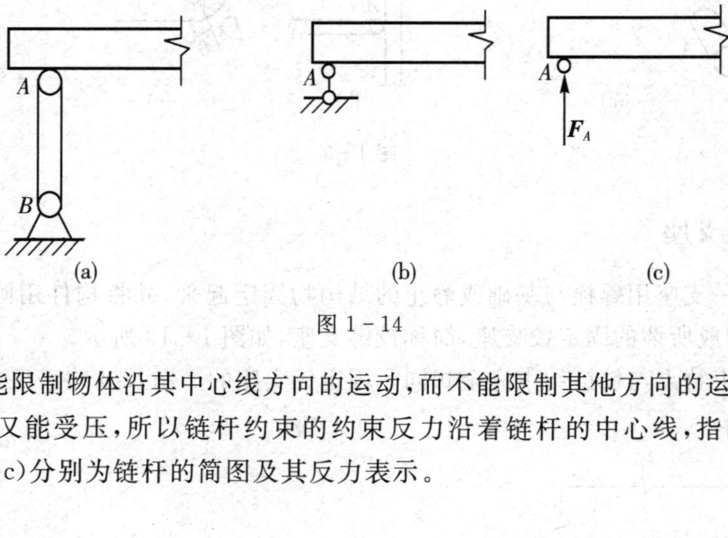

图1-14

这种约束只能限制物体沿其中心线方向的运动，而不能限制其他方向的运动。由于链杆为二力杆，既能受拉又能受压，所以链杆约束的约束反力沿着链杆的中心线，指向待定，用 $\boldsymbol{F}_A$ 表示，图1-14(b)、(c)分别为链杆的简图及其反力表示。

1.3.7 轴承

1. 向心轴承(径向轴承)

如图1-15(a)所示为向心轴承装置，由带有光滑圆柱形轴孔构成。其特点是轴承可以让轴绕轴孔轴线转动或沿轴线移动，但不能在垂直于轴孔轴线的平面内任意移动。故向心轴承对轴的约束反力应在与轴垂直的平面上，通过圆轴中心，但方向不能预先确定。通常以其互相垂直的两个分力 $\boldsymbol{F}_x$，$\boldsymbol{F}_z$ 来表示。图1-15(b)、(c)分别为向心轴承的简图及其反力表示。

2. 止推轴承

止推轴承可视为由一光滑面将向心轴承圆孔的一端封闭而成，如图1-16(a)所示，图

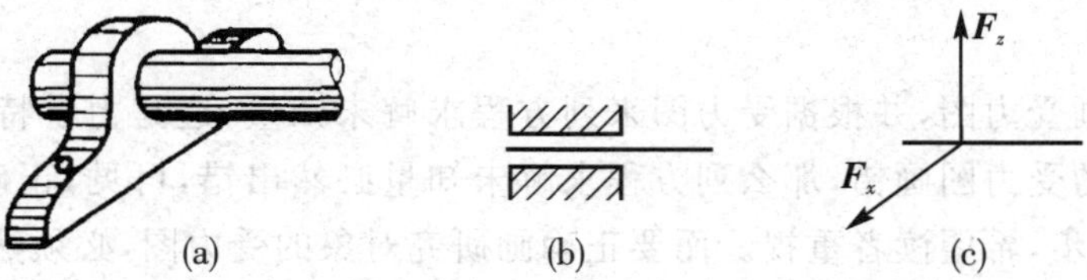

图 1-15

1-16(b)为其简图。这种约束的特点是能同时限制转轴的径向和轴向移动,所以止推轴承的约束反力常用垂直于轴向和沿轴向的三个分力 $\boldsymbol{F}_{Ax}$,$\boldsymbol{F}_{Ay}$,$\boldsymbol{F}_{Az}$ 表示,如图 1-16(c)所示。

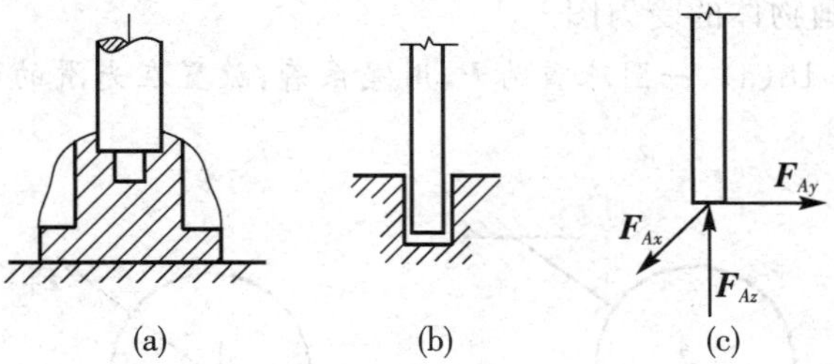

图 1-16

1.3.8　球铰链(球形铰链支座)

球形铰链支座(简称球铰链)是由固定于物体上的圆球嵌入球窝形支座内而构成(图 1-17(a)),电视机的拉杆天线的底座就是球形铰链支座。若接触面是光滑的,则球形铰链支座使构件的球心不能有任何位移,但构件可绕球心任意转动。因此,球形铰链支座的约束反力通过球心,而方向未定。这种约束反力可分解为三个互相垂直且通过球心的分力,用 $\boldsymbol{F}_{Ax}$,$\boldsymbol{F}_{Ay}$,$\boldsymbol{F}_{Az}$ 表示。图 1-17(b)分别为球形铰链支座的简图及其反力表示。

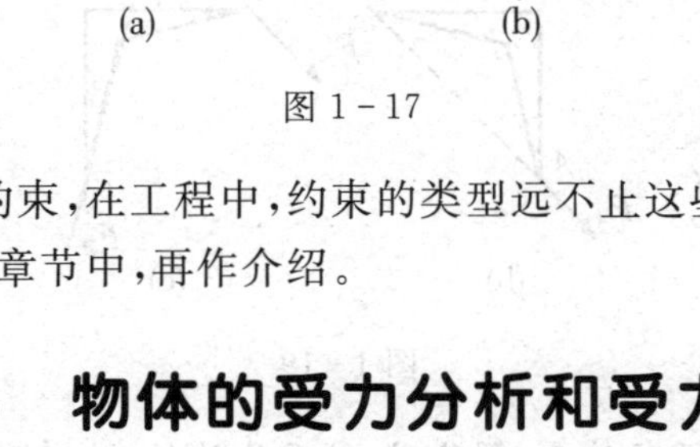

图 1-17

以上只介绍了几种简单约束,在工程中,约束的类型远不止这些,有的约束比较复杂,分析时需要加以简化或抽象,在以后章节中,再作介绍。

1.4　物体的受力分析和受力图

在力学问题的研究中,首先需要搞清楚所研究的物体受到哪些力的作用以及每个力的作用位置和方向,这个分析过程称为受力分析。把从周围物体中分离出来进行研究的物体(称为研究对象),单独画出它的简图,这一过程称为取研究对象或取分离体。在研究对象(分离体)上,用矢量画出其所受的全部外力(全部主动力和约束反力),这种表示物体受力情况的简明图形称这该物体的受力图。

取研究对象,画受力图,并根据受力图来列方程求解未知量,这是力学特有的研究方法。因此,若研究对象上的受力图画错,那么列方程求解未知量必然出错,可见,正确画受力图,是解决力学问题的关键一步,希望读者重视。而要正确画研究对象的受力图,必须熟练掌握各种约束类型的特点、简图、反力表示。一般受力图画错有这么几种情况:①漏画力:即把需要画的主动力或反力给遗漏了;②多画力:即研究对象上没有的力,给多画上,即所谓画蛇添足;③凭主观臆测画力:由于没有掌握约束的特点、简图、反力表示,就直接画研究对象的受力图,可想而知,这样的受力图肯定会画错的。

下面举例说明怎样画物体的受力图。

【例 1-1】 如图 1-18(a),一圆球重为 $\boldsymbol{P}$,用绳系着,放置在光滑的曲面上,试画出圆球的受力图。

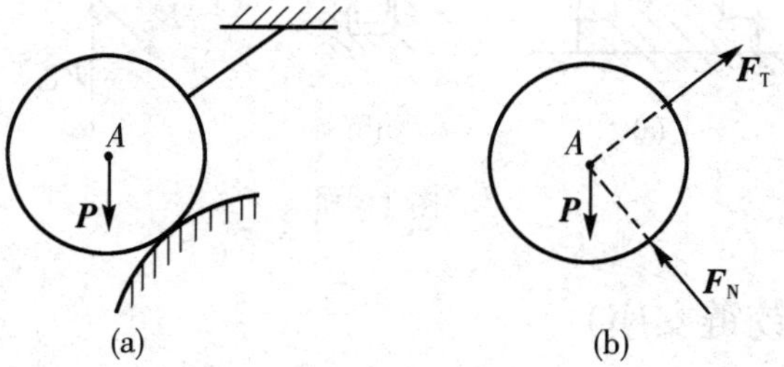

图 1-18

【解】 (1)取圆球为研究对象,并单独画出简图。

(2)画主动力。即在圆心 A 处画出重力 $\boldsymbol{P}$。

(3)画约束反力。因圆球受到光滑约束,故圆球在光滑曲面的接触点处受到法向反力 $\boldsymbol{F}_{\mathrm{N}}$ 的作用,沿公法线指向圆心 A,圆球还受到绳子的约束,绳子作用于圆球的反力 $\boldsymbol{F}_{\mathrm{T}}$ 沿着绳子的中心线为拉力。由三力汇交定理,三力 $\boldsymbol{P}$,$\boldsymbol{F}_{\mathrm{N}}$,$\boldsymbol{F}_{\mathrm{T}}$ 作用线交于点 A,圆球的受力如图 1-18(b)所示。

【例 1-2】 三铰刚架及其受力情况如图 1-19(a)所示,试画出构件 AC,BC 和整体 ABC 的受力图。

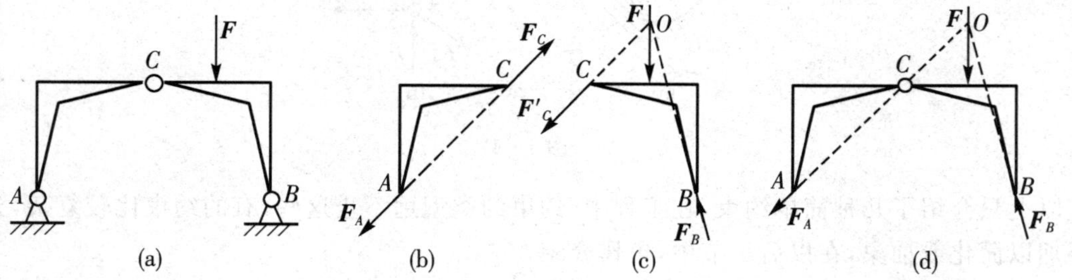

图 1-19

【解】 (1)取构件 AC 为研究对象,解除 A,C 两处的约束,单独画出 AC 的简图,因为不计构件 AC 自重,仅在 A,C 两点处受力平衡,故构件 AC 为二力构件,A,C 两处反力 $\boldsymbol{F}_A$,$\boldsymbol{F}_C$ 是一对平衡力,假设为拉力,如图 1-19(b)所示。

(2)取构件 CB 为研究对象,解除 C,B 两处的约束,单独画出 CB 的简图,CB 构件受到主动

力 $\boldsymbol{F}$、AC 构件给其的反作用力 $\boldsymbol{F}'_C$，且 $\boldsymbol{F}$,$\boldsymbol{F}'_C$ 的作用线相交于 O 点，由三力汇交定理，可确定 B 支座反力 $\boldsymbol{F}_B$ 作用线也通过 O 点，如图 1-19(c)所示。

(3)取整体三铰刚架为研究对象，解除 A、B 两处的约束，单独画出其简图，三铰刚架受到主动力 $\boldsymbol{F}$、反力 $\boldsymbol{F}_A$,$\boldsymbol{F}_B$，至于构件 AC,CB 在铰 C 处的作用力，对研究对象而言，是内力。由于内力总是成对存在，它们等值、反向、共线，并作用在同一研究对象上，它们不会影响整体的平衡，故不必画内力，这样，三铰刚架受到主动力 $\boldsymbol{F}$、反力 $\boldsymbol{F}_A$,$\boldsymbol{F}_B$ 作用，由三力汇交定理，三力作用线也相交于 O 点，如图 1-19d 所示。

【例 1-3】 如图 1-20(a)所示平面结构，由构件 CD、AB 组成，设各构件自重不计，在构件 AB 上作用由荷载 $\boldsymbol{F}$，并且构件 AB,CD 的接触面是光滑的，试分别画出构件 AB,CD 的受力图以及平面结构的整体受力图。

【解】 (1)取构件 AB 为研究对象，解除 A、B 两处的约束，单独画出 AB 的简图，构件 AB 受到主动力 $\boldsymbol{F}$、光滑接触面的约束反力 $\boldsymbol{F}_{\mathrm{N}}$、圆柱铰链 A 的约束反力 $\boldsymbol{F}_{Ax}$,$\boldsymbol{F}_{Ay}$。

(2)取构件 CD 为研究对象，解除 E,H,B 三处的约束，单独画出 CD 的简图，构件 CD 受到链杆的约束反力 $\boldsymbol{F}_E$，固定铰支座 H 的约束反力 $\boldsymbol{F}_{Hx}$,$\boldsymbol{F}_{Hy}$ 以及构件 AB 给其的反作用力 $\boldsymbol{F}'_{\mathrm{N}}$。

(3)取平面结构的整体为研究对象，解除 E,H,A 三处的约束，单独画出平面结构的整体简图。该整体受到主动力 $\boldsymbol{F}$、圆柱铰链 A 的约束反力 $\boldsymbol{F}_{Ax}$,$\boldsymbol{F}_{Ay}$、链杆的约束反力 $\boldsymbol{F}_E$ 以及固定铰支座 H 的约束反力 $\boldsymbol{F}_{Hx}$,$\boldsymbol{F}_{Hy}$。

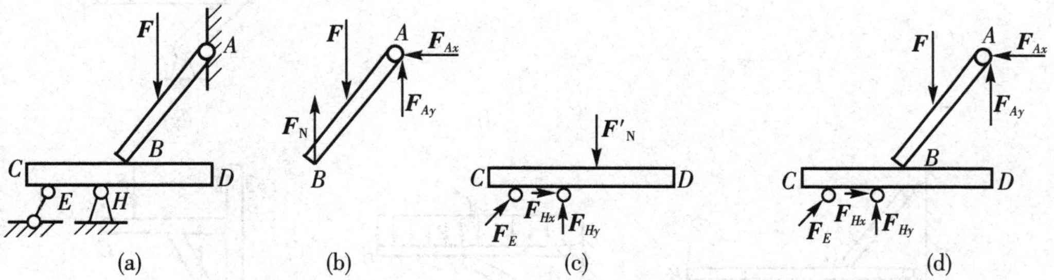

图 1-20

思考题

1—1　试说明下列式子的意义和区别：

(1)$\boldsymbol{F}_1=\boldsymbol{F}_2$，(2)$F_1=F_2$，(3)力 $\boldsymbol{F}_1$ 等效于力 $\boldsymbol{F}_2$。

1—2　为什么说二力平衡条件、加减平衡力系原理和力的可传性原理等只适用于刚体？

1—3　二力平衡条件和作用与反作用定律中，都是说二力等值、反向、共线，其区别在哪里？

1—4　什么叫二力构件？分析二力构件受力时与构件的形状有无关系。

习　题

1—1　画出下列物体 A 或构件 AB 的受力图。未画重力的物体重量均不计，所有的接触处都是光滑的。

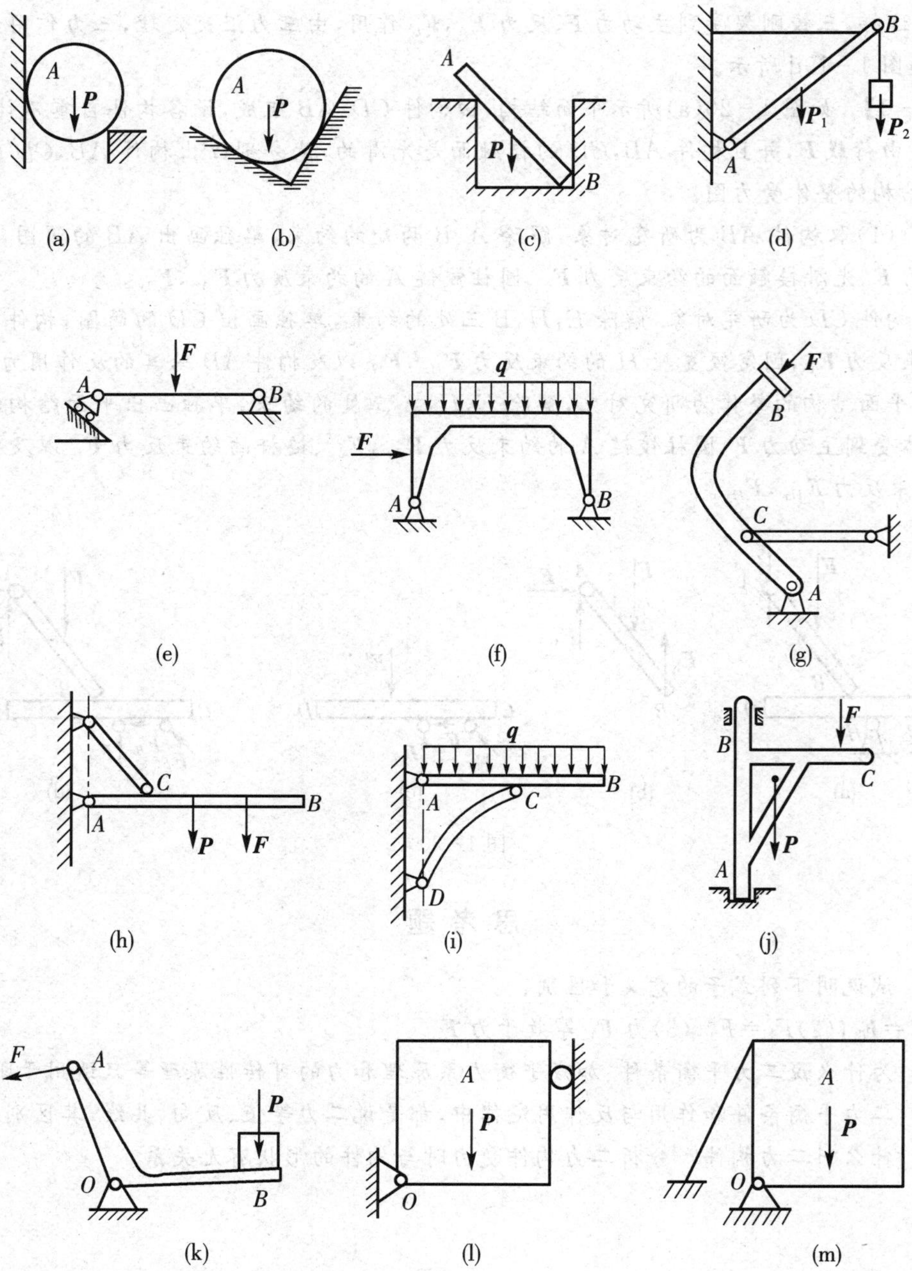

习题 1-1 图

1—2　画出图中各物体及整体的受力图。未画重力的物体的重量均不计，所有接触处均为光滑接触。

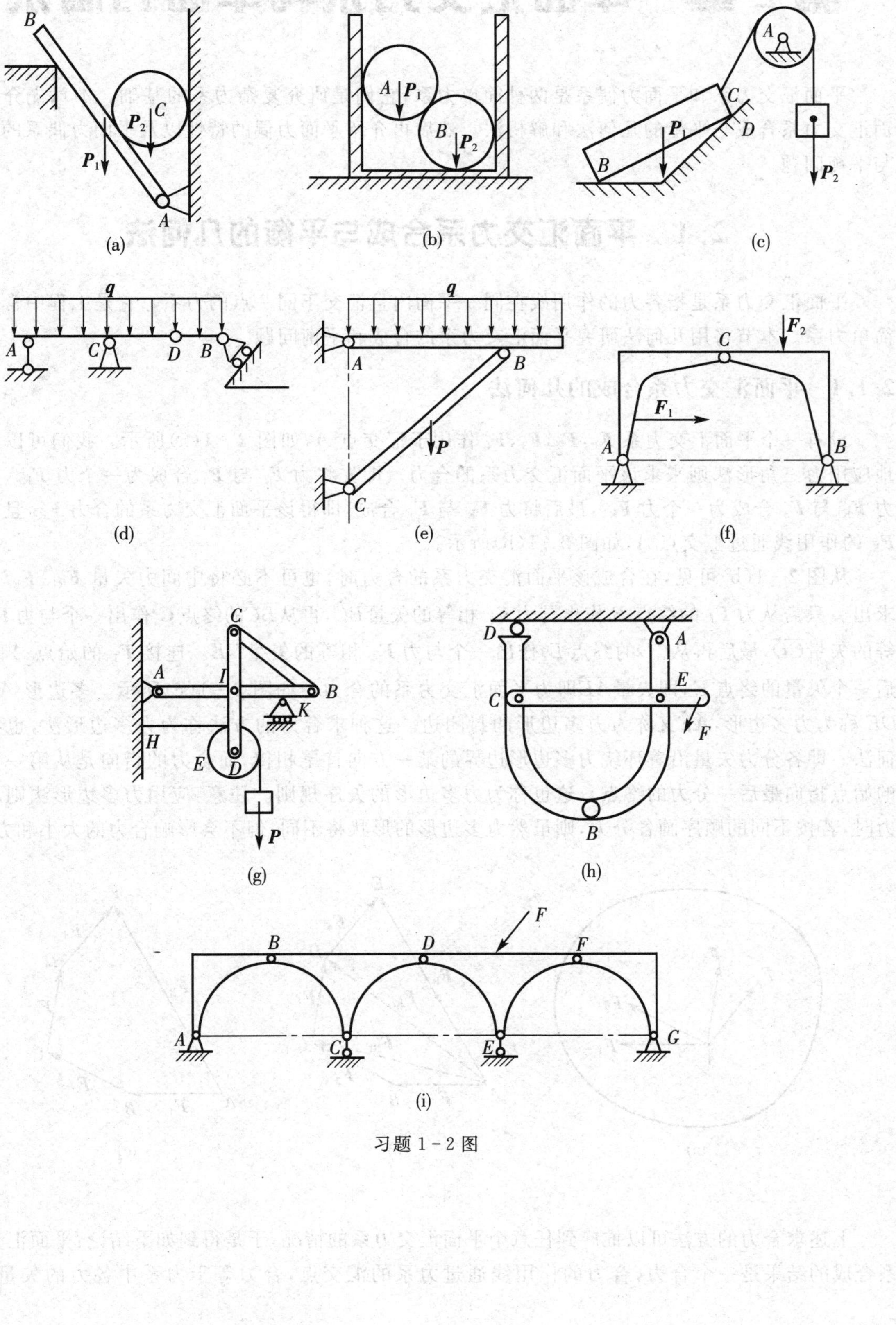

习题 1-2 图

第 2 章　平面汇交力系与平面力偶系

平面汇交力系和平面力偶系是两种简单力系，它们是研究复杂力系的基础。本章先介绍平面汇交力系合成与平衡的几何法和解析法。然后再介绍平面力偶的特性以及平面力偶系的合成与平衡问题。

2.1　平面汇交力系合成与平衡的几何法

平面汇交力系是指各力的作用线在同一平面内且汇交于同一点的力系。它是工程中常见的简单力系。本节将用几何法研究平面汇交力系的合成和平衡问题。

2.1.1　平面汇交力系合成的几何法

设有一个平面汇交力系 $\boldsymbol{F}_1,\boldsymbol{F}_2,\boldsymbol{F}_3,\boldsymbol{F}_4$ 作用于汇交点 A，如图 2-1(a)所示。我们可以依次地应用力三角形法则来求该平面汇交力系的合力。即先将力 $\boldsymbol{F}_1$ 与 $\boldsymbol{F}_2$ 合成为一个力 $\boldsymbol{F}_{R1}$，再将力 $\boldsymbol{F}_{R1}$ 与 $\boldsymbol{F}_3$ 合成为一个力 $\boldsymbol{F}_{R2}$，最后将力 $\boldsymbol{F}_{R2}$ 与 $\boldsymbol{F}_4$ 合成，即得该平面汇交力系的合力 $\boldsymbol{F}_R$，且合力 $\boldsymbol{F}_R$ 的作用线通过汇交点 A，如图 2-1(b)所示。

从图 2-1(b)可见，在合成该平面汇交力系的合力时，也可不必将中间力矢量 $\boldsymbol{F}_{R1}$，$\boldsymbol{F}_{R2}$ 一一求出。只需从力 $\boldsymbol{F}_1$ 的终点 B 作出与力 $\boldsymbol{F}_2$ 相等的矢量 $\overrightarrow{BC}$，再从 $\overrightarrow{BC}$ 的终点 C 作出一个与力 $\boldsymbol{F}_3$ 相等的矢量 $\overrightarrow{CD}$，最后再从 $\overrightarrow{CD}$ 的终点 D 作出一个与力 $\boldsymbol{F}_4$ 相等的矢量 $\overrightarrow{DE}$。连接 $\boldsymbol{F}_1$ 的始点 A 与最后一个矢量的终点 E，即矢量 $\overrightarrow{AE}$ 即为平面汇交力系的合力。如图 2-1(c)所示。多边形 $ABCDE$ 称为力多边形，$\overrightarrow{AE}$ 又称为力多边形的封闭边。这种求合力的方法称为力多边形法，也称几何法。即各分力矢量沿着环绕力多边形边界的某一方向首尾相接，而合力的指向是从第一分力的始点指向最后一分力的终点。这也称为力多边形的矢序规则。注意：应用力多边形法则求合力时，若按不同的顺序画各分力，则虽然力多边形的形状将不同，但不会影响合力的大小和方向。

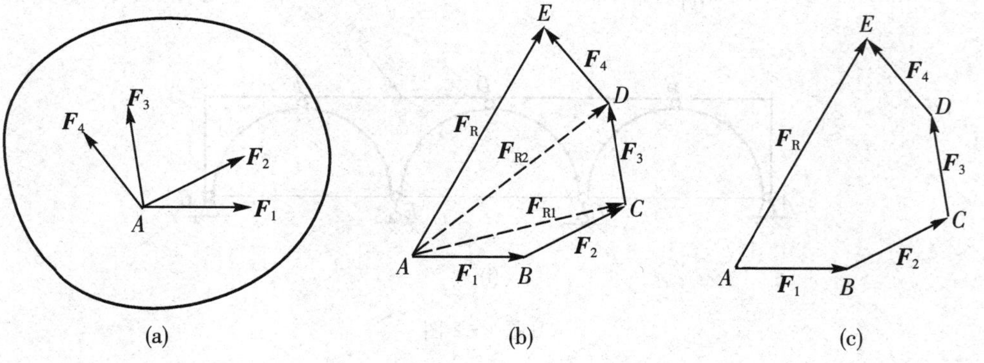

图 2-1

上述求合力的方法可以推广到任意个平面汇交力系的情况，于是得到如下结论：平面汇交力系合成的结果是一个合力，合力的作用线通过力系的汇交点，合力等于力系中各力的矢量和。

即

$$F_R = F_1 + F_2 + \cdots + F_n = \sum F_i \tag{2-1}$$

2.1.2　平面汇交力系平衡的几何条件

当力多边形自行封闭，即图2-1(b)中E,A点重合，它表示力系的合力F_R为零，于是该力系平衡。反之，平面汇交力系平衡，则合力F_R为零，力多边形自行封闭。所以平面汇交力系平衡的必要充分条件是：力多边形自行封闭，或平面汇交力系的合力等于零。即

$$F_R = \sum F_i = 0 \tag{2-2}$$

求解平面汇交力系的平衡问题时可用几何法（图解法），解题步骤如下：

1. 选取研究对象。根据题意，选取某个物体作为研究对象，并画出简图。
2. 画受力图。在研究对象上，画出它所受的全部已知力和未知力。
3. 作力多边形（或力三角形）。选择适当的比例尺，作出该力系的封闭力多边形（或封闭力三角形），即先画已知力，然后根据矢序规则和封闭特点，画出未知力。
4. 求解未知量。用比例尺和量角器在图上量出未知量的大小和方向角，或者用三角公式来计算未知量。前者称为几何作图法，后者称为半几何法，统称几何法。

【例2-1】 如图2-2(a)所示门式刚架在D点受到水平力F的作用，不计刚架的自重，求支座A,B的反力。

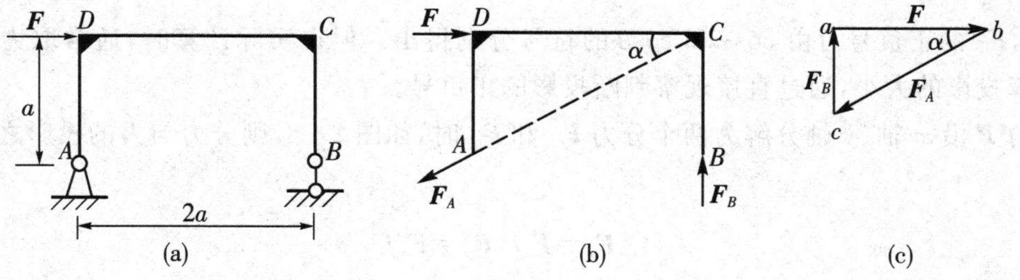

图2-2

【解】 (1)取门式刚架为对象。

(2)画门式刚架的受力图。门式刚架受到主动力F作用，B支座是可动支座，反力F_B垂直于支承面，这两力作用线相交于C点。A支座是固定铰支座，根据三力汇交定理，A支座的反作用力线也交于C点，如图2-2(b)所示。

(3)作封闭的力三角形。先画已知力F，取$ab=F$，再从力F的起点a与终点b分别作平行于F_B与F_A的两直线，得相交点C，如图2-2(c)所示，根据矢序规则，定出F_B和F_A的实际方向，从力三角形可以求出

$$F_B = F\text{tg}\alpha = 0.5F, \quad F_A = \frac{F}{\cos\alpha} = 1.1F$$

也可给F一定比例，在图2-2(c)中量出F_B和F_A的大小。如取比例尺为1 cm＝0.5F，作出封闭的力三角形后，由比例尺可量得$F_B=0.5F$,$F_A=1.1F$。

2.2 平面汇交力系合成与平衡的解析法

用几何法求平面汇交力系的合力及其约束反力具有直观、简捷的优点，但要求作图准确，否则将产生较大的误差，这正是几何法的不便之处。为能比较简便有效地得到准确的结果，多采用解析法。解析法就是通过力矢在坐标轴上的投影来分析力系的合成及其平衡问题。

2.2.1 力在平面直角坐标系的投影与分解

如图 2-3，设力 $\boldsymbol{F}$ 用矢量$\overrightarrow{AB}$表示，取直角坐标系 Oxy，并沿 x 轴、y 轴正向取单位矢量 $\boldsymbol{i}$，$\boldsymbol{j}$，使力 $\boldsymbol{F}$ 在Oxy 平面内。从这力矢$\overrightarrow{AB}$的两端A、B 向 x 坐标轴作垂线，则这两根垂线在 x 坐标轴上所截的线段并冠以正负号，称为力 $\boldsymbol{F}$ 在 x 轴上的投影，图 2-3 中的 ab 线段即为力 $\boldsymbol{F}$ 在 x 轴上的投影，以 F_x 表示，线段 $a'b'$为力 $\boldsymbol{F}$ 在 y 轴上的投影，用 F_y 表示。力在轴上的投影是代数量(标量)，其正负号规定如下：若由 a 到 b(或由 a'到 b')顺序与坐标轴的正向相同时，则力的投影为正；反之为负。设力 $\boldsymbol{F}$ 与 x 轴和 y 轴正向之间的夹角分别为 α 和 β，则由图 2-3 可知

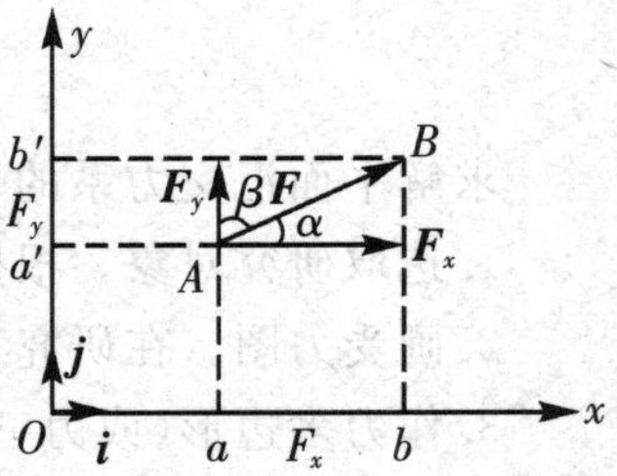

图 2-3

$$\left.\begin{aligned}F_x&=F\cos\alpha\\F_y&=F\cos\beta\end{aligned}\right\}\tag{2-3}$$

投影 F_x，F_y 的正负号可由 $\cos\alpha$ 和 $\cos\beta$ 的符号分别得出。但在实际计算时，通常取力与轴间的锐角计算投影的大小，通过直接观察判断投影的正负号。

将力 $\boldsymbol{F}$ 沿 x 轴、y 轴分解为两个分力 $\boldsymbol{F}_x$ 和 $\boldsymbol{F}_y$ 时，如图 2-3，则分力与力的投影之间有下列关系

$$\boldsymbol{F}_x=F_x\boldsymbol{i},\boldsymbol{F}_y=F_y\boldsymbol{j}\tag{2-4}$$

因此，力的解析表达式为

$$\boldsymbol{F}=F_x\boldsymbol{i}+F_y\boldsymbol{j}\tag{2-5}$$

其中 $\boldsymbol{i}$，$\boldsymbol{j}$ 分别为沿 x，y 轴正向的单位矢量。显然，已知力 $\boldsymbol{F}$ 在平面内两个正交轴上的投影 F_x 和 F_y 时，该力矢的大小和方向余弦分别为

$$\left.\begin{aligned}&F=\sqrt{F_x^2+F_y^2}\\&\cos(\boldsymbol{F},\boldsymbol{i})=\frac{F_x}{F},\ \cos(\boldsymbol{F},\boldsymbol{j})=\frac{F_y}{F}\end{aligned}\right\}\tag{2-6}$$

2.2.2 平面汇交力系合成的解析法

设平面汇交力系 $\boldsymbol{F}_1$，$\boldsymbol{F}_2$，…，$\boldsymbol{F}_n$ 作用在刚体上 O 点，以汇交点 O 作为原点建立直角坐标系 Oxy，如图 2-4，并沿 x，y 轴正向取单位矢量。由平面汇交力系合成的几何法知，其力系的合力

$$\boldsymbol{F}_{\mathrm{R}}=\sum\boldsymbol{F}_i\tag{a}$$

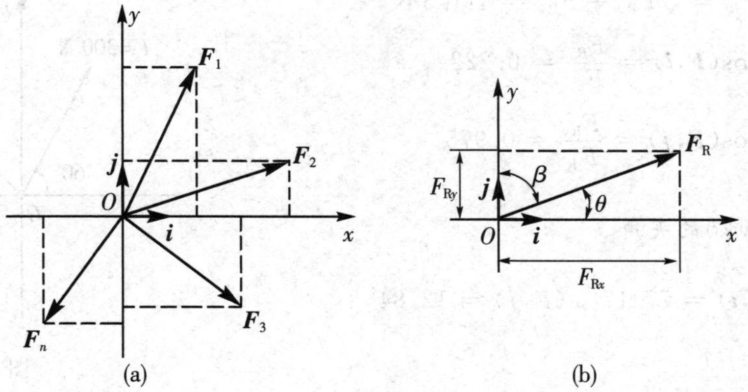

图 2-4

如果合力 $\boldsymbol{F}_R$ 在 x,y 轴上的投影分别为 $\boldsymbol{F}_{Rx},\boldsymbol{F}_{Ry}$，力系中各力 $\boldsymbol{F}_i$ 在同一轴上的投影分别 F_{xi},F_{yi}，则有

$$\boldsymbol{F}_i = F_{xi}\boldsymbol{i} + F_{yi}\boldsymbol{j} \tag{b}$$

$$\boldsymbol{F}_R = F_{Rx}\boldsymbol{i} + F_{Ry}\boldsymbol{j} \tag{c}$$

将(b)式代入(a)式，并注意 $\boldsymbol{i},\boldsymbol{j}$ 为常矢量，则有

$$\boldsymbol{F}_R = (\sum F_{xi})\boldsymbol{i} + (\sum F_{yi})\boldsymbol{j} \tag{d}$$

(今后为了便于书写，将下标“i”省略。)

比较(c)，(d)等式两边，可得

$$\left.\begin{aligned} F_{Rx} &= \sum F_x \\ F_{Ry} &= \sum F_y \end{aligned}\right\} \tag{2-7}$$

由式(2-7)可得合力投影定理：合力在任一轴上的投影，等于其各分力在同一轴上投影的代数和。

上述投影定理不仅对力矢适用，对于其他矢量也同样成立。根据式(2-6)可求得合力矢的大小和方向余弦为

$$\left.\begin{aligned} F_R &= \sqrt{F_{Rx}^2 + F_{Ry}^2} = \sqrt{(\sum F_x)^2 + (\sum F_y)^2} \\ \cos(\boldsymbol{F}_R,\boldsymbol{i}) &= \frac{F_{Rx}}{F_R},\ \cos(\boldsymbol{F}_R,\boldsymbol{j}) = \frac{F_{Ry}}{F_R} \end{aligned}\right\} \tag{2-8}$$

【例 2-2】　求图 2-5 所示平面汇交力系的合力。

【解】　用式(2-7)和(2-8)计算

$$F_{Rx} = \sum F_x = F_1 + F_2\cos45° - F_3\cos60° = 91.4\text{N}$$

$$F_{Ry} = \sum F_y = F_2\sin45° + F_3\sin60° = 401.2\text{N}$$

$$F_R = \sqrt{F_{Rx}^2 + F_{Ry}^2} = 411.5 \text{ N}$$

$$\cos(\boldsymbol{F},\boldsymbol{i}) = \frac{F_{Rx}}{F_R} = 0.222$$

$$\cos(\boldsymbol{F},\boldsymbol{j}) = \frac{F_{Ry}}{F_R} = 0.975$$

则合力 $\boldsymbol{F}_R$ 与 x、y 轴的夹角

$$(\boldsymbol{F},\boldsymbol{i}) = 77.17°, (\boldsymbol{F},\boldsymbol{j}) = 12.84°$$

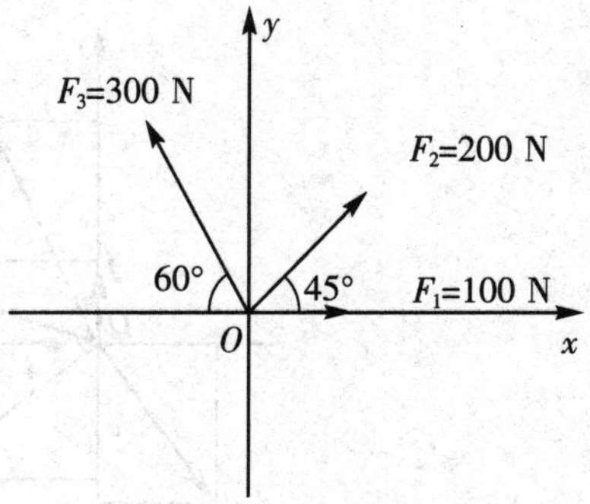

图 2-5

2.2.3 平面汇交力系平衡的解析条件

由 2.1.2 知,平面汇交力系平衡的必要和充要条件是:该力系的合力 $\boldsymbol{F}_R$ 等于零。由式(2-8)则有

$$F_R = \sqrt{(\sum F_x)^2 + (\sum F_y)^2} = 0$$

欲使上式成立,必须同时满足

$$\left.\begin{aligned} \sum F_x = 0 \\ \sum F_y = 0 \end{aligned}\right\} \tag{2-9}$$

于是,平面汇交力系平衡的必要和充分条件是:各力在两个坐标轴上投影的代数和分别等于零。式(2-9)称为平面汇交力系的平衡方程。这是两个独立的方程,可以求解两个未知量。

这里要指出,为了避免利用式(2-9)解联立方程,在选择投影轴时,最好使两投影轴其中之一垂直一个未知量,这样可以使方程求解未知量简化;另外,受力图中的未知力的指向,有的可以假设,若计算结果为正值,表示假设指向与力的实际指向相同,反之,若计算结果为负值,表示假设指向与力的实际指向相反;同时,在后面计算中,则不必更正力的负值符号,直接以负值代入方程计算。

【例 2-3】 如图 2-6(a)三角支架,在销钉上作用有竖直力 $\boldsymbol{P}$,各杆自重不计,试求杆 AB 与 AC 所受的力。

【解】 AB,AC 杆不计自重,只在两端受力,可视为二力杆,假设受拉力。取销钉为对象,销钉受到主动力 $\boldsymbol{P}$ 以及 AB,AC 杆给的约束反力 $\boldsymbol{F}_{AB}$,$\boldsymbol{F}_{AC}$,受力图如图 2-6(b)所示,以 A 点为坐标原点建立 x,y 轴,其中 y 轴垂直于 $\boldsymbol{F}_{AC}$,列平衡方程

由 $\sum F_y = 0$, $F_{AB}\sin 60° - P = 0$,

则 $$F_{AB} = \frac{P}{\sin 60°} = 1.155P$$

$\boldsymbol{F}_{AB}$ 为正值,说明假设 AB 杆两端所受拉力是正确的。

由 $\sum F_x = 0$, $-F_{AB}\cos 60° - F_{AC} = 0$,

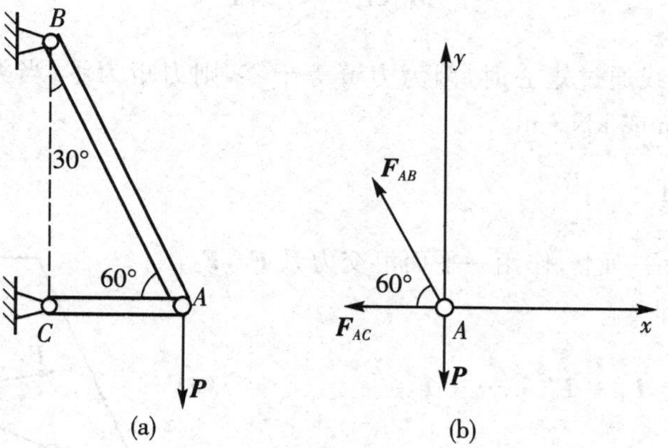

图 2-6

则
$$F_{AC}=-F_{AB}\cos60^\circ=-1.155P\cos60^\circ=-0.578P$$

F_{AC} 为负值，说明假设 AC 杆所受拉力是错误的，实际 AC 杆两端所受压力。

2.3　平面力对点之矩的概念与计算

力对刚体作用的效应使刚体的运动状态发生变化，而运动状态的变化包括刚体的移动和转动。力对刚体移动效应用力矢来度量，力对刚体转动效应用力矩来度量。而所谓力矩就是度量力对刚体转动效应的物理量。

2.3.1　力对点之矩

如图 2-7 所示，在平面上作用一个力 $\boldsymbol{F}$，现在在该平面内任取一点 O，称为矩心，从 O 点到力 $\boldsymbol{F}$ 作用线的垂直距离 d 称为力臂，那么在平面问题中力 $\boldsymbol{F}$ 对点 O 的矩定义如下：

图 2-7

平面力 $\boldsymbol{F}$ 对 O 点之矩是一个代数量，它的大小为力的大小与力臂的乘积，它的正负可按如下方法确定，即：力使物体绕矩心作逆时针转动时，力矩取正号；反之，力矩取负号。

平面力 $\boldsymbol{F}$ 对 O 点之矩用符号 $M_O(\boldsymbol{F})$ 表示，即

$$M_O(\boldsymbol{F})=\pm F\cdot d \tag{2-10}$$

此外，由图 2-7 可见，平面力 $\boldsymbol{F}$ 对 O 点之矩还可以用如下两种方法表示：

1. 就是以力矢 $\boldsymbol{F}$ 为底边，矩心 O 为顶点所构成三角形 OAB 面积的两倍来表示，即

$$M_O(\boldsymbol{F})=\pm 2\triangle OAB \tag{2-11}$$

2. 若以 $\boldsymbol{r}$ 表示由点 O 到 A 的矢径，如图 2-7 示，则由矢量积的定义可知，$\boldsymbol{r}\times\boldsymbol{F}$ 的大小就是三角形 OAB 面积的两倍，其指向与力矩的转向符合右手法则，这样，平面力 $\boldsymbol{F}$ 对 O 点的矩也可以用矢量积来表示，即

$$M_O(\boldsymbol{F}) = \boldsymbol{r} \times \boldsymbol{F} \tag{2-12}$$

讨论:当力的作用线通过矩心时,因为力臂等于零,则力矩为零;当力为零时,则力矩为零。力矩的单位常用N·m或kN·m。

2.3.2 合力矩定理

如图2-8,在图示平面上,作用一平面汇交力系$\boldsymbol{F}_1$,$\boldsymbol{F}_2$,…,$\boldsymbol{F}_n$,其合力为$\boldsymbol{F}_R$,即

$$\boldsymbol{F}_R = \boldsymbol{F}_1 + \boldsymbol{F}_2 + \cdots + \boldsymbol{F}_n \tag{a}$$

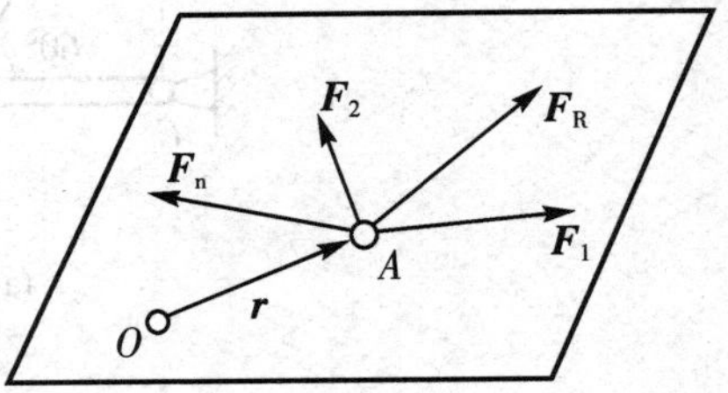

图2-8

现在该平面上任取一点O为矩心,以$\boldsymbol{r}$表示矩心O到汇交点A的矢径,以$\boldsymbol{r}$对(a)式两端作矢量积,则有

$$\boldsymbol{r} \times \boldsymbol{F}_R = \boldsymbol{r} \times \boldsymbol{F}_1 + \boldsymbol{r} \times \boldsymbol{F}_2 + \cdots + \boldsymbol{r} \times \boldsymbol{F}_n \tag{b}$$

由于各力和矩心O均在同一平面内,上式各矢量积平行,所以,上式的矢量和计算可按代数和计算。而上式各矢量积就是各力对O点之矩,这样,(b)式可写成

$$M_O(\boldsymbol{F}_R) = M_O(\boldsymbol{F}_1) + M_O(\boldsymbol{F}_2) + \cdots + M_O(\boldsymbol{F}_n) = \sum M_O(\boldsymbol{F}_i) \tag{2-13}$$

于是就得到如下定理:平面汇交力系的合力对平面内任一点之矩等于所有各分力对同一点之矩的代数和。该定理称为合力矩定理。此定理不仅适用于平面汇交力系,对其他平面力系也适用。

【例2-4】 一构件受力如图2-9所示,试计算力$\boldsymbol{F}$对O点之矩。

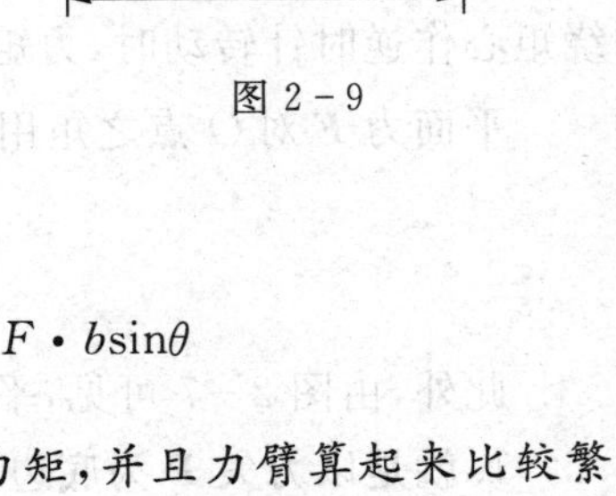

图2-9

【解】 可用两种方法计算力$\boldsymbol{F}$对O点之矩

方法1.直接按力矩的定义来计算

$$\begin{aligned} M_O(\boldsymbol{F}) &= F \cdot d = F \cdot c\sin\theta = F \cdot (b - a\cot\theta) \cdot \sin\theta \\ &= F \cdot b\sin\theta - F \cdot a\cos\theta \end{aligned}$$

方法2.由合力矩定理来计算

将力$\boldsymbol{F}$分解为$\boldsymbol{F}_x$,$\boldsymbol{F}_y$,如图示,由合力矩定理

$$M_O(\boldsymbol{F}) = M_O(\boldsymbol{F}_x) + M_O(\boldsymbol{F}_y) = -F \cdot a\cos\theta + F \cdot b\sin\theta$$

显然方法2比方法1计算力矩简单。值得说明的是:若由定义算力矩,并且力臂算起来比较繁琐,则用合力矩定理来算力矩则比较简单。

2.4 平面力偶

2.4.1 力偶与力偶矩

在实践中我们经常见到物体受到两个大小相等、方向相反，但不在一条直线上的平行力的作用。例如，司机旋转方向盘上的两个力（图 2－10(a)）以及电动机的定子磁场对转子作用电磁力使之旋转（图 2－10(b)），这样的两个力在力学上我们把它称作力偶，或者说：作用在物体上大小相等、方向相反、不共线的两个平行力所组成的力系称为力偶。如图 2－11 所示，记作（$\boldsymbol{F},\boldsymbol{F}'$）。力偶的两力之间的垂直距离 d 称为力偶臂，力偶所在的平面称为力偶作用面。

由于力偶的合力等于零，且力偶中的两个力又不共线，因此力偶不能使物体发生移动的效应，只能使物体发生转动的效应。

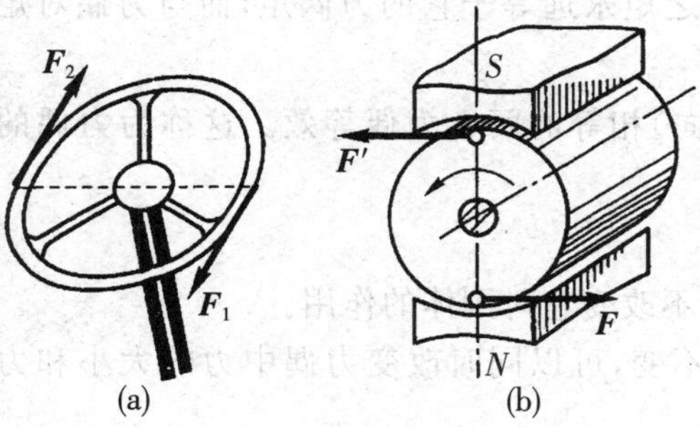

图 2－10

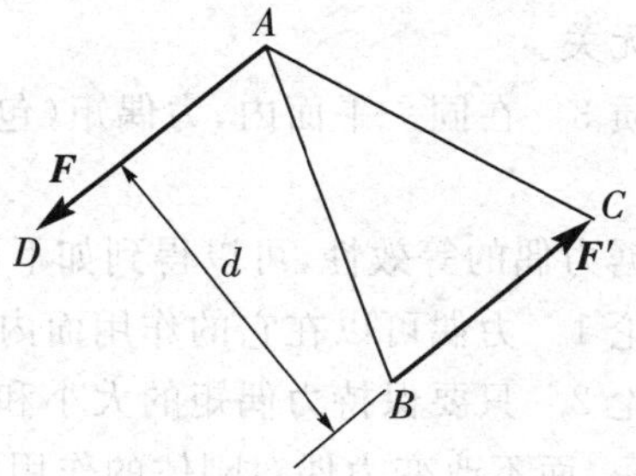

图 2－11

力偶使物体转动，那么我们怎样度量它使物体转动的效应呢？在日常生活中，我们经常发现，若用两个力组成的力偶使某个物体转动，例如两个手指拧水龙头，当用的力越大或者是两力间的垂直距离越大，则物体的转动效应亦就越大，反之，则弱。

因此，在平面问题中，我们把组成力偶中任一力的大小 F 与力偶臂 d 的乘积来度量力偶对物体的转动效应，并把这一乘积冠以正负号，称为力偶矩。用符号 $M(\boldsymbol{F},\boldsymbol{F}')$ 表示，简记为 M。则

$$M = \pm F \cdot d \tag{2-14}$$

式中的正负号表示力偶矩的转向，其规定如下：在力偶作用面内，若力偶使物体作逆时针转动时，则力偶矩为正；反之，则为负。由此可见，在平面内，力偶矩是代数量。力偶矩的单位与力矩的单位相同，为 N·m 或 kN·m。

由图 2－11 可见，力偶矩也可用三角形面积的两倍来表示，即

$$M = \pm 2\triangle ABC \tag{2-15}$$

在平面问题中，平面力偶对物体的转动效应取决于以下两个因素：即力偶矩的大小和力偶在作用平面内的转向。今后常用图 2－12 所示的符号表示平面力偶。M 为力偶矩。

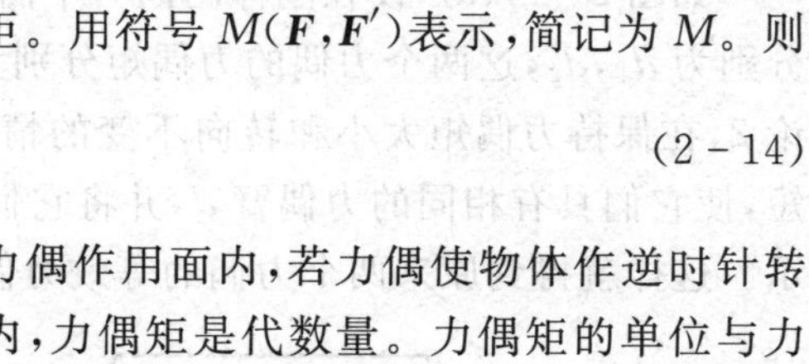

图 2－12

2.4.2 力偶的性质

由力偶的概念及其对刚体的转动效应可得到如下性质：

性质1 力偶不能与一个力等效，即力偶不能合成一个合力，因此，力偶不能和一个力平衡，力偶只能和力偶平衡；力偶中的两力在任一轴上的投影的代数和等于零。

性质2 力偶对其作用面内任一点之矩恒等于力偶矩，而与矩心的位置无关。

证明：在图2-13中，力偶($\boldsymbol{F},\boldsymbol{F}'$)的力偶矩$M=Fd$，在力偶的作用面任取一点$O$为矩心，设$O$点到力$\boldsymbol{F}$的垂直距离为$x$，则力$\boldsymbol{F}$与$\boldsymbol{F}'$分别对$O$点之矩的代数和为

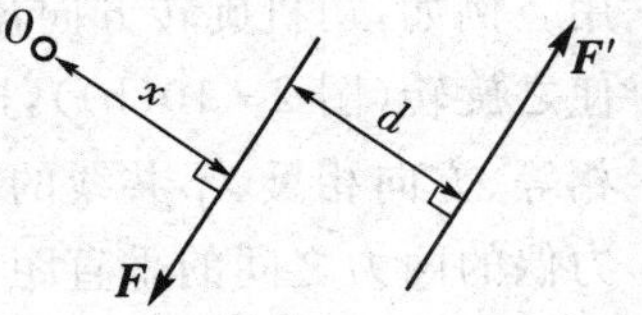

图2-13

$$\begin{aligned} M_O(\boldsymbol{F},\boldsymbol{F}') &= M_O(\boldsymbol{F})+M_O(\boldsymbol{F}')=-F\cdot x+F'\cdot(d+x) \\ &= F'\cdot d=M \end{aligned}$$

可见，不论O点取在力偶作用面内何处，力偶对该点之矩永远等于它的力偶矩，而与力偶对矩心的位置无关。

性质3 在同一平面内，力偶矩(包括大小和转向)相等的两个力偶等效。这称为力偶的等效性。

根据力偶的等效性，可以得到如下两个推论：

推论1 力偶可以在它的作用面内任意移转，而不改变它对刚体的作用。

推论2 只要保持力偶矩的大小和力偶的转向不变，可以同时改变力偶中力的大小和力偶臂的长短，而不改变力偶对刚体的作用。

2.4.3 平面力偶系的合成和平衡

1. 平面力偶系的合成

由作用于物体上的一群力偶组成的力系称为力偶系。各个力偶位于同一平面内的力偶系称为平面力偶系；否则称为空间力偶系。下面我们来研究平面力偶系的合成。

如图2-14(a)，设在刚体的同一平面内作用有两个力偶($\boldsymbol{F}_1,\boldsymbol{F}'_1$)和($\boldsymbol{F}_2,\boldsymbol{F}'_2$)，它们的力偶臂分别为$d_1,d_2$，这两个力偶的力偶矩分别为$M_1,M_2$，即$M_1=F_1\cdot d_1$，$M_2=-F_2\cdot d_2$。由上述推论2，在保持力偶矩大小和转向不变的情况下，同时改变这两个力偶的力的大小和力偶臂的长短，使它们具有相同的力偶臂d，并将它们在平面内移转，使力的作用线重合，如图2-14(b)所示。这样就得到原来两个力偶的等效力偶($\boldsymbol{F}_3,\boldsymbol{F}'_3$)和($\boldsymbol{F}_4,\boldsymbol{F}'_4$)，并且有，

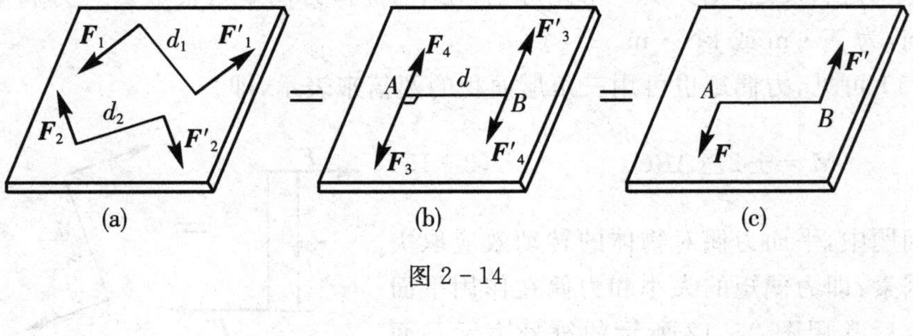

图2-14

$$F_3 = \frac{F_1 d_1}{d},\ F_4 = \frac{F_2 d_2}{d}$$

现在分别将图 2-14(b)中作用在点 A 和 B 的力合成(设 $F_3 > F_4$)，得

$$F = F_3 - F_4,\ F' = F'_3 - F'_4$$

显然 $\boldsymbol{F}$ 和 $\boldsymbol{F}'$ 大小相等、方向相反、互相平行，组成一新力偶($\boldsymbol{F}$,$\boldsymbol{F}'$)，而新力偶是原来两个力偶的合力偶，而原来两个力偶是这新力偶的分力偶。如图 2-14(c)所示。以 M 表示合力偶的合力偶矩，则

$$M = F \cdot d = (F_3 - F_4) \cdot d = F_3 \cdot d - F_4 \cdot d = M_1 + M_2$$

此关系可推广到任意一个力偶组成的平面力偶系，有

$$M = M_1 + M_2 + \cdots + M_n = \sum M_i \tag{2-16}$$

可见，平面力偶系可以合成一个合力偶，合力偶矩等于各个力偶矩的代数和。

2. 平面力偶系的平衡条件

既然平面力偶系合成的结果是一个合力偶，可见，要使力偶平衡，必须也只须合力偶矩等于零，即力偶系中各力偶对刚体作用的效应相互抵消。因此，平面力偶系平衡的必要和充分条件是：所有各力偶矩的代数和等于零。即

$$\sum M_i = 0 \tag{2-17}$$

式(2-17)也是平面力偶系的平衡方程，只能求一个未知量。

【例 2-5】 多轴钻加工某工件，如图 2-15(a)，四个孔的钻头切削力各形成一个力偶，其力偶矩 $M_1 = 15\ \text{kN} \cdot \text{m}$，试求合力偶矩和螺钉 A,B 处的约束反力，不计摩擦及工件自重。

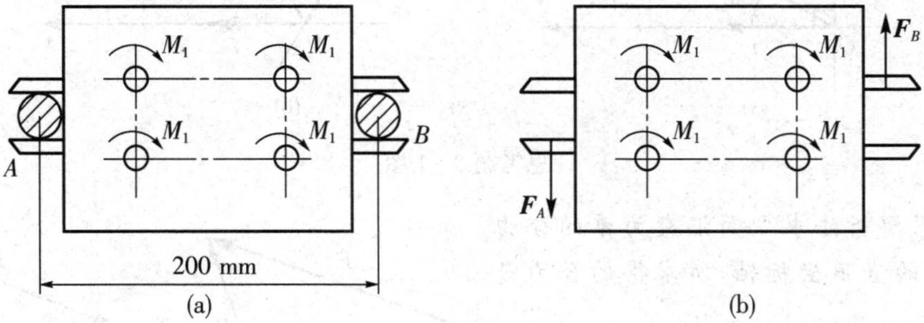

图 2-15

【解】 (1)求合力偶矩。因为四个切削力偶的转向相同，故得合力偶矩

$$M = -4M_1 = -60\ \text{kN} \cdot \text{m}$$

(2)求 A,B 端的约束反力。取工件为研究对象，工件上除受四个切削力偶外，A,B 处还有约束反力 $\boldsymbol{F}_A$,$\boldsymbol{F}_B$，如图 2-15(b)，根据力偶的性质 1，力偶只能和力偶平衡，则约束反力 $\boldsymbol{F}_A$,$\boldsymbol{F}_B$

必然组成一个力偶,由平面力偶系的平衡方程:$\sum M_i = 0$,则有 $F_A \cdot 0.2\,\mathrm{m} - 4M_1 = 0$,即

$$F_A = \frac{4M_1}{0.2\,\mathrm{m}} = 300\,\mathrm{kN} = F_B$$

【例 2-6】 杠杆 AB 受五个主动力作用,如图 2-16 所示,已知 $F_1 = F_2$,$F_3 = F_4 = F_5$,杆的自重不计,求杠杆保持平衡时 a 与 b 的比值。

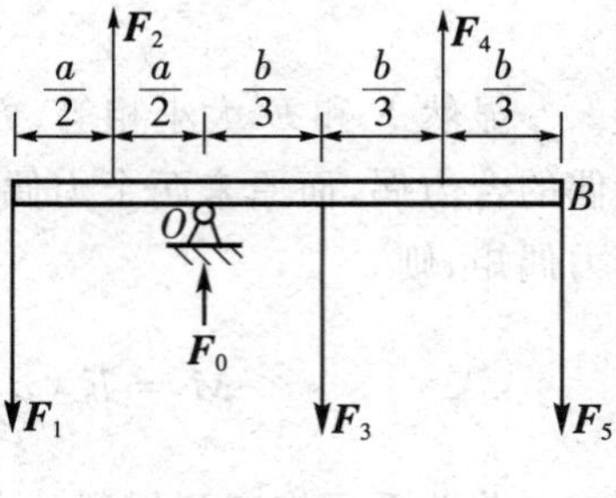

图 2-16

【解】 由图 2-16 和已知条件可知,F_1,F_2 组成一力偶,F_4,F_5 组成一力偶。由于杠杆自重不计,且杠杆平衡,由力偶的性质 1,力偶只能和力偶平衡,于是固定铰支座 O 的约束反力 F_O 一定向上,才能与 F_3 组成一力偶,由平面力偶系的平衡方程:$\sum M_i = 0$,则有

$$F_1 \cdot \frac{a}{2} - F_3 \cdot \frac{b}{3} - F_5 \cdot \frac{b}{3} = 0,\ 故\ \frac{a}{b} = \frac{4F_3}{3F_1}$$

思考题

2—1 力 $\boldsymbol{F}$ 沿轴 Ox,Oy 的分力和力在两轴上的投影有何区别?以图(a)、(b)两种情况为例进行分析说明。或 $\boldsymbol{F} = F_x\boldsymbol{i} + F_y\boldsymbol{j}$ 对图(a),(b)都成立吗?

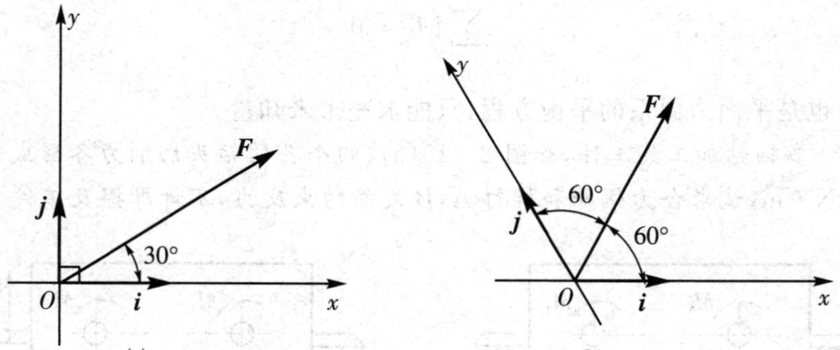

思考题 2-1 图

2—2 用解析法求平面汇交力系的合力时,若取不同的直角坐标轴,所求得的合力是否相同?

2—3 如图,两个力三角形表示的力学意义是什么?

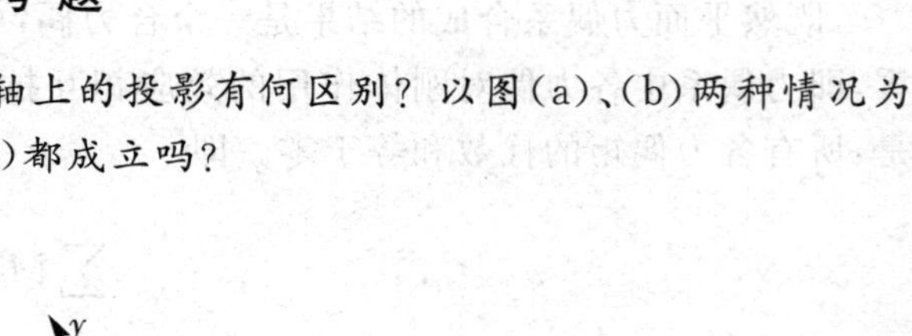

思考题 2-3 图

2—4 用解析法求解平面汇交力系的平衡问题时,x 与 y 两轴是否一定要相互垂直?当 x 与 y 轴不垂直时,建立的平衡方程 $\sum F_x = 0$,$\sum F_y = 0$ 能满足力系的平衡条件吗?为什么?

2—5　试比较力矩与力偶矩两者的异同。

习　　题

2—1　一个固定在墙上的圆环受三根绳子的拉力作用，如图所示。已知 $F_1=2$ kN，$F_2=2.5$ kN，$F_3=1.5$ kN，力 $\boldsymbol{F}_1$ 是水平的，用解析法和几何法求这三力的合力。

2—2　物体重 $P=20$ kN，用绳子挂在支架的滑轮 B 上，绳子的另一端接在绞 D 上，如图所示。转动绞车，物体便能升起。设滑轮的大小、AB 与 CB 杆自重及摩擦略去不计，A，B，C 三处均为铰链连接。当物体处于平衡状态时，求拉杆 AB 和支杆 CB 所受的力。

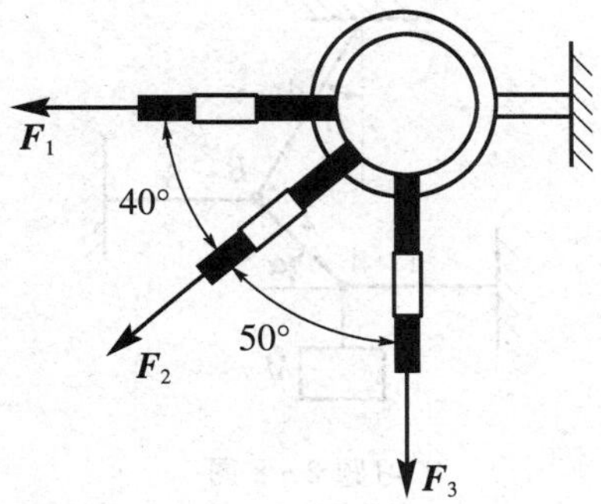

习题 2-1 图

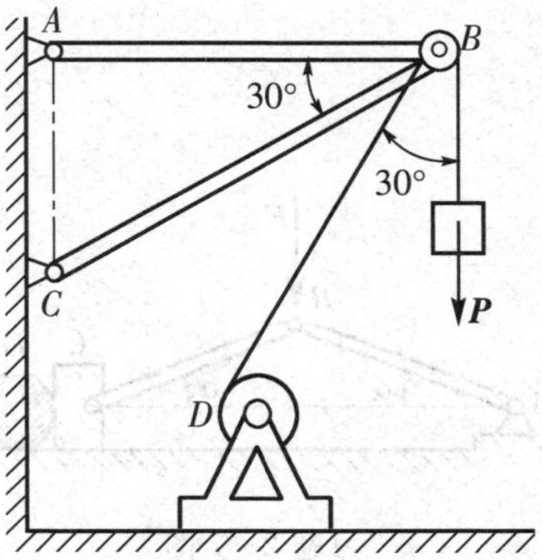

习题 2-2 图

2—3　用两根绳子 AC 和 BC 悬挂一个重为 $P=1$ kN 的物体。绳 AC 长 0.8 m，绳 BC 长 1.6 m，A，B 两点在同一水平线上，相距 2 m。求这两根绳子所受的拉力。

2—4　杆 AB 长为 l，B 端挂一重量为 P 的重物 M，A 端靠在光滑铅垂墙面上，而杆的 C 点搁在光滑台阶上。若杆对水平面的倾角为 α，试求杆平衡时 A，C 两处的反力以及 AC 的长度。杆重不计。

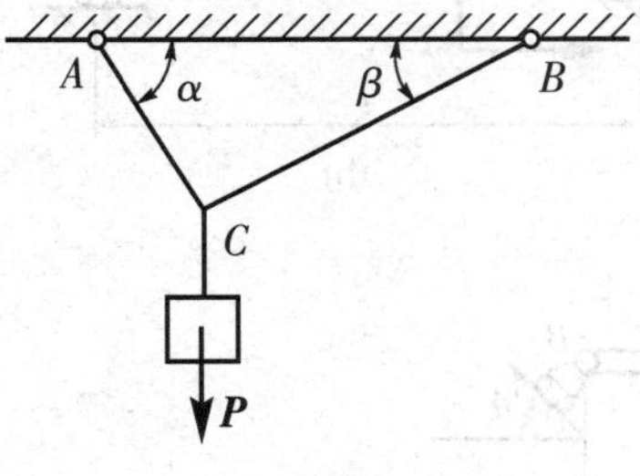

习题 2-3 图

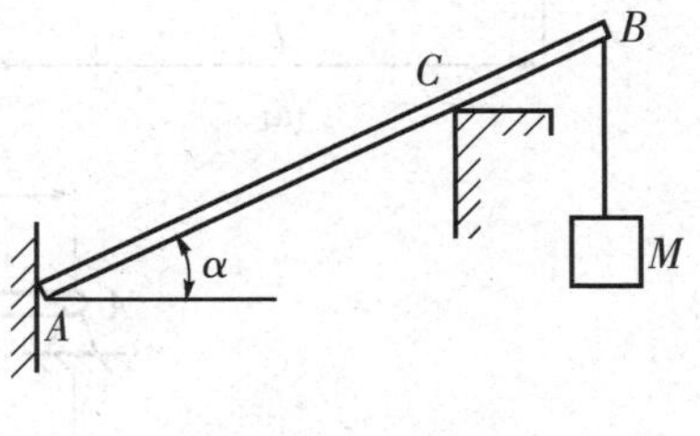

习题 2-4 图

2—5　压路机滚子重 $P=20$ kN，半径 $R=40$ cm，今用水平力 $\boldsymbol{F}$ 拉滚子而欲越过高 $h=8$ cm 的石坎，问力至少应多大？又若此拉力可取任意方向，问要使拉力为最小时，它与水平线的夹角 α 应为多大？并求此拉力的最小值。

2—6　试求图中所示的力 $\boldsymbol{F}$ 对 A 点的矩。已知 $r_1=20$ cm，$r_2=50$ cm，$F=300$ N。

2—7　压榨机构由 AB，BC 两杆和压块 C 用铰链连接而成，A，C 两铰位于同一水平线上。当在 B 点作用有铅垂力 $F=0.3$ kN，且 $\alpha=8°$ 时，被压榨物 D 所受的压榨力多大？不计压块与支承面间的摩擦及杆的自重。

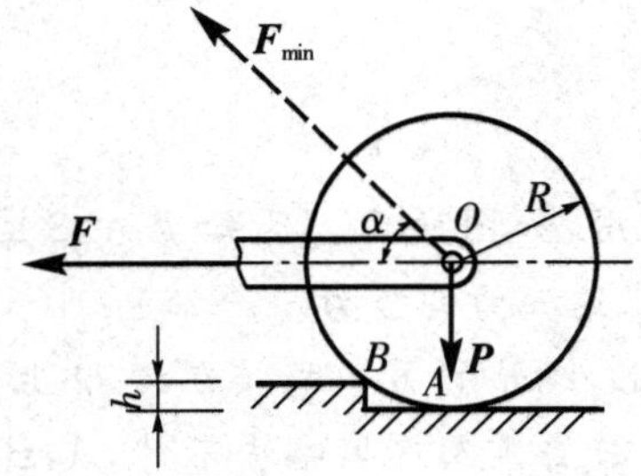

习题 2-5 图

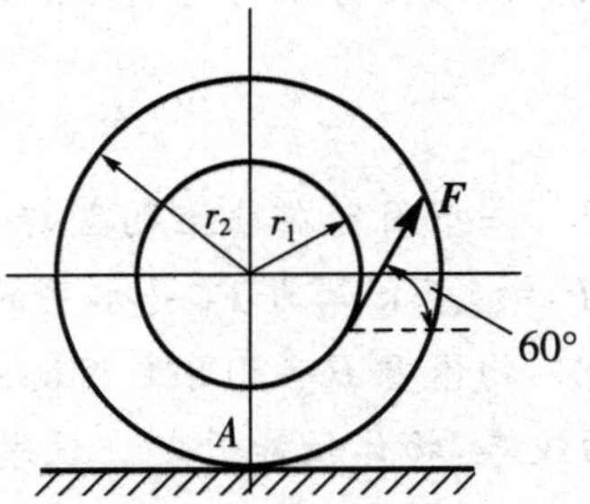

习题 2-6 图

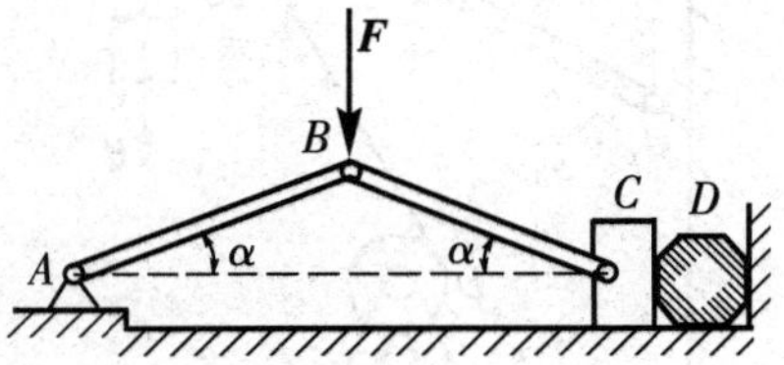

习题 2-7 图

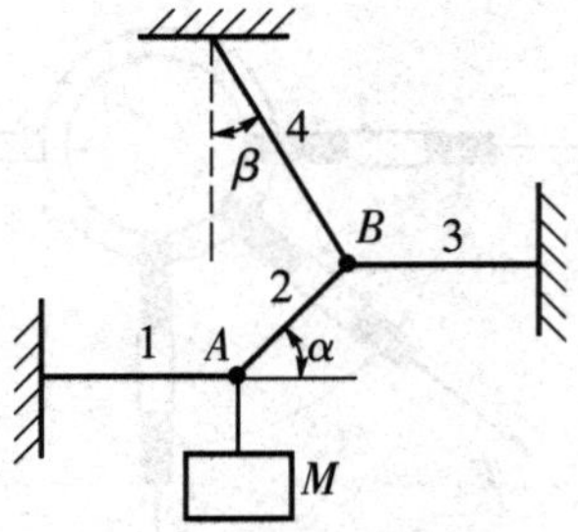

习题 2-8 图

2－8　用一组绳挂一重量 $P=1\ \mathrm{kN}$ 的物体 M，求各段绳的拉力。设 1，3 两段绳水平，且 $\alpha=45°$，$\beta=30°$。

2－9　已知梁 AB 上作用一力偶，力偶矩为 M，梁长为 l，梁重不计。求在图 a，b，c 三种情况下，支座 A 和 B 的约束力。

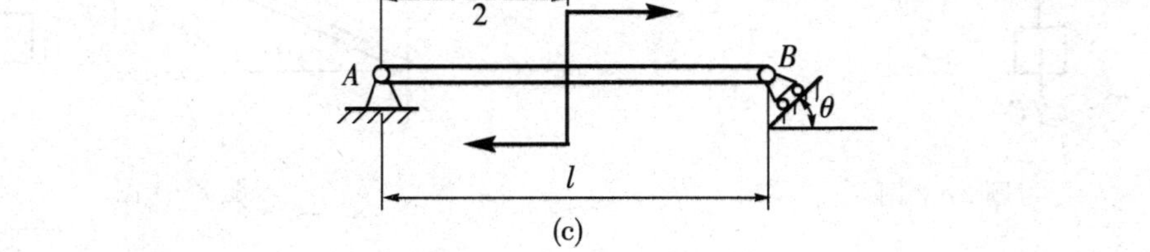

习题 2-9 图

2—10　在图示结构中，各构件的自重略去不计。在构件 AB 上作用一力偶矩为 M 的力偶，求支座 A 和 C 的约束力。

2—11　在图示机构中，曲柄 OA 上作用一力偶，其矩为 M；另在滑块 D 上作用水平力 $\boldsymbol{F}$。机构尺寸如图所示，各杆重量不计。求当机构平衡时，力 F 与力偶矩 M 的关系。

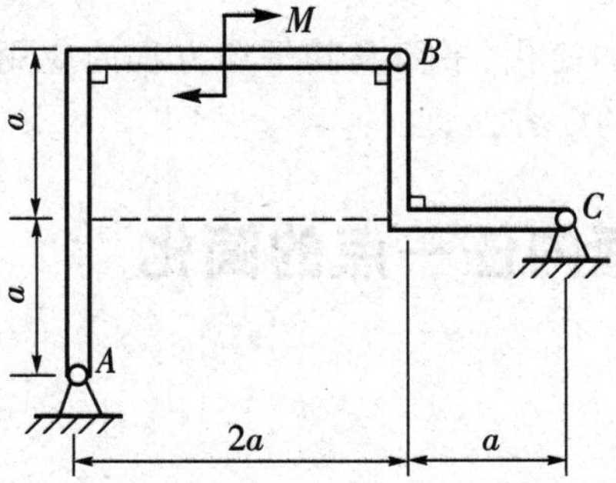

习题 2-10 图

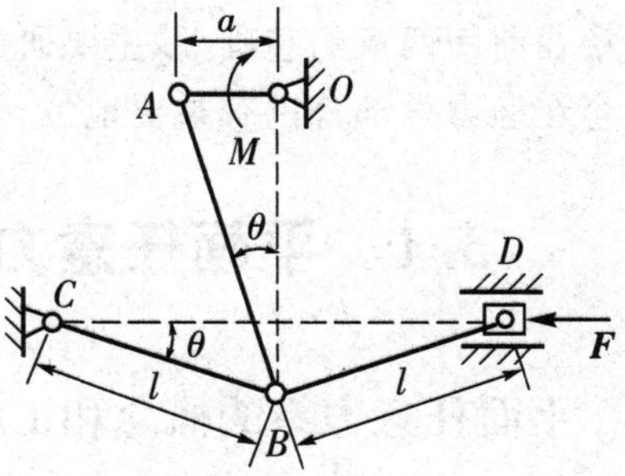

习题 2-11 图

第3章 平面任意力系

本章在前面两章的基础上，主要研究平面任意力系的简化、平衡及其平衡方程的应用问题。本章内容在静力学部分占有重要地位，是静力学的核心的内容。

3.1 平面任意力系向作用面内任一点的简化

3.1.1 平面任意力系的概念和工程实例

所谓平面任意力系是指各力作用线在同一平面内且任意分布的力系。任意分布指各力作用线既不全部平行又不全部相交。平面任意力系是工程上比较常见的力系，很多实际问题都可简化成平面任意力系问题来处理。例如，在建筑工程中，有些结构的厚度比其余两个方向的尺寸小得多，可看作为一个平面，这样的结构称为平面结构。而平面结构上作用的各力，其作用线一般都在平面结构的这一平面内，因此可看作平面任意力系。如图 3-1 所示的三角形屋架，它的高宽均比它的厚度大得多，可视为平面结构，它受到屋面传来的竖向荷载 $\boldsymbol{P}$、风荷载 $\boldsymbol{F}$ 及两端支座的约束反力 $\boldsymbol{F}_{Ax}$，$\boldsymbol{F}_{Ay}$，$\boldsymbol{F}_B$，这些力在同一平面内，组成平面任意力系。

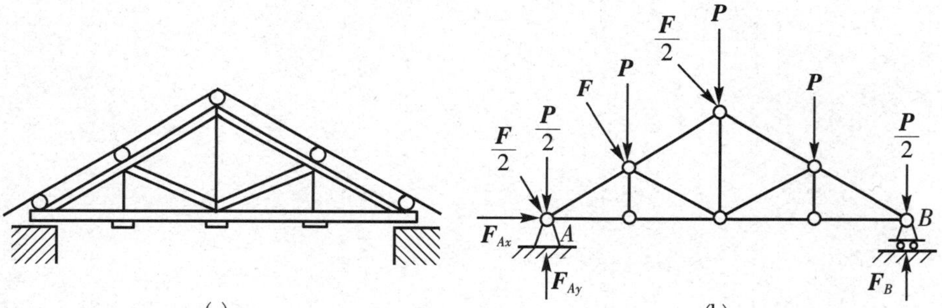

图 3-1

再例如，有些结构虽然不是平面结构，其上的力系本来也不是平面任意力系，但如果作用在结构上的力，结构本身及支承都对称于某一平面，则作用结构上的力系就可简化这个对称平面的平面任意力系。如图 3-2(a)水利工程上常见的水坝，在进行力学分析时，往往沿坝长取单位长度(如 1 m)的坝段来研究，这是一个对称于坝段中央平面的结构，因此，可将坝段上所受的力系简化为作用在坝段中央平面的平面任意力系，如图 3-2(b)所示。

力系向任一点的简化是一种常用的力系简化方法。它的理论基础是力的平移定理。

3.1.2 力的平移定理

定理：作用于刚体上的力 $\boldsymbol{F}$，可以平移到同一刚体上的任一点 B，但必须同时附加一个力偶，其力偶矩等于原力 $\boldsymbol{F}$ 对新作用点 B 的矩。这就是力的平移定理，下面对此定理进行证明。

证明：设在刚体的 A 点作用一个力 $\boldsymbol{F}$，如图 3-3(a)，在刚体上任取一已知点 B，根据静力学

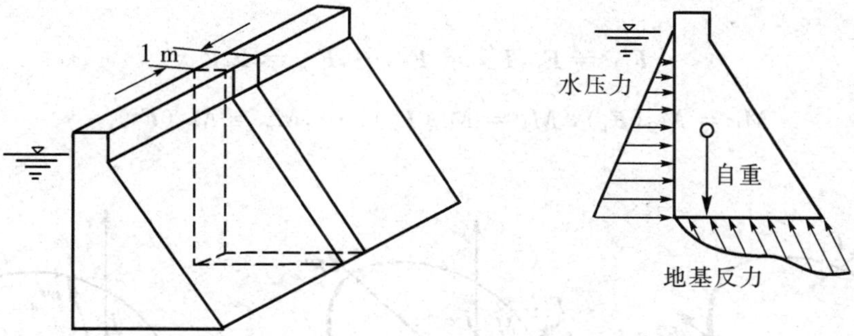

图 3-2

的公理 2、公理 3，在 B 点加一对大小相等、方向相反，在一条直线上的平衡力 $\boldsymbol{F}'$ 和 $\boldsymbol{F}''$，使它们与力 $\boldsymbol{F}$ 平行，并且 $F=F'=F''$，如图 3-3(b)示，显然，三个力 $\boldsymbol{F},\boldsymbol{F}',\boldsymbol{F}''$ 组成的力系与原来的一个力 $\boldsymbol{F}$ 等效。由于 $\boldsymbol{F}''$ 与 $\boldsymbol{F}$ 大小相等、方向相反，且不在一条直线上，故 $\boldsymbol{F}'',\boldsymbol{F}$ 组成一个力偶，其力偶矩 $M=Fd=M_B(\boldsymbol{F})$，即力偶矩等于原力 $\boldsymbol{F}$ 对新作用点 B 的矩（包括大小、转向），如图 3-3(c)所示，这样，图 3-3(c)上只有一个力 $\boldsymbol{F}'$ 和一个力偶矩 M，此定理得证。

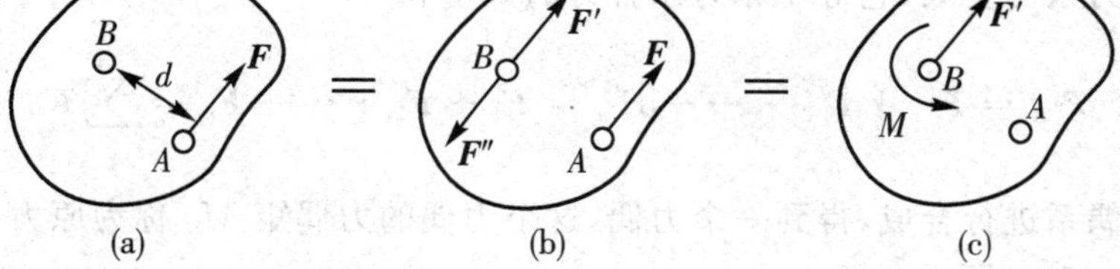

图 3-3

一个力平移的结果可得到同一平面的一个力和一个力偶。反过来，同平面的一个力 $\boldsymbol{F}'$ 和一个力偶矩为 M 的力偶也一定能合成一个大小和方向与力 $\boldsymbol{F}'$ 相同的力 $\boldsymbol{F}$，它的作用点到力 $\boldsymbol{F}'$ 作用线的距离为 $d=\dfrac{|M|}{F'}$。

【例 3-1】 图 3-4(a)所示一厂房中行车梁立柱受偏心荷载 $\boldsymbol{F}$ 作用，试分析此力作用的效应。

【解】 由力的平移定理，将偏心荷载平移到柱子的轴线上，得到一个力 $\boldsymbol{F}'$ 和力偶矩 $M=F\cdot e$，可见，力 $\boldsymbol{F}'$ 使柱子压缩，力偶矩 M 使柱子产生顺时针方向的弯曲，如图 3-4(b)所示。

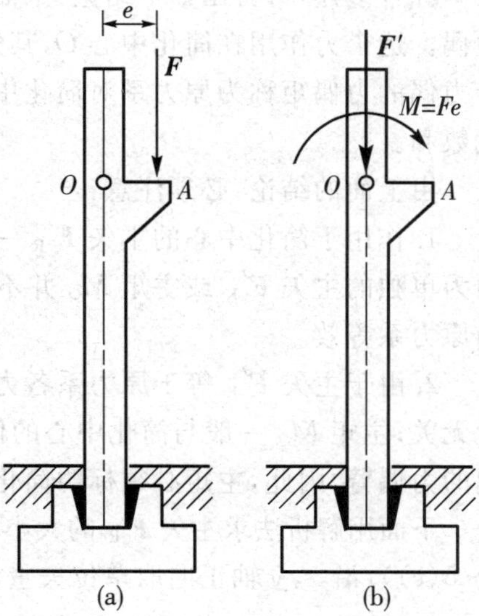

图 3-4

3.1.3　平面任意力系向作用面内任一点的简化

如图 3-5(a)，设在刚体上作用着一平面任意力系 $\boldsymbol{F}_1,\boldsymbol{F}_2,\cdots,\boldsymbol{F}_n$。在力系所在平面内任选一点 O，点 O 称为简化中心，根据力的平移定理，将各力平移到 O 点，于是就得到作用于 O 点的平面汇交力系 $\boldsymbol{F}'_1,\boldsymbol{F}'_2,\cdots,\boldsymbol{F}'_n$ 以及作用于力系所在平面内的力偶矩为 $M_1,M_2,\cdots,M_n$ 的附

加力偶系,如图 3－5(b)所示。其中,

$$\boldsymbol{F}'_1=\boldsymbol{F}_1,\boldsymbol{F}'_2=\boldsymbol{F}_2,\cdots,\boldsymbol{F}'_n=\boldsymbol{F}_n$$

$$M_1=M_O(\boldsymbol{F}_1),\ M_2=M_O(\boldsymbol{F}_2),\ \cdots,M_n=M_O(\boldsymbol{F}_n).$$

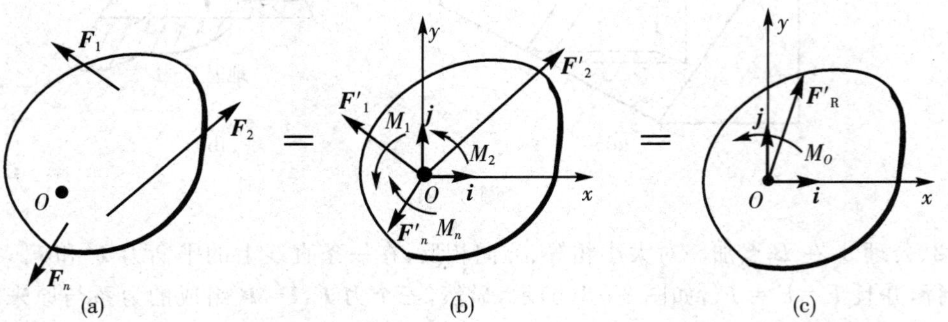

图 3－5

然后再分别合成这两个力系。

平面汇交力系 $\boldsymbol{F}'_1,\boldsymbol{F}'_2,\cdots,\boldsymbol{F}'_n$ 可合成为作用O点一个力 $\boldsymbol{F}'_R$,如图 3－5(c)所示,这个力的矢量 $\boldsymbol{F}'_R$ 称为原力系的主矢,它等于原力系各力的矢量和。即

$$\boldsymbol{F}'_R=\boldsymbol{F}'_1+\boldsymbol{F}'_2+\cdots+\boldsymbol{F}'_n=\boldsymbol{F}_1+\boldsymbol{F}_2+\cdots+\boldsymbol{F}_n=\sum\boldsymbol{F}_i \tag{3-1}$$

再将附加力偶系进行合成,得到一个力偶,这个力偶的力偶矩 M_O 称为原力系对于简化中心 O 的主矩,如图 3－5(c)所示。即

$$M_O=M_1+M_2+\cdots+M_n=M_O(\boldsymbol{F}_1)+M_O(\boldsymbol{F}_2)+\cdots+M_O(\boldsymbol{F}_n)=\sum M_O(\boldsymbol{F}_i) \tag{3-2}$$

综合上述,可得出如下结论:平面任意力系向作用面内任选一点 O 简化,可得一个力和一个力偶。这个力作用在简化中心 O,其矢量称为原力系主矢,并等于这个力系中各力的矢量和;这个力偶的力偶矩称为原力系对简化中心的 O 主矩,并等于这个力系中各力对简化中心 O 的矩的代数和。

由上面的结论,必须注意:

1. 作用于简化中心的主矢 $\boldsymbol{F}'_R$ 一般不是原力系的合力,主矩 M_O 也不是原力系的合力偶矩,因为单独的主矢 $\boldsymbol{F}'_R$ 或主矩 M_O 并不与原力系等效,而是由主矢 $\boldsymbol{F}'_R$ 及力矩 M_O 组成的力系才与原力系等效。

2. 由于主矢 $\boldsymbol{F}'_R$ 等于原力系各力的矢量和,所以主矢 $\boldsymbol{F}'_R$ 的大小和方向均与简化中心的位置无关;主矩 M_O 一般与简化中心的位置有关,因为改变简化中心的位置,必然改变每个附加力偶的力偶臂,因此,主矩必须标明简化中心。

下面用解析法求主矢 $\boldsymbol{F}'_R$ 的大小和方向,通过简化中心 O 点作直角坐标系 Oxy(图 3－5(b),3－5(c)),沿 x,y 轴正向取单位矢量 $\boldsymbol{i},\boldsymbol{j}$,设 F'_{Rx},F'_{Ry} 和 F_x,F_y 分别表示主矢 $\boldsymbol{F}'_R$ 和原力系各力在 x,y 轴上的投影,根据合力投影定理,得 $F'_{Rx}=\sum F_x$, $F'_{Ry}=\sum F_y$ 又因为

$$F'_R = F'_{Rx}\boldsymbol{i} + F'_{Ry}\boldsymbol{j}$$

于是可得主矢 $\boldsymbol{F}'_R$ 的大小和方向余弦为

$$\left.\begin{aligned} F'_R &= \sqrt{(\sum F_x)^2 + (\sum F_y)^2} \\ \cos(\boldsymbol{F}'_R, \boldsymbol{i}) &= \frac{\sum F_x}{F'_R},\ \cos(\boldsymbol{F}'_R, \boldsymbol{j}) = \frac{\sum F_y}{F'_R} \end{aligned}\right\} \tag{3-3}$$

现在利用力系向一点简化的方法,分析平面固定端约束的约束反力。

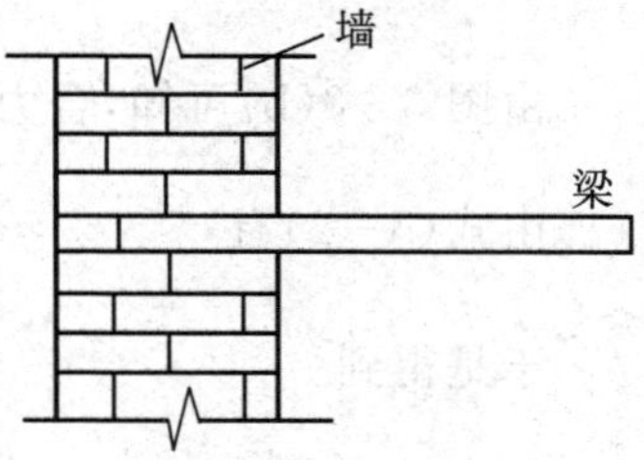

图 3-6

在平面问题中,既能限制物体移动、又能限制物体转动的约束,称为固定端支座。例如,一根挑梁(图 3-6),它的一端嵌入墙体内,使梁固定不动,墙体就是梁的固定端支座。

固定端支座的简图如图 3-7(a)所示,它对构件的作用,是在接触面上作用了一群约束反力。在平面问题中,这些力为平面任意力系,如图 3-7(b)所示。

将力系向平面内 A 点简化,得到一个力 $\boldsymbol{F}_A$ 和一个力偶 M_A,如图 3-7(c)所示。一般情况下,这个力的大小和方向均为未知量,可用两个未知分力来代替。因此,平面固定端支座的约束作用力可简化为两个约束反力 $\boldsymbol{F}_{Ax}$,$\boldsymbol{F}_{Ay}$ 和一个矩为 M_A 的约束力偶。如图 3-7(d)所示。

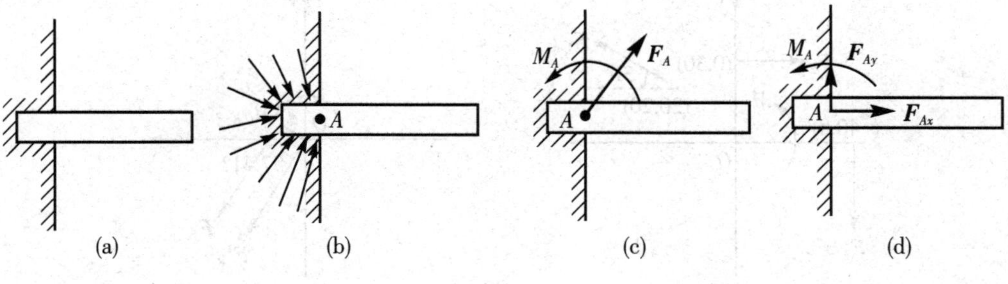

图 3-7

3.1.4　平面任意力系的简化结果分析

将平面任意力系向一点简化,虽然一般可得到一个主矢和主矩,但也可能有其他情况;即使是一个主矢和一个主矩,也还不是最后结果。因此,有必要作进一步的讨论。

1. 主矢 $\boldsymbol{F}'_R \neq 0$,主矩 $M_O = 0$,此时原力系简化为一个作用于简化中心 O 的力 $\boldsymbol{F}'_R$,$\boldsymbol{F}'_R$ 就是原力系的合力,那 $\boldsymbol{F}'_R = \sum \boldsymbol{F}_i = \boldsymbol{F}$

2. 主矢 $\boldsymbol{F}'_R = 0$,主矩 $M_O \neq 0$,此时原力系简化为一个力偶,此力偶就是与原力系等效的合力偶,其力偶矩等于主矩 M_O,且 $M_O = \sum M_O(\boldsymbol{F}_i)$

3. 主矢 $\boldsymbol{F}'_R \neq 0$,主矩 $M_O \neq 0$,如图 3-8(a)示,由力的平移定理,主矢 $\boldsymbol{F}'_R$、主矩 M_O 进一步简化为一个作用于另一点 O' 的合力 $\boldsymbol{F}_R$,如图 3-8(b),合力 $\boldsymbol{F}_R = \boldsymbol{F}'_R$。合力 $\boldsymbol{F}_R$ 的作用线到简化中心 O 的距离 $d = |M_O| / F'_R$,至于合力 $\boldsymbol{F}_R$ 在 O 点的那一侧,由合力 $\boldsymbol{F}_R$ 对 O 矩的转向应与主矩 M_O 转向一致来确定。这也说明了在这种情况下,原力系与一个合力等效。

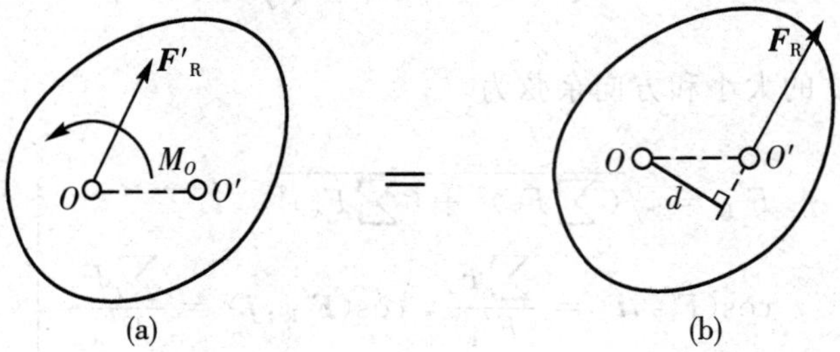

图 3-8

由图 3-8(b)可知,合力 $\boldsymbol{F}_R$ 对 O 点的矩为:$M_O(\boldsymbol{F}_R)=F_R d=M_O$

由式(3-2)有
$$M_O=\sum M_O(\boldsymbol{F}_i)$$

于是得到
$$M_O(\boldsymbol{F}_R)=\sum M_O(\boldsymbol{F}_i) \qquad (3-4)$$

即平面任意力系的合力对作用面内任一点之矩,等于力系中各力对同一点之矩的代数和。这称为平面任意力系的合力矩定理。

4. 主矢 $\boldsymbol{F}'_R=0$,主矩 $M_O=0$,则原力系平衡。这种情形将在下节讨论。

【例 3-2】 图 3-9(a)平面任意力系中,$F_1=30$ N,$F_2=10$ N,$F_3=40$ N,$M=2000$ N·cm,各力作用位置图示,图中尺寸单位 cm,试将各力向 O 点简化,并求简化的最后结果。

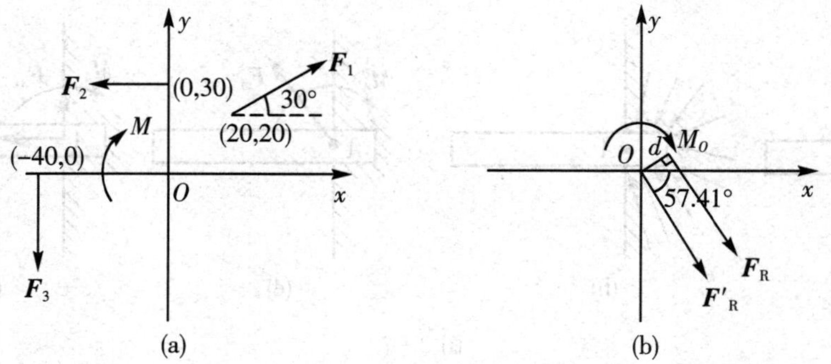

图 3-9

【解】 (1)将力系向 O 点简化,求其主矢 $\boldsymbol{F}'_R$ 和主矩 M_O。

主矢 $\boldsymbol{F}'_R$ 在 x,y 轴上的投影为

$$F'_{Rx}=\sum F_x=F_1\cos30°-F_2=15.98\text{ N}$$

$$F'_{Ry}=\sum F_y=F_1\sin30°-F_3=-25\text{ N}$$

主矢 $\boldsymbol{F}'_R$ 的大小为

$$F'_R=\sqrt{(\sum F_x)^2+(\sum F_y)^2}=29.67\text{ N}$$

主矢 $\boldsymbol{F}'_R$的方向余弦为

$$\cos(\boldsymbol{F}_R,\boldsymbol{i})=\frac{\sum F_x}{F'_R}=\frac{15.98\ \text{N}}{29.67\ \text{N}}=0.539 \qquad \angle(\boldsymbol{F}'_R,\boldsymbol{i})=57.41°$$

由于 F'_{Rx} 为正，F'_{Ry} 为负，故主矢 $\boldsymbol{F}'_R$ 在第四象限，所以主矢 $\boldsymbol{F}'_R$ 与 x 轴夹角为 $-57.41°$。

力系对点 O 的主矩为

$$\begin{aligned}M_O&=\sum M_O(\boldsymbol{F}_i)\\&=-F_1\cos30°\times20\ \text{cm}+F_1\sin30°\times20\ \text{cm}+F_2\times30\ \text{cm}+F_3\times40\ \text{cm}-M\\&=-319.6\ \text{N}\cdot\text{cm}\end{aligned}$$

向 O 点简化，得到主矢和主矩的方位如图 3-9(b)

(2)进一步简化，得到合力 $\boldsymbol{F}_R$。

合力 $\boldsymbol{F}_R$ 的大小和方向与主矢 $\boldsymbol{F}'_R$ 相同，合力 $\boldsymbol{F}_R$ 的作用线到 O 距离

$$d=\frac{|M_O|}{F'_R}=\frac{319.6\ \text{N}\cdot\text{cm}}{29.67\ \text{N}}=10.77\ \text{cm}，在\ O\ 点的右上侧$$

【例 3-3】 求图 3-10 所示的梁上按三角形分布的线荷载的合力。已知梁长 l，梁端 B 处的线荷载集度为 q_m。

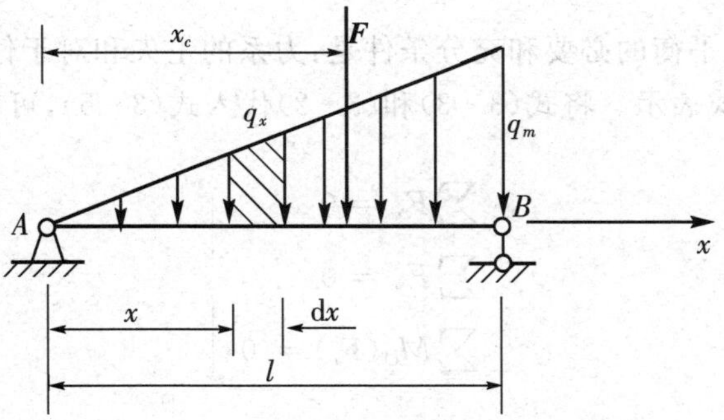

图 3-10

【解】 以梁轴线 AB 为 x 轴，A 点为坐标原点，在距 A 点为 x 处取一微段 dx，由相似三角形的关系知，x 处的荷载集度 $q_x=(x/l)q_m$，如图 3-10 所示，而微段 dx 上的荷载集度可视为常量，所以，在长度 dx 上的力的大小为 $q_x dx$。于是，整个梁上按三角形分布的线荷载的合力 $\boldsymbol{F}$ 的大小为：

$$F=\int_0^l q_x dx=\int_0^l (q_m/l)x dx=\frac{q_m l}{2} \tag{a}$$

合力 $\boldsymbol{F}$ 的方向与分布力的方向相同。

设点 A 至合力 $\boldsymbol{F}$ 的作用线的距离为 x_c，则由合力矩定理可得

$$F\cdot x_c=\int_0^l (q_x dx)\cdot x=\int_0^l \frac{q_m}{l}x^2 dx$$

解得

$$x_c=\frac{2}{3}l \tag{b}$$

计算结果表明，三角形分布的线荷载合力等于三角形分布荷载的面积，合力作用线通过三角形分布荷载图的几何中心。请读者证明矩形分布线荷载的合力大小和作用线位置。

3.2 平面任意力系的平衡条件和平衡方程

现在讨论静力学中最重要的情形，即平面任意力系的主矢和主矩都等于零，亦即

$$\left.\begin{aligned}\boldsymbol{F}'_{\mathrm{R}}&=0\\M_O&=0\end{aligned}\right\} \tag{3-5}$$

若平面任意力系主矢 $\boldsymbol{F}'_{\mathrm{R}}=0$，则表明作用于简化中心的平面汇交力系相互平衡；若平面任意力系主矩 $M_O=0$，则表明附加力偶系相互平衡。所以，只要满足式(3-5)中的两个条件，则该力系为平衡力系。式(3-5)是平面任意力系平衡的充分条件。

式(3-5)也是平面任意力系平衡的必要条件。因为若主矢和主矩有一个不等于零，则平面任意力系可简化为合力或合力偶；若主矢和主矩都不等于零时，可进一步简化为一个合力。在这两种情况下，平面任意力系都不能保持平衡。因此，若要平面任意力系平衡，主矢和主矩必须都等于零。

于是，平面任意力系平衡的必要和充分条件是：力系的主矢和对于任一点的主矩都等于零。

这个条件可用解析式表示。将式(3-3)和(3-2)代入式(3-5)，可得

$$\left.\begin{aligned}\sum F_x&=0\\\sum F_y&=0\\\sum M_O(\boldsymbol{F}_i)&=0\end{aligned}\right\} \tag{3-6}$$

于是平面任意力系平衡的必要与充分的解析条件是：力系中所有各力在力系平面内两个直角坐标轴上的投影的代数和分别等于零，以及各力对于任意一点的矩的代数和也等于零。

式(3-6)称为平面任意力系平衡方程的基本形式，其中前两个称为投影方程，后一个称为力矩方程，式(3-6)是三个彼此独立的方程，可以解出三个未知量。平面任意力系平衡方程除了基本形式外，还有其他形式，后面将会介绍这些其他形式。

必须说明的是：在应用平面任意力系平衡方程求解平衡问题时，为了使投影方程计算简单，则投影轴尽可能选取与力系中尽量多的未知力的作用线垂直。为了使力矩方程计算简单，通常将矩心取在两个未知力作用线的交点上。

【例3-4】 图3-11所示水平横梁 AB，A 端为固定铰支座，B 端为可动铰支座，梁长为4 m，梁重 $P=120$ kN，受荷载如图示，其中 $M=20$ kN·m，$q=15$ kN/m，试求 A 和 B 处的支座反力。

【解】 取水平横梁 AB 为研究对象，它所受到的主动力有：梁自重 $\boldsymbol{P}$，力偶矩 M，以及线性分布荷载，在求支座反力前，先把线性分布荷载简化为一集中力 $\boldsymbol{F}$，此简化过程见例3-3，这里只用其结果，即 $F=(1/2)\times q\times 2\text{ m}=15$ kN，其作用线至 B 支座的距离为(2/3) m，梁所受的约束反力有：固定铰支座 A 的两个反力 $\boldsymbol{F}_{Ax}$ 和 $\boldsymbol{F}_{Ay}$。可动支座 B 处的约束力 $\boldsymbol{F}_B$，这些反力方向均假设，见

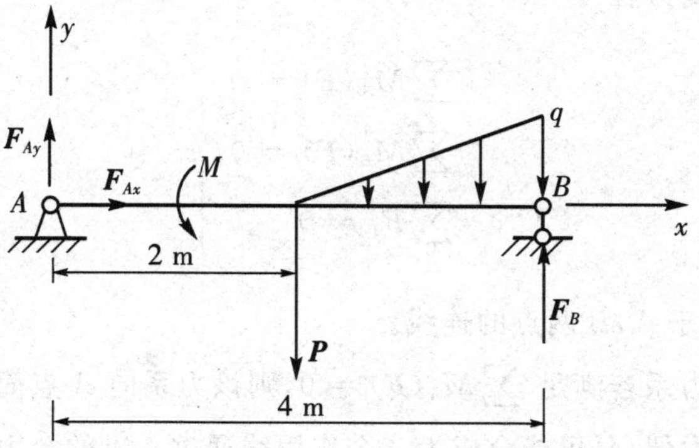

图 3-11

图示。取坐标系如图示,列平衡方程

$$\sum F_x = 0,\ F_{Ax} = 0$$

$$\sum M_B(\boldsymbol{F}) = 0,\ -F_{Ay} \times 4\ \text{m} + M + P \times 2\ \text{m} + (1/2) \times q \times 2\ \text{m} \times (2/3)\ \text{m} = 0$$

$$\sum F_y = 0,\ F_{Ay} - P - (1/2)q \times 2\ \text{m} + F_B = 0$$

解得 $F_{Ay} = 67.5\ \text{kN}\quad F_B = 67.5\ \text{kN}$

【例 3-5】 图 3-12 所示刚架,尺寸如图示,受有均布线荷载 $\boldsymbol{q}$,集中力 $\boldsymbol{F}$ 力偶矩 M,不计刚架自重。求固定端 A 处的约束反力。

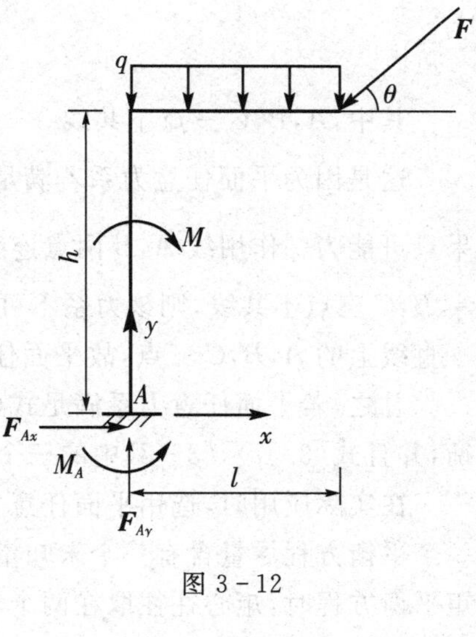

图 3-12

【解】 取刚架为研究对象,它受到的主动力有:集中力 $\boldsymbol{F}$、力偶矩 M 以及均布线荷载 $\boldsymbol{q}$,同样在求支座反力前,先把均布线荷载简化为一集中力 $\boldsymbol{F}'$,其集中力 $\boldsymbol{F}'$ 等于矩形分布荷载图的面积,即 $F' = ql$,其作用线通过矩形分布荷载图的几何中心。刚架所受的约束反力有:固定端 A 处的三个反力 $\boldsymbol{F}_{Ax}$, $\boldsymbol{F}_{Ay}$, M_A,这些反力方向均假设,见图示,取坐标系如图示,列平衡方程。

$$\sum F_x = 0,\ F_{Ax} - F\cos\theta = 0,$$

解得 $F_{Ax} = F\cos\theta$

$$\sum F_y = 0,\ F_{Ay} - ql - F\sin\theta = 0,$$

解得 $F_{Ay} = ql + F\sin\theta$

$$\sum M_A(\boldsymbol{F}) = 0,\ M_A - ql(l/2) - F\sin\theta \cdot l + F\cos\theta \cdot h - M = 0$$

解得 $M_A = ql \cdot (l/2) + F\sin\theta \cdot l - F\cos\theta \cdot h + M$

下面介绍平面任意力系平衡方程的其他两种形式。

1. 二力矩形式的平衡方程

$$\left.\begin{aligned}\sum M_A(\boldsymbol{F}) = 0\\ \sum M_B(\boldsymbol{F}) = 0\\ \sum F_x = 0\end{aligned}\right\} \tag{3-7}$$

其中,x 轴不能垂直于 A,B 两点的连线。

这是因为平面任意力系若满足 $\sum M_A(\boldsymbol{F}) = 0$,则该力系向 A 点简化的主矩等于零,所以该力系合成结果不可能为力偶,只可能合成为一个作用线通过 A 点的合力或者平衡。若平面任意力系又满足 $\sum M_B(\boldsymbol{F}) = 0$,则该力系合成结果只可能为一个作用线通过 A,B 两点连线的合力或者平衡。若平面任意力系又满足 $\sum F_x = 0$ 且投影轴 x 不垂直 A,B 两点的连线,则该力系就不可能合成为一个合力,这是因为合力只有一条作用线,该作用线不可能既通过 A,B 两点,又与投影轴 x 垂直。故平面任意力系必然平衡。

2. 三力矩形式的平衡方程

$$\left.\begin{aligned}\sum M_A(\boldsymbol{F}) = 0\\ \sum M_B(\boldsymbol{F}) = 0\\ \sum M_C(\boldsymbol{F}) = 0\end{aligned}\right\} \tag{3-8}$$

其中,A,B,C 三点不共线。

这是因为平面任意力系若满足 $\sum M_A(\boldsymbol{F}) = 0$ 和 $\sum M_B(\boldsymbol{F}) = 0$,由上述可知,该力系合成结果只可能为一作用线 A,B 两点连线的合力或平衡。若平面任意力系再满足 $\sum M_C(\boldsymbol{F}) = 0$,且 A,B,C 三点不共线,则该力系不可能合成合力,因为合力的作用线只有一根,它不可能经过不在一直线上的 A,B,C 三点,故平面任意力系必然平衡。

总之,若平面任意力系满足式(3-7),(3-8)及其相应的附加条件,则平面任意力系必然平衡,并且式(3-7),(3-8)中的三个方程,都是独立的平衡方程,可以解三个未知量。

在实际应用时,选用平面任意力系平衡方程的那种形式,完全取决于计算是否方便,为了使一个平衡方程尽量含有一个未知量,列投影平衡方程时,投影轴尽量与较多的未知量垂直;列力矩平衡方程时,矩心往往取在两个未知力作用线的交点。

【例 3-6】 水平梁用三根链杆支承,并受荷载如图 3-13(a)所示,已知 $F=30$ kN,$M=50$ kN·m,试求每根链杆所受的反力。

【解】 取水平梁为研究对象,它受到主动力有:集中力 $\boldsymbol{F}$、力偶矩 $\boldsymbol{M}$,水平梁所受到的反力有:三根链杆的反力 $\boldsymbol{F}_A$,$\boldsymbol{F}_B$,$\boldsymbol{F}_C$,假设受压,取坐标轴

如图 3-13(b)所示,列平衡方程

$$\sum M_{01}(\boldsymbol{F}) = 0,\ F_C \times 9\ \text{m} - M = 0$$

解得

$$F_C = 5.56\ \text{kN}$$

$$\sum M_{O2}(\boldsymbol{F}) = 0,\ -F_A\sin45°\cdot 12\ \text{m} - F_A\cos45°\cdot 6\ \text{m} + F\cdot 9\ \text{m} - M = 0$$

解得

$$F_A = 17.29\ \text{kN}$$

$$\sum F_x = 0, F_A\cos45° - F_B\cos45° = 0$$

解得

$$F_B = 17.29\ \text{kN}$$

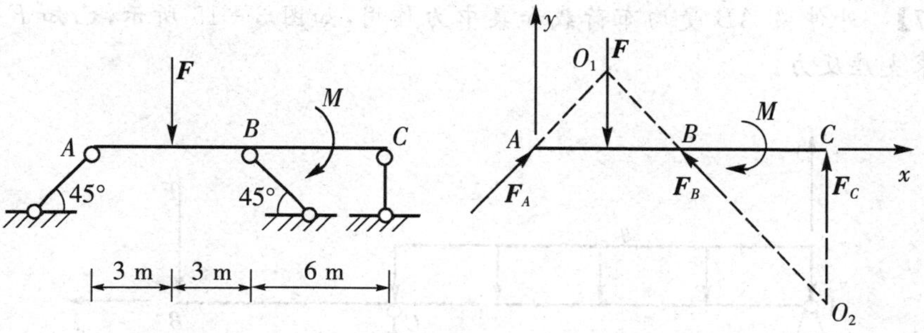

图 3-13

$\boldsymbol{F}_B$ 也可以用力矩平衡方程来求，矩心取在 $\boldsymbol{F}_A$，$\boldsymbol{F}_C$ 作用线的交点 O_3，由 $\sum M_{O3}(\boldsymbol{F}) = 0$ 来求。

3.3 平面平行力系的平衡

所谓平面平行力系是指各力作用线在同一平面内，并且相互平行的力系。

平面平行力系是平面任意力系的一种特殊情况，因此，它的平衡方程可从平面任意力系的平衡方程中导出。下面来导出平面平行力系的平衡方程。

如图 3-14 所示，设物体上受平面平行力系 $\boldsymbol{F}_1, \boldsymbol{F}_2, \cdots, \boldsymbol{F}_n$ 的作用，若选取轴 y 与各力作用线平行，则 x 轴就与各力作用线垂直。这时，不论平面平行力系是否平衡，则各力在 x 轴上的投影均等于零，即 $\sum F_x \equiv 0$，成为恒等式。于是，平面平行力系的独立平衡方程只有两个，即

$$\left.\begin{aligned}\sum F_y = 0\\ \sum M_O(\boldsymbol{F}) = 0\end{aligned}\right\} \quad (3-9)$$

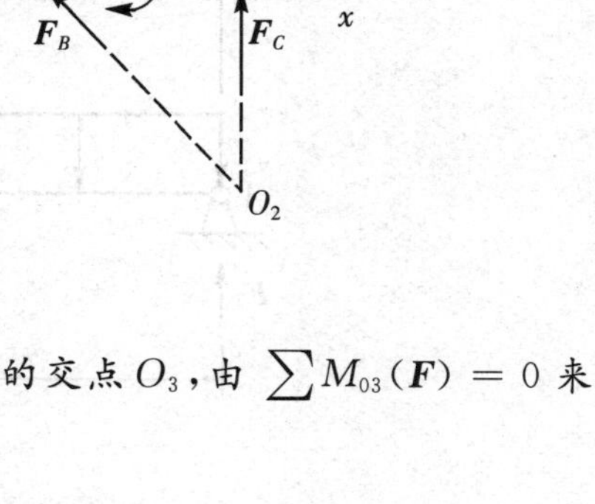

图 3-14

因为各个力与 Y 轴平行，故 $\sum F_y = \sum F_i$，即表示各个力的代数和等于零，于是，平面平行力系平衡的必要充分条件是：力系中所有各力的代数和等于零，以及这些力对于任一点之矩的代数和等于零。式(3-9)也称为平面平行力系的平衡方程的基本形式。

平面平行力系的平衡方程也可用二力矩形式来表示，即

$$\left.\begin{aligned}\sum M_A(\boldsymbol{F})=0\\ \sum M_B(\boldsymbol{F})=0\end{aligned}\right\} \tag{3-10}$$

其中,A,B 两点的连线不平行于力系中各力的作用线。

式(3-9),(3-10)均含有两个独立的平衡方程,可以解两个未知量,实质上,前面几章介绍的平面汇交力系,平面力偶系均是平面任意力系的特殊情况,它们的平衡方程同样也可以从平面任意力系的平衡方程中导出;怎么导出请读者思考。

【例 3-7】 外伸梁 AB 受均布荷载和集中力作用,如图 3-15 所示,已知 $F=20$ kN,$q=4$ kN/m,试求支座反力。

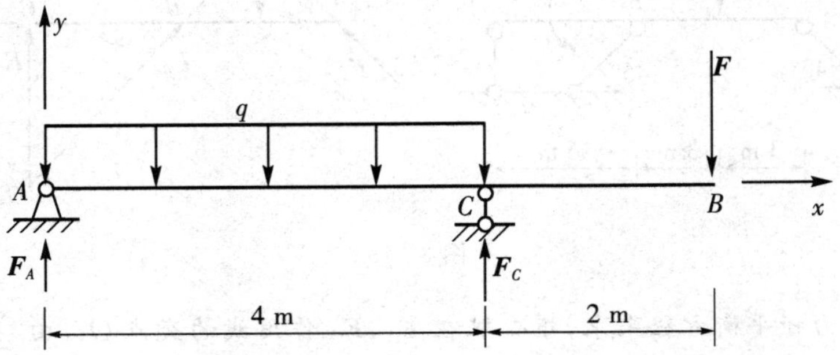

图 3-15

【解】 取外伸梁 AB 为研究对象。作用在梁上的力有集中荷载 $\boldsymbol{F}$,均布线荷载 $\boldsymbol{q}$ 及反力 $\boldsymbol{F}_A$,$\boldsymbol{F}_C$。由于集中荷载、均布线荷载与反力 $\boldsymbol{F}_C$ 相互平行,因此反力 $\boldsymbol{F}_A$ 必须与各力平行,这样,才能保持该力系为平衡力系,而该平衡力系是平面平行力系,取坐标系如图 3-15,列平衡方程。

$$\sum M_A(\boldsymbol{F})=0,\ -q\times 4\ \mathrm{m}\times 2\ \mathrm{m}+F_C\times 4\ \mathrm{m}-F\times 6\ \mathrm{m}=0$$

解得

$$F_C=38\ \mathrm{kN}$$

$$\sum F_y=0,\ F_A-q\times 4\ \mathrm{m}+F_C-F=0$$

解得

$$F_A=-2\ \mathrm{kN}$$

F_A 也可用 $\sum M_C(\boldsymbol{F})=0$ 来求。

【例 3-8】 图 3-16(a)所示桁架,每一荷载 $F=3$ kN,所有三角形边长均为 3 m 的等边三角形,并且组成桁架的所有各杆自重不计,试求 AB,AC,DF,EF,EG 各杆所受的力。

【解】 (1)求支座反力:因结构对称、荷载对称,故反力也对称。

$$F_A=F_I=4F/2=2F=6\ \mathrm{kN}$$

(2)求各杆的力:由于桁架各杆自重不计,且各杆两端受力,所以组成桁架的各杆均为二力杆,桁架各杆的连接点称为节点。AB 杆、AC 杆所受的力,可用节点法来求,即取 A 节点为研究对象,由作用在 A 节点上的已知力,求出 A 节点上的未知力,这种方法称为节点法。A 节点上受有支座反力 $\boldsymbol{F}_A$ 为已知,并且还受到 AB 杆、AC 杆给节点 A 的力 $\boldsymbol{F}_{AB}$,$\boldsymbol{F}_{AC}$,这两个力未知,假设

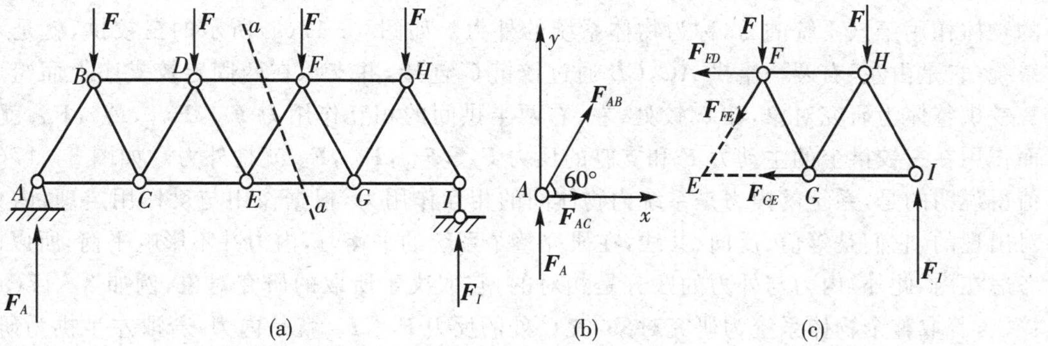

(a)　(b)　(c)

图 3－16

为拉力，由于 A 节点上所受的力系是一个平面汇交力系，所以可用平面汇交力系的平衡方程来求 $\boldsymbol{F}_{AB}$，$\boldsymbol{F}_{AC}$，取坐标系如图 3－16(b)，列平衡方程

$$\sum F_y = 0,\ F_A + F_{AB}\sin 60^\circ = 0$$

解得

$F_{AB} = -6.93\ \text{kN}$，即 AB 杆所受的力为压力。

$$\sum F_x = 0,\ F_{AB}\cos 60^\circ + F_{AC} = 0$$

解得

$F_{AC} = 3.47\ \text{kN}$，即 AC 杆所受的力为拉力。

DF，EF，EG 杆所受的力，可用截面法来求，即假想取一个截面 $a—a$ 把桁架截开，取其中一部分为研究对象，由于这一部分所受的力系是平面任意力系，所以可以利用平面任意力系的平衡方程来求未知力，这种方法称为截面法。现取桁架右部分为研究对象，如图 3－16(c)该部分除受到已知荷载 $\boldsymbol{F}$，反力 $\boldsymbol{F}_I$ 外，还受到 DF，EF，EG 杆的未知力 $\boldsymbol{F}_{FD}$，$\boldsymbol{F}_{FE}$，$\boldsymbol{F}_{GE}$ 的作用，假设这三力为拉力，列平衡方程

$$\sum M_E(\boldsymbol{F}) = 0, F_{FD} \times 3\ \text{m}\sin 60^\circ - F \times 1.5\ \text{m} - F \times 4.5\ \text{m} + F_I \times 6\ \text{m} = 0$$

解得

$F_{FD} = -6.93\ \text{kN}$，即 DF 杆所受的力为压力。

$$\sum M_F(\boldsymbol{F}) = 0, -F_{GE} \times 3\ \text{m}\sin 60^\circ - F \times 3\ \text{m} + F_I \times 4.5\ \text{m} = 0$$

解得

$F_{GE} = 6.93\ \text{kN}$，即 EG 杆所受的力为拉力。

$$\sum F_y = 0, -2F - F_{FE}\sin 60^\circ + F_I = 0$$

解得

$$F_{FE} = 0$$

3.4　物体系统的平衡·静定与超静定的概念

前面章节讨论的只限于一个物体的平衡问题，而在实际工程中，所遇到的往往不是单个物体的平衡问题，而是由若干个物体通过适当的约束相互连接而组成的系统的平衡问题，那么由若干个物体通过适当的约束相互连接而组成的系统称为物体系统。在物体系统中，把作用在物体上

的力分内力和外力。物体系统内各部分之间相互作用的力称为物体系统的内力;物体系统以外的物体作用于该系统的力,称为物体系统的外力。如图 3-17(a)所示的三铰拱,就是一个物体系统,它是由左、右两一半拱 AC,CB 通过铰链 C 连接,并支承在两固定铰支座上而组成。若取三铰拱整体为研究对象,在 C 铰处,左、右两半拱间的相互作用力 $\boldsymbol{F}_{Cx}$,$\boldsymbol{F}'_{Cx}$,$\boldsymbol{F}_{Cy}$,$\boldsymbol{F}'_{Cy}$ 就是内力,而作用在三铰拱上的主动力 $\boldsymbol{F}$ 和支座的反力 $\boldsymbol{F}_{Ax}$,$\boldsymbol{F}_{Ay}$,$\boldsymbol{F}_{Bx}$,$\boldsymbol{F}_{By}$ 就是外力。如图 3-17(b)所示。值得说明的是,系统的内力是系统内物体间的相互作用力,根据作用与反作用定理,内力总是成对出现的,它们是等值、反向、共线,在研究整个系统的平衡时,内力并不影响平衡,所以内力不必考虑在内,此外,内力与外力的区分是相对的,它取决于所取的研究对象,例如 3-17(a)、(b)三铰拱,若取整个物体系统为研究对象,铰 C 处的反力 $\boldsymbol{F}_{Cx}$,$\boldsymbol{F}_{Cy}$ 就是内力,若取左半拱为研究对象,铰 C 处的反力 $\boldsymbol{F}_{Cx}$,$\boldsymbol{F}_{Cy}$ 就是外力,因为影响左半拱的平衡,就必须要考虑了。

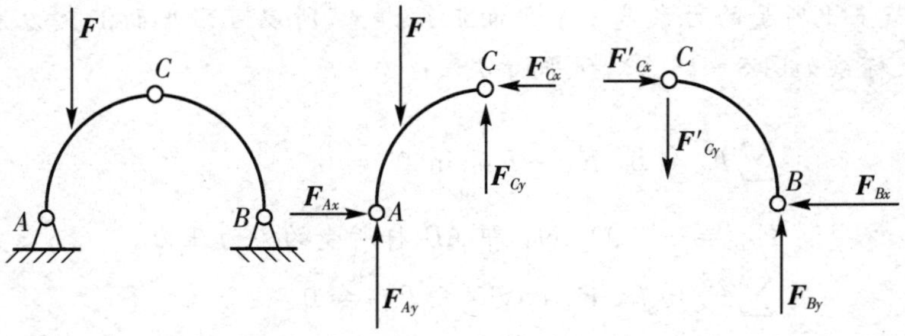

图 3-17

当整个物体系统处于平衡时,则组成系统的每一个物体必处于平衡,因此,每一个受平面任意力系作用的物体有三个独立的平衡方程,若有 n 个物体,则有 $3n$ 个独立的平衡方程;若物体受平面汇交力系或平面平行力系作用,则有 $2n$ 个独立的平衡方程;若物体受平面力偶系作用,则有 n 个独立的平衡方程。当物体系统中未知量数且等于独立平衡方程数目时,所有未知量都可由平衡方程求出,这样的问题就是静定问题。例如图 3-17(a)的三铰拱,由左、右两半拱组成,并且每个半拱均受平面任意力系的作用,因此有 6 个独立平衡方程,支座 A,B 及铰 C 共有 6 个未知力,此 6 个未知力可用 6 个独立平衡方程全部解出,即图 3-17(a)三铰拱的平衡问题是静定问题。当物体系统中未知量数目大于独立平衡方程数目时,所有未知量不可由平衡方程全部解出,这样的问题就是超静定问题或称静不定问题。例如图 3-17(a)的三铰拱的铰 A 支座改成固定端支座,此时三铰拱共有 7 个未知力大于 6 个独立平衡方程,这样的问题就是超静定问题。关于超静定问题的求解,除列平衡方程外,还必须列补充方程,补充方程的建立必须要考虑变形,这已超出静力学所研究的内容,只有留在材料力学、结构力学中研究。

当判定物体系统平衡问题是静定问题时,要求物体系统的未知量,这时,一定要先考虑解题思路,然后再列平衡方程求未知量。例如可选整个系统为研究对象,列出部分平衡方程,求出部分未知量,然后再从系统中选某一物体为研究对象,列出另外的平衡的方程,求其余未知量,一直这样分析下去,直到所有未知量全部求出为止。当然,同一个题目的解题思路、方法可能不止一种,可以多考虑几种解题思路、方法进行比较,找出一种求物体系统未知量的最简捷的方法。

【例 3-9】 图 3-18(a)所示组合梁由 AC 和 CD 在 C 处铰接而成。梁的 A 端插入墙内,B 处为可动铰支座。已知 $F=15$ kN,均布荷载 $q=20$ kN/m,$M=15$ kN·m,$L=1$ m,试求插入端 A 和可动铰支座 B 的反力。

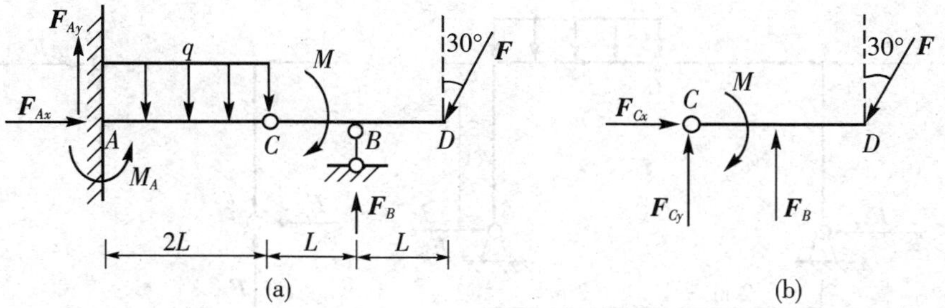

图 3-18

【解】 此题的解题思路是：先取 CD 为研究对象，由 $\sum M_C(\boldsymbol{F})=0$，求出 $\boldsymbol{F}_B$，然后再取整个系统为研究对象，由平衡方程的基本形式，求出 A 支座的反力。

(1)求 $\boldsymbol{F}_B$

取 CD 为研究对象，受力如图 3-18(b)所示，由 $\sum M_C(\boldsymbol{F})=0$，

$$-F\cos 30^\circ \times 2L + F_B \times L - M = 0$$

解得

$$F_B = 40.98\ \text{kN}$$

(2)求 A 支座的反力

取整个系统为研究对象，系统在主动力 $\boldsymbol{q}, M, \boldsymbol{F}$ 及反力 $\boldsymbol{F}_B, \boldsymbol{F}_{Ax}, \boldsymbol{F}_{Ay}, M_A$ 作用下平衡，受力如图 3-18(a)所示，列平衡方程

$$\sum F_x = 0,\ F_{Ax} - F\sin 30^\circ = 0$$

解得

$$F_{Ax} = 7.5\ \text{kN}$$

$$\sum F_y = 0,\ F_{Ay} - q \times 2\ \text{m} + F_B - F\cos 30^\circ = 0$$

解得

$$F_{Ay} = 12\ \text{kN}$$

$$\sum M_A(\boldsymbol{F}) = 0, M_A - q \times 2\ \text{m} \times 1\ \text{m} - M + F_B \times 3\ \text{m} - F\cos 30^\circ \times 4\ \text{m} = 0$$

解得

$$M_A = -15.98\ \text{kN} \cdot \text{m}$$

此题的另一种解题思路是先取 CD 为研究对象，由平衡方程的基本形式求出铰 C，B 支座的反力，然后再取 AC 为研究对象，由平衡方程的基本形式求出 A 支座的反力。请读者自解，比较这两种方法那一种简便。

【例 3-10】 静定刚架如图 3-19(a)所示，受到荷载 $F=4$ kN，$q=20$ kN/m，试求支座反力和中间铰 C 的反力。

【解】 此题的解题思路是：先取整个系统为研究对象，由两个平衡方程 $\sum M_A(\boldsymbol{F})=0$，$\sum F_y=0$ 求出 F_{By}，F_{Ay}，并由 $\sum F_x=0$ 找出 F_{Ax} 和 F_{Bx} 的关系，但 F_{Ax}，F_{Bx} 并不能马上解出，接着再取刚架中的左部 AC 为研究对象，由平衡方程的基本形式求出 F_{Cx}，F_{Cy}，F_{Ax}，并将 F_{Ax} 代入

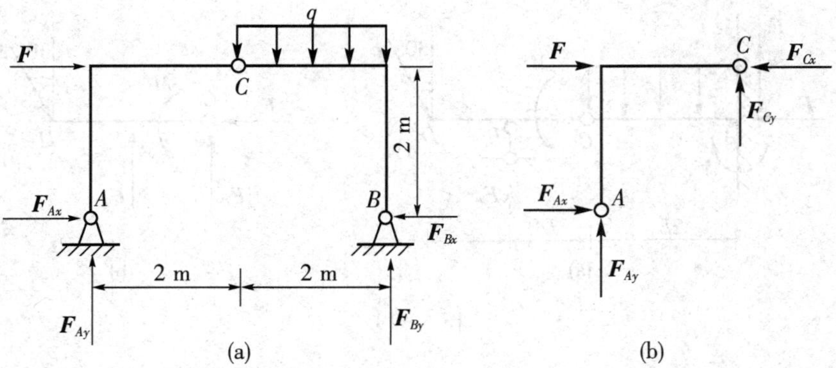

图 3-19

F_{Ax} 和 F_{Bx} 的关系，即可求出 F_{Bx}。

(1)取整个系统为研究对象，该研究对象上受到主动力 $\boldsymbol{F}$，$\boldsymbol{q}$ 及反力 $\boldsymbol{F}_{Ax}$，$\boldsymbol{F}_{Ay}$，$\boldsymbol{F}_{Bx}$，$\boldsymbol{F}_{By}$，受力如图 3-19(a)所示，列平衡方程

$$\sum M_A(\boldsymbol{F}) = 0, -F \times 2\text{ m} - q \times 2\text{ m} \times 3\text{ m} + F_{By} \times 4\text{ m} = 0$$

解得

$$F_{By} = 32\text{ kN}$$

$$\sum F_y = 0, F_{Ay} + F_{By} - q \times 2\text{ m} = 0$$

解得

$$F_{Ay} = 8\text{ kN}$$

$$\sum F_x = 0, F_{Ax} - F_{Bx} + F = 0 \qquad \text{(a)}$$

(2)取刚架左部 AC 为研究对象，该研究对象上受到主动力 $\boldsymbol{F}$ 及反力 $\boldsymbol{F}_{Ax}$，$\boldsymbol{F}_{Ay}$，$\boldsymbol{F}_{Cx}$，$\boldsymbol{F}_{Cy}$，受力如图 3-19(b)所示，列平衡方程

$$\sum M_C(\boldsymbol{F}) = 0, F_{Ax} \times 2\text{ m} - F_{Ay} \times 2\text{ m} = 0$$

解得

$$F_{Ax} = 8\text{ kN}$$

$$\sum F_x = 0, F_{Ax} - F_{Cx} + F = 0$$

解得

$$F_{Cx} = 12\text{ kN}$$

$$\sum F_y = 0, F_{Ay} + F_{Cy} = 0$$

解得

$$F_{Cy} = -F_{Ay} = -8\text{ kN}$$

将 $F_{Ax} = 8\text{ kN}$ 代入(a)式，解得

$$F_{Bx} = 12\text{ kN}$$

本题还有别的解题思路求未知量，请读者自己分析。

【例3-11】 试求图3-20(a)结构中 AC 和 BC 两杆所受的力，各杆自重不计，已知线均布荷载 $q=2\ \mathrm{kN/m}$。

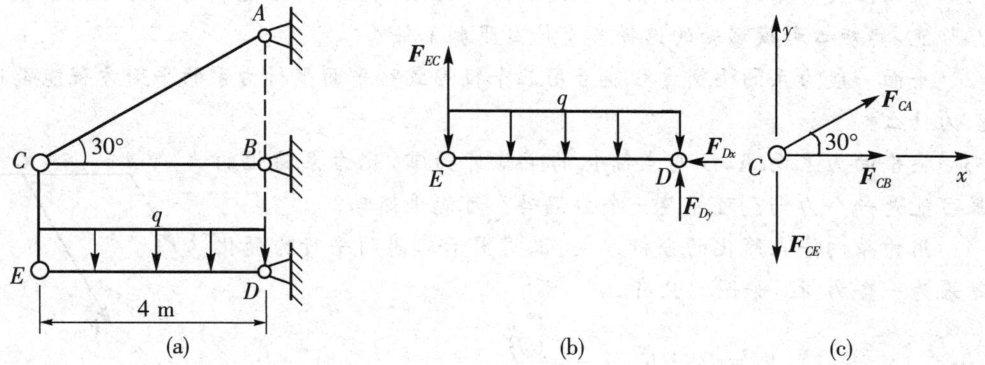

图3-20

【解】 此题的解题思路是：先取 ED 为研究对象，由平衡方程 $\sum M_D(\boldsymbol{F})=0$，求出二力杆 CE 施加在 ED 上的力 $\boldsymbol{F}_{EC}$，根据 $F_{EC}=F_{CE}$，接着取节点 C 为研究对象，由平衡方程 $\sum F_x=0$，$\sum F_y=0$ 求出二力杆 CA，CB 所受的力 $\boldsymbol{F}_{CA}$，$\boldsymbol{F}_{CB}$。

(1)求 $\boldsymbol{F}_{EC}$

取 ED 为研究对象，该研究对象上受到主动力 $\boldsymbol{q}$，反力 $\boldsymbol{F}_{EC}$，$\boldsymbol{F}_{Dx}$，F_{Dy}，受力如图3-20(b)所示，列平衡方程

$$\sum M_D(\boldsymbol{F})=0,\ -F_{EC}\times 4\ \mathrm{m}+q\times 4\ \mathrm{m}\times 2\ \mathrm{m}=0$$

解得

$$F_{EC}=F_{CE}=4\ \mathrm{kN}$$

即二力杆 CE 两端受拉力。

(2)求 AC 和 BC 两杆所受的力

取节点 C 为研究对象，该研究对象上受到反力 $\boldsymbol{F}_{CE}$，$\boldsymbol{F}_{CA}$，$\boldsymbol{F}_{CB}$，它们组成平面汇交力系，受力如图3-20(c)所示，列平衡方程

$$\sum F_y=0,\ F_{CA}\sin 30°-F_{CE}=0$$

解得

$$F_{CA}=8\ \mathrm{kN}(\text{拉力})$$

$$\sum F_x=0, F_{CA}\cos 30°+F_{CB}=0$$

解得

$$F_{CB}=-6.93\mathrm{kN}(\text{压力})$$

思考题

3—1 平面汇交力系的平衡方程可否选取两个力矩方程？可否选取一个力矩方程和一个投影方程？如能，其矩心和投影轴的选择各有什么限制条件？

3—2 平面一般力系的平衡方程能否用三个投影式？平面平行力系的平衡方程能否用两个投影式？为什么？

3—3 某平面力系向 A,B 两点简化的主矩皆为零，此力系简化的最终结果可能是一个力吗？可能是一个力偶吗？可能平衡吗？

3—4 用力系向一点简化的分析方法，证明图示二同向平行力简化的最终结果为一合力 $\boldsymbol{F}_R$，如图。且有

$$F_R=F_1+F_2,\ \frac{F_1}{F_2}=\frac{CB}{AC}$$

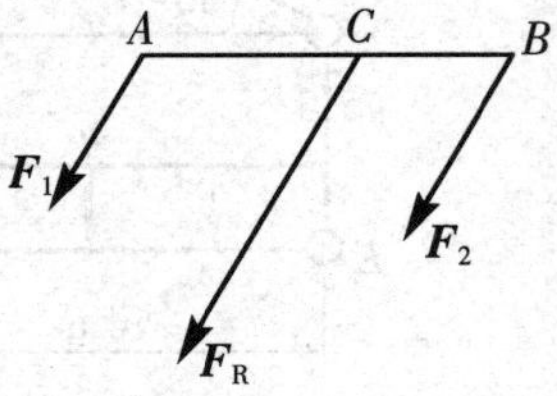

思考题 3-4 图

若 $F_1>F_2$，且二者方向相反，简化结果又如何？

3—5 怎样判断静定和超静定问题？如图所示的 6 种情形中哪些是静定问题，哪些是超静定问题？

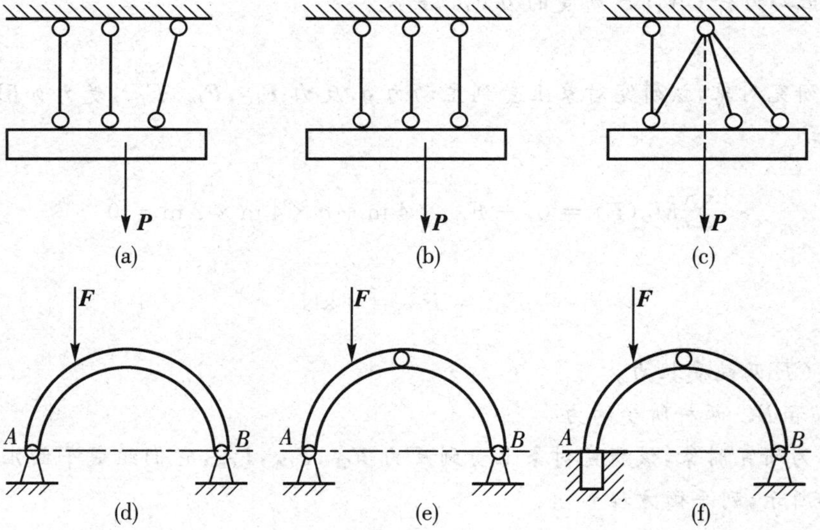

思考题 3-5 图

习 题

3—1 图示平面任意力系中 $F_1=40\sqrt{2}$ N，$F_2=80$ N，$F_3=40$ N，$F_4=110$ N，$M=2000$ N·mm。各力作用位置如图所示(图中尺寸单位为 mm)。求：(1)力系向点 O 简化的结果；(2)力系的合力的大小、方向及合力作用线方程。

3—2 在图示刚架中，已知 $q=3$ kN/m，$F=6\sqrt{2}$ kN，$M=10$ kN·m，不计刚架自重。求固定端 A 处的约束力。

3—3 无重水平梁的支承和载荷如图 a,b 所示。已知力 $\boldsymbol{F}$、力偶矩为 M 的力偶和荷载集度为 q 的均布荷载。求支座 A 和 B 处的约束力。

3—4　水平梁 AB 由铰链 A 和杆 BC 所支持，如图所示。在梁上 D 处用销子安装半径为 $r=0.1\ \text{m}$ 的滑轮。有一跨过滑轮的绳子，其一端水平系在墙上，另一端悬挂有重量 $P=1800\ \text{N}$ 的重物。如图所示，$AD=0.2\ \text{m}$，$BD=0.4\ \text{m}$，$\varphi=45°$，且不计梁、杆、滑轮和绳的重量。求铰链 A 和 BC 对梁的约束力。

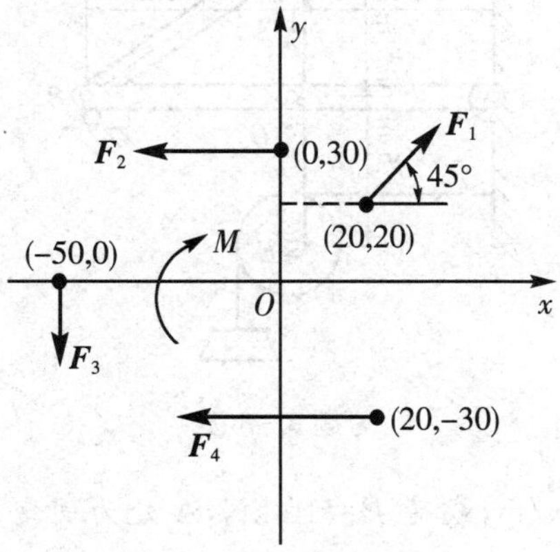

习题 3 - 1 图

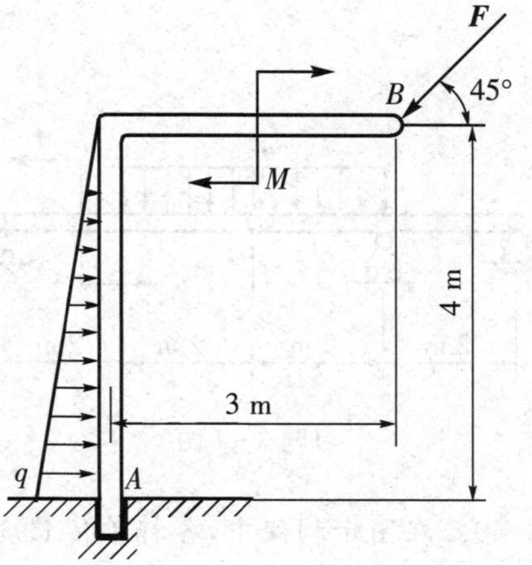

习题 3 - 2 图

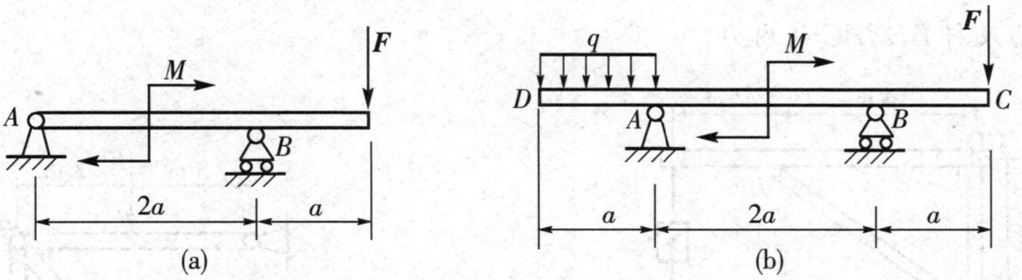

(a)　(b)

习题 3 - 3 图

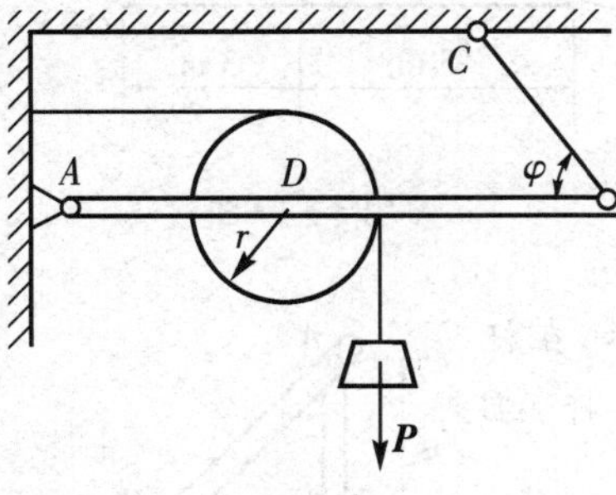

习题 3 - 4 图

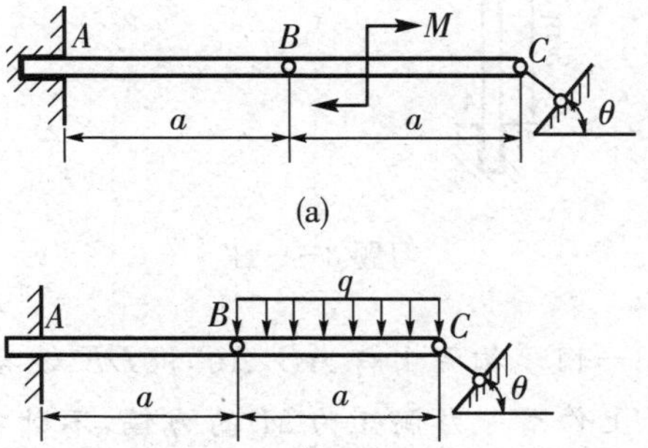

(a)　(b)

习题 3 - 5 图

3—5　在图示 a，b 两连续梁中，已知 q，M，a 及 θ，不计梁的自重，求各连续梁在 A，B，C 三处的约束力。

3—6　如图所示，三铰拱由两半拱和三个铰链 A，B，C 构成，已知每半拱重 $P=300\ \text{kN}$，$l=32\ \text{m}$，$h=10\ \text{m}$。求支座 A，B 的约束力。

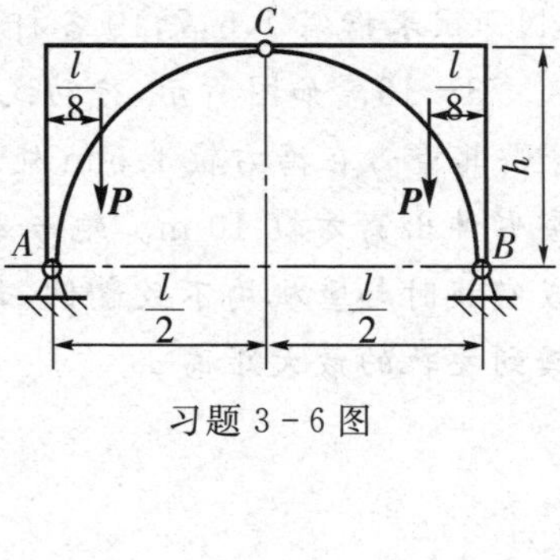

习题 3 - 6 图

3—7　由 AC 和 CD 构成的组合梁通过铰链 C 连接。它的支承和受力如图所示。已知均布载荷强度 $q=10\ \text{kN/m}$，力偶矩

$M=40\ kN\cdot m$,不计梁重。求支座 A,B,D 的约束力和铰链 C 处所受的力。

3—8　图示构架中,物体重 1200 N,由细绳跨过滑轮 E 而水平系于墙上,尺寸如图,不计杆和滑轮的重量。求支承 A 和 B 处的约束力,以及杆 BC 的内力 F_{BC}。

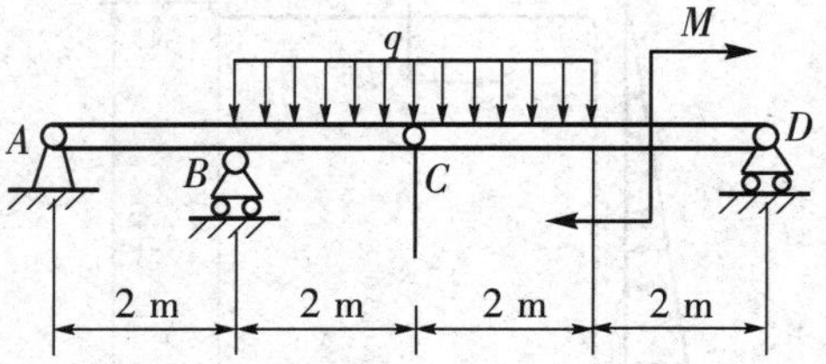

习题 3-7 图

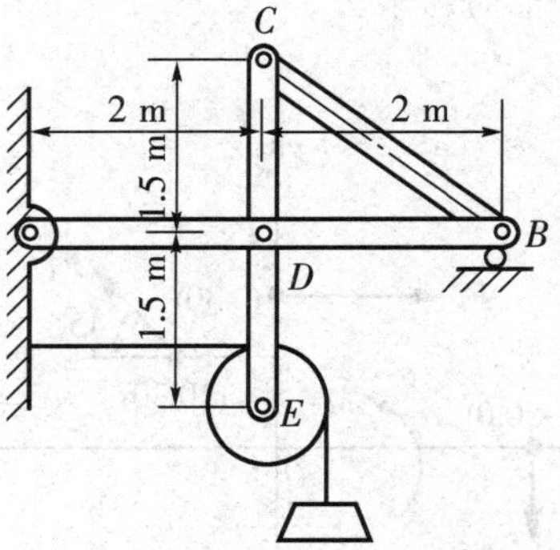

习题 3-8 图

3—9　在图示构架中,各杆单位长度的重量为 300 N/m,载荷 $P=10$ kN,A 处为固定端,B,C,D 处为铰链。求固定端 A 处及 B,C 铰链处的约束力。

3—10　构架尺寸如图所示(尺寸单位为 m),不计各构件自重,载荷 $F=10$ kN。求 A,E 铰链的约束力及杆 BD,BC 的内力。

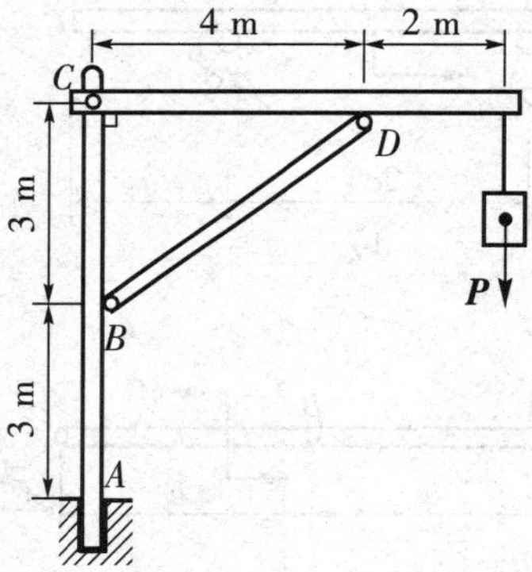

习题 3-9 图

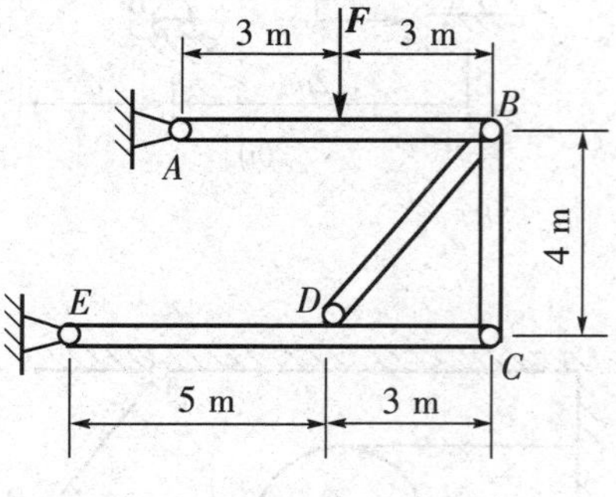

习题 3-10 图

3—11　构架由杆 AB,AC 和 DF 铰接而成,如图所示,在杆 DEF 上作用一力偶矩为 M 的力偶,不计各杆的重量。求杆 AB 上铰链 A,D 和 B 所受的力。

3—12　桁架受力如图所示,已知 $F_1=10$ kN,$F_2=F_3=20$ kN。试求桁架 4,5,7,10 各杆的内力。

3—13　如图所示,行动式起重机不计平衡锤的重为 $P=500$ kN,其重心在离右轨 1.5 m 处。起重机的起重量为 $P_1=250$ kN,突臂伸出离右轨 10 m。跑车本身重量忽略不计,欲使跑车满载或空载时起重机均不致翻倒,求平衡锤的最小重量 P_2 以及平衡锤到左轨的最大距离 x。

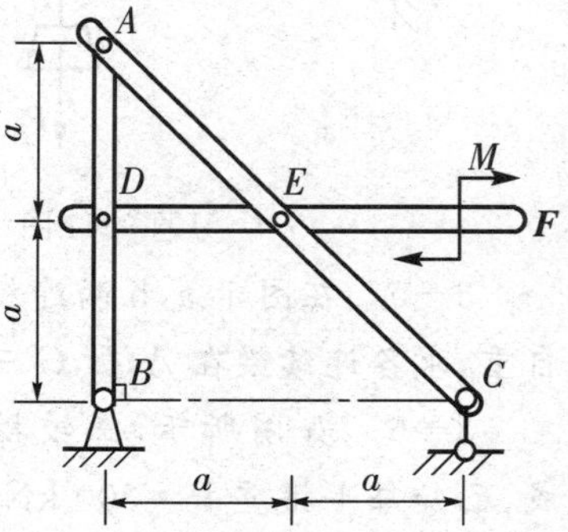

习题 3-11 图

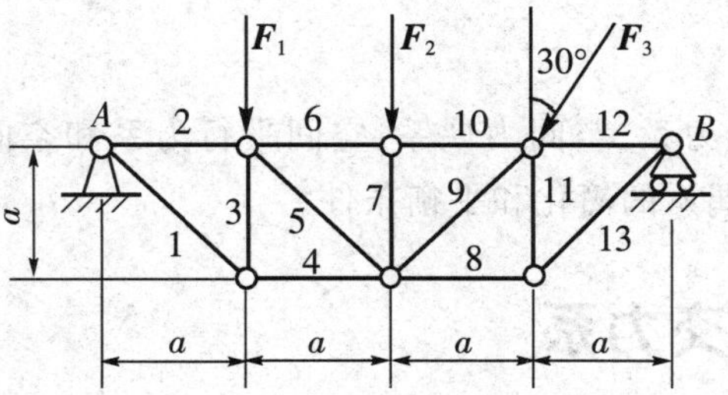

习题 3-12 图

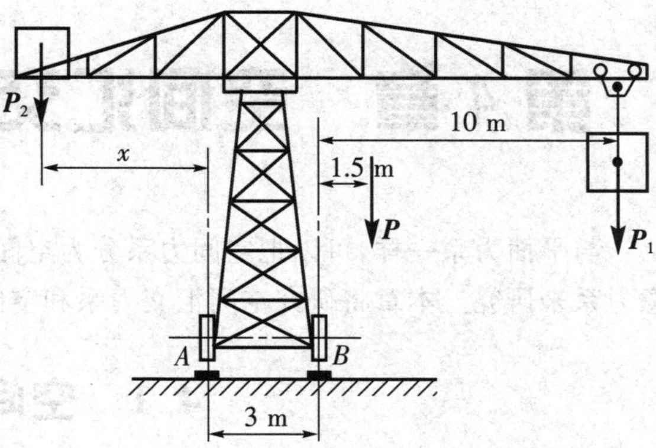

习题 3-13 图

3—14　平面悬臂桁架所受的荷载如图所示。求杆 1,2 和 3 的内力。

3—15　平面桁架的支座和载荷如图所示,求 1,2 和 3 的内力。

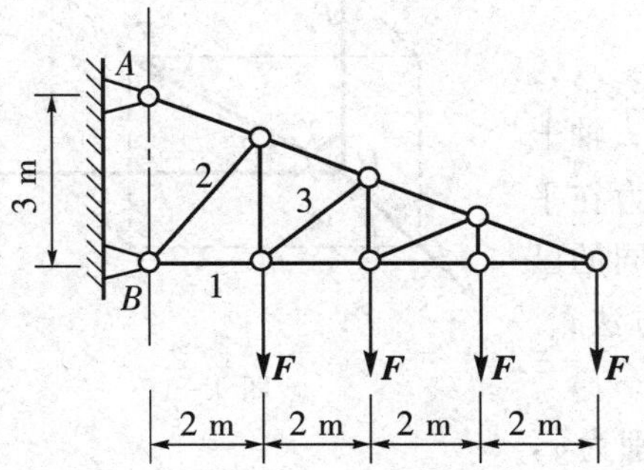

习题 3-14 图

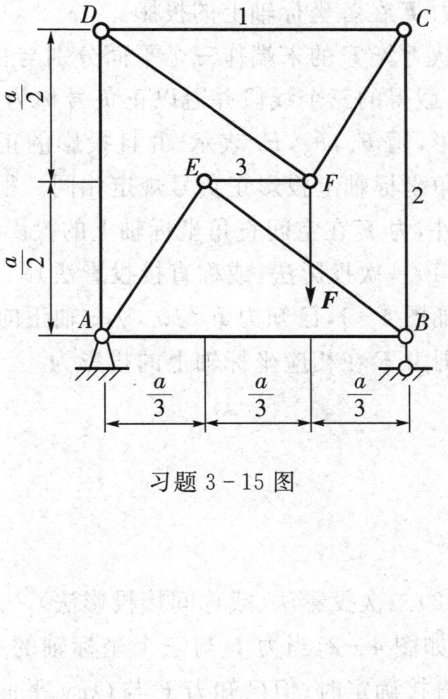

习题 3-15 图

第 4 章 空间汇交力系与空间力偶系

与平面力系一样，可以把空间力系分为空间汇交力系、空间力偶系、空间平行力系和空间任意力系来研究。本章将研究空间汇交力系和空间力偶系的简化和平衡条件。

4.1 空间汇交力系

4.1.1 力在空间直角坐标轴上的投影与分解

1. 力在空间直角坐标轴上的投影

如图 4－1，设作用于 O 点的力 $\boldsymbol{F}$，取直角坐标系 $Oxyz$，现求力 $\boldsymbol{F}$ 在各坐标轴上的投影。

从力矢 $\boldsymbol{F}$ 的末端作三个平面分别与相应的坐标轴 x,y,z 垂直，截得的三个线段并冠以正负号称为力 $\boldsymbol{F}$ 在 x,y,z 轴上的投影，用 F_x,F_y,F_z 表示，并且投影的正负号规定与力在平面直角坐标轴上投影正负号规定相同。根据给出的不同的已知条件，力 $\boldsymbol{F}$ 在空间直角坐标轴上的投影有如下计算方法：

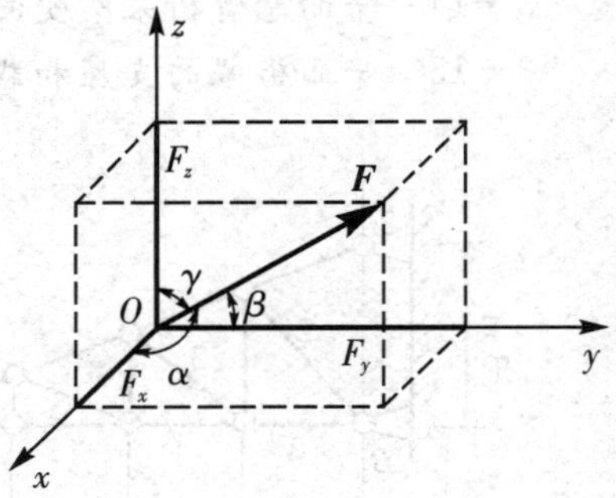

图 4－1

(1)一次投影法(或称直接投影法)

如图 4－1，已知力 $\boldsymbol{F}$ 与 x,y,z 轴正向间的夹角分别为 α，β，γ，则力 $\boldsymbol{F}$ 在相应坐标轴上的投影为

$$\left.\begin{aligned}F_x &= F\cos\alpha\\ F_y &= F\cos\beta\\ F_z &= F\cos\gamma\end{aligned}\right\} \tag{4-1}$$

(2)二次投影法(或称间接投影法)

如图 4－2，当力 $\boldsymbol{F}$ 与三个坐标轴的夹角不全知道时，或不易直接确定时；但已知力 $\boldsymbol{F}$ 与 Oxy 平面的夹角 θ，并且又知道力 $\boldsymbol{F}$ 在该平面上的投影 $\boldsymbol{F}_{xy}$ 与 x 轴正向间的夹角为 φ，则可用二次投影法求该力在坐标轴上的投影：即把力 $\boldsymbol{F}$ 先投影到坐标平面 Oxy 上，得到力 $\boldsymbol{F}_{xy}$，然后再把 $\boldsymbol{F}_{xy}$ 投影到 x,y 轴上，得

$$\left.\begin{aligned}F_x &= F\cos\theta\cos\varphi\\ F_y &= F\cos\theta\sin\varphi\\ F_z &= F\sin\theta\end{aligned}\right\} \tag{4-2}$$

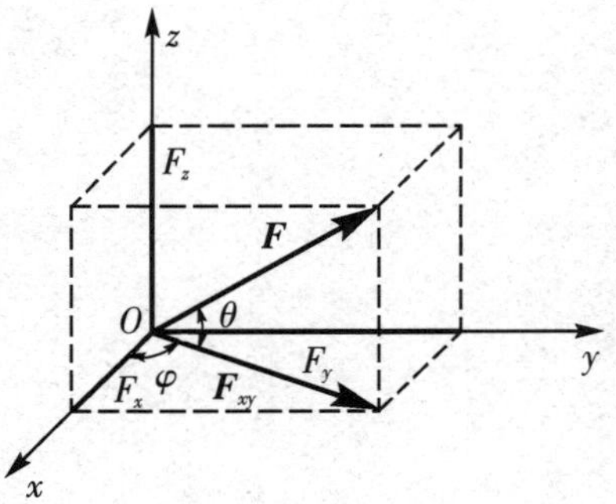

图 4－2

2. 力在空间直角坐标轴上的分解

设有作用于 A 点的力 $\boldsymbol{F}$，以矢量 $\overrightarrow{AB}$ 表示。取直角坐标系 $Oxyz$，如图 4－3，通过 $\overrightarrow{AB}$ 作

$AEBB'$ 平面垂直于 Oxy 平面，利用力的平行四边形法则，在 $AEBB'$ 平面内先将力 $\boldsymbol{F}$ 沿 z 轴方向和与 z 轴垂直的方向分解，得分力 $\boldsymbol{F}_z=\overrightarrow{AE}$ 和 $\boldsymbol{F}_{xy}=\overrightarrow{AB'}$，再将 $\boldsymbol{F}_{xy}$ 沿 x 轴和 y 轴方向分解，得分力 $\boldsymbol{F}_x=\overrightarrow{AC}$ 和 $\boldsymbol{F}_y=\overrightarrow{AD}$。可见，$\boldsymbol{F}_x,\boldsymbol{F}_y,\boldsymbol{F}_z$ 就是力 $\boldsymbol{F}$ 沿空间直角坐标轴的三个分力。即

$$\boldsymbol{F}=\boldsymbol{F}_x+\boldsymbol{F}_y+\boldsymbol{F}_z$$

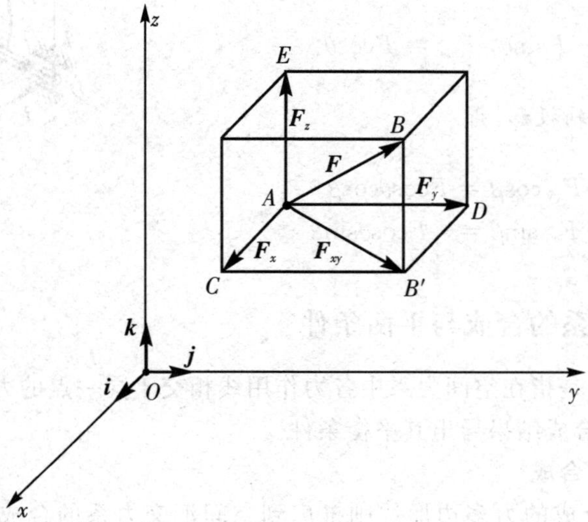

图 4 - 3

以 $\boldsymbol{i},\boldsymbol{j},\boldsymbol{k}$ 分别表示沿 x,y,z 坐标轴方向的单位矢量，则力 $\boldsymbol{F}$ 的三个正交分力与力在对应轴上的投影有如下关系

$$\begin{aligned}\boldsymbol{F}_x &= F_x\boldsymbol{i}\\ \boldsymbol{F}_y &= F_y\boldsymbol{j}\\ \boldsymbol{F}_z &= F_z\boldsymbol{k}\end{aligned}$$

由此可得力 $\boldsymbol{F}$ 沿直角坐标轴的解析式

$$\boldsymbol{F} = F_x\boldsymbol{i} + F_y\boldsymbol{j} + F_z\boldsymbol{k} \tag{4-3}$$

如已知力 $\boldsymbol{F}$ 在直角坐标轴上的投影 F_x,F_y,F_z，可由下式求得力 $\boldsymbol{F}$ 的大小和方向余弦

$$\left.\begin{aligned}F &= \sqrt{F_x^2+F_y^2+F_z^2}\\ \cos(\boldsymbol{F},\boldsymbol{i}) &= \frac{F_x}{F}\\ \cos(\boldsymbol{F},\boldsymbol{j}) &= \frac{F_y}{F}\\ \cos(\boldsymbol{F},\boldsymbol{k}) &= \frac{F_z}{F}\end{aligned}\right\} \tag{4-4}$$

值得说明的是：力沿坐标轴的分力是矢量，有大小、方向、作用线；而力在坐标轴上的投影是代数量(标量)，它无所谓方向和作用线。

【例 4-1】 图 4-4 所示圆柱斜齿轮,其上受啮合力 $\boldsymbol{F}$ 的作用。已知斜齿轮的齿倾角(螺旋角)β 和压力角 θ,试求力 $\boldsymbol{F}$ 在 x,y,z 轴的投影。

【解】 根据题意,求力 $\boldsymbol{F}$ 的投影可用二次投影法,即先将力 $\boldsymbol{F}$ 向 z 轴和 Dxy 平面投影,得

$$F_z = -F\sin\theta,\ F_{xy} = F\cos\theta$$

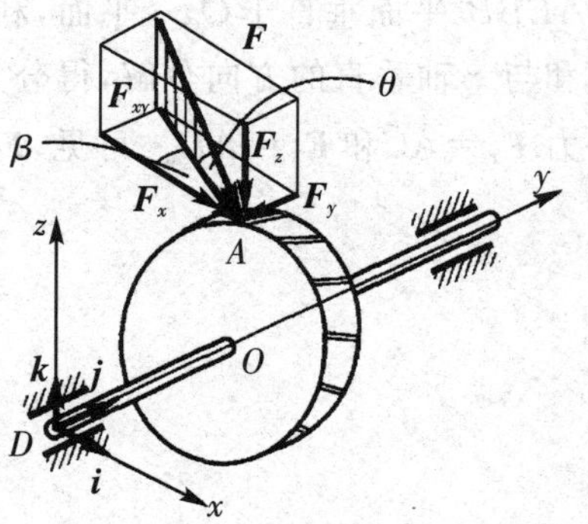

图 4-4

再将力 $\boldsymbol{F}_{xy}$ 向 x,y 轴投影,得

$$F_x = F_{xy}\cos\beta = F\cos\theta\cos\beta$$
$$F_y = -F_{xy}\sin\beta = -F\cos\theta\sin\beta$$

4.1.2 空间汇交力系的合成与平衡条件

所谓空间汇交力系是指在空间力系中各力作用线相交于同一点的力系。下面先讨论空间汇交力系的合成,然后从合成结果导出其平衡条件。

1. 空间汇交力系的合成

将平面汇交力系合成的力多边形法则推广到空间汇交力系的合成,得到是空间力多边形,即:空间汇交力系的合力等于各分力的矢量和,合力的作用线通过汇交点。

由于空间汇交力系中的各力,很难在平面上按比例画出;所以对空间汇交力系的合成只能采用解析法。

设有空间汇交力系 $\boldsymbol{F}_1,\boldsymbol{F}_2,\cdots,\boldsymbol{F}_n$,作用在 O 点。以 O 点为原点建立直角坐标系 $Oxyz$,如图 4-5 所示。设合力 $\boldsymbol{F}_R$ 在坐标轴 x,y,z 上的投影分别为 F_{Rx},F_{Ry},F_{Rz},则有

$$\boldsymbol{F}_R = F_{Rx}\boldsymbol{i} + F_{Ry}\boldsymbol{j} + F_{Rz}\boldsymbol{k} \tag{a}$$

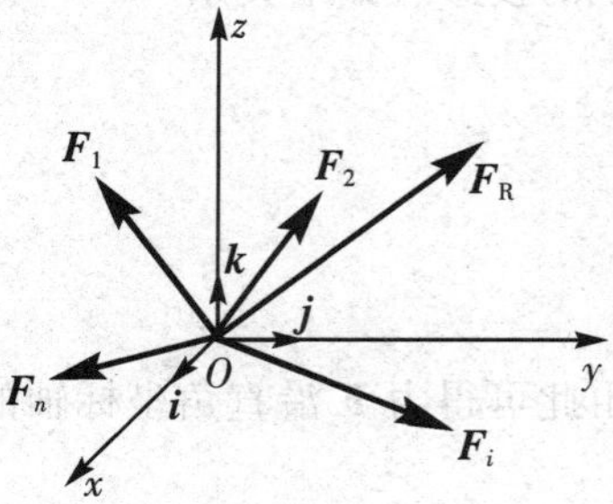

图 4-5

又设各分力 $\boldsymbol{F}_i$ 在坐标轴 x,y,z 上的投影分别为 F_x,F_y,F_Z,则有

$$\boldsymbol{F}_i = F_x\boldsymbol{i} + F_y\boldsymbol{j} + F_z\boldsymbol{k} \tag{b}$$

由于

$$\boldsymbol{F}_R = \sum \boldsymbol{F}_i \tag{c}$$

将(b)式代入(c)式,并注意 $\boldsymbol{i},\boldsymbol{j},\boldsymbol{k}$ 为彼此独立的单位矢量,则有

$$\boldsymbol{F}_R = (\sum F_x)\boldsymbol{i} + (\sum F_y)\boldsymbol{j} + (\sum F_z)\boldsymbol{k} \tag{d}$$

比较(a),(d)等式两边,则有

$$\left.\begin{aligned} F_{Rx} &= \sum F_x \\ F_{Ry} &= \sum F_y \\ F_{Rz} &= \sum F_z \end{aligned}\right\} \tag{4-5}$$

即空间汇交力系的合力在某一轴上的投影等于各分力在同一轴上投影的代数和。这就是合力投影定理。

根据各分力的投影算出合力 $\boldsymbol{F}_R$ 的投影 F_x, F_y, F_z 后，就可由(4-4)式求出合力 $\boldsymbol{F}_R$ 的大小和方向余弦

$$\left.\begin{aligned} F_R &= \sqrt{F_{Rx}^2 + F_{Ry}^2 + F_{Rz}^2} = \sqrt{(\sum F_x)^2 + (\sum F_y)^2 + (\sum F_z)^2} \\ \cos(\boldsymbol{F}, \boldsymbol{i}) &= \frac{F_{Rx}}{F_R} \\ \cos(\boldsymbol{F}, \boldsymbol{j}) &= \frac{F_{Ry}}{F_R} \\ \cos(\boldsymbol{F}, \boldsymbol{k}) &= \frac{F_{Rz}}{F_R} \end{aligned}\right\} \tag{4-6}$$

合力 $\boldsymbol{F}_R$ 作用线通过力系的汇交点。

2. 空间汇交力系的平衡条件

由于空间汇交力系可以合成为一个合力，因此，如果空间汇交力系平衡，则其合力为零；反之，如果空间汇交力系的合力为零，则空间汇交力系必然平衡。故空间汇交力系平衡的必要和充分条件为：该力系的合力等于零，即

$$\boldsymbol{F}_R = \sum \boldsymbol{F}_i = 0 \tag{4-7}$$

由式(4-6)可知，要使合力 $\boldsymbol{F}_R$ 为零，必须同时满足

$$\left.\begin{aligned} \sum F_x &= 0 \\ \sum F_y &= 0 \\ \sum F_z &= 0 \end{aligned}\right\} \tag{4-8}$$

这就是空间汇交力系平衡必要和充分的解析条件，即力系中所有各力在三个坐标轴上的投影的代数和分别等于零。式(4-8)称为空间汇交力系的平衡方程，可求解三个未知量。

【例4-2】 如图4-6(a)所示，用起重杆吊起重物。起重杆的 A 端用球铰链固定在地面上，而 B 端则用绳 CB 和 DB 拉住，两绳分别系在墙上的点 C 和 D，连线 CD 平行于 x 轴。已知：$CE=EB=DE$，$\theta=30°$，CDB 平面与水平面间的夹角 $\angle EBF=30°$（参见图4-6(b)），物重 $P=10$ kN。如起重杆的重量不计，试求起重杆所受的压力和绳子的拉力。

【解】 取起重杆 AB 与重物为研究对象，其上受主动力 $\boldsymbol{P}$，B 处受有绳子的拉力 $\boldsymbol{F}_1$ 和 $\boldsymbol{F}_2$，起重杆为二力杆，球铰 A 对该杆 AB 的反力 $\boldsymbol{F}_A$ 沿该杆连线，这四个力相交于 B 点，组成一个空间汇交力系。

建立坐标轴如图所示。由已知条件知：$\angle CBE=\angle DBE=45°$，列平衡方程

$$\sum F_x = 0,\ F_1 \sin 45° - F_2 \sin 45° = 0$$

$$\sum F_y = 0,\ F_A \sin 30° - F_1 \cos 45° \cos 30° - F_2 \cos 45° \cos 30° = 0$$

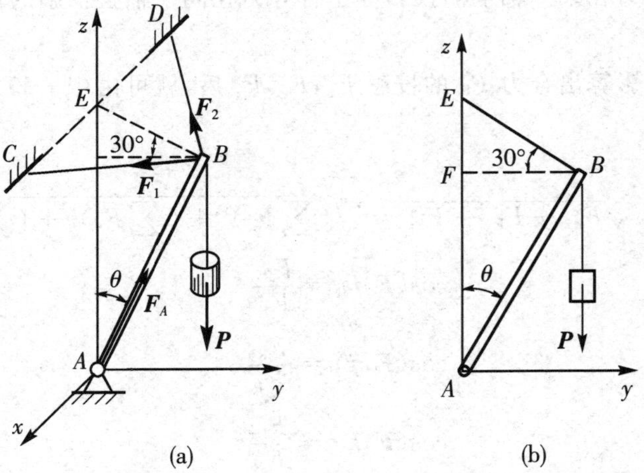

图 4-6

$$\sum F_z = 0, F_1\cos45^\circ\sin30^\circ + F_2\cos45^\circ\sin30^\circ + F_A\cos30^\circ - P = 0$$

联立解这三个平衡方程,得

$$F_1 = F_2 = 3.536\ \text{kN},\ F_A = 8.66\ \text{kN}$$

$\boldsymbol{F}_A$ 为正值,说明图中所设 $\boldsymbol{F}_A$ 的方向是正确的。

4.2 力对点的矩和力对轴的矩

4.2.1 力对点的矩以矢量表示

在平面力系中,力矩是代数量。这是因为各个力的作用线和矩心都在同一个平面内,所以只要知道力矩的大小和转动的方向就可以确定力矩转动的效应。而在空间力系中,由于各个力的作用线和矩心分别组成不同的平面,所以它们的方位一般是不相同的,则对物体转动的效应也就不同。可见,在空间力系中,力对点的转动的效应将取决于三个要素:(1)力的作用线和矩心所组成的平面方位;(2)力矩的大小;(3)力矩在力矩平面的转向。显然,这三个要素用代数量是不能表示出来的,只能用矢量表示出来,所以,在空间力系中,力对点的矩是矢量,简称力矩矢,用 $\boldsymbol{M}_O(\boldsymbol{F})$ 表示。此外,力矩矢还可以采用如下表示方法:

1. 如图 4-7 所示(为了使图清晰,图中未画物体),设在物体 A 点上作用一个力 $\boldsymbol{F}$,以矢量 $\overrightarrow{AB}$ 表示。取 O 点为矩心,矩心到力 $\boldsymbol{F}$ 的作用线的垂直距离为 d。则力 $\boldsymbol{F}$ 对点 O 的矩可以这样表示:过矩心 O 作垂直于力矩平面的矢量。该矢量的长度按一定比例尺表示力矩的大小;该矢量的方位表示力矩平面的法线方位;该矢量的指向按右手螺旋法

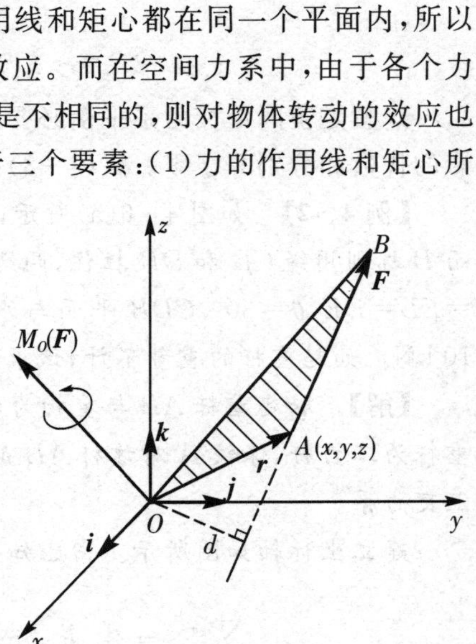

图 4-7

则确定，即以右手四指弯曲的方向表示力矩的转向，则大拇指的指向就是该力矩矢的指向；在图中，为了与力矢相区别，用一个带箭头的弧线表示力矩的转向。显然，当矩心的位置不同时，力矩的大小和方向都随之而改变，所以力矩矢是定位矢量，力矩矢只能画在矩心处。力矩 $\boldsymbol{M}_O(\boldsymbol{F})$ 的大小为

$$|\boldsymbol{M}_O(\boldsymbol{F})| = Fd = 2\triangle OAB \text{ 面积}$$

2. 若在图 4-7 中以 $\boldsymbol{r}$ 表示力 $\boldsymbol{F}$ 的作用点 A 对于矩心 O 的矢径。由矢量代数知，矢积 $\boldsymbol{r}\times\boldsymbol{F}$ 也是一个矢量，其大小等于三角形 OAB 面积的两倍；其方位垂直于 $\boldsymbol{r}$ 与 $\boldsymbol{F}$ 所组成的平面 OAB；其指向按右手螺旋法则确定。将力矩矢 $\boldsymbol{M}_O(\boldsymbol{F})$ 与矢积 $\boldsymbol{r}\times\boldsymbol{F}$ 相比较，得

$$\boldsymbol{M}_O(\boldsymbol{F}) = \boldsymbol{r}\times\boldsymbol{F} \tag{4-9}$$

即力对点的矩矢等于力的作用点到矩心的矢径与该力的矢积。

若以矩心 O 为原点，作空间直角坐标系 $Oxyz$，如图 4-7 所示。设力 $\boldsymbol{F}$ 作用点 A 的坐标为 $A(x,y,z)$，力在三个坐标轴上的投影分别为 F_x,F_y,F_z，则矢径 $\boldsymbol{r}$ 和力 $\boldsymbol{F}$ 分别为

$$\boldsymbol{r} = x\boldsymbol{i} + y\boldsymbol{j} + z\boldsymbol{k}$$
$$\boldsymbol{F} = F_x\boldsymbol{i} + F_y\boldsymbol{j} + F_z\boldsymbol{k}$$

代入(4-9)，并采用行列式形式，得

$$\begin{aligned}\boldsymbol{M}_O(\boldsymbol{F}) = \boldsymbol{r}\times\boldsymbol{F} &= \begin{vmatrix} \boldsymbol{i} & \boldsymbol{j} & \boldsymbol{k} \\ x & y & z \\ F_x & F_y & F_z \end{vmatrix} \\ &= (yF_z - zF_y)\boldsymbol{i} + (zF_x - xF_z)\boldsymbol{j} + (xF_y - yF_x)\boldsymbol{k}\end{aligned} \tag{4-10}$$

由上式可知，单位矢量 $\boldsymbol{i},\boldsymbol{j},\boldsymbol{k}$ 前面的三个系数，应分别表示力矩矢 $\boldsymbol{M}_O(\boldsymbol{F})$ 在三个坐标轴上的投影，即

$$\left.\begin{aligned}[\boldsymbol{M}_O(\boldsymbol{F})]_x &= yF_z - zF_y \\ [\boldsymbol{M}_O(\boldsymbol{F})]_y &= zF_x - xF_z \\ [\boldsymbol{M}_O(\boldsymbol{F})]_z &= xF_y - yF_x\end{aligned}\right\} \tag{4-11}$$

4.2.2 力对轴的矩

在生产和生活实际中，经常遇到物体绕固定轴转动的情况，例如门、窗等。为了度量力使物体绕某一轴转动的效应，可用力对轴的矩来度量。现在以开门为例来说明。

如图 4-8(a)所示，在门的 A 点作用一力 $\boldsymbol{F}$，使门绕 z 轴转动，为了确定力 $\boldsymbol{F}$ 使门绕 z 轴转动的效应，将该力分解为两个分力 $\boldsymbol{F}_z$ 和 $\boldsymbol{F}_{xy}$，其中 $\boldsymbol{F}_z$ 与 z 轴平行，$\boldsymbol{F}_{xy}$ 与 z 轴垂直。由经验可知，分力 $\boldsymbol{F}_z$ 不能使门转动，只有分力 $\boldsymbol{F}_{xy}$ 才能使门绕 z 轴转动。如果过 A 点作一个平面 xy 与 z 轴垂直，并与 z 轴相交于 O 点，则由图可见，分力 $\boldsymbol{F}_{xy}$ 也就是力 $\boldsymbol{F}$ 在 xy 平面上的投影，而分力 $\boldsymbol{F}_{xy}$ 使门绕 z 轴转动的效应可以用力 $\boldsymbol{F}_{xy}$ 对 O 点的矩来度量。把此例推广到一般情况，如图 4-8(b)所

示,要算力 $\boldsymbol{F}$ 对 z 轴的矩,可先将力 $\boldsymbol{F}$ 投影到垂直于 z 轴的 Oxy 平面上,得力 $\boldsymbol{F}_{xy}$;再将力 $\boldsymbol{F}_{xy}$ 对平面与 z 轴的交点 O 取矩即为力 $\boldsymbol{F}$ 对 z 轴的矩,用符号 $M_z(\boldsymbol{F})$表示,即

$$M_z(\boldsymbol{F}) = M_O(\boldsymbol{F}_{xy}) = \pm F_{xy}d = \pm 2A_{\triangle Oab} \tag{4-12}$$

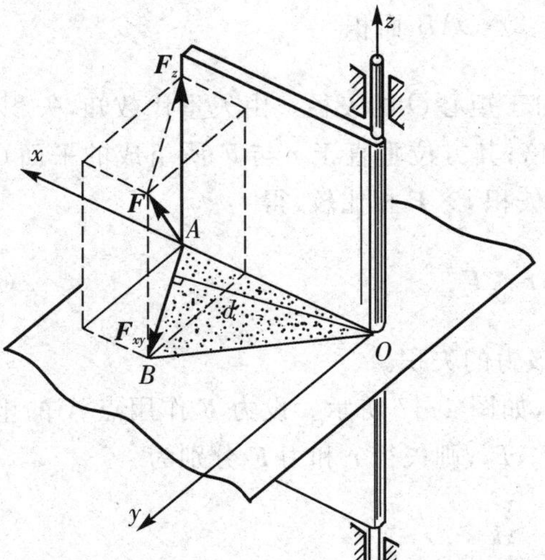

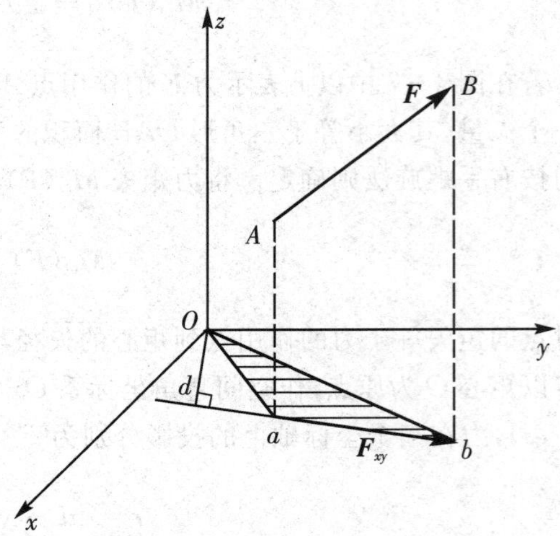

图 4-8

于是,力对轴的矩的定义可归纳如下:力对轴的矩是力使刚体绕该轴转动效果的度量,是一个代数量,其绝对值等于该力在垂直于该轴的平面上的投影对于这个平面与该轴的交点的矩。其正负号由右手螺旋法则确定,即将右手四指握住该轴表示力绕该轴转动的方向,若大拇指的指向与该轴正向相同,则力对该轴的矩取正号;反之,取负号。力对轴的矩和力对点的矩单位相同,常用 N·m 或 kN·m。

力对轴的矩等于零的情形:(1)当力与轴相交(此时 $d=0$);(2)当力与轴平行时(此时 $|\boldsymbol{F}_{xy}|=0$)。即当力与轴共面时,力对该轴的矩等于零。

与平面力系的合力矩定理相似,空间力系的合力矩定理可叙述为:空间力系若有合力,则合力对某轴的矩等于各分力对该轴的矩的代数和。(关于空间力系的合力矩定理见第 5 章 5.1 节)合力矩定理常用来简化力对轴的矩的计算。

力对轴的矩也可以解析式表示。如图 4-9,设力 $\boldsymbol{F}$ 在沿三个坐标轴上的分力分别为 $\boldsymbol{F}_x$,$\boldsymbol{F}_y$,$\boldsymbol{F}_z$,力作用点 A 的坐标为 x,y,z,由合力矩定理,得

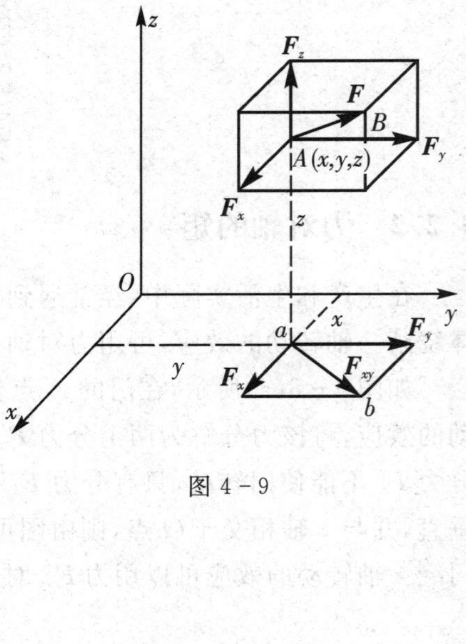

图 4-9

$$M_z(\boldsymbol{F}) = M_z(\boldsymbol{F}_x) + M_z(\boldsymbol{F}_y) + M_z(\boldsymbol{F}_z)$$

由于 $\boldsymbol{F}_z$ 平行于 z 轴,所以 $M_z(\boldsymbol{F}_z)=0$,而 $\boldsymbol{F}_x$,$\boldsymbol{F}_y$ 是在与垂直于 z 轴的 Oxy 平面平行的平面内,可分别由公式(4-12)计算 $M_z(\boldsymbol{F}_x)$,$M_z(\boldsymbol{F}_y)$,并代入上式,即

$$M_z(\boldsymbol{F})=xF_y-yF_x$$

同理可得其余二式。将此三式合写为

$$\left.\begin{aligned}M_x(\boldsymbol{F})&=yF_z-zF_y\\M_y(\boldsymbol{F})&=zF_x-xF_z\\M_z(\boldsymbol{F})&=xF_y-yF_x\end{aligned}\right\}\tag{4-13}$$

以上三式是计算力对轴的矩的解析式。

4.2.3　力对点的矩与通过该点的轴的矩的关系

比较式(4－11)和式(4－13),可以得到

$$\left.\begin{aligned}[\boldsymbol{M}_O(\boldsymbol{F})]_x&=M_x(\boldsymbol{F})\\[\boldsymbol{M}_O(\boldsymbol{F})]_y&=M_y(\boldsymbol{F})\\[\boldsymbol{M}_O(\boldsymbol{F})]_z&=M_z(\boldsymbol{F})\end{aligned}\right\}\tag{4-14}$$

即力对某点的矩矢量在通过该点的任一轴上的投影等于力对该轴的矩。这就是力对点的矩与通过该点的轴的矩的关系。

如果力 $\boldsymbol{F}$ 对通过 O 点的直角坐标轴 x,y,z 的矩是已知的,则根据式(4－14)就可求得该力对 O 点的矩的大小和方向余弦为

$$\left.\begin{aligned}|\boldsymbol{M}_O(\boldsymbol{F})|&=\sqrt{[M_x(\boldsymbol{F})]^2+[M_y(\boldsymbol{F})]^2+[M_z(\boldsymbol{F})]^2}\\\cos(\boldsymbol{M}_O,\boldsymbol{i})&=\frac{M_x(\boldsymbol{F})}{|M_O(\boldsymbol{F})|}\\\cos(\boldsymbol{M}_O,\boldsymbol{j})&=\frac{M_y(\boldsymbol{F})}{|M_O(\boldsymbol{F})|}\\\cos(\boldsymbol{M}_O,\boldsymbol{k})&=\frac{M_z(\boldsymbol{F})}{|M_O(\boldsymbol{F})|}\end{aligned}\right\}\tag{4-15}$$

【例 4－3】 如图 4－10 所示,长方体边长分别为 a,b,c,沿其对角线 AB 作用一力 $\boldsymbol{F}$,试求力 $\boldsymbol{F}$ 分别对轴 x,z 及 y_1 的矩。

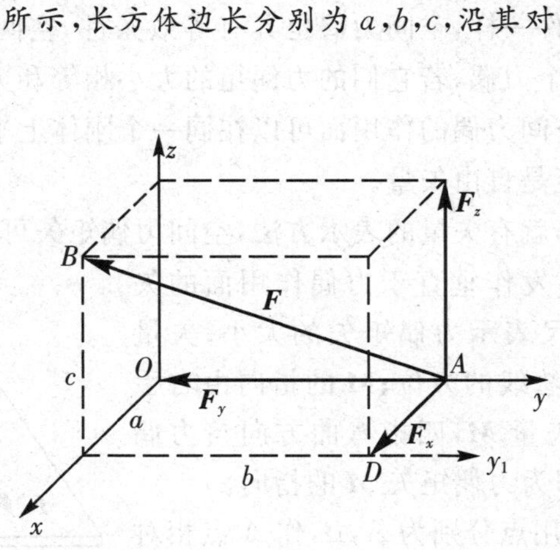

图 4－10

【解】 首先将力 $\boldsymbol{F}$ 分解为三个分力 $\boldsymbol{F}_x,\boldsymbol{F}_y,\boldsymbol{F}_z$，其中

$$F_x=\frac{a}{\sqrt{a^2+b^2+c^2}}F$$

$$F_y=\frac{b}{\sqrt{a^2+b^2+c^2}}F$$

$$F_z=\frac{c}{\sqrt{a^2+b^2+c^2}}F$$

利用合力矩定理可以计算力 $\boldsymbol{F}$ 对 x,z 及 y_1 的矩

$$M_x(\boldsymbol{F})=M_x(\boldsymbol{F}_x)+M_x(\boldsymbol{F}_y)+M_x(\boldsymbol{F}_z)=\frac{bc}{\sqrt{a^2+b^2+c^2}}F$$

$$M_z(\boldsymbol{F})=M_z(\boldsymbol{F}_x)+M_z(\boldsymbol{F}_y)+M_z(\boldsymbol{F}_z)=-\frac{ab}{\sqrt{a^2+b^2+c^2}}F$$

$$M_{y1}(\boldsymbol{F})=M_{y1}(\boldsymbol{F}_x)+M_{y1}(\boldsymbol{F}_y)+M_{y1}(\boldsymbol{F}_z)=\frac{ac}{\sqrt{a^2+b^2+c^2}}F$$

4.3 空间力偶

4.3.1 空间力偶等效条件，力偶矩以矢量表示

如果空间力系是由几个不在同一平面内的力偶所组成，则该力系称为空间力偶系。显然，平面力偶系是空间力偶系的特殊情况。在平面力偶系中，各力偶具有同一作用面，力偶矩被视为代数量。但是，在空间力偶系中，各力偶作用面具有不同的方位，力偶对物体作用的效应，不仅决定于力偶矩的大小和力偶在其作用面内转向，而且还取决于力偶作用面的方位，这三个要素称为空间力偶的三要素。可见，这三要素是不能用代数量表示出来的，只能用矢量表示，所以，空间力偶矩是矢量，称为力偶矩矢，记作 $\boldsymbol{M}(\boldsymbol{F},\boldsymbol{F}')$ 或 $\boldsymbol{M}$。

同平面力偶具有等效条件一样，空间力偶也具有等效条件，空间力偶等效条件是：作用在同一刚体的两平行平面内的两个力偶，若它们的力偶矩的大小相等和力偶的转向相同，则这两个力偶是等效的。由此可推知：空间力偶的作用面可以在同一个刚体上平行移动，而不改变力偶对刚体的作用效果，即空间力偶矩是自由矢量。

既然空间力偶矩是矢量，就有矢量的表示方法，空间力偶矩矢可以采用如下表示方法：

如图 4－11，从任一点出发作垂直于力偶作用面的矢量 $\boldsymbol{M}$，使其长度按一定比例尺表示力偶矩矢的大小；矢量 $\boldsymbol{M}$ 的方位就是力偶作用面的法线的方位；$\boldsymbol{M}$ 的指向由右手螺旋法则确定，即以右手握矢量 $\boldsymbol{M}$，四指弯曲方向与力偶的转向一致，大拇指的指向即为力偶矩矢 $\boldsymbol{M}$ 的指向。

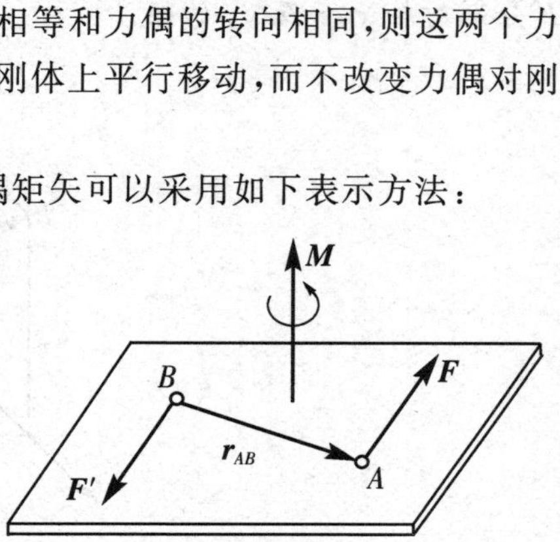

图 4－11

设力偶$(\boldsymbol{F},\boldsymbol{F}')$中两力作用点分别为 A,B，作 A 点相对于 B 点的矢径 $\boldsymbol{r}_{AB}$，如图 4－11 所示，则力偶矩矢可以用矢量积表示为

$$\boldsymbol{M} = \boldsymbol{r}_{AB} \times \boldsymbol{F} \tag{4-16}$$

即力偶矩矢等于力偶中的一个力对另一个力的作用点的力矩矢量。

与平面力偶一样，同样也可以证明：空间力偶中两力对空间任一点的矩的矢量和等于该力偶矩矢，而与矩心无关。

证明：设有空间力偶($\boldsymbol{F},\boldsymbol{F}'$)，其力偶臂为 d，如图 4－12 所示。力偶对空间任一点 O 的矩矢为 $\boldsymbol{M}_O(\boldsymbol{F},\boldsymbol{F}')$，则有

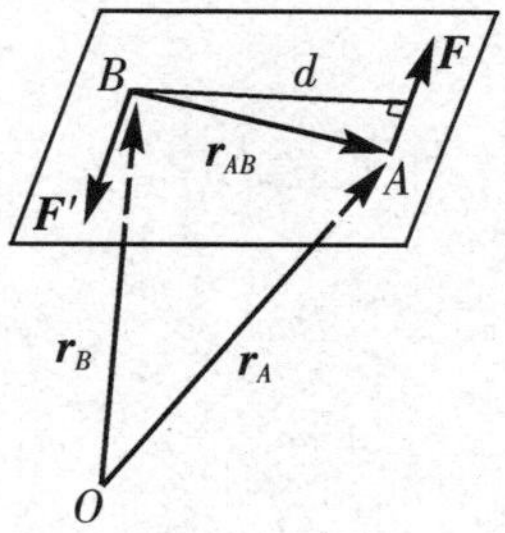

图 4－12

$$\boldsymbol{M}_O(\boldsymbol{F},\boldsymbol{F}') = \boldsymbol{M}_O(\boldsymbol{F}) + \boldsymbol{M}_O(\boldsymbol{F}') = \boldsymbol{r}_A \times \boldsymbol{F} + \boldsymbol{r}_B \times \boldsymbol{F}'$$

由于 $\boldsymbol{F}' = -\boldsymbol{F}$，故上式可改写为

$$\boldsymbol{M}_O(\boldsymbol{F},\boldsymbol{F}') = (\boldsymbol{r}_A - \boldsymbol{r}_B) \times \boldsymbol{F} = \boldsymbol{r}_{AB} \times \boldsymbol{F} = \boldsymbol{M}$$

4.3.2　空间力偶系的合成与平衡条件

1. 空间力偶系的合成

如图 4－13(a)，设刚体上作用有力偶矩为 $\boldsymbol{M}_1,\boldsymbol{M}_2,\cdots,\boldsymbol{M}_n$ 组成的空间力偶系，由于力偶矩矢是自由矢量，所以可将各力偶矩矢平移到 O 点，即得到一个汇交于 O 点的力偶矩矢量系，如图 4－13(b)所示。仿照空间汇交力系的合成规则即可求得该空间力偶系的合力偶矩矢 $\boldsymbol{M}$，即

$$\boldsymbol{M} = \boldsymbol{M}_1 + \boldsymbol{M}_2 + \cdots + \boldsymbol{M}_n = \sum \boldsymbol{M}_i \tag{4-17}$$

即空间力偶系可合成为一个合力偶，其合力偶矩矢等于各分力偶矩矢的矢量和。

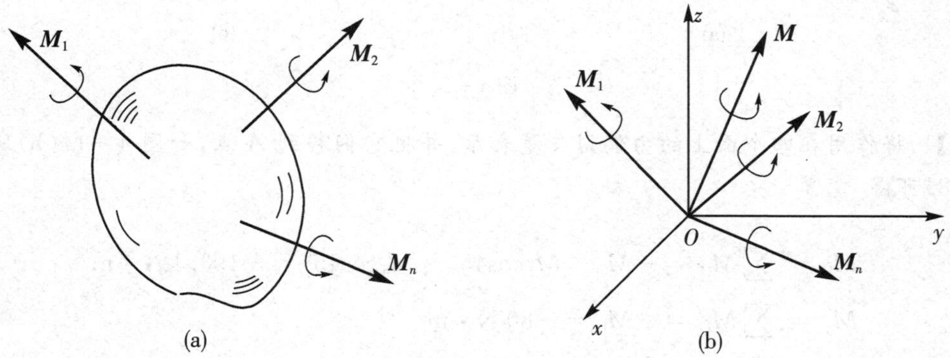

图 4－13

将式(4－17)分别向直角坐标轴 x,y,z 上投影，可得

$$\left.\begin{aligned} M_x &= M_{1x} + M_{2x} + \cdots + M_{nx} = \sum M_{ix} \\ M_y &= M_{1y} + M_{2y} + \cdots + M_{ny} = \sum M_{iy} \\ M_z &= M_{1z} + M_{2z} + \cdots + M_{nz} = \sum M_{iz} \end{aligned}\right\} \tag{4-18}$$

则合力偶矩矢的大小和方向余弦

$$\left.\begin{aligned} M &= \sqrt{(\sum M_{ix})^2 + (\sum M_{iy})^2 + (\sum M_{iz})^2} \\ \cos(\boldsymbol{F},\boldsymbol{i}) &= \frac{M_x}{M} \\ \cos(\boldsymbol{F},\boldsymbol{j}) &= \frac{M_y}{M} \\ \cos(\boldsymbol{F},\boldsymbol{k}) &= \frac{M_z}{M} \end{aligned}\right\} \quad (4-19)$$

【例 4-4】 工件如图 4-14(a)所示,它的四个面上同时钻五个孔,每个孔所受的切削力偶矩均为 80 N·m。求工件所受合力偶的矩在 x,y,z 轴上的投影 M_x,M_y,M_z,并求合力偶矩矢的大小和方向。

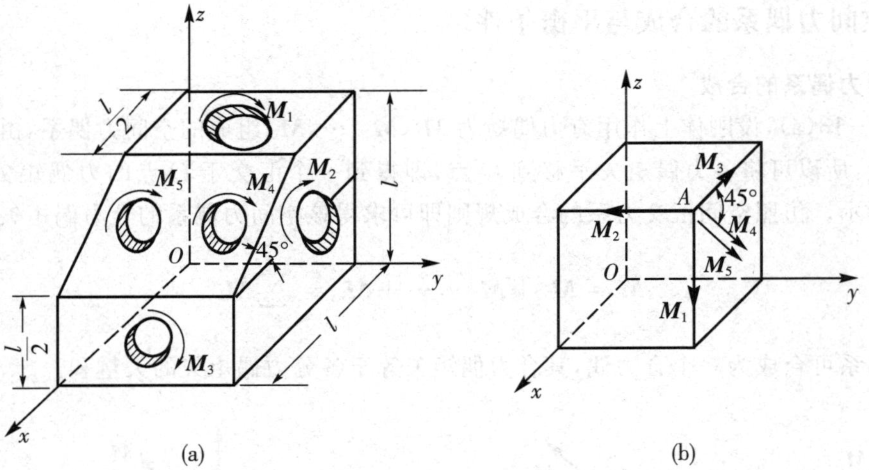

图 4-14

【解】 将作用在四个面上的力偶用矢量表示,并把它们移到 A 点,如图 4-14(b)所示。由式(4-18)可得

$$M_x = \sum M_{ix} = -M_3 - M_4\cos45° - M_5\cos45° = -193.1\ \text{N}\cdot\text{m}$$
$$M_y = \sum M_{iy} = -M_2 = -80\ \text{N}\cdot\text{m}$$
$$M_z = \sum M_{iz} = -M_1 - M_4\cos45° - M_5\cos45° = -193.1\ \text{N}\cdot\text{m}$$

由式(4-19)求得合力偶矩的大小和方向余弦为

$$M = \sqrt{M_x^2 + M_y^2 + M_z^2} = 284.6\ \text{N}\cdot\text{m}$$
$$\cos(\boldsymbol{M},\boldsymbol{i}) = \frac{M_x}{M} = -0.679$$
$$\cos(\boldsymbol{M},\boldsymbol{j}) = \frac{M_y}{M} = -0.281$$

$$\cos(\boldsymbol{M},\boldsymbol{k})=\frac{M_z}{M}=-0.679$$

2. 空间力偶系的平衡条件

既然空间力偶系合成的结果是一个合力偶，可见，要使空间力偶系平衡，必须也只须合力偶矩等于零。因此，空间力偶系平衡的必要和充分条件是：该力偶系的合力偶矩等于零，亦即所有力偶矩矢的矢量和等于零，即

$$\sum \boldsymbol{M}_i=0 \tag{4-20}$$

欲使上式成立，必须同时满足

$$\left.\begin{aligned}\sum M_{ix}&=0\\ \sum M_{iy}&=0\\ \sum M_{iz}&=0\end{aligned}\right\} \tag{4-21}$$

上式就是空间力偶系的平衡方程。即空间力偶系平衡的必要和充分条件是：空间力偶系中所有各力偶矩矢在三个直角坐标轴上投影的代数和分别等于零。上述三个平衡方程是相互独立的，可以求解三个未知量。

【例 4-5】 如图 4-15(a)所示，三圆盘 A，B 和 C 的半径分别为 150 mm，100 mm 和50 mm。三轴 OA，OB 和 OC 在同一平面内，$\angle AOB$ 为直角。在这三圆盘上分别作用力偶，组成各力偶的力作用在轮缘上，它们的大小分别等于 10 N，20 N 和 F。如这三圆盘所构成的物系是自由的，不计物系重量，求能使物系平衡的力 $\boldsymbol{F}$ 的大小和角 θ。

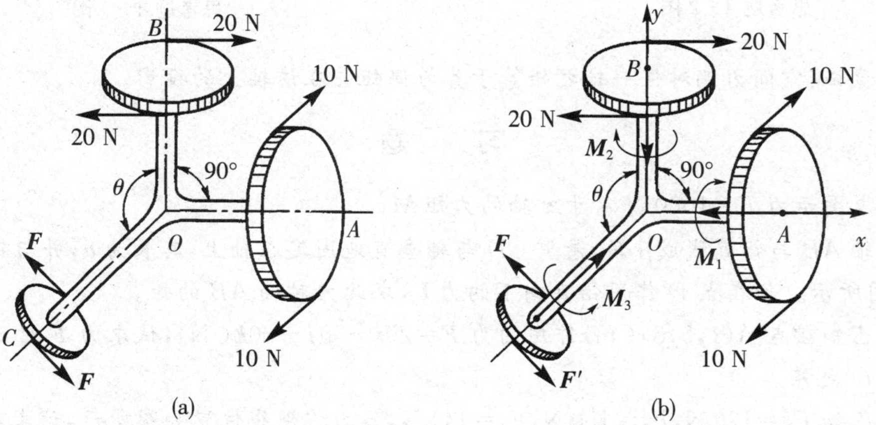

图 4-15

【解】 物系受三个力偶作用，将这三个力偶用矢量表示，并把它们画在图上，如图 4-15(b)所示，这三个力偶矩矢的大小分别为

$$M_1=3000\ \mathrm{N\cdot mm},\ M_2=4000\ \mathrm{N\cdot mm},M_3=100F\ \mathrm{N\cdot mm}$$

建立直角坐标系，由

$$\sum M_{ix} = 0,\ M_3\cos(\theta - 90°) - M_1 = 0$$

$$\sum M_{iy} = 0,\ M_3\sin(\theta - 90°) - M_2 = 0$$

解得

$$F = 50\ \text{N},\ \theta = 143°8'$$

思考题

4—1 若已知力 $\boldsymbol{F}_1$ 对直角坐标系 $Oxyz$ 中坐标原点 O 的矩矢 $\boldsymbol{M}_O(\boldsymbol{F}_1)$ 的大小为 $M_O(\boldsymbol{F}_1)$，方向沿 y 轴的正向，问此力对 x,y,z 三轴之矩为多少？

4—2 在正方体的顶角 A 和 B 处，分别作用力 $\boldsymbol{F}_1$ 和 $\boldsymbol{F}_2$，如图所示。求此力在 x,y,z 轴上的投影和对 x,y,z 轴的矩。

4—3 作用在刚体上的四个力偶，若其力偶矩矢都位于同一平面内，则一定是平面力偶系？若各力偶矩矢自行封闭，如图示，则一定是平衡力系？为什么？

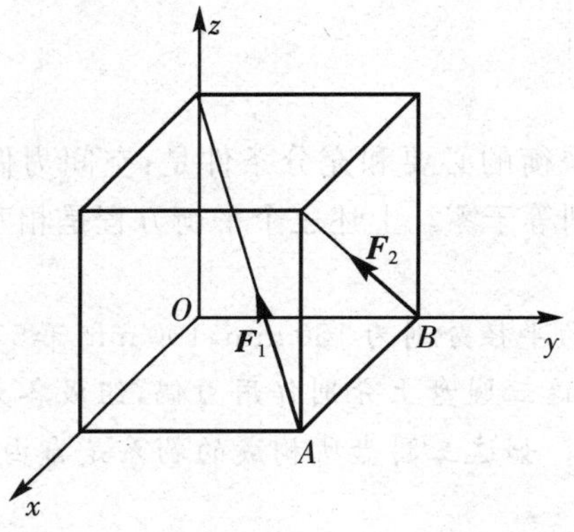

思考题 4-2 图

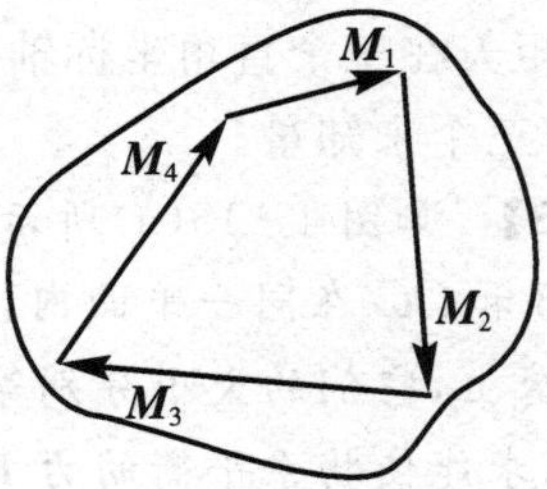

思考题 4-3 图

4—4 试证：空间力偶对任一轴之矩等于其力偶矩矢在该轴上的投影。

习　　题

4—1 求图示力 $F=1000\ \text{N}$ 对于 z 轴的力矩 M_z。

4—2 轴 AB 与铅直线成 β 角，悬臂 CD 与轴垂直地固定在轴上，其长为 a，并与铅直面 zAB 成 θ 角，如图所示。如在点 D 作用铅直向下的力 $\boldsymbol{F}$，求此力对轴 AB 的矩。

4—3 已知在点 $A(1,5,8)$(m)作用的力 $\boldsymbol{F}=20\boldsymbol{i}+50\boldsymbol{j}+80\boldsymbol{k}$(N)，试求力 $\boldsymbol{F}$ 对 x,y,z 轴之矩及对原点 O 之矩。

4—4 已知 $F_1=120\ \text{N}$，$F_2=150\ \text{N}$，$F_3=141\ \text{N}$，各力作用线位置如图所示，试求各力分别对 x,y,z 轴之矩的和。

4—5 水平圆盘的半径为 r，外缘 C 处作用有已知力 $\boldsymbol{F}$。力 $\boldsymbol{F}$ 位于圆盘 C 处的切平面内，且与 C 处圆盘切线夹角为 60°，其他尺寸如图所示。求力 $\boldsymbol{F}$ 对 x,y,z 轴之矩。

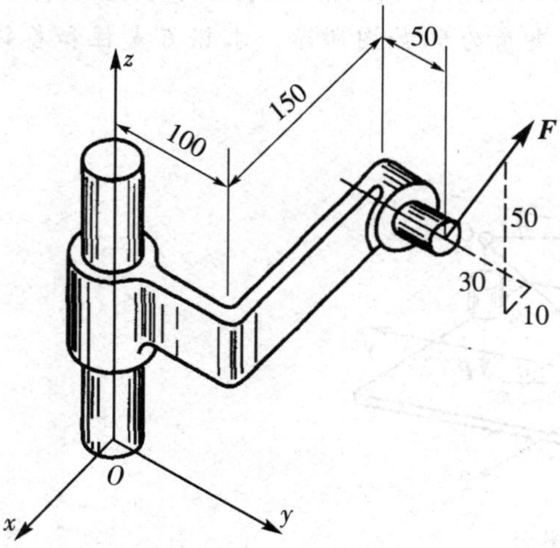

习题 4-1 图

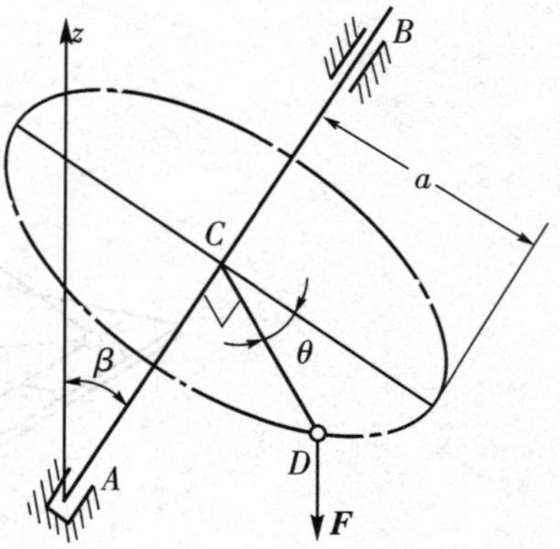

习题 4-2 图

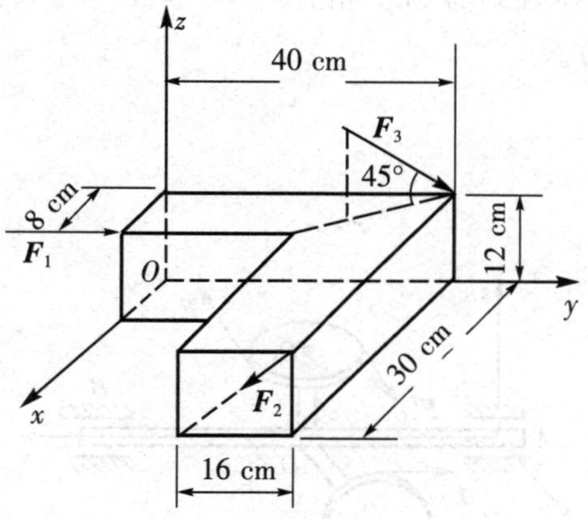

习题 4-4 图

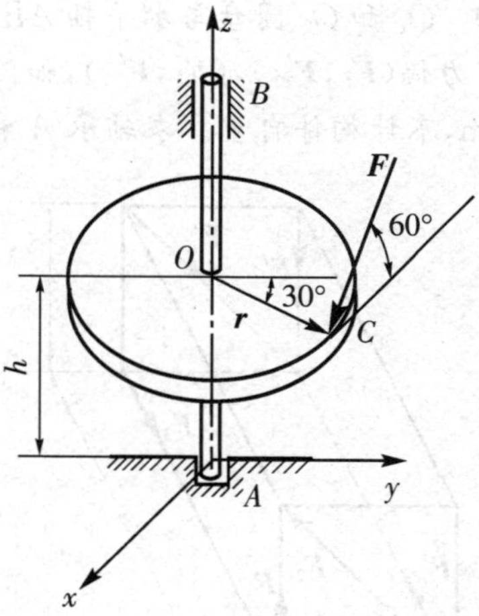

习题 4-5 图

4—6　图示空间构架由三根无重直杆组成，在 D 端用球铰链连接，如图所示。A，B 和 C 端则用球铰链固定在水平地板上。如果挂在 D 端的物重 $P=10$ kN，求铰链 A，B 和 C 的约束力。

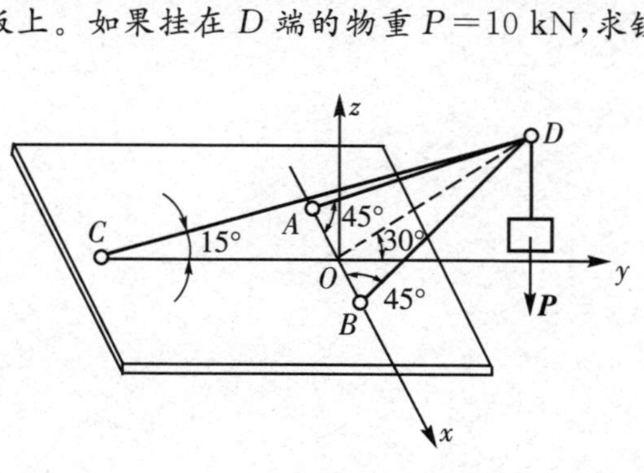

习题 4-6 图

4—7 在图示起重机中，已知：$AB=BC=AD=AE$；点 A,B,D 和 E 等均为球铰链连接，如三角形 ABC 在 xy 平面的投影为 AF 线，AF 与 y 轴夹角为 θ，如图所示。求铅直支柱和各斜杆的内力。

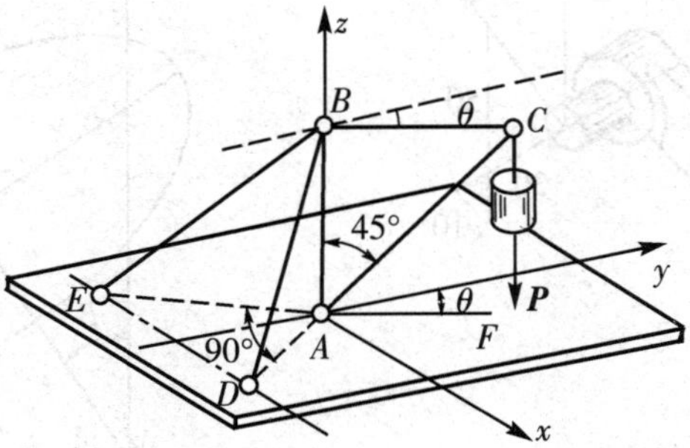

习题 4-7 图

4—8 一长方体上作用着三个力偶(F_1,F'_1),(F_2,F'_2),(F_3,F'_3)。已知 $F_1=F'_1=10$ N，$F_2=F'_2=16$ N，$F_3=F'_3=20$ N，$a=10$ cm，求三个力偶的合成结果。

4—9 O_1 和 O_2 圆盘与水平轴 AB 固连，O_1 盘面垂直于 z 轴，O_2 盘面垂直于 x 轴，盘面上分别作用有力偶(F_1,F'_1),(F_2,F'_2)，如图所示。如两盘半径均为 200 mm，$F_1=3$ N，$F_2=5$ N，$AB=800$ mm，不计构件自重。求轴承 A 和 B 处的约束力。

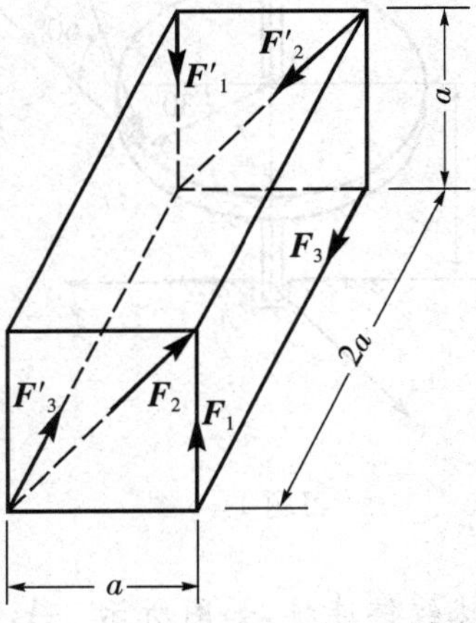

习题 4-8 图

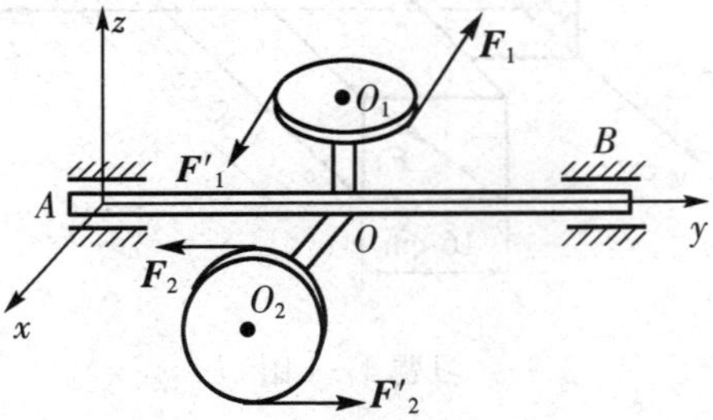

习题 4-9 图

第5章 空间任意力系

空间任意力系是各力的作用线在空间任意分布的力系。是力系中最一般的形式，其他各种力系都是它的特殊情况。本章将研究空间任意力系的简化和平衡问题以及物体的重心。

5.1 空间任意力系向一点的简化

5.1.1 空间任意力系向一点的简化

与平面任意力系的简化方法相同，利用力的平移定理，可以把空间任意力系向任一点简化。设一空间力系 $\boldsymbol{F}_1,\boldsymbol{F}_2,\cdots,\boldsymbol{F}_n$ 作用在刚体上，如图 5-1(a)所示。任选一点 O 作为简化中心，将各力平移到 O 点，结果得到作用于 O 点的一个空间汇交力系 $\boldsymbol{F}'_1,\boldsymbol{F}'_2,\cdots,\boldsymbol{F}'_n$ 和一个由附加力偶组成的空间力偶系，该力偶系的力偶矩矢分别为 $\boldsymbol{M}_1,\boldsymbol{M}_2,\cdots,\boldsymbol{M}_n$，如图 5-1(b)所示。

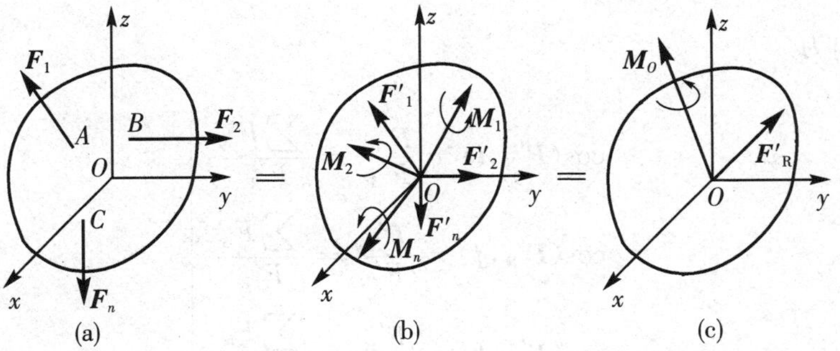

图 5-1

其中

$$\boldsymbol{F}_1=\boldsymbol{F}'_1,\ \boldsymbol{F}_2=\boldsymbol{F}'_2,\ \cdots,\boldsymbol{F}_n=\boldsymbol{F}'_n$$

$$\boldsymbol{M}_1=\boldsymbol{M}_O(\boldsymbol{F}_1),\boldsymbol{M}_2=\boldsymbol{M}_O(\boldsymbol{F}_2),\cdots,\boldsymbol{M}_n=\boldsymbol{M}_O(\boldsymbol{F}_n)$$

空间汇交力系 $\boldsymbol{F}'_1,\boldsymbol{F}'_2,\cdots,\boldsymbol{F}'_n$ 可以合成为作用在 O 点的一个力 $\boldsymbol{F}'_\mathrm{R}$，这个力称为原力系的主矢。即

$$\boldsymbol{F}'_\mathrm{R}=\boldsymbol{F}'_1+\boldsymbol{F}'_2+\cdots+\boldsymbol{F}'_n=\sum\boldsymbol{F}'_i=\sum\boldsymbol{F}_i \tag{5-1}$$

空间力偶系 $\boldsymbol{M}_1,\boldsymbol{M}_2,\cdots,\boldsymbol{M}_n$ 可以合成为作用在 O 点的一个力偶 $\boldsymbol{M}_O$，这个力偶矩矢称为原力系对 O 点的主矩。即

$$\boldsymbol{M}_O=\boldsymbol{M}_1+\boldsymbol{M}_2+\cdots+\boldsymbol{M}_n=\sum\boldsymbol{M}_i=\sum\boldsymbol{M}_O(\boldsymbol{F}_i) \tag{5-2}$$

由此可知,空间任意力系向任一点的简化,可以得到一个作用于简化中心的力和一个力偶。这个力就是原力系的主矢,它等于原力系中各力的矢量和,作用线通过简化中心 O;这个力偶的力偶矩矢就是原力系对简化中心的主矩,它等于原力系中各力对简化中心之矩的矢量和。可见,主矢 $\boldsymbol{F}'_{\mathrm{R}}$ 与简化中心的位置无关,而主矩 $\boldsymbol{M}_O$ 与简化中心的位置有关。

在实际计算中常采用解析法来计算主矢和主矩。在简化中心建立直角坐标系 $Oxyz$,如图 5-1所示。

1. 主矢的计算

根据合力投影定理,将(5-1)式分别向 x,y,z 轴投影,可得

$$\left.\begin{aligned} F'_{\mathrm{R}x} &= \sum F'_{ix} = \sum F_{ix} \\ F'_{\mathrm{R}y} &= \sum F'_{iy} = \sum F_{iy} \\ F'_{\mathrm{R}z} &= \sum F'_{iz} = \sum F_{iz} \end{aligned}\right\} \tag{5-3}$$

主矢的大小为

$$F'_{\mathrm{R}} = \sqrt{F'^2_{\mathrm{R}x} + F'^2_{\mathrm{R}y} + F'^2_{\mathrm{R}z}} = \sqrt{(\sum F_{ix})^2 + (\sum F_{iy})^2 + (\sum F_{iz})^2} \tag{5-4}$$

主矢的方向为

$$\left.\begin{aligned} \cos(\boldsymbol{F}'_{\mathrm{R}},\boldsymbol{i}) &= \frac{F'_{\mathrm{R}x}}{F'_{\mathrm{R}}} = \frac{\sum F_{ix}}{F'_{\mathrm{R}}} \\ \cos(\boldsymbol{F}'_{\mathrm{R}},\boldsymbol{j}) &= \frac{F'_{\mathrm{R}y}}{F'_{\mathrm{R}}} = \frac{\sum F_{iy}}{F'_{\mathrm{R}}} \\ \cos(\boldsymbol{F}'_{\mathrm{R}},\boldsymbol{k}) &= \frac{F'_{\mathrm{R}z}}{F'_{\mathrm{R}}} = \frac{\sum F_{iz}}{F'_{\mathrm{R}}} \end{aligned}\right\} \tag{5-5}$$

2. 主矩的计算

根据合矢量投影定理,将(5-2)式分别向 x,y,z 轴投影,可得

$$\left.\begin{aligned} M_{Ox} &= \sum M_x(\boldsymbol{F}_i) \\ M_{Oy} &= \sum M_y(\boldsymbol{F}_i) \\ M_{Oz} &= \sum M_z(\boldsymbol{F}_i) \end{aligned}\right\} \tag{5-6}$$

主矩的大小

$$\begin{aligned} M_O &= \sqrt{M_{Ox}^2 + M_{Oy}^2 + M_{Oz}^2} \\ &= \sqrt{[\sum M_x(\boldsymbol{F}_i)]^2 + [\sum M_y(\boldsymbol{F}_i)]^2 + [\sum M_z(\boldsymbol{F}_i)]^2} \end{aligned} \tag{5-7}$$

主矩的方向

$$\left.\begin{aligned}\cos(\boldsymbol{M}_O,\boldsymbol{i})&=\frac{M_{Ox}}{M_O}=\frac{\sum M_x(\boldsymbol{F}_i)}{M_O}\\\cos(\boldsymbol{M}_O,\boldsymbol{j})&=\frac{M_{Oy}}{M_O}=\frac{\sum M_y(\boldsymbol{F}_i)}{M_O}\\\cos(\boldsymbol{M}_O,\boldsymbol{k})&=\frac{M_{Oz}}{M_O}=\frac{\sum M_z(\boldsymbol{F}_i)}{M_O}\end{aligned}\right\}\tag{5-8}$$

与平面固定端约束反力的简化相类似。当被固定端约束的物体受到的主动力是空间任意力系时，其固定端的约束反力也是一个空间任意力系，将此约束反力的空间任意力系向支座的 A 点简化，可得一个约束反力 $\boldsymbol{F}_A$ 和一个反力偶 $\boldsymbol{M}_A$，工程上通常将 $\boldsymbol{F}_A$ 用相互垂直的三个分量 $\boldsymbol{F}_{Ax}$，$\boldsymbol{F}_{Ay}$，$\boldsymbol{F}_{Az}$ 来表示，将 $\boldsymbol{M}_A$ 也用相互垂直的三个分量 $\boldsymbol{M}_{Ax}$，$\boldsymbol{M}_{Ay}$，$\boldsymbol{M}_{Az}$ 来表示，如图 5-2 所示。

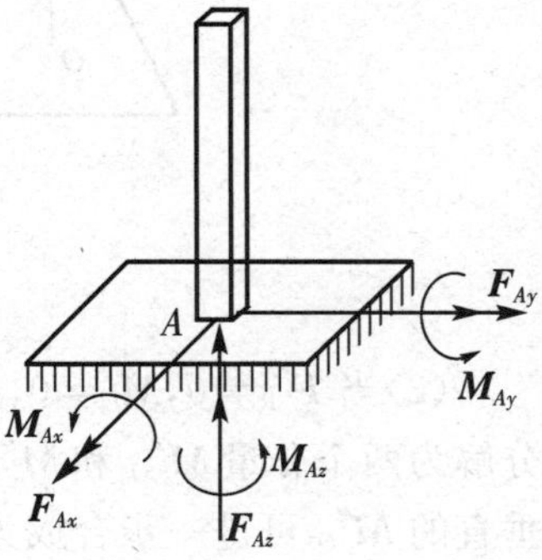

图 5-2

5.1.2 简化结果的分析

空间任意力系向任一点 O 的简化，一般可以得到一个主矢 $\boldsymbol{F}'_R$ 和一个主矩 $\boldsymbol{M}_O$。下面将讨论主矢 $\boldsymbol{F}'_R$ 和主矩 $\boldsymbol{M}_O$ 可能出现的几种情况：

1. 当 $\boldsymbol{F}'_R=0$，$\boldsymbol{M}_0=0$ 时，原空间任意力系为一平衡力系。将在下一节详细讨论。

2. 力系合成为一个力偶

当 $\boldsymbol{F}'_R=0$，$\boldsymbol{M}_0\neq0$ 时，原空间任意力系合成为一个合力偶，其力偶矩矢等于原力系对简化中心的主矩 $\boldsymbol{M}_O$。

3. 力系合成为一个合力

(1) 当 $\boldsymbol{F}'_R\neq0$，$\boldsymbol{M}_0=0$ 时，原空间任意力系合成为一个合力，其合力 $\boldsymbol{F}_R$ 等于原力系的主矢 $\boldsymbol{F}'_R$。

(2) 当 $\boldsymbol{F}'_R\neq0$，$\boldsymbol{M}_0\neq0$，且 $\boldsymbol{F}'_R\perp\boldsymbol{M}_O$ 时，如图 5-3(a)所示，此时主矢 $\boldsymbol{F}'_R$ 与主矩 $\boldsymbol{M}_O$ 所表示的力偶在同一平面内，还可以进一步合成为一个合力，如图 5-3(c)所示。合力的作用线到简化中心的距离为

$$d=\frac{M_O}{F'_R}\tag{5-9}$$

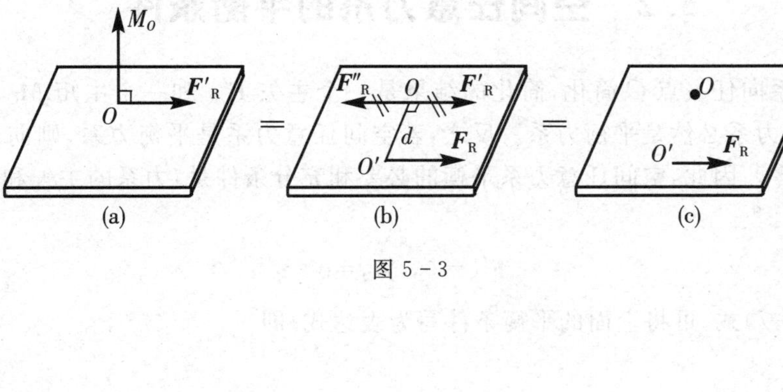

图 5-3

4.力系合成为力螺旋

(1)当 $\boldsymbol{F}'_O \neq 0$,$\boldsymbol{M}_O \neq 0$,且 $\boldsymbol{F}'_R // \boldsymbol{M}_O$ 时,此时主矢 $\boldsymbol{F}'_R$ 和主矩 $\boldsymbol{M}_O$ 表示的力偶的作用面互相垂直,如图 5-4 所示,这种情况无法进一步的简化。这样的一个力和一个力偶总称为力螺旋。例如,钻孔时钻头对工件的作用和用螺丝刀拧螺丝,就是力螺旋。

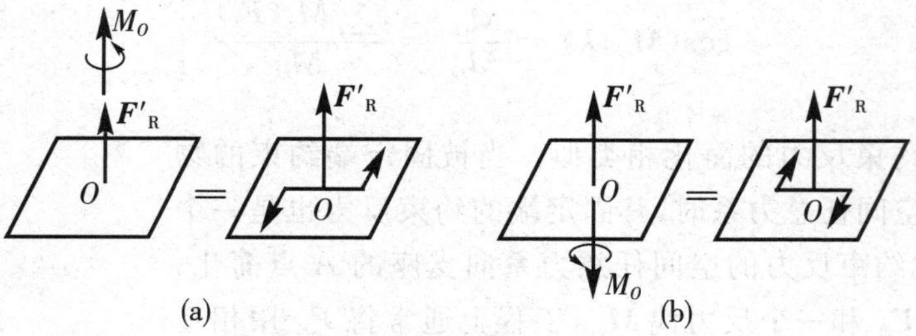

图 5-4

(2)当 $\boldsymbol{F}'_R \neq 0$,$\boldsymbol{M}_O \neq 0$,且两者既不平行又不垂直时,如图 5-5(a)所示。此时可将主矩 $\boldsymbol{M}_O$ 分解为两个分量 $\boldsymbol{M}'_O$ 和 $\boldsymbol{M}''_O$,它们分别与主矢 $\boldsymbol{F}'_R$ 平行和垂直,如图 5-5(b)所示。与主矢 $\boldsymbol{F}'_R$ 垂直的 $\boldsymbol{M}''_O$ 可进一步合成为一个作用在 O' 点的力 $\boldsymbol{F}_R$,由于 $\boldsymbol{M}'_O$ 是自由矢量,可移动到 O' 点,这样作用在 O' 点的力 $\boldsymbol{F}_R$ 与 $\boldsymbol{M}'_O$ 又组成了一个力螺旋。如图 5-5(c)所示。

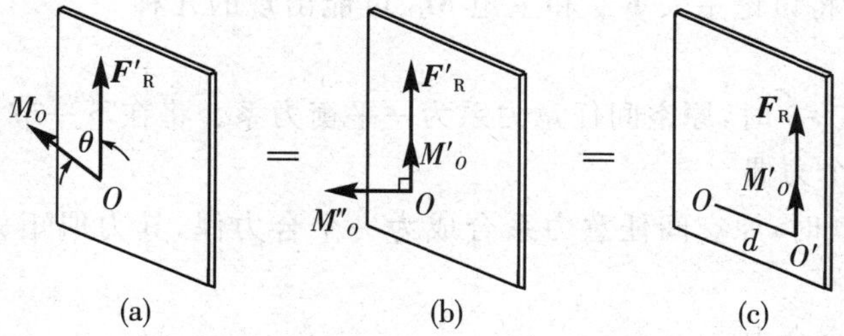

图 5-5

对于空间任意力系,可以证明合力矩定理仍然成立。空间任意力系的合力对任一点的矩(或任一轴的矩)等于力系中各力对同一点(或同一轴)的矩的矢量和(或代数和)。即

$$\boldsymbol{M}_O(\boldsymbol{F}_R) = \sum \boldsymbol{M}_O(\boldsymbol{F}) \tag{5-10}$$

或

$$M_z(\boldsymbol{F}_R) = \sum M_z(\boldsymbol{F}) \tag{5-11}$$

5.2 空间任意力系的平衡条件

空间任意力系向任一点 O 简化,简化的结果是一个主矢 $\boldsymbol{F}'_R$ 和一个主矩 $\boldsymbol{M}_O$。若主矢和主矩都等于零,则与力系必然是平衡力系。反之,若空间任意力系是平衡力系,则向任一点简化的主矢和主矩必为零。因此,空间任意力系平衡的必要和充分条件是:力系的主矢和对任一点的主矩都等于零。即

$$\boldsymbol{F}'_R = 0, \ \boldsymbol{M}_O = 0$$

根据(5-4)和(5-7)式,可将上面的平衡条件写为表达式,即

$$\left.\begin{aligned}\sum F_x &= 0\\ \sum F_y &= 0\\ \sum F_z &= 0\\ \sum M_x(\boldsymbol{F}) &= 0\\ \sum M_y(\boldsymbol{F}) &= 0\\ \sum M_z(\boldsymbol{F}) &= 0\end{aligned}\right\}\qquad(5-12)$$

因此，空间任意力系平衡的必要和充分条件又可叙述为：力系中各力在三个坐标轴中的每一轴上的投影的代数和等于零，以及力系中各力对三个坐标轴的每一轴的力矩的代数和等于零。(5-12)式也称为空间任意力系的平衡方程。这六个平衡方程式彼此独立，应用这六个平衡方程，可求解空间任意力系的平衡问题，可求出六个未知量。

空间任意力系是最一般形式，前面我们介绍过的各种力系都是它的特例，这些力系的平衡方程都可由空间任意力系的平衡方程(5-12)式得出。例如，对于工程上常见的空间平行力系，如图5-6所示，取 z 轴与各力平行，因此，各力在 x 和 y 轴上的投影等于零，各力对 z 轴的力矩等于零，即

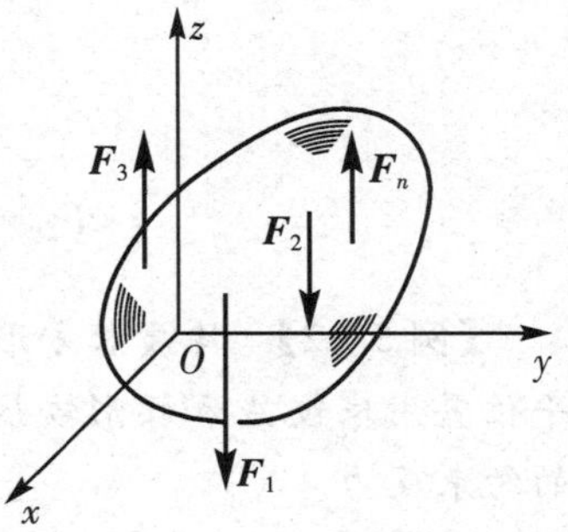

图5-6

$$\sum F_x \equiv 0,\ \sum F_y \equiv 0,\ \sum M_z(\boldsymbol{F}) \equiv 0$$

所以，空间平行力系的平衡方程为

$$\left.\begin{aligned}\sum F_z &= 0\\ \sum M_x(\boldsymbol{F}) &= 0\\ \sum M_y(\boldsymbol{F}) &= 0\end{aligned}\right\}\qquad(5-13)$$

即空间平行力系平衡的必要和充分条件是：力系中各力在与力的作用线平行的坐标轴上的投影的代数和等于零，以及这些力对两个与力的作用线垂直的轴之矩的代数和等于零。空间平行力系的三个平衡方程，可用来求解三个未知量。

【例5-1】 三轮平板小车如图5-7所示，小车自重 $P=8$ kN，作用于 E 点，荷载 $P_1=10$ kN，作用于 C 点。求小车静止时地面对车轮的约束反力。

【解】 以小车为研究对象，受力分析如图5-7所示，在小车上作用有主动力 $\boldsymbol{P}$ 和 $\boldsymbol{P}_1$，地面对车轮的约束反力 $\boldsymbol{F}_A$，$\boldsymbol{F}_B$ 和 $\boldsymbol{F}_D$，这五个力的作用线互相平行，构成空间平行力系，建立坐标系如图5-7所示，应用空间平行力系平衡方程，可求解 $\boldsymbol{F}_A$，$\boldsymbol{F}_B$ 和 $\boldsymbol{F}_D$，和三个未知量。

$$\sum F_z = 0,\ -P-P_1+F_A+F_B+F_D=0 \qquad (1)$$

$$\sum M_x = 0,\ -0.2\ \mathrm{m}\times P_1-1.2\ \mathrm{m}\times P+2\ \mathrm{m}\times F_D=0 \qquad (2)$$

$$\sum M_y = 0,\ 0.8\ \mathrm{m}\times P_1+0.6\ \mathrm{m}\times P-0.6\ \mathrm{m}\times F_D-1.2\ \mathrm{m}\times F_B=0 \qquad (3)$$

联立求解，得

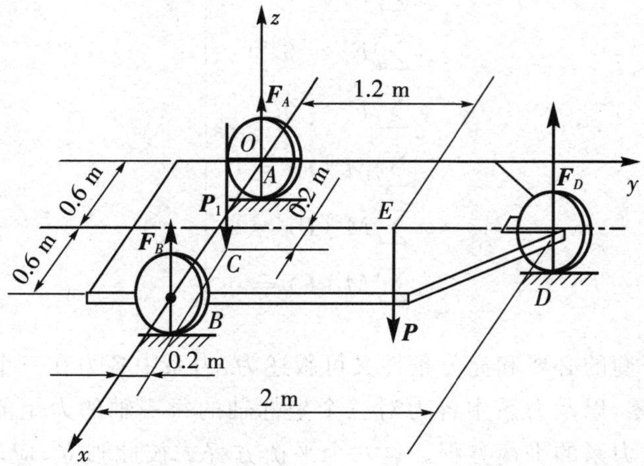

图 5-7

$$F_D = 5.8\ \text{kN},\ F_B = 7.777\ \text{kN},\ F_A = 4.423\ \text{kN}$$

【例 5-2】 均质长方形等厚薄板 $ABCD$ 如图 5-8(a)所示,板的重量为 $P=800$ N,板在水平位置用球铰 A 和蝶形铰 B 固定在墙上,并用绳子 CE 系住。求绳子的拉力以及支座 A 和 B 处的约束反力。

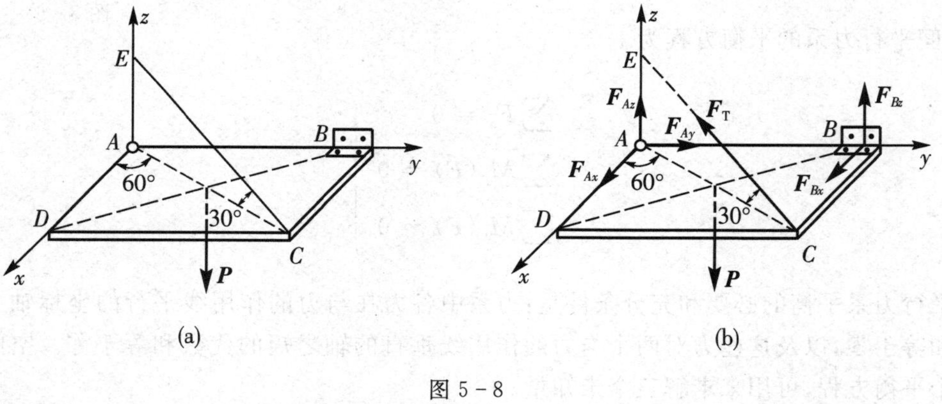

图 5-8

【解】 以板 $ABCD$ 为研究对象,建立直角坐标系 $Axyz$。板受力分析如图 5-8(b)所示,板上受力有板的自重 $\boldsymbol{P}$,球铰 A 处的约束反力 $\boldsymbol{F}_{Ax}$,$\boldsymbol{F}_{Ay}$ 和 $\boldsymbol{F}_{Az}$,蝶形铰 B 处的约束反力 $\boldsymbol{F}_{Bx}$ 和 $\boldsymbol{F}_{Bz}$,绳子 CE 的拉力 $\boldsymbol{F}_{\mathrm{T}}$。根据空间一般力系的平衡方程,有

$$\sum M_y(\boldsymbol{F}) = 0,\ P \times \frac{BC}{2} - F_{\mathrm{T}} \times \sin 30^\circ \times BC = 0 \tag{1}$$

求得

$$F_{\mathrm{T}} = P = 800\ \text{N}$$

$$\sum M_{AC}(\boldsymbol{F}) = 0,\ F_{Bz} \times AB \times \sin 30^\circ = 0 \tag{2}$$

求得

$$F_{Bz} = 0$$

$$\sum M_z(\boldsymbol{F}) = 0,\ -F_{Bx} \times AB = 0 \tag{3}$$

求得

$$F_{Bx} = 0$$

$$\sum F_x = 0, F_{Ax} - F_T \times \cos30° \times \cos60° = 0 \tag{4}$$

求得

$$F_{Ax} = \frac{\sqrt{3}}{4}P = 600\ \text{N}$$

$$\sum F_y = 0, F_{Ay} - F_T \times \cos30° \times \sin60° = 0 \tag{5}$$

求得

$$F_{Ay} = \frac{3}{4}P = 346.4\ \text{N}$$

$$\sum F_z = 0, F_{Az} + F_T \sin30° - P = 0 \tag{6}$$

求得

$$F_{Az} = \frac{P}{2} = 400\ \text{N}$$

【例 5-3】 均质等厚长方形板由六根无重直杆支撑，杆的两端用球铰与板和地面相连，如图 5-9 所示，板重为 $\boldsymbol{P}$，求各杆所受的力。

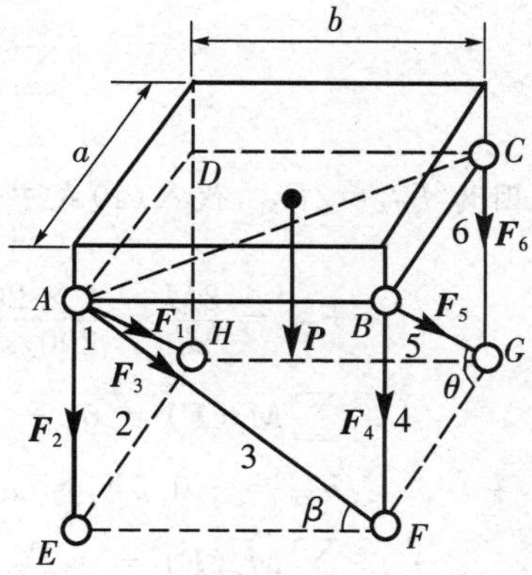

图 5-9

【解】 取长方形板为研究对象，各支撑直杆均为二力杆，设它们均受拉力作用，板的受力如图所示。根据平衡方程

$$\sum M_{EA}(\boldsymbol{F}) = 0, F_5 \cos\theta \times b = 0 \tag{1}$$

得

$$F_5 = 0$$

$$\sum M_{FB}(\boldsymbol{F}) = 0, -F_1 \cos\theta \times b = 0 \tag{2}$$

得

$$F_1 = 0$$

$$\sum M_{GC}(\boldsymbol{F}) = 0, F_3 \cos\beta \times a = 0 \tag{3}$$

得

$$F_3 = 0$$

$$\sum M_{AC}(\boldsymbol{F}) = 0, F_4 \times \frac{ab}{\sqrt{a^2 + b^2}} = 0 \tag{4}$$

得

$$F_4 = 0$$

$$\sum M_{AB}(\boldsymbol{F}) = 0, -F_6 \times a - P \times \frac{a}{2} = 0 \tag{5}$$

得

$$F_6 = -\frac{P}{2}$$

$$\sum M_{CB}(\boldsymbol{F}) = 0, F_2 \times b + P \times \frac{b}{2} = 0 \tag{6}$$

得

$$F_2 = -\frac{P}{2}$$

从计算结果可见，只有 2 杆和 6 杆受力作用，且为压力。其余各杆受力为零，称之为零杆。零杆可否从结构中除去？读者可认真地考虑一下。在此例中，使用了 6 个力矩平衡方程，一个方程中只有一个未知量，求解时避免了解联立方程。当然，也可用其他形式的平衡方程求解。

【例 5-4】 传动轴如图 5-10 所示，主动轮上驱动力偶的力偶矩 $M = 20\ \text{N}\cdot\text{m}$，皮带轮的直径 $d = 160\ \text{mm}$，皮带轮两边的拉力 $F_{T2} = 2F_{T1}$，传动带的倾角 $\alpha = 30°$，距离 $a = 200\ \text{mm}$。求皮带的拉力和 A，B 两轴承处的约束反力。

【解】 取传动轴为研究对象，建立直角坐标系 $Axyz$，画出传动轴受力图，如图 5-10 所示。

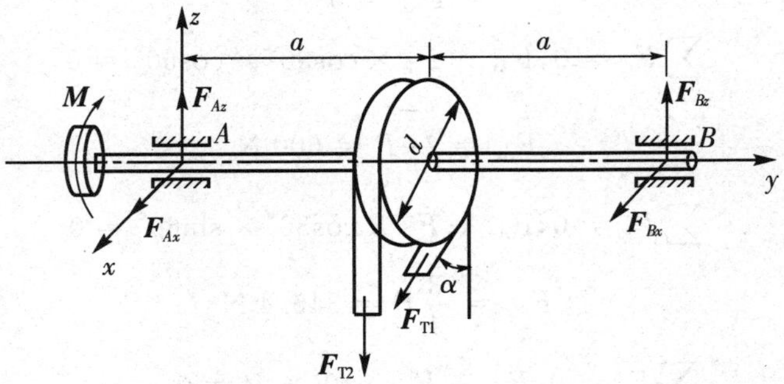

图 5-10

列平衡方程求解。

$$\sum M_y(\boldsymbol{F})=0,(F_{T2}-F_{T1})\times\frac{d}{2}-M=0 \tag{1}$$

因为 $F_{T2}=2F_{T1}$，代入(1)式中，得

$$F_{T1}=\frac{2M}{d}=\frac{2\times 20\ \text{N}\cdot\text{m}}{200\times 10^{-3}\ \text{m}}=250\ \text{N},F_{T2}=2F_{T1}=500\ \text{N}$$

$$\sum M_z(\boldsymbol{F})=0,-F_{Bx}\times 2a-F_{T1}\sin\alpha\times a=0 \tag{2}$$

得 $$F_{Bx}=-0.5F_{T1}\sin\alpha=-0.5\times 250\ \text{N}\times\sin 30^\circ=-62.5\ \text{N}$$

$$\sum M_x(\boldsymbol{F})=0,F_{Bz}\times 2a-F_{T2}\times a-F_{T1}\cos\alpha\times a=0 \tag{3}$$

得 $$F_{Bz}=0.5\times(F_{T2}+F_{T1}\cos\alpha)=0.5\times(500+250\times\cos 30^\circ)\text{N}=358.3\ \text{N}$$

$$\sum F_x=0,F_{Ax}+F_{Bx}+F_{T1}\sin\alpha=0 \tag{4}$$

得 $$F_{Ax}=-F_{T1}\sin\alpha-F_{Bx}=-250\ \text{N}\times\sin 30^\circ-(-62.5\ \text{N})=-62.5\ \text{N}$$

$$\sum F_z=0,F_{Az}+F_{Bz}-F_{T2}-F_{T1}\cos\alpha=0 \tag{5}$$

$$F_{Az}=F_{T2}+F_{T1}\cos\alpha-F_{Bz}=(500+250\times\cos 30^\circ-358.3)\ \text{N}=358.2\ \text{N}$$

5.3 物体的重心

在地球表面附近的物体，它的每一微小部分都受到重力(即地球引力)的作用，所有这些微小部分所受到的重力，严格地说，形成了一个汇交于地心的空间汇交力系。但是由于工程中物体的尺寸都远远小于地球的半径，因此，由物体每一微小部分的重力构成的空间汇交力系可以近似地看成是空间平行力系，这个空间平行力系的合力就是物体的重量，空间平行力系的作用中心就是物体的重心。

物体的重心对于物体的相对位置是确定的，与物体在空间的位置无关，而与物体的形状和物体内部的物质分布有关。即不论物体如何放置，其重力的合力作用线相对于物体来讲总是通过重心。物体的重心在工程中是一个十分重要的概念，例如要使起重机能正常工作，其重心的位置应满足一定的条件；飞机、轮船和车辆的运动稳定性也与重心的位置密切相关；高速旋转的机械，若其重心不在轴线上，将引起剧烈的振动，从而影响机械的寿命甚至发生事故。下面介绍计算物体重心的方法。

5.3.1　重心的坐标公式

我们利用空间任意力系的合力矩定理来推导物体重心的计算公式。若将物体分割成许多微小部分，设某一微小部分的体积为 ΔV_i，重力为 $\boldsymbol{P}_i$，作用点的坐标为 (x_i, y_i, z_i)，整个物体的重量为 $\boldsymbol{P}$，重心的坐标为 (x_C, y_C, z_C)，如图 5－11 所示。

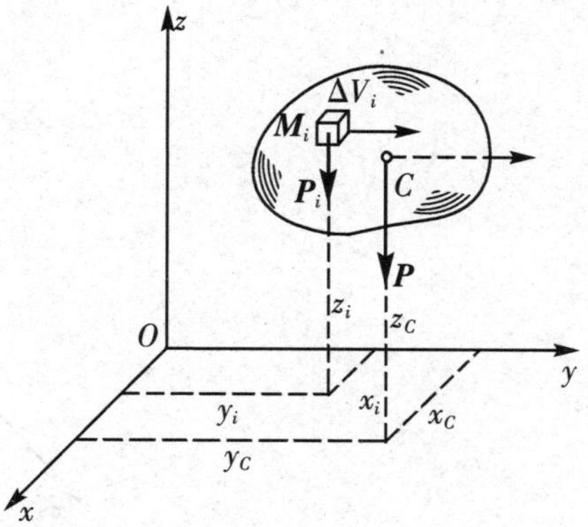

图 5－11

利用(5－11)式，对 y 轴取矩，有

$$Px_C = \sum P_i x_i$$

所以
$$x_C = \frac{\sum P_i x_i}{P}$$

同理，对 x 轴取矩，有

$$-Py_C = -\sum P_i y_i$$

所以
$$y_C = \frac{\sum P_i y_i}{P}$$

将力系旋转到与 y 轴平行，图 5－11 中虚线所示。对 x 轴取矩，有

$$-Pz_C = -\sum P_i z_i$$

所以
$$z_C = \frac{\sum P_i z_i}{P}$$

故物体重心的坐标公式为

$$x_C = \frac{\sum P_i x_i}{P}, y_C = \frac{\sum P_i y_i}{P}, z_C = \frac{\sum P_i z_i}{P} \tag{5-14}$$

若物体是均质的，单位体积的重量 γ 为常量。微块的体积为 ΔV_i，微块的重量 $P_i = \Delta V_i \gamma$，整个物体的体积为 V，整个物体的重量 $P = V\gamma$，代入(5－14)中，得

$$x_C = \frac{\sum \Delta V_i x_i}{V}, y_C = \frac{\sum \Delta V_i y_i}{V}, z_C = \frac{\sum \Delta V_i z_i}{V} \tag{5-15}$$

由(5－15)式可见，均质物体的重心位置取决于物体的几何形状，而与物体的重量无关。物体几何形状的中心称为物体的形心。均质物体的重心和形心是重合的。对于非均质物体来讲，物体的重心和形心一般不重合。

若将物体无限分割，则分割的每一小块的体积将趋于零，此时(5－15)式可写成积分形式

$$x_C = \frac{\int_V x \mathrm{d}V}{V}, y_C = \frac{\int_V y \mathrm{d}V}{V}, z_C = \frac{\int_V z \mathrm{d}V}{V} \tag{5-16}$$

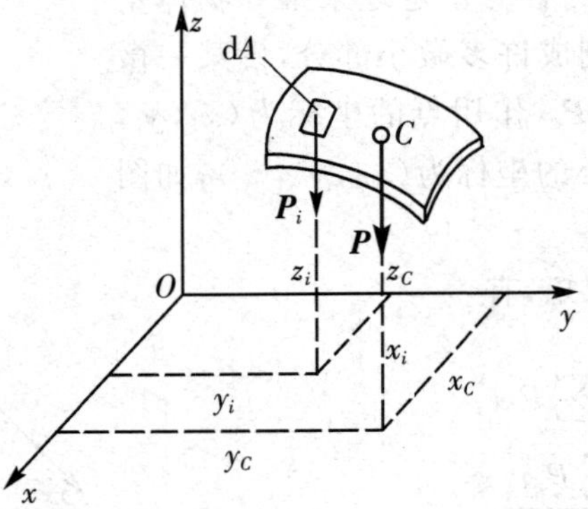

图 5-12

对于均质等厚薄壳，如图 5-12，(5-15)式变为

$$x_C = \frac{\sum \Delta A_i x_i}{A}, y_C = \frac{\sum \Delta A_i y_i}{A}, z_C = \frac{\sum \Delta A_i z_i}{A} \tag{5-17}$$

式中，ΔA_i 是小微块壳的面积，A 是整块壳的面积。
同理，(5-16)式变为

$$x_C = \frac{\int_A x \mathrm{d}A}{A}, y_C = \frac{\int_A y \mathrm{d}A}{A}, z_C = \frac{\int_A z \mathrm{d}A}{A} \tag{5-18}$$

工程上常见的均质等厚薄板，则取沿板厚度方向的中间平面为 Oxy 坐标平面，此时，板的形心坐标 $z_C \equiv 0$，x_C 和 y_C 分别为

$$x_C = \frac{\sum \Delta A_i x_i}{A}, y_C = \frac{\sum \Delta A_i y_i}{A} \tag{5-19}$$

或

$$x_C = \frac{\int_A x \mathrm{d}A}{A}, y_C = \frac{\int_A y \mathrm{d}A}{A} \tag{5-20}$$

对于均质等截面的细杆，如图 5-13，(5-15)式变为

$$x_C = \frac{\sum \Delta l_i x_i}{l}, y_C = \frac{\sum \Delta l_i y_i}{l}, z_C = \frac{\sum \Delta l_i z_i}{l} \tag{5-21}$$

式中，Δl_i 小微段杆的长度，l 为整段杆的长度。
同理，(5-16)式变为

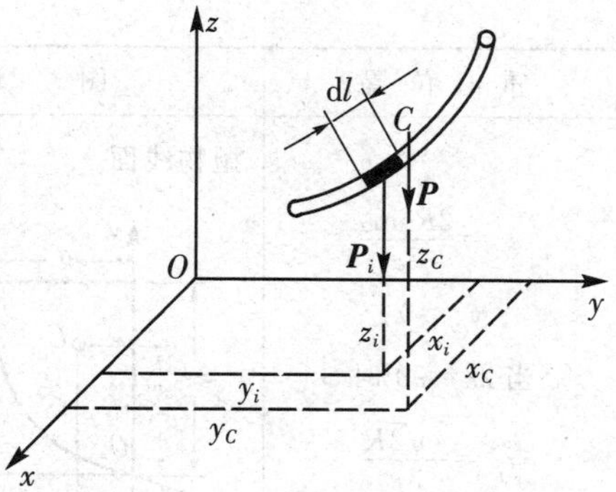

图 5-13

$$x_C=\frac{\int_l x\,\mathrm{d}l}{l},\ y_C=\frac{\int_l y\,\mathrm{d}l}{l},\ z_C=\frac{\int_l z\,\mathrm{d}l}{l} \tag{5-22}$$

若均质物体具有对称中心、对称面或对称轴，则其重心（形心）一定在对称中心、对称面或对称轴上，如图 5-14。

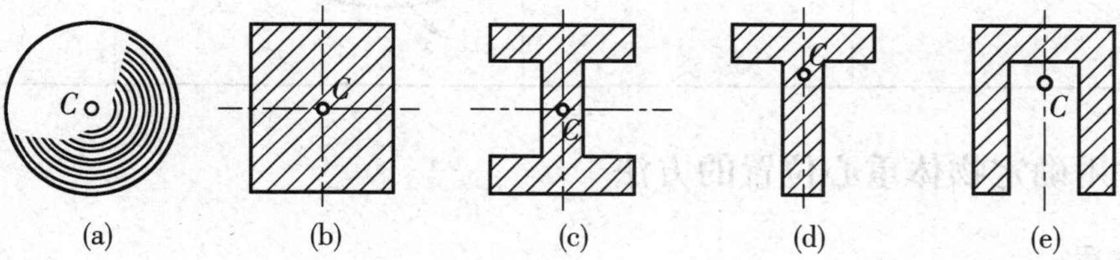

图 5-14

为了计算方便，把一些常见简单物体的重心列于表 5-1 中。

表 5-1　简单几何形状物体的重心

图　形	重 心 位 置	图　形	重 心 位 置
三角形 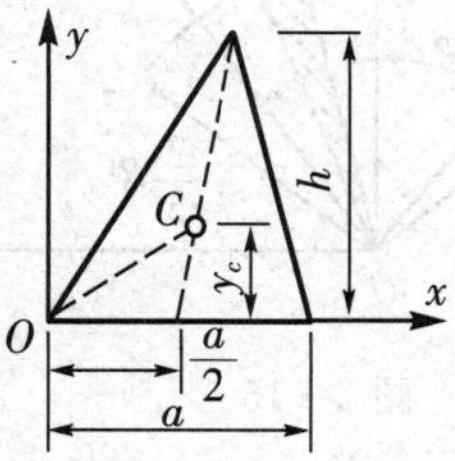	在中线的交点 $y_C=\frac{1}{3}h$	半圆形 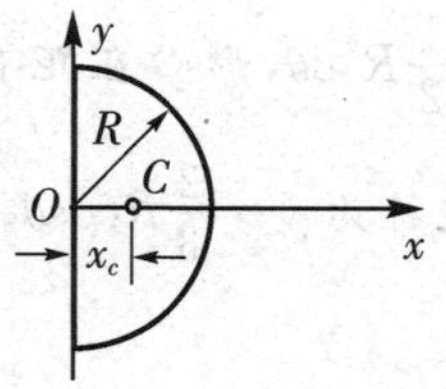	$x_C=\frac{4R}{3\pi}$ $y_C=0$
圆弧 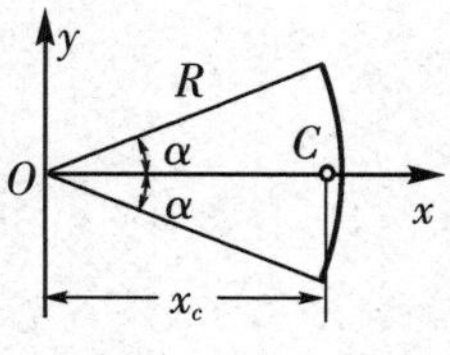	$x_C=\frac{R\sin\alpha}{\alpha}$ $y_C=0$	梯形 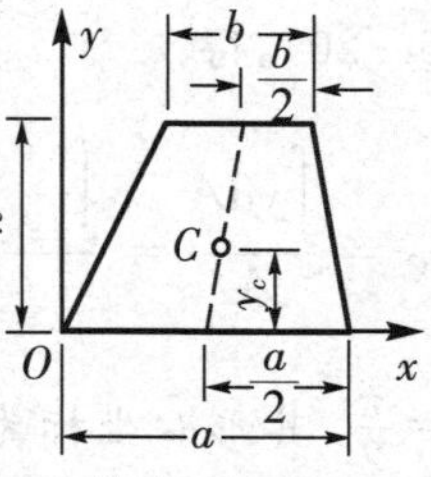	$x_C=\frac{h(a+2b)}{3(a+b)}$

(续表)

图　形	重心位置	图　形	重心位置
扇形 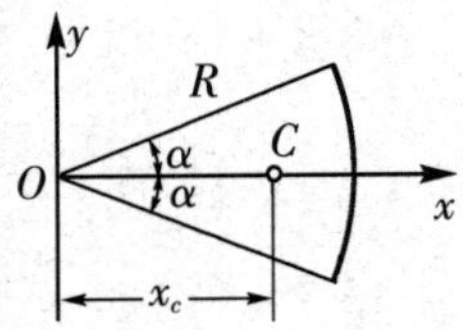	$x_C=\frac{2R\sin\alpha}{3\alpha}$ $y_C=0$ 当 $2\alpha=90°$时 $x_C=\frac{4\sqrt{2}R}{3\pi}$	抛物线面 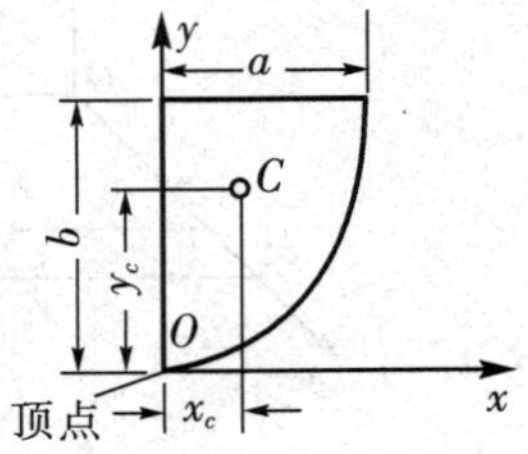	$x_C=\frac{3}{8}a$ $y_C=\frac{3}{5}b$
圆环的一部分 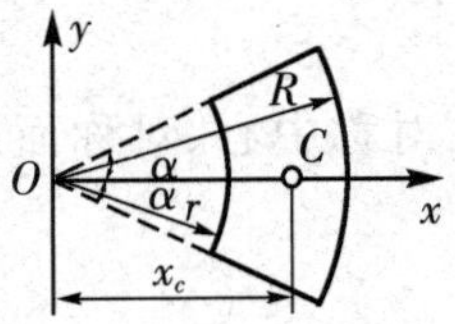	$x_C=\frac{2(R^3-r^3)\sin\alpha}{3(R^2-r^2)\alpha}$ $y_C=0$	正圆锥 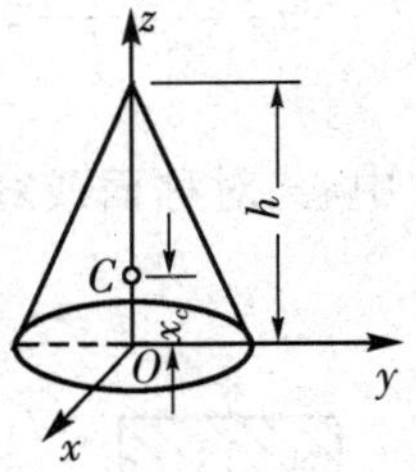	$x_C=0$ $y_C=0$ $z_C=\frac{h}{4}$

5.3.2 常用确定物体重心位置的方法

1. 积分法

本法是利用重心坐标公式的积分形式来确定物体的重心坐标。

【例 5-5】 求图 5-15 所示的扇形面积的形心，其中半径为 R，圆心角为 2φ。

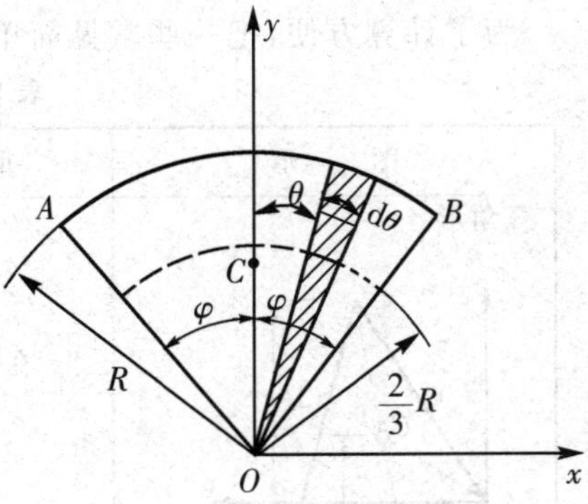

图 5-15

【解】 利用扇形面积的对称性，建立坐标系。形心必定在对称轴 y 上，即 $x_C=0$。为了求出另一个坐标 y_C，我们取微分面积如图中阴影部分所示，该微分面积可视为一个三角形，其面积为 $\mathrm{d}A=\frac{1}{2}R^2\mathrm{d}\theta$，形心在距 O 点 $\frac{2}{3}R$ 处。所以，微分面积形心的 y 坐标为 $y=\frac{2}{3}R\cos\theta$。

扇形面积的面积

$$A=\int_A \mathrm{d}A=\int_{-\varphi}^{\varphi}\frac{1}{2}R^2\mathrm{d}\theta=R^2\varphi$$

根据形心坐标公式(5-20)，得

$$y_C=\frac{\int y\mathrm{d}A}{A}=\frac{\int_{-\varphi}^{\varphi}\frac{2}{3}R\cos\theta\times\frac{1}{2}R^2\mathrm{d}\theta}{R^2\varphi}=\frac{2R\sin\varphi}{3\varphi}$$

对于半圆面积，则 $\varphi=\frac{\pi}{2}$，其形心坐标为

$$y_C=\frac{4R}{3\pi}$$

2. 分割法

若一个复杂形状的物体可以分解为几个简单形状的物块，而这些简单形状物块的重心位置是已知的，这时可用分割法求物体的重心。

【例 5-6】 角钢横截面的尺寸如图 5-16 所示。求其形心位置。

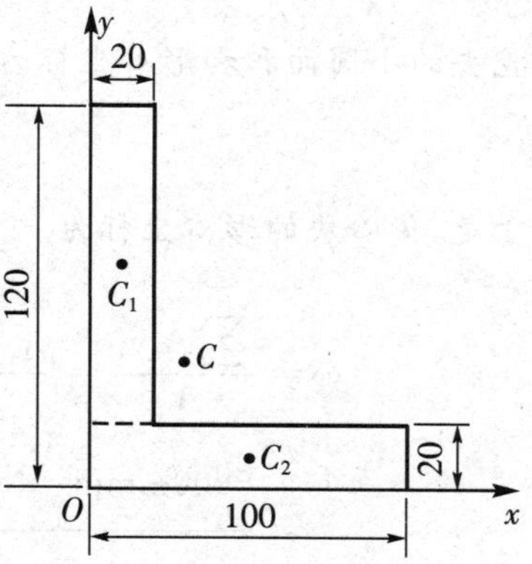

图 5-16

【解】 建立坐标系，将截面分为两个矩形，如图 5-15 所示。第一个矩形的面积和形心 C_1 的坐标为

$$A_1=100\ \text{mm}\times 20\ \text{mm}=2000\ \text{mm}^2$$

$$x_1=10\ \text{mm},y_1=70\ \text{mm}$$

第二个矩形的面积和形心 C_2 的坐标为

$$A_2=100\ \text{mm}\times 20\ \text{mm}=2000\ \text{mm}^2$$

$$x_2=50\ \text{mm},y_2=10\ \text{mm}$$

由(5-19)式，得截面的形心坐标为

$$x_C=\frac{\sum \Delta A_i x_i}{A}=\frac{A_1x_1+A_2x_2}{A_1+A_2}$$

$$=\frac{2000\ \text{mm}^2\times 10\ \text{mm}+2000\ \text{mm}^2\times 50\ \text{mm}}{2000\ \text{mm}^2+2000\ \text{mm}^2}=30\ \text{mm}$$

$$y_C=\frac{\sum \Delta A_i y_i}{A}=\frac{A_1y_1+A_2y_2}{A_1+A_2}$$

$$=\frac{2000\ \text{mm}^2\times 70\ \text{mm}+2000\ \text{mm}^2\times 10\ \text{mm}}{2000\ \text{mm}^2+2000\ \text{mm}^2}=40\ \text{mm}$$

3. 负面积法

如果在物体上切去一部分，或者挖了一个孔，则在求这类物体的重心时，仍可以用分割法的公式来做，即认为原物体是完整的，把切去的部分视为负值。

【例 5-7】 求图 5-17 所示振动器所用的偏心块的形心位置。已知：$R=100$ mm，$r=17$ mm，$b=13$ mm。

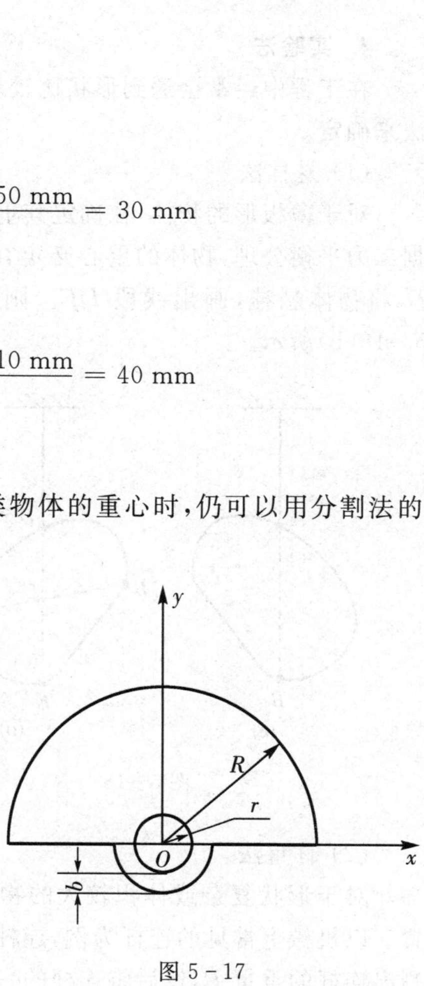

图 5-17

【解】 取坐标系如图 5-17 所示，根据对称性，形心在 y 轴上，即 $x_C=0$。偏心块由三部分组成：半径为 R 的大半圆，面积为 A_1；半径为 $r+b$ 小半圆，面积为 A_2；半径为 r 的被挖去的小圆，面积为 A_3。

大半圆的面积和形心坐标为

$$A_1=\frac{\pi R^2}{2}=5000\pi\ \text{mm}^2,y_1=\frac{4R}{3\pi}=\frac{400}{3\pi}\text{mm}$$

小半圆的面积和形心坐标为

$$A_2 = \frac{\pi(r+b)^2}{2} = 450\pi \text{ mm}^2$$

$$y_2 = -\frac{4(r+b)}{3\pi} = -\frac{40}{\pi} \text{ mm}$$

挖去的小圆面积和形心坐标为

$$A_3 = -\pi r^2 = -289\pi \text{ mm}^2, y_3 = 0$$

于是,偏心块的形心坐标为

$$y_C = \frac{\sum A_i y_i}{A} = \frac{A_1 y_1 + A_2 y_2 + A_3 y_3}{A_1 + A_2 + A_3}$$

$$= \frac{5000\pi \text{ mm}^2 \times \frac{400}{3\pi}\text{mm} + 450\pi \text{ mm}^2 \times (-\frac{40}{\pi}\text{mm}) + (-289\pi \text{ mm}^2) \times 0}{5000\pi \text{ mm}^2 + 450\pi \text{ mm}^2 - 289\pi \text{ mm}^2}$$

$$= 40.01 \text{ mm}$$

4. 实验法

在工程中经常会遇到形状比较复杂或质量分布不均匀的物体,这时物体的重心常采用实验法来确定。

(1) 悬挂法

对于薄板形的物体,在确定其重心位置时,可将物体悬挂于任一点 A,如图 5-18(a)所示,根据二力平衡公理,物体的重心必定在通过 A 点的铅垂线上,在物体上画出此线 AB。任选一点 D,将物体悬挂,画出线段 DE。则线段 AB 和线段 DE 的交点 C,即为该物体的重心,如图 5-18(b)所示。

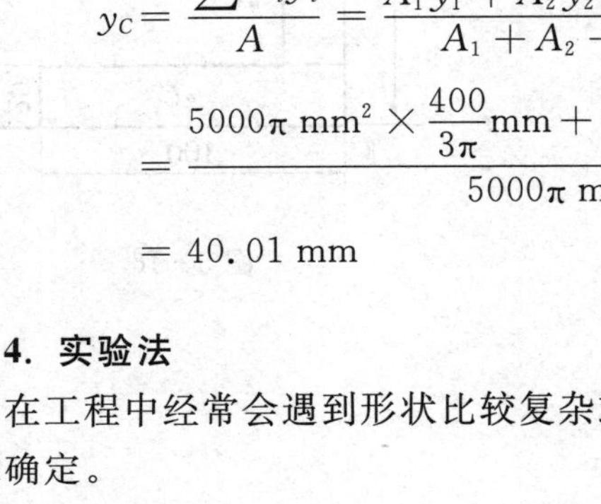

图 5-18

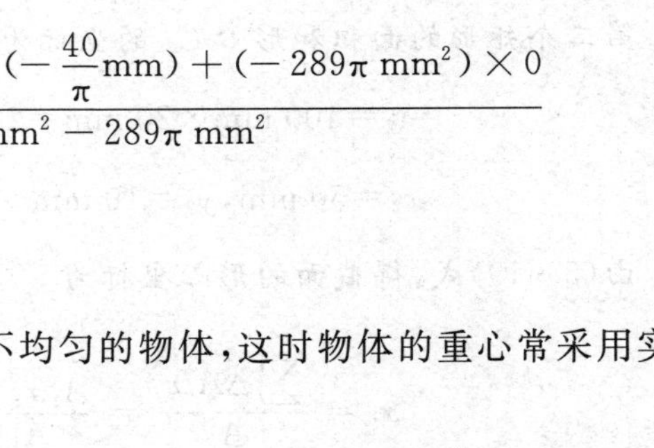

图 5-19

(2) 称重法

对于形状复杂或体积较大的物体,以及由许多零部件组成机械,可用称重法确定重心的位置。以机械上常见的连杆为例,连杆具有对称轴,重心必在对称轴 AB 上,如图 5-19 所示。先测出连杆的重量 P,然后将连杆的一端放在固定支点上,另一端放在磅秤上,使 AB 处于水平位

置，量出 AB 两端的距离，读出磅秤上的读数，即为连杆在 B 端受到的支反力 F_{NB}。根据平衡方程

$$\sum M_A(\boldsymbol{F}) = 0, F_{NB}l - Px_C = 0$$

求得

$$x_C = \frac{F_{NB}}{l}$$

思考题

5－1　空间任意力系向不同的两个点简化，试问下述情况是否可能：(1)主矢相等，主矩也相等；(2)主矢不相等，主矩相等；(3)主矢相等，主矩不相等；(4)主矢、主矩都不相等。

5－2　对于空间汇交力系，其平衡方程有三个；对于空间平行力系，其平衡方程也有三个，试回答为什么？

5－3　当物体的质量非均匀分布时，物体重心和形心还重合吗？计算公式是否相同？

5－4　一根均质直杆的重心在杆的中间位置，若将它弯成半圆形，重心的位置是否改变？

5－5　在计算一物体的重心时，如果选取的坐标系不同，重心的坐标是否会改变？重心在物体内的相对位置是否会改变？

5－6　如果组合体是由两种材料构成的，在计算其重心位置时要注意哪些问题？

习　　题

5－1　空间任意力系如图所示，其中：$\boldsymbol{F}_1=100$ N，$\boldsymbol{F}_2=300$ N，$\boldsymbol{F}_3=200$ N，求力系向 O 点简化的结果。

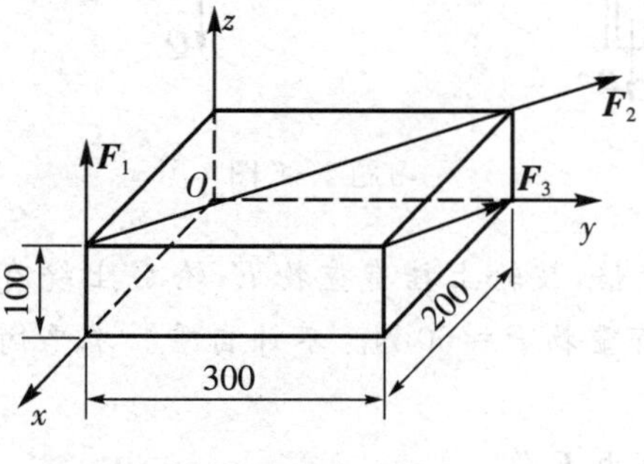

习题 5-1 图

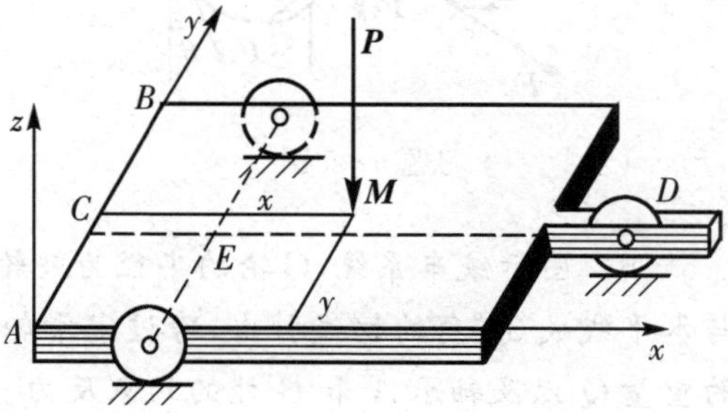

习题 5-2 图

5－2　三轮平板车上 M 处放一重量为 $P=1$ kN 的重物，M 点的坐标位置为 $x=1.1$ m，$y=1.5$ m。$AC=BC=1$m，$CE=0.2$m，$CD=2.2$m，不计小车的自重，求各轮受到的约束反力。

5－3　起重机装在三轮小车 ABC 上，起重机的尺寸如图所示，$AD=DB=1$ m，$CD=1.5$ m，$CM=1$ m，$KL=4$ m，机身和平衡锤 F 共重为 $P_1=100$ kN，作用在 G 点，G 点在平面 $LMNF$ 之内，G 点到机身轴线 MN 的距离 $GH=0.5$ m。起吊重物 $P_2=30$ kN，当起重机的平面 $LMNF$ 与 AB 平行时，求小车各轮对轨道的压力。

5－4　空间悬臂刚架如图所示，作用有平行于 x 轴的力 $\boldsymbol{F}_1$，平行于 y 轴的力 $\boldsymbol{F}_2$，已知：$F_1=5$ kN，$F_2=4$ kN，刚架自重不计，试求固定端 O 处的约束反力。

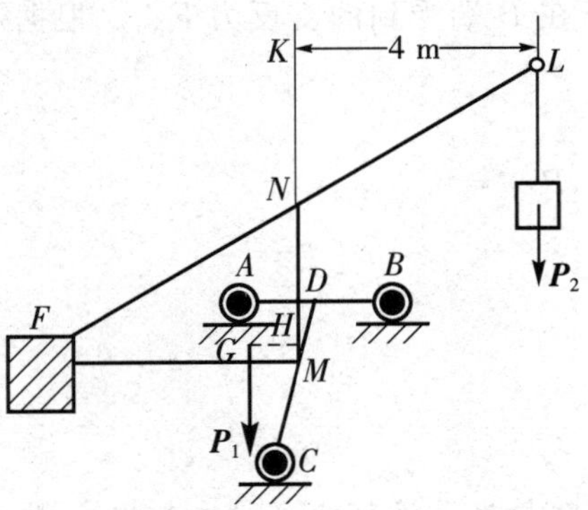

习题 5-3 图

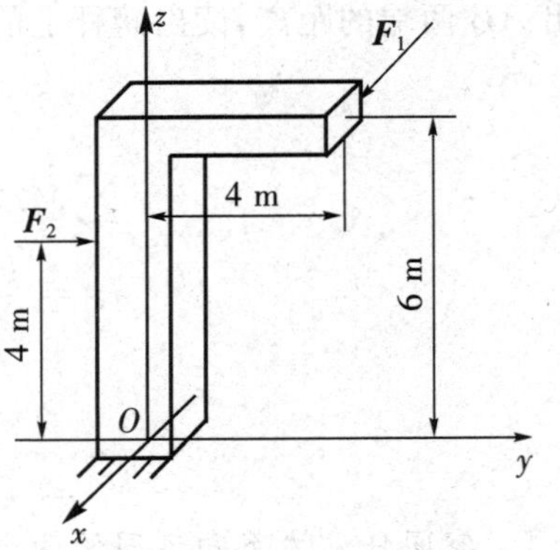

习题 5-4 图

5—5　水平放置的传动轴装有两个皮带轮 C 和 D，轮的半径 $r_1=200$ mm，$r_2=250$ mm。轴上各段的距离为 $a=b=500$ mm，$c=1000$ mm，轮 C 上的皮带是水平的，其拉力为 $F_1=2F_2=5$ kN，轮 D 上的皮带与铅垂线的夹角 $\theta=30°$，其拉力为 $F_3=2F_4$。不计自重，求平衡时，F_3 和 F_4 的值以及轴承 A 和 B 处的约束反力。

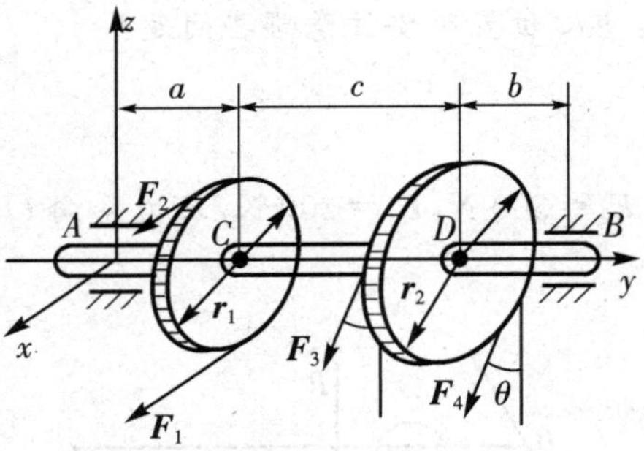

习题 5-5 图

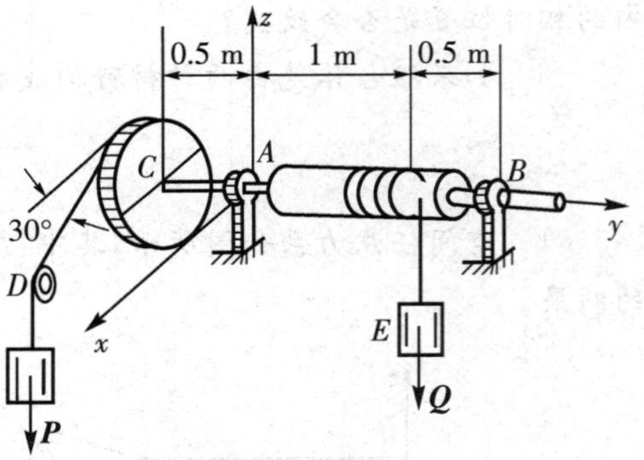

习题 5-6 图

5—6　图示绞车系统，C 轮的半径为鼓轮半径的 6 倍，鼓轮上挂有重物 E，轮 C 上绕有绳子沿与水平线成 30°角的切线引出，跨过定滑轮 D 后挂有重物 $P=60$ N。不计自重。求平衡时 E 物的重量 Q 以及轴承 A 和 B 处的约束反力。

5—7　图示水平板用六杆支撑，在板的一脚受铅垂力 $\boldsymbol{F}$ 作用，不计板和杆的自重，求各杆的受力。

5—8　矩形均质薄板由碟形铰链 M 和 K 以及无重直杆 DE 支撑在水平位置，如图所示，板的重量为 $P=800$ N。已知：$AB=1.5$m，$AD=0.6$ m，$AK=BM=0.25$ m，$DE=0.75$ m。不计杆重。求支撑杆 DE 的受力以及铰链 M 和 K 处的约束反力。

5—9　在半径为 r_1 的均质圆板上挖了一个半径为 r_2 的圆孔，如图所示。求挖孔后圆板的形心位置。

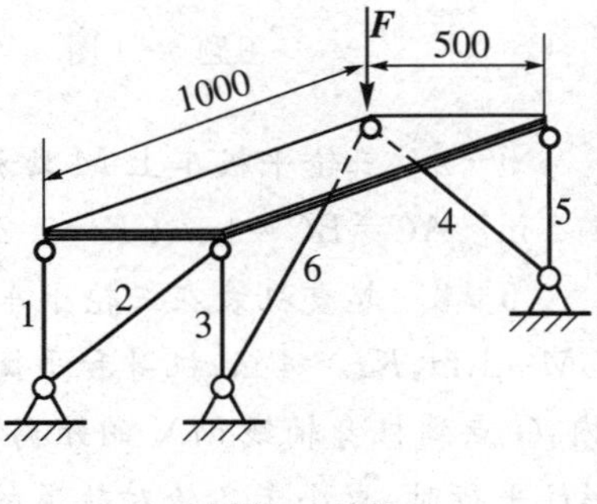

习题 5-7 图

5—10　求图示各平面图形的形心。

5—11　求图示组合截面均质薄板，由矩形、三角形和四分之一圆形所组成，求其均质薄板的重心位置。

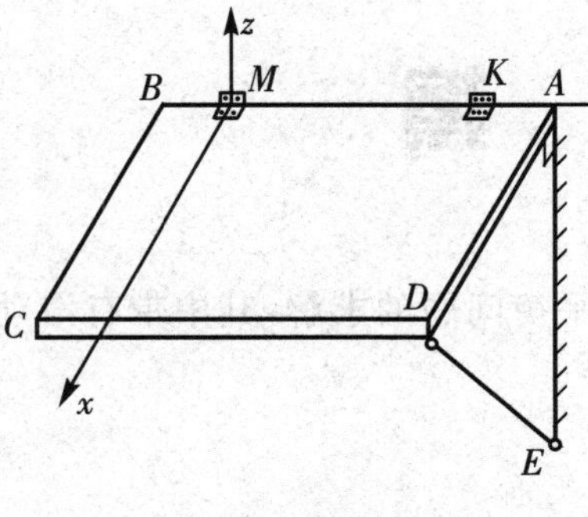

习题 5 - 8 图

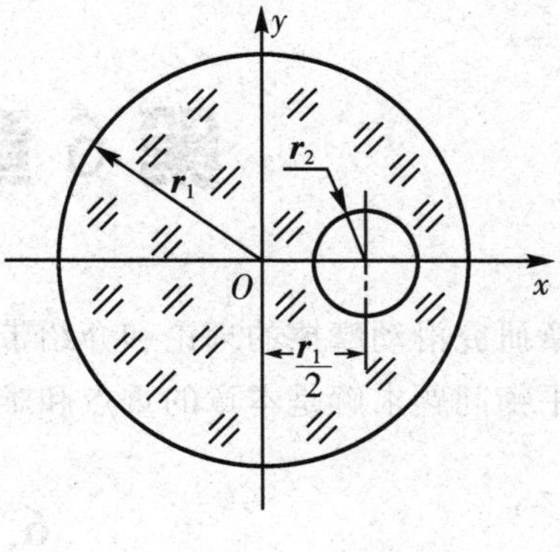

习题 5 - 9 图

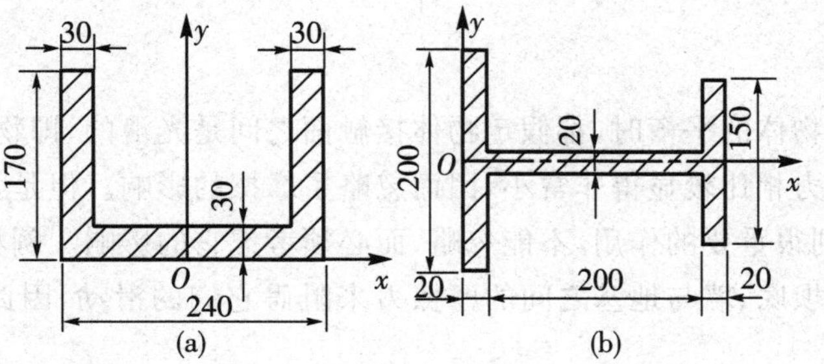

习题 5 - 10 图

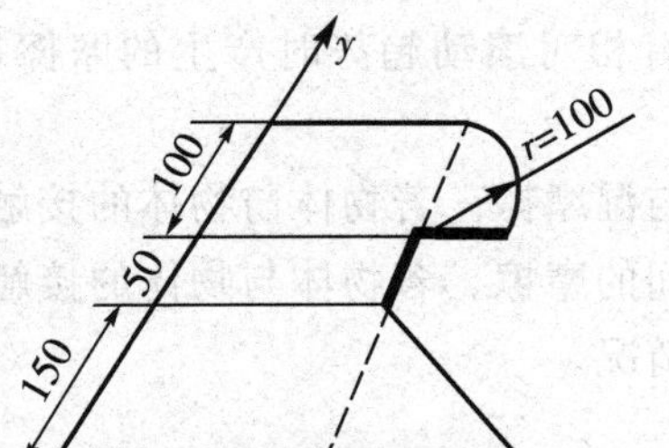

习题 5 - 11 图

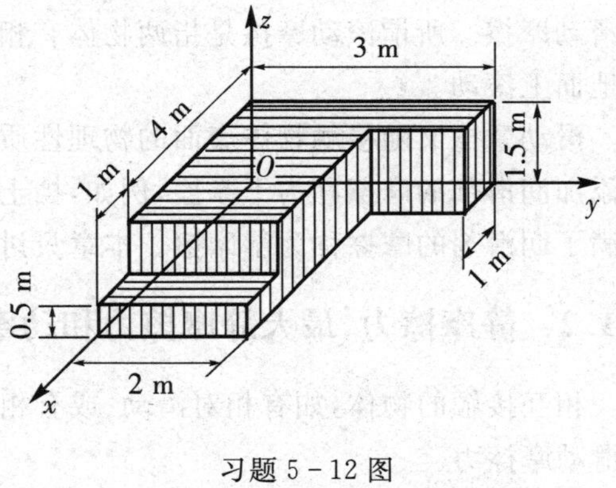

习题 5 - 12 图

5—12　求图示均质混凝土基础的重心位置。

5—13　图示均质物体由半径相同圆柱体和半球体组成。如果该均质物体的重心位于半球体的大圆的中心点 C，求圆柱体的高。

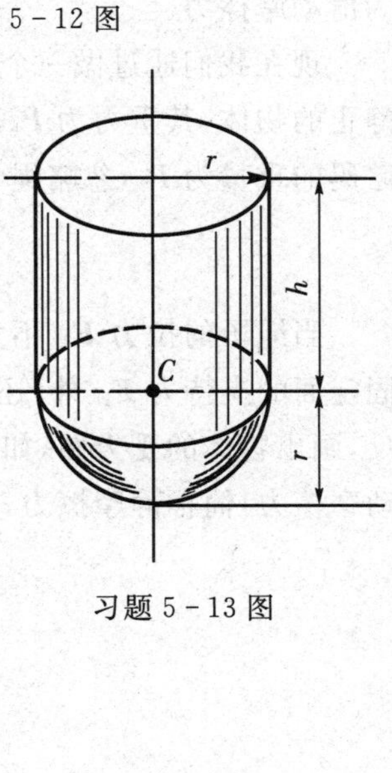

习题 5 - 13 图

第6章 摩 擦

本章研究滑动摩擦的理论和介绍带有滑动摩擦的物体平衡问题的求解，其中带有滑动摩擦的物体平衡问题求解是本章的重点和难点。

6.1 滑动摩擦

6.1.1 摩擦现象

在前面几章讨论物体的平衡时，都假定物体接触面之间是光滑的，即物体接触面之间的摩擦力与物体所受的其他力相比较显得非常小，因而忽略了摩擦的影响。但是，在实际生活和工程实践中，摩擦有时会起到很重要的作用，不能忽略，而必须考虑它的影响。例如，水坝与挡土墙的滑动稳定问题就是依靠坝底、墙与地基之间的摩擦力来阻碍它们的滑动，因此，必须考虑它们间的摩擦力。

按照两物体接触面之间相对运动的形式，摩擦可分为滑动摩擦和滚动摩擦两类。滑动摩擦是指两物体接触沿接触面有相对滑动或相对滑动趋势时产生的摩擦，如活塞在汽缸中的滑动就是滑动摩擦。所谓滚动摩擦是指两物体有相对滚动或者有相对滚动趋势时产生的摩擦，如车轮在地面上滚动。

滑动摩擦又随接触物体表面的物理性质分为干摩擦与湿摩擦。若物体与物体的接触表面没有添加润滑剂的摩擦称为干摩擦，例如，挡土墙与土壤之间的摩擦。若物体与物体的接触面之间充满了润滑剂的摩擦称为湿摩擦。本章只讨论干摩擦的情况。

6.1.2 静摩擦力、最大静摩擦力和动摩擦力

相互接触的物体，如有相对滑动、或有相对滑动趋势，则在接触面上存在着阻力，这种阻力称为滑动摩擦力。

现在我们通过做一个简单的实验来讨论滑动摩擦力，如图 6-1(a)所示，在水平桌面上有一静止的物体，其重力为 $\boldsymbol{P}_1$，在物体的一端连一根绳子通过滑轮而与带有砝码的盘子相连，盘子和砝码的重量为 $\boldsymbol{P}_2$，忽略绳子重和滑轮的阻力，绳子对物体的拉力 $\boldsymbol{F}_T$ 与 $\boldsymbol{P}_2$ 平衡，即

$$F_T = P_2$$

当绳子的拉力 $\boldsymbol{F}_T$ 不大时，物体保持静止。这说明物体除受有重力 $\boldsymbol{P}_1$ 和绳子的拉力 $\boldsymbol{F}_T$ 及固定面的支持力 $\boldsymbol{F}_N$ 外，还有沿切向的摩擦力 $\boldsymbol{F}_f$，它的方向与有使物体沿水平滑动的趋势方向相反，画出物体的受力图，如图 6-1(b)所示。这个摩擦力是物体还没有滑动时产生的，称为静滑动摩擦力，简称静摩擦力，用 $\boldsymbol{F}_f$ 表示。静摩擦力 $\boldsymbol{F}_f$ 的大小可由平衡方程确定。即

$$\sum F_x = 0,\ F_f = F_T$$

这时继续在盘子里加砝码，也就是加大绳子的力 $\boldsymbol{F}_T$，我们发现物体仍处于静止，这说明静摩擦力 $\boldsymbol{F}_f$ 随 $\boldsymbol{F}_T$ 的增大而增大，但当绳子的力 $\boldsymbol{F}_T$ 增大到某一临界值时，物体处于将要滑动而未滑动的临界状态，这时的静摩擦力达到最大值，称为最大静摩擦力，以 $\boldsymbol{F}_{fmax}$ 表示，其方向与相对滑动趋势方向相反。

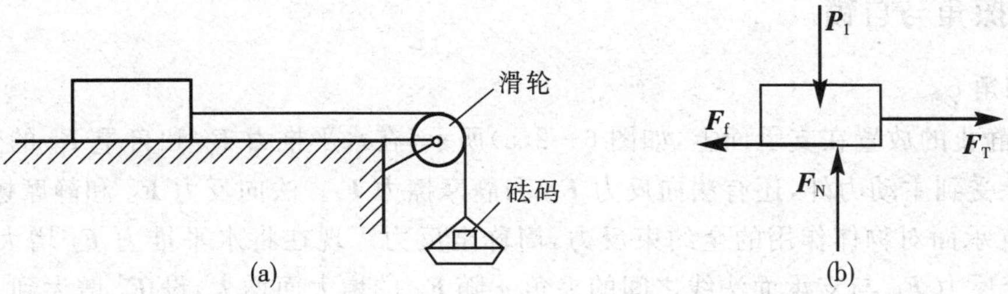

图 6-1

综上所述，静摩擦力的大小随主动力的情况而改变，变化范围在零与最大值之间，即

$$0 \leqslant F_f \leqslant F_{fmax} \tag{6-1}$$

当在盘子里再加砝码时，也就是增加绳子的力 $\boldsymbol{F}_T$ 值大于 F_{fmax} 时，物体就开始滑动，物体滑动时沿接触面产生的摩擦力，称为动滑动摩擦力，以 $\boldsymbol{F}'_f$ 表示，动摩擦力的方向与物体沿接触面滑动的方向相反。

6.1.3　滑动摩擦定律、摩擦因数

法国物理学家库仑做了大量的实验，建立了如下定律：最大静摩擦力与两物体接触面积大小无关；而与两物体间的正压力（或法向反力）成正比，即

$$F_{fmax} = f_s F_N \tag{6-2}$$

这就是静摩擦定律，又称为库仑定律。

式中 f_s 是无量纲的比例常数，称为静摩擦因数，简称摩擦因数。它的大小主要与接触表面的状况（粗糙度、湿度和温度等）有关，而与接触面积大小无关。摩擦因数 f_s 由实验测定，工程中常用材料的 f_s 可从工程手册中查到。表 6-1 列举几种常用材料的静摩擦因数 f_s 大约值，供参考：

表 6-1　常用材料的静摩擦因数

钢对钢	0.10～0.20	木材对木材	0.40～0.60
钢对铸铁	0.20～0.30	木材对土	0.30～0.70
混凝土对砖	0.70～0.80	皮革对铸铁	0.30～0.50
混凝土对土	0.30～0.40	橡胶对铸铁	0.50～0.80

关于动摩擦力，通过大量实验表明：动摩擦力大小与接触体间的正压力成正比，即

$$F'_f = fF_N \tag{6-3}$$

这就是动摩擦定律。式中,f 是一无量纲的比例系数,称为动摩擦因数,它与接触物体的材料和表面情况有关外,还与接触物体间相对滑动速度大小有关。多数情况下,动摩擦因数随相对滑动速度的增大而减小,但当相对滑动速度不大时,动摩擦因数可近似地认为是常数。在数值上,一般动摩擦因数略小于静摩擦因数,动摩擦因数可在有关手册中查到。

6.1.4 摩擦角与自锁

1. 摩擦角 φ_m

设物体静止的放置在支承面上,如图 6-2(a)所示,在水平推力 $\boldsymbol{F}_2$ 和自重 $\boldsymbol{F}_1$ 的作用下保持平衡,物体除受到主动力外,还有法向反力 $\boldsymbol{F}_N$ 和静摩擦力 $\boldsymbol{F}_f$。法向反力 $\boldsymbol{F}_N$ 和静摩擦力 $\boldsymbol{F}_f$ 的合力 $\boldsymbol{F}_R$ 称为支承面对物体作用的全约束反力,简称全反力。现在将水平推力 $\boldsymbol{F}_2$ 增大,在物体开始滑动前,全反力 $\boldsymbol{F}_R$ 与支承面法线之间的夹角 φ 随 $\boldsymbol{F}_2$ 的增大而增大,设 $\boldsymbol{F}_2$ 增大到 $\boldsymbol{F}_3$ 时,物体处于临界状态,则静摩擦力达到最大静摩擦力 $\boldsymbol{F}_{fmax}$,同时,角 φ 也达到其最大值 φ_m,如图6-2(b)所示,角 φ_m 称为静摩擦角,简称摩擦角。当物体处于平衡时,由于静摩擦力总是小于或等于最大静摩擦力,因此,全反力与法向反力的夹角 φ 也总是小于或等于摩擦角 φ_m,即

$$0 \leqslant \varphi \leqslant \varphi_m \tag{6-4}$$

由图 6-2(b),因为 $F_{fmax}=F_N \cdot \mathrm{tg}\varphi_m$, $F_{fmax}=f_s \cdot F_N$,故

$$\mathrm{tg}\varphi_m = f_s \tag{6-5}$$

即摩擦角的正切等于静摩擦因数。

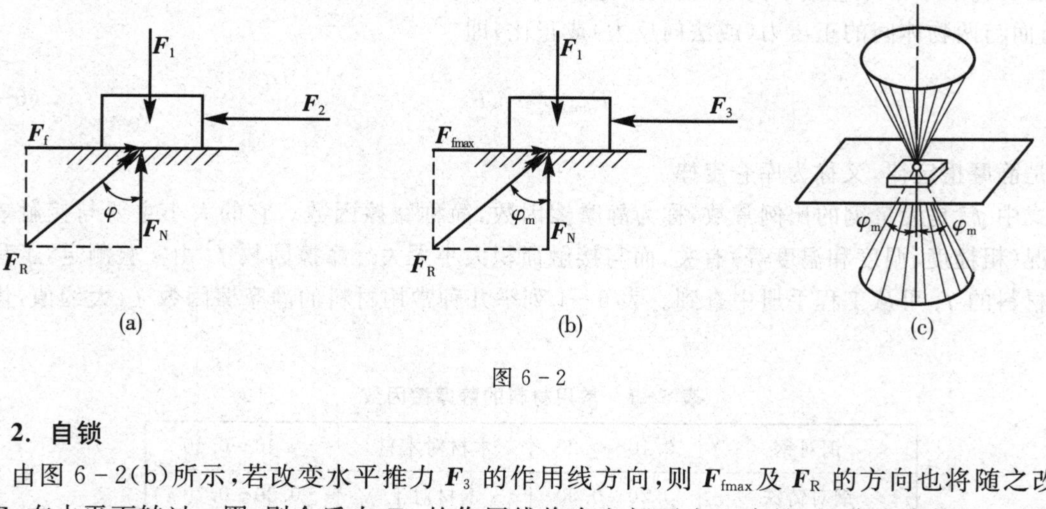

图 6-2

2. 自锁

由图 6-2(b)所示,若改变水平推力 $\boldsymbol{F}_3$ 的作用线方向,则 $\boldsymbol{F}_{fmax}$ 及 $\boldsymbol{F}_R$ 的方向也将随之改变,当 $\boldsymbol{F}_3$ 在水平面转过一圈,则全反力 $\boldsymbol{F}_R$ 的作用线将在空间画出一个锥面,称为摩擦锥。如果沿接触面的各个方向的摩擦因数都相同,因而 φ_m 也都相等,则摩擦锥将是一个顶角为 $2\varphi_m$ 的圆锥,如图 6-2(c)所示。

由此可知,全反力 $\boldsymbol{F}_R$ 与接触面法线所成的夹角 φ 不会大于 φ_m,即 $\boldsymbol{F}_R$ 的作用线不可能超出摩擦锥。如果物体所受的主动力合力 $\boldsymbol{F}_{Rd}$ 的作用线在摩擦锥之外,如图 6-3(a)所示,$\theta>\varphi_m$,则全反力 $\boldsymbol{F}_R$ 不可能与 $\boldsymbol{F}_{Rd}$ 共线,即物体不能平衡,于是物体发生滑动。若主动力合力 $\boldsymbol{F}_{Rd}$ 的作用线在摩擦锥以内,图 6-3(b),即 $\theta<\varphi_m$,则不论主动力多大,它总是与全反力 $\boldsymbol{F}_R$ 共线,使物体保持

平衡，这种现象称为自锁，即当主动力的合力作用线在摩擦锥以内时，不论主动力的合力大小如何，支承面必产生全反力与其平衡，则物体必处于平衡状态，这种现象称为自锁。若主动力的合力 $\boldsymbol{F}_{Rd}$ 作用线在摩擦锥面上，如图 6-3(c)，即 $\theta=\varphi_m$，则物体出于临界状态。

工程上常利用“自锁”设计一些机械或夹具，例如，螺旋千斤顶举起重物后不会自行下落就是自锁现象。此外，在有些情况下，还要避免产生自锁现象，例如，在水闸闸门启闭时，因避免自锁，以防闸门卡住。

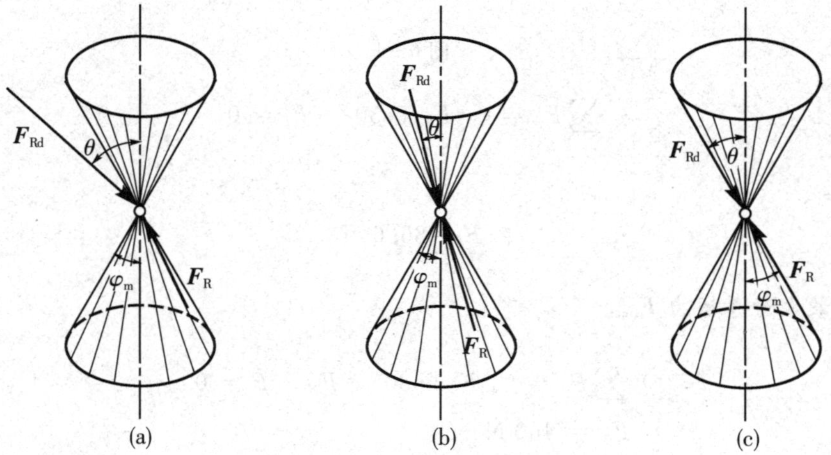

图 6-3

6.2 考虑摩擦时物体的平衡问题

考虑摩擦时物体的平衡问题与忽略摩擦时物体的平衡问题在解题方法上大致相同，都是用平衡条件来求解，但也有如下特点：

1. 分析物体受力时，必须考虑摩擦力，为此增加了未知量的数目。

2. 为了确定这些新增加的未知量，还需列出补充方程，即 $F_f \leqslant f_s \cdot F_N$，补充方程的数目与摩擦力的数目相同。

3. 由于物体平衡时摩擦力有一定的范围(即 $0 \leqslant F_f \leqslant F_{fmax}$)，故它的解也有一定的范围，而不是一个确定的值。

值得指出的是：在考虑摩擦时物体的平衡问题解题时，很多问题是在临界状态下进行计算，求出结果或讨论解的范围。有时为了判断物体所处的状态，可先假定物体处于平衡，并求出静摩擦力 $\boldsymbol{F}_f$，再与物体在临界状态下求出的最大静摩擦力 $\boldsymbol{F}_{fmax}$ 进行比较，来判断物体的运动状态。

【例 6-1】 用绳拉一个重量 $P=500$ N 的物体，绳与水平面的夹角 $\alpha=30°$，如图 6-4(a)。设物体与地面间的静摩擦因数 $f_s=0.2$，当绳的拉力 $F_T=100$ N 时，问物体能否被拉动？并求此时的摩擦力。

【解】 此题是判断物体的运动状态。解此题的方法是：先假定物体处于静止状态，并根据平衡方程求出静摩擦力 $\boldsymbol{F}_f$，再与补充方程 $F_{fmax}=f_s F_N$ 求出的最大静摩擦力 $\boldsymbol{F}_{fmax}$ 进行比较，如果 $F_f \leqslant F_{fmax}$，则物体处于静止；如果 $F_f > F_{fmax}$，则物体处于滑动状态。

(1)取物体为研究对象，画其受力图，如图 6-4(b)所示。

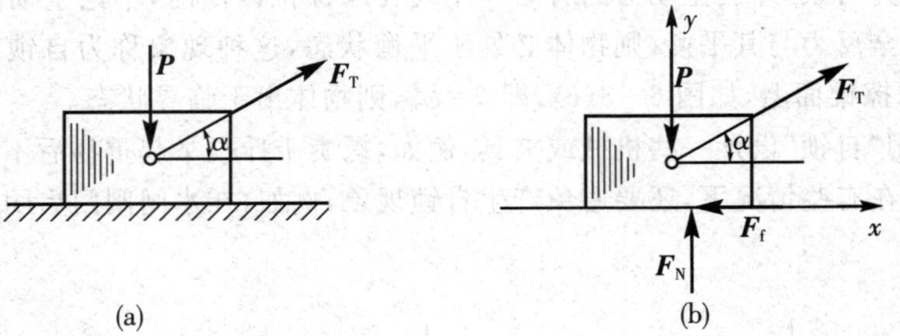

图 6-4

(2)由
$$\sum F_x = 0,\ F_T\cos30° - F_f = 0$$
解得
$$F_f = 86.6\ \text{N}$$

(3)求出最大静摩擦力 F_{fmax}

由
$$\sum F_y = 0,\ F_T\sin30° + F_N - P = 0$$
解得
$$F_N = 450\ \text{N}$$

物体产生的最大静摩擦力 $F_{fmax} = f \cdot F_N = 0.2 \times 450\ \text{N} = 90\ \text{N}$

(4)判断物体的运动状态,并求静摩擦力。

由于 $F_f < F_{fmax}$,所以物体处于静止状态,这时接触面产生的摩擦力 $F_f = 86.6\ \text{N}$。

【例 6-2】 重量 $P = 400\ \text{N}$ 的物体,放在斜面上,如图 6-5(a)所示。已知物体与斜面间的静摩擦因数 $f_s = 0.2$,斜面的倾角 $\alpha = 30°$,α 大于摩擦角 φ_m,为使物体不滑动,在物体上加一水平力 $\boldsymbol{F}$,求该力的最大值和最小值。

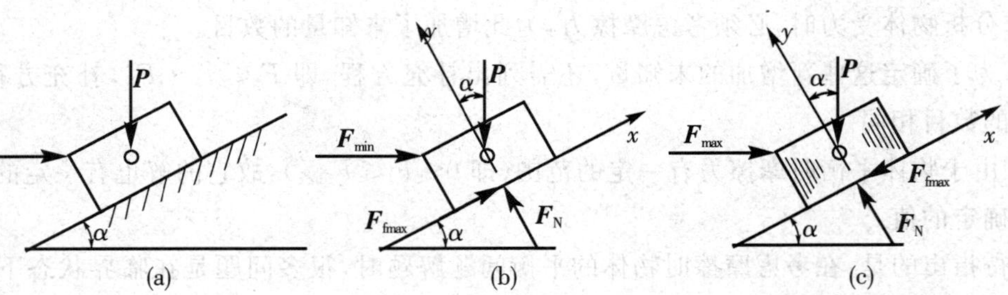

图 6-5

【解】 此题是在临界状态下求物体所受水平力 $\boldsymbol{F}$ 的最大值和最小值。首先要对物体在受到大小不同的水平力 $\boldsymbol{F}$ 作用下的运动状态进行分析,然后再考虑解题思路,列方程求该力的最大值和最小值。

由于 $\alpha > \varphi_m$,所以当物体没有水平推力 $\boldsymbol{F}$ 时,物体将沿斜面下滑,当水平力 $\boldsymbol{F}$ 太小时,物体沿斜面下滑;当水平力 $\boldsymbol{F}$ 太大时,物体沿斜面上滑,因此,要使物体不滑动,水平力 $\boldsymbol{F}$ 的值必须在一定范围内。此题用两种方法解:

方法一　用解析法求水平力 $\boldsymbol{F}$ 的最大值和最小值

(1)在临界状态下,求力 $\boldsymbol{F}$ 的最小值 $\boldsymbol{F}_{\min}$。

在水平力 $\boldsymbol{F}_{\min}$ 的作用下,物体有沿斜面下滑的临界状态,此时,物体上的静摩擦力达到最大值 $\boldsymbol{F}_{\text{fmax}}$,方向沿斜面向上,取物体为研究对象,画出物体的受力图,如图 6-5(b)所示,列出平衡方程和补充方程。

平衡方程

$$\sum F_x = 0,\ F_{\min}\cos\alpha + F_{\text{fmax}} - P\sin\alpha = 0 \tag{a}$$

$$\sum F_y = 0,\ -F_{\min}\sin\alpha + F_{\text{N}} - P\cos\alpha = 0 \tag{b}$$

补充方程

$$F_{\text{fmax}} = f_s F_{\text{N}} \tag{c}$$

联立(a),(b),(c) 解得

$$F_{\min} = \frac{\sin\alpha - f_s\cos\alpha}{\cos\alpha + f_s\sin\alpha}P = \frac{\sin30^\circ - 0.2\cos30^\circ}{\cos30^\circ + 0.2\sin30^\circ}\times 400\ \text{N} = 135.3\ \text{N}$$

(2)在临界状态下,求力 $\boldsymbol{F}$ 的最大值 $\boldsymbol{F}_{\max}$。

在水平力 $\boldsymbol{F}_{\max}$ 的作用下,物体有沿斜面向上滑的临界状态,此时,物体上的静摩擦力达到最大值 $\boldsymbol{F}_{\text{fmax}}$,方向沿斜面向下,取物体为研究对象,画出物体的受力图,如图 6-5(c)所示,列出平衡方程和补充方程。

平衡方程

$$\sum F_x = 0,\ F_{\max}\cos\alpha - F_{\text{fmax}} - P\sin\alpha = 0 \tag{e}$$

$$\sum F_y = 0,\ -F_{\max}\sin\alpha + F_{\text{N}} - P\cos\alpha = 0 \tag{f}$$

补充方程

$$F_{\text{fmax}} = f_s F_{\text{N}} \tag{g}$$

联立(e),(f),(g)解得

$$F_{\max} = \frac{\sin\alpha + f_s\cos\alpha}{\cos\alpha - f_s\sin\alpha} = \frac{\sin30^\circ + 0.2\cos30^\circ}{\cos30^\circ - 0.2\sin30^\circ}\times 400\ \text{N} = 351.5\ \text{N}$$

(3)综合(1),(2),要使物体不滑动,力 $\boldsymbol{F}$ 的范围为 $135.3\ \text{N} \leqslant F \leqslant 351.5\ \text{N}$

方法二 用几何法求水平力 $\boldsymbol{F}$ 的最大值和最小值

(1)求力 $\boldsymbol{F}$ 的最小值 $\boldsymbol{F}_{\min}$

应用几何法求解时,接触面的约束反力用全反力 $\boldsymbol{F}_{\text{R}}$ 表示。当物体处于平衡的临界状态时,全反力 $\boldsymbol{F}_{\text{R}}$ 与接触面的法线的夹角为 φ_{m},求 $\boldsymbol{F}_{\min}$ 时,物体将向下滑动,故 $\boldsymbol{F}_{\text{R}}$ 的指向如图 6-6(b)所示。

因为物体只受三个力 $\boldsymbol{P}$,$\boldsymbol{F}_{\min}$ 和 $\boldsymbol{F}_{\text{R}}$ 作用而平衡,故这三力作用线必交于一点,并且力的三角形闭合。根据力 $\boldsymbol{P}$ 的大小、方向已知,力 $\boldsymbol{F}_{\min}$ 和 $\boldsymbol{F}_{\text{R}}$ 的方向已知,可作出闭合的力三角形,如图 6-6(c)所示。由图可得

$$F_{\min} = P\tan(\alpha - \varphi_{\text{m}}) = \frac{\tan\alpha - \tan\varphi_{\text{m}}}{1 + \tan\alpha\tan\varphi_{\text{m}}}P = \frac{\sin\alpha - f_s\cos\alpha}{\cos\alpha + f_s\sin\alpha}P$$

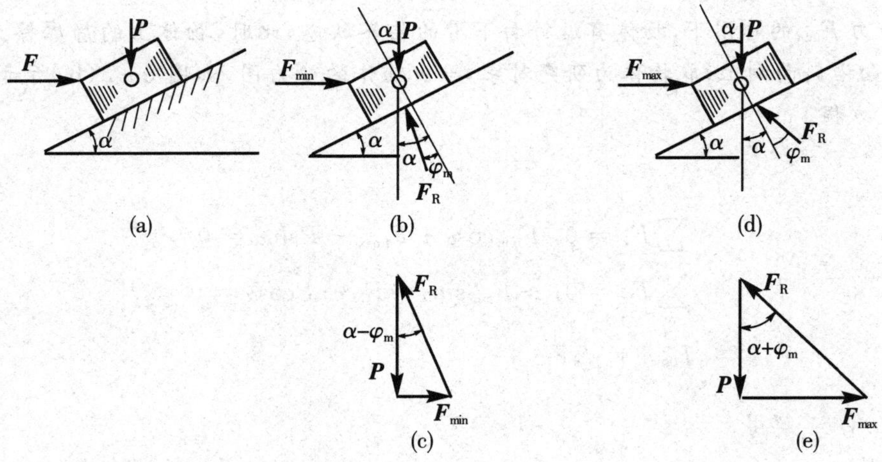

图 6-6

(2)求力 $\boldsymbol{F}$ 的最大值 $\boldsymbol{F}_{max}$

求 $\boldsymbol{F}_{max}$时,物体将向上滑动,故力 $\boldsymbol{F}_R$ 的指向如图 6-6(d)所示。物体受三个力 $\boldsymbol{P}$,$\boldsymbol{F}_{max}$和 $\boldsymbol{F}_R$ 作用,作出闭合的力三角形如图 6-6(e)所示。由图可得

$$F_{max}=P\tan(\alpha+\varphi_m)=\frac{\sin\alpha+f_s\cos\alpha}{\cos\alpha-f_s\sin\alpha}P$$

(3)力 $\boldsymbol{F}$ 的值的范围

$$\frac{\sin\alpha-f_s\cos\alpha}{\cos\alpha+f_s\sin\alpha}P\leqslant F\leqslant\frac{\sin\alpha+f_s\cos\alpha}{\cos\alpha-f_s\sin\alpha}P$$

所得结果与解析法相同。

【例 6-3】 图 6-7(a)所示为起重装置的制动器。已知重量为 $\boldsymbol{P}$,制动块与鼓轮间的静摩擦因数为 f_s,各部分尺寸如图所示。如要制动鼓轮,求作用在手柄上所需加力 $\boldsymbol{F}$ 的最小值。

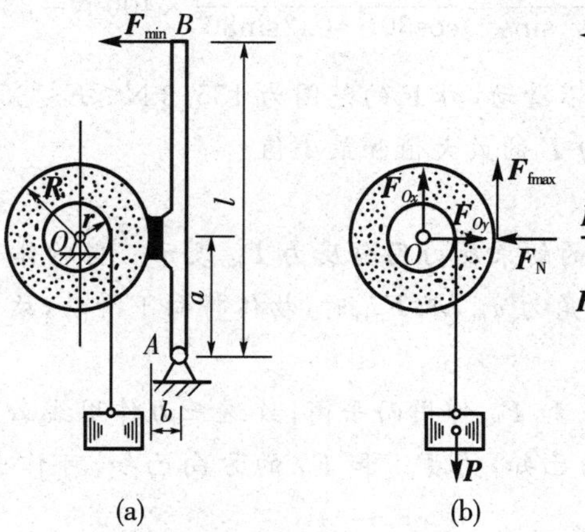

图 6-7

【解】 鼓轮所以被制动,是由于制动块与制动轮之间的摩擦力的作用。当鼓轮恰能被制动时,力 $\boldsymbol{F}$ 有最小值,静摩擦力达到最大值 $\boldsymbol{F}_{fmax}$。为了显示摩擦力,可分别取鼓轮、物体和制动杆

为研究对象进行分析。

(1)取鼓轮和物体为研究对象,如图 6-6(b)所示,列平衡方程

$$\sum M_O(\boldsymbol{F}) = 0,\ F_{\text{fmax}} \cdot R - P \cdot r = 0 \tag{a}$$

列补充方程

$$F_{\text{fmax}} = f_s F_N \tag{b}$$

联立解得

$$F_N = \frac{Pr}{f_s R}$$

(2)取制动杆为研究对象,如图 6-6(c)所示,列平衡方程

$$\sum M_A(\boldsymbol{F}) = 0,\ F_{\min} \cdot l + F'_{\text{fmax}} \cdot b - F'_N \cdot a = 0 \tag{c}$$

将 $F'_N = F_N = \dfrac{Pr}{f_s R}$, $F'_{\text{fmax}} = F_{\text{fmax}} = \dfrac{Pr}{R}$ 代入(c)式,求得

$$F_{\min} = \frac{Pr}{Rl}\left(\frac{a}{f_s} - b\right)$$

思考题

6—1　已知静摩擦因数 f_s 和法向反力 $\boldsymbol{F}_N$,能否说静摩擦力 $\boldsymbol{F}_f$ 的大小就等于 $f_s F_N$?

6—2　重量为 P 的物体置于倾角为 α 的斜面上,已知摩擦因数为 f_s,且 $\tan\alpha < f_s$,问此物体是否平衡?如果增加物体的重量或在物体上另加一重量为 P_1 的物体,问能否达到下滑的目的?

6—3　能否说只要物体处于平衡状态,静摩擦力的大小一定是 $F_{\text{fmax}} = f_s F_N$?又能否说法向反力一定等于物体的重力?怎样求静摩擦力和法向反力的大小?

6—4　如图,已知一物块重 P=100 N,用水平力 F=500 N 压在一铅垂表面上,其摩擦因数 f_s=0.3,问此时物块所受的摩擦力等于多少?

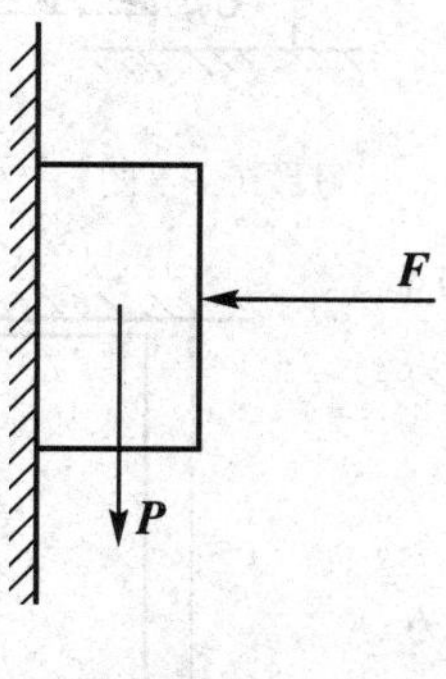

思考题 6-4 图

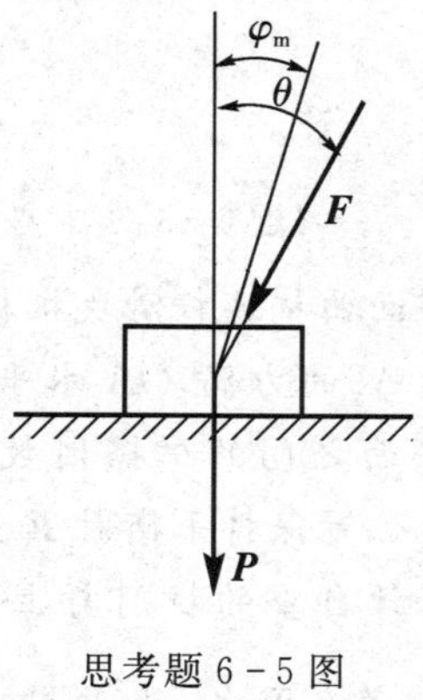

思考题 6-5 图

6—5　如图,物块重 $\boldsymbol{P}$,一力 $\boldsymbol{F}$ 作用在摩擦角之外,已知 $\theta = 25°$,摩擦角 $\varphi_m = 20°$,$F = P$。问物体动不动?为什么?

习　题

6—1　梯子 AB 靠在墙上，其重为 $P=200\ \mathrm{N}$，如图所示。梯长为 l，并与水平面交角 $\theta=60°$。已知接触面的静摩擦因数均为 0.25。今有一重 650 N 的人沿梯上爬，问人所能达到的最高点 C 到 A 点的距离 s 应为多少？

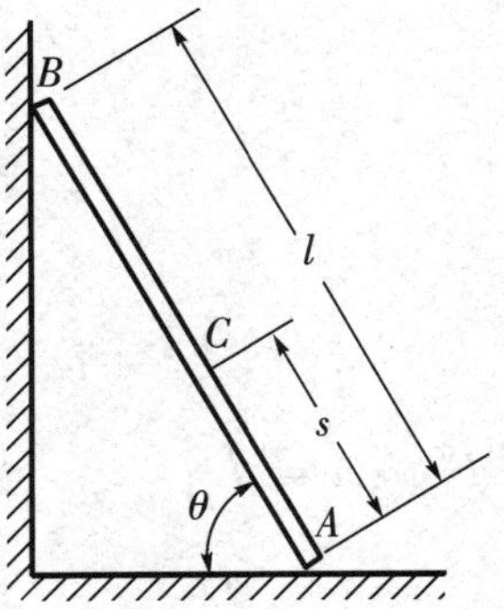

习题 6-1 图

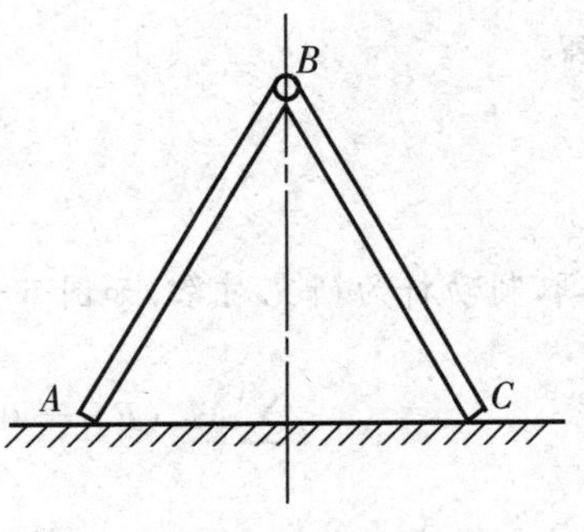

习题 6-2 图

6—2　两根相同的均质杆 AB 和 BC，在端点 B 用光滑铰链连接，A，C 端放在不光滑的水平面上，如图所示。当 ABC 成等边三角形时，系统在铅直面内处临界平衡状态。求杆端与水平面间的摩擦因数。

6—3　攀登电线杆的角套钩如图。设电线杆直径 $d=300\ \mathrm{mm}$，A，B 间的铅直距离 $b=100\ \mathrm{mm}$。若套钩与电线杆之间摩擦因数 $f_s=0.5$。求工人操作时，为了安全，站在套钩上的最小距离 l 应为多大？

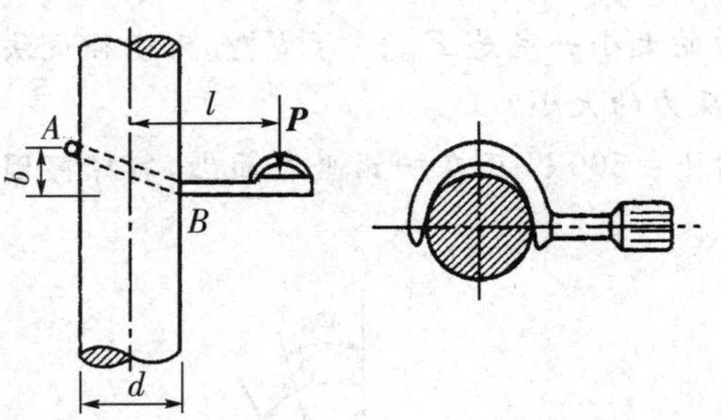

习题 6-3 图

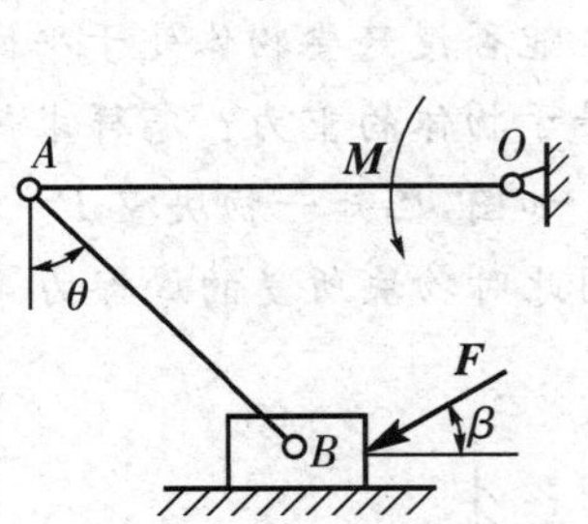

习题 6-4 图

6—4　平面曲柄连杆滑块机构如图所示。$OA=l$，在曲柄 OA 上作用一矩为 M 的力偶，OA 水平。连杆 AB 与铅垂线的夹角为 θ，滑块与水平面之间的摩擦因数为 f_s，不计重量，且 $\tan\theta>f_s$。求机构在图示位置保持平衡时 $\boldsymbol{F}$ 力的值。

6—5　不计自重的拉门与上下滑道之间的静摩擦因数均为 f_s，门高为 h。若在门上 $\frac{2}{3}h$ 处用水平力 $\boldsymbol{F}$ 拉门而不会卡住，求门宽 b 的最小值。问门的自重对不被卡住的门宽最小值有否影响？

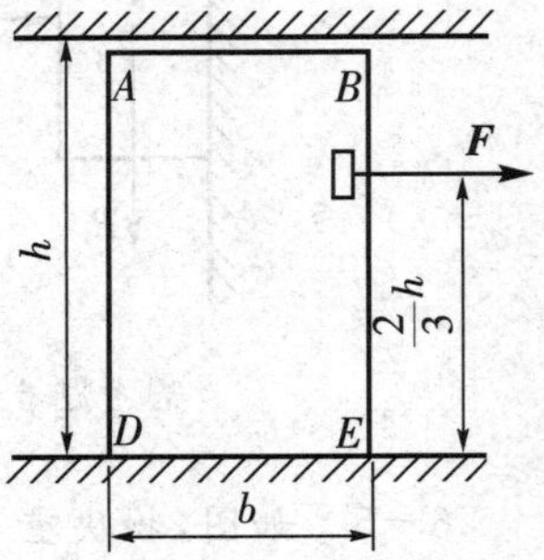

习题 6-5 图

6—6　砖夹的宽度为 0.25 m，曲杆 AGB 与 $GCED$ 在 G 点铰

接，尺寸如图所示。设砖重 $P=120\ \mathrm{N}$。提起砖的力 $\boldsymbol{F}$ 作用在砖夹的中心线上，砖夹与砖间的摩擦因数 $f_s=0.5$。求距离 b 为多大才能把砖夹起。

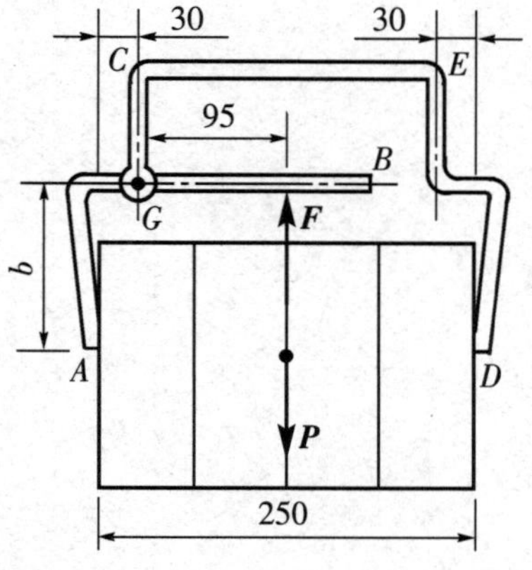

习题 6-6 图

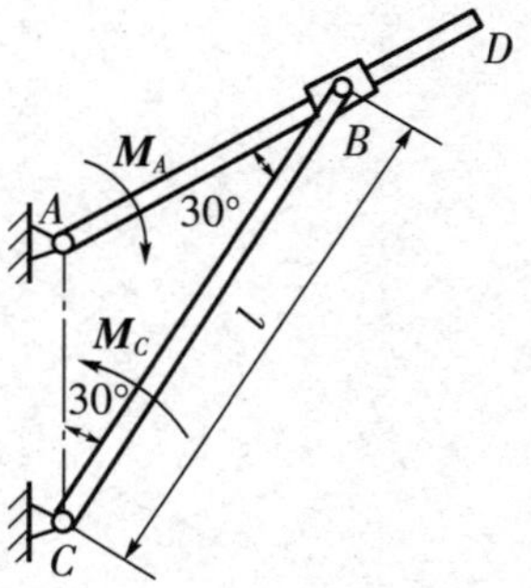

习题 6-7 图

6—7 图示两无重杆在 B 处用套筒式无重滑块连接，在 AD 杆上作用一力偶，其力偶矩 $M_A=40\ \mathrm{N\cdot m}$，滑块和 AD 杆间的摩擦因数 $f_s=0.3$。求保持系统平衡时力偶矩 M_C 的范围。

6—8 尖劈顶重装置如图所示。在 B 块上受力 $\boldsymbol{P}$ 的作用。A 与 B 块间的摩擦因数为 f_s（其他有滚珠处表示光滑）。如不计 A 和 B 块的重量，求使系统保持平衡的力 $\boldsymbol{F}$ 的值。

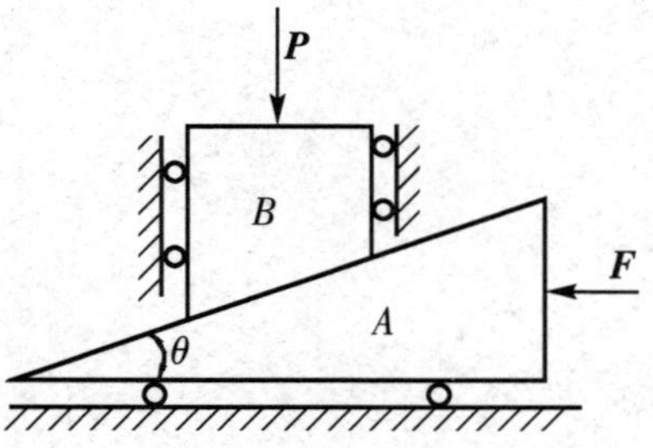

习题 6-8 图

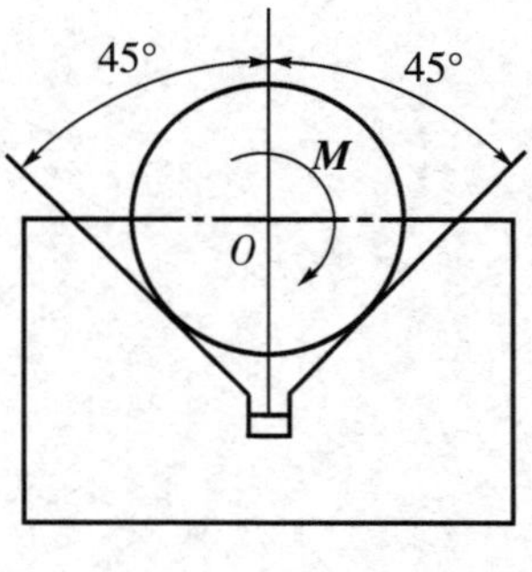

习题 6-9 图

6—9 如图所示，置于 V 槽中的棒料上作用一力偶，力偶的矩 $M=15\mathrm{N\cdot m}$ 时，刚好能转动此棒料。已知棒料重 $P=400\ \mathrm{N}$，直径 $D=0.25\ \mathrm{m}$，不计滚动摩阻。求棒料与 V 形槽间的静摩擦因数 f_s。

6—10 均质箱体 A 的宽度 $b=1\ \mathrm{m}$，高 $h=2\ \mathrm{m}$，重 $P=200\ \mathrm{kN}$，放在倾角 $\theta=20^\circ$的斜面上。箱体与斜面之间的摩擦因数 $f_s=0.2$。今在箱体的 C 点系一无重软绳，方向如图示，绳的另一端绕过滑轮 D 挂一重物 E。已知 $BC=a=1.8\ \mathrm{m}$。求使箱体处于平衡状态的重物 E 的重量。

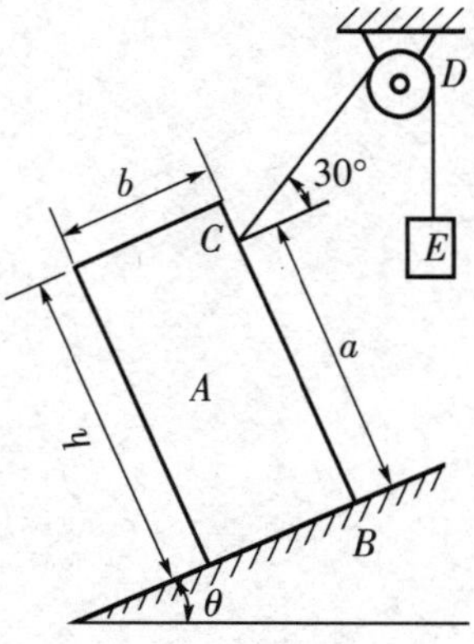

习题 6-10 图

[illegible]

[illegible]

[illegible]

6-10 [illegible]

[下篇] 材料力学

引　言

在刚体静力学的基础上,本篇将主要研究杆件的内力和应力、变形和应变,以及杆件的强度、刚度和稳定性问题。与刚体静力学的研究对象不同的是,材料力学的研究对象是变形固体。

组成工程结构或机械设备的单个零部件被称为构件。当工程结构或机械设备工作时,各构件要受到荷载的作用。在荷载作用下,如何保证构件的正常工作将是很重要的。构件的安全性主要由构件的强度、刚度和稳定性来衡量。

所谓强度是指构件抵抗破坏的能力。在荷载作用下,构件不应发生断裂破坏或塑性破坏。

所谓刚度是指构件抵抗变形的能力。在荷载作用下,构件产生的变形应在一定的限度内。

所谓稳定性是指构件保持原有平衡状态的能力。在荷载作用下,构件的平衡状态应该是稳定的平衡状态。

实际工程中,在保证构件的安全的前提下,还应该考虑构件的经济成本。因此材料力学的任务就是:在保证构件具有足够的强度、刚度、稳定性的条件下,以最经济的代价为构件选择合适的材料、合理地确定构件的尺寸和形状,为构件的设计提供必要的理论基础和计算方法。

第7章　变形固体的基本概念与杆件变形的基本形式

7.1　变形固体的基本概念

7.1.1　变形固体

工程结构和机械设备中的构件和零件都是用固体材料制成的。这些材料在荷载的作用下都会发生变形，因此，我们把这些材料称为变形固体。

变形固体在荷载的作用下所产生的变形按其性质可分为弹性变形和塑性变形。弹性变形指的是外力撤销后，能完全消失的变形。塑性变形指的是外力消失后不能消失而残留下来的变形。在自然界中并不存在完全的弹性体，但是在工程中常用的材料，如金属、木材等，这些材料在外力不超过一定的范围时，塑性变形很小，可以看成为理想的弹性体。当外力超过了一定的范围时，这些材料将产生明显的塑性变形。

在实际工程中，大多数的构件在荷载的作用下所产生的变形与构件的几何尺寸相比是非常微小的，我们把这一类变形称之为小变形。材料力学所研究的变形是在弹性范围内的小变形问题。

7.1.2　材料力学的基本假设

工程中使用的材料是各种各样的，这些材料的物质结构各不相同。为了便于分析研究，把研究对象抽象成理想的力学模型，材料力学对变形固体有如下基本假设：

1. 连续性假设

认为物体在其整个体积内毫无空隙地充满了物质。实际上，物质的内部是有空隙存在的，但这些空隙和物体的几何尺寸相比是微小的，可忽略不计。根据这一假设，在研究问题时，就可在物体内部任一点截取一个单元体来研究。

2. 均匀性假设

认为物体内部各点处的力学性能相同。实际上，物体内部各处的力学性能是有一定的差异的，而物体的力学性能是统计平均值。从统计的意义上来说，物体内部的物质分布是均匀的。这样物体内部任一点的力学性能和整个物体的力学性能相同。

3. 各向同性假设

认为材料在各个方向上的力学性能是相同的。实际上，材料在各个方向上的性能是有差异的，但从统计意义上看，许多材料的宏观力学性能可以视为是各向同性的。工程中许多材料可以看成是各向同性材料，如钢材、玻璃、混凝土等。各个方向力学性能不同的材料称为各向异性材料，如木材、胶合板、复合材料等。材料力学主要研究各向同性材料。

上述假设使得材料力学的分析研究变得简单易行。并且理论研究的结论较为符合实验结果，精度可以满足工程上的要求。

综上所述，在材料力学中，我们把物体抽象为连续、均匀、各向同性的可变形固体，并且是在弹性范围内研究小变形问题。

7.2 杆件变形的基本形式

在工程中，构件的几何形状有多种多样，如杆、板、壳和块体等。材料力学研究的是杆件，它是工程中最常见的构件。杆件的几何特征是其纵向尺寸远远大于横向尺寸。我们把垂直于杆的长度方向的截面称为横截面。把横截面形心的连线称为杆的轴线。如图 7-1 所示。

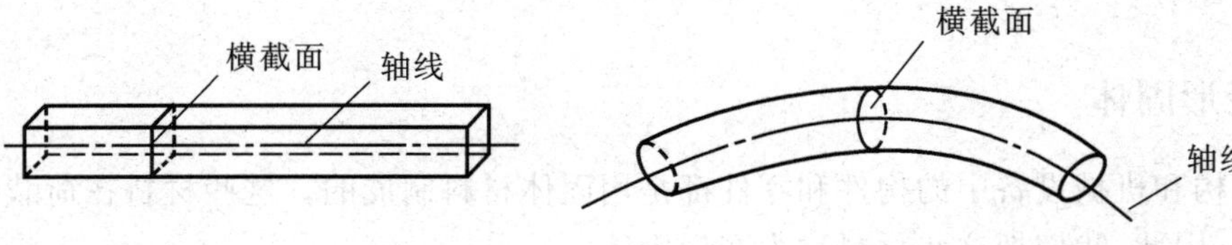

(a) (b)

图 7-1

按照杆的横截面随其轴线的变化来分，可分为等截面杆和变截面杆，如图 7-2(a)和图 7-2(c)所示。杆按照其轴线形状可分为直杆和曲杆，如图 7-2(a)和图 7-2(b)所示。材料力学主要研究等截面直杆，简称等直杆。

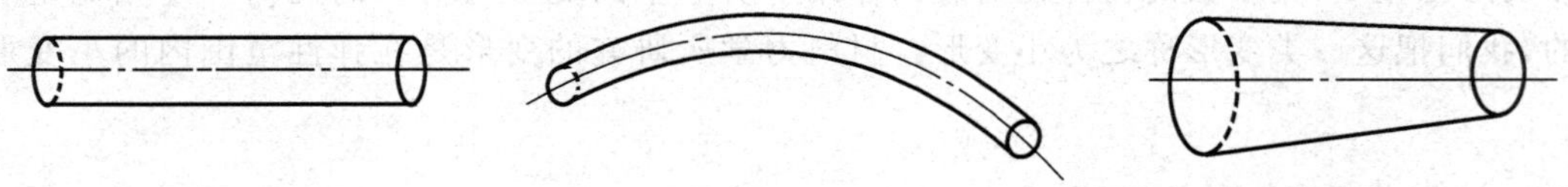

(a) (b) (c)

图 7-2

在不同荷载的作用下，杆件将发生不同的变形，其基本变形有以下几种：

1. 轴向拉伸与压缩：即在一对等值、反向、作用线与杆的轴线重合的外力作用下，杆将发生长度的改变。如图 7-3(a)和 7-3(b)所示。

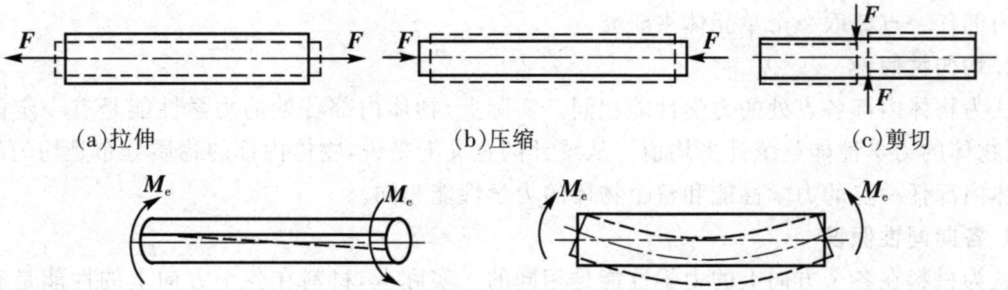

(a)拉伸 (b)压缩 (c)剪切

(d)扭转 (e)弯曲

图 7-3

2. 剪切：即在一对等值、反向、平行且相距很近的横向外力作用下，杆件将沿着外力的方向发生相互错动。如图 7-3(c)所示。

3. 扭转：即在一对大小相等、转向相反、作用面垂直于杆轴线的外力偶作用下，杆的任意两个横截面将绕着轴线发生相互转动。如图 7 - 3(d)所示。

4. 弯曲：即在一对大小相等、转向相反、作用在杆的纵向平面内的外力偶作用下，杆将在纵向平面内发生弯曲，杆的轴线弯曲成一条曲线。如图 7 - 3(e)所示。

工程中常见的变形多为基本变形的组合，在本篇内将就各种基本变形和组合变形的问题在以后的各章中分别加以讨论。

第 8 章 轴向拉伸与压缩

本章主要介绍轴向拉伸与压缩的基本概念，计算杆件内力的截面法以及轴向拉伸与压缩的内力、应力和变形的计算方法。介绍了强度计算的概念和拉压超静定问题。本章还研究了材料在拉伸(压缩)时的力学性质。

8.1 轴向拉伸与压缩的概念

在工程实际中，有一些杆件受到的外力(外力的合力)的作用线与杆件的轴线相重合，这些杆件就称为轴向拉压杆。例如图 8-1 表示的平面桁架中的各根杆件和图 8-2 表示的悬臂式起重机支架中的杆件。这些杆件均为二力杆。

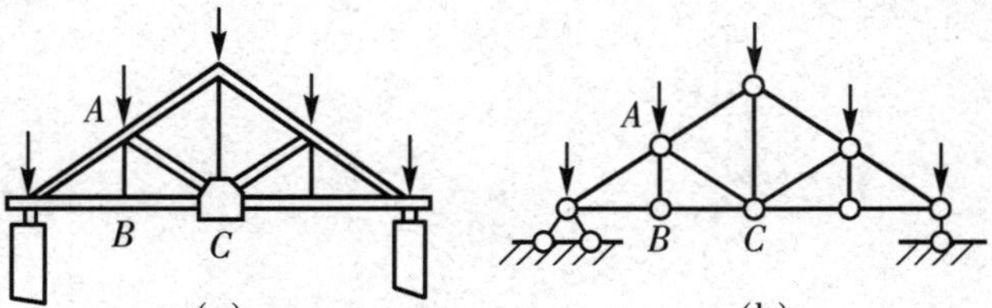

(a) (b)

图 8-1

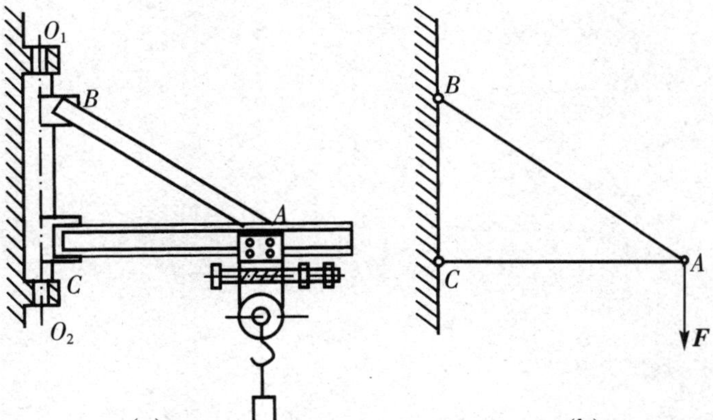

(a) (b)

图 8-2

轴向拉压杆的受力特点是：受到一对等值、反向、共线且作用线与杆件轴线重合的力。轴向拉压杆的变形特点是：杆件沿着轴线发生伸长或缩短。如图 8-3。

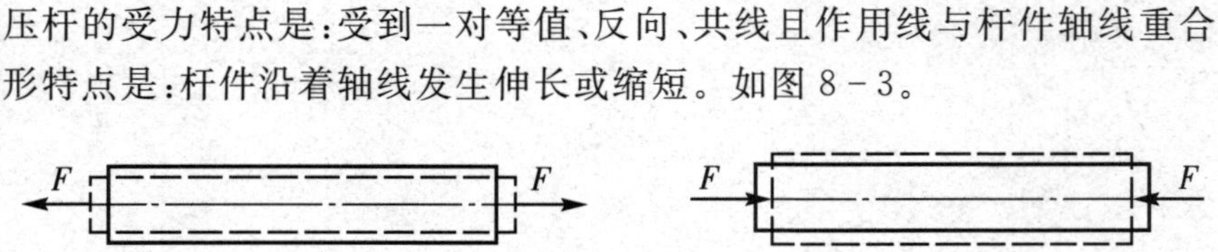

(a) (b)

图 8-3

8.2　轴向拉伸与压缩时横截面上的内力

8.2.1　内力

物体受到外力作用时，将产生变形。这时物体内部各质点间的相对位置将发生改变，与此同时，各质点间的相互作用力也将发生改变。我们把这种因外力作用而引起的物体内部质点间相互作用力的改变量，称为附加内力，它是一个连续分布的力系。在材料力学中，我们把这种附加内力的合力称为内力。

8.2.2　截面法

通常为了显示和计算杆件的内力，我们采用截面法。以轴向拉压杆为例，如图 8-4(a)所示。为了求出杆件某一横截面上的内力，我们假想地用一个截面 $m-m$ 在所求内力处将杆截断，分为Ⅰ和Ⅱ两部分，任取一部分，例如取左边的Ⅰ部分，如图 8-4(b)所示。在所取部分上画上外力和右边Ⅱ部分对左边Ⅰ部分作用的内力，由于杆件处于平衡状态，因此所取Ⅰ部分也处于平衡状态，利用静力平衡方程

$$\sum F_x = 0,\quad F_N - F = 0$$

求得内力　$F_N = F$

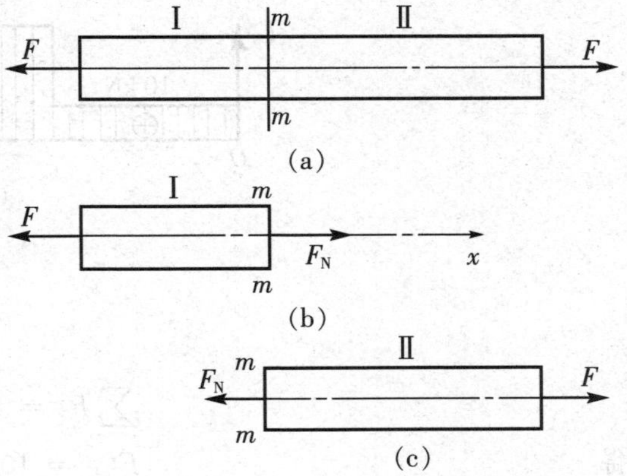

图 8-4

同样如果取右边Ⅱ部分为研究对象，如图 8-4(c)所示，也可以求出左边Ⅰ部分对右边Ⅱ部分作用的内力。根据作用力和反作用力原理，这两个内力是等值、反向、共线的。由于轴向拉压时横截面上的内力作用线与杆件的轴线重合，所以我们称这种内力为轴力。

轴力的符号规定：若轴力的方向与截面的外法线方向一致，则轴力为正。若轴力的方向与截面的外法线方向相反，则轴力为负。即拉力为正，压力为负。

上述求内力的方法称为截面法，以后还要经常用到，它的具体步骤归纳如下：

(1) 截开：用一个假想截面将杆件在需要求其内力的截面处截开。

(2) 画受力图：取截开的杆件的任一部分为研究对象，并画出相应的外力和内力。

(3) 平衡：对所选取的研究对象，列出平衡方程，求出相应的内力。

为了直观地表示各横截面上的轴力沿轴线的变化情况，我们引入轴力图。以平行于轴线的坐标表示横截面的位置。相应的纵坐标表示横截面上的轴力。

【例 8-1】　一等直杆受力如图 8-5(a)所示。求Ⅰ—Ⅰ，Ⅱ—Ⅱ，Ⅲ—Ⅲ截面上的内力，并画出杆件的轴力图。

【解】　首先用截面法在 AB 段Ⅰ—Ⅰ截面处，将杆件假想地截开，取左段为研究对象，画相应的受力图，如图 8-5(b)所示，我们假设轴力 F_{N1} 为拉力。

由静力平衡方程

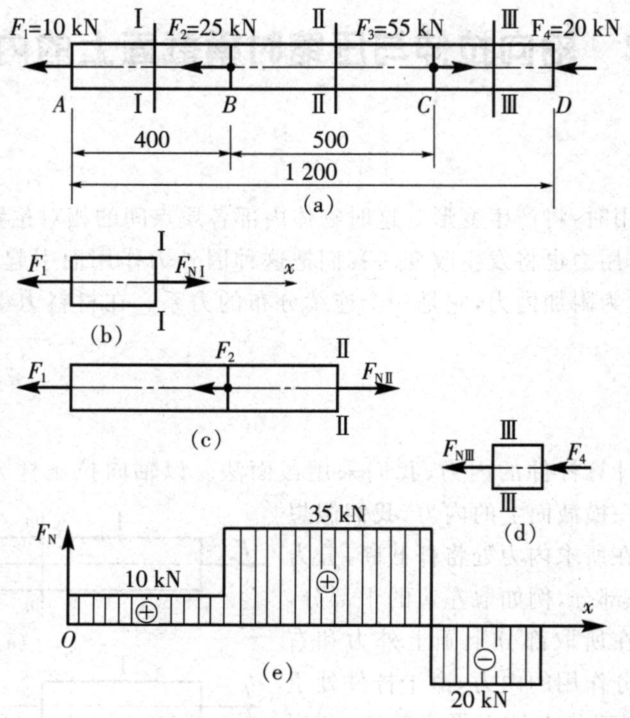

图 8-5

$$\sum F_x = 0,\ F_{NⅠ} - F_1 = 0$$

得

$$F_{NⅠ} = 10\ \text{kN}$$

$F_{NⅠ}$ 为正值，说明假设的轴力方向是正确的，$F_{NⅠ}$ 为拉力。且可以看出 AB 段中任一个横截面上的轴力都是 10 kN，AB 段处于均匀受拉状态。

同理，在Ⅱ—Ⅱ截面处假想地截开，取左段为研究对象，画相应的受力图，如图 8-5(c)所示。

由

$$\sum F_x = 0,\ F_{NⅡ} - F_1 - F_2 = 0$$

求得

$$F_{NⅡ} = 35\ \text{kN}$$

$F_{NⅡ}$ 为正值，说明假设的轴力方向与假设相同，$F_{NⅡ}$ 为拉力。BC 段处于均匀受拉状态。

为求 CD 段Ⅲ—Ⅲ截面上的内力，我们在Ⅲ—Ⅲ截面假想截开，为了方便计算，可取右段为研究对象，如图 8-5(d)。

同理，由

$$\sum F_x = 0,\ F_{NⅢ} - F_4 = 0$$

求得

$$F_{NⅢ} = -20\ \text{kN}$$

$F_{NⅢ}$ 为负值，说明 $F_{NⅢ}$ 与假设的轴力方向相反，$F_{NⅢ}$ 为压力。CD 段处于均匀受压状态。

最后，根据计算结果，绘制轴力图，如图 8-5(e)。从该图即可确定最大轴力的数值及其所在截面的位置。

8.3　轴向拉(压)杆截面上的应力

在确定了拉(压)杆的轴力后，还不能判断杆件是否会发生破坏。例如有材料相同而粗细不同的两根拉杆，受到同样大小的轴向拉力作用。显然，细的拉杆要比粗的拉杆先破坏。这就是说杆件的破坏与内力的分布集度有关。内力的分布集度称为应力。

8.3.1　应力的概念

应力指的是受力杆件某一截面上某一点处的内力集度。即单位面积上的内力。为了了解杆的某一截面 $m-m$ 上任一点 M 处的内力集度，我们用截面法将杆件沿 $m-m$ 截开，并且在 $m-m$ 截面上 M 点的周围取很小的一块面积 ΔA。设面积 ΔA 上的分布内力的合力为 ΔF，如图 8-6(b)。在面积 ΔA 上的平均内力集度，即平均应力为

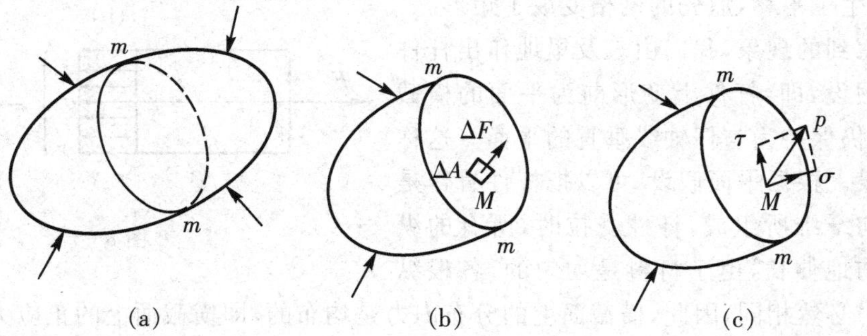

图 8-6

$$p_{\mathrm{m}} = \frac{\Delta F}{\Delta A} \tag{8-1}$$

一般情况下，$m-m$ 截面上的内力分布并不是均布的。我们令面积 ΔA 趋于零，此时的平均应力的极限值

$$p = \lim_{\Delta A \to 0} \frac{\Delta F}{\Delta A} = \frac{\mathrm{d}F}{\mathrm{d}A} \tag{8-2}$$

定义为点 M 处的内力集度。即点 M 处的应力。

因为力 ΔF 是矢量，所以应力 p 也是矢量。通常应力 p 与截面不垂直。我们把应力 p 分解为两个量，如图 8-6(c)，一个分量垂直于截面，称为正应力，用符号 σ 表示。另一个分量与截面相切，称为切应力，用符号 τ 表示。

应力的量纲为 $\frac{[力]}{[长度]^2}$，在国际单位制中，应力的单位称为“帕斯卡”，简称为“帕”。1 Pa＝1 N/m^2，由于 Pa 的单位很小，工程上常用 kPa，MPa，GPa。1 kPa＝1×10^3 Pa，1 MPa＝1×10^6 Pa，1 GPa＝1×10^9 Pa。

正应力的符号规定，若正应力的方向与截面的外法线方向一致，则为正，反之为负。即拉应力为正，压应力为负。与轴力的符号规定一致。

切应力的符号规定，对所取研究对象内任一点取力矩，若切应力产生的力矩转向是顺时针，则切应力为正，反之为负。

8.3.2 轴向拉(压)杆横截面上的应力

在上一节中已经指出，轴向拉压杆横截面上的内力为轴力。因此在横截面只有正应力，没有切应力。

为了导出轴向拉压杆横截面上正应力计算公式。以轴向拉伸杆为例。我们首先观察杆件的几何变形情况。在未加力以前，先在杆的表面画上横向线段和纵向线段，形成正方形的网格，如图 8-7(a)所示。加上轴向拉力后，在杆的表面上可以看到图 8-7(b)所示现象。各横向线段和纵向线段仍为直线，发生了平移，原先的网格变成了矩形。

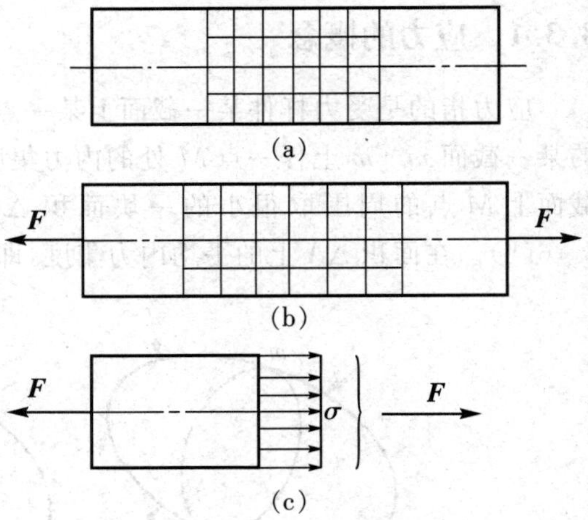

图 8-7

根据观察到的现象，我们由表及里地作出杆件内部的变形假设，即：杆件上变形前为平面的横截面，在变形后仍保持为与杆轴线垂直的平面。这称之为平面假设。根据平面假设，可以把杆件看作是由许多的纵向纤维所组成，杆件受拉时，所有的纵向纤维都均匀地伸长，由于材料是均匀的，各根纵向纤维的受力必然相同，因此，横截面上的分布内力是均布的，即横截面上的正应力是均布的。

由于轴力是分布内力的合力，根据静力学知识

$$F_N = \int_A \sigma \mathrm{d}A \tag{a}$$

由于 σ 在横截面上是均布的，则

$$F_N = \sigma \int_A \mathrm{d}A = \sigma A \tag{b}$$

所以可得轴向拉(压)杆横截面上的正应力计算公式

$$\sigma = \frac{F_N}{A} \tag{8-3}$$

当轴力为正(拉伸)时，正应力也为正，称为拉应力；当轴力为负(压缩)时，正应力也为负，称为压应力。最大正应力 σ_{max} 所在的截面称为杆件的危险截面。

应该指出，上述结论是根据平面假设而认为横截面上正应力均布得出的。在外力作用点附近应力分布较为复杂，不能使用上述结论。但圣文南原理指出：力作用于杆端方式的不同，只会使与杆端距离不大于杆的横向尺寸的范围内受到影响。例如图 8-8 所示的各杆，在它们端部所受的力都是静力等效

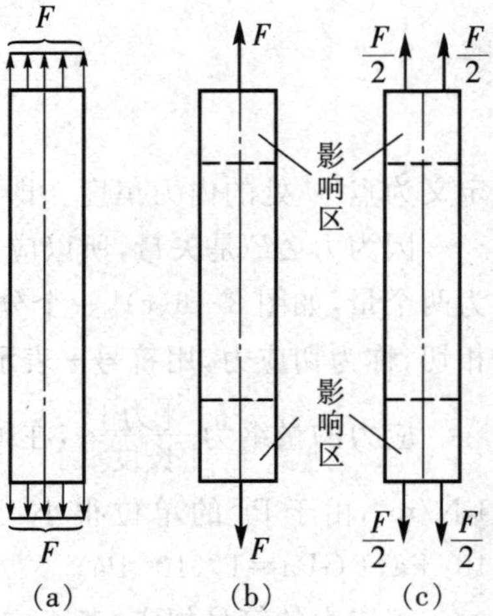

图 8-8

的。各杆中的应力分布情况只是在靠近端部附近范围内有显著不同，而离杆端稍远处，各杆的应力大小和分布就是一样的了。由于影响范围很小，在材料力学中我们仍采用8-3式计算拉压杆横截面上的正应力。

【例8-2】 阶梯状正方形截面柱，其受力情况、各段的长度和横截面尺寸如图8-9(a)所示，已知荷载 $F=50$ kN，求杆中各段横截面上的正应力。

【解】 画出阶梯状截面杆的轴力图，如图8-9((b))所示。

计算各段杆横截面上的应力

AB 段

$$\sigma_1 = \frac{F_{N1}}{A_1} = \frac{-50\times10^3\ \text{N}}{240\ \text{mm}\times240\ \text{mm}\times10^{-6}}$$

$$=-0.87\times10^6\ \text{N/m}^2 = -0.87\ \text{MPa}$$

BC 段

$$\sigma_2 = \frac{F_{N2}}{A_2} = \frac{-150\times10^3\ \text{N}}{370\ \text{mm}\times370\ \text{mm}\times10^{-6}}$$

$$=-1.1\times10^6\ \text{N/m}^2 = -1.1\ \text{MPa}$$

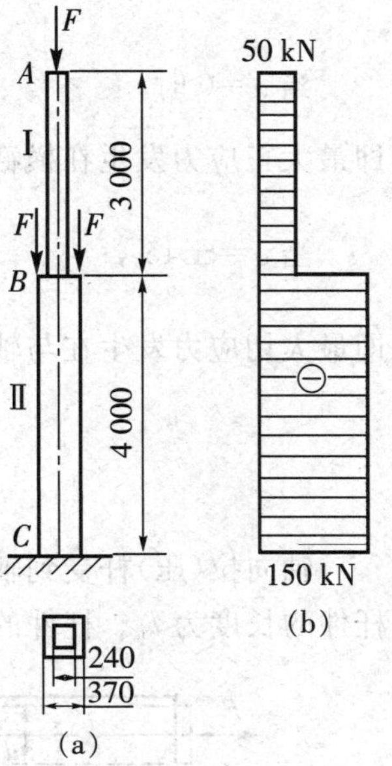

图8-9

8.3.3 轴向拉(压)杆斜截面上的应力

我们进一步研究拉压杆斜截面上的应力情况。轴向拉杆受轴向拉力，我们要研究斜截面 $n-n$ 上的应力(图8-10(a))，x 轴正向与斜截面外法线的夹角为 α，规定 α 逆时针转向为正，反之为负。用截面法沿 $n-n$ 将杆件假想截开，取左段为研究对象(图8-10(b))，用 F_α 表示 $n-n$ 截面上的内力。根据平衡条件，有

$$F_\alpha = F \qquad \text{(a)}$$

因为 F_α 在 $n-n$ 截面上是均布的，斜截面的面积 A_α 与横截面的面积 A 之间的关系为

$$A_\alpha = \frac{A}{\cos\alpha} \qquad \text{(b)}$$

于是斜截面上各点的总应力为

$$p_\alpha = \frac{F}{A_\alpha} = \frac{F}{A}\cos\alpha = \sigma_0\cos\alpha \qquad \text{(c)}$$

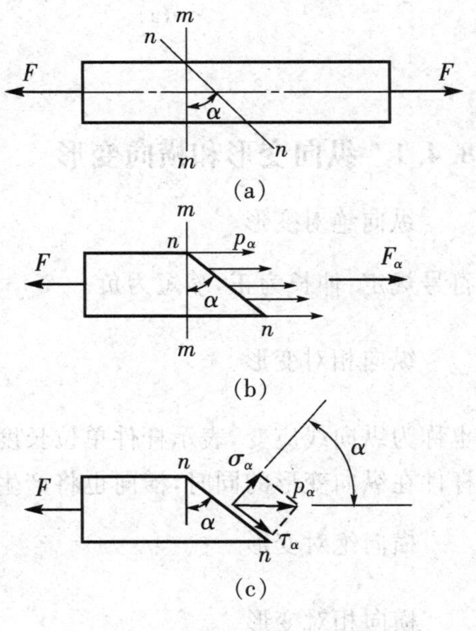

图8-10

式中，σ_0 表示横截面上的正应力。工程上经常把 p_α 分解为垂直于斜截面的正应力 σ_α 和与斜截面相切的切应力 τ_α，如图8-10(c)所示，它们之间的关系是

$$\sigma_\alpha = p_\alpha \cos\alpha = \sigma_0 \cos^2\alpha = \frac{\sigma_0}{2}(1+\cos 2\alpha) \tag{8-4}$$

$$\tau_\alpha = p_\alpha \sin\alpha = \sigma_0 \sin\alpha\cos\alpha = \frac{\sigma_0}{2}\sin 2\alpha \tag{8-5}$$

当 $\alpha=0$ 时，$\sigma_\alpha=\sigma_0, \tau_\alpha=0$

即最大正应力发生在横截面上。

当 $\alpha=\pm 45°$，$\sigma_\alpha=\frac{\sigma_0}{2}, \tau_\alpha=\pm\frac{\sigma_0}{2}$，

即最大切应力发生在与轴线成 45°的截面上。

8.4 轴向拉(压)杆的变形

轴向拉(压)杆受到轴向外力作用后将产生变形，如图 8-11 所示。杆件的原长为 l，伸长后杆件的长度为 l_1。杆件的横向尺寸变形前为 d，变形后为 d_1。

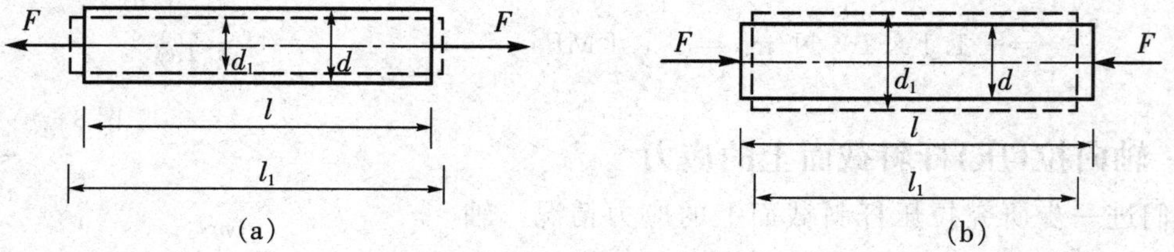

图 8-11

8.4.1 纵向变形和横向变形

纵向绝对变形 $\Delta l=l_1-l$ (a)

符号规定：伸长为正，缩短为负。

纵向相对变形 $\varepsilon=\frac{\Delta l}{l}$ (b)

也称为纵向线应变，表示杆件单位长度变形。为一无量纲的量。符号规定和绝对变形一致。杆件在纵向变形的同时，横向也将产生变形。

横向绝对变形 $\Delta d=d_1-d$ (c)

横向相对变形 $\varepsilon'=\frac{\Delta d}{d}$ (d)

显然纵向变形和横向变形符号是相反的。若纵向伸长，则横向就缩短。反之亦然。

8.4.2 胡克定律

实验证明，在弹性变形的范围内，拉(压)杆的伸长 Δl 与轴向拉力 F 和杆件的长度 l 成正比，与杆件的横截面面积 A 成反比，即

$$\Delta l \propto \frac{Fl}{A} \tag{e}$$

引入比例常数 E,则有

$$\Delta l = \frac{Fl}{EA} \tag{8-6a}$$

由于轴力 $F_N = F$,故上式可写为

$$\Delta l = \frac{F_N l}{EA} \tag{8-6b}$$

此即表示物体受力与变形关系的胡克定律。式中:比例常数 E 称为材料的弹性模量,其值由实验测定,反映了材料抵抗弹性变形的能力。它的量纲为 Pa,与应力的单位相同。EA 称为杆件的抗拉(压)刚度,反映了杆件抵抗弹性变形的能力。

将(8-6b)改写为

$$\frac{\Delta l}{l} = \frac{F_N}{EA} \tag{f}$$

则有

$$\varepsilon = \frac{\sigma}{E} \tag{8-7a}$$

或写成

$$\sigma = E\varepsilon \tag{8-7b}$$

此式表明,在弹性变形范围内,应力和应变成正比。

式(8-7a)和(8-7b)是用应力应变表示的胡克定律。

8.4.3　纵向变形和横向变形的关系

实验证明,在弹性变形范围内,横向线应变 ε' 和纵向线应变 ε 之间有比例关系存在。即

$$\upsilon = \left|\frac{\varepsilon'}{\varepsilon}\right| \tag{8-8a}$$

由于 ε' 与 ε 始终异号,故有

$$\varepsilon' = -\upsilon\varepsilon \tag{8-8b}$$

其中 υ 称为横向变形系数或泊松比,是材料的常数,为一无量纲的量,由实验测定。

表 8-1　常用材料的 E、υ 值

材料名称	E(10^5 MPa)	υ
低碳钢	2.0～2.2	0.25～0.33
合金钢	1.9～2.2	0.24～0.33
灰口铸铁	0.8～1.5	0.23～0.27
铜及其合金(黄铜、青铜)	0.74～1.3	0.31～0.42
铝及强铝	0.71	0.33

（续表）

材料名称	$E(10^5\,\mathrm{MPa})$	υ
铅	0.15～0.19	0.42
钨	3.5	0.19
混凝土	0.146～0.36	0.16～0.18
木材(顺纹)	0.10～0.12	—
橡胶	0.000078	0.47

【例 8-3】 阶梯杆受力如图 8-12(a)所示，AC 段的横截面积为 $A_1=500\ \mathrm{mm}^2$，CD 段的横截面积为 $A_2=200\ \mathrm{mm}^2$。材料的弹性模量 $E=200$ GPa，试求杆端 D 的水平位移。

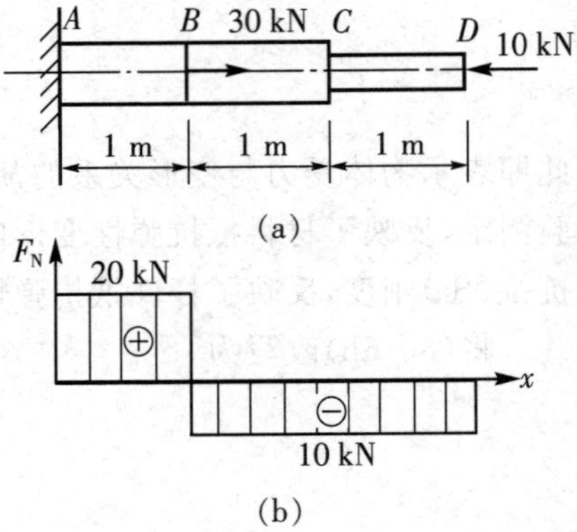

图 8-12

【解】 画出杆件的轴力图，如图 8-12(b)所示。可见由于轴力和横截面的变化，应先分为 AB，BC 和 CD 三段计算出各段的变形，然后代数相加，求出杆件的总变形，即为 A 端的水平位移。

$$\Delta l_{AB}=\frac{F_{NAB}l_{AB}}{EA_1}=\frac{20\times10^3\,\mathrm{N}\times1\,\mathrm{m}}{200\times10^9\,\mathrm{Pa}\times500\times10^{-6}\,\mathrm{m}^2}=0.2\times10^{-3}\,\mathrm{m}$$

$$\Delta l_{BC}=\frac{F_{NBC}l_{BC}}{EA_1}=\frac{-10\times10^3\,\mathrm{N}\times1\,\mathrm{m}}{200\times10^9\,\mathrm{Pa}\times500\times10^{-6}\,\mathrm{m}^2}=-0.1\times10^{-3}\,\mathrm{m}$$

$$\Delta l_{CD}=\frac{F_{NCD}l_{CD}}{EA_2}=\frac{-10\times10^3\,\mathrm{N}\times1\,\mathrm{m}}{200\times10^9\,\mathrm{Pa}\times200\times10^{-6}\,\mathrm{m}^2}=-0.25\times10^{-3}\,\mathrm{m}$$

$$\Delta_A=\Delta l=\Delta l_{AB}+\Delta l_{BC}+\Delta l_{CD}=-0.15\times10^{-3}\,\mathrm{m}=-0.15\,\mathrm{mm}$$

从计算结果可见，整个杆件缩短了，即 D 端向左移动了 0.15 mm。

【例 8-4】 图 8-13(a)所示的考虑自重的等截面柱体，已知柱子的长度为 l，横截面积为 A，材料的容重为 γ，弹性模量为 E。求柱子中的最大正应力和柱子的变形。

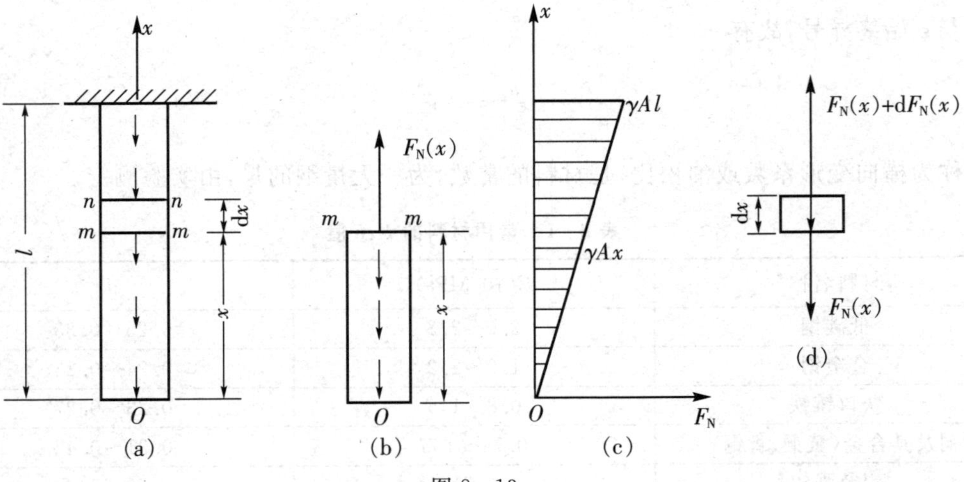

图 8-13

【解】 (1)计算最大正应力

在柱的O处建立坐标系如图8-13(a),用截面法在x处截开杆件,取下段为研究对象,如图8-13(b)。根据平衡方程知x截面上的轴力为

$$F_N(x)=\gamma Ax$$

根据上式可知轴力$F_N(x)$沿轴线坐标x是线性变化的,画出轴力图,如图8-13(c)所示,最大值在上端处。轴力最大值为

$$F_{Nmax}=\gamma Al$$

横截面上最大正应力为

$$\sigma_{max}=\frac{F_{Nmax}}{A}=\frac{\gamma Al}{A}=\gamma l$$

(2)计算杆的伸长

由于轴力$F_N(x)$沿轴线是变化的,所以不能直接使用胡克定律$\Delta l=\frac{F_N l}{EA}$来求柱的变形。为了解决这个工程上常见的问题,需要做如下处理。在柱子的x截面处截取长为dx的微段,如图8-13(d)。由于微段的自重$\gamma A dx$与微段上的轴力$F_N(x)$相比是一微量,因此可忽略微段的自重$\gamma A dx$对微段变形的影响。此时可将微段视为两端受的轴向拉力$F_N(x)$均匀受拉杆,对dx微段使用胡克定律,计算微段的变形。

$$d(\Delta l)=\frac{F_N(x)dx}{EA}=\frac{\gamma Ax\,dx}{EA}$$

将它积分后,求得整个柱的变形为

$$\Delta l=\int_0^l\frac{\gamma Ax\,dx}{EA}=\frac{\gamma Al^2}{2EA}=\frac{Wl}{2EA}$$

式中的$W=\gamma Al$为柱的自重。由上式可知,等直杆由于自重引起的变形,等于将全部自重加在杆端所产生的变形的一半。

【例8-5】 三角支架如图8-14(a)所示,AB为钢杆,其横截面积$A_1=4\ cm^2$,弹性模量$E_1=200$ GPa;BC为木杆,其横截面积$A_2=100\ cm^2$,弹性模量$E_2=10$ GPa。荷载$F=30$ kN。试求支架B点的位移。

【解】 (1)计算各杆的轴力

取节点B为研究对象,受力如图8-14(b)所示。由静力平衡方程

$$\sum F_x=0,\ F_{N1}-F_{N2}\cos 30°=0$$

$$\sum F_y=0,\ F_{N2}\sin 30°-F=0$$

求得

$$F_{N1}=\sqrt{3}F=51.96\ kN$$

$$F_{N2}=2F=60\ kN(压)$$

(2)计算各杆的变形

根据胡克定律,有

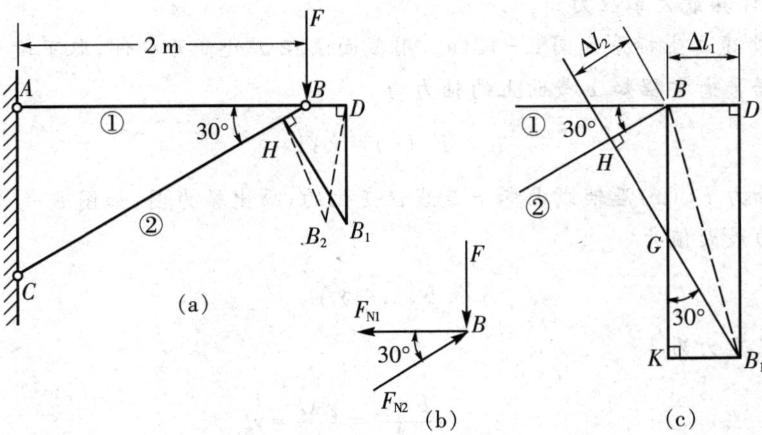

图 8-14

$$\Delta l_1=\frac{F_{N1}l_1}{E_1A_1}=\frac{59.96\times10^3\ \text{N}\times2\ \text{m}}{200\times10^9\ \text{Pa}\times4\times10^{-4}\ \text{m}^2}=1.299\times10^{-3}\ \text{m}(\text{伸长})$$

$$\Delta l_2=\frac{F_{N2}l_2}{E_2A_2}=\frac{60\times10^3\ \text{N}\times2\ \text{m}\times\dfrac{2}{\sqrt{3}}}{10\times10^9\ \text{Pa}\times100\times10^{-4}\ \text{m}^2}=1.39\times10^{-3}\ \text{m}(\text{缩短})$$

(3)计算节点 B 的位移

为了确定节点 B 的位移,首先要画出 B 点的位移图。先假定把 B 点拆开,让各杆沿着各自的杆轴线变形,而且在变形后二杆仍然交于一点 B_2。对于 AB 杆,我们以 A 点为圆心,AD 为半径画圆弧。对于 CB 杆,我们以 C 点为圆心,CH 为半径画圆弧。两段圆弧的交点 B_2 就是 B 点在变形以后的位置。由于是小变形,我们做出简化,用垂直于 AB 杆的垂线 DB_1 来代替弧线 DB_2,用垂直于 CB 杆的垂线 HB_1 来代替弧线 HB_2,近似地认为两条垂线的交点 B_1 是 B 点在变形以后的位置。这样使得计算大为简化。图 8-14(c)为放大的 B 点的位移图。将 B 点的位移 BB_1 分解为水平位移 Δ_{BH} 和铅垂位移 Δ_{BV}。

$$\Delta_{BH}=BD=\Delta l_1=1.299\times10^{-3}\ \text{m}$$

$$\begin{aligned}\Delta_{BV}&=BK=BG+GK=\frac{\Delta l_2}{\sin30^\circ}+\Delta l_1\cot30^\circ\\&=\frac{1.39\times10^{-3}\ \text{m}}{0.5}+1.299\times10^{-3}\ \text{m}\times\sqrt{3}\\&=5.03\times10^{-3}\,\text{m}=5.03\ \text{m}\end{aligned}$$

B 点的总位移 $\Delta_B=BB'=\sqrt{\Delta_{BH}^2+\Delta_{BV}^2}=\sqrt{1.299^2+5.03^2}\ \text{mm}=5.2\ \text{mm}$

8.5 材料在拉伸与压缩时的力学性质

在上一节中我们所提到的材料的弹性模量 E 和泊松比 υ 以及材料所能承受的极限应力都是材料的基本性质,这些材料的力学性质可通过实验来确定。在这一节中,我们将介绍在常温和静载条件下,测定这些基本性质的方法以及塑性材料和脆性材料的特性。

8.5.1　标准试件

试件的尺寸应该按照国家标准制作，以便所测得的材料的力学性质可以互相比较。试件分为拉伸试件和压缩试件。

1. 拉伸试件

分为圆截面和矩形截面，如图 8—15 所示，中间的测量段称为标距，规定：

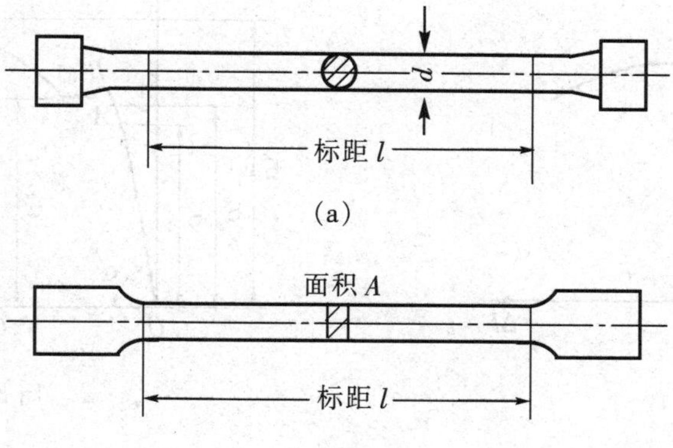

图 8-15

对于圆截面试件，标距 l 和横截面直径 d 的关系为

$$l=10d \quad 或 \quad l=5d$$

对于矩形截面试件，标距 l 和横截面面积 A 的关系为

$$l=11.3\sqrt{A} \quad 或 \quad l=5.65\sqrt{A}$$

2. 压缩试件

为了防止在加载过程中，把试件压弯，压缩试件较短。一般圆截面压缩试件的高度 h 和横截面的直径 d 的关系为

$$h=1\sim3d$$

图 8-16

对于矩形截面压缩试件，我们采用立方块。

8.5.2　低碳钢的拉伸与压缩

1. 低碳钢的拉伸

把低碳钢的拉伸试件安装在万能材料试验机上，缓缓加载。万能试验机上的绘图仪将绘出反映试件受力和变形关系的荷载—变形图，即 $F-\Delta l$ 图，如图 8-17 所示。而荷载—变形图中的坐标数值与试件的尺寸有关。为了消除试件尺寸的影响，反映出材料固有的力学性质，我们把荷载—变形图中的纵坐标 F 除以试件的横截面积 A，用正应力 σ 表示。把横坐标 Δl 除以标距 l，用线应变 ε 表示。这样得到了能反映材料力学性能的应力—应变图，即 $\sigma-\varepsilon$ 图。如图8-18所示。$F-\Delta l$ 图和 $\sigma-\varepsilon$ 图在形状上是相似的。

根据 $\sigma-\varepsilon$ 图，可以把低碳钢在拉伸时的变形过程分为四个阶段。

(1) 弹性阶段：图 8-18 中 OA' 段，材料在该阶段的范围内，在加载时仅发生弹性变形。弹

性阶段的最高点 A'所对应的应力值 σ_e 称为材料的弹性极限。在弹性阶段中 OA 为直线段，在此范围内应力 σ 和应变 ε 成正比，为胡克定律的适用段。直线段的最高点 A 所对应的应力值 σ_p 称为材料的比例极限。由于弹性极限 σ_e 和比例极限 σ_p 的数值相差不大，因此这两个极限应力不严格区分，在工程上，我们常说在弹性范围内，材料服从胡克定律。Q235 钢的比例极限约为 200 MPa。

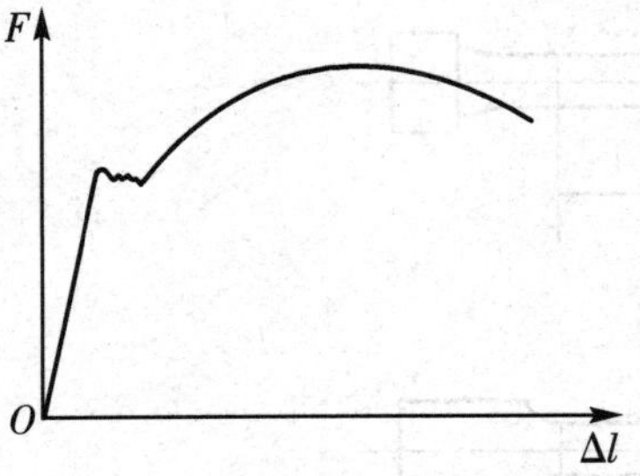

图 8-17

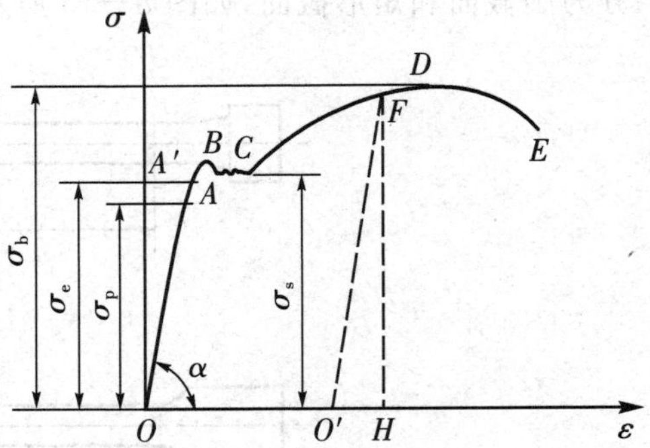

图 8-18

(2) 屈服阶段：图 8-18 中 $A'C$ 段。在应力过了弹性极限后，$\sigma-\varepsilon$ 曲线将变弯，材料进入了弹塑性阶段，试件将发生塑性变形。应力一应变曲线中出现了一段水平状的锯齿状线段，这时，应力在上下波动，应力数值变化不大，但变形明显增大。此时材料内部晶格发生相互滑移，暂时失去了抵抗外力的能力。屈服阶段最低点所对应的应力值 σ_s 称为材料的屈服极限。Q235 钢的屈服极限约为 240 MPa。若试件表面经过处理，我们可在试件表面看到与轴线成 45°的网格线，称为滑移线，如图 8-19(a)所示。是因为材料晶格在最大切应力作用下，发生滑移所致。对于塑性材料，我们是以发生塑性变形为破坏标志的。因此对于塑性材料来说 σ_s 是一个十分重要的破坏指标。

(3)强化阶段：图 8-18 中 CD 段。在屈服阶段之后，材料又恢复了抵抗荷载的能力，要使试件继续变形必须增加荷载，应力一应变曲线继续上升。强化阶段的最高点 D 所对应的应力值 σ_b 称为材料的强度极限。强度极限 σ_b 是试件断裂时的极限应力。Q235 钢的强度极限约为 400 MPa。

卸载规律：在强化阶段，当曲线上升到任意一点 F 时，停止加载，并卸载。可以发现材料的应力一应变曲线沿着近似平行于 OA 的直线 FO'返回到 O'点。OO'表示残留下的塑性变形，$O'H$ 表示消失的弹性变形。在卸载过程中，应力应变成正比这一规律称为卸载规律。

冷作硬化：如果在卸载后立即加载，则应力一应变曲线重新沿着卸载的路径 $O'F$ 返回到 F 点，再按照原来的应力应变的规律变化，直至试件破坏。这种先把材料加载到强化阶段，再进行卸载的方法，提高了材料的比例极限，而材料的塑性有所降低。这种现象称为冷作硬化。建筑工程常对受拉钢筋进行冷拉，就是利用冷作硬化现象来提高钢筋的抗拉能力。

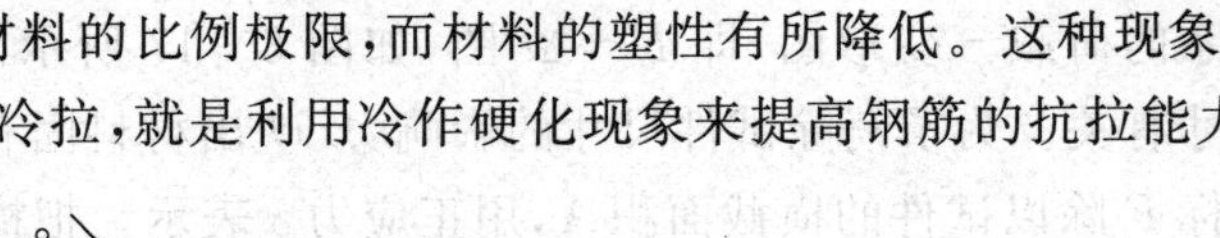

图 8-19

(4)局部变形阶段：图 8－18 中 DE 段。在这一阶段中试件继续变形，试件的承载能力下降，而且在某一横截面附近将出现横截面明显收缩的“颈缩”现象，如图 8－19(b)所示，继而发生断裂。

2. 延伸率和断面收缩率

试件断裂后，试件变形中的弹性变形部分随着荷载的撤消而消失，塑性部分则保留下来。工程上用延伸率和断面收缩率来描述材料的塑性性质。

延伸率：$\delta=\dfrac{l_1-l}{l}\times 100\%$

其中 l_1 为试件拉断后的标距长度，l 为试件的原标距长度。工程上把延伸率 $\delta>5\%$ 的材料称为塑性材料，把延伸率 $\delta<5\%$ 的材料称为脆性材料。

断面收缩率：$\psi=\dfrac{A-A_1}{A}\times 100\%$

其中 A_1 为试件拉断后的断口处的横截面的面积，A 为试件原来的横截面的面积。

延伸率和断面收缩率是衡量材料塑性的重要指标。对于 Q235 钢，延伸率和断面收缩率约为

$$\delta\approx 20\%\sim 30\%,\psi\approx 60\%$$

3. 低碳钢的压缩

我们把短圆柱状的低碳钢压缩试件放在材料试验机的两个压头之间，加载使试件受压。我们可得低碳钢压缩时的应力一应变图，如图 8－20(a)中实线所示，与低碳钢拉伸时的应力一应变图相比，可见，低碳钢压缩时的弹性阶段和屈服阶段与拉伸时基本相同，即低碳钢拉伸和压缩时的比例极限 σ_p、弹性极限 σ_e 和屈服极限 σ_s 基本相同。因此，低碳钢是拉压性能相同的材料。许多塑性材料都有类似的性质。在过了屈服阶段后，低碳钢压缩时的应力一应变曲线向上延伸，试件发生明显的塑性变形，变成鼓状直到被压扁，见图 8－20(b)。

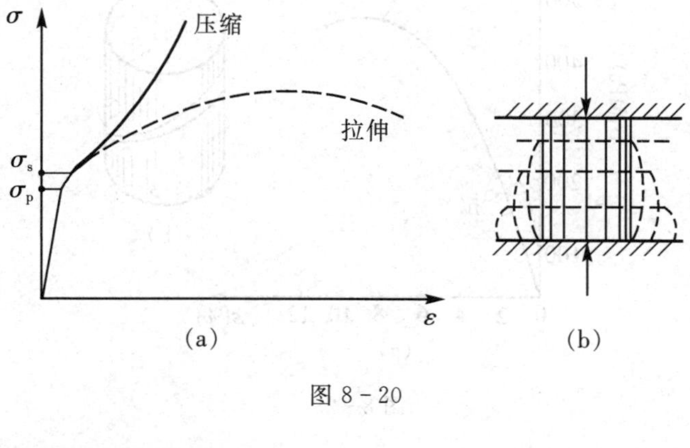

图 8－20

8.5.3　其他塑性材料的拉伸性能

对于在拉伸时没有明显屈服阶段的塑性材料，如强铝、退火球墨铸铁和锰钢，如图 8－21 所示。按照国家标准规定，将对应于塑性应变 $\varepsilon_p=0.2\%$ 时的应力值作为名义屈服极限，用 $\sigma_{p0.2}$ 表示，作为衡量该种材料的强度指标。确定名义屈服极限 $\sigma_{p0.2}$ 的方法如图 8－22 所示。

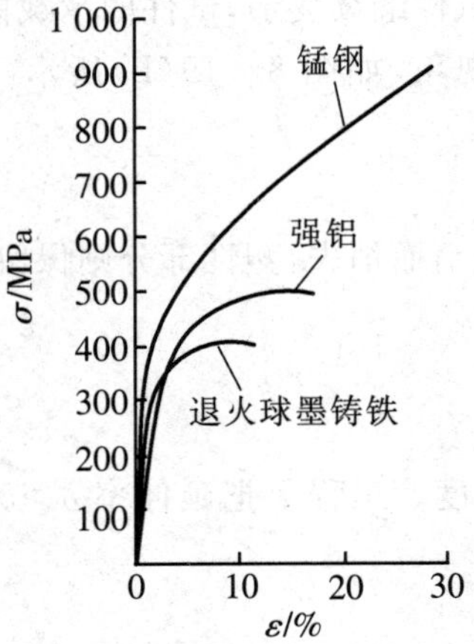

图 8-21

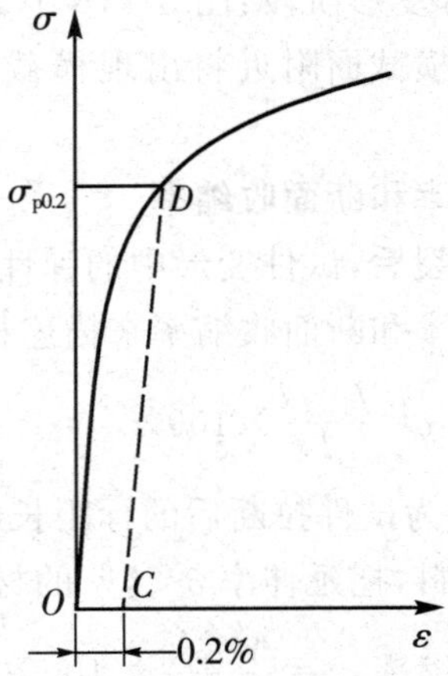

图 8-22

8.5.4 铸铁的拉伸和压缩

1. 铸铁的拉伸

铸铁为脆性材料，在铸铁的拉伸试验中，我们可得到相应的应力一应变图，如图 8-23(a)中虚线部分所示。可以看到，铸铁拉伸的应力一应变曲线是一条微弯的曲线，没有屈服阶段，在拉伸过程中试件的变形很小，在拉断时没有明显的塑性变形。试件拉断时的强度极限 σ_b 就是材料的抗拉强度指标。对于这种应力一应变曲线没有直线段的材料，我们用对应于某一应力值的割线的斜率来表示该种材料的弹性模量 E，称为割线弹性模量。

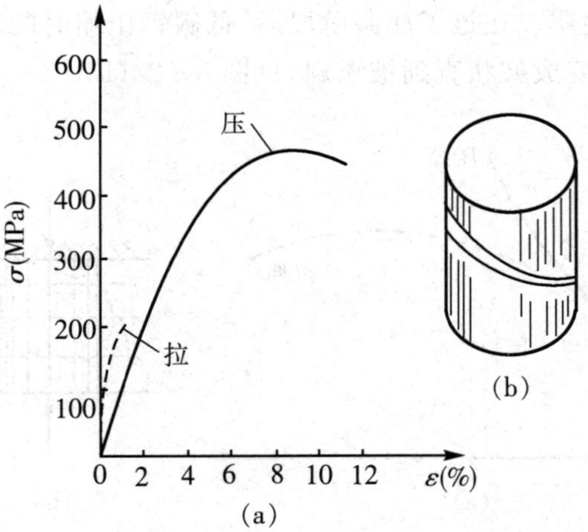

图 8-23

2. 铸铁的压缩

铸铁在压缩时的应力一应变曲线如图 8-23(a)中实线部分所示，也是一条微弯的曲线，没有屈服阶段。试件压坏时的强度极限 σ_b 就是材料的抗压强度指标。通过与铸铁拉伸的应力一应变曲线相比，可见，铸铁的抗压强度极限要远远大于其抗拉强度极限。即铸铁这种脆性材料的抗压性能要优于抗拉性能，适宜用于受压构件的材料，其他的一些脆性材料也有类似的性质。值得注意的是铸铁压缩试件的断口是约为 45°的斜断面，如图 8-23(b)所示。这说明 45°斜面上存在最大切应力是材料破坏的原因。

表 8－2 给出了几种常用材料在常温、静载下的主要力学性能。

表 8－2 几种材料在常温、静载下的力学性能

材料名称	牌 号	屈服极限		强度极限		伸长率/%	
		σ_s /MPa	$\sigma_{p0.2}$ /MPa	拉伸 $\sigma_{b,t}$ /MPa	压缩 $\sigma_{b,c}$ /MPa	δ_5	δ_{10}
普通碳素钢	Q235	235～215	372～460		26	22	
优质碳素结构钢	45	352		597		16	
低合金结构钢	16Mn	343～274		509～470		22～19	
合金结构钢	40CrMnMo	784		980		10	
灰口铸铁	HT25－47			284～196	981		
纯铜(板材)	T3			294			3
硬铝(棒材)	LY L2		274	421			10

8.6 安全系数·许用应力和强度条件

8.6.1 安全系数和许用应力

在 8－5 节中我们了解到每种材料的承载能力是有限的，我们把材料失去正常工作能力时的应力称为该种材料的极限应力，用 σ_u 来表示。对于塑性材料，当构件中的工作应力达到屈服极限 σ_s 时，构件将产生较大的塑性变形，此时构件虽未断裂，但已不能正常工作。因此，对于塑性材料取屈服极限 σ_s 为其极限应力 σ_u，即 $\sigma_u=\sigma_s$。对于脆性材料，我们取断裂时的强度极限 σ_b 为其极限应力 σ_u，即 $\sigma_u=\sigma_b$。

为了保证构件能正常工作，构件在荷载作用下的工作应力必须要小于材料的极限应力。同时，我们必须考虑到许多不安全因素的存在，例如材料的不均匀性、计算的近似性、构件尺寸的制造误差和荷载的变异等。所以，要给构件留有一定的安全储备。我们把材料的极限应力除以一个大于 1 的安全系数，称为材料的许用应力：

$$[\sigma]=\frac{\sigma_u}{n}$$

塑性材料的安全系数为 n_s，脆性材料的安全系数为 n_b。工程上一般取 $n_s=1.4\sim1.7$，$n_b=2\sim3$。

8.6.2 强度条件

工程上把许用应力作为衡量构件是否能够正常工作的标准。构件在荷载作用下的最大工作应力不得大于材料的许用应力，这就是构件的强度条件。拉(压)杆的强度条件是

$$\sigma_{max}=\frac{F_N}{A}\leqslant[\sigma]$$

强度条件常能解决实际工程中三类强度问题：

1. 强度校核：已知材料的许用应力、构件的横截面积和构件所受的荷载，验算是否满足强度条件，即

$$\sigma_{\max}=\frac{F_N}{A}\leqslant[\sigma]$$

2. 设计横截面尺寸：已知材料的许用应力和构件所受的荷载，利用强度条件来确定横截面尺寸，即

$$A\geqslant\frac{F_N}{[\sigma]}$$

3. 确定许用荷载：已知材料的许用应力和构件的横截面积，利用强度条件来确定构件的许用荷载，即

$$[F_N]\leqslant[\sigma]A$$

【例 8-6】 直杆受力如图 8-24(a)所示，杆的横截面积 $A=10\ \text{cm}^2$，材料的许用应力$[\sigma]=170$ MPa，试校核杆的强度。

【解】 (1)首先计算出各段的轴力，画出轴力图，如图 8-24(b)所示。可见 CD 段的轴力最大，为危险段。

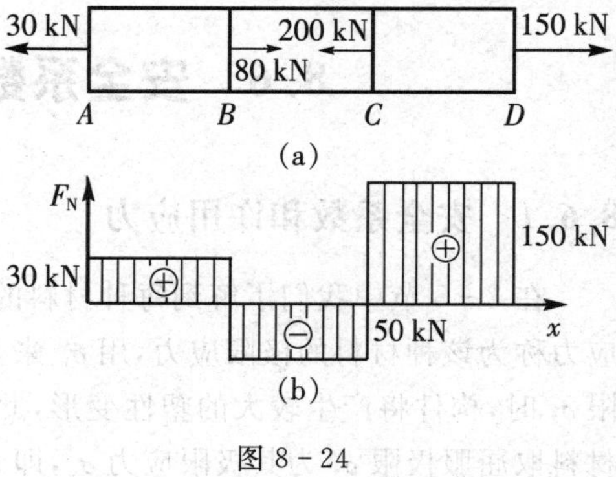

图 8-24

$$F_{N\max}=F_{NCD}=150\ \text{kN}$$

(2)强度校核

$$\sigma_{\max}=\frac{F_{N\max}}{A}=\frac{150\times10^3\ \text{N}}{10\times10^{-4}\ \text{m}^2}$$
$$=150\times10^6\ \text{Pa}=150\ \text{MPa}$$
$$<[\sigma]$$

所以该杆的强度满足要求。

【例 8-7】 钢筋混凝土屋架如图 8-25(a)所示，受均布荷载作用，$q=10$ kN/m，水平拉杆 AB 为圆截面钢杆，长为 $l=8.4$ m，屋架高 $h=1.4$ m，材料的许用应力$[\sigma]=170$ MPa，试确定拉杆 AB 的直径。

【解】 (1)求拉杆 AB 的轴力

整体受力如图 8-25(a)所示，利用静力平衡方程

$$\sum F_y=0,\ F_A+F_B=ql \tag{1}$$

$$\sum M_A(F)=0,\ F_Bl-\frac{ql^2}{2}=0 \tag{2}$$

求得支座反力

$$F_A=F_B=\frac{ql}{2}=\frac{10\ \text{kN/m}\times8.4\ \text{m}}{2}=42\ \text{kN}$$

用截面法，取屋架的左半部分为研究对象，如图 8-25(b)所示。由平衡方程

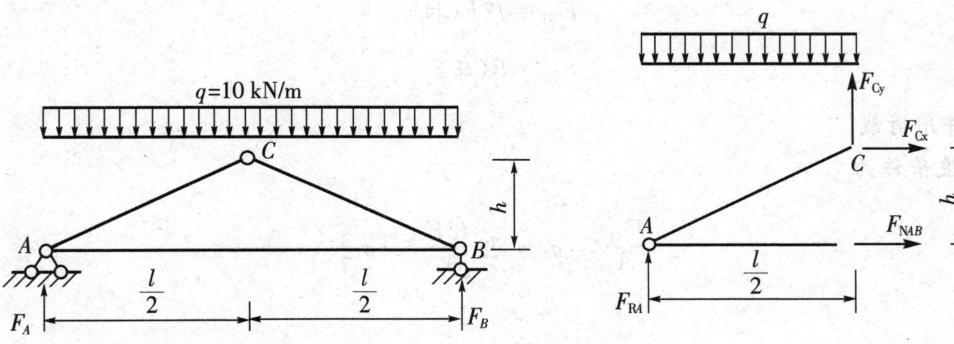

(a)　　　　(b)

图 8-25

$$\sum M_C(F)=0, F_A\times\frac{l}{2}-q\times\frac{l}{2}\times\frac{l}{4}-F_{NAB}\times h=0 \qquad (3)$$

即
$$F_A\times 4.2\ \text{m}-10\ \text{kN/m}\times\frac{8.4\ \text{m}}{2}\times\frac{8.4\ \text{m}}{4}-F_{NAB}\times 1.4\ \text{m}=0$$

求得
$$F_{NAB}=63\ \text{kN}$$

(2)设计截面尺寸

根据强度条件
$$\sigma_{\max}=\frac{F_{NAB}}{A_{AB}}\leqslant[\sigma]$$

有
$$A_{AB}\geqslant\frac{F_{NAB}}{[\sigma]}$$

即
$$\frac{\pi d^2}{4}\geqslant\frac{F_{NAB}}{[\sigma]}$$

$$d\geqslant\sqrt{\frac{4F_{NAB}}{\pi[\sigma]}}=\sqrt{\frac{4\times 63\times 10^3\ \text{N}}{\pi\times 170\times 10^6\ \text{Pa}}}=2.17\times 10^{-2}\ \text{m}=21.7\ \text{mm}$$

取 $d=22$ mm。

【例 8-8】 三角形支架如图 8-26(a)所示，在节点 B 处受竖向荷载 F 作用。已知 1,2 两杆的横截面面积均为 $A=100\ \text{mm}^2$，材料的许用拉应力 $[\sigma_t]=200$ MPa，许用压应力 $[\sigma_c]=150$ MPa。求结构的许用荷载 F。

【解】 (1)求各杆的内力

取节点 B 为研究对象，受力如 8-26(b)所示，根据节点的平衡条件，有

$$\sum F_x=0,\ F_{N2}-F_{N1}\cos 45^\circ=0$$
$$\sum F_y=0,\ F_{N1}\sin 45^\circ-F=0$$

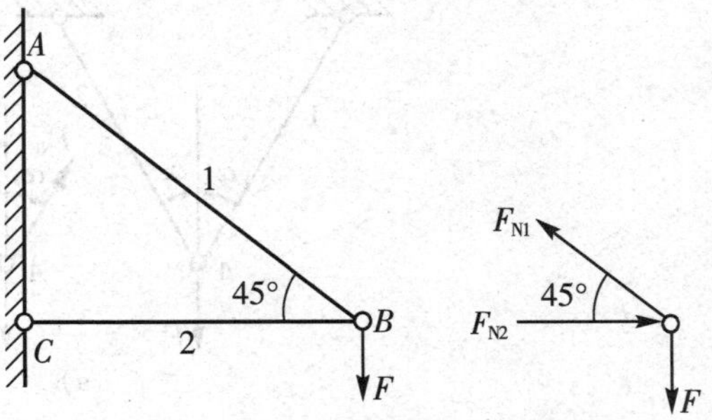

(a)　　　　(b)

图 8-26

求得 1,2 杆的轴力分别为

$$F_{N1}=\sqrt{2}F(\text{拉})$$

$$F_{N2}=F(\text{压})$$

(2)确定许用荷载

1 杆的强度条件为

$$\frac{F_{N1}}{A}\leqslant[\sigma_t]，即\frac{\sqrt{2}F}{A}\leqslant[\sigma_t]$$

由此解得

$$F\leqslant\frac{A[\sigma_t]}{\sqrt{2}}=\frac{100\times10^{-6}\ \text{m}^2\times200\times10^6\ \text{Pa}}{\sqrt{2}}=14140\ \text{N}=14.14\ \text{kN}$$

2 杆的强度条件为

$$\frac{F_{N2}}{A}\leqslant[\sigma_c]，即\ \frac{F}{A}\leqslant[\sigma_c]$$

由此解得

$$F\leqslant A[\sigma_c]=100\times10^{-6}\ \text{m}^2\times150\times10^6\ \text{Pa}=15000\ \text{N}=15\ \text{kN}$$

综合上面的计算结果，要使两杆都能正常工作，许用荷载应取最小值，即$[F]=14.14$ kN。

8.7 拉伸与压缩时的超静定问题

8.7.1 超静定问题的解法

在我们前面所讨论的问题中，支座反力和拉压杆的轴力都可以利用平衡方程求出，即未知力的个数等于静力平衡方程个数，这一类问题称为静定问题，如图 8-27(a)所示的结构。但工程中常见到这样一类问题，如图 8-27(b)所示的结构，待求的未知力有三个，而平衡方程数只有两个，无法利用平衡方程求出全部约束反力。此类结构的特点是未知力的个数多于静力平衡方程的个数，仅靠静力平衡方程不能求出全部未知力，我们称此类问题为超静定问题。

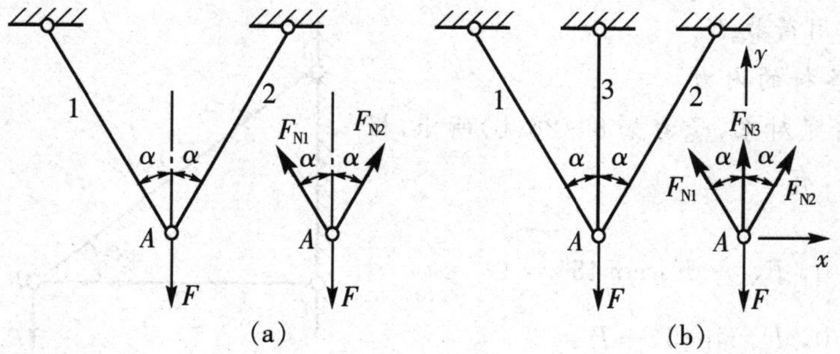

图 8-27

在超静定问题中，多于维持结构几何不变性所需的约束称为多余约束。如图 8-27(b)中的 3 杆。相应的约束反力称为多余约束反力。超静定问题中的多余约束个数称为超静定次数。图

8－27(b)所示的结构为一次超静定结构。值得提醒的是多余约束仅仅相对于维持结构的几何不变性而言，对于结构的强度和刚度而言多余约束可能是必不可少的。

为了解决超静定问题，除了考虑平衡方程外，我们还要寻找与超静定次数相等个数的补充方程。由于结构正常工作时，各构件之间的变形是互相制约的，这些互相制约的条件称为变形协调条件。表示变形协调条件的几何关系式称为几何方程。正确地建立几何方程是解决超静定问题的关键。杆件的受力和变形之间的关系称为物理方程。将物理方程代入几何方程就得到了补充方程。即求解超静定问题要综合考虑静力学、几何和物理三方面的因素。下面以图 8－28(a)所示的两端固定的等直杆为例，来说明求解超静定问题的具体步骤。设该结构的横截面面积为 A，材料的弹性模量为 E，在 C 截面受力为 F。

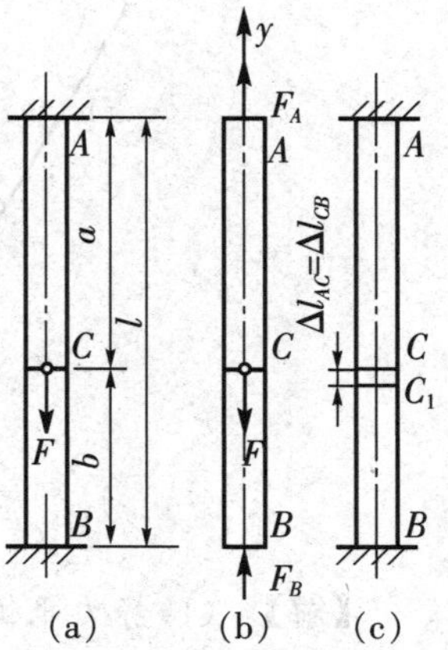

图 8－28

1. 静力平衡方程

杆的受力如图 8－28(b)所示，由静力平衡方程

$$\sum F_y = 0,\ F_A + F_B - F = 0 \tag{1}$$

可见，一个平衡方程无法求出 F_A 和 F_B 两个反力。此为一次超静定问题。

2. 几何方程

由于是一次超静定，所以有一个多余约束，我们可将 B 端视为多余约束。在正常工作情况下，AC 段杆和 BC 段杆既不能分离也不能嵌入，如图 8－28(c)即 AC 段杆的伸长要等于 BC 段杆的缩短。这就是这两段杆的变形协调条件。其几何方程为

$$\Delta l_{AC} = \Delta l_{BC} \tag{2}$$

3. 物理方程

由胡克定律可知

$$\Delta l_{AB} = \frac{F_{\mathrm{N}AB}a}{EA} = \frac{F_A a}{EA} \tag{3}$$

$$\Delta l_{BC} = \frac{F_{\mathrm{N}BC}b}{EA} = \frac{F_B b}{EA} \tag{4}$$

将(3)，(4)式式代入(2)式中，得

$$\frac{F_A a}{EA} = \frac{F_B b}{EA} \tag{5}$$

这就是补充方程。将(5)式与(1)式联立求解，得

$$F_A = \frac{b}{l}F,F_B = \frac{a}{l}F$$

在求得约束反力后，便可求出各段杆的轴力和应力。

【例 8－9】 图 8－29(a)所示结构，在 A 点受力 F 作用。已知 1，2 杆的长度、横截面积和材料均相同，即 $l_1 = l_2 = l, A_1 = A_2 = A, E_1 = E_2 = E$。3 杆的长度为 l_3，横截面积为 A_3，材料的弹性

模量为 E_3。试求出各杆的轴力。

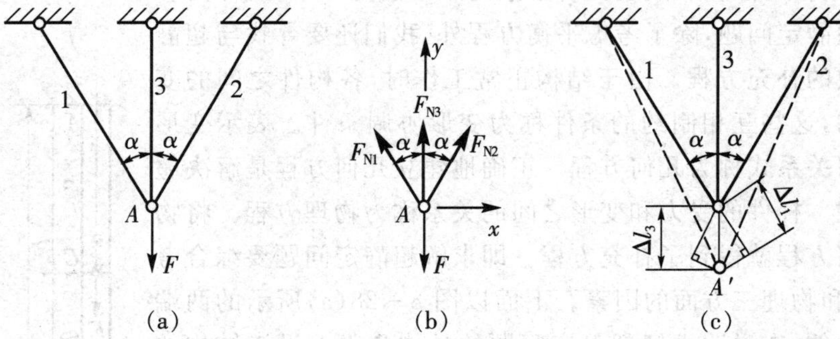

图 8-29

【解】 (1)静力平衡方程。取节点 A 为研究对象,受力如图 8-29(b)所示,由

$$\sum F_x = 0,\ F_{N2}\sin\alpha - F_{N1}\sin\alpha = 0 \tag{1}$$

$$\sum F_y = 0,\ F_{N1}\cos\alpha + F_{N2}\cos\alpha + F_{N3} - F = 0 \tag{2}$$

可见有 F_{N1}、F_{N2} 和 F_{N3} 三个未知力,但是只有两个平衡方程,此为一次超静定问题。

(2)几何方程。在力 F 的作用下,节点 A 将产生位移,根据结构的对称性,A 移到 A',三杆在受力变形后仍联结于 A' 点,如图 8-29(c)所示,这就是三根杆的变形协调条件。其几何方程为

$$\Delta l_3\cos\alpha = \Delta l_1 \tag{3}$$

(3)物理方程。根据胡克定律,有

$$\Delta l_1 = \frac{F_{N1}l}{EA},\Delta l_3 = \frac{F_{N3}l\cos\alpha}{E_3A_3} \tag{4}$$

将物理方程(4)式代入几何方程(3)式中,得

$$\frac{F_{N3}l\cos^2\alpha}{E_3A_3} = \frac{F_{N1}l}{EA} \tag{5}$$

此即为补充方程。将补充方程(5)式与静力平衡方程(1)和(2)式联立求解,得

$$F_{N1} = F_{N2} = \frac{F}{2\cos\alpha + \dfrac{E_3A_3}{EA\cos^2\alpha}}$$

$$F_{N3} = \frac{F}{1 + 2\dfrac{EA}{E_3A_3}\cos^3\alpha}$$

由计算结果可见,超静定结构中各杆的受力不仅与结构的几何条件(即 α 有关),还与各杆的刚度比有关。而静定结构中各杆的受力仅与几何条件有关。

【例 8-10】 图 8-30(a)所示的杆系结构,设 AB 杆为刚性杆,杆 1,2 的拉压刚度均为 EA,杆长均为 l,荷载为 F。求 1,2 杆的轴力。

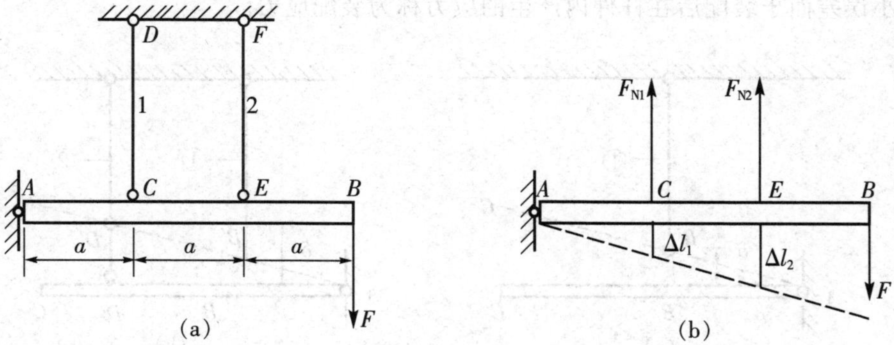

图 8-30

【解】 (1)静力平衡方程。取 AB 为研究对象，受力如图 8-30(b)所示，此结构为一次超静定结构，列出静力平衡方程

$$\sum M_A(F)=0,\ a\times F_{N1}+2a\times F_{N2}=3a\times F \tag{1}$$

(2)几何方程。结构几何变形如图 8-30(b)所示，1,2 两杆几何变形之间的关系为

$$\Delta l_2=2\Delta l_1 \tag{2}$$

(3)物理方程。根据胡克定律，有

$$\Delta l_1=\frac{F_{N1}l}{EA},\ \Delta l_2=\frac{F_{N2}l}{EA} \tag{3}$$

将物理方程(3)式代入几何方程(2)式中，得

$$\frac{F_{N2}l}{EA}=2\,\frac{F_{N1}l}{EA} \tag{4}$$

此即为补充方程。将补充方程(4)式与静力平衡方程(1)式联立求解，得

$$F_{N1}=\frac{3}{5}F,\ F_{N2}=\frac{6}{5}F$$

8.7.2　装配应力和温度应力

1. 装配应力

杆件在制成后往往会产生微小的尺寸误差。对于静定结构，这些微小的尺寸误差只会引起结构的几何形状的微小变化，而不会在结构的杆件中引起相应的内力。如在图 8-31(a)中所示的静定结构，若 1 杆的长度 l 在制作时比原设计短了 δ，则刚性横梁在装配后将在 $A'B'C'$ 的位置，在没有外力作用时，1 杆中将不会有内力。而对图 8-31(b)所示的超静定结构，若 1 杆的长度 l 在制作时比原设计短了 δ，则在装配时就须将 1 杆拉长到 B'，同时将 2 杆压缩到 D' 才能装配起来。这样，在装配后的结构中，在没有外力作用时，1,2 两杆中已有内力与应力。这种因为杆

件尺寸微小误差而于装配后在杆件内产生的应力称为装配应力。

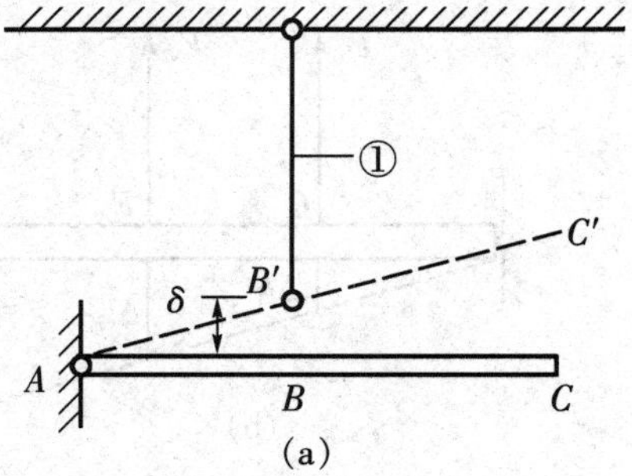

图 8 - 31

装配应力是在杆件承受工作荷载之前就产生的，它使得结构产生初应力，一般说来对结构将产生不利影响。但工程中有时可以利用它来提高结构的承载能力，例如预应力钢筋混凝土构件。

【例 8 - 11】 图 8 - 32(a)所示结构，已知三根杆的材料和横截面相同，弹性模量 $E=200$ GPa，横截面面积 $A=200\ \text{mm}^2$，$\alpha=\dfrac{\pi}{6}$。1，2 杆的长度相同，即 $l_1=l_2$，3 杆的设计长度为 $l_3=l=1$ m，但在制造时比要求短了 $\delta=1$ mm，试求装配后各杆的横截面上的应力。

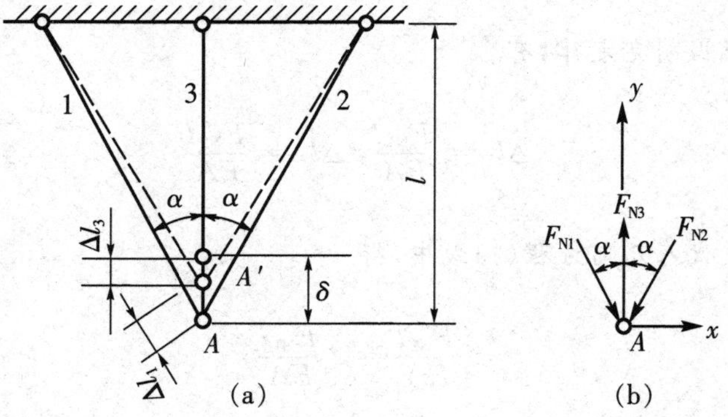

图 8 - 32

【解】 为了使 3 杆和 1，2 两杆装配在一起，则要求 1，2 两杆缩短 Δl_1，3 杆要伸长 Δl_3，三根杆才能相交于 A' 相联结，如图 8 - 32(a)中的虚线所示。

(1)静力平衡方程。1，2 两杆受压，3 杆受拉，A 点受力如图 8 - 33(b)所示。根据平衡条件，有

$$\begin{aligned}&\sum F_x=0,\ F_{N1}\sin\alpha-F_{N2}\sin\alpha=0\\&\sum F_y=0,\ F_{N3}-F_{N1}\cos\alpha-F_{N2}\cos\alpha=0\end{aligned}\tag{1}$$

(2)几何方程。图 8 - 32(a)中可见三根杆几何变形之间的关系为

$$\Delta l_3+\frac{\Delta l_1}{\cos\alpha}=\delta\tag{2}$$

(3)物理方程。由胡克定律,得

$$\Delta l_1=\frac{F_{N1}l}{EA\cos\alpha},\ \Delta l_3=\frac{F_{N3}l}{EA} \tag{3}$$

值得注意的是 3 杆的长度 l_3 在理论上应该用原长度 $l-\delta$,但由于 δ 与 l 相比甚小,故在计算时用 l 来代替。

将物理方程(3)代入几何方程(2)中,得补充方程

$$\frac{F_{N3}l}{EA}+\frac{F_{N1}l}{EA\cos^2\alpha}=\delta \tag{4}$$

把静力平衡方程(1)和补充方程(4)联立,得各杆轴力

$$\left.\begin{aligned}F_{N1}&=F_{N2}=\frac{EA\cos^2\alpha}{(2\cos^3\alpha+1)l}\delta\\F_{N3}&=\frac{2EA\cos^3\alpha}{(2\cos^3\alpha+1)l}\delta\end{aligned}\right\} \tag{5}$$

各杆横截面上的应力为

$$\sigma_1=\sigma_2=\frac{F_{N1}}{A}=\frac{E\cos^2\alpha}{(2\cos^3\alpha+1)l}\delta=\frac{200\times10^9\ \mathrm{Pa}\times\cos^2\dfrac{\pi}{6}}{\left(2\times\cos^3\dfrac{\pi}{6}+1\right)\times1\ \mathrm{m}}\times1\times10^{-3}\ \mathrm{m}$$

$$=65.25\times10^6\ \mathrm{Pa}=65.25\ \mathrm{MPa}$$

$$\sigma_3=\frac{F_{N3}}{A}=\frac{2E\cos^3\alpha}{(2\cos^3\alpha+1)l}\delta=\frac{2\times200\times10^9\ \mathrm{Pa}\times\cos^3\dfrac{\pi}{6}}{\left(2\times\cos^3\dfrac{\pi}{6}+1\right)\times1\ \mathrm{m}}\times1\times10^{-3}\ \mathrm{m}$$

$$=113\times10^6\ \mathrm{Pa}=113\ \mathrm{MPa}$$

2. 温度应力

当温度发生变化时,由于材料热胀冷缩的物理性质,构件的形状和尺寸将发生变化。当温度均匀变化时,静定结构的杆件可自由的变形,而不会在杆件中产生内力,如图 8-33 所示的悬臂杆,温度升高 Δt 时,杆件可自由的伸长 Δl_t。而对于超静定结构,由于存在多余约束,构件变形受到相应的限制,当温度变化时将在构件中产生温度内力,相应的应力称为温度应力。如图 8-34(a)所示结构,由于两端受到约束,杆件不能自由伸缩,温度升高 Δt 时,杆件内部将产生温度应力。

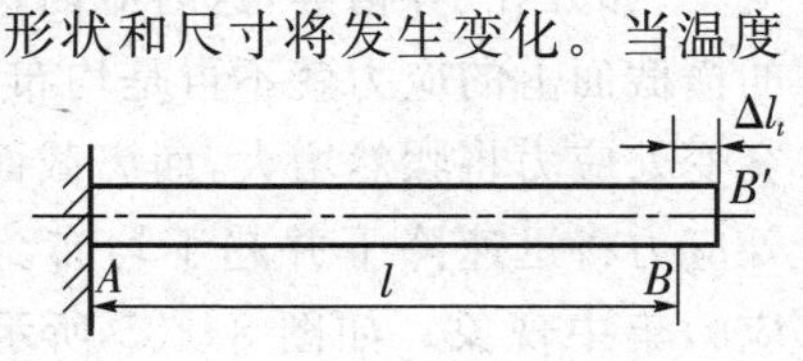

图 8-33

【例 8-12】 图 8-34(a)所示结构,杆 AB 的两端分别与刚性支承固结,杆的长度为 l,横截面面积为 A,材料的弹性模量为 E,线膨胀系数为 α,试求温度升高 Δt 时,杆内的温度应力。

【解】 此为一次超静定问题。为了便于分析问题,我们将杆件的变形过程分解。先将 B 端的约束解除,此时当温度升高 Δt 时,B 变到了 B' 位置,即 AB 杆产生了伸长变形 Δl_t,如图 8-34(b)所示。而实际上由于 B 端的约束的存在,使得 B 端产生相应的约束反力 F_N,使得杆件产生压缩变形 Δl_F,如图 8-34(c)所示,将伸长的杆端从 B' 再压回到 B。即杆的总变形为零。变形的几何方程为

$$\Delta l_t - \Delta l_F = 0 \quad (1)$$

物理方程为

$$\Delta l_t = \alpha \Delta t l$$

$$\Delta l_F = \frac{F_N l}{EA} \quad (2)$$

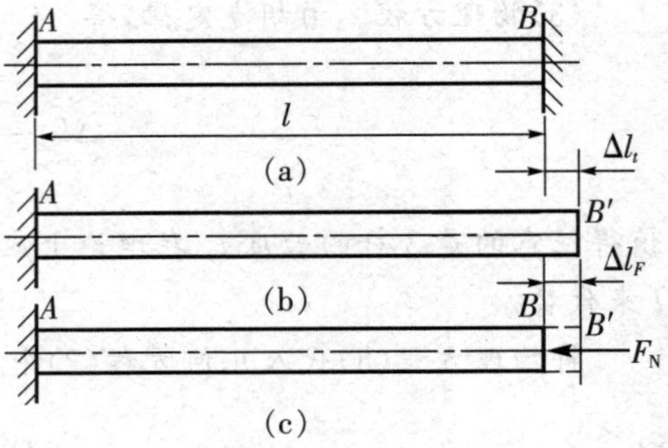

图 8－34

将物理方程(2)代入几何方程(1)中,得

$$\alpha \Delta t l - \frac{F_N l}{EA} = 0 \quad (3)$$

解得约束反力为

$$F_N = \alpha EA \Delta t \quad (4)$$

杆内的温度应力为

$$\sigma = \frac{F_N}{A} = \alpha E \Delta t \quad (5)$$

若杆为钢杆,线膨胀系数 $\alpha = 12 \times 10^{-6}/℃$,材料的弹性模量 $E = 210$ GPa,温度升高 $\Delta t = 20$ ℃,由(5)式可算得温度应力为

$$\sigma = \alpha E \Delta t = 12 \times 10^{-6}/℃ \times 210 \times 10^9 \text{ Pa} \times 20 ℃ = 50.4 \times 10^6 \text{ Pa} = 50.4 \text{ MPa}$$

温度应力经常会妨碍结构的正常使用,甚至造成破坏。在铁轨的接头处、混凝土路面和建筑物中经常留有伸缩缝,就是为了防止温度应力的破坏作用。

8.8 应力集中现象

受轴向拉伸或压缩的杆件,其横截面上的应力是均布的。但是如果横截面的尺寸发生了突变,如开孔、开槽等,这时截面尺寸发生了突变的横截面上的应力就不再是均布的了,在截面的突变处应力将骤然增大,而离截面的突变处稍远处应力将迅速降下并趋于均布。这种现象称为应力集中现象。如图 8－35 所示开孔均匀受拉板。我们把发生应力集中时的最大应力 σ_{max} 与按实际受拉面积计算出的平均应力 σ_{nom} 的比值,称为应力集中系数,即

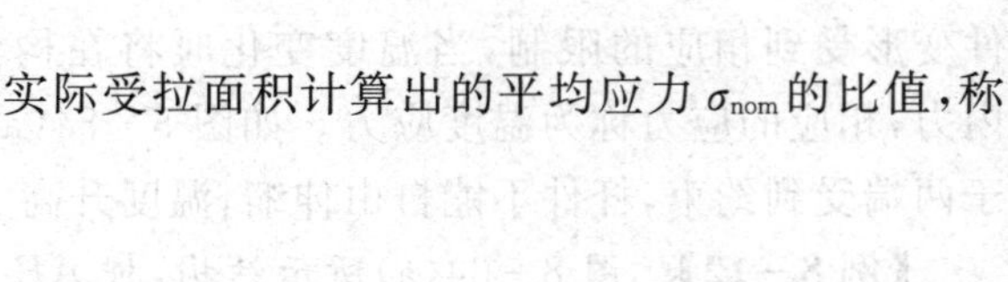

图 8－35

$$K_\sigma = \frac{\sigma_{max}}{\sigma_{nom}} \quad (8-9)$$

它是一个大于 1 的数,反映了应力的集中程度。

应力集中对杆件的强度会产生不利的影响,为了减小应力集中现象对杆件的不利影响,应避免杆件的截面尺寸发生突然的变化,尽量使杆件的轮廓平缓光滑,将必要的孔洞配置在杆件的低应力区内。

应力集中对杆件强度的影响还与杆件材料的性质有关。在静荷载下，对于塑性材料，当应力集中处的最大应力达到材料的屈服极限时，该处的应力保持不变，发生塑性变形。当外力继续增加时，将使得发生应力集中处的截面上其他点的应力逐渐增大，最后当整个截面上的应力都达到材料的屈服极限时，杆件失去承载能力。对于脆性材料，当应力集中处的最大应力达到材料的极限应力时，杆件出现开裂，很快失去承载能力。应力集中严重影响了脆性材料的强度。在动荷载下，无论是静荷载还是动荷载，应力集中都将对杆件的强度产生较大的影响。

思考题

8—1　试判断图示构件中哪些属于轴向拉伸(压缩)变形。

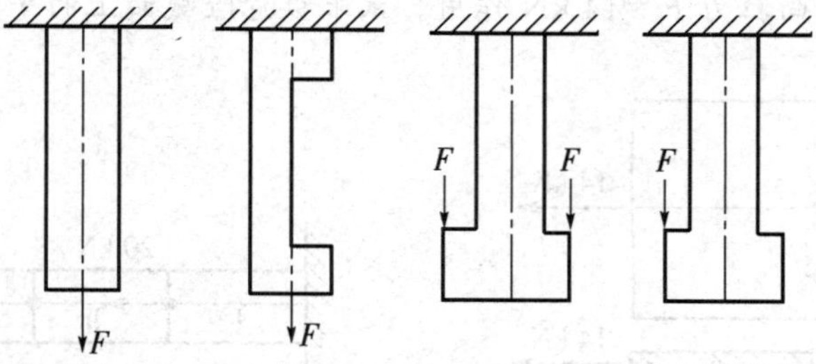

思考题 8-1 图

8—2　什么是平面假设？在轴向拉伸(压缩)横截面上的正应力公式的推导中，平面假设起了什么作用？

8—3　试说明下列各概念的区别和联系：

(1)内力与应力。

(2)变形、位移和应变。

(3)极限应力和许用应力。

(4)弹性变形和塑性变形。

8—4　衡量塑性材料和脆性材料破坏的强度指标分别是什么？如何区分塑性材料和脆性材料？

8—5　现有低碳钢和铸铁两种材料，在图示结构中，AB 选用铸铁，AC 选用低碳钢，这样选法是否合理？为什么？应该如何选择？

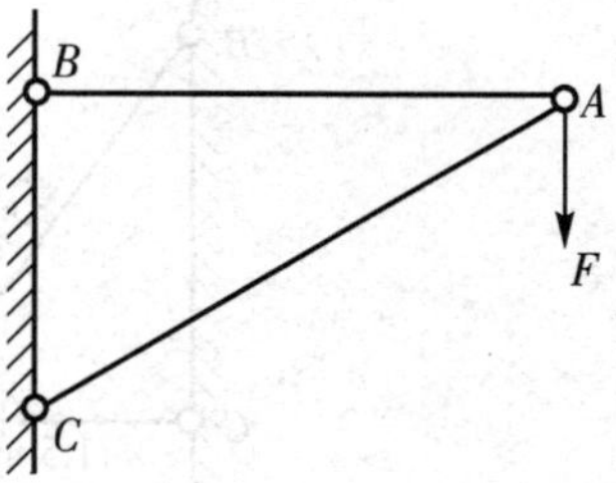

思考题 8-5 图

8—6　胡克定律的适用范围是什么？胡克定律有几种表达形式？

8—7　强度条件可以解决哪几类的强度问题？

8—8　何谓超静定问题？解决超静定问题应考虑哪几个方面？

8—9　在何种结构中会出现温度应力和装配应力？

习　题

8—1　试求图示杆件各段的轴力，并作出杆的轴力图。

8—2　图示阶梯直杆，各段的横截面面积分别为 $A_1=200\ \text{mm}^2$，$A_2=300\ \text{mm}^2$，$A_3=400\ \text{mm}^2$。求1—1，2—2，3—3 横截面上的轴力，画出杆的轴力图，并求出各段横截面上的应力。

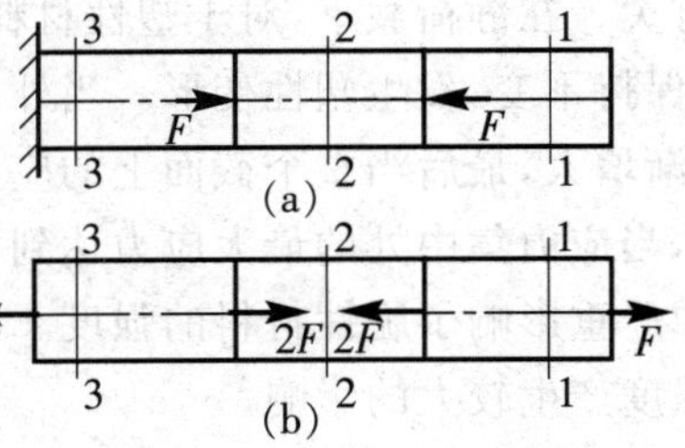

习题 8-1 图

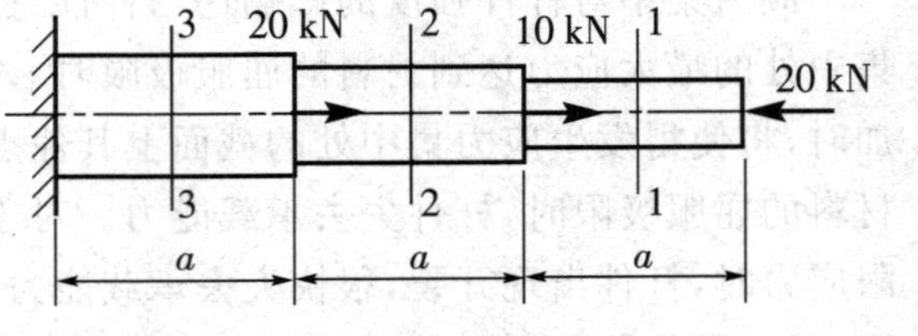

习题 8-2 图

8—3 图示钢板上打了三个铆钉的圆孔,圆孔的直径 $d=20$ mm,板的厚度为 10 mm,板的宽度为 200 mm,板受轴向拉力 $F=14$ kN 作用。试求板危险截面上的平均应力。

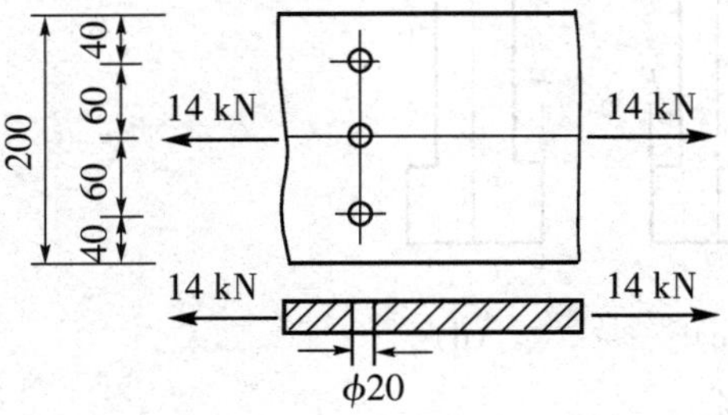

习题 8-3 图

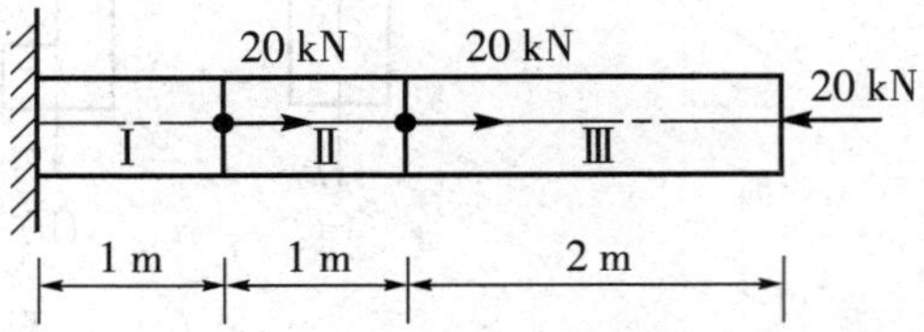

习题 8-4 图

8—4 杆的受力如图所示。已知杆的横截面积 $A=200\ \text{mm}^2$,材料的弹性模量 $E=200$ GPa。求各段杆的变形、应变和整根杆的总变形。

8—5 三角架受力如图示。已知 $F=20$ kN,AB 杆为圆截面钢杆,直径 $d=8$ mm,AC 杆为空心圆杆,横截面的面积 $A=40\ \text{mm}^2$,两杆的材料相同,弹性模量 $E=200$ GPa。求 A 点的位移值和位移方向。

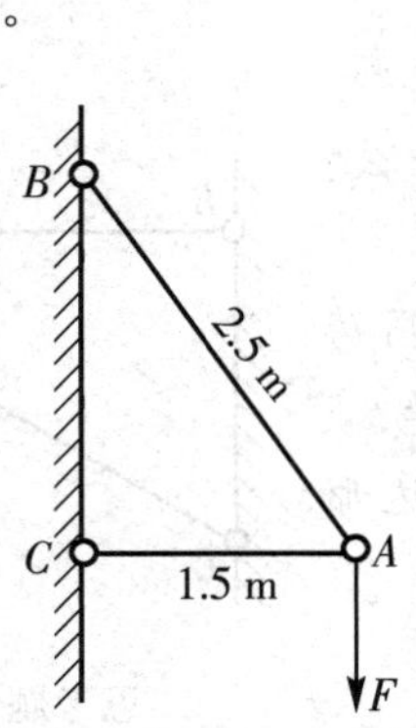

习题 8-5 图

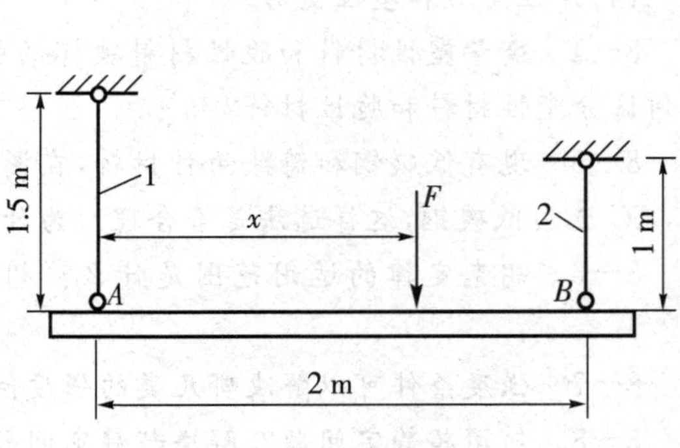

习题 8-6 图

8—6 图示结构,水平梁 AB 为刚性杆,自重不计。杆 1 为钢杆,直径 $d_1=20$ mm,钢的弹性模量 $E_1=200$ GPa。杆 2 为铜杆,直径 $d_2=25$ mm,弹性模量 $E_2=100$ GPa。试问:

(1)荷载 F 加在何处,才能使梁 AB 受力后还保持水平位置?

(2)若 $F=30$ kN,求两杆横截面上的拉应力。

8—7 阶梯状混凝土柱如图示。已知混凝土的密度 $\rho=2.25\times10^3\ \text{kg/m}^3$,弹性模量 $E=20$ GPa,

许用压应力$[\sigma_c]=2$ MPa。求该柱所需的横截面积A_1和A_2，并求柱顶的位移。

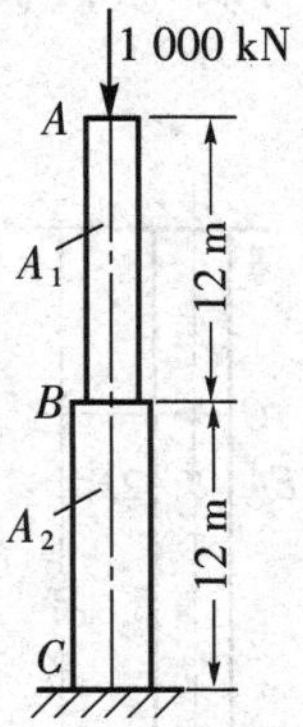

习题 8-7 图

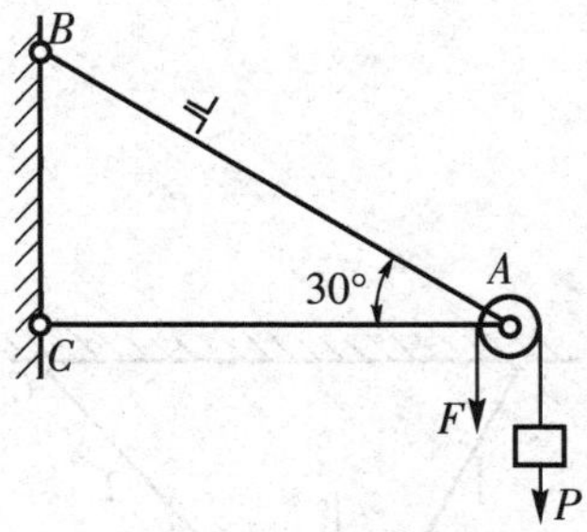

习题 8-8 图

8—8　三角支架如图。已知斜杆AB由两根63 mm×40 mm×4 mm的不等边角钢组成，钢的许用应力$[\sigma]=170$ MPa。当提起重量为$P=15$ kN的重物时，试校核斜杆AB的强度。

8—9　图示屋架，已知$F=16$ kN，材料的许用应力$[\sigma]=120$ MPa，试按强度条件选择拉杆DI的直径。

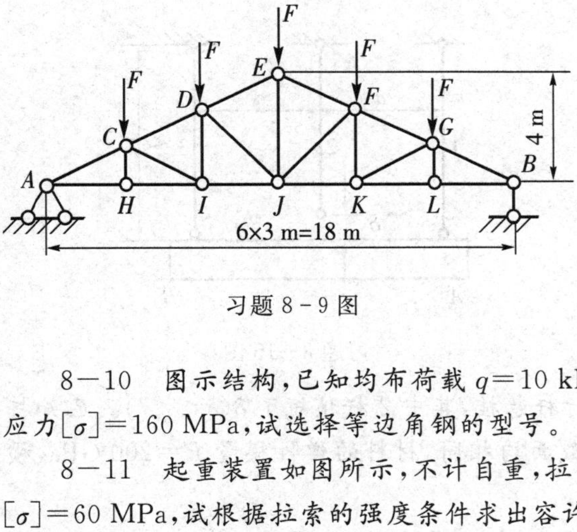

习题 8-9 图

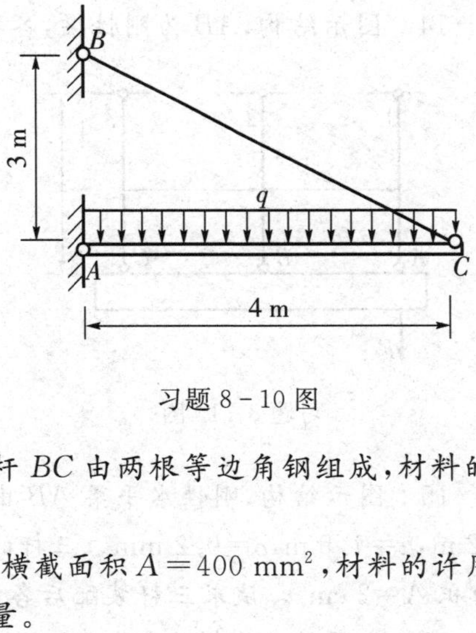

习题 8-10 图

8—10　图示结构，已知均布荷载$q=10$ kN/m，拉杆BC由两根等边角钢组成，材料的许用应力$[\sigma]=160$ MPa，试选择等边角钢的型号。

8—11　起重装置如图所示，不计自重，拉索AB的横截面积$A=400\ \text{mm}^2$，材料的许用应力$[\sigma]=60$ MPa，试根据拉索的强度条件求出容许起吊重量。

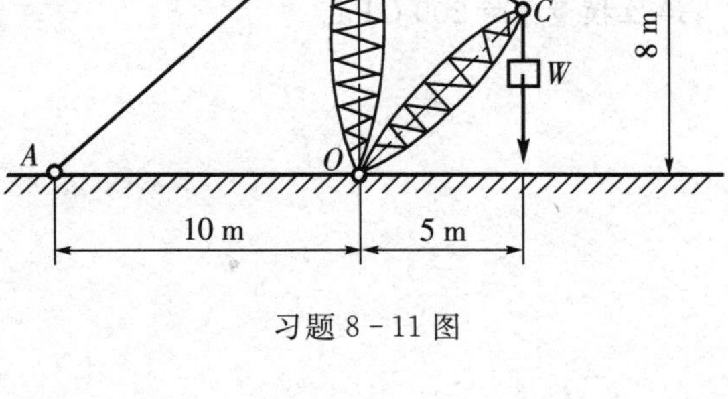

习题 8-11 图

8—12 图示结构，两杆均为圆杆，材料相同，材料的许用应力为$[\sigma]=160$ MPa。杆1的直径为$d_1=30$ mm，杆2的直径为$d_2=20$ mm。在B点受铅垂向下荷载作用，求该结构的许用荷载。

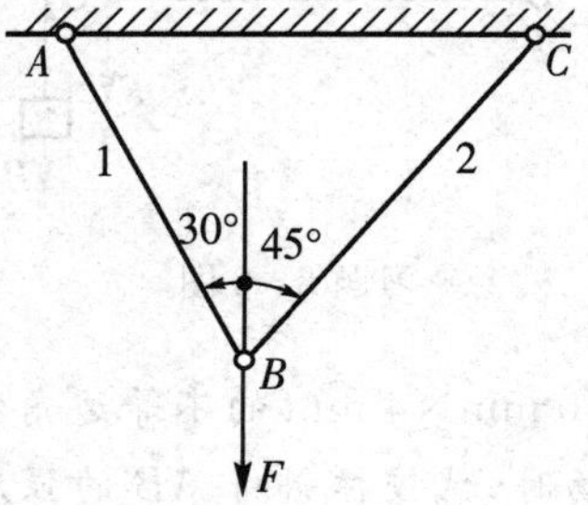

习题8-12图

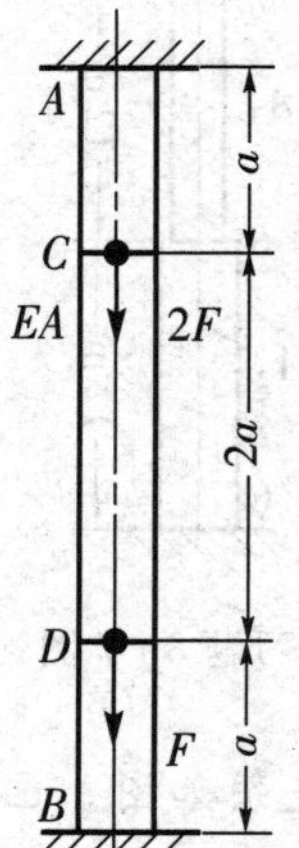

习题8-13图

8—13 AB杆受力如图，各段的材料和截面相同，求各段杆的轴力。

8—14 图示结构，AB为刚性梁，各杆的材料、横截面相同，求各杆的轴力。

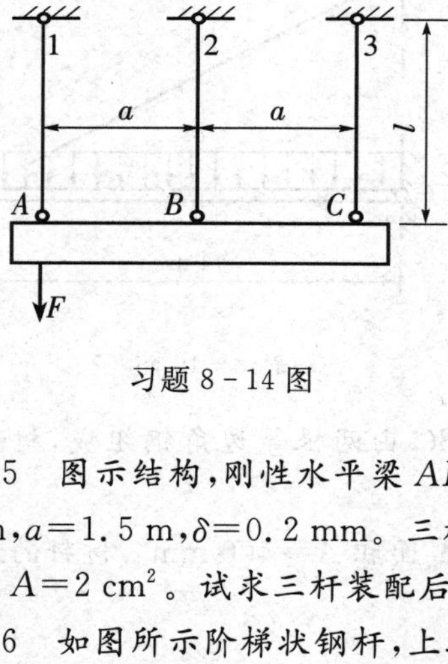

习题8-14图

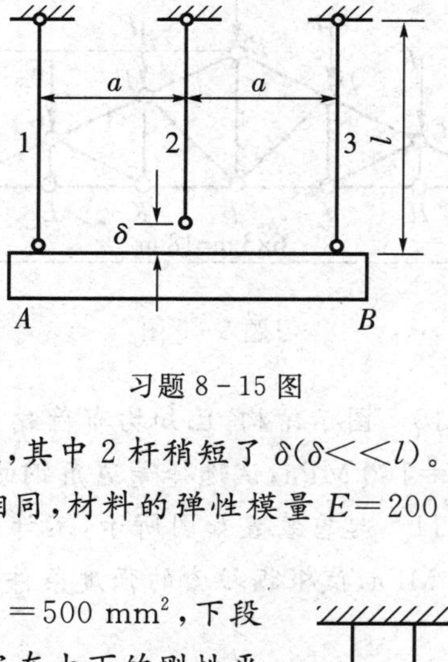

习题8-15图

8—15 图示结构，刚性水平梁AB由三根平行杆悬挂，其中2杆稍短了$\delta(\delta \ll l)$。已知杆长$l=2$ m，$a=1.5$ m，$\delta=0.2$ mm。三杆的材料和截面均相同，材料的弹性模量$E=200$ GPa，横截面面积$A=2\ \text{cm}^2$。试求三杆装配后各杆的轴力。

8—16 如图所示阶梯状钢杆，上段的横截面面积$A_{上}=500\ \text{mm}^2$，下段的横截面面积$A_{下}=1000\ \text{mm}^2$。在温度$t_1=10$℃时被固定在上下的刚性平面之间。试求当温度上升至$t_2=30$ ℃时，两段杆内的应力值。其中钢的线膨胀系数$\alpha=12\times10^{-6}/$℃，弹性模量$E=200$ GPa。

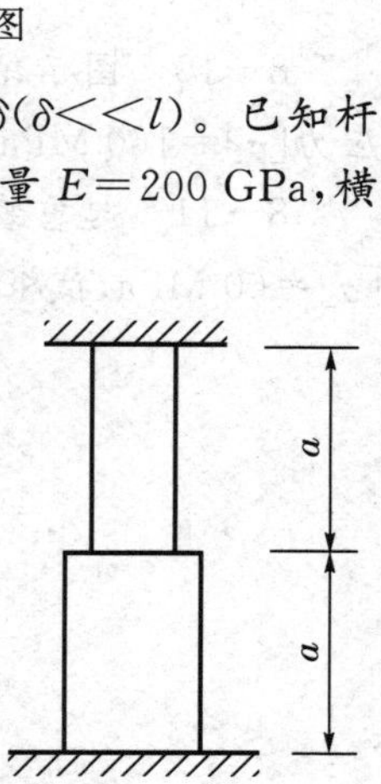

习题8-16图

第9章 剪切与挤压

本章主要介绍剪切和挤压的概念及其切应力和挤压应力的实用计算，着重介绍工程中常见的连接件的强度计算问题。

9.1 剪切与挤压的概念

9.1.1 剪切

从8.3节的分析研究获知，直杆在轴向拉伸或压缩下，斜截面上有切应力存在。此外，工程上还有一些常用的构件在横截面上有切应力存在。例如图9-1(a)所示"两块钢板中间用铆钉联接"。钢板分别受到一对F力作用。上面F力将钢板往右拉，下面F力将钢板往左拉。铆钉承受由钢板传来的作用力F，上部分力F向右，下部分力F向左，作用线均与铆钉轴线垂直(即平行于铆钉横截面)，相距很近，称为横向力。在这一对力F作用下，铆钉上下部分将沿着截面$m-m$发生相对错动现象，如图9-1(b)所示。这种变形称为剪切变形，这种现象称为剪切现象。剪切变形时相对错动面$m-m$，称为剪切面，剪切面平行于横向力。显然，力增大时，铆钉的错动也增大，力大到一定程度时，铆钉将沿$m-m$面"剪断"，连接就失效，钢板就会脱开。

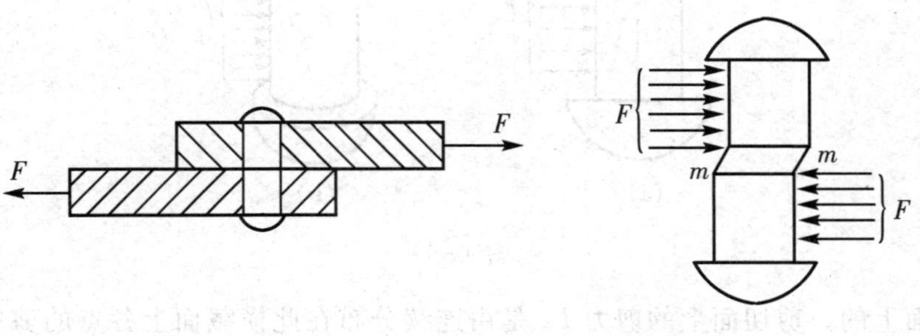

图9-1

除了铆钉连接以外，在工程上还有如键、销等连接件，也都是典型的剪切变形实例，如图9-2，9-3所示。由以上分析可得剪切变形时两个特征

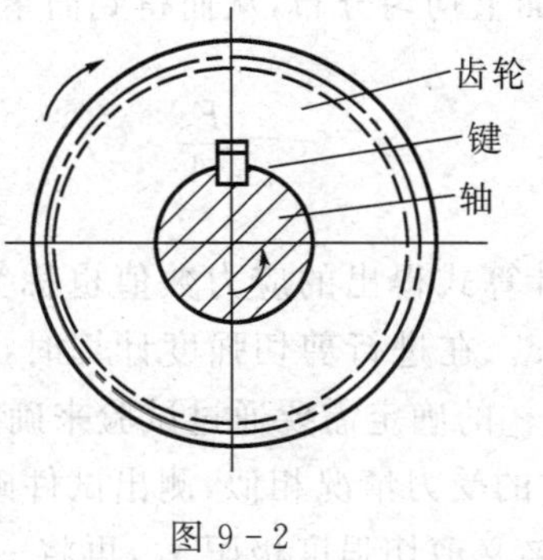

图9-2

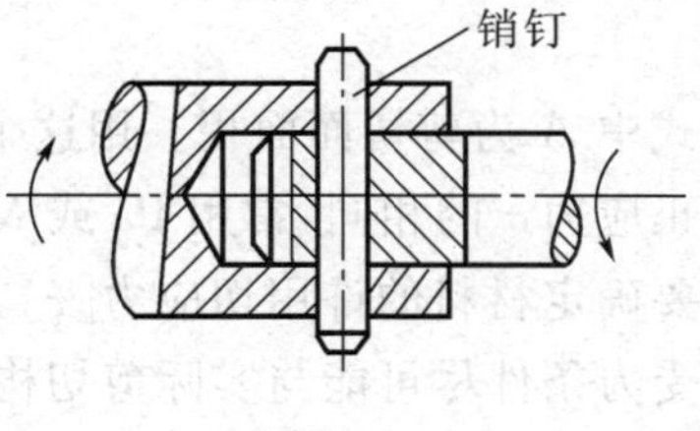

图9-3

1. 受力特征：构件上受到一对大小相等、方向相反、作用线距离很近且与构件轴线垂直的力

作用。

2.变形特征:构件沿两力的分界面发生相对错动的趋势。

9.1.2 挤压

在上述构件受剪切的同时,还会伴有挤压现象。挤压是指两接触面间相互压紧而产生的局部受压现象。如上述铆钉和钢板之间上部和下部都有挤压现象。若压力过大,接触面间将会发生塑性变形。这时如果钢板材料比铆钉材料"软",钢板接触面处就会被压溃,如图 9-4 所示。反之,铆钉就会被压溃。总之,两者连接松动,不能再正常使用。

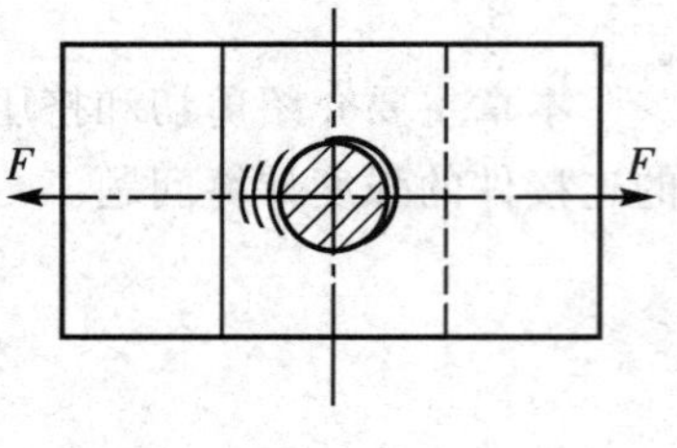

图 9-4

9.2 剪切的实用计算

首先讨论剪切时的内力,仍用截面法。以图 9-1 所示的铆钉联接为例,假想用一截面将铆钉沿剪切面 $m-m$ 切开,分成上下两部分,取下部分为分离体,如图 9-5(a)所示。考虑此部分的平衡,截面 $m-m$ 上一定有一个作用线与 F 力平行的内力 F_S 存在。这个内力 F_S 称为剪力,其大小可由静力平衡条件得到。即

$$F_S=F$$

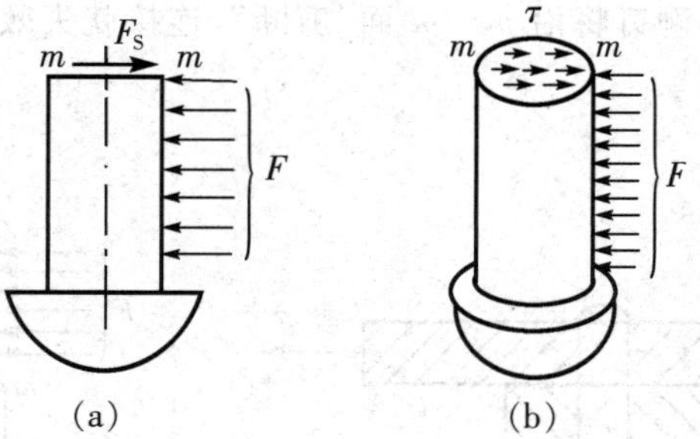

图 9-5

它是位于剪切面上的。剪切面上的剪力 F_S 是由连续分布在此横截面上各点的剪应力总和而成的。由于剪切变形只发生在杆的很小一段内,实际变形很难观察,而且剪切面附近的变形极为复杂,剪应力在剪切面上的分布规律也很难确定。因此,工程中主要是采用实用计算方法。在这种计算方法中,假设切应力在剪切面上均匀分布,从而得到简单实用的切应力计算公式为

$$\tau=\frac{F_S}{A} \tag{9-1}$$

式中 A 为剪切面面积。用这个计算式得出的应力数值也称为名义切应力。切应力 τ 的单位与正应力 σ 的相同,常用 Pa 或 MPa。在进行剪切强度计算时,和计算拉伸与压缩时强度一样,还要确定材料的许用切应力[τ]。[τ]的确定需要通过试验来确定,如果我们采用模拟试验,使试件受力条件尽可能与实际剪切构件的受力情况相似,测出试件破坏时的荷载。然后,也用实用的计算公式(9-1),由破坏荷载求出名义剪切强度极限 τ_b,再将 τ_b 除以适当的安全系数 n 后得到许

用切应力。即

$$[\tau]=\frac{\tau_b}{n} \tag{9-2}$$

常用材料的许用切应力可在有关手册中查到。一般的，它与同种材料拉伸许用应力有如下关系

塑性材料 $[\tau]=(0.6-0.8)[\sigma]$

脆性材料 $[\tau]=(0.8-1.0)[\sigma]$

于是，剪切强度条件为

$$\tau=\frac{F_S}{A}\leqslant[\tau] \tag{9-3}$$

9.3 挤压的实用计算

联结件在受剪切的同时，还受到挤压。联结件与被联结件相互压紧的力称为挤压力。在挤压面上，单位面积所受的挤压力称为挤压应力，用 σ_{bs} 表示。由于挤压应力在挤压面上的分布规律比较复杂，所以工程上也采用实用的计算方法，即假定挤压应力在挤压面上均匀分布。若以 F_{bs} 表示挤压力，A_{bs} 表示挤压面面积，则实用的挤压应力计算公式为

$$\sigma_{bs}=\frac{F_{bs}}{A_{bs}} \tag{9-4}$$

于是挤压强度条件为

$$\sigma_{bs}=\frac{F_{bs}}{A_{bs}}\leqslant[\sigma_{bs}] \tag{9-5}$$

式中 $[\sigma_{bs}]$ 为材料的挤压许用应力，该值由试验测定。一般可从有关设计手册中查到。对于钢材通常可取

$$\sigma_{bs}=(1.7\sim2.0)[\sigma] \tag{9-6}$$

式中 $[\sigma]$ 为材料的轴向压缩许用应力。

关于挤压面面积 A_{bs} 的计算，要根据接触面的情况而定。在实用计算中，计算挤压面积 A_{bs} 通常这样来选定：

1. 对象键块这样的平面挤压，就以其接触平面的面积作为计算挤压面积 A_{bs}，如图 9-6(a)所示。

2. 对象销钉这样的圆柱面挤压，当挤压面为圆柱表面的一部分时，由于不可能完全在圆柱面上很好地压紧，而是将圆柱面折算到在直径平面上的投影面积，作为挤压面面积 A_{bs}，如图 9-6(b)所示。理论分析的结果表明，在接触面上，板与钉之间挤压应力分布情况如图 9-7 所示。最大应力发生于半圆柱型接触面的中点，若以圆孔或圆钉的直径平面面积 $A_{bs}=td$ 除挤压力，所算得的应力与理论分析所得到的最大应力相近。

剪切强度条件和挤压强度条件，可以用来解决受剪构件的三类强度问题：(1)强度校核；(2)设计截面尺寸；(3)确定许可荷载。

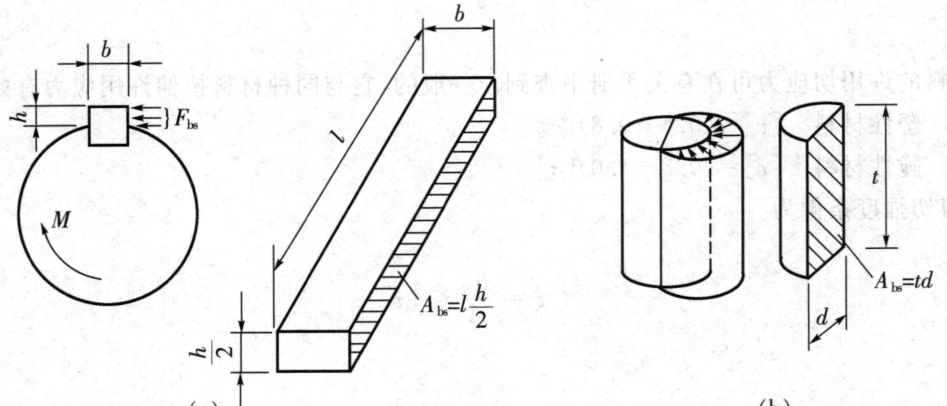

(a)　　(b)

图 9－6

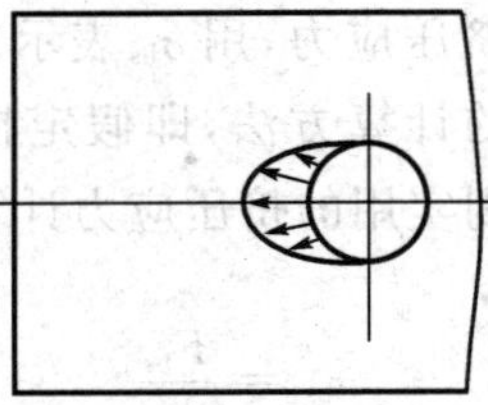

图 9－7

【例 9－1】 某减速器的一轴上装有一齿轮，齿轮与轴通过平键联接（图 9－8(a)）。已知轴的直径 $d=70$ mm，键的尺寸为 $b\times h\times l=20\ \text{mm}\times 12\ \text{mm}\times 100\ \text{mm}$，传递的力偶矩 $M_e=2\ \text{kN}\cdot\text{m}$，键的许用应力$[\tau]=60$ MPa，$[\sigma_{bs}]=60$ MPa。试校核键的强度。

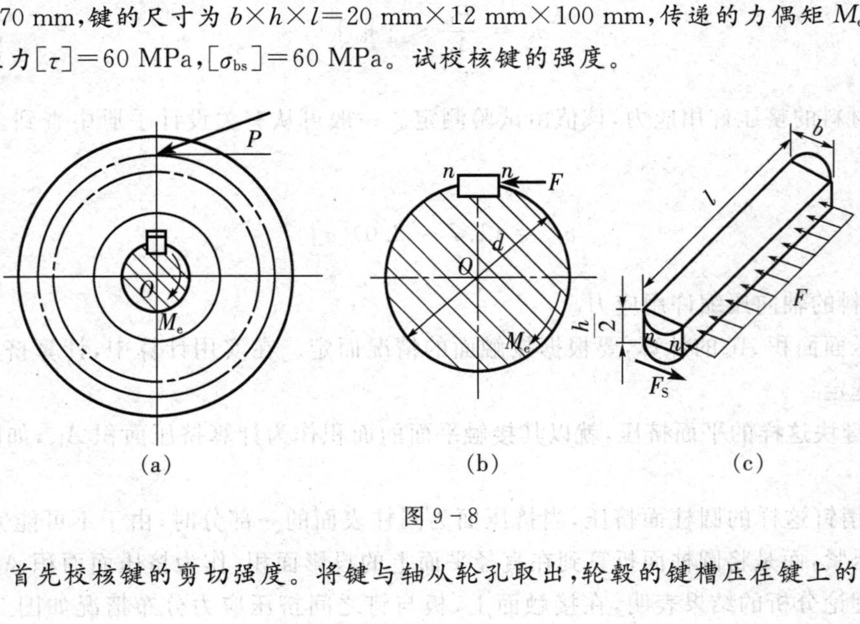

(a)　　(b)　　(c)

图 9－8

【解】 首先校核键的剪切强度。将键与轴从轮孔取出，轮毂的键槽压在键上的力为 F，由平衡方程

$$\sum M_O = 0,\ M_e - F \cdot \frac{d}{2} = 0$$

求得

$$F = \frac{2M_e}{d} = \frac{2 \times 2\ \text{kN} \cdot \text{m}}{70 \times 10^{-3}\ \text{m}} = 57.14\ \text{kN}$$

位于键高的中点处纵截面 $n-n$ 是剪切面（图 9-8(b)），用剪切面将键截开，由平衡条件可得剪切面上的剪力为

$$F_S = F = 57.14\ \text{kN}$$

对于圆头平键，其圆头部分略去不计，故剪切面面积为

$$A = bl = 20\ \text{mm} \times 100\ \text{mm} = 2000\ \text{mm}^2$$

由剪切强度条件式(9—3)得

$$\tau = \frac{F_S}{A} = \frac{57.14 \times 10^3\ \text{N}}{2000 \times 10^{-6}\ \text{m}^2} = 28.75\ \text{MPa} < [\tau]$$

其次校核键的挤压强度。挤压力 $F=57.14$ kN，挤压面面积为键的侧面积的一半(图 9-8(c))

$$A_{bs} = \frac{1}{2}hl = \frac{1}{2} \times 12\ \text{mm} \times 100\ \text{mm} = 600\ \text{mm}^2$$

由挤压强度条件式(9-5)得

$$\sigma_{bs} = \frac{F_{bs}}{A_{bs}} = \frac{57.14 \times 10^3\ \text{N}}{600 \times 10^{-6}\ \text{m}^2} = 95.23\ \text{MPa} < [\sigma_{bs}]$$

可见平键分别满足剪切和挤压强度条件。另外，如轮毂材料取为铸铁或铸钢，与轴、键材料相比较，其抵抗挤压的能力较弱，故往往在计算联接强度时还需要考虑轮毂的挤压强度。

【例 9-2】 吊钩用插销联接，如图 9-9(a)所示。已知 $F=46$ kN，板厚 $t_1=15$ mm，$t_2=8$ mm，插销与板的材料相同，许用切应力 $[\tau]=80$ MPa，许用挤压应力 $[\sigma_{bs}]=200$ MPa，试确定插销的直径。

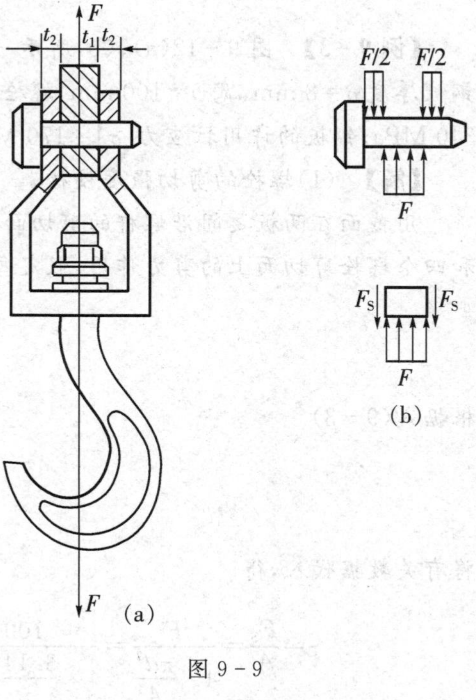

图 9-9

【解】 (1)切应力强度计算

插销的受力情况示于图 9-9(b)，插销上有两个剪切面，工程上称之为双面剪切，故

$$F_S = \frac{F}{2} = \frac{46\ \text{kN}}{2} = 23\ \text{kN}$$

先按剪切强度设计

$$A = \frac{\pi d^2}{4} \geqslant \frac{F_S}{[\tau]} = \frac{23 \times 10^3\ \text{N}}{80 \times 10^6\ \text{Pa}} = 2.875 \times 10^{-4}\ \text{m}^2$$

即　　$d \geqslant 0.0191\ \text{m} = 19.1\ \text{mm}$

(2) 挤压强度计算

由图可知，插销的挤压面是圆柱面，用通过圆柱的

直径平面的面积作为挤压面的计算面积。插销的三段圆柱表面都承受挤压力。由于中间段上的挤压力与两边段上共同承受的挤压力相同，而前者的挤压面面积较后者小，所以应计算中间段的挤压强度。

$$A_{bs}=t_1 d \geqslant \frac{F}{[\sigma_{bs}]}=\frac{46\times10^3\ \text{N}}{200\times10^6\ \text{Pa}}=2.3\times10^{-4}\ \text{m}^2$$

即

$$d \geqslant \frac{2.3\times10^{-4}\ \text{m}^2}{15\times10^{-3}\ \text{m}}=15.3\ \text{mm}$$

根据计算结果，应按剪切强度条件求得的直径 $d \geqslant 19.1$ mm 来选择插销的直径，查机械设计手册，采用 $d=20$ mm 标准圆柱销。

以上所述，皆为保证剪切构件强度的问题。但有时在工程实际中，也会遇到与上述问题相反的情况，就是利用剪切破坏。例如冲裁钢板、冲床冲模等，使工件发生剪切破坏而得到所需要的形状(图 9－10)，注意图 9－10 所示，剪切面是被冲圆孔的圆柱表面。又如车床的传动轴上装有安全销(图 9－11)，当荷载增加到某一数值时，安全销即被剪断，从而切断传递动力，达到保护车床齿轮、轴等重要部件不致破坏的目的。

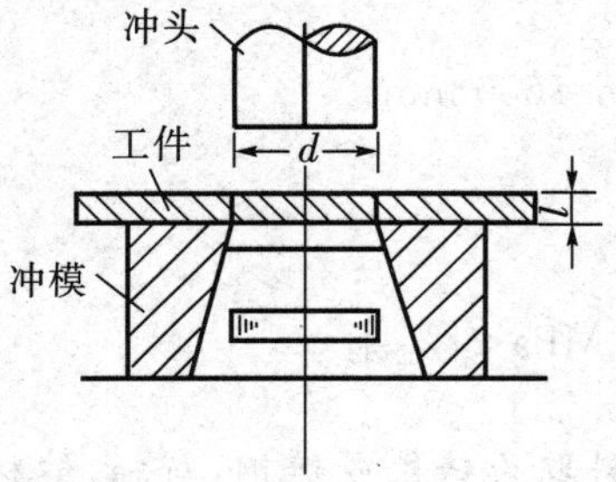

图 9－10

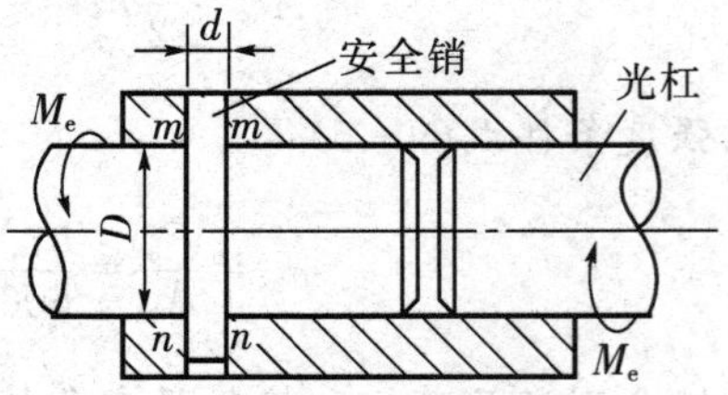

图 9－11

【例 9－3】 图 9－12(a)、(b)所示一普通螺栓联结接头，受拉力 F 作用。已知 $F=100$ kN，钢板厚度 $\delta=8$ mm，宽 $b=100$ mm，螺栓直径 $d=16$ mm。螺栓许用应力：$[\tau]=145$ MPa，$[\sigma_{bs}]=340$ MPa；钢板的许用拉应力 $[\sigma]=170$ MPa。试校核该接头的强度。

【解】 (1)螺栓的剪切强度校核。

用截面在两板之间沿螺杆的剪切面切开，取下部分为脱离体(图 9－12(c))，该部分受拉力 F 和四个螺栓剪切面上的剪力作用，假定每个螺栓所受的力相同，故每个剪切面上的剪力为

$$F_S=\frac{F}{4}$$

根据式(9—3)

$$\tau=\frac{F_S}{A}\leqslant[\tau]$$

将有关数据代入，得

$$\tau=\frac{F_S}{A}=\frac{F}{4\times\frac{\pi d^2}{4}}=\frac{100\times10^3\text{N}}{4\times\frac{3.14\times0.016^2\text{m}^2}{4}}=124\times10^6\text{Pa}=124\text{MPa}<[\tau]$$

故螺栓不会发生剪切破坏。

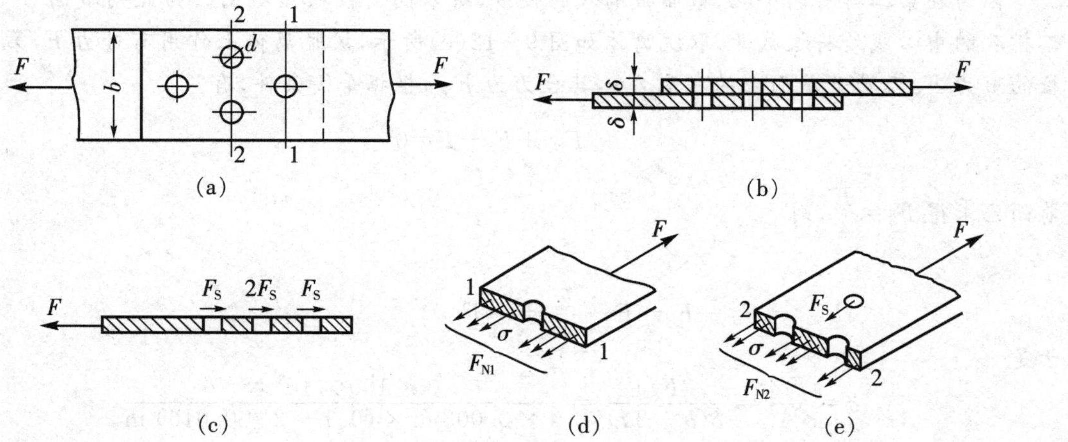

图 9 - 12

(2)螺杆同板之间的挤压强度校核

根据式(9 - 5)

$$\sigma_{bs}=\frac{F_{bs}}{A_{bs}}\leqslant[\sigma_{bs}]$$

式中 F_{bs} 为每个螺栓所受到的挤压力,它等于$\frac{F}{4}$。将有关数据代入,得

$$\sigma_{bs}=\frac{F_{bs}}{A_{bs}}=\frac{F/4}{d\delta}=\frac{100\times10^3\ \text{N}}{4\times0.016\ \text{m}\times0.008\ \text{m}}=195\times10^6\ \text{Pa}$$
$$=195\ \text{MPa}<[\sigma_{bs}]$$

故螺栓不会发生挤压破坏。

(3)由于板的圆孔对板的截面面积的削弱,所以对板必须进行拉断校核。为此,先沿第一排孔的中心线稍偏右用截面 1—1 将板截开(图 9 - 12(a)),取右部为脱离体(图 9 - 12(d)),在截开的截面上有拉应力 σ,假定它是平均分布的,其合力为 F_{N1}。由平衡条件可知

$$F_{N1}=F$$

根据轴向拉伸强度校核式

$$\sigma=\frac{F_{N1}}{A}\leqslant[\sigma]$$

式中 A 是被切开板的横截面的净面积,为

$$A=\delta(b-d)$$

将有关数据代入,得

$$\sigma=\frac{F_{N1}}{A}=\frac{F}{\delta(b-d)}=\frac{100\times10^3\ \text{N}}{0.008\ \text{m}\times(0.1-0.016)\ \text{m}}=149\times10^6\ \text{Pa}$$
$$=149\ \text{MPa}<[\sigma]$$

故安全。

因为在第二排有两个孔，截面被削入的较多，所以尚需校核该截面。为此用截面2—2沿第二排孔的中心线处将板截开，取脱离体如图9-12(e)所示，该脱离体上作用有外力F，第一排螺栓的剪力F_S及截开截面上的拉应力σ，其合力为F_{N2}，根据平衡条件，有

$$F_{N2}+F_S-F=0$$

前面已求得$F_S=\dfrac{F}{4}$，则

$$F_{N2}=F_S-F=F-\frac{F}{4}=\frac{3}{4}F$$

于是

$$\sigma=\frac{F_{N2}}{A}=\frac{3F/4}{\delta(b-2d)}=\frac{3\times100\times10^3\ \text{N}}{4\times0.008\ \text{m}\times(0.1-2\times0.016)\ \text{m}}$$
$$=138\times10^6\ \text{Pa}=138\ \text{MPa}<[\sigma]$$

故安全。

至于第三排孔处，就不必校核，因为该截面受到的内力比第二排孔处的要小，而截面的净面积比第二排孔处的要大。

本例中校核强度的方法，也适用与校核用铆钉联结钢板的铆接接头的强度。

思考题

9—1 剪切的受力特征和变形特征是什么？它与拉伸变形特征有何不同？

9—2 挤压应力σ_{bs}与轴向压缩时的压应力有何不同？

9—3 拉(压)杆通过铆钉连接在一起时，连接处的强度计算包括哪些计算？

9—4 图示铆钉有几个剪切面和几个挤压面？

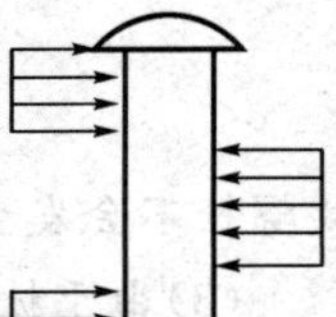

思考题9-4图

9—5 两块钢板用相同的四个铆钉连接，铆钉的布置分别如图所示，问：从强度考虑哪种布置合理？

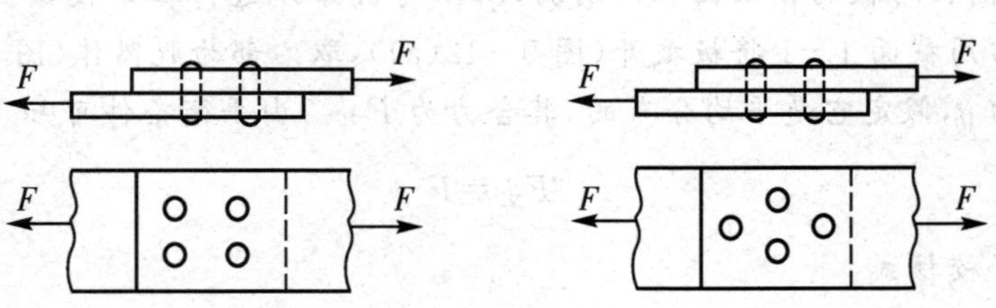

思考题9-5图

习　题

9—1 一直径$d=40$ mm的螺栓受拉力$F=100$ kN，已知$[\tau]=60$ MPa，求螺母所需要的高h。

9—2 夹剪如图所示，销子C的直径$d=5$ mm。当用力$F=200$ N剪直径与销子直径相同的铜丝A时，若$a=30$ mm，$b=150$ mm，求铜丝与销子横截面上的平均切应力τ。

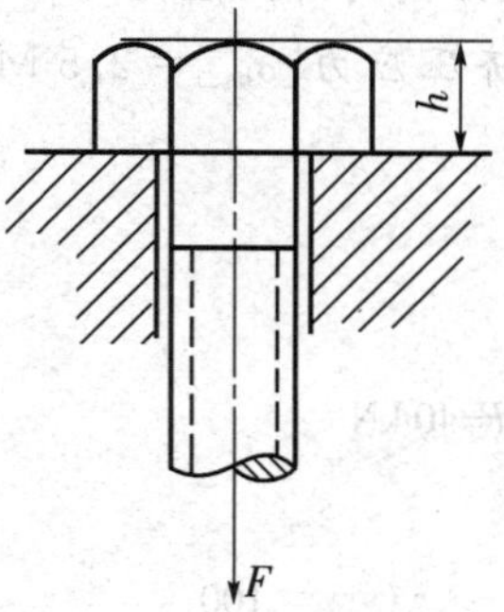

习题 9 - 1 图

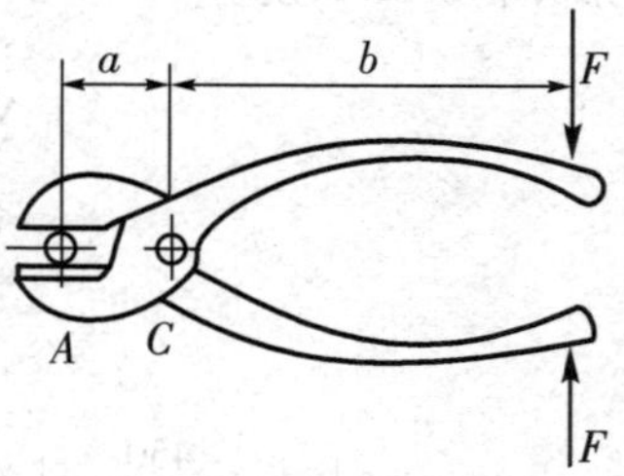

习题 9 - 2 图

9—3　图示两块钢板，由一个螺栓联结。已知：螺栓直径 $d=24$ mm，每块板的厚度 $\delta=12$ mm，拉力 $F=27$ kN，螺栓许用应力$[\tau]=60$ MPa，$[\sigma_{bs}]=120$ MPa。试对螺栓作强度校核。

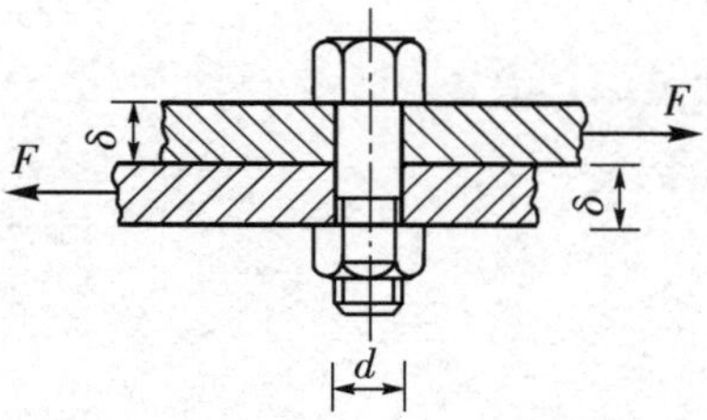

习题 9 - 3 图

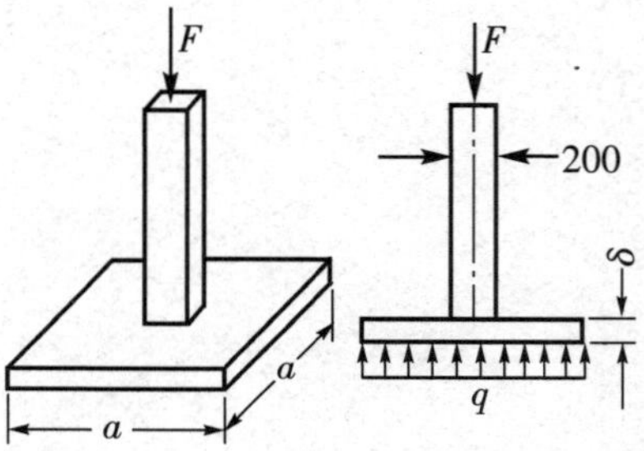

习题 9 - 4 图

9—4　正方形截面的混凝土柱，其横截面边长为 200 mm，其基底为边长 $a=1$ m 的正方形混凝土板，柱受轴向压力 $F=100$ kN，如图所示。假设地基对混凝土板的支反力均匀分布，混凝土的容许切应力为$[\tau]=1.5$ MPa，问使柱不致穿过板而混凝土板所需要的最小厚度 δ 应为多少。

9—5　矩形截面木拉杆的接头如图所示。已知轴向拉力为 $F=50$ kN 截面宽度 $b=250$ mm，木材的顺纹容许挤压应力$[\sigma_{bs}]=10$ MPa，顺纹的容许切应力$[\tau]=1$ MPa，求接头所需的尺寸 l 和 a。

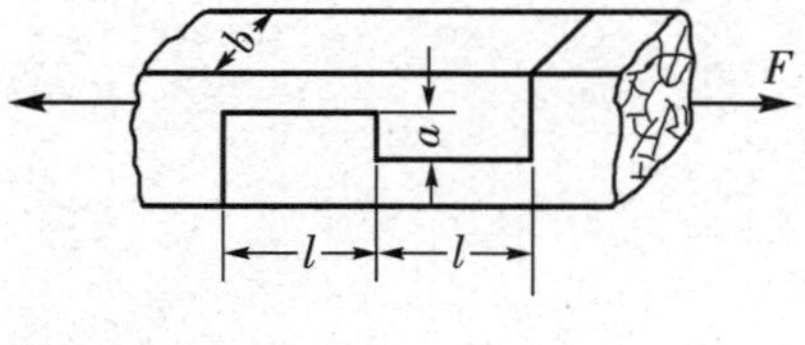

习题 9 - 5 图

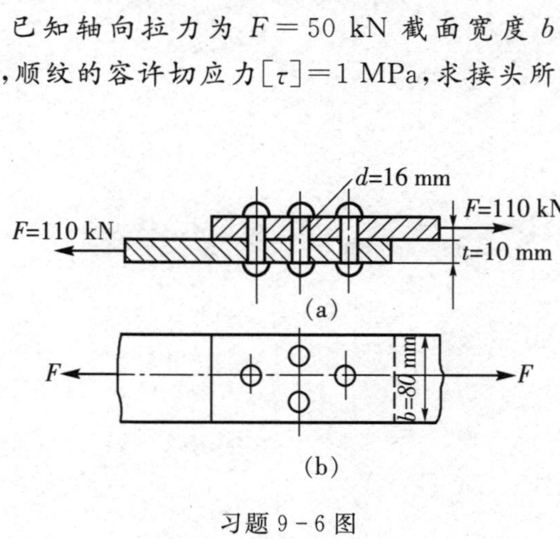

习题 9 - 6 图

9—6　图示铆接接头，承受轴向荷载 F 作用，已知：$F=110$ kN，$b=10$ mm，$t=10$ mm，$d=16$ mm，铆钉与板的材料相同，其许用应力$[\sigma]=160$ MPa，$[\tau]=140$ MPa，$[\sigma_{bs}]=340$ MPa。试校核此接头的强度。

9－7 图示木屋架端部的榫接，已知 $F=40\ \text{kN}$，木材顺纹方向的许用应力$[\tau]=0.8\ \text{MPa}$，顺纹方向的许用挤压应力$[\sigma_{bs}]=6\ \text{MPa}$，垂直木纹方向的许用挤压应力$[\sigma_{bs}]=2.5\ \text{MPa}$。试校核下弦杆的剪切和挤压强度。

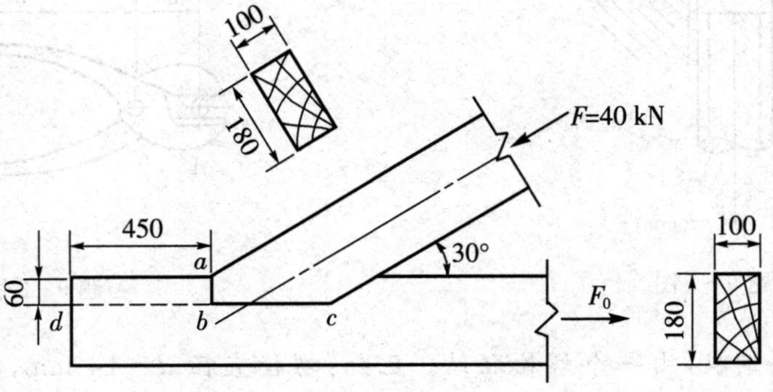

习题 9－7 图

第 10 章　截面的几何性质

构件在外力作用下产生的应力和变形，都与构件截面的形状和尺寸有关。如拉伸时遇到的横截面面积 A。反映截面形状和尺寸某些性质的一些量统称为截面的几何性质。在下面讨论扭转及弯曲的应力和变形以及其他内容时，还将用到另外一些几何性质，本章集中介绍这些几何性质的定义和计算方法。

10.1　静矩与形心

10.1.1　静矩

对于任一形状的截面图形，如图 10-1 所示，设其截面面积为 A。其中 z 和 y 为图形所在平面的坐标轴，从坐标为 (z, y) 处取一微面积 dA，则微面积 dA 在整个图形面积上对坐标轴的积分分别为

$$S_z = \int_A y\,dA,\ S_y = \int_A z\,dA \qquad (10-1)$$

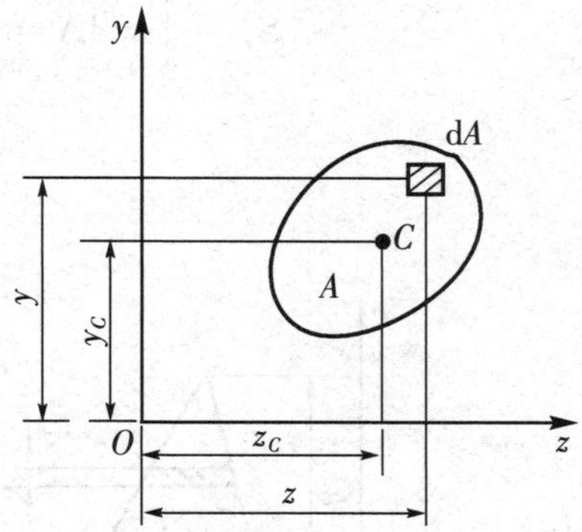

图 10-1

称为截面图形对 z 轴和 y 轴的静矩或一次矩。上两式中的积分都是对截面图形的整个面积 A 的。

截面的静矩是针对一定的坐标轴而言的，随着所选坐标轴位置的不同，静矩可为正值、负值或为零，其常用单位为 m^3 或 mm^3。

10.1.2　形心

设有一厚度很小的均匀薄板形状如图 10-1 所示。根据理论力学可知，其重心与该薄板平面图形的形心一致。所以利用静力学的合力矩定理，可求出薄板重心坐标 z_C 和 y_C 分别为

$$z_C = \frac{\int_A z\,dA}{A},\ y_C = \frac{\int_A y\,dA}{A}$$

$$z_C = \frac{S_y}{A},\ y_C = \frac{S_z}{A} \qquad (10-2)$$

上式即可用来计算平面图形的形心坐标。从上式可以看出，若图形对某一轴的静矩等于零，则该轴必然通过图形的形心；反之，若图形的某一轴通过其形心，则图形对该轴静矩等于零。

当图形 A 是一个由 $A_1, A_2, \cdots, A_n$ 等 n 个图形组合而成的组合图形时，在进行静矩计算时，可以先计算各简单图形的面积及其形心位置，然后求代数和。由静距的定义得

$$S_z=\int_A y\mathrm{d}A=\int_{A_1} y\mathrm{d}A+\int_{A_2} y\mathrm{d}A+\cdots+\int_{A_n} y\mathrm{d}A$$

$$=A_1 y_1+A_2 y_2+\cdots+A_n y_n=\sum_{i=1}^{n} A_i y_i \qquad (10-3\text{a})$$

同理可得

$$S_y=\sum_{i=1}^{n} A_i z_i \qquad (10-3\text{b})$$

式中,y_i,z_i 及 A_i 分别为各简单图形的形心坐标及面积。

【例 10-1】 试计算图 10-2 所示三角形截面对于与其底边重合的 z 轴的静矩。

【解】 计算此截面对于 z 轴的静矩 S_z 时,可以取平行于 z 轴的狭长条(见图)作为面积元素(因其上各点的 y 坐标相等),即 $\mathrm{d}A=b(y)\mathrm{d}y$。由相似三角形关系,可知 $b(y)=\dfrac{b}{h}(h-y)$,因此 $\mathrm{d}A=\dfrac{b}{h}(h-y)\mathrm{d}y$。将其代入公式,即得

$$S_z=\int_A y\mathrm{d}A=\int_0^h \frac{b}{h}(h-y)y\mathrm{d}y=b\int_0^h y\mathrm{d}y-\frac{b}{h}\int_0^h y^2\mathrm{d}y=\frac{bh^2}{6}$$

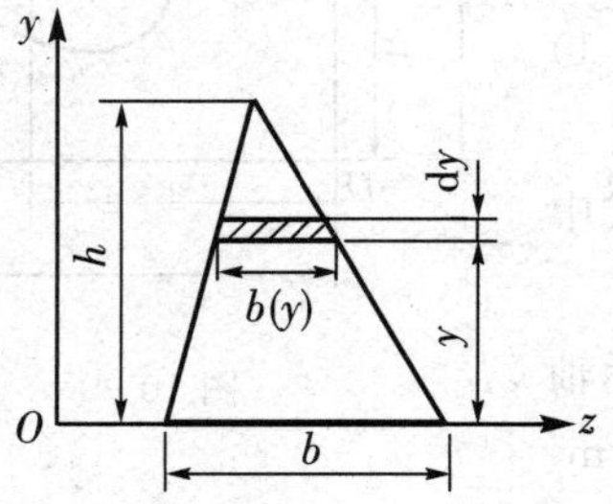

图 10-2

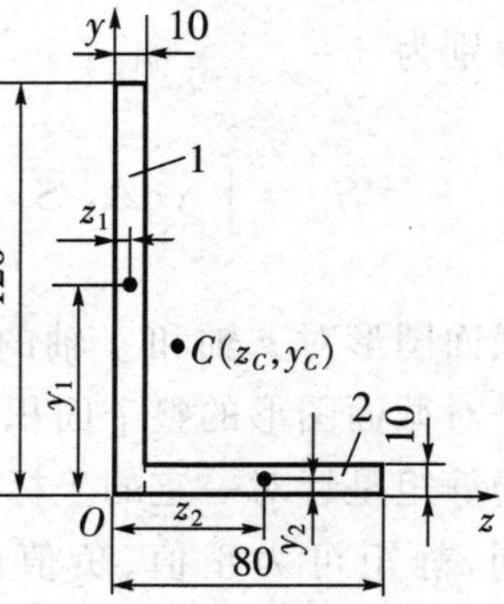

图 10-3

【例 10-2】 试确定图 10-3 所示截面图形的形心位置,并求截面对 z,y 轴的静矩。

【解】 将截面图形分为 1,2 两个矩形。取 z,y 轴分别与截面图形底边及左边线重合(见图 10-3)。两个矩形的形心坐标及面积分别为

矩形 1

$$z_1=\frac{10}{2}=5\ \text{mm} \qquad y_1=\frac{120}{2}=60\ \text{mm}$$

$$A_1=10\times120=1200\ \text{mm}^2$$

矩形 2

$$z_2=10+\frac{70}{2}=45\ \text{mm} \qquad y_2=\frac{10}{2}=5\ \text{mm}$$

$$A_2=10\times70=700\ \text{mm}^2$$

由公式(10-2),(10-3)得形心 C 点的坐标为

$$z_C=\frac{A_1 z_1+A_2 z_2}{A_1+A_2}=\left(\frac{5\times1200+45\times700}{1200+700}\right)\text{mm}\approx20\ \text{mm}$$

$$y_C = \frac{A_1 y_1 + A_2 y_2}{A_1 + A_2} = \left(\frac{60 \times 1200 + 5 \times 700}{1200 + 700}\right) \text{mm} \approx 40 \text{ mm}$$

$$S_z = A_1 y_1 + A_2 y_2 = (60 \times 1200 + 5 \times 700) \text{ mm}^3 = 75.5 \times 10^3 \text{ mm}^3$$

$$S_y = A_1 z_1 + A_2 z_2 = (5 \times 1200 + 45 \times 700) \text{ mm}^3 = 37.5 \times 10^3 \text{ mm}^3$$

形心 $C(z_C, y_C)$ 的位置，如图 10－3 所示。

10.2　惯性矩·极惯性矩·惯性积

10.2.1　惯性矩

设一面积为 A 的截面图形如图 10－4 所示。从截面中坐标 (z, y) 处取一微面积 $\mathrm{d}A$，微面积 $\mathrm{d}A$ 与其 z 轴和 y 轴距离平方的乘积 $y^2\mathrm{d}A$ 和 $z^2\mathrm{d}A$ 沿整个图形积分，用 I_y 和 I_z 表示，则有

$$I_z = \int_A y^2 \mathrm{d}A \tag{10-4a}$$

$$I_y = \int_A z^2 \mathrm{d}A \tag{10-4b}$$

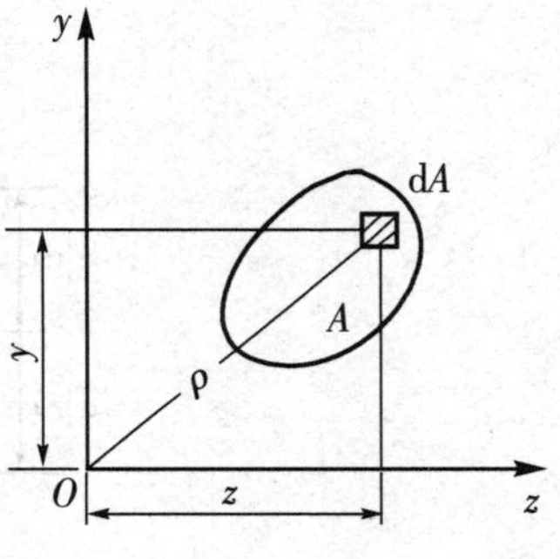

图 10－4

I_z，I_y 分别定义为截面图形对 z 轴和 y 轴的惯性矩。上述积分是对整个图形面积 A 进行的。

10.2.2　极惯性矩

微面积 $\mathrm{d}A$ 与其至坐标原点距离平方的乘积 $\rho^2\mathrm{d}A$，对整个图形积分称为截面图形对原点的极惯性矩，用 I_p 表示，则有

$$I_p = \int_A \rho^2 \mathrm{d}A = \int_A (z^2 + y^2) \mathrm{d}A = I_y + I_z \tag{10-5}$$

上式表明，在直角坐标系 yOz 中，截面图形对于 z 轴及 y 轴的惯性矩之和，等于图形对于坐标原点的极惯性矩。显然，惯性矩和极惯性矩的数值恒为正值，单位为 m^4 或 mm^4。

10.2.3　惯性半径

在某些工程实际应用中，为了方便起见，有时将惯性矩表示成截面图形的面积 A 与某一长度平方的乘积，即

$$I_z = i_z^2 A, I_y = i_y^2 A \tag{10-6a}$$

或改写为

$$i_z = \sqrt{\frac{I_z}{A}},\ i_y = \sqrt{\frac{I_y}{A}} \tag{10-6b}$$

式中 i_z 及 i_y 分别称为截面图形对于 z 轴及 y 轴的惯性半径，其单位为 m 或 mm。

10.2.4 惯性积

微面积 dA 与其分别至 z 轴和 y 轴距离的乘积 $yz\,dA$，对整个图形积分称为截面图形对于 z 轴及 y 轴的惯性积，用 I_{zy} 表示，则有

$$I_{zy} = \int_A yz\,dA \tag{10-7}$$

惯性积的单位和惯性矩一样，常用单位为 m^4 或 mm^4，所不同的是惯性矩的数值恒为正值，而惯性积可能为正值或负值，也可以为零。

【例 10-3】 图 10-5 为一矩形截面，z，y 轴均通过形心，且 z 轴平行于底边，y 轴平行于侧边，试计算该矩形截面对 z 轴和 y 轴的惯性矩以及对 z，y 二轴的惯性积。

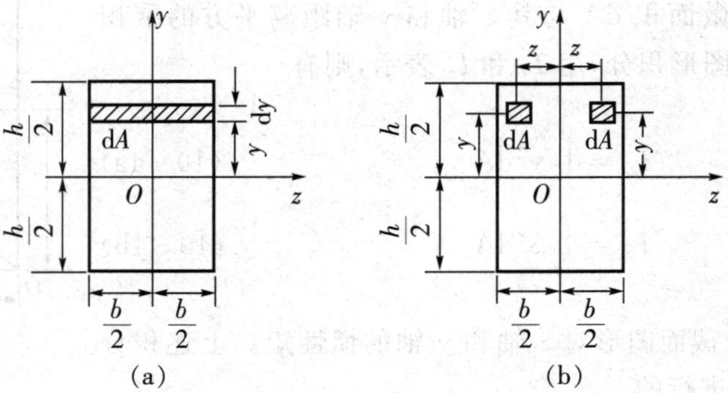

图 10-5

【解】 先计算对 z 轴的惯性矩。取平行于 z 轴的阴影面积(图 10-5(a))为微面积，则

$$dA = b\,dy$$

$$I_z = \int_A y^2\,dA = \int_{-\frac{h}{2}}^{\frac{h}{2}} by^2\,dy = \frac{bh^3}{12}$$

用同样的方法可求得对 y 轴的惯性矩为

$$I_y = \frac{hb^3}{12}$$

下面讨论惯性积。y 轴为截面的对称轴，在 y 轴两侧对称位置取相同的微面积 dA(图 10-5(b))，由于处在对称位置的 $zy\,dA$ 值大小相等，符号相反(y 坐标相同，z 坐标差一符号)，因此，该二微面积对 z，y 轴的惯性积之和等于零。将此推广到整个截面，则有

$$I_{zy} = \int_A yz\,dA = 0$$

这说明：只要 z，y 轴之一为截面的对称轴，则截面对该二轴的惯性积一定等于零。

【例 10-4】 图 10-6 为直径为 d 的圆形截面，z，y 轴通过圆心，求圆截面对圆心 O 的极惯性矩和对 z 轴的惯性矩。

【解】 取图示之环形面积为微面积，即

$$dA = 2\pi\rho d\rho$$

$$I_p = \int_A \rho^2 dA = \int_0^{\frac{d}{2}} \rho^2 2\pi\rho d\rho = \frac{\pi d^4}{32}$$

由于 z,y 轴通过圆心,所以 $I_z = I_y$,由式(10-5)可得

$$I_p = I_z + I_y = 2I_z$$

所以

$$I_z = \frac{I_p}{2} = \frac{\pi d^4}{64}$$

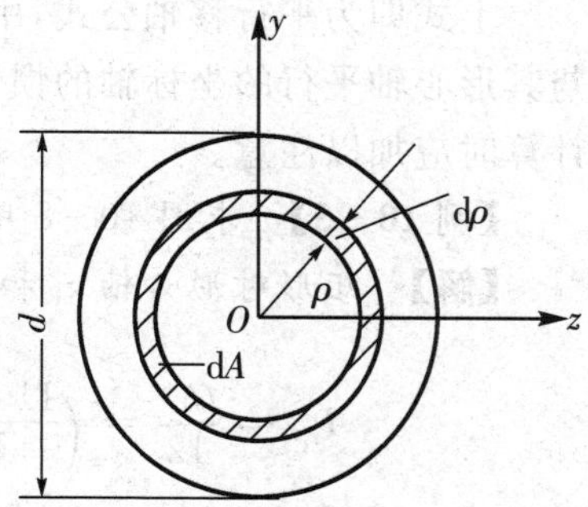

图 10-6

10.3　平行移轴公式

如前所述,同一截面对于不同坐标轴的惯性矩或惯性积是不同的,但它们之间存在一定的代数关系,这样可使计算得到简化。本节将推导这种关系。

设一面积为 A 的截面图形如图 10-7 所示,已知截面形心 C 在任一坐标系 z_1Oy_1 上的坐标为(b,a),z,y 为截面的形心轴并分别与 z_1,y_1 轴相平行。现在来研究截面图形对于形心轴的惯性矩 I_z,I_y 及惯性积 I_{zy} 与对于 z_1,y_1 轴的惯性矩 I_{z_1},I_{y_1} 及惯性积 $I_{z_1y_1}$ 之间的关系。

由图 10-7 可得

$$z_1 = z + b$$
$$y_1 = y + a$$

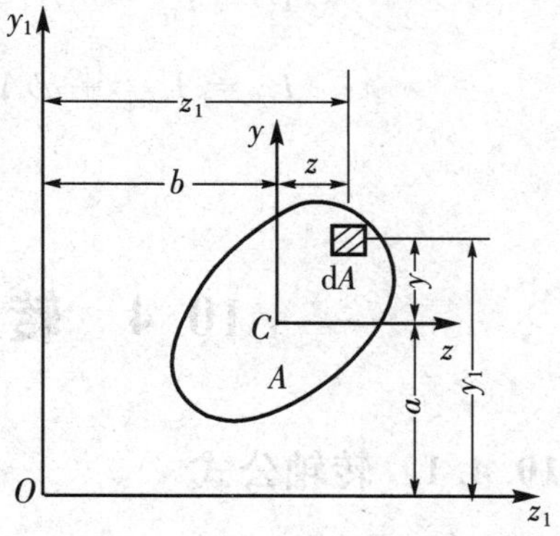

图 10-7

根据惯性矩及惯性积的定义,图形对形心轴 z 和 y 的惯性距和惯性积分别为

$$I_z = \int_A y^2 dA,\ I_y = \int_A z^2 dA,\ I_{zy} = \int_A zy dA$$

图形对坐标轴 z_1 和 y_1 的惯性距和惯性积分别为

$$I_{z_1} = \int_A y_1^2 dA = \int_A (y+a)^2 dA = \int_A y^2 dA + 2a\int_A y dA + a^2\int_A dA$$
$$= I_z + 2aS_z + a^2 A$$

由于 z 轴通过截面形心,所以 $S_z = 0$
上式得

$$I_{z_1} = I_z + a^2 A \qquad (10-8a)$$

同理可得

$$I_{y_1} = I_y + b^2 A \qquad (10-8b)$$

$$I_{z_1y_1} = I_{zy} + abA \qquad (10-8c)$$

上式即为平行移轴公式,用此公式可以根据截面对形心轴的惯性矩或惯性积,来计算截面对与其形心轴平行的坐标轴的惯性矩或惯性积,或进行相反计算。式中的 a,b 两坐标值有正负号,计算时应加以注意。

【例 10-5】 求图 10-8 所示矩形对 z,y 轴的惯性矩和惯性积。

【解】 矩形对形心轴 z_C 和 y_C 的惯性矩和惯性积由例 10-3 知为

$$I_{z_C} = \frac{bh^3}{12} = \left(\frac{11 \times 4^3}{12}\right) \text{mm}^4 = 58.67\ \text{mm}^4$$

$$I_{y_C} = \frac{hb^3}{12} = \left(\frac{4 \times 11^3}{12}\right) \text{mm}^4 = 443.7\ \text{mm}^4$$

$$I_{z_C y_C} = 0$$

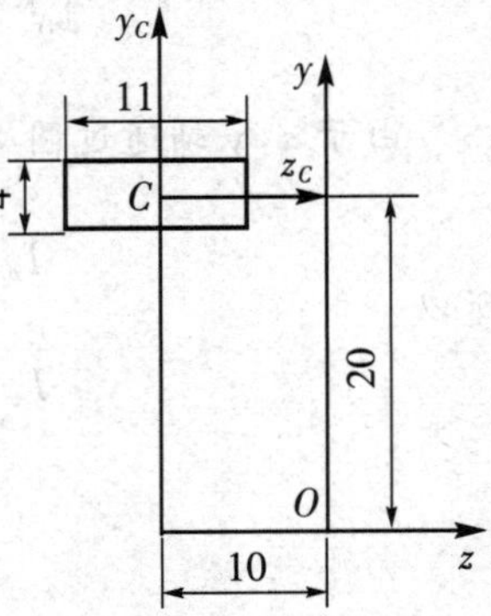

图 10-8

利用(10-8)式,由 $b=-10$ mm,$a=20$ mm, $A=11\times4=44$ mm^2,得

$$I_z = I_{z_C} + a^2A = (958.67 + 20^2 \times 44)\ \text{mm}^2 = 17659\ \text{mm}^4$$

$$I_y = I_{y_C} + b^2A = (433.7 + (-10)^2 \times 44)\ \text{mm}^2 = 4833.7\ \text{mm}^4$$

$$I_{zy} = I_{z_C y_C} + abA = (0 + (-10) \times 20 \times 44)\ \text{mm}^2 = -8800\ \text{mm}^4$$

10.4 转轴公式·主惯性轴和主惯性矩

10.4.1 转轴公式

当一对坐标轴绕其原点转动时,截面图形对于转动前、后的两对坐标轴的惯性矩或惯性积间存在一定的关系,下面加以推导。

设一面积为 A 的任意形状截面如图 10-9 所示,截面图形对于通过其上任意一点 O 的 z,y 轴的惯性矩 I_z,I_y 及惯性积 I_{zy} 均为已知。若坐标轴 z,y 绕 O 点转动 α 角(α 角逆时针旋转为正)至 z_1,y_1 位置。则该截面对于新坐标轴 z_1,y_1 的惯性矩和惯性积分别为 I_{z_1},I_{y_1} 和 $I_{z_1y_1}$,它们就可以用已知的 I_z,I_y,I_{zy} 和 α 角来表示。

在截面图形中任取一面积 dA,其在 zOy,z_1Oy_1 两坐标系上的坐标分别为(z, y)及(z_1, y_1)。由图中的几何关系可得

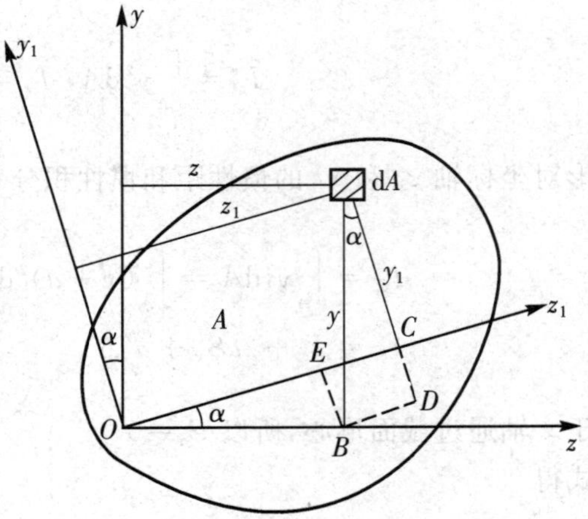

图 10-9

$$\left.\begin{aligned} z_1 &= z\cos\alpha + y\sin\alpha \\ y_1 &= y\cos\alpha - z\sin\alpha \end{aligned}\right\}$$

根据定义,截面图形对 z_1 轴的惯性矩为

$$
\begin{aligned}
I_{z_1} &= \int_A y_1^2 \mathrm{d}A = \int_A (y\cos\alpha - z\sin\alpha)^2 \mathrm{d}A \\
&= \cos^2\alpha \int_A y^2 \mathrm{d}A + \sin^2\alpha \int_A z^2 \mathrm{d}A - 2\sin\alpha\cos\alpha \int_A yz \mathrm{d}A \\
&= I_z \cos^2\alpha + I_y \sin^2\alpha - I_{zy} \sin 2\alpha
\end{aligned}
$$

现以 $\cos^2\alpha = \frac{1}{2}(1+\cos 2\alpha)$ 和 $\sin^2\alpha = \frac{1}{2}(1-\cos 2\alpha)$ 代入上式，得到

$$
I_{z_1} = \frac{I_z + I_y}{2} + \frac{I_z - I_y}{2}\cos 2\alpha - I_{zy}\sin 2\alpha \tag{10-9a}
$$

同理可得

$$
I_{y_1} = \frac{I_z + I_y}{2} - \frac{I_z - I_y}{2}\cos 2\alpha + I_{zy}\sin 2\alpha \tag{10-9b}
$$

$$
I_{z_1 y_1} = \frac{I_z - I_y}{2}\sin 2\alpha + I_{zy}\cos 2\alpha \tag{10-9c}
$$

上三式即为惯性矩及惯性积的转轴公式。由转轴公式可见，当坐标旋转时，惯性矩 I_{z_1}，I_{y_1} 和惯性积 $I_{z_1 y_1}$ 随转角 α 作周期性的变化。

将上式中的第一、二两式相加，得

$$
I_{y_1} + I_{z_1} = I_y + I_z \tag{10-10}
$$

上式表明，当 α 角改变时，截面图形对于互相垂直的一对坐标轴的惯性矩之和始终保持为一常量。

10.4.2　主惯性轴、主惯性矩

当坐标轴旋转时，惯性积 $I_{z_1 y_1}$ 将随着 α 角作周期性变化，且有正负。因此，总可以找到一个特定的角度 α_0，使截面对于新坐标轴 z_0 和 y_0 的惯性积等于零，这一对轴就称为主惯性轴，简称主轴，截面对主轴的惯性矩称为主惯性矩。下面讨论如何确定主轴的位置和主惯性矩的计算。

设 α_0 为主轴与原坐标轴 z，y 间的夹角（参照图 10-9），根据主惯性轴的定义，将 α_0 代入式（10-9c）中，此时惯性积应该等于零，即

$$
I_{z_0 y_0} = \frac{I_z - I_y}{2}\sin 2\alpha_0 + I_{zy}\cos 2\alpha_0 = 0
$$

从而得

$$
\tan 2\alpha_0 = -\frac{2I_{zy}}{I_z - I_y} \tag{10-11}
$$

此式就是确定主轴位置的公式。由此式算出 α_0 后，将其代入式（10-9a），（10-9b）便可得主惯性矩值。

通过式（10-11）可得

$$
\sin 2\alpha_0 = \frac{-2I_{zy}}{\sqrt{(I_z - I_y)^2 + 4I_{zy}^2}}
$$

$$\cos 2\alpha_0 = \frac{I_z - I_y}{\sqrt{(I_z - I_y)^2 + 4I_{zy}^2}}$$

将此二式代入式(10－9a),(10－9b),经整理可得下列主惯性矩的计算公式

$$\left.\begin{aligned} I_{z_0} &= \frac{I_z + I_y}{2} + \frac{1}{2}\sqrt{(I_z - I_y)^2 + 4I_{zy}^2} \\ I_{y_0} &= \frac{I_z + I_y}{2} - \frac{1}{2}\sqrt{(I_z - I_y)^2 + 4I_{zy}^2} \end{aligned}\right\} \qquad (10-12)$$

可以证明:二主惯性矩值是截面对通过 O 点(参照图 10－9)各轴的惯性矩中的最大者和最小者。

过截面上的任何一点均可找到一对主轴。通过截面形心的主轴,称为形心主轴,截面对形心主轴的惯性矩称为形心主惯性矩。

具有对称轴的截面如矩形、工字形、圆形等,其对称轴就是形心主轴,因为对称轴既是主轴(惯性积等于零)又通过截面的形心。

【例 10－6】 求矩形对 z_{α_0} 和 y_{α_0} 轴的惯性矩和惯性积,形心在原点 O(图 10－10)。

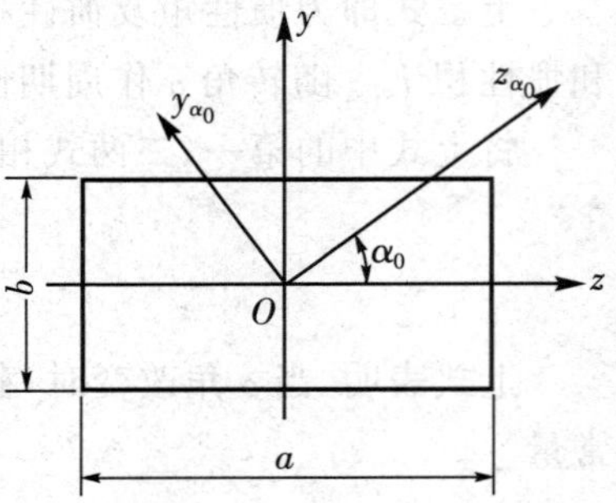

图 10－10

【解】 矩形对 z、y 轴的惯性矩和惯性积分别为

$$I_z = \frac{ab^3}{12}$$

$$I_y = \frac{ba^3}{12}$$

$$I_{zy} = 0$$

由转轴公式(10－9),得

$$\begin{aligned} I_{z_{\alpha_0}} &= \frac{I_z + I_y}{2} + \frac{I_z - I_y}{2}\cos 2\alpha_0 - I_{zy}\sin 2\alpha_0 \\ &= \frac{\frac{ab^3}{12} + \frac{ba^3}{12}}{2} + \frac{\frac{ab^3}{12} - \frac{ba^3}{12}}{2}\cos 2\alpha_0 \\ &= \frac{ab(b^2 + a^2)}{24} + \frac{ab(b^2 - a^2)}{24}\cos 2\alpha_0 \end{aligned}$$

$$\begin{aligned} I_{y_{\alpha_0}} &= \frac{I_z + I_y}{2} - \frac{I_z - I_y}{2}\cos 2\alpha_0 + I_{zy}\sin 2\alpha_0 \\ &= \frac{ab(b^2 + a^2)}{24} - \frac{ab(b^2 - a^2)}{24}\cos 2\alpha_0 \end{aligned}$$

$$I_{z_{\alpha_0} y_{\alpha_0}} = \frac{I_z - I_y}{2}\sin 2\alpha_0 + I_{zy}\cos 2\alpha_0$$

$$=\frac{\frac{ab^3}{12}-\frac{ba^3}{12}}{2}\sin 2\alpha_0$$

$$=\frac{ab(b^2-a^2)}{24}\sin 2\alpha_0$$

从本例的结果可知，当这个矩形变为正方形时，即 $a=b$ 时，惯性矩与角 α_0 无关，其值为常量，其惯性积为零。这个结果可推广到一般的正多边形，即正多变形对形心轴的惯性矩的数值为常量，与形心轴的方向无关，并且对以形心为原点的坐标轴的惯性积为零。

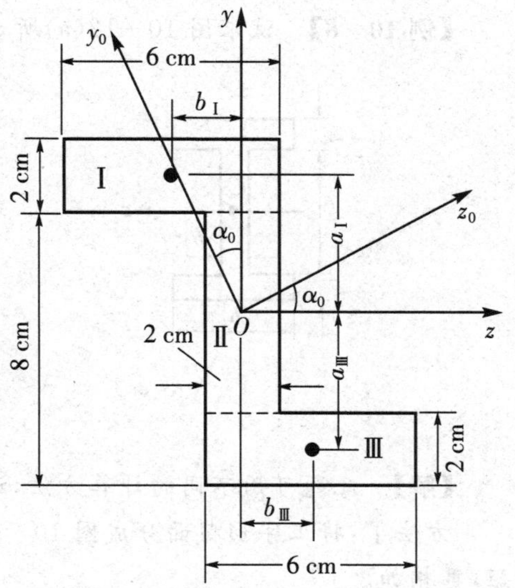

图 10-11

【例 10-7】 求图 10-11 所示图形的形心主轴位置和形心主惯性矩值。

【解】 将该图形视为由Ⅰ，Ⅱ，Ⅲ三个矩形组成的组合图形。显然，组合图形的形心与矩形Ⅱ之形心重合。为计算形心主轴的位置和形心主惯性矩的数值，过形心选择一对便于计算惯性矩和惯性积的 z,y 轴（z 轴平行于底边）。矩形Ⅰ，Ⅲ的形心在所选坐标系中的坐标为

$$\begin{cases} a_Ⅰ=0.04\text{ m}\\ b_Ⅰ=-0.02\text{ m}\end{cases}$$

$$\begin{cases} a_Ⅲ=-0.04\text{ m}\\ b_Ⅲ=0.02\text{ m}\end{cases}$$

组合截面对 z,y 轴的惯性矩和惯性积分别为

$$I_z=2\left(\frac{0.06\times0.02^3}{12}+0.06\times0.02\times0.04^2\right)\text{m}^4+\frac{0.02\times0.06^3}{12}\text{m}^4$$
$$=0.428\times10^{-5}\text{m}^4$$

$$I_y=2\left(\frac{0.02\times0.06^3}{12}+0.06\times0.02\times0.02^2\right)\text{m}^4+\frac{0.06\times0.02^3}{12}\text{m}^4$$
$$=0.172\times10^{-5}\text{m}^4$$

$$I_{zy}=[0.04\times(-0.02)\times0.06\times0.02+(-0.04)\times0.02\times0.06\times0.02]\text{m}^4$$
$$=-0.192\times10^{-5}\text{m}^4$$

将求得的 I_z,I_y 和 I_{zy} 代入式（10-11）得

$$\tan 2\alpha_0=-\frac{2I_{zy}}{I_z-I_y}=-\frac{2\times(-0.192\times10^{-5})\text{m}^4}{(0.428\times10^{-5}-0.172\times10^{-5})\text{m}^4}=1.5$$

由此得

$$\alpha_0=0.491\text{ rad}$$

即从 z 轴逆时针转 0.491 rad 便是形心主轴 z_0 的位置，另一形心主轴 y_0 与 z_0 垂直。将 I_z,I_y 和 I_{zy} 值代入式（10-12）便得到形心主惯性矩值，即

$$I_{z_0}=I_{max}=\frac{I_z+I_y}{2}+\frac{1}{2}\sqrt{(I_z-I_y)^2+4I_{zy}^2}$$

$$= \frac{(0.428 + 0.172) \times 10^{-5}}{2} m^4 + \frac{1}{2} \sqrt{[(0.428 - 0.172) \times 10^{-5}]^2 + 4(0.192 \times 10^{-5})^2} m^4$$

$$= 0.531 \times 10^{-5} m^4$$

$$I_{y_0} = I_{min} = \frac{I_z + I_y}{2} - \frac{1}{2} \sqrt{(I_z - I_y)^2 + 4I_{zy}^2}$$

$$= 0.69 \times 10^{-6} m^4$$

【例 10－8】　试求图 10－12(a)所示工字形截面对 z 轴的惯性矩(z 为形心主轴)。

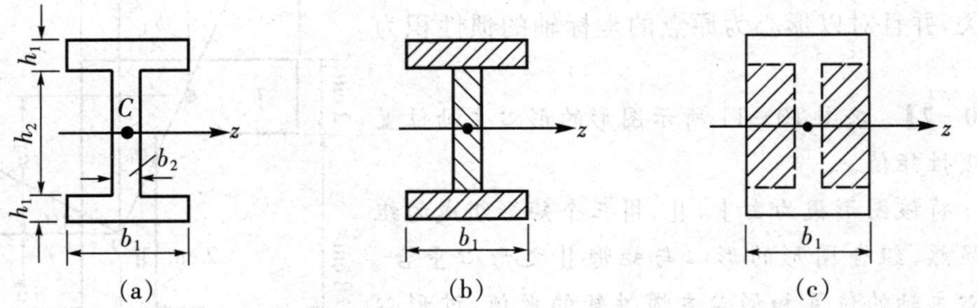

图 10－12

【解】　此题可用不同的计算方法,这里只简要说明不同的方法,不具体计算。

方法Ⅰ:将工字形截面分成图 10－12(b)所示的三个矩形,分别计算每个矩形对 z 轴的惯性矩,再相加。

方法Ⅱ:工字形截面相当于图 10－12(c)所示的宽为 b_1 高为 $2h_1+h_2$ 的矩形减去阴影面积,因而,矩形面积与阴影面积对 z 轴的惯性矩之差即为工字形截面对 z 轴的惯性矩。

两种方法中,显然后者计算简便。

思考题

10－1　下面各截面图形 C 是形心。问哪些截面图形对坐标轴的惯性积等于零? 哪些不等于零? 为什么?

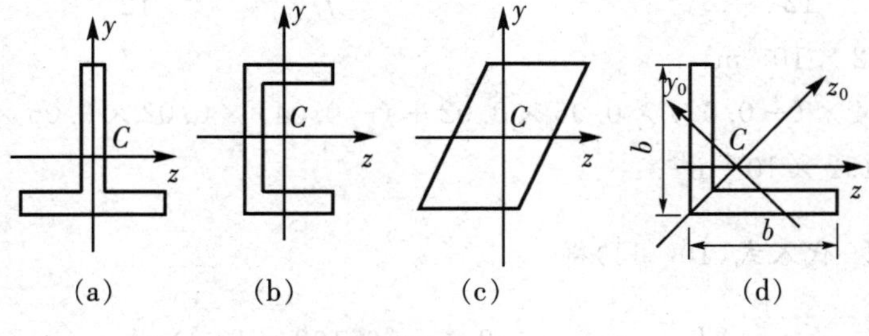

思考题 10－1 图

10－2　试问图示两截面的惯性矩 I_z 是否可以按照 $I_z=\frac{BH^3}{12}-\frac{bh^3}{12}$来计算? 为什么?

10－3　由两根同一型号的槽钢组成的截面如图所示。已知每根槽钢的截面面积为 A,对形心轴 y_0 的惯性矩 I_{y_0},并知 y_0,y_1 和 y 为相互平行的三根轴。问在计算截面对 y 轴的惯性矩 I_y 时,应选用下列哪一个算式?

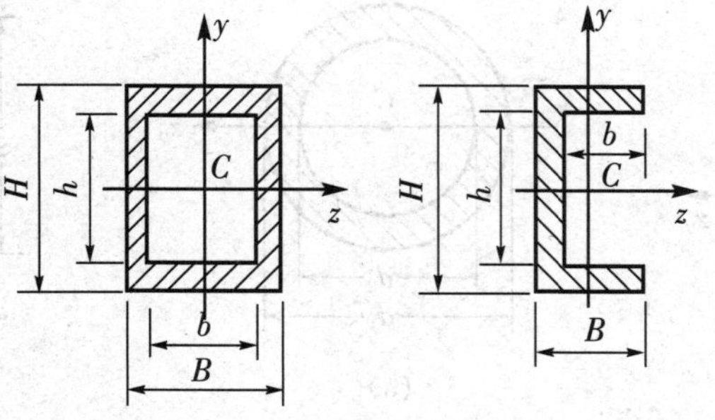

思考题 10 - 2 图

(1) $I_y = I_{y_0} + z_0^2 A$

(2) $I_y = I_{y_0} + \left(\dfrac{a}{2}\right)^2 A$

(3) $I_y = I_{y_0} + \left(z_0 + \dfrac{a}{2}\right)^2 A$

(4) $I_y = I_{y_0} + z_0^2 A + z_0 a A$

(5) $I_y = I_{y_0} + \left[z_0^2 + \left(\dfrac{a}{2}\right)^2\right] A$

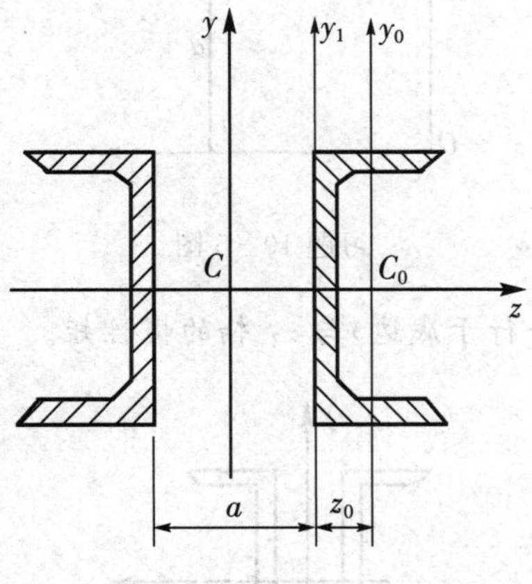

思考题 10 - 3 图

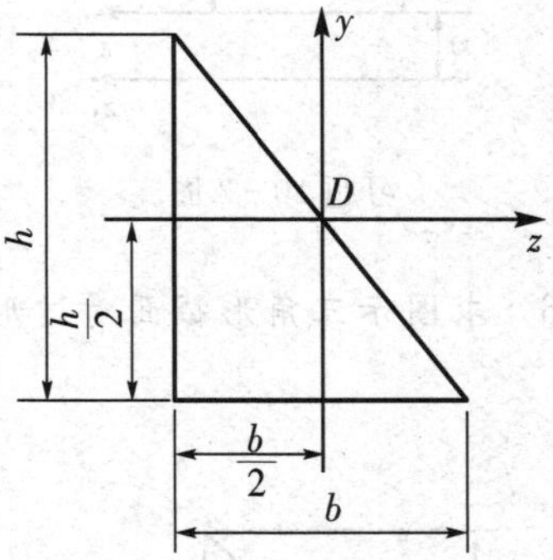

思考题 10 - 4 图

10—4　过图示直角三角形截面斜边中点 D 有一对正交坐标轴 z,y，试问：

(1) z,y 是否为一对主惯性轴？

(2) I_z, I_{zy} 为多少？

习　题

10—1　在图示的对称⊥形截面中，$b_1=0.3\ \mathrm{m}$，$b_2=0.6\ \mathrm{m}$，$h_1=0.5\ \mathrm{m}$，$h_2=0.14\ \mathrm{m}$。

(1) 求形心 C 的位置；

(2) 求阴影部分对 z_0 轴的静矩；

(3) 问 z_0 轴以上部分的面积对 z_0 轴的静矩与阴影部分对 z_0 轴的静矩有何关系？

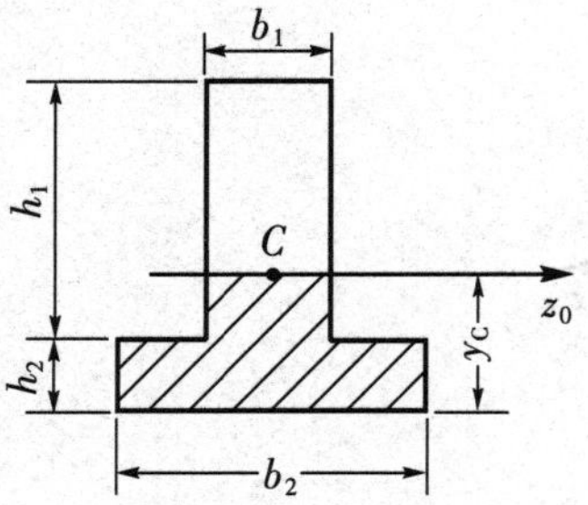

习题 10-1 图

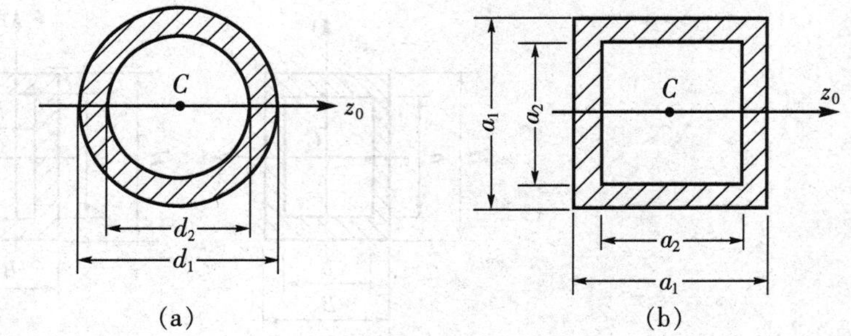

习题 10-2 图

10—2　求图示截面对 z_0 轴的惯性矩(z_0 轴通过形心)。

10—3　图中 z 轴与 z_1 轴平行,二轴间的距离为 a,如截面的惯性矩 I_z 已知,问按式 $I_{z_1}=I_z+a^2bh$ 来计算 I_{z_1} 是否正确?

10—4　求题 10-1 中截面对 z_0 轴的惯性矩。

10—5　求图示正方形截面对 z 轴的惯性矩和对坐标原点 O 的极惯性矩。

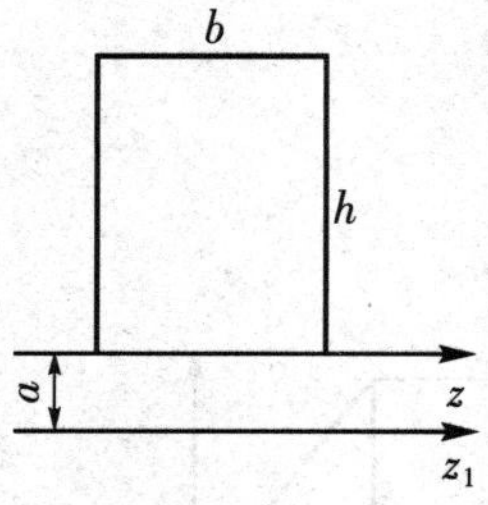

习题 10-3 图

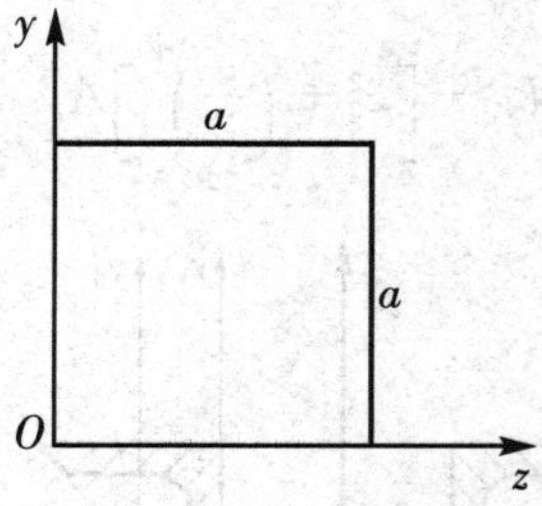

习题 10-5 图

10—6　求图示三角形截面对过形心的 z_0 轴(z_0 轴平行于底边)与 z_1 轴的惯性矩。

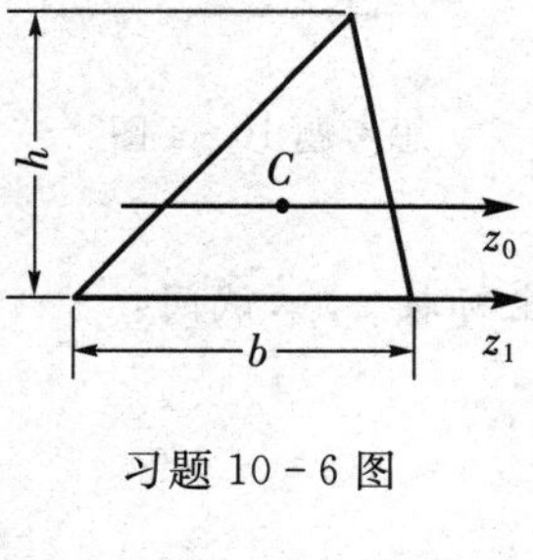

习题 10-6 图

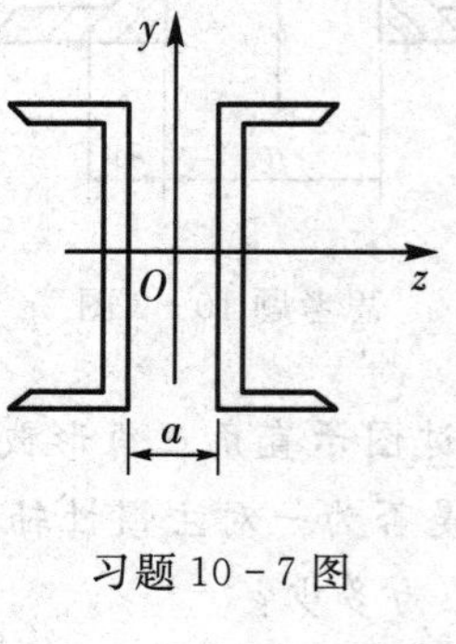

习题 10-7 图

10—7　图示为由两个 $18a$ 号槽钢组成的组合截面,如欲使此截面对两个对称轴的惯性矩相等,问两根槽钢的间距 a 应为多少?

10—8　在图示的对称截面中,$a=0.16\text{ m}$,$h=0.36\text{ m}$,$b_1=0.6\text{ m}$,$b_2=0.4\text{ m}$,求截面对形心主轴 z_0 的惯性矩。

10—9　图示为工字钢与钢板组成的组合截面。已知工字钢的型号为 40a,钢板的厚度 $\delta=20\text{ mm}$,求组合截面对形心主轴 z_0 轴的惯性矩。

10—10　图示为一正方形截面(边长为 a),z,y 为截面的两个对称轴,z_1,y_1 为与 z,y 轴成 α

角的一对正交轴。

(1) 求截面对 z_1 和 y_1 轴的惯性矩 I_{z_1} 和 I_{y_1}，并将 I_{z_1}，I_{y_1} 值与 I_z，I_y 值比较之；

(2) z_1，y_1 轴是否为主轴？从此可得出什么结论？

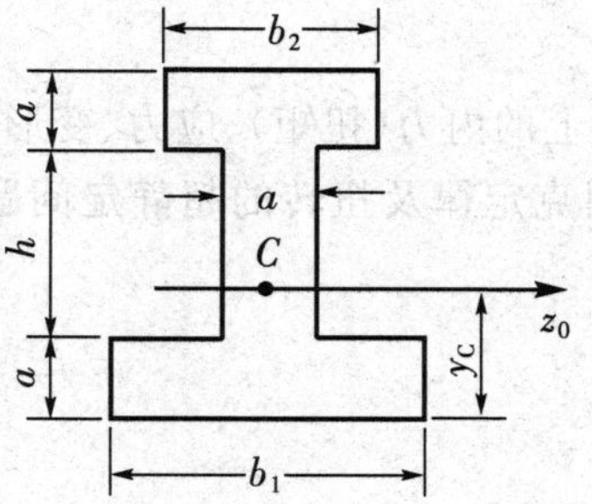

习题 10-8 图

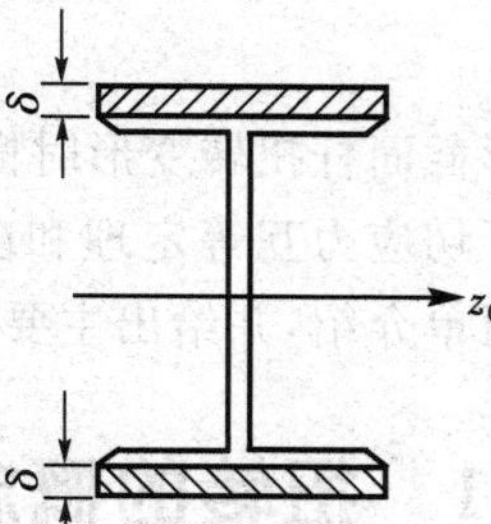

习题 10-9 图

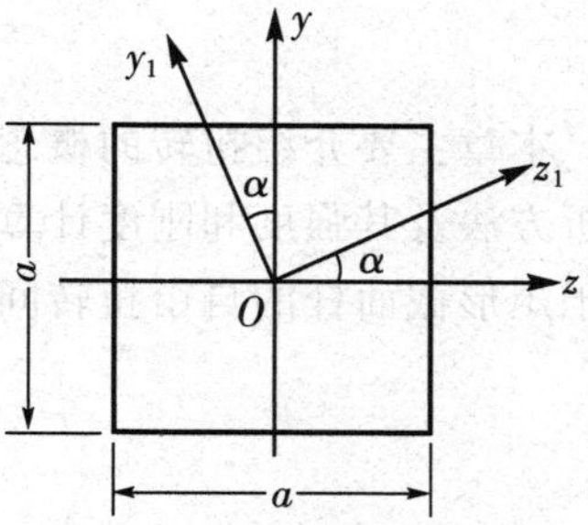

习题 10-10 图

10—11　试画出下列各截面的形心主轴的大致位置(图中之 C 点为截面形心)。

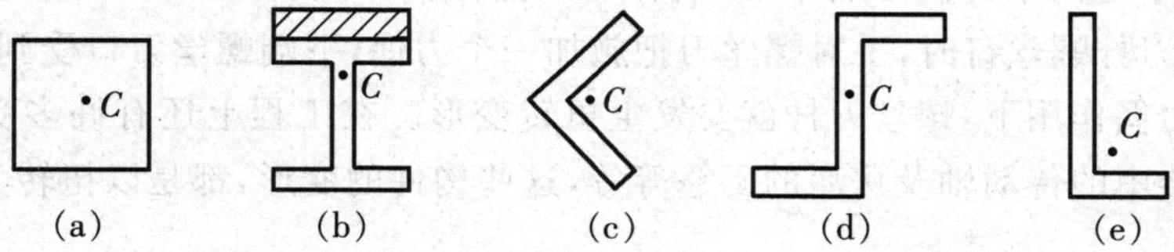

习题 10-11 图

10—12　求图示截面的形心主轴的位置和形心主惯性矩的数值。

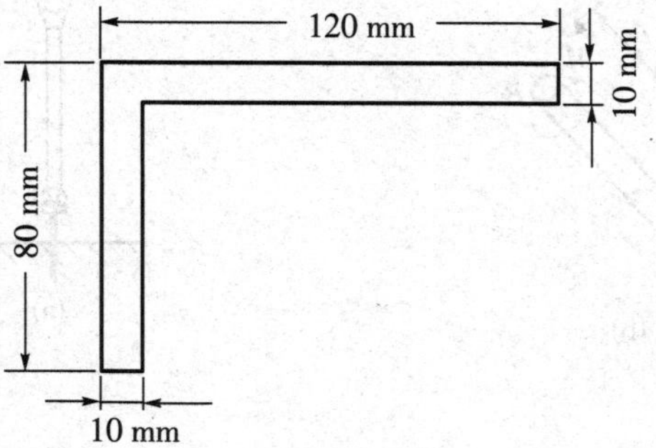

习题 10-12 图

第11章 扭 转

本章主要介绍扭转的概念以及圆形截面杆扭转变形时横截面上的内力(扭矩)、应力、变形的分析方法及其强度和刚度计算。介绍了切应力互等定理和剪切胡克定律及扭转的超静定问题。对于矩形截面杆的自由扭转问题作了简单介绍,并给出主要结论。

11.1 扭转的概念

扭转变形是杆件变形的又一种基本形式。在工程和生活中常遇到扭转的现象。例如图 11-1(a)所示。汽车驾驶员驾驶方向盘时,在方向盘的平面内就施加一对大小相等、方向相反、作用线平行的力 F,它们形成一个力偶。操纵杆上端即受到这个力偶的作用,其下端将受到另一个反力偶的作用。由于这两个力偶分别作用在该杆两端横截面内,故操纵杆发生扭转。又如图 11-2(a)所示用螺丝刀拧螺丝钉时,手对螺丝刀把施加一个力偶,下端螺丝刀口受到来自螺丝钉的反力偶,在这一对力偶作用下,螺丝刀杆就要发生扭转变形。在工程上还有许多受扭转构件:如搅拌器的主轴、机器中的传动轴及房屋的雨篷等等,这些构件的变形,都是以扭转为主要变形,其他变形是次要的。

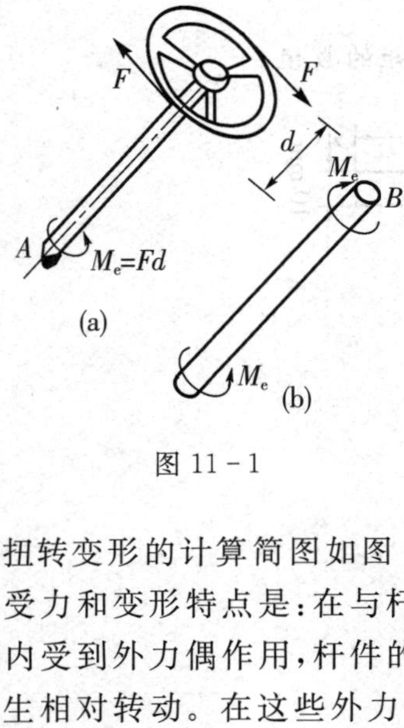

图 11-1

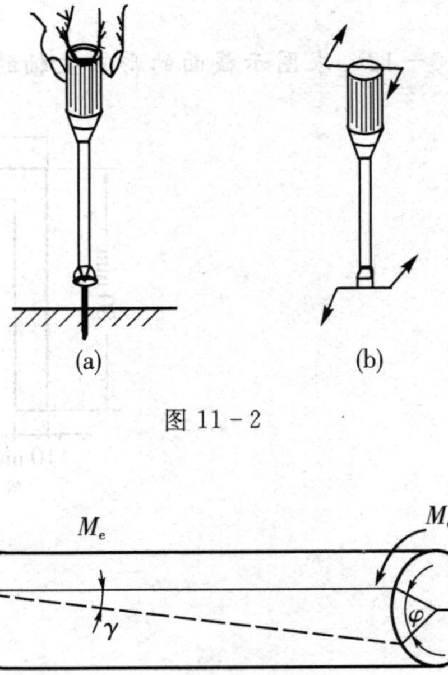

图 11-2

杆件扭转变形的计算简图如图 11-3。扭转变形的受力和变形特点是:在与杆轴线相垂直的平面内受到外力偶作用,杆件的各横截面绕轴线发生相对转动。在这些外力偶作用下,杆件的纵向直线变成斜直线,即纵向直线转过一个角度 γ,称为剪切角;杆的任意两个横截面都发生绕杆轴线的相对转动,即截面 B 相对于截面 A 所转过角度 φ,称为扭转角。这种变形称为扭转变形。这种现象即为扭转现象。

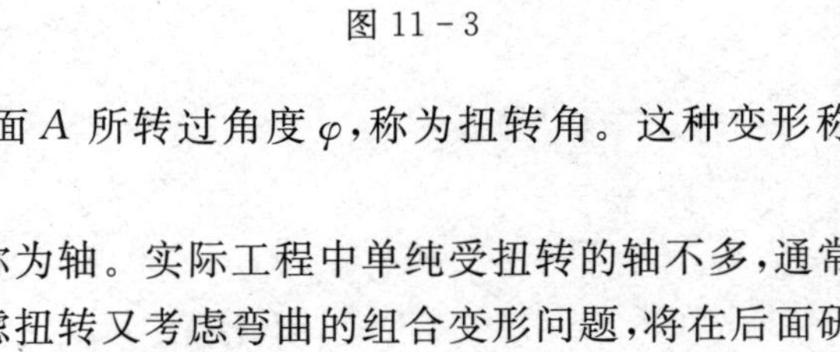

图 11-3

以扭转变形为主要变形的杆件,工程上习惯称为轴。实际工程中单纯受扭转的轴不多,通常还伴着横向力作用下而产生弯曲变形,对于既考虑扭转又考虑弯曲的组合变形问题,将在后面研究。本章只讨论以扭转为主的等截面圆轴的扭转问题。对非圆截面杆件的扭转,只作一些简单介绍,并给出一些主要结论。

11.2 外力偶矩的计算·扭矩及扭矩图

11.2.1 外力偶矩的计算

对受扭杆件进行应力和变形分析,首先应计算作用在受扭杆件上的外力偶矩及横截上的内力。

作用在受扭杆件上的外力偶矩通常不是直接给出的,经常给出的是它所传递的功率和转速。所以需要将功率、转速换算为力偶矩。如图 11-4 所示,经由皮带轮将功率输入给传动轴 AB,而后再通过右端皮带轮输送出去。

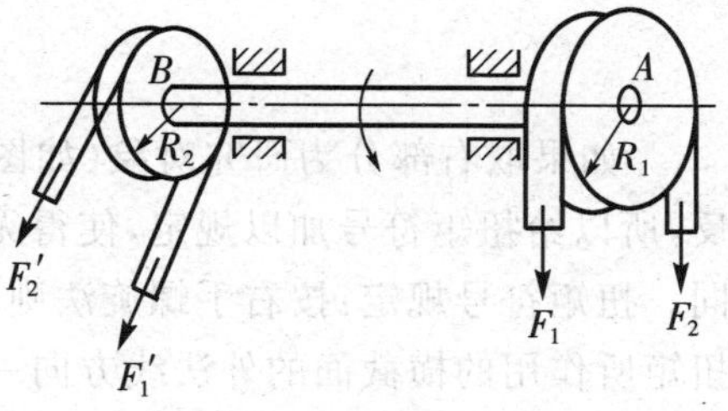

图 11-4

设电机通过皮带轮传递给 AB 轴的输入功率为 P(kW)。电机是通过皮带轮以外力偶矩 M_e 作用于轴上的,若轴的转速为每分钟 n 转,则力偶矩 M_e 每分钟内所作功 W(N·m)为

$$W=2\pi n\cdot M_e \tag{a}$$

而电动机通过转轴每分钟内所作的功 W'(N·m)为

$$W'=60P$$

电动机输入功率 P 单位是 1 kW,1kW 相当于每秒钟作 1000 N·m 的功,所以把输入功率 P 的单位化为 N·m/s,则

$$W'=60\times1000P=60000P(\mathrm{N\cdot m}) \tag{b}$$

因为外力偶矩 M_e 所完成的功就是经皮带轮传递给 AB 轴的输入功,所以(a)、(b)两式应相等,于是便可得计算外力偶矩的公式为

$$M_e=\frac{60000P}{2\pi n}=9550\,\frac{P}{n}(\mathrm{N\cdot m}) \tag{11-1}$$

式中 P 单位为千瓦(kW),n 单位为转/分(r/min)。若功率单位为马力,而 1 马力=735.5 N·m/s,应用与上相同的方法,可得到功率为 P(马力)时,外力偶矩的计算公式为

$$M_e=7024\,\frac{P}{n}\ (\mathrm{N\cdot m}) \tag{11-2}$$

11.2.2 扭矩和扭矩图

知道了作用在轴上的所有外力偶矩以后,就可计算轴各横截面上所受到的力,即轴的内力,仍用截面法。

如图 11-5(a)所示的圆轴 AB,在轴的两端横截面内受到外力偶 M_e 作用,并处于平衡状态,现在计算任一截面上的内力。假想将轴沿 $m—m$ 截面切开,若取左段为研究对象(如图

11-5(b)),由于整个轴处于平衡状态,所以左部分也应处于平衡状态 。左部分的左段受到一外力偶矩作用,则 $m—m$ 截面上就必然有一内力偶矩与它平衡,此内力偶矩称为轴的扭矩。设其矩为 T。根据静力平衡条件 $\sum M_x=0$ 可得

$$T=M_e \tag{c}$$

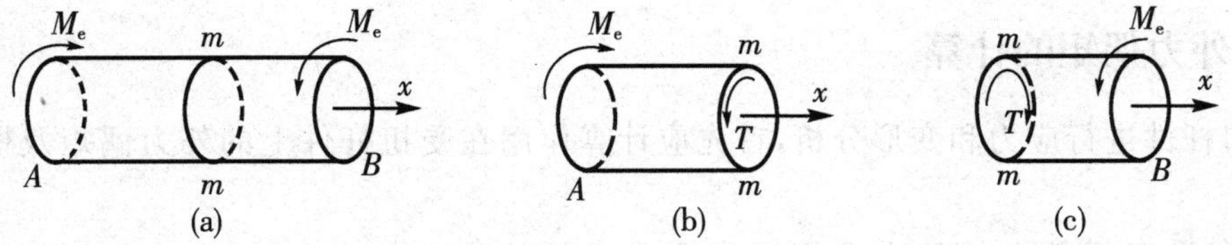

图 11-5

如果取右部分为研究对象(如图 11-5(c)),仍可求得 $T=M_e$ 的结果,但方向与左部分相反,所以给扭矩符号加以规定,使得无论取哪一部分求出的同一截面上扭矩数值相等,符号也相同。扭矩符号规定:按右手螺旋法则,即右手的四指指向扭矩旋转方向,如果大拇指的指向与该扭矩所作用的横截面的外法线方向一致,则扭矩为正,反之为负。如图 11-6 所示。

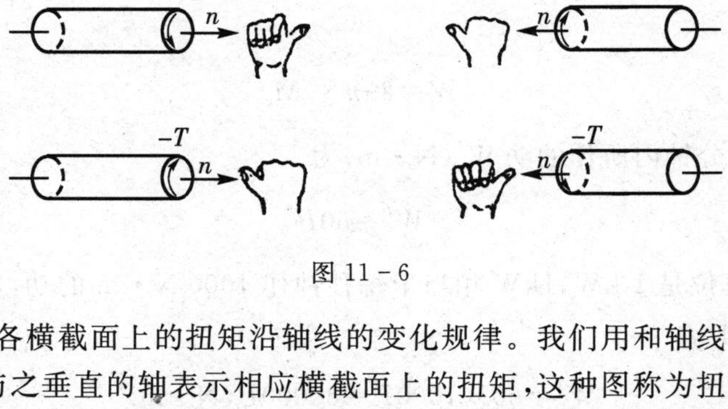

图 11-6

为了直观地表示各横截面上的扭矩沿轴线的变化规律。我们用和轴线平行的坐标轴来表示横截面的位置,另一与之垂直的轴表示相应横截面上的扭矩,这种图称为扭矩图。

根据以上分析,可以得出计算扭矩的一般规律是:轴的任一截面上的扭矩,在数值上等于该截面一侧(左侧或右侧)的轴上所有外力偶矩的代数和,其转向与外力偶矩的合力偶矩的转向相反。

【例 11-1】 以稳定转速 $n=955$ r/min 旋转的传动轴,如图 11-7(a)所示。主动轮 B 输入功率 $P_B=100$ kW ,从动轮 A,C 的输出功率分别为 $P_A=35$ kW,$P_C=65$ kW。试画轴的扭矩图。

【解】 (1) 外力偶矩计算

按式(11-1)计算各轮上的外力偶矩,即为各轮作用于传动轴上的外力偶矩

$$M_{eA}=9550\,\frac{P_A}{n}=9550\times\frac{35\ \text{kW}}{955\ \text{r/min}}=350\ \text{N}\cdot\text{m}$$

$$M_{eB}=9550\,\frac{P_B}{n}=9550\times\frac{100\ \text{kW}}{955\ \text{r/min}}=1000\ \text{N}\cdot\text{m}$$

$$M_{eC}=9550\,\frac{P_C}{n}=9550\times\frac{65\ \text{kW}}{955\ \text{r/min}}=650\ \text{N}\cdot\text{m}$$

(2)扭矩计算

以外力偶作用处为分界,将轴分为 AB,BC 两区段,分别求出各段截面上的扭矩。在 AB 段

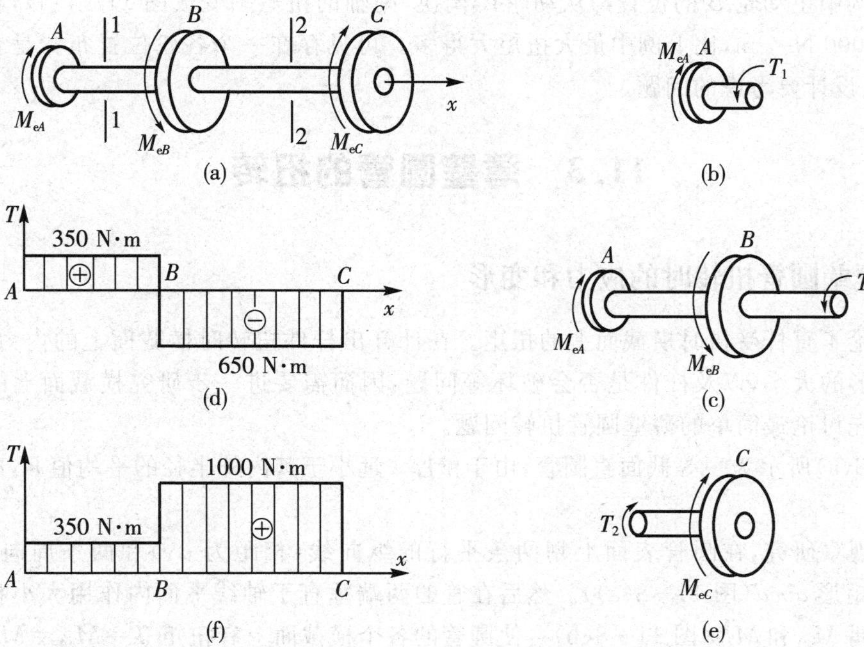

图 11-7

内取任意截面 1-1 将轴截开，取左段为脱离体，如图 11-7(b)所示，截面上的扭矩 T_1 按正方向假设。由平衡条件

$$\sum M_x = 0, T_1 - M_{eA} = 0$$

得
$$T_1 = M_{eA} = 350\ \mathrm{N \cdot m}$$

同理，在 BC 段内取任意截面 2-2 将轴截开，取左段为脱离体，由图 11-7(c)得

$$\sum M_x = 0, T_2 + M_{eB} - M_{eA} = 0$$

得
$$T_2 = M_{eA} - M_{eB} = (350 - 1000)\ \mathrm{N \cdot m}$$
$$= -650\ \mathrm{N \cdot m}$$

负号除表明截面上的扭矩为负，也表明截面上实际扭矩的转向与图设转向相反。

(3)扭矩图

作 x 轴与轴线平行，AB 段各截面扭矩为常量，且为正，取适当的比例尺画在 x 轴的上方，为一水平线段；BC 段扭矩为负值，画在下方。图 11-7(d)即为该轴的扭矩图。从图上看出，绝对值最大的扭矩作用于 BC 段内。

在求取 BC 段截面上的扭矩时，若取的是 2-2 截面的右段如图 11-7(e)，则有

$$\sum M_x = 0, T_2 + M_{eC} = 0$$

故
$$T_2 = -M_{eC} = -650\ \mathrm{N \cdot m}$$

所得结果与左段相同，计算却比取左段简便，可见，运用截面法求取内力时，取左段还是右段，当视计算是否简便。

设将上例中主动轮 B 的位置与从动轮 C 调换，则轴的扭矩图变成图 11－7(f)，轴的最大扭矩 $|T|_{\max}=1000\ \mathrm{N \cdot m}$，比上例中最大扭矩大得多。可见存在一个各轮位置布置是否合理的问题，这是轮系设计要考虑的问题。

11.3 薄壁圆管的扭转

11.3.1 薄壁圆管扭转时的应力和变形

上节讨论了直杆受扭时横截面上的扭矩。在计算出杆件扭转时横截面上的内力后，并没有解决杆件变形的大小，以及杆件是否会破坏等问题，因而需要进一步研究横截面上的应力及变形。本节首先讨论最简单的薄壁圆管扭转问题。

图 11－8(a)所示为一等截面直圆管，由于壁厚 t 远小于其内外半径的平均值 R，所以此管为薄壁圆管。

为便于观察研究，在圆管表面上划两条平行的纵向线(相距为 $\mathrm{d}y$)和两条周向线(相距为 $\mathrm{d}x$)，相交得矩形 $abcd$(图 11－8(a))。然后在管的两端垂直于轴线平面内作用大小相等而转向相反的外力偶 M_{eA} 和 M_{eB}(图 11－8(b))，使圆管的各个横截面上有扭矩 $T=M_{eA}=M_{eA}$ 而发生扭转变形。在圆管受扭而变形时，可以观察到：

(1)各纵向线都倾斜了一个同样大小的微小角度 γ。相邻的两纵向线与两周向线所形成的矩形变成了平行四边形，如图 11－8(a)中的 $abcd$ 变成了图中 11－8(b)中 $a'b'c'd'$。

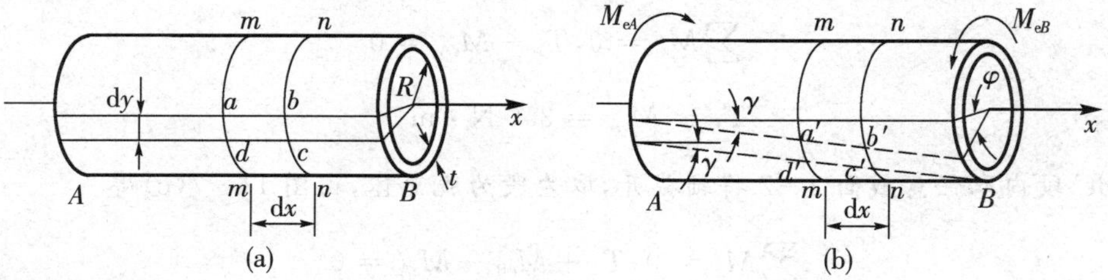

图 11－8

(2)各横向周向线仍保持为圆形，大小不变，相邻两周向线之间的距离也不变，但各周向线绕纵轴转了不同的角度。

因为管壁较薄，周向线的转动可以看作是周向线所在的整个薄圆环形横截面绕轴线的转动。由图 11－8(b)可见，设圆管左端固定不动，自左向右各周向线的转动角度逐渐变大，图中所示管右端截面转角 φ 就是右端截面相对于左端截面的扭转角。

应用截面法，用相距为 $\mathrm{d}x$ 两横截面 $m—m$ 和 $n—n$ 截取图 11－8 中一微段圆管，放大后如图 11－9(a)所示。微圆管的长度为 $\mathrm{d}x$，两侧面上有扭矩 T。

根据观察的现象可以认为

(1)由于圆管在发生扭转变形时，其管表面相邻周向线距离不变，可知相邻横截面的距离也不变，这说明纵向既没有发生伸长也没有缩短现象，因此，纵向没有线应变，横截面上没有正应力。

(2)由于相邻横截面有相对扭转角 $\mathrm{d}\varphi$，单元体 $a'b'c'd'$ 的左、右两边 $a'd'$ 和 $b'c'$，有相对错动，单元体发生剪切变形，因此在圆管横截面上有切应力 τ，它的方向沿着圆周的切线。同时由于圆管很薄，可以认为沿壁厚方向切应力是均匀分布。因此薄壁圆管横截面上各点处的切应力大小

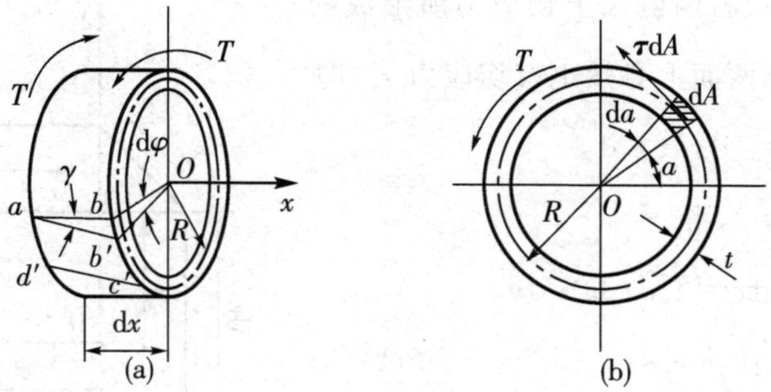

图 11－9

相等，方向都是沿着圆管的切线。

现在来计算切应力 τ。在薄壁圆环上取一微面积 $\mathrm{d}A=tR\mathrm{d}\alpha$(图 11－9(b))，微面积上的切向力 $\tau\mathrm{d}A$ 对管轴线 x 的矩为 $\tau\mathrm{d}A\cdot R$，截面上所有各切向力对 x 轴之矩的总和等于截面的扭矩 T，即

$$T=\int_A \tau\mathrm{d}A\cdot R=\int_0^{2\pi}\tau tR\,\mathrm{d}\alpha\cdot R=2\pi R^2 t\tau$$

则薄壁圆管受扭转时横截面上切应力计算公式为

$$\tau=\frac{T}{2\pi R^2 t} \qquad (11-3)$$

下面研究薄壁圆管的变形。圆管上的平行四边形的剪切变形是四边形 $a'b'c'd'$ 四个直角都改变了一个微小的角度 γ，这个角度 γ 与圆管两端截面的相对扭转角有一个简单的几何关系，由图 11－9(a)可见，当角 γ 很小时

$$bb'=\mathrm{tg}\gamma\cdot\mathrm{d}x=\gamma\cdot\mathrm{d}x$$

又由横截面内可知

$$bb'=R\cdot\mathrm{d}\varphi$$

所以

$$\gamma\cdot\mathrm{d}x=R\cdot\mathrm{d}\varphi$$

对于长度为 l，两端受外力偶作用而扭转的薄壁圆管，沿管轴长度其 γ 为一常数，所以圆管两端的相对扭转角 φ 与角度 γ 的关系为

$$\varphi=\int\frac{\gamma}{R}\mathrm{d}x=\frac{\gamma}{R}\int_0^l\mathrm{d}x=\frac{\gamma l}{R} \qquad (11-4)$$

对一般工程材料，角度 γ 值都很小，不易测量准确，可以通过薄壁圆管的扭转试验，利用上式由量得的扭转角 φ 和已知的 R，l 值，计算出 γ 值。

11.3.2　切应力互等定理

当薄壁圆管两端有外力偶作用而受扭时，在圆管横截面上有切应力。现从圆管的横截面上取出一单元体，尺寸为 $\mathrm{d}x$，$\mathrm{d}y$，$\mathrm{d}z$，如图 11－10 所示，此单元体的左、右两侧面上有切应力 τ_x。由于圆管处于平衡状态，单元体也应处于平衡状态，根据静力平衡条件，这两个侧面上切应力大小相等，方向相反而形成一个力偶，其力偶矩为

$$M_z=\tau_x\mathrm{d}y\mathrm{d}z\cdot\mathrm{d}x$$

为了平衡单元体左、右两侧面上切应力所形成的力偶矩，在单元体上、下两面上必然也有切应力 τ_y，即

$$M_z=\tau_y\mathrm{d}x\mathrm{d}z\cdot\mathrm{d}y$$

由静力平衡条件$\sum M_z=0$，得

$$\tau_x\mathrm{d}y\mathrm{d}z\cdot\mathrm{d}x=\tau_y\mathrm{d}x\mathrm{d}z\cdot\mathrm{d}y$$

得

$$\tau_x=\tau_y \tag{11-5}$$

上式等式说明：在相互垂直的两个面上同时存在着切应力，它们的大小相等，方向都指向或背向两面的交线。切应力的这个关系式称为切应力互等定理。我们把单元体上只有切应力而无正应力的情况，称为纯剪切。

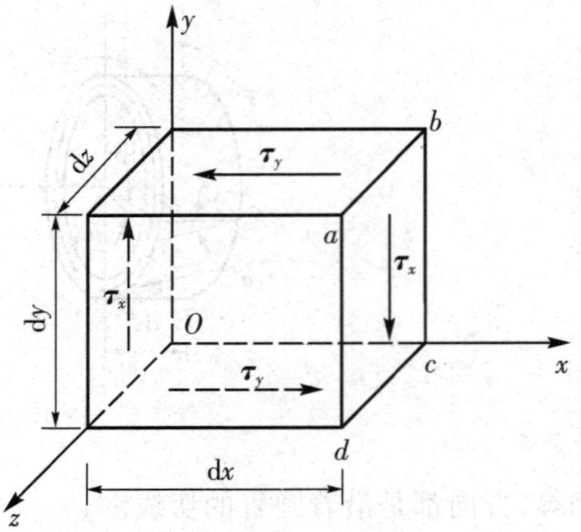

图 11-10

11.3.3 剪切胡克定律

单元体在纯剪切状态下的变形就是它原有的直角都发生了一个微小角度 γ 的改变。角度 γ 称为切应变或角应变。

现做一试验，将薄壁圆管两端作用外力偶，使圆管发生扭转变形，圆管上每一个单元体都处于纯剪切状态。因此可以通过薄壁圆管的试验来研究材料在纯剪切状态下切应力 τ 与切应变 γ 之间的关系。

试验时，将薄壁圆管试件的一端固定，另一端施加自零逐渐增加的外力偶，使圆管发生扭转，记录其扭矩 T 和相应的扭转角 φ 的数值，再根据公式(11-3)和公式(11-4)计算出切应力 τ 及对应的切应变 γ 之值，这样就可绘出 $\tau-\gamma$ 曲线图，称为切应力一切应变图(即 $\tau-\gamma$ 图)。低碳钢制成的薄壁圆管，在扭转试验中所得的 $\tau-\gamma$ 图，如图 11-11 所示。它的形状与拉伸时的 $\sigma-\varepsilon$ 图相似。在图 11-11 中 τ_p，τ_s 和 τ_b 分别为剪切比例极限、屈服极限和强度极限。

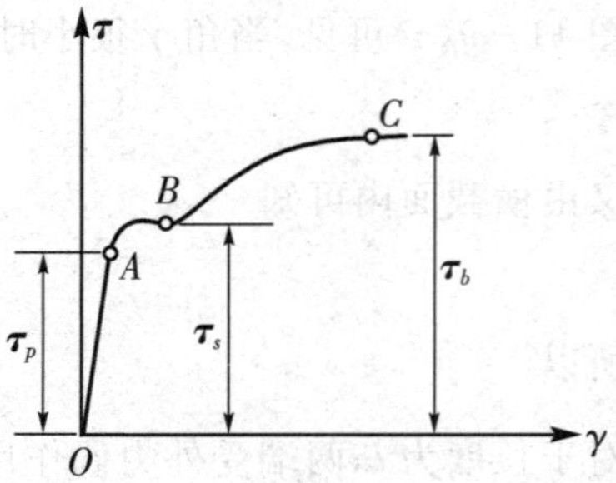

图 11-11

试验结果表明：当切应力不超过材料的比例极限 τ_p 时，切应力 τ 与切应变 γ 成正比。即

$$\tau=G\gamma \tag{11-6}$$

式中 G 是材料的比例常数，称为剪切模量。单位与 E 相同。这个关系称为剪切胡克定律。式中 G 越大，表示材料低抗剪切变形的能力越大。

剪切弹性模量 G、拉压弹性模量 E 和横向变形系数 υ 都是表示材料弹性性质的三个常数，这三个常数都可以由试验测定。但是，在弹性力学中，分析弹性物体中一个单元体的应力应变关系后，可以推导出这三个弹性常数之间的关系是

$$G=\frac{E}{2(1+\upsilon)} \tag{11-7}$$

对于各向同性材料，只要用试验求得其中任意两个值，就可根据此公式求得另一值。

11.4　圆轴扭转时截面上的应力

11.4.1　横截面上的应力

在上节中我们研究了薄壁圆管扭转时的应力和变形情况。通过对试验的观察和分析，可知在横截面上只存在沿圆管切向均布的切应力，同时因为圆管很薄，又认为这个切向切应力沿厚度是均匀分布的。但是工程上通常采用实心圆轴，或者是具有相当厚度的空心圆轴，如果还认为切应力沿壁厚均匀分布，那将是不恰当的。研究圆轴扭转时的应力和变形，关键在于找出横截面上的切应力分布规律。要得到这一规律，首先须从变形的几何关系和力与变形的物理关系找出切应力的分布规律，然后再根据静力平衡条件得到切应力计算公式。下面按此步骤来研究实心圆轴扭转时横截面上的应力。

1. 几何方面

如对实心圆轴扭转进行试验，可以观察到：圆轴扭转时的现象和薄壁圆管时的现象相似。

由圆周线的大小、形状不变，以及间距不变，我们可以设想，在扭转过程中，圆轴的各个横截面象刚性圆盘一样，绕轴线发生角度不同的转动。于是假设，变形前轴的圆形横截面，在变形后仍保持为同样大小的圆形平面，且半径仍为直线。这个假设叫刚性平面假设。根据这一假设得到的应力、变形公式已被试验所证实，所以这一假设是正确的。

对于切应力的分布规律，可以根据平面假设，利用几何关系先找出横截面上各点切应变的分布规律，从而得到切应力分布规律。

应用截面法，从圆轴中取出长为 dx 的一段来研究如图 11-12(a)所示。设 2-2 截面相对 1-1截面转过了一个角度 $d\varphi$，这样 2-2 截面上的两个半径 OD 和 OC 分别转过同一角度 $d\varphi$，转到了 OD' 和 OC' 位置，圆轴表面上的矩形 $ABCD$ 变成斜平行四边形 $ABC'D'$ 从而得到圆轴表面上的切应变 γ 为

$$\gamma=\frac{DD'}{AD}=R\frac{d\varphi}{dx}$$

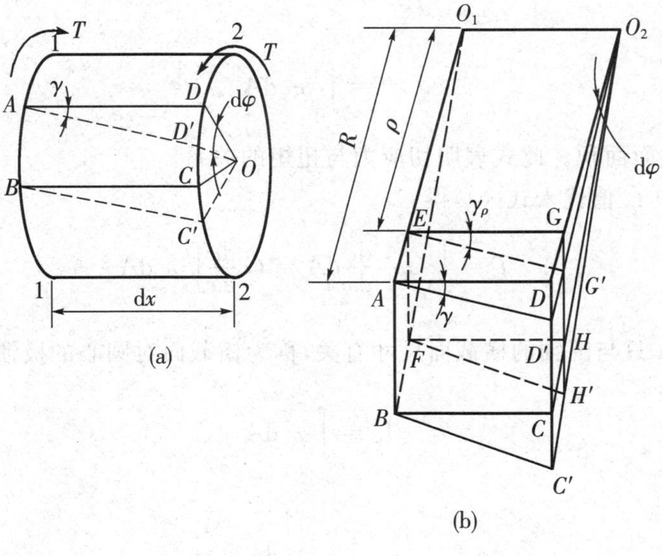

图 11-12

而在轴内半径为 ρ 的圆周表面上，如图 11－12(b)，矩形 $EFGH$ 的切应变 γ_ρ 为

$$\gamma_\rho=\frac{GG'}{EG}=\rho\frac{\mathrm{d}\varphi}{\mathrm{d}x} \tag{a}$$

由于在同一横截面上$\frac{\mathrm{d}\varphi}{\mathrm{d}x}$是一个常数，不随 ρ 而变化，因此，γ_ρ 与 ρ 成正比。即

在圆心处 $\rho=0$ 时，$\gamma_\rho=0$

在圆周边缘上 $\rho=R$ 时，圆周表面上的切应变达到最大值 $\gamma_{\max}$

故在同一半径 ρ 的圆周上各点的切应变相等。这就是圆轴横截面上的切应变分布规律。

2. 物理方面

由剪切胡克定律，即由式(11－6)，可得圆轴半径为 ρ 处的切应力为

$$\tau_\rho=G\gamma_\rho \tag{b}$$

将式(a)中 γ_ρ 代入式(b)，即得

$$\tau_\rho=G\rho\frac{\mathrm{d}\varphi}{\mathrm{d}x} \tag{11-8}$$

此式表明：τ_ρ 与 ρ 成正比，即在圆轴横截面上切应力沿着半径按线性规律分布。显然，在横截面中心处 τ 为零，在其边缘 τ 最大；在半径为 ρ 的圆周上，各点的切应力 τ_ρ 均相等如图 11－13。这就是横截面上切应力的分布规律。

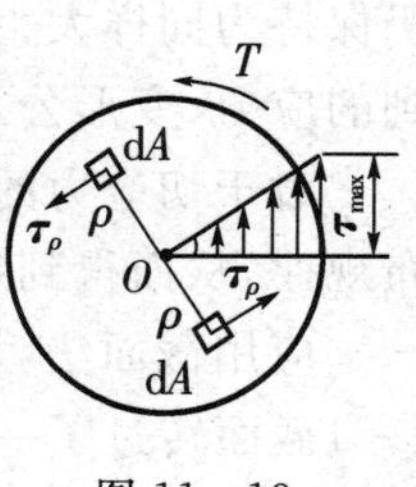

图 11－13

3. 静力平衡方面

由于公式(11－8)还不能计算出切应力 τ_ρ 的大小，因式中导数$\frac{\mathrm{d}\varphi}{\mathrm{d}x}$值还不知道。为此必须找出$\frac{\mathrm{d}\varphi}{\mathrm{d}x}$与扭矩 T 的关系，这要从静力平衡条件来考虑。

由于在轴的横截面上任一点的切应力方向均垂直于该点到轴心的半径，故作用在微面积 $\mathrm{d}A$ 上的内力 $\tau_\rho \mathrm{d}A$ 对轴心 O 的力矩为 $\tau_\rho \mathrm{d}A\cdot\rho$(图 11－13)。横截面上这些力矩合成结果应等于扭矩 T，即

$$T=\int_A \rho\tau_\rho \mathrm{d}A \tag{c}$$

式中 A 为轴的横截面面积。此式表明切应力与扭矩的关系。

将式(11－8)中 τ_ρ 值代入式(c)，得

$$T=\int_A G\rho^2\frac{\mathrm{d}\varphi}{\mathrm{d}x}\mathrm{d}A=G\frac{\mathrm{d}\varphi}{\mathrm{d}x}\int_A \rho^2\mathrm{d}A \tag{d}$$

式中的积分$\int_A \rho^2\mathrm{d}A$ 只与圆轴的横截面尺寸有关，称为横截面对圆心的极惯性矩。以 I_p 表示，即

$$I_\mathrm{p}=\int_A \rho^2\mathrm{d}A$$

于是式(d)可写为

$$T=GI_\mathrm{p}\frac{\mathrm{d}\varphi}{\mathrm{d}x}$$

或

$$\frac{\mathrm{d}\varphi}{\mathrm{d}x}=\frac{T}{GI_{\mathrm{p}}} \tag{11-9}$$

将式(11-9)代入式(11-8),即得

$$\tau_{\rho}=\frac{T\rho}{I_{\rho}} \tag{11-10}$$

此式为圆轴扭转时横截面上任一点处的切应力计算公式。

由式(11-10)可知,当ρ等于圆轴横截面半径R时,切应力达到最大值,即

$$\tau_{\max}=\frac{TR}{I_{\mathrm{p}}}$$

即:在圆轴横截面的周边上各点的切应力为最大切应力$\tau_{\max}$。式中半径R与极惯性矩I_{p}都与横截面几何尺寸有关,通常取

$$W_{\mathrm{p}}=\frac{I_{\mathrm{p}}}{R}$$

于是

$$\tau_{\max}=\frac{T}{W_{\mathrm{p}}}$$

式中W_{p}称为抗扭截面模量。

求得最大切应力后,即可建立强度条件

$$\tau_{\max}=\frac{T}{W_{\mathrm{p}}}\leqslant[\tau] \tag{11-11}$$

式中$[\tau]$为扭转许用切应力,其值可查有关资料。

圆轴扭转时横截面上的切应力公式(11-10)和(11-11)同样适用空心圆轴扭转的情况,只是式中的极惯性矩I_{p}值须根据空心圆轴的横截面来计算。

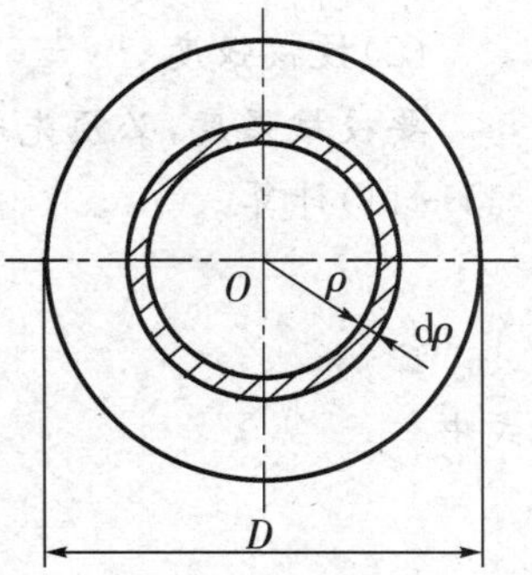

图 11-14

下面计算极惯性矩I_{p}和抗扭截面模量W_{p}。对于实心圆轴,可在截面上距圆心为ρ处,取一宽为$\mathrm{d}\rho$的圆环形微面积元(图 11-14)。即$\mathrm{d}A=2\pi\rho\mathrm{d}\rho$。于是有

$$I_{\mathrm{p}}=\int_{A}\rho^{2}\mathrm{d}A=2\pi\int_{A}\rho^{3}\mathrm{d}\rho=\frac{\pi D^{4}}{32} \tag{11-12}$$

$$W_{\mathrm{p}}=\frac{I_{\mathrm{p}}}{R}=\frac{\pi D^{3}}{16} \tag{11-13}$$

式中D为圆轴横截面直径。

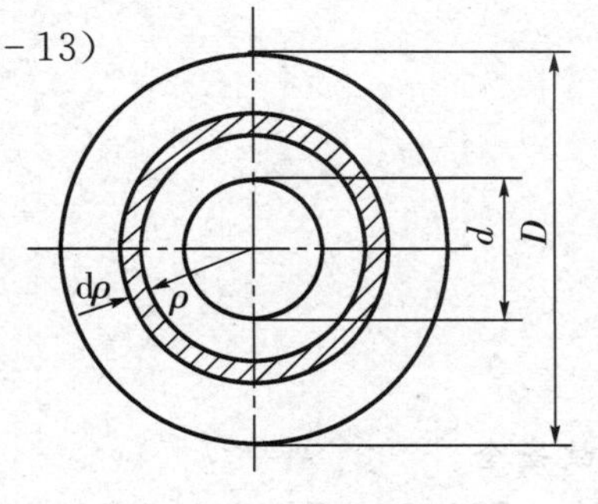

图 11-15

对于空心圆轴(图 11-15),由于其空心部分没有内力,故计算I_{p}时,其定积分不包括空心部分,于是

$$I_{\mathrm{p}}=\int_{A}\rho^{2}\mathrm{d}A=2\pi\int_{d/2}^{D/2}\rho^{3}\mathrm{d}\rho=\frac{\pi(D^{4}-d^{4})}{32}$$

$$=\frac{\pi D^{4}}{32}(1-\alpha^{4}) \tag{11-14}$$

$$W_p = \frac{I_p}{R} = \frac{\pi D^3}{16}(1-\alpha^4)$$

$$\approx 0.2D^3(1-\alpha^4) \tag{11-15}$$

式中$\alpha=\frac{d}{D}$,D和d分别为空心圆轴的外径和内径。当$d/D\geqslant 0.9$时,可按薄壁圆管的应力公式计算,其误差不超过5%,为工程所允许。

【例 11-2】 图 11-16(a)示一钢制圆轴,在两端受平衡力偶的作用,其力偶矩$M_e=2.5\ \text{kN}\cdot\text{m}$已知轴的直径$d=60\ \text{mm}$,许用切应力$[\tau]=60\ \text{MPa}$。试对该轴进行强度校核。

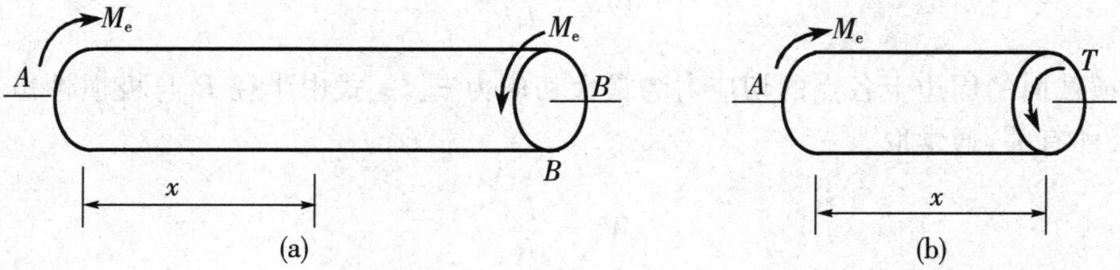

图 11-16

【解】 (1)计算扭矩T

将圆轴在离左端任意距离x处截开,取左部为脱离体(图 11-16(b)),根据平衡条件,可求得横截面上的扭矩为

$$T=M_e$$

在轴的长度范围内,不论x等于多少,此T值都相同。

(2)校核强度

要校核强度,必须先求出最大切应力。圆轴受扭时最大切应力发生在横截面的边缘上,按式(11-11)计算

$$\tau_{max} = \frac{T}{W_p} \leqslant [\tau]$$

式中

$$W_p = \frac{\pi D^3}{16}$$

将有关数据代入,得

$$\tau_{max} = \frac{T}{W_p} = \frac{T}{\frac{\pi D^3}{16}}$$

$$= \frac{2.5\times 10^3\ \text{N}\cdot\text{m}\times 16}{3.14\times 0.06^3\ \text{m}^3}$$

$$= 59\times 10^6\ \text{Pa} = 59\ \text{MPa} < [\tau]$$

故安全。

【例 11-3】 某汽车传动轴是采用外径$D=89\ \text{mm}$、厚度$\delta=2.5\ \text{mm}$的无缝钢管制成,材料为45号钢,许用切应力$[\tau]=70\ \text{MPa}$。设计传递的最大扭矩$T=2.0\ \text{kN}\cdot\text{m}$。该轴是否能满足

扭转强度条件？

【解】 轴的外径 D 已知，内径 $d=D-2\delta$

内外径之比 $\alpha=\dfrac{d}{D}=\dfrac{89\ \text{mm}-2\times 2.5\ \text{mm}}{89\ \text{mm}}=\dfrac{84}{89}$

由式(11-13)可计算轴的抗扭截面模量

$$W_p=\frac{\pi D^3}{16}(1-\alpha^4)=\frac{\pi\times 89^3\ \text{mm}^3}{16}\left[1-\left(\frac{84\ \text{mm}}{89\ \text{mm}}\right)^4\right]=28582\ \text{mm}^3$$

代入圆轴扭转强度条件式(11-11)中

$$\tau_{\max}=\frac{T}{W_p}=\frac{2.0\times 10^3\ \text{N}\cdot\text{m}}{28582\times 10^{-9}\ \text{m}}=70\times 10^6\ \text{Pa}=70\ \text{MPa}$$

即
$$\tau_{\max}=[\tau]=70\ \text{MPa}$$

该轴设计能满足扭转强度条件。

上例中，如改变设计，将传动轴设计为实心圆轴，其他条件均相同，试按扭转强度条件计算所需轴径 d 的大小。

由式(11-13)和(11-11)

$$W_p=\frac{\pi d^3}{16}\geqslant\frac{T}{[\tau]}$$

故

$$d\geqslant\sqrt[3]{\frac{16T}{\pi[\tau]}}=\sqrt[3]{\frac{16\times 2.0\times 10^3\ \text{N}\cdot\text{m}}{\pi\times 70\times 10^6\ \text{Pa}}}=5.26\times 10^{-2}\ \text{m}=52.6\ \text{mm}$$

上述传动轴的两种设计虽然均能满足强度要求，但在轴的重量上，两者相差很大。因两轴长度一样，重量之比等于横截面积之比，两轴横截面积之比为

$$\frac{A_{空}}{A_{实}}=\frac{\frac{\pi}{4}\times(89^2\ \text{m}^2-84^2\ \text{m}^2)}{\frac{\pi}{4}\times 52.6^2\ \text{m}^2}=0.313$$

可见，采用钢管比采用实心圆轴要少耗费材料$\dfrac{2}{3}$还多，且重量还轻。

一般来说，采用空心圆轴比采用实心圆轴合理。原因是空心圆轴受扭时截面上应力分布比较均匀，材料利用比较充分。这是由切应力在截面上的分布规律所决定的。图 11-17(a)所示为实心圆轴截面上扭转切应力的分布，轴心附近的应力很小，材料不能得到充分利用。空心圆轴则应力分布较为均匀(图 11-17(b))。但空心圆轴加工困难，外径也要大些。尤应注意采用焊接钢管做轴时，必须保证焊缝质量，一旦焊缝开裂即成图 11-17(c)所示的开口断面，抗扭能力将大为降低。

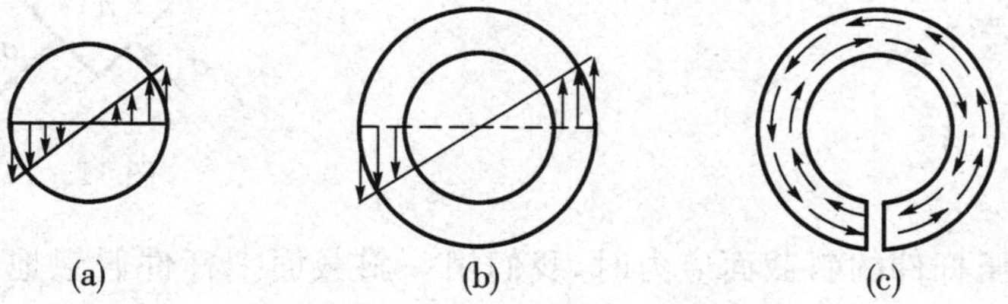

图 11-17

【例 11-4】 图 11-18(a)所示悬臂轴,外径 $D=60$ mm,CB 段为空心圆,内径 $d=40$ mm,D,B 处有外力偶 M_e 作用。若材料的许用切应力 $[\tau]=100$ MPa,试求许可的最大外力偶矩 M_e 的值。

【解】 作轴的扭矩图,如图 11-18(b)所示。

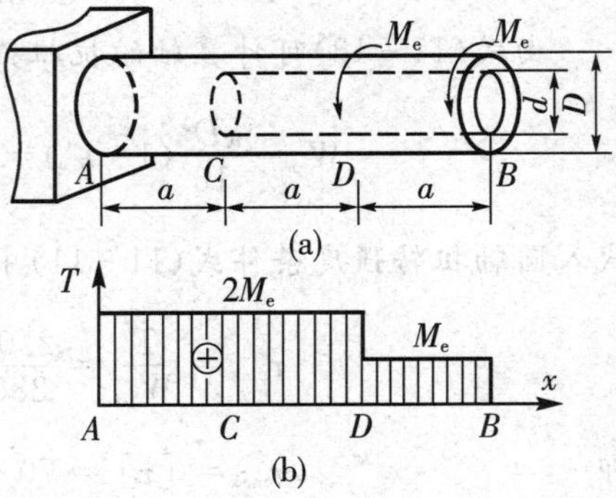

图 11-18

AC 和 CD 段扭矩一样,截面不一样,只需考虑截面较弱的 CD 段;CD 和 DB 段截面一样,扭矩不一样,也只需考虑扭矩大的 CD 段。因此,CD 段能满足强度要求,整根轴也就能满足强度要求。

CD 段抗扭截面模量为

$$W_p=\frac{\pi D^3(1-\alpha^4)}{16}$$

$$=\frac{\pi\times 60^3\ \text{mm}^3\times\left[1-\left(\frac{40\ \text{mm}}{60\ \text{mm}}\right)^4\right]}{16}$$

$$=34034\ \text{mm}^3$$

由扭转强度条件和扭矩图,知

$$\tau_{\max}=\frac{2M_e}{W_p}\leqslant[\tau]$$

所以,最大扭转外力偶矩应为

$$M_e\leqslant\frac{W_p[\tau]}{2}=34034\times10^{-9}\ \text{m}^3\times100\times10^6\ \text{Pa}=1702\ \text{N}\cdot\text{m}$$

为使该轴满足扭转强度要求,M_e 不得超过 1.7 kN·m。

11.4.2 斜截面上的应力

通过圆轴扭转试验我们发现:低碳钢试件沿横截面断开(图 11-19),而铸铁试件沿着与轴线约成 45°的螺旋线断开(图 11-20)。所以,为了分析它们的破坏原因,只知道横截面上的应力是不够的,还需要研究斜截面上的应力。

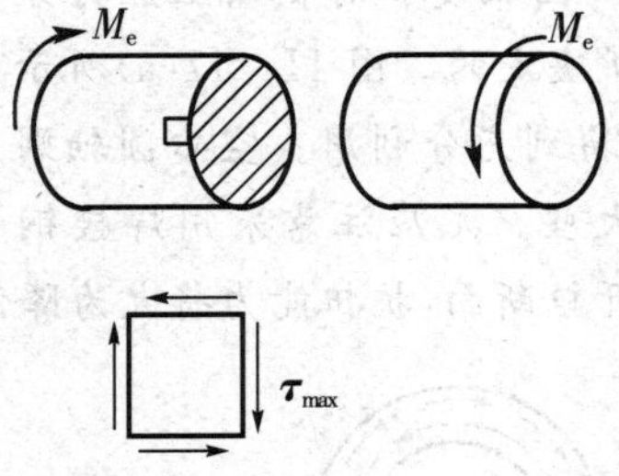

图 11-19

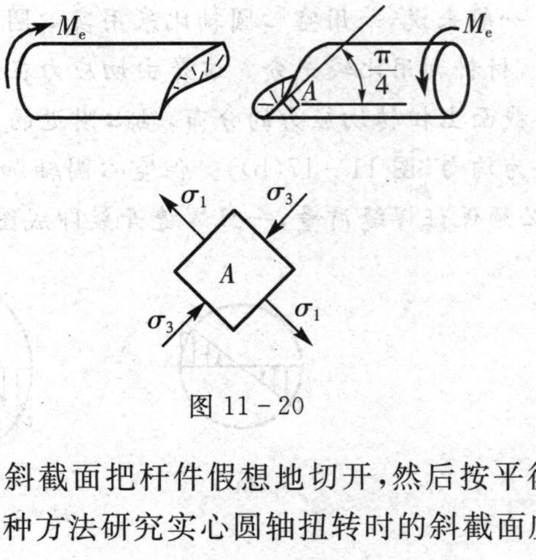

图 11-20

在以前研究拉、压杆件的斜截面应力时,我们用一斜截面把杆件假想地切开,然后按平衡条件找出斜截面应力与横截面应力的关系。但现在用这种方法研究实心圆轴扭转时的斜截面应力是不行的，因为轴向拉、压时杆件横截面上的应力是均匀分布的，而扭转情况下横截面应力不是均匀分布的，也就是应力在截面上是逐点不同的。因此，我们采用单元体的研究方法，即围绕圆轴的某一点切出一个单元体(正六面体)。由于边长是无限小，所以单元体各个侧面上的应力可视为均匀分布的，这样就可以用截面法研究其斜截面上的应力了。

我们从圆轴的表层某点取出一单元体(图 11-21(a))，这单元体的左、右两侧面为圆轴的横截面，上、下两侧面为径向平面，而单元体的前、后两侧面为圆柱面。由切应力互等定理可知，单元体的左、右、上、下四个侧面作用着相等的切应力 $\tau_x=\tau_y$，而前后面没有应力作用，此单元体处于纯剪切状态，因此可将此单元体改用平面图来表示(图 11-21(b))。

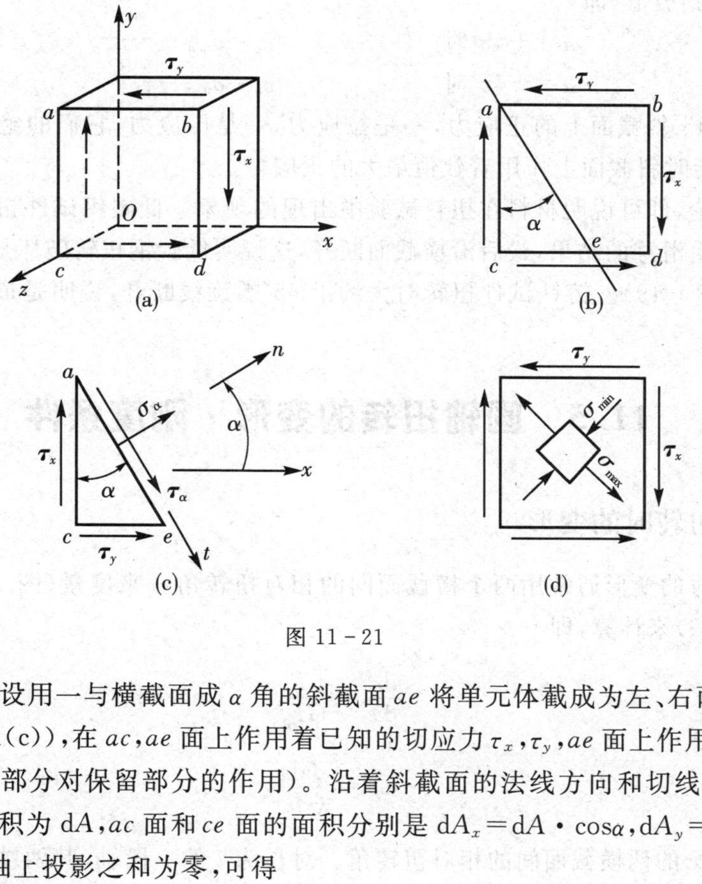

图 11-21

应用截面法，假设用一与横截面成 α 角的斜截面 ae 将单元体截成为左、右两部分，取左部分为脱离体(图 11-21(c))，在 ac，ae 面上作用着已知的切应力 τ_x，τ_y，ae 面上作用着未知的正应力 σ_α 和切应力 τ_α(弃去部分对保留部分的作用)。沿着斜截面的法线方向和切线方向，分别取 n，t 轴。设 ae 面上的面积为 $\mathrm{d}A$，ac 面和 ce 面的面积分别是 $\mathrm{d}A_x=\mathrm{d}A\cdot\cos\alpha$，$\mathrm{d}A_y=\mathrm{d}A\cdot\sin\alpha$。根据各面上的力在坐标轴上投影之和为零，可得

$$\sum F_n=0,\ (\tau_x\mathrm{d}A\cdot\cos\alpha)\sin\alpha+(\tau_y\mathrm{d}A\cdot\sin\alpha)\cos\alpha+\sigma_\alpha\mathrm{d}A=0$$

利用三角关系 $2\sin\alpha\cos\alpha=\sin2\alpha$，上式化为

$$\sigma_\alpha=-\tau_x\sin2\alpha \qquad (11-16)$$

同理，由各面上的力在坐标 t 上投影之和为零，可得

$$\tau_\alpha=\tau_x\cos2\alpha \qquad (11-17)$$

式(11-16)和式(11-17)为受纯剪切的单元体斜截面上的应力公式，也就是受扭杆斜截面上的应力公式。公式表明，受扭斜截面上既有正应力 σ_α，又有切应力 τ_α，它们都是随着斜截面 α 的变化而变化。因此可想到某些截面上 σ_α 或 τ_α 有极值。这对我们分析扭转破坏是有意义的。

由式(11-17)可知,在 $\alpha=0°$ 与 $\alpha=90°$ 的截面上,τ_α 有极值,其大小为

$$\alpha=0°\text{时} \qquad \tau_{0°}=\tau_{max}=\tau_x$$

$$\alpha=90°\text{时} \qquad \tau_{90°}=\tau_{min}=-\tau_x$$

这表明,原来单元体的切应力就是最大切应力和最小切应力,它们大小相等,符号相反。因此,受扭杆件横截面上的切应力就是所有斜截面中的最大值。即单元体的四个侧面上作用着数值最大的切应力。

由式(11-17)还可看出,在 $\alpha=\pm45°$ 的斜截面上切应力 $\tau_\alpha=0$,而由式(11-16)可知这些截面上正应力 σ_α 达到极值,即

$$\alpha=+45°\text{时} \qquad \sigma_\alpha=\sigma_{min}=-\tau_x$$

$$\alpha=-45°\text{时} \qquad \sigma_\alpha=\sigma_{max}=\tau_x$$

这表明,在 $\alpha=\pm45°$ 斜截面上的正应力,一是拉应力,一是压应力,它们的绝对值都等于切应力 τ_x。所以试件扭转时斜截面上作用着数值最大的正应力。

根据上述讨论,即可说明材料在扭转试验中出现的现象。低碳钢试件扭转时的屈服现象是材料沿横截面产生滑移的结果,最后沿横截面断开,这说明低碳钢扭转破坏是横截面最大切应力作用的结果(图 11-19)。铸铁试件扭转时大约沿 45°螺旋线断开,说明是最大拉应力作用的结果(图 11-20)。

11.5 圆轴扭转的变形·刚度条件

11.5.1 圆轴扭转时的变形

圆轴在扭转时的变形通常用两个横截面间的相对扭转角 φ 来度量(图 11-3),可利用前面推导的公式(11-9)来计算,即

$$\frac{d\varphi}{dx}=\frac{T}{GI_p}$$

或

$$d\varphi=\frac{Tdx}{GI_p} \tag{a}$$

式中 $d\varphi$ 为相距 dx 的两横截面间的相对扭转角。对长为 l 的一段轴,其两端横截面间相对扭转角为

$$\varphi=\int_l d\varphi=\frac{T}{GI_p}\int_l dx \tag{b}$$

在长为 l 的这段轴内,当杆只在两端受一对外力偶作用时,各横截面上的扭矩 T 均不变,则对于同一种材料制成的等截面圆轴来讲,GI_p 亦为常数,故上式积分后,得

$$\varphi=\frac{Tl}{GI_p} \tag{11-18}$$

这就是计算圆轴扭转变形公式,φ 的单位为弧度,用 rad 表示。由上式可看出,扭转角 φ 与 GI_p 成反比,即当 GI_p 越大时,φ 就越小,也就是说杆就越不容易发生扭转变形。因此,将 GI_p 称为圆轴的抗扭刚度。它与材料的机械性质、横截面的形状和尺寸有关。此公式只适用等截面圆轴。

若在两截面间扭矩 T 的大小发生变化或阶梯轴，I_p 并非常量，则应分段计算各段扭转角，然后按代数和相加，即

$$\varphi=\sum_{i=1}^{n}\frac{T_i l_i}{GI_{pi}} \tag{11-19}$$

11.5.2 圆轴扭转时的刚度条件

对于受扭转的圆轴来说，有时即使满足了强度条件，也不一定能保证正常工作。因为轴在受扭时若产生过大的变形，会影响机器的精密度，机器的传动轴若有过大的扭转角，会引起机器在运转时发生较大的扭转振动。因此，对轴的扭转变形必须有一定限制。这就要求这些轴除了具有足够的强度外，还应有足够的刚度。在计算轴的刚度时，通常是限制轴的单位长度扭转角 θ，使之不超过规定的允许值[θ]，即 $\theta\leqslant[\theta]$。

由式(11-18)可得单位长度扭转角 θ 为

$$\theta=\frac{\varphi}{l}=\frac{T}{GI_p}$$

θ 的单位是弧度/米(rad/m)。于是圆轴扭转时的刚度条件为

$$\theta=\frac{T}{GI_p}\leqslant[\theta] \tag{11-20}$$

在工程上，[θ]的单位通常用度/米(°/m)，而式(11-20)中 θ 的单位为弧度/米(rad/m)，故需进行单位换算。即

$$\theta=\frac{T}{GI_p}\times\frac{180°}{\pi}\leqslant[\theta] \tag{11-21}$$

式中 T、G 和 I_p 的单位分别用 N·m、Pa 和 m^4 表示，单位长度的许用扭转角[θ]，具体数值可以在有关手册中查到。

【例 11-5】 已知一根由 45 号钢制的空心圆截面轴，其内外直径之 $\alpha=\frac{1}{2}$。最大扭矩 $T_{max}=9.56$ kN·m，钢的许用切应力[τ]=40 MPa，其剪切弹性模量 $G=80\times10^9$ Pa。单位长度轴的许用扭转角[θ]为 0.3°/m。试按强度条件和刚度条件选择轴的直径。

【解】 分别按强度条件式(11-11)及刚度条件式(11-21)计算。现先计算 W_p 及 I_p。

由式(11-14)、(11-15)和已知的 α 值，可得

$$I_p=\frac{\pi D^4}{32}(1-\alpha^4)=\frac{\pi D^4}{32}\times\frac{15}{16}$$

$$W_p=\frac{\pi D^3}{16}(1-\alpha^4)=\frac{\pi D^3}{16}\left[1-\left(\frac{1}{2}\right)^4\right]=\frac{\pi D^3}{16}\times\frac{15}{16}$$

将此 W_p 代入式(11-11)，可得此空心圆轴按强度条件所必需的外径 D，即

$$\tau_{max}=\frac{T_{max}}{W_p}\leqslant[\tau]$$

$$W_p\leqslant\frac{T_{max}}{[\tau]}$$

$$D=\sqrt[3]{\frac{16T_{\max}}{\pi(1-\alpha^4)[\tau]}}=\sqrt[3]{\frac{16\times9560\ \mathrm{N\cdot m}\times16}{\pi\times15\times40\times10^6\ \mathrm{Pa}}}=0.109\ \mathrm{m}=109\ \mathrm{mm}$$

将上面的 I_p 代入式(11-21),即得按刚度条件所必需的外直径 D,即

$$\theta=\frac{T}{GI_p}\times\frac{180}{\pi}\leqslant[\theta]$$

$$I_p\geqslant\frac{T}{G[\theta]}\times\frac{180}{\pi}$$

$$D=\sqrt[4]{\frac{T}{G\times\frac{\pi}{32}(1-\alpha^4)}\times\frac{180}{\pi}\times\frac{1}{[\theta]}}$$

$$=\sqrt[4]{\frac{9560\ \mathrm{N\cdot m}\times180\times32\times16}{80\times10^9\ \mathrm{Pa}\times\pi\times15\times0.3^\circ/\mathrm{m}}}=0.126\ \mathrm{m}=126\ \mathrm{mm}$$

故空心圆轴的外径不应小于 126 mm。在此例题中,控制横截面尺寸的是刚度条件。

11.6 扭转的超静定问题

杆在扭转时,如果杆端的支反力偶矩或杆横截面上的扭矩不能单凭静力学方法求解,则这样的问题就称为扭转超静定问题。解这类问题与解拉、压超静定问题在所用方法上是一致的,除考虑静力平衡条件外,尚需考虑变形协调条件,再运用扭转角计算公式(物理关系),以建立补充方程。下面通过例子说明扭转超静定问题的基本方法。

【例 11-6】 两端固定的阶梯形圆轴 AB,如图 11-22(a)所示。在 C 处作用一外力偶矩 M_e,已知 CB 段轴的抗扭刚度是 AC 段轴的二倍,试求轴两端的支反力偶矩和 C 截面的扭转角 φ_C。

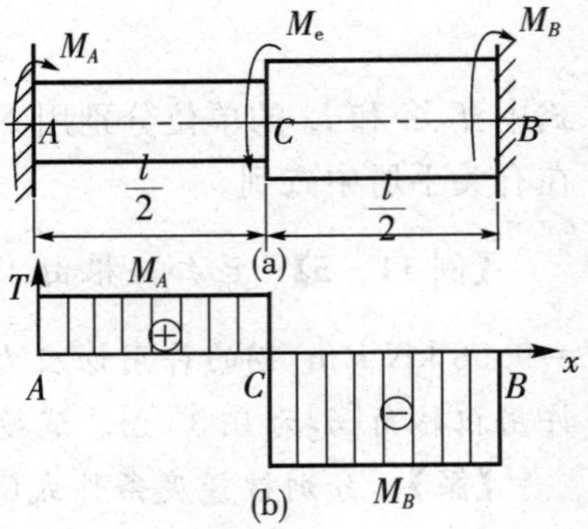

图 11-22

【解】 设两端反力偶矩为 M_A 和 M_B,其方向如图 11-22(a)所示。并作出相应的扭矩图,见图 11-22(b)。

由平衡条件

$$\sum M_x=0,M_A+M_B-M_e=0 \tag{a}$$

一个平衡条件,有两个未知量,故为一次扭转超静定问题,需要通过变形几何关系建立一个补充方程。因轴两端均为固定端,所以 A,B 截面的相对扭转角为零,即

$$\varphi_{AB}=\varphi_{AC}+\varphi_{CB}=0 \tag{b}$$

式(b)即为变形协调方程。

扭转角与扭矩之间的物理关系为

$$\varphi_{AC}=\frac{M_Al}{2(GI_p)_{AC}},\varphi_{CB}=-\frac{M_Bl}{2(GI_p)_{CB}} \tag{c}$$

将式(c)代入式(b),并考虑

$$(GI_p)_{CB}=2(GI_p)_{AC}$$

可得

$$M_B=2M_A \tag{d}$$

联立式(d)与式(a),可得

$$M_A=\frac{M_e}{3},M_B=\frac{2M_e}{3}$$

计算 φ_C 时,由题意可知

$$\varphi_C=\varphi_{AC} \quad 或 \quad \varphi_C=\varphi_{CB}$$

所以

$$\varphi_C=\varphi_{AC}=\frac{\frac{M_e}{3}\times\frac{l}{2}}{(GI_p)_{AC}}=\frac{M_e l}{6(GI_p)_{AC}}$$

或

$$\varphi_C=\varphi_{CB}=\frac{\frac{2M_e}{3}\times\frac{l}{2}}{(GI_p)_{CB}}=\frac{M_e l}{6(GI_p)_{CB}}$$

结果也一样。

11.7 矩形截面杆的自由扭转

首先观察矩形截面杆扭转时的变形情况。与等直圆杆一样,加载前,在杆的侧面上等间距的画上纵向线和横向周界线(图 11-23(a))。然后,在杆的两端加上一对大小相等、转向相反、作用面与杆轴垂直的力偶,使杆产生扭转变形。变形情况与等直圆杆不一样,横向周界线已不再保持为直线,而成为空间曲线(图 11-23(b)),这一现象称为截面翘曲,它是非圆截面杆扭转的一个重要特征。对于非圆截面杆的扭转,平面假设已不成立。因此,圆轴扭转时的应力、变形公式对非圆截面杆均不适用。

非圆截面杆的扭转可分为自由扭转(或纯扭转)和约束扭转。图 11-23 所示的矩形截面杆扭转时,各横截面的翘曲如不受任何约束,则任意两横截面的翘曲情况应完全相同。此时各纵向纤维的长度都未改变,由此可以推断出横截面上只有切应力,而不会产生正应力,这种扭转称为自由扭转。反之,受约束条件或受力条件的限制,扭转时各横截面翘曲情况也就受到限制,于是在横截面上就不仅有切应力,还会有正应力出现,这种情况的扭转称为约束扭转。例如矩形截面杆一端固定,另一端自由,自由端受扭转力偶作用就会发生约束扭转。

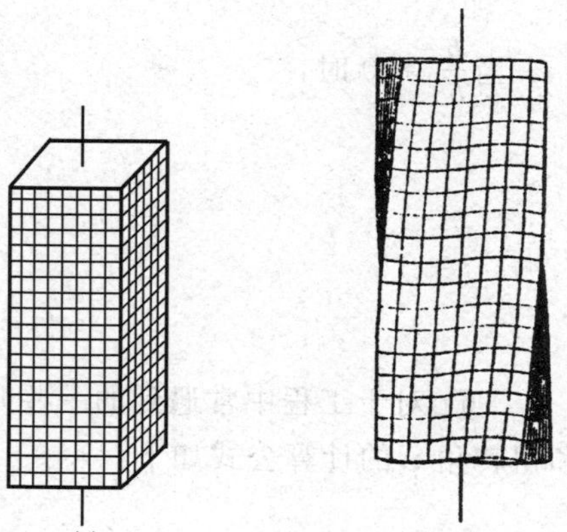

(a) (b)

图 11-23

一般实体截面杆,如矩形截面杆,由于约束扭转产生的正应力很小,可以略去不计,因而可按自由扭转进行分析和计算。但是,对开口薄壁截面杆,约束扭转时正应力

往往很大,不能略去不计。本节只介绍矩形截面杆的自由扭转。

由于矩形截面杆在扭转时横截面发生翘曲而变为曲面,对这曲面要作简单的假设是困难的,因此用材料力学的方法不能解决这一问题,而须用弹性力学的方法来研究。下面仅将矩形截面杆在自由扭转时由弹性力学研究的主要结果简述如下

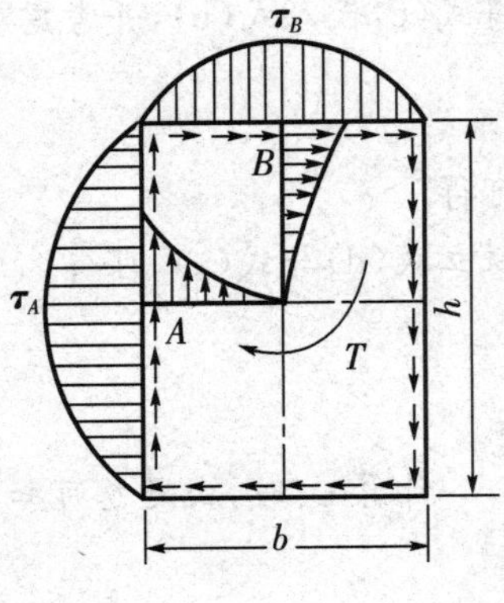

图 11-24

(1) 矩形截面杆在自由扭转时横截面上只有切应力而无正应力。

(2) 周边上各点的切应力的方向与周边平行。在对称轴上各点的切应力垂直于对称轴,在其他各点上切应力的方向是程度不同的斜方向,如图 11-24 所示。

(3) 在截面的中心和四个角点处,切应力等于零。

(4) 最大切应力 τ_{max} 发生在截面长边的中点。此外,短边中点的切应力亦较大,它们分别为

$$\tau_A = \tau_{max} = \frac{T}{W_t} = \frac{T}{\beta b^3} \tag{11-22}$$

$$\tau_B = \gamma \cdot \tau_{max} \tag{11-23}$$

式中 β 和 γ 是与截面的长边 h 对短边 b 的比值(h/b)有关的系数,已列入表 11-1 中。

(5)单位扭转角 θ 为

$$\theta = \frac{T}{GI_t} = \frac{T}{G\alpha b^4} \tag{11-24}$$

式中 α 亦是与 h/b 有关的系数,亦列于表 11-1 中。

表 11-1

h/b	1.0	1.2	1.5	2.0	2.5	3.0	4.0	6.0	8.0	10.0
α	0.140	0.199	0.294	0.457	0.622	0.622	1.123	1.789	2.456	3.123
β	0.208	0.263	0.346	0.493	0.645	0.801	1.150	1.789	2.456	3.123
γ	1.00		0.858	0.796		0.753	0.745	0.743	0.743	0.743

当 $\frac{h}{b} > 10$ 时,

$$I_t \approx \frac{hb^3}{3} \tag{11-25}$$

$$W_t \approx \frac{hb^2}{3} \tag{11-26}$$

(6) 对于工程中常遇到的一些开口薄壁截面(图 11-25)杆,在自由扭转时,最大切应力 τ_{max} 和扭转角 φ 的计算公式如下

$$\tau_{max} = \frac{T \cdot b_{max}}{I_t} \tag{11-27}$$

$$\varphi = \frac{Tl}{GI_t} \tag{11-28}$$

式中
$$I_t = \frac{1}{3}(h_1 b_1^3 + h_2 b_2^3 + \cdots + h_n b_n^3) = \frac{1}{3}\sum_{i=1}^{n} h_i b_i^3 \tag{11-29}$$

式中 h_i 和 b_i 分别为组成截面的每个矩形部分的长边和短边的长度，b_{max} 为各短边中的最大者。

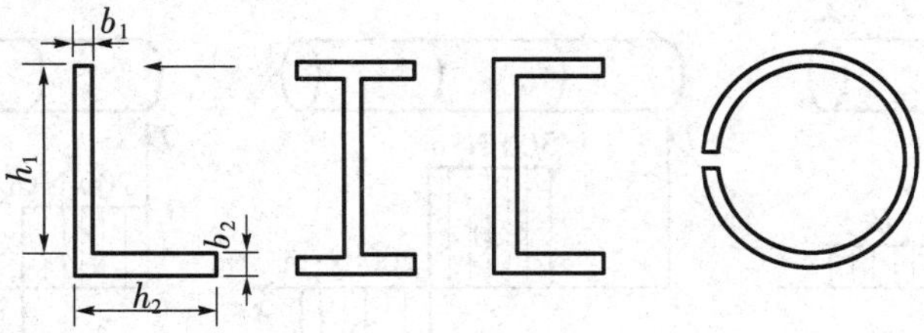

图 11－25

采用型钢时，由于型钢是整体辗压成型的，且在转角处有圆角，翼板的厚度是变的，这就是增加了杆件的抗扭刚度。因此，对这类杆件的 I_t 的计算，须加以修正，其公式是

$$I_t = \eta \times \frac{1}{3}\sum_{i=1}^{n} h_i b_i^3 \tag{11-30}$$

式中 η 为修正系数，对角钢 $\eta=1.12$，工字钢 $\eta=1.20$。

【例 11－7】 有一 T 形截面的钢杆，两端自由，受一对平衡的外力偶矩 M_e 作用。已知：杆长 $l=2$ m，$M_e=100$ N·m，$G=8\times10^4$ MPa。求(1)最大切应力 τ_{max}，(2)扭转角 φ。

【解】 先求 I_t 值，按式(11－21)

$$I_t = \frac{1}{3}\sum_{i=1}^{n} h_i b_i^3$$

对此例，截面由两块钢板组合而成，$n=2$，h_i 分别为 120 mm 和 100 mm，b_i 分别为 12 mm 和 10 mm，代入上式，得

$$I_t = \frac{1}{3}\times(120\times12^3+100\times10^3)\times10^{-12}\ \text{m}^4 = 10.25\times10^{-8}\ \text{m}^4$$

下面分别计算 τ_{max} 和 φ。

(1)计算最大切应力 τ_{max}，由式(11－27)

$$\tau_{max} = \frac{T\cdot b_{max}}{I_t}$$

式中 b_{max} 应取腹板的厚度

$$\tau_{max} = \frac{100\ \text{N}\cdot\text{m}\times12\times10^{-3}\ \text{m}}{10.25\times10^{-8}\ \text{m}^4} = 11.71\ \text{MPa}$$

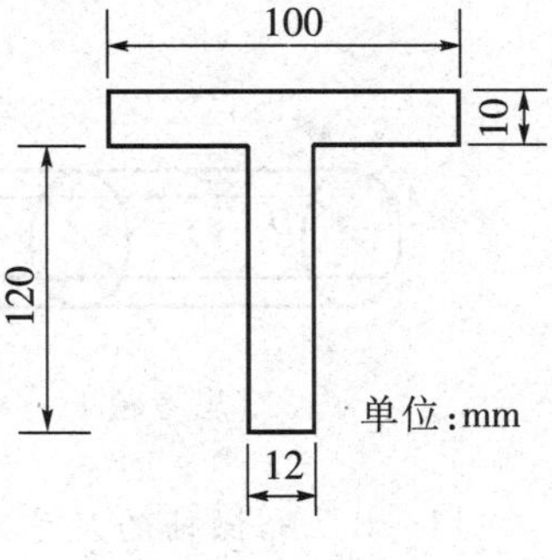

图 11－26

(2)计算扭转角，由式(11－28)

$$\varphi = \frac{Tl}{GI_t} = \frac{100\ \text{N}\cdot\text{m}\times2\ \text{m}}{8\times10^4\times10^6\ \text{N/m}^2\times10.25\times10^{-8}\ \text{m}^4} = 0.0244\ \text{rad}$$

思考题

11—1　在下列各扭矩图中，试在对应的圆轴上标出扭转外力偶矩的大小和转向。

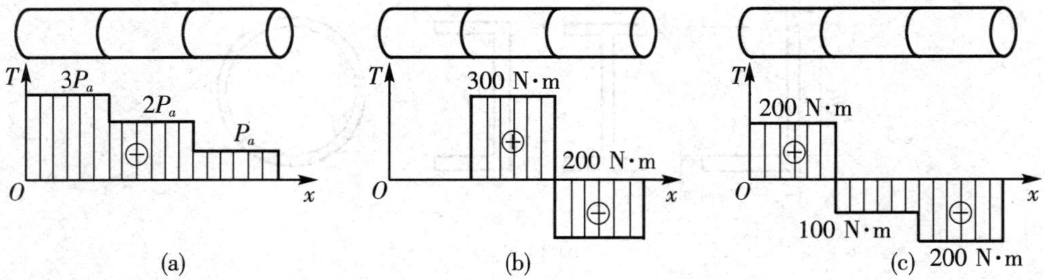

思考题 11-1 图

11—2　从强度观点看，下列三个轮子的位置布置哪一种对轴比较合理？

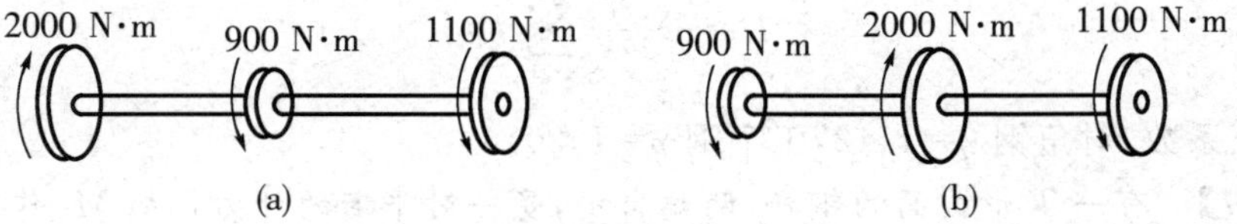

思考题 11-2 图

11—3　对于图示受扭圆杆，指出外力偶矩 M_{e1}，M_{e2} 和 M_{e3} 分别在 a—a 截面上所产生扭矩的正负号。

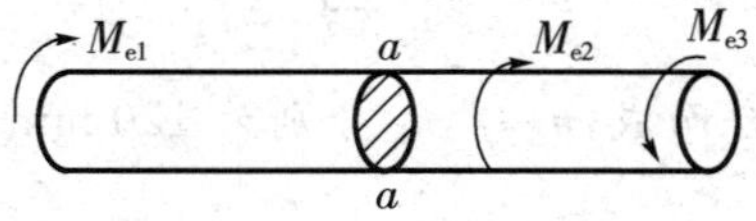

思考题 11-3 图

11—4　对于图示受扭圆杆，试画出纵截面 $ABCD$ 上 K 点的切应力。

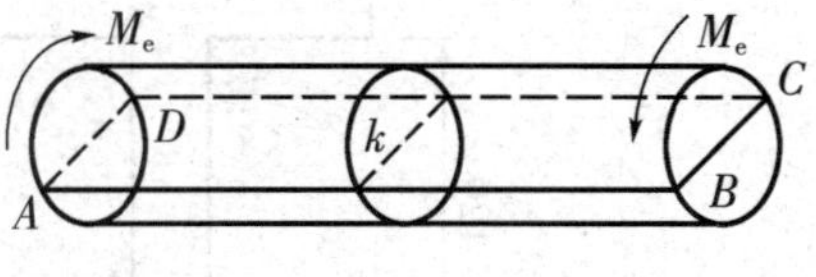

思考题 11-4 图

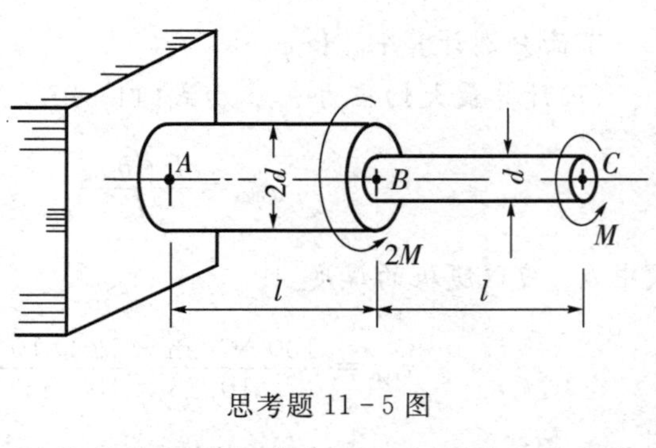

思考题 11-5 图

11—5　阶梯轴的尺寸及其受力如图 11-5 所示，其段的最大切应力 τ_{max1} 与 BC 段的最大切应力 τ_{max2} 是否相同？

11—6　如图 11-5 所示中阶梯轴，其 BC 段的相对扭转角 φ_{CB} 与 AB 段的相对扭转角 φ_{AB} 是否相同？

11—7　如图 11-7 所示的二根受扭杆中，l，d，M_e 均相同，其中一为钢杆，另一为铜杆。问：(1)二杆中的最大切应力是否相同？(2)二杆中的扭转角 φ_{AB} 是否相同？

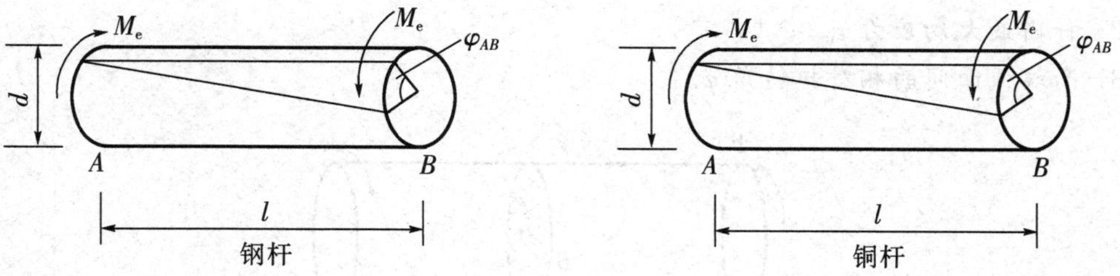

思考题 11-7 图

11—8 为提高圆轴的抗扭刚度，采用优质钢代替普通钢的做法并不合理，增大轴的直径，或采用空心轴代替实心轴的做法较为合理。这句话是否正确？

11—9 圆截面杆与非圆截面杆受扭转时，其应力与变形有什么不同？原因何在？

习 题

11—1 试画下列各圆轴的扭矩图。

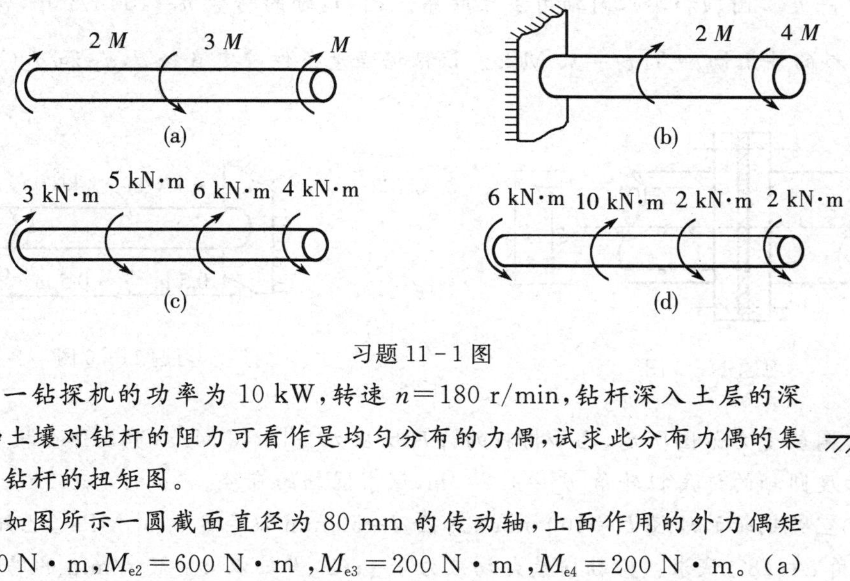

习题 11-1 图

11—2 一钻探机的功率为 10 kW，转速 $n=180$ r/min，钻杆深入土层的深度 $l=4$ m，如土壤对钻杆的阻力可看作是均匀分布的力偶，试求此分布力偶的集度 m，并作出钻杆的扭矩图。

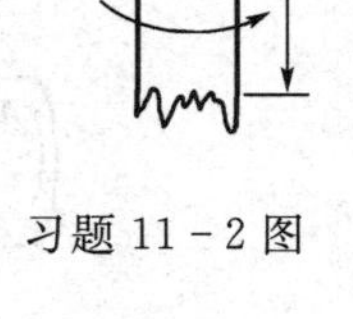

习题 11-2 图

11—3 如图所示一圆截面直径为 80 mm 的传动轴，上面作用的外力偶矩为 $M_{e1}=1000$ N·m，$M_{e2}=600$ N·m，$M_{e3}=200$ N·m，$M_{e4}=200$ N·m。(a) 试作出此轴的扭矩图；(b)试计算各段轴内的最大切应力及此轴的总扭转角（已知材料的剪切弹性模量 $G=79\times10^9$ Pa）；(c)若将外力偶矩 M_{e1} 和 M_{e2} 的作用位置互换一下，问圆轴的直径是否可以减少？

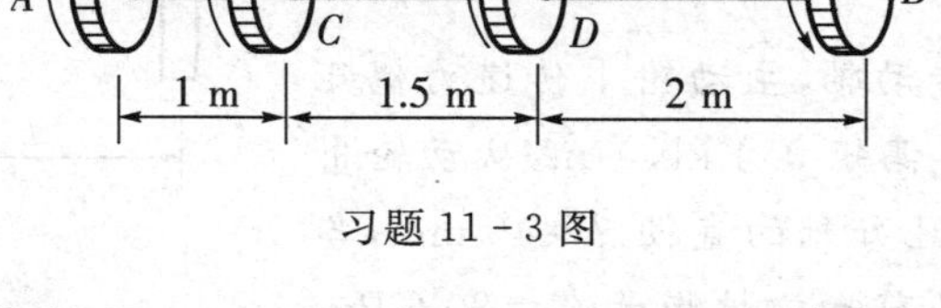

习题 11-3 图

11—4 实心圆轴的半径 $R=50$ mm，长 $l=1$ m。两端横截面受等值反向外力偶 $M_e=14$ N·m。设材料的剪切弹性模量 $G=8\times10^4$ MPa，试求

(1) 杆内阴影截面上 A,B,C 三点处切应力数值及方向;

(2) 杆内最大切应力 τ_{max};

(3) 两端截面间的相对扭转角 φ。

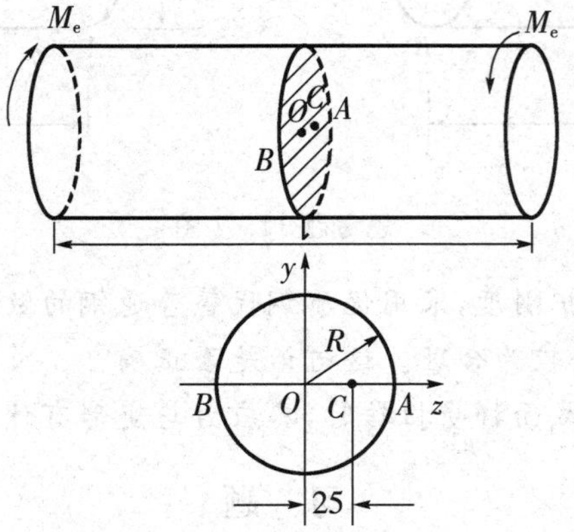

习题 11-4 图

11—5 一空心圆轴和实心圆轴用法兰联结。已知:轴的转数 $n=100$ r/min,传递功率 $P=$ 15 kW,轴材料的许用切应力$[\tau]=30$ MPa。试根据强度条件确定直径 d,d_1 和 $d_2(\frac{d_1}{d_2}=\frac{1}{2})$。

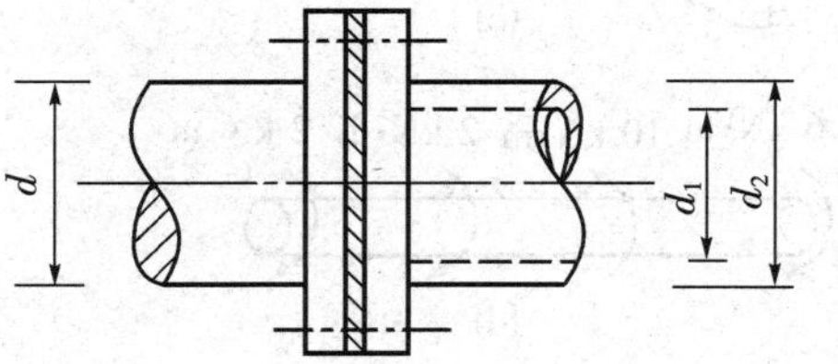

习题 11-5 图

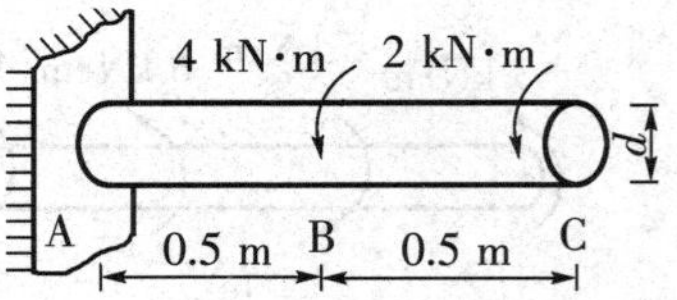

习题 11-6 图

11—6 圆轴受力如图所示,已知材料的许用切应力$[\tau]=40$ MPa,剪切弹性模量 $G=8\times10^4$ MPa,单位长度圆轴的许用扭转角$[\theta]=1.2$ °/m,试求圆轴的直径。

11—7 空心钢轴的外径 $D=100$ mm,内径 $d=50$ mm,$G=8\times10^4$ MPa,已知轴长 $l=2.7$ m 内的扭转角 $\varphi=18°$,试求:(1)轴内最大切应力 τ_{max};(2)当轴以 $n=80$ r/min 的转速转动时,该轴传递的功率。

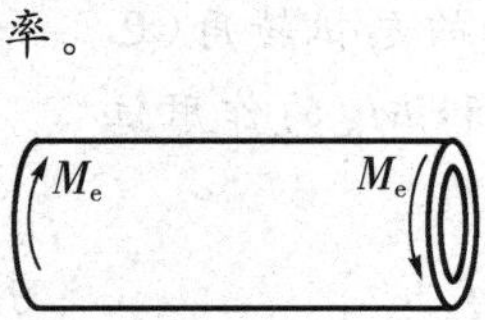

习题 11-7 图

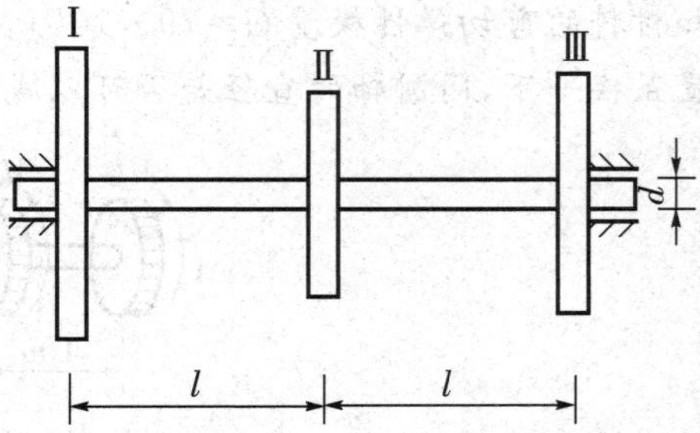

习题 11-8 图

11—8 如图所示一传动轴,主动轮Ⅰ传递力偶矩 1 kN·m,从动轮Ⅱ传递力偶矩 0.4 kN·m,从动轮Ⅲ传递力偶矩 0.6 kN·m。已知轴的直径 $d=40$ mm,各轮间距 $l=500$ mm,材料的剪切弹性模量 $G=80$ GPa。要求:(1)合理布置各轮的位置;(2)求出轴在合理位置时的最大切应力 τ_{max}和最大扭转 φ_{max}。

11—9 一薄壁钢管受扭矩 $M_e=2$ kN·m 作用。已知：$D=60$ mm，$d=50$ mm，$E=210$ GPa。已测得管表面上相距 $l=200$ mm 的 AB 两截面的相对扭转角 $\varphi_{AB}=0.43°$，试求材料的泊松比。

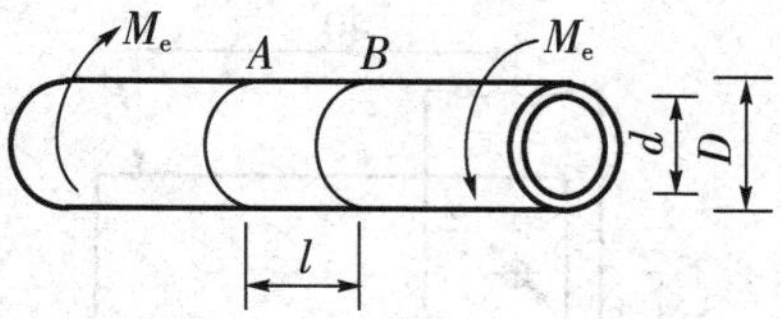

习题 11-9 图

11—10 已知实心圆轴的转速 $n=300$ r/min，传递的功率为 330 kW，圆轴材料的许用切应力$[\tau]=60\times10^6$ MPa，剪切弹性模量 $G=8\times10^9$ MPa 。若设计要求在 2 m 长度内的扭转角不超过 1°，试确定该轴直径。

11—11 一机器主轴由电动机经三角皮带轮带动，如图所示。已知电动机功率为 55 kW，主轴转速为 580 r/min，主轴直径 $d=120$ mm，材料为 45 号钢，许用切应力$[\tau]=140$ MPa。若不计传动中功率损耗，试校核主轴的强度。

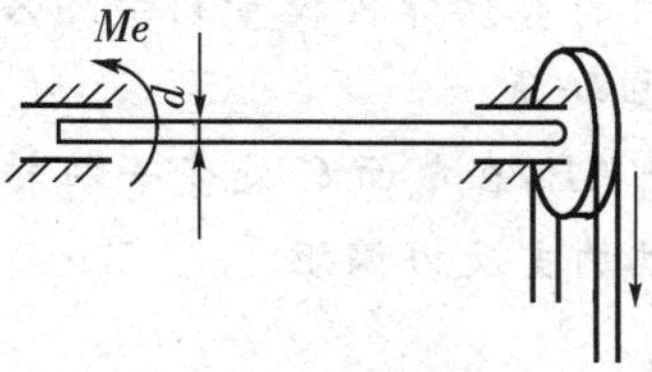

习题 11-11 图

11—12 阶梯形圆轴直径分别为 $d_1=4$ cm，$d_2=7$ cm ，轴上装有三皮带轮，如图所示。已知由轮 3 输入的功率为 $P_3=30$ kW，轮 1 输出的功率为 $P_1=13$ kW ，轴作匀速转动，转速 $n=200$ r/min，材料许用切应力$[\tau]=60$ MPa，$G=80$ GPa ，许用扭转角$[\theta]=2°/\text{m}$，试校核轴的强度和刚度。

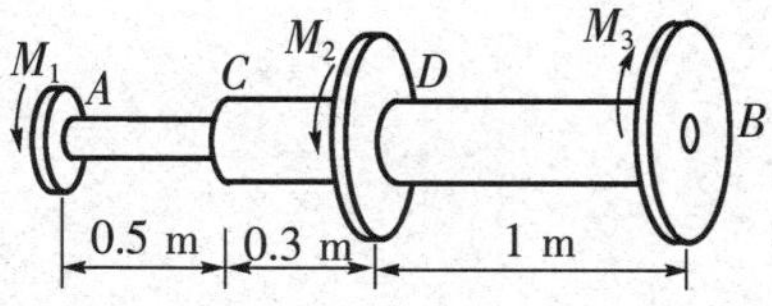

习题 11-12 图

11—13 一销钉式安全联轴器，如图所示。已知销钉 $d=0.8$ cm，轴直径 $D=4$ cm，销钉材料的剪切强度极限 $\tau_b=360$ MPa，试求该联轴器能传递的扭矩 M_e 值，并根据此 M_e 值计算轴内最大切应力 τ_{max}。

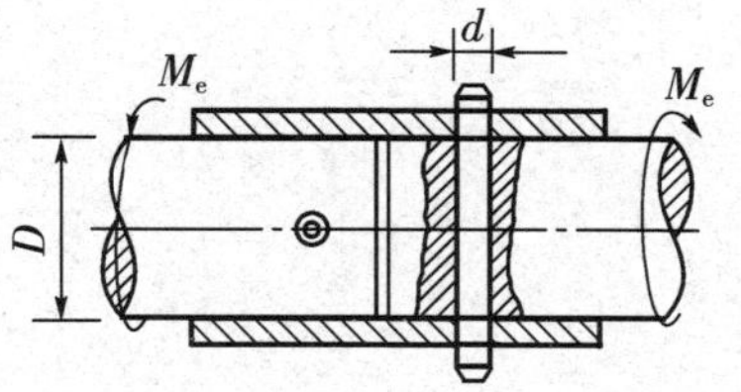

习题 11-13 图

11—14 如图所示一钢托架,受力 F 的作用。已知:$F=5$ kN,螺栓直径 $d=12$ mm。试求最危险的螺栓内的切应力及其方向。

提示:假定螺栓群的中心为扭转中心。

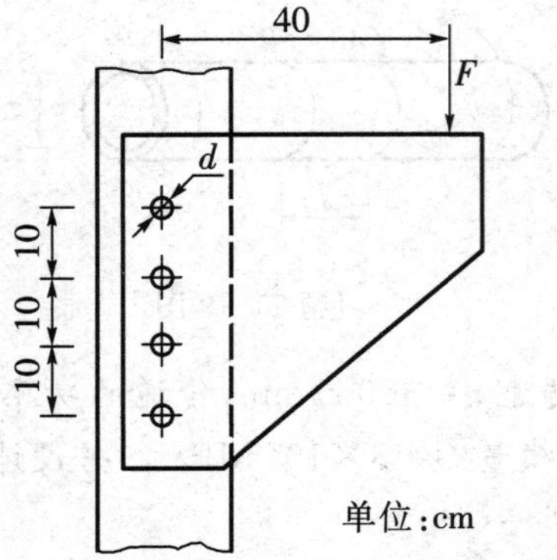

习题 11-14 图

11—15 有一钢杆横截面为矩形 $b\times h=10\times 30\ \text{mm}^2$,长度 $l=2$ m,在两端受到 $m=100$ N·m的外力偶作用。已知材料的剪切弹性模量 $G=79\times 10^9$ Pa 。试求杆内最大切应力的大小、位置以及两端截面间的相对扭转角。

11—16 两端固定的圆截面杆 AB,在截面 C 处受一扭转力偶矩 M_e 作用,如图 a 所示。已知杆的扭转刚度为 GI_p,试求杆两端的支反力偶矩。

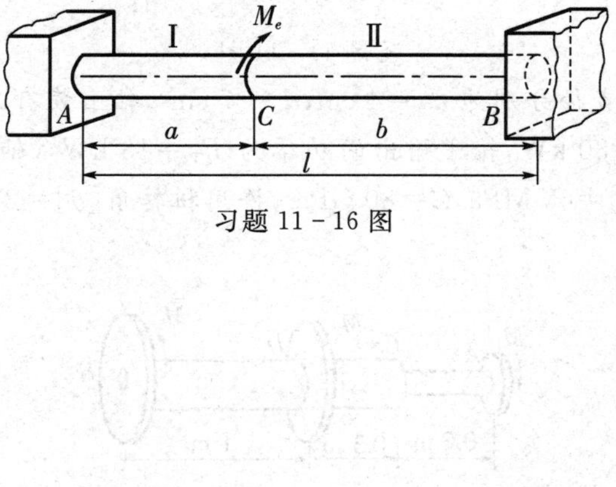

习题 11-16 图

第 12 章　弯曲内力

本章主要介绍梁的平面弯曲概念、梁横截面上的内力分析和计算方法以及梁的内力图的作法。本章还进一步研究了作用在梁上的荷载集度与梁横截面上内力之间的关系，提出了画梁的内力图的简捷法。梁的弯曲在工程中是最常见的一种基本变形，故也是材料力学中最重要内容之一。

12.1　平面弯曲的概念及梁的简化

12.1.1　平面弯曲的概念

在工程中经常遇到这样一些直杆，当它们受到横向外力，或在通过杆轴的平面内受到外力偶作用时，杆的轴线将由直线弯成曲线，这种变形的形式称为弯曲变形。凡是以弯曲变形为主的杆件，称为梁。例如图 12－1 所示的考虑自重的桥式吊车梁，图 12－2 所示的火车轮轴。工程中常用的梁，其横截面大多数具有对称轴，对全梁而言，则就具有纵向对称平面，如图 12－3(a)所示。如果梁上所有的外力都作用在同一纵向对称平面，则梁变形后，其轴线将在此纵向平面内变成一条平面曲线，这种弯曲称为平面弯曲。如图 12－3(b)所示。本章主要讨论平面弯曲变形时横截面上的内力计算。

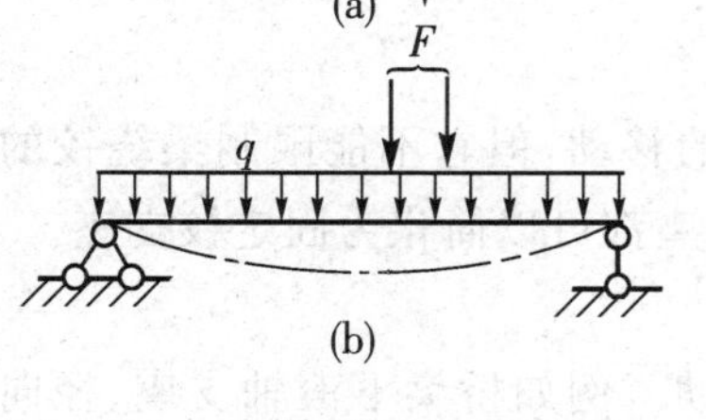

图 12－1

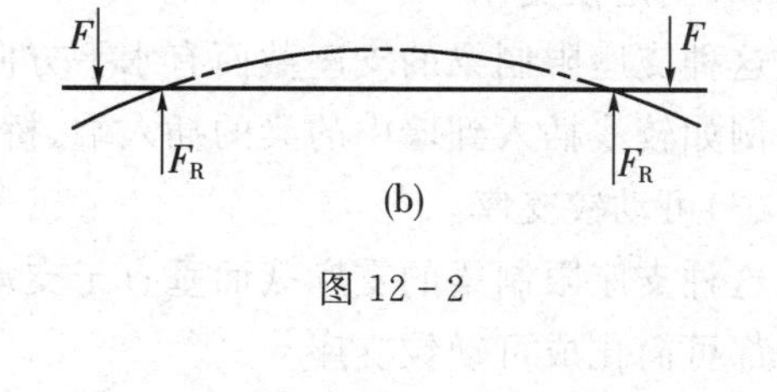

图 12－2

12.1.2　梁的简化和分类

要讨论梁的弯曲，首先要对工程中的梁进行简化，得到它的计算简图。

1. 首先是对梁本身的简化

由于所研究的梁主要是等截面直梁，所以在计算中，用梁的轴线代表梁。

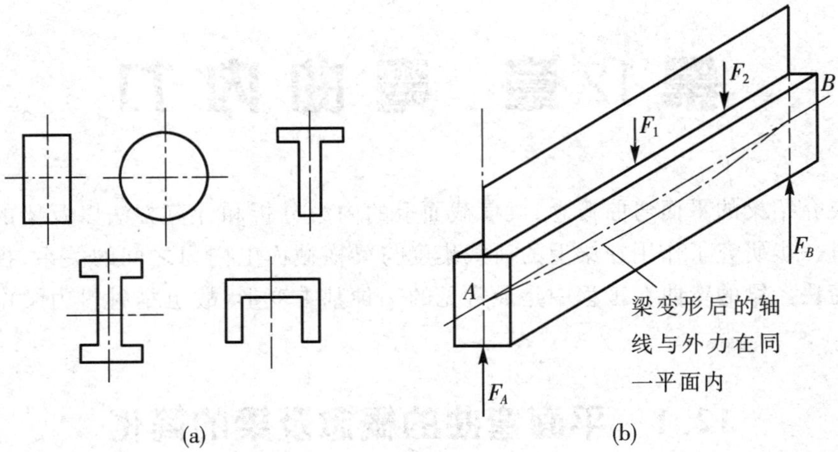

图 12-3

2. 对梁的荷载简化

由于作用在梁上的荷载，一般来讲都有其作用区域，当这个区域比梁的长度尺寸小得多时，可用其合力代替，并简化成作用在梁轴线上一点处的集中力或集中力偶，如果荷载作用区域与梁的长度相比，不能忽略，就可简化成沿梁轴线的分布荷载，如图 12-4 所示。

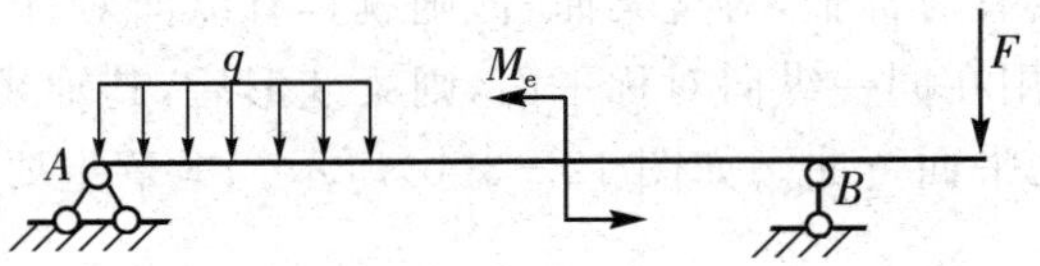

图 12-4

3. 对梁的支座简化

一般可简化成以下几种基本形式：

(1)固定端

这种支座使梁的端部截面不能转动，也不能移动。例如厂房支座、跳水跳板的固定端、深深插入到墙中的梁的插入端等。

(2)固定铰支座

这种支座限制梁的支座截面有水平方向和铅垂方向的移动，但它不能限制梁绕铰的中心转动。例如较浅插入到墙中的梁的插入端、桥梁下的固定支座都可以简化为固定铰支座。

(3)可动铰支座

这种支座限制梁的支座截面垂直于支承面方向的移动。例如桥梁下滚轴支座、径向滚动轴承等都可简化成可动铰支座。

4. 梁的分类

本章所研究的梁，根据梁的支座形式把梁分成三种：

(1)简支梁：一端为固定铰支座，另一端为可动铰支座的梁，如图 12-5(a)所示。

(2)外伸梁：一端或两端向外伸出的简支梁，如图 12-5(b)所示。

(3)悬臂梁：一端固定，另一端自由的梁，如图 12-5(c)所示。

这三种梁的未知支座反力最多为三个。若用静力平衡条件可全部求出梁的未知支座反力，则称此梁为静定梁，否则为超静定梁，如图 12 - 6 所示。关于超静定梁将在后面相应的章中讨论。

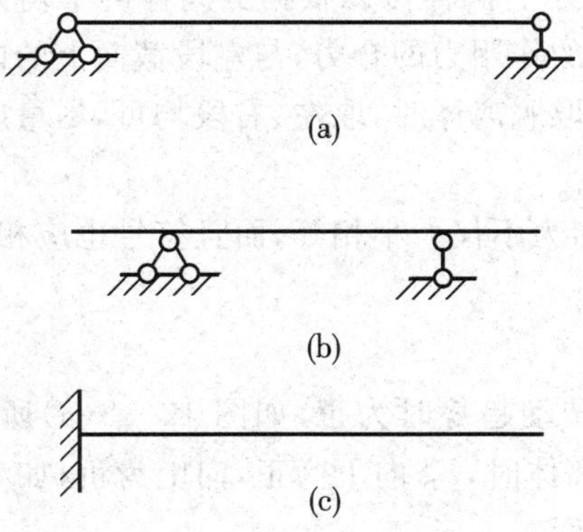

图 12 - 5

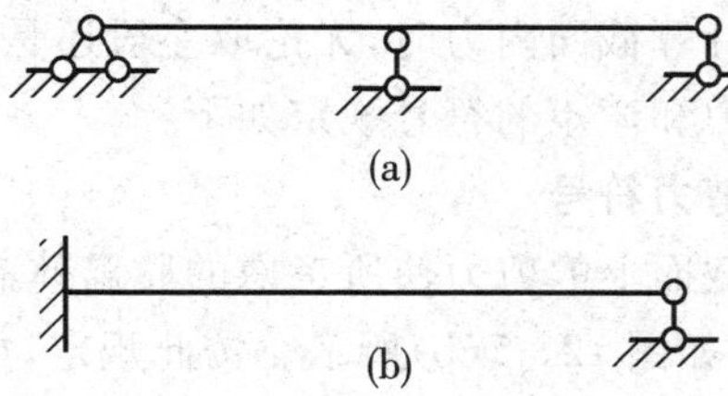

图 12 - 6

12.2 梁的内力

为了研究梁的强度和刚度，必须首先讨论梁在外力作用下任一横截面上的内力。求内力的基本方法仍然是截面法。

下面以简支梁为例加以说明，如图 12 - 7(a)所示。作用在梁上的外力有：力 F 和两端的支座反力 F_A，F_B，在这些力的作用下，梁处于平衡状态。现求距左端为 x 处的横截面 $m—m$的内力。

在算出了支反力 F_A和 F_B以后，按截面法在横截面$m—m$处假想地把梁截分为两段，如图 12 - 7(b)、(c)所示。先分析左边的一段梁，因为在这段梁上作用有向上的外力 F_A，所以在横截面 $m—m$ 上必定有一个作用线与 F_A平行而指向与 F_A相反的内力，才能满足沿 y 方向力的平衡条件，设此力为 F_S，称为剪力。又因为外力 F_A与剪力 F_S 组成一个力偶，所以在此横截面上必定还有一个内力偶与它平衡。设此内力偶的矩为 M，称为弯矩。

由左端梁的平衡条件求得横截面 $m—m$ 上的剪力和弯矩的大小，即

$$\sum F_y = 0, F_A - F_S = 0$$

求得

$$F_S = F_A \tag{a}$$

$$\sum M_C = 0,\ M - F_A x = 0$$

求得

$$M = F_A x \tag{b}$$

这里的矩心 C 是横截面的形心。

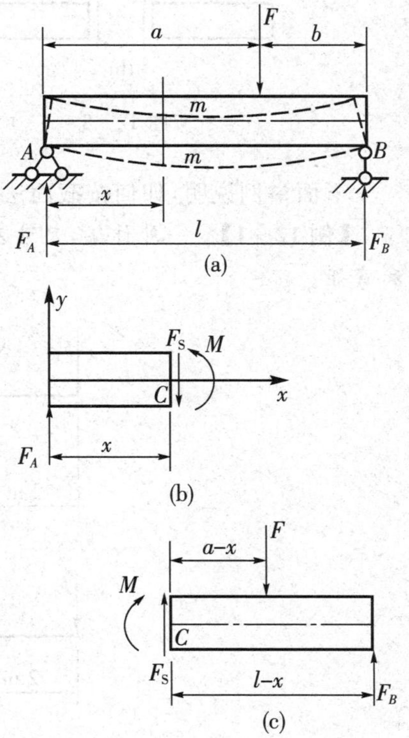

图 12 - 7

由以上分析可得:剪力 F_S 和弯矩 M 即为梁弯曲时横截面上的内力。

如果取梁的右段作为分离体研究,如图 12－7(c)所示。同样可以根据分离体的平衡条件得到截面 $m—m$ 上的剪力和弯矩,它们是梁的左段对右段的作用力的合力,与左段截面上的内力构成作用力与反作用力,它们大小相等而方向相反。所以取脱离体时,取左、右段均可,尽量应以计算简便为准。

在计算截面内力时,无论取左段还是右段,截面的内力不仅大小相等,而且符号也应相同,因此对剪力和弯矩的符号规定如下:

1. 剪力符号

当截面上的剪力使所考虑的脱离体有顺时针方向转动趋势时为正,如图 12－8(a)所示,反之为负,如图 12－7(b)所示。按此规定,如考虑左段脱离体时,F_S 向下为正,向上为负;如考虑右段脱离体时,则 F_S 向上为正,向下为负。

2. 弯矩符号

当截面上的弯矩使所考虑的脱离体向下凸弯曲(即下边受拉,上边受压)时为正,如图 12－9(a)所示,向上凸弯曲(即上边受拉,下边受压图)时为负,如图 12－9(b)所示。按此规定:如考虑左段为脱离体时,M 逆时针为正,顺时针为负。如以右段为脱离体时,M 顺时针为正,逆时针为负。

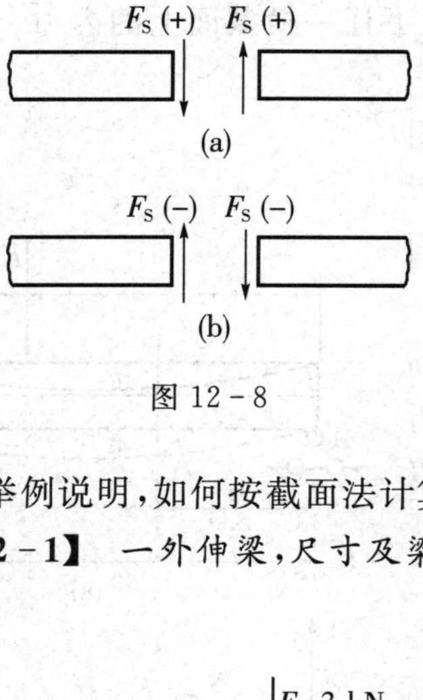

图 12－8

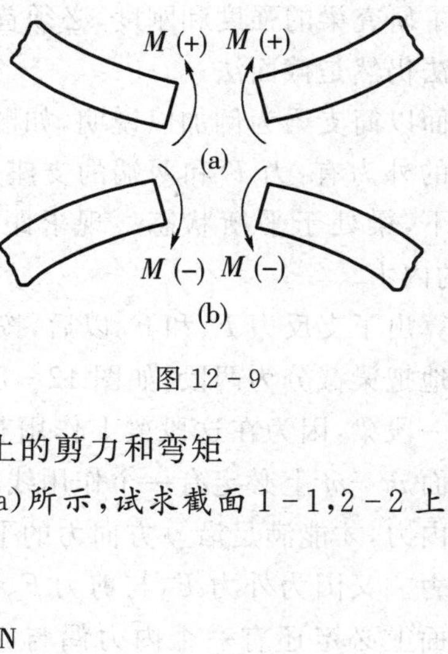

图 12－9

下面举例说明,如何按截面法计算梁在所指定横截面上的剪力和弯矩

【例 12－1】　一外伸梁,尺寸及梁上荷载如图 12－10(a)所示,试求截面 1－1,2－2 上的剪力和弯矩。

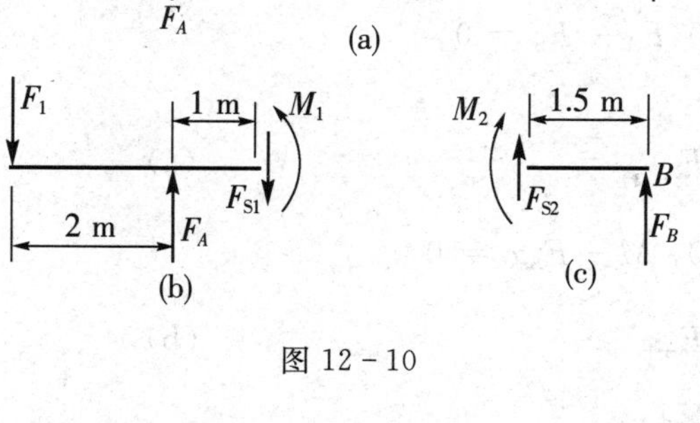

图 12－10

【解】　(1)首先求出支座反力。考虑梁的平衡

$$\sum M_B = 0,\ F_1 \times 8\ \text{m} + F_2 \times 3\ \text{m} - F_A \times 6\ \text{m} = 0$$

得
$$F_A = 14\ \text{kN}$$

$$\sum M_A = 0,\ F_1 \times 2\ \text{m} + F_B \times 6\ \text{m} - F_2 \times 3\ \text{m} = 0$$

得
$$F_B = 9\ \text{kN}$$

(2)求截面上的内力

在截面1-1处将梁截开,取左段为脱离体,在截面上有剪力F_{S1}和弯矩M_1,内力的方向均按符号规定的正向标出(图12-10(b))。考虑脱离体平衡

$$\sum F_y = 0,\ F_A - F_1 - F_{S1} = 0$$

得
$$F_{S1} = F_A - F_1 = 11\ \text{kN}$$

$$\sum M_C = 0\ ,(\text{矩心 } C \text{ 是截面 } 1-1 \text{ 的形心})$$

$$F_1 \times 3\ \text{m} + M_1 - F_A \times 1\ \text{m} = 0$$

得
$$M_1 = F_A \times 1\ \text{m} - F_1 \times 3\ \text{m} = 5\ \text{kN} \cdot \text{m}$$

求得的F_{S1}和M_1均为正值,表示截面1-1上内力的实际方向与假定的方向相同,按内力的符号规定,它们都是正值。

在2-2处将梁截开并取右段脱离体(图12-10(c)),剪力F_{S2}、弯矩M_2的方向仍按正向标出。考虑脱离体平衡。

$$\sum F_y = 0,\ F_{S2} + F_B = 0$$

得
$$F_{S2} = -F_B = -9\ \text{kN}$$

$$\sum M_C = 0\ ,(\text{矩心 } C \text{ 是截面 } 2-2 \text{ 的形心})$$

$$F_B \times 1.5\ \text{m} - M_2 = 0$$

得
$$M_2 = 13.5\ \text{kN} \cdot \text{m}$$

这里求得F_{S2}为负值,表明F_{S2}的实际方向与假定的方向相反,F_{S2}的方向应向下,它使所在的脱离体有逆时针转动趋势,按剪力符号规则,F_{S2}为负剪力。

【例12-2】 图12-11所示的简支梁,在全梁上受线性分布的荷载作用$q_0=20\ \text{kN/m}$,梁长$l=2.4\ \text{m}$,$a=1\ \text{m}$。试求C点处横截面上的剪力和弯矩。

【解】 (1)首先求支反力。线性分布荷载在求支反力时,可用其合力代替,其合力大小为$q_0 l/2$,作用位置在线性分布荷载的形心处,即距B点为$l/3$处,如图12-11(a)中虚线矢量。然后根据平衡方程

$$\sum M_B = 0\ ,F_A \times l - \frac{q_0 l}{2} \times \frac{l}{3} = 0$$

得
$$F_A = \frac{q_0 l}{6} = \frac{20\ \text{kN/m} \times 2.4\ \text{m}}{6} = 8\ \text{kN}$$

$$\sum M_A = 0\ ,\ -F_B l + \frac{q_0 l}{2} \times \frac{2l}{3} = 0$$

得 $$F_B = \frac{q_0 l}{3} = \frac{20\ \text{kN/m} \times 2.4\ \text{m}}{3} = 16\ \text{kN}$$

(2)用截面法求 C 点处截面上的剪力和弯矩。假想用一截面沿 C 点处横截面将梁截开,如图 12-11(b)所示。保留左段梁。先假定截面上的剪力和弯矩为正值。利用平衡方程

$$\sum F_y = 0, F_A - \frac{1}{2}\frac{q_0 a}{l} \times a - F_{SC} = 0$$

$$\sum M_C = 0, F_A a - \frac{q_0 a^2}{2l} \times \frac{a}{3} - M_C = 0$$

得 $$F_{SC} = \frac{q_0 l}{6} - \frac{q_0 a^2}{2l}, M_C = \frac{q_0 l}{6}a - \frac{q_0}{6l}a^3$$

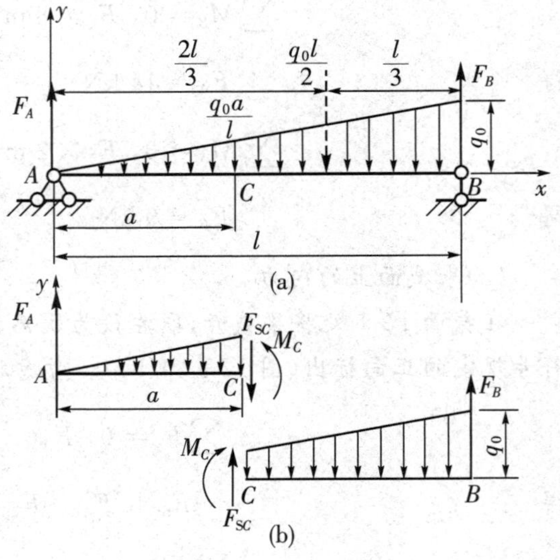

图 12-11

将 $q_0 = 20\ \text{kN/m}, l = 2.4\ \text{m}, a = 1\ \text{m}$ 代入,得

$$F_{SC} = 3.83\ \text{kN} \qquad M_C = 6.61\ \text{kN} \cdot \text{m}$$

在求 C 点处横截面上的剪力和弯矩时,不能预先将梁上的全部分布荷载用其合力来代替,这种代替将改变该截面任意一边梁上的荷载,而得不到正确的结果。说明在研究内力时,不允许预先将梁上的已知荷载用其相当力系来代替。

在上面的例题中,采用了截面法对剪力和弯矩进行计算。有如下规律:

(1)横截面上的剪力在数值上等于该截面左边(或右边)梁上所有横向外力的代数和。从剪力符号规定可知,左边梁上的横向外力向上为正,向下为负。如果计算右边梁上的所有横向外力,则向下为正,向上为负。代数和的正负,就是剪力的正负。

(2)横截面上的弯矩在数值上等于该截面左边(或右边)梁上所有外力对该截面形心取矩的代数和(包括集中力偶)。从弯矩的符号规定可知,左边梁上的顺时针力矩为正,逆时针力矩为负。如果计算右边外力对该截面形心的力矩,则逆时针力矩为正,顺时针力矩为负。力矩代数和的正负,就是弯矩的正负。

以上这种计算梁的指定截面上内力的规律,称为梁的内力计算规律。下面举例用此规律求任一截面上的内力。

【例 12-3】 应用梁的内力计算规律直接算出图 12-12 所示的梁上指定截面 1-1 和 2-2 的剪力和弯矩。图中 a=1m。

【解】 (1)求支反力

$$F_B = \frac{1}{4a}(q \times 2a \times a + F \times 3a + M_e) = 13\ \text{kN}$$

$$F_A = \frac{1}{4a}(F \times a - M_e + q \times 2a \times 3a) = 11\ \text{kN}$$

(2)按计算规则分别计算 1-1,2-2 截面上的内力

1-1 截面,截面以左的外力有 F_A 和 q。F_A 向上,在截面上引起正剪力和正弯矩;q 向下,在

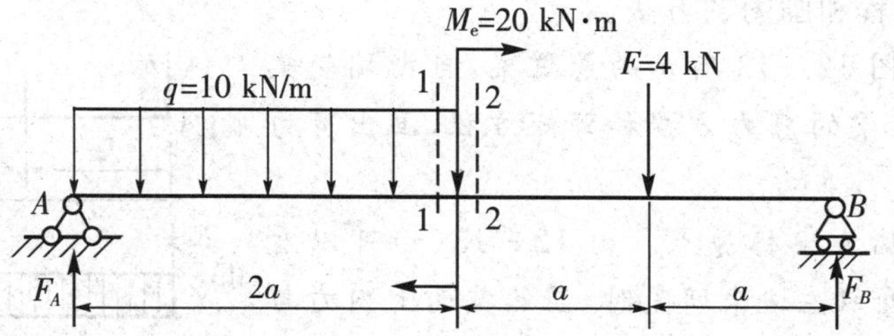

图 12 - 12

截面上引起负剪力和负弯矩。因此有

$$F_{S1} = F_A - q \times 2a = 11\ \text{kN} - 10\ \text{kN/m} \times 2\ \text{m} = -9\ \text{kN}$$

$$M_1 = F_A \times 2a - q \times 2a \times a = 11\ \text{kN} \times 2\ \text{m} - 10\ \text{kN/m} \times 2\ \text{m} \times 1\ \text{m} = 2\ \text{kN} \cdot \text{m}$$

计算结果表明 1 - 1 截面上的剪力为负值、弯矩为正值。

2 - 2 截面，截面以左的外力有 F_A, q, M_e。F_A 在截面上引起正剪力和正弯矩，q 在截面上引起负剪力和负弯矩，M_e 只在截面上引起正弯矩。因此有

$$F_{S2} = F_A - q \times 2a = 11\ \text{kN} - 10\ \text{kN/m} \times 2\ \text{m} = -9\ \text{kN}$$

$$M_2 = F_A \times 2a - q \times 2a \times a + M_e$$

$$= 11\ \text{kN} \times 2\ \text{m} - 10\ \text{kN/m} \times 2\ \text{m} \times 1\ \text{m} + 20\ \text{kN} \cdot \text{m} = 22\ \text{kN} \cdot \text{m}$$

计算结果表明 2 - 2 截面上的剪力为负值、弯矩为正值。

由例 12 - 3 可以看出，利用计算规律计算截面上的内力，可以不必再取分离体而很方便地计算出任意指定截面上的内力。但是必须指出，截面法是计算梁横截面剪力、弯矩的基本方法，只有熟练地掌握基本方法后，使用内力计算规律方能明白其中的道理。

12.3 剪力方程和弯矩方程 · 剪力图和弯矩图

一般情况下，梁弯曲时，横截面上剪力和弯矩随截面位置不同而变化，如果以横坐标 x 表示横截面在梁轴线上的位置，则各横截面上剪力和弯矩随截面位置变化的规律可表示为 x 的函数。即

$$F_S = F_S(x) \qquad M = M(x)$$

这两个函数表达式称为梁的剪力方程和弯矩方程。

与绘制轴力图和扭矩图一样，也可以用图线表示梁各横截面上剪力和弯矩沿轴线变化的规律，绘制时，以横坐标 x 表示横截面位置，以纵坐标表示相应横截面上剪力和弯矩的数值。这样绘出的图形分别称为梁的剪力图和弯矩图，并规定剪力图的纵坐标向上为正，画弯矩图时，一般是根据土建工程中要求，将弯矩的正值画在 x 轴下方。

利用剪力图和弯矩图很容易确定出梁中最大剪力和最大弯矩所在横截面，从而判定梁弯曲时危险截面的可能位置。

画剪力图和弯矩图的基本方法是：先列出梁的剪力方程和弯矩方程，然后根据方程作图。下

面通过例题说明列方程和画图的方法。

【例 12-4】 如图 12-13 所示的悬臂梁，自由端受集中力 F 作用。试列出梁的剪力方程和弯矩方程，画出剪力图和弯矩图。

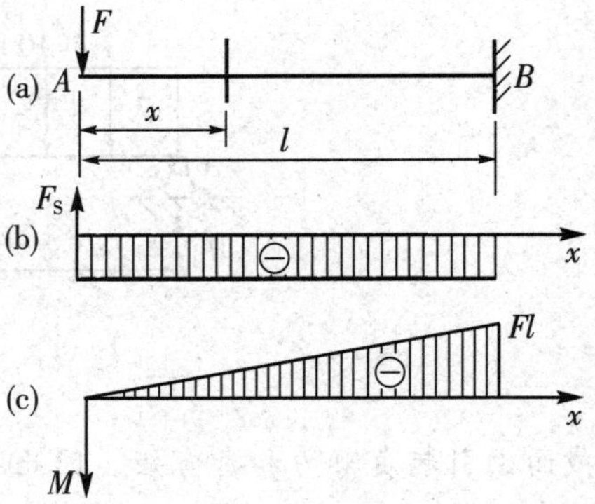

图 12-13

【解】 选梁左端为坐标原点。由 12-13(a)可以看出，当取距坐标为 x 处以左边来研究时，显然截面上内力与固定端的支座反力无关。这种情况下，可以不求支座反力而列出内力方程。

$$F_S(x)=-F \qquad (0<x<l) \qquad \text{(a)}$$

$$M(x)=-F\cdot x \qquad (0\leqslant x<l) \qquad \text{(b)}$$

由式(a)，(b)可知，F_S 是常数，F_S 图为一条水平直线；$M(x)$为 x 的一次函数，M 图为一条斜直线。

且

$$x=0, M_A=0$$

$$x=l, M_B=-Fl$$

可画出剪力图和弯矩图，如图 12-13(b)、(c)所示。

由 12-13(c)可知，$|M|_{max}=|M|_B=Fl$，且 B 截面处的剪力和弯矩即为固定端的支反力和支反力偶。

在剪力方程，x 的适用范围是 $0<x<l$。这表示 x 在略大于 0 至略小于 l 的范围内有效。因为在 $x=0$ 处及 $x=l$ 处，有集中力作用(包括支反力)，这些点处剪力有突变。弯矩方程中，x 适用范围是 $0\leqslant x<l$。这表示 x 在 0 至略小于 l 的范围内有效。因为在 $x=l$ 处有集中力偶作用(包括支反力偶)，这些点弯矩有突变，所以剪力、弯矩在这些突变点处，表示适用范围时，没有等号。

【例 12-5】 简支梁受集度为 q 的均布荷载作用，如图 12-14(a)所示，试列出梁的内力方程，并画出内力图。

【解】 (1)首先求支座反力。由于荷载对称，支座反力也对称，所以

$$F_A=F_B=\frac{1}{2}ql$$

(2)列内力方程。取 A 点为坐标原点，根据内力的计算规则，可以很容易写出距 A 点为 x 处截面的剪力和弯矩。

$$F_S(x)=F_A-qx=\frac{1}{2}ql-qx \qquad (0<x<l) \qquad \text{(a)}$$

$$M(x)=F_Ax-qx\times\frac{x}{2}=\frac{ql}{2}x-\frac{q}{2}x^2 \qquad (0\leqslant x\leqslant l) \qquad \text{(b)}$$

(3)画剪力图和弯矩图

由式(a)可知，$F_S(x)$是 x 的一次函数，它的图形是条直线，只要确定出直线上的两点，就可画出剪力图。

当 $x=0$，可求出 $F_{SA}=\frac{1}{2}ql$，当 $x=l$，$F_{SB}=-\frac{1}{2}ql$，可画出剪力图，如图 12-14(b)所示。

由式(b)可知，$M(x)$是 x 的二次函数，它的图形是条抛物线，需要多确定几点才能画出图线。

当 $x=0$，$x=l$，有 $M_A=0$，$M_B=0$

又由 $\frac{dM(x)}{dx}=0$，有 $\frac{1}{2}ql-qx=0$，得 $x=\frac{l}{2}$

即 $x=\frac{l}{2}$ 时，$M(x)$取极值

且
$$M_{\max}=\frac{ql^2}{8}$$

有了这三个截面的弯矩值，就可画出弯矩图，如图 12-14(c)所示。

由剪力图和弯矩图可以看出，梁的两端剪力最大(绝对值)，其值为 $\frac{1}{2}ql$，梁的跨中，弯矩最大，其值为 $\frac{1}{8}ql^2$。值得注意的是，在 $F_S=0$ 时。此截面上有弯矩的极值。

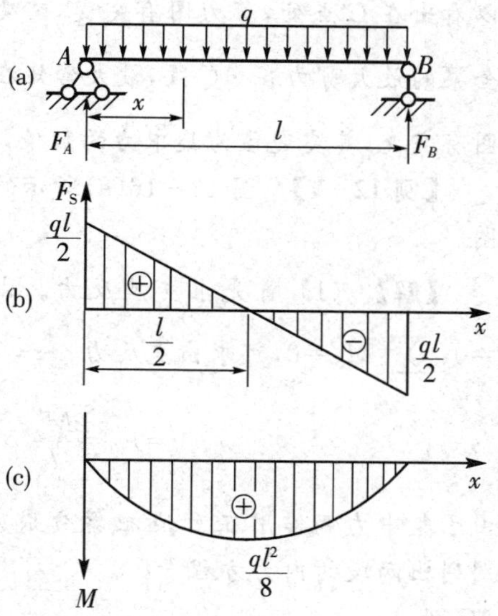

图 12-14

【例 12-6】 图 12-15(a)所示的简支梁在 C 处受集中力 F 作用，试画出梁的剪力图和弯矩图。

【解】 此题与前两题不同之处，内力在全梁范围内不能用一个统一函数式来表示，要分段列方程，分段时以集中力、集中力偶的作用位置及分布荷载起、终点为界。本题是以集中力 F 作用在 C 点为界，将梁分成 AC 段和 BC 段。

(1)首先求支座反力。根据整个梁的平衡条件

$$\sum M_A=0,\sum M_B=0$$

可求出
$$F_A=\frac{b}{l}F,F_B=\frac{a}{l}F$$

(2)列内力方程。以 A 点为坐标原点，如图 12-15(a)所示。根据计算规律，可以分别列出 AC 段和 BC 段的内力方程

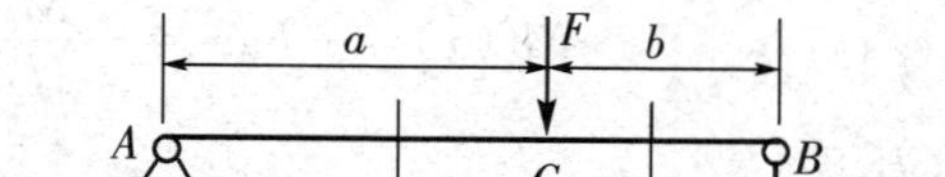

图 12-15

AC 段

$$F_{S1}(x)=F_A=\frac{b}{l}F \qquad (0<x<a)$$

$$M_1(x)=F_Ax=\frac{b}{l}Fx \qquad (0\leqslant x\leqslant a)$$

BC 段

$$F_{S2}(x)=-F_B=-\frac{a}{l}F \qquad (a<x<l)$$

$$M_2(x)=F_B(l-x)=\frac{Fa}{l}(l-x) \qquad (a\leqslant x\leqslant l)$$

根据两段的内力方程，可分别画出两段的剪力图和弯矩图，如图 12-15(b)、(c)。由图上可

以看出在 C 点处，剪力图有突变，突变的数值等于集中力的数值，而弯矩图在 C 点处为一折点。全梁的最大剪力在 AC 段，最大弯矩在 C 截面上，为 $M_{max}=\dfrac{ab}{l}F$。可见在集中力的作用处，剪力图有突变，其突变值为集中力的数值，弯矩图可能有最大值。

【例 12-7】 图 12-16(a)所示的简支梁在 C 点受集中力偶作用，试画出梁的剪力图和弯矩图。

【解】 (1) 首先求支座反力。由平衡方程 $\sum M_A=0$，$\sum M_B=0$，可求出支反力

$$F_A=F_B=\frac{M_e}{l}$$

由于集中力偶作用在 C 点把梁分成 AC 和 CB 两段，分别列出两段的内力方程

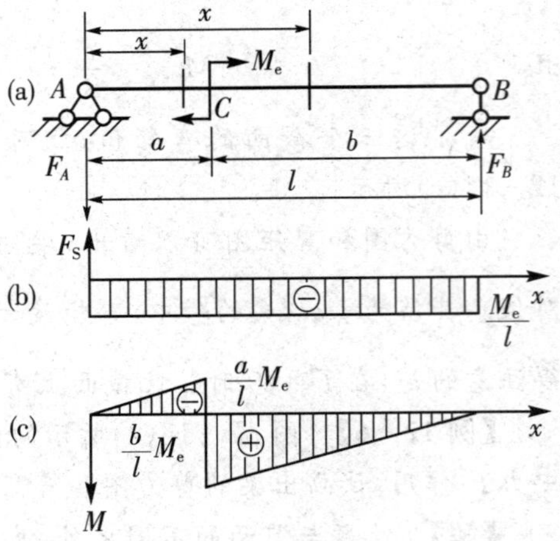

图 12-16

AC 段

$$F_{S1}(x)=-F_A=-\frac{M_e}{l}\qquad(0<x\leqslant a)$$

$$M_1(x)=-F_Ax=-\frac{M_e}{l}x\qquad(0\leqslant x<a)$$

CB 段

$$F_{S2}(x)=-F_B=-\frac{M_e}{l}\qquad(a\leqslant x<l)$$

$$M_2(x)=F_B(l-x)=\frac{M_e}{l}(l-x)\qquad(a<x\leqslant l)$$

根据内力方程可以分别画出两段的内力图，如图 12-16(b)、(c)所示。

由图中可以看出，在剪力图中，集中力偶处，并不影响剪力的变化，剪力图是一水平线，AC 段和 CB 段的剪力都是常数。在弯矩图中，集中力偶 C 点处有两个值，所以弯矩图在 C 点处有突变，突变值等于梁上的集中力偶矩的数值。所以在集中力偶作用处，剪力图无变化，弯矩图有突变，其突变值为集中力偶矩的数值，且有最大值。

通过以上例题可以看出：梁上最大弯矩(绝对值)可能发生在剪力等于零处、集中力作用处和集中力偶作用处。

另外，还有一些结构，是由杆件刚性连接起来的，称为刚架。如果组成刚架的杆件的轴线在同一平面内，称平面刚架，杆件的连接处称为刚结点。刚架承受荷载时，刚结点所连的杆件之间夹角不改变。有些机器的机身，其轴线是由几条直线组成的折线，每段之间也不能发生相对转动，也可当作刚架处理。刚架的内力一般也有弯矩、剪力和轴力。内力的符号规定为：轴力仍以引起拉伸的为正，反之为负；剪力的符号与梁的剪力符号规定相同；弯矩的符号，则可以置身于刚架内侧观察，把每段看成梁，按梁的符号规定分段讨论，并分段画出内力图。轴力图和剪力图没有明确规定画在杆件的哪一边，但要注明正负；弯矩图则规定画在杆件受拉边，可不注正负。

下面举例说明简单平面刚架的内力的计算和内力图的计算的画法。

【例 12-8】 图 12-17(a)所示平面刚架受均布荷载作用，试画出刚架的内力图。

【解】 先分别列出 AB 段和 BC 段的内力方程，两段的坐标见图 12-17(a)所示。

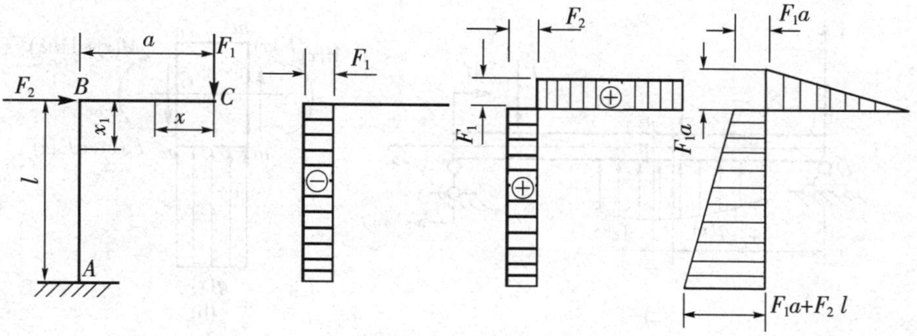

(a)　(b) F_N 图　(c) F_S 图　(d) M 图

图 12 - 17

BC 段

$$F_N(x) = 0 \qquad (0 \leqslant x \leqslant a)$$

$$F_S(x) = F_1 \qquad (0 < x < a)$$

$$M(x) = -F_1 x \qquad (0 \leqslant x \leqslant a)$$

BA 段

$$F_N(x_1) = -F_1 \qquad (0 \leqslant x_1 \leqslant l)$$

$$F_S(x_1) = F_2 \qquad (0 < x_1 < l)$$

$$M(x_1) = -F_1 a - F_2 x_1 \qquad (0 \leqslant x_1 < l)$$

根据内力方程可分别画出内力图，见图 12 - 17(b)、(c)、(d)。

12.4　弯矩·剪力和分布荷载集度的微分关系

1. 弯矩 M、剪力 F_S、分布荷载集度 q 之间的关系

分析 12.3 节中的各例题，可以发现在梁的任意截面处，将弯矩方程 $M(x)$ 对 x 求导，就可得到剪力方程，将剪力方程 $F_S(x)$ 对 x 求导，便可得到分布荷载 q。这一规律对于直梁是普遍存在的。现推导如下：

图 12 - 18(a)所示的梁上作用有分布荷载 $q(x)$，设 $q(x)$ 向上为正，向下为负。建立坐标系如图 12 - 18(a)所示，坐标原点在左侧。在距坐标原点 x 处，以 m—m 和 n—n 两截面截取长为 dx 的微段，如图 12 - 18(b)所示，在 m—m 截面上的剪力为 $F_S(x)$，弯矩为 $M(x)$。在 n—n 截面上剪力为 $F_S(x) + dF_S(x)$，弯矩为 $M(x) + dM(x)$，微段上的分布荷载为 $q(x)$，由于微段长度 dx 是微量，因此可将微段上的分布荷载 $q(x)$ 视为均布。

由于梁处于平衡状态，所以切下的微段梁也处于平衡状态。根据微段的平衡条件，有

$$\sum F_y = 0, F_S(x) - [F_S(x) + dF_S(x)] + q(x)d(x) = 0$$

得

$$\frac{dF_S(x)}{d(x)} = q(x) \qquad (12-1)$$

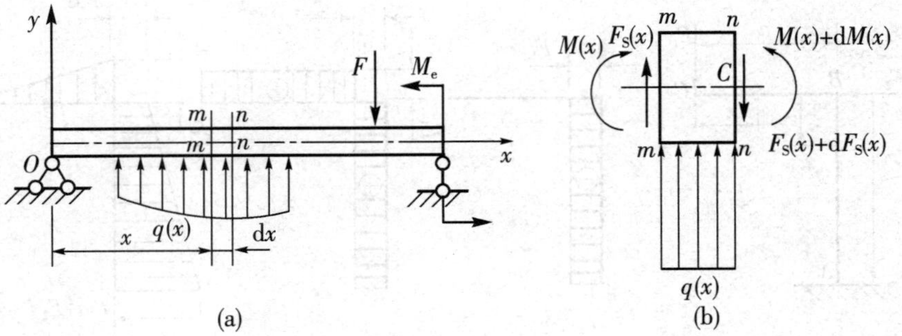

图 12-18

对 n—n 截面的形心 C 取力矩平衡方程式,有

$$\sum M_C=0,[M(x)+\mathrm{d}M(x)]-M(x)-F_S(x)\mathrm{d}x-q(x)\mathrm{d}x\cdot\frac{\mathrm{d}x}{2}=0$$

略去二阶微量$(\mathrm{d}x)^2$,得

$$\frac{\mathrm{d}M(x)}{\mathrm{d}x}=F_S(x) \tag{12-2}$$

对(12-2)式再求导一次,得

$$\frac{\mathrm{d}^2M(x)}{\mathrm{d}x^2}=q(x) \tag{12-3}$$

以上三式即为弯矩 $M(x)$、剪力 $F_S(x)$与荷载集度 $q(x)$之间的微分关系。以上这三种微分关系在直梁中是普遍存在的,利用它们的微分关系,可以使我们更好地掌握剪力图、弯矩图的变化规律,并帮助我们绘制或校核剪力图和弯矩图。

2. 利用弯矩 M、剪力 F_S、荷载集度 q 的关系作剪力图和弯矩图

根据数学上导数的几何意义可知,一次导数的几何意义是代表曲线上的切线斜率,所以$\frac{\mathrm{d}F_S(x)}{\mathrm{d}x}=q(x)$表明剪力图中曲线上各点的切线斜率等于梁上相应位置分布荷载的集度。$\frac{\mathrm{d}M(x)}{\mathrm{d}x}=F_S(x)$表明弯矩图中曲线上各点的切线斜率等于各相应截面上的剪力。此外,由数学上知道二次导数的正、负可用来判定曲线的凹凸方向,即$\frac{\mathrm{d}^2M(x)}{\mathrm{d}x^2}=q(x)$表明二次导数的正、负反映了弯矩图的凹凸性。

根据梁上荷载、剪力和弯矩三者之间关系,可得出以下规律:

(1)如梁上某一段没有荷载,即 $q=0$ 时,由$\frac{\mathrm{d}F_S(x)}{\mathrm{d}x}=q(x)$可看出,此段的剪力图的斜率为 0,所以剪力 $F_S(x)$应为常数,剪力图为水平线。再由$\frac{\mathrm{d}M(x)}{\mathrm{d}x}=F_S(x)$可看出,此段弯矩图的斜率为常数,所以弯矩 $M(x)$应 x 为的一次函数,弯矩图为斜直线。

当 $F_S(x)>0$ 时,M 图为一段向右下方倾斜的直线。

当 $F_S(x)<0$ 时,M 图为一段向右上方倾斜的直线。

(2)如梁上某一段有均布荷载，即 $q=$常数时，由 $\frac{dF_S(x)}{dx}=q(x)$ 可看出，此段的剪力图的斜率为常数，所以剪力 $F_S(x)$ 应为 x 的一次函数，剪力图为斜直线。再由 $\frac{dM(x)}{dx}=F_S(x)$ 可看出，此段弯矩图的斜率为 x 的一次函数，所以弯矩 $M(x)$ 应为 x 的二次函数，弯矩图为二次抛物线。

当均布荷载向下时，即 $q<0$，F_S 为向右下方倾斜的直线，M 图为向下凸抛物线。

当均布荷载向上时，即 $q>0$，F_S 为向右上方倾斜的直线，M 图为向上凸抛物线。

(3)弯矩图的极值

在剪力 $F_S=0$ 的横截面上，弯矩为极大值或极小值。在集中力(包括支反力)处，弯矩图会出现尖角，集中力偶(包括支反力偶)作用处，弯矩图会出现突变，都会产生极值。对全梁来说，要综合考虑各段的极值，从中选出全梁弯矩的最大值。

利用弯矩、剪力、荷载集度三者之间微分关系作弯曲内力图的方法，我们称为简捷法。用简捷法作剪力图和弯矩图的要点是：首先根据弯矩、剪力、荷载集度三者之间微分关系的规律，判断各段剪力图、弯矩图的形状，然后计算出控制点的剪力和弯矩值，画出相应的剪力图和弯矩图。表 12-1 为几种常见荷载作用下的剪力图和弯矩图特征的汇总。

表 12-1 几种常见荷载作用下的剪力图和弯矩图的特征

一段梁上的外力的情况	向下的均布荷载 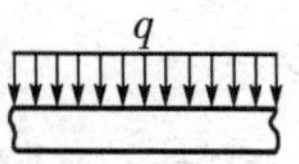	无荷载 	集中力 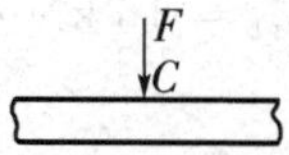	集中力偶 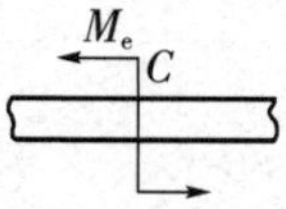
剪力图上的特征	向下方倾斜的直线 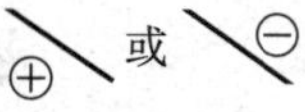	水平直线，一般为 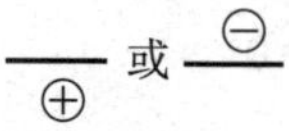	在 C 处有突变 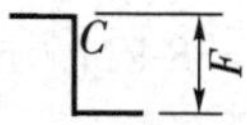	在 C 处无变化 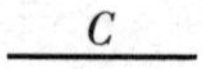
弯矩图上的特征	下凸的二次抛物线 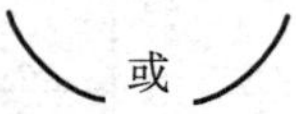	一般为斜直线 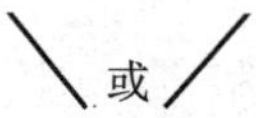	在 C 处有尖角 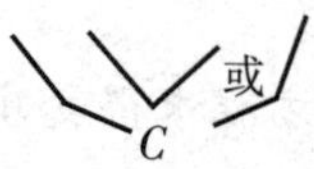	在 C 处有突变 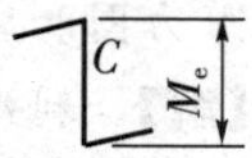
最大弯矩所在截面的可能位置	在 $F_S=0$ 的截面		在剪力变号的截面	在紧靠 C 点的某一侧的截面

【例 12-9】 图 12-19(a)所示的外伸梁，试画出其剪力图和弯矩图。

【解】 利用平衡方程可求得 A,C 处的支座反力为

$$F_A=8\ \text{kN},F_C=20\ \text{kN}$$

在画剪力图和弯矩图时，需根据梁上的外力情况将梁分段，再分段画出。本题将梁分为 AB,BC 和 CD 三段。

(1) 剪力图

AB 段梁为无外力区段，该段梁的剪力图为水平线，只需求出一个截面的剪力即可

$$F_{SA}=F_A=8\ \text{kN}$$

BC 段梁也为无外力区段，该段梁的剪力图为水平线，也只需求出一个截面的剪力即可

$$F_{SB右}=F_A-F=(8-20)\ \mathrm{kN}=-12\ \mathrm{kN}$$

CD 段有均布荷载作用，$q<0$，该段梁的剪力图为斜直线，只需求出两个截面的剪力值即可

$$F_{SC右}=q\times 2\ \mathrm{m}=4\ \mathrm{kN/m}\times 2\ \mathrm{m}=8\ \mathrm{kN}$$

$$F_{SD}=0$$

分别画出各段的剪力图，如图 12-19(b)所示。

(2)弯矩图

AB 段梁为无外力区段，该段梁的弯矩图为斜直线，只需计算两个截面的弯矩值即可

$$M_A=0$$

$$M_B=F_A\times 2\ \mathrm{m}=8\ \mathrm{kN}\times 2\ \mathrm{m}=16\ \mathrm{kN\cdot m}$$

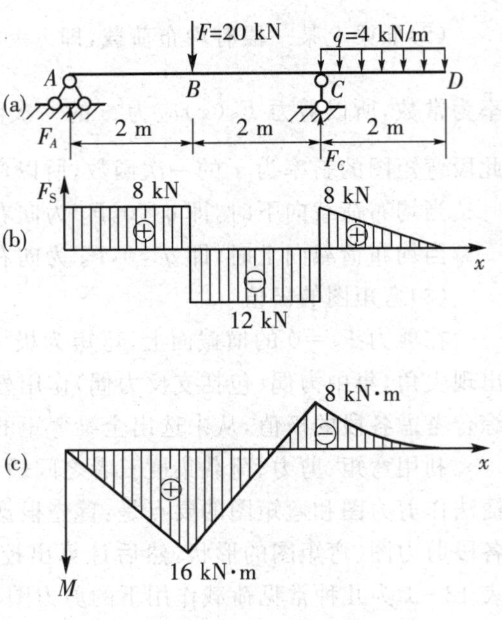

图 12-19

BC 段也为无外力区段，弯矩图为斜直线，也只需计算两个截面的弯矩值

$$M_B=16\ \mathrm{kN\cdot m}$$

$$M_C=-\frac{q}{2}\times 2^2\ \mathrm{m}^2=-\frac{4\ \mathrm{kN/m}}{2}\times 2^2\ \mathrm{m}^2=-8\ \mathrm{kN\cdot m}$$

CD 段有均布荷载，$q<0$，弯矩图为向下凸的二次抛物线，可根据

$$M_C=-8\ \mathrm{kN\cdot m},M_D=0$$

画出该抛物线。全梁的弯矩图如图 12-19(c)所示。

【例 12-10】 简支梁受力如图 12-20(a)所示，画此梁的剪力图和弯矩图。

【解】 利用平衡方程求得支座反力为

$$F_A=\frac{5}{3}qa,\ F_B=\frac{1}{3}qa$$

根据梁上的荷载情况，此题需将梁分为 AC 和 BC 两段，分段画出内力图。

(1)剪力图

AC 为无外力区段，剪力图为水平线，只需求出一个截面的剪力，便可画出。

$$F_{SA}=F_A=\frac{5}{3}qa$$

BC 为均布荷载段，剪力图为斜直线，求出两个截面的剪力值，即可画出。

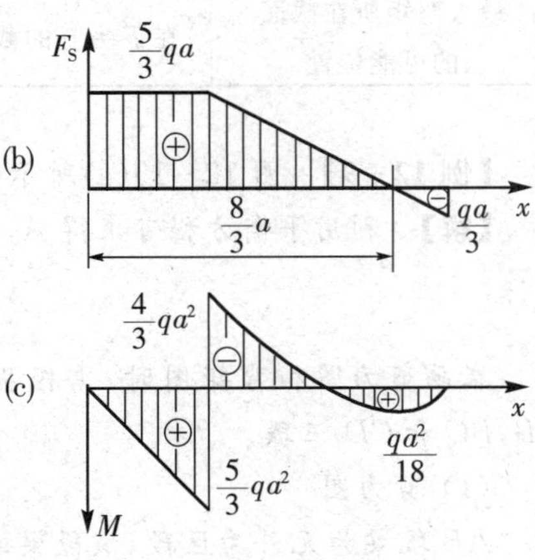

图 12-20

$$F_{SC}=F_A=\frac{5}{3}qa$$

$$F_{SB}=-F_B=-\frac{1}{3}qa$$

全梁的剪力图如图 12-20(b)所示。

(2)弯矩图

AB 为无外力区段，弯矩图为斜直线，只需求出两个截面的弯矩便可画出

$$M_A=0$$

$$M_{C左}=F_Aa=\frac{5}{3}qa^2$$

BC 为均布荷载段，$q<0$，弯矩图为向下凸的二次抛物线，在剪力图上可见有剪力为零的截面，该处的弯矩将有极值，所以该段需计算三点的弯矩值，画出弯矩值，即

$$M_{C右}=F_Aa-M_e=\frac{5}{3}qa\times a-3qa^2=-\frac{4}{3}qa^2$$

$$M_B=0$$

下面确定极值点的位置

CB 段的弯矩方程为

$$M(x)=F_Ax-M_e-\frac{q}{2}(x-a)^2=\frac{5}{3}qax-3qa^2-\frac{q}{2}(x-a)^2$$

求导，并令$\frac{\mathrm{d}M(x)}{\mathrm{d}x}=0$，得

$$x=\frac{8}{3}a$$

即弯矩的极值在距 A 端$\frac{8}{3}a$ 处，极值为

$$M_{\max}=\frac{5}{3}qa\times\frac{8}{3}a-3qa^2-\frac{q}{2}\left(\frac{8}{3}a-a\right)^2=\frac{qa^2}{18}$$

通过描点作图，可画出该段的弯矩图形状。全梁的弯矩图如图 12-20(c)所示。

12.5 叠加法作剪力图和弯矩图

对处于小变形的构件，作用在构件上的外力互不影响，相互独立，这时，外力与其在构件内引起的内力、应力，变形成线性关系。因此，在计算构件的内力、应力和变形时，可以应用叠加原理。所谓叠加原理，是指在上述条件下，几个外力同时作用下构件内引起的结果(内力、应力、变形)等于几个外力分别单独作用下在构件内引起结果的代数和。

绘制剪力图和弯矩图也可用叠加法。所谓内力图的叠加，是指内力图对应的纵坐标代数相加，而不是内力图的简单合并。

【例 12-11】 图 12-21(a)所示的悬臂梁，受集中力 F 和分布荷载 q 作用。用叠加法画梁

的内力图。

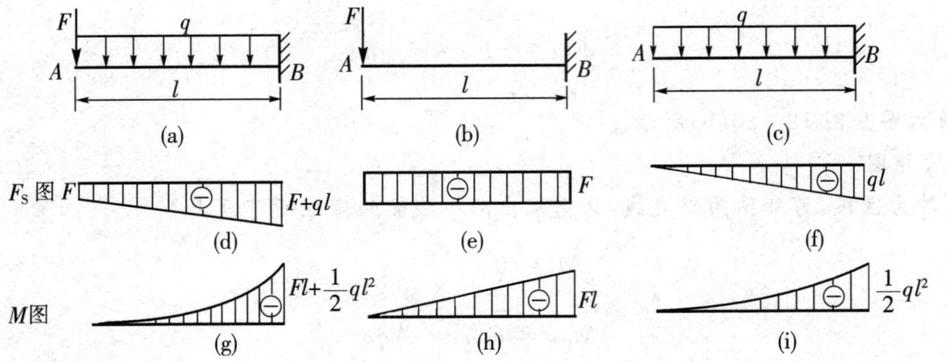

图 12-21

【解】 作用在梁上有两个荷载,集中力 F 和均布荷载 q(图 12-21(a)),将 F 和 q 分别加到梁上,如图 12-21(b)、(c)所示。分别画出它们单独作用下的剪力图(图 12-21(e)、(f))和弯矩图(图 12-21(h)、(i)),这四个图的内力符号相同,所以易于叠加。叠加时,将相应的纵坐标代数相加,便可得到由图 12-21(d)及图 12-21(g)所示的剪力图及弯矩图。

【例 12-12】 图 12-22(a)所示简支梁,用叠加法画梁的剪力图和弯矩图。

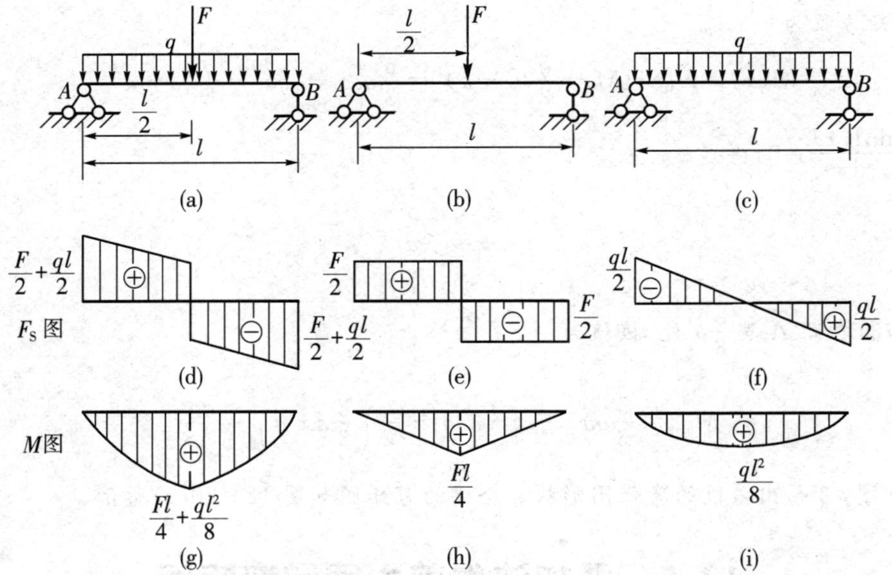

图 12-22

【解】 梁上作用有集中力 F 和均布荷载 q,将它们分别加到简支梁上,如图 12-22(b)、(c)所示,画出 F 和 q 单独作用时的剪力图(图 12-22(e)、(f))和弯矩图(图 12-22(h)、(i)),将相应的纵坐标代数相加,便可得到由图 12-22(d)及图 12-22(g)所示的剪力图及弯矩图。

思考题

12—1 什么是平面弯曲?

12—2 计算弯曲内力的计算规则是什么?如何确定剪力和弯矩的正负?

12—3 在集中力作用处,梁的剪力图和弯矩图各有何特点?在集中力偶处,梁的剪力图和弯矩图各有何特点?

12—4 如何确定弯矩图上有极值的截面?弯矩图上的极值是否就是梁内的最大弯矩值?

12—5 试指出下列各梁的内力图中的错误,并纠正之。

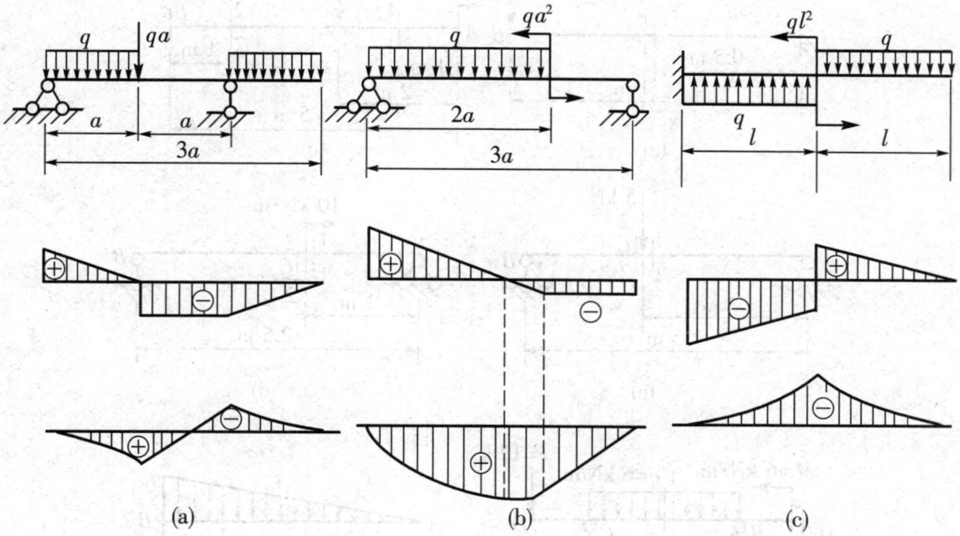

思考题 12-5 图

12—6 图示弯矩图的叠加是否正确?试分析说明。

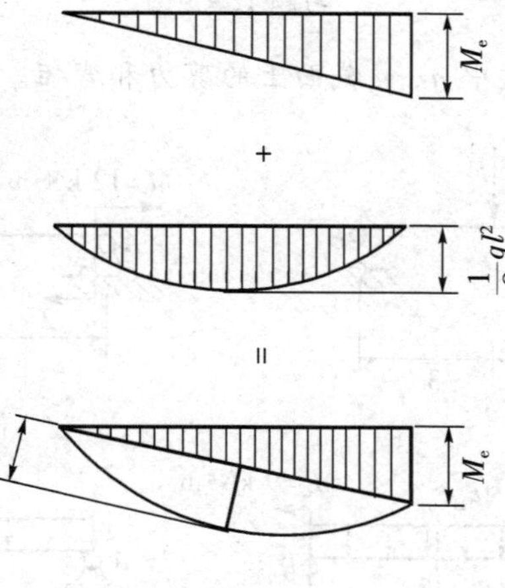

思考题 12-6 图

习 题

12—1 试用截面法求下列梁中指定截面上的剪力和弯矩。

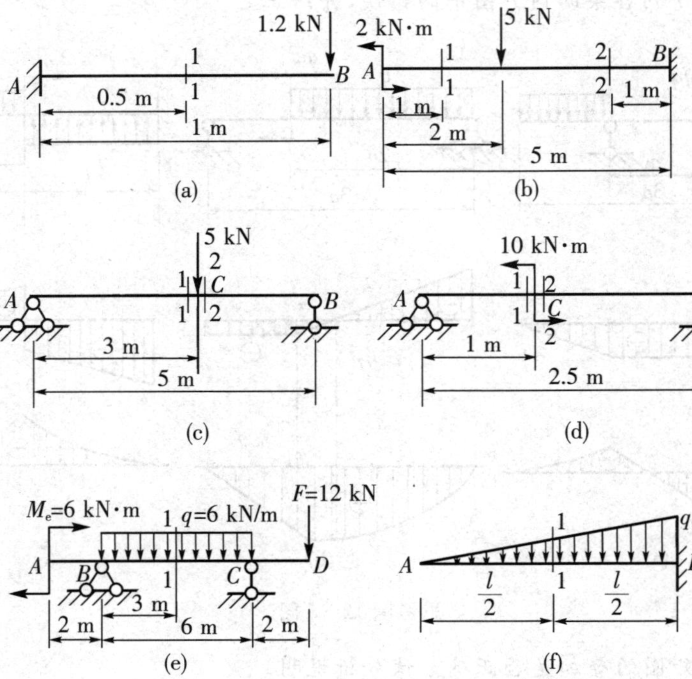

习题 12 - 1 图

12—2 用简便法求下列梁中 n—n 截面上的剪力和弯矩。

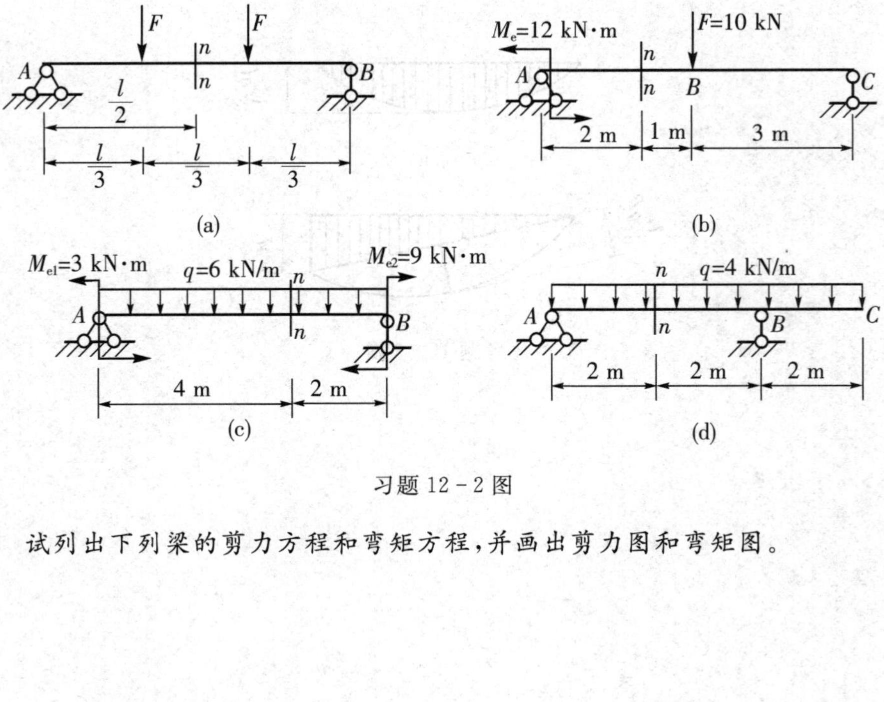

习题 12 - 2 图

12—3 试列出下列梁的剪力方程和弯矩方程,并画出剪力图和弯矩图。

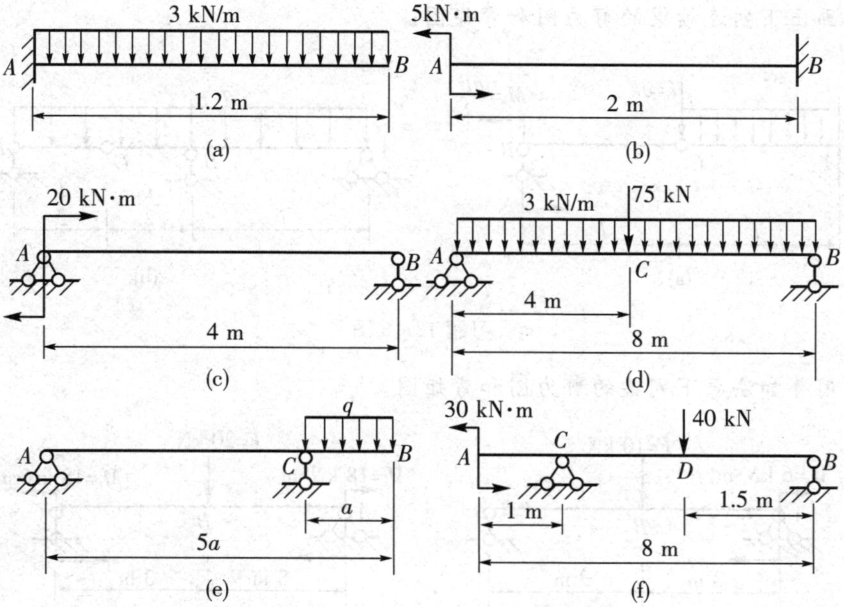

习题 12－3 图

12－4　用简便方法画下列各梁的剪力图和弯矩图。

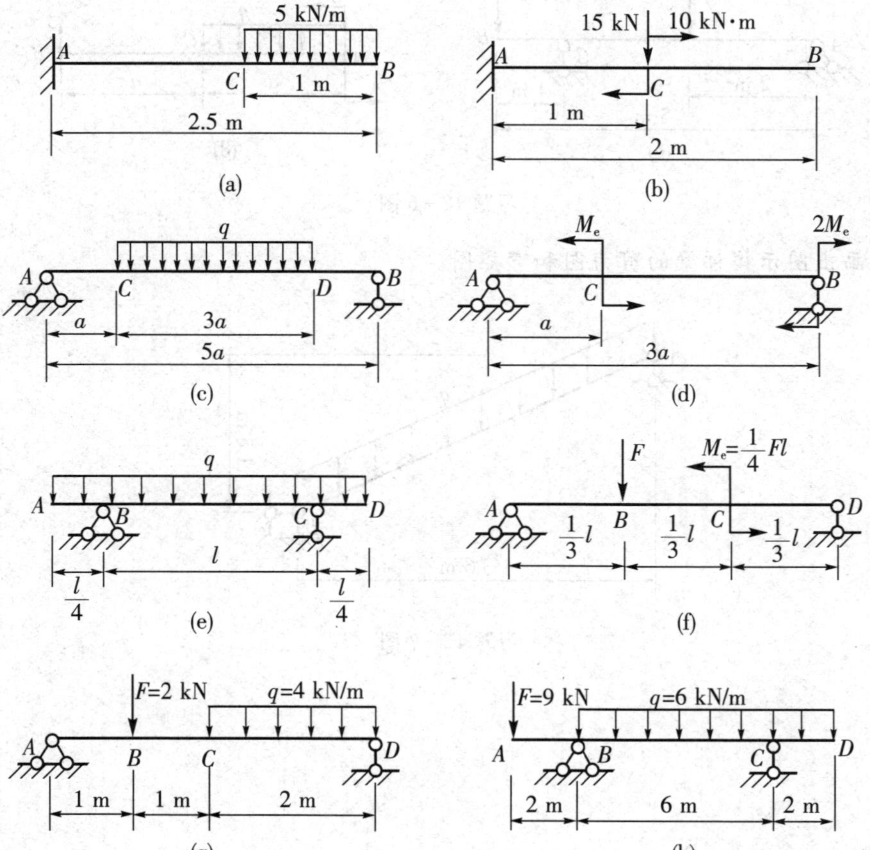

习题 12－4 图

12—5　画出下列连续梁的剪力图和弯矩图。

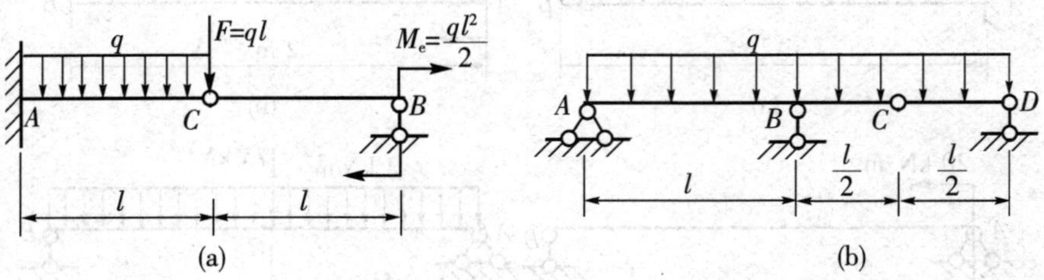

习题 12-5 图

12—6　用叠加法画下列梁的剪力图和弯矩图。

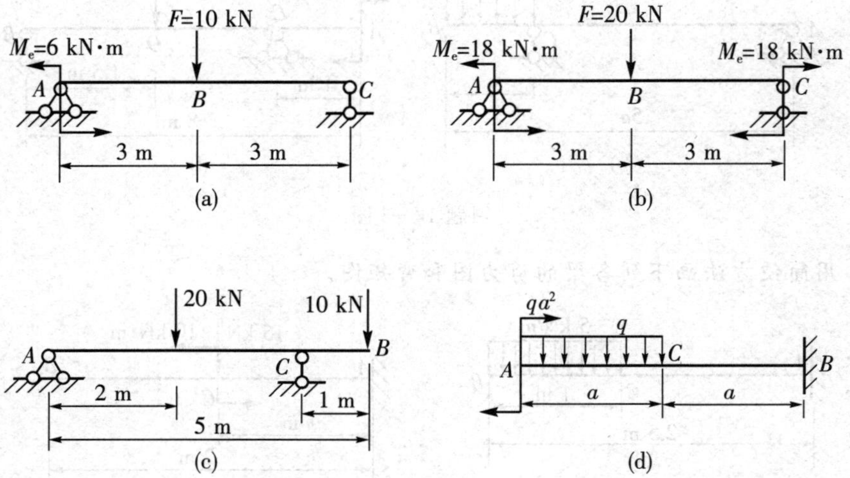

习题 12-6 图

12—7　画出图示楼梯梁的剪力图和弯矩图。

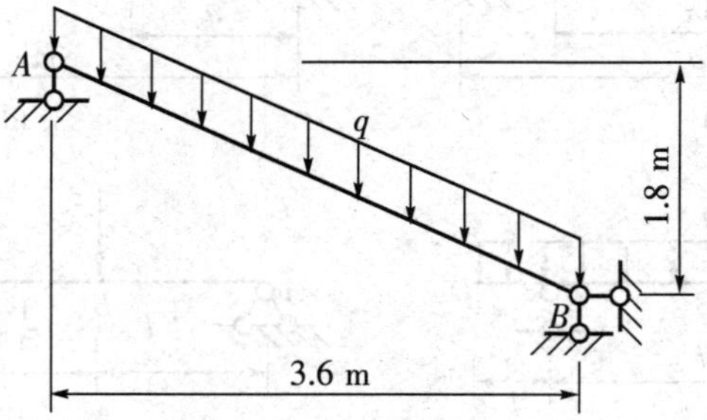

习题 12-7 图

12—8 画出下列图示刚架的内力图。

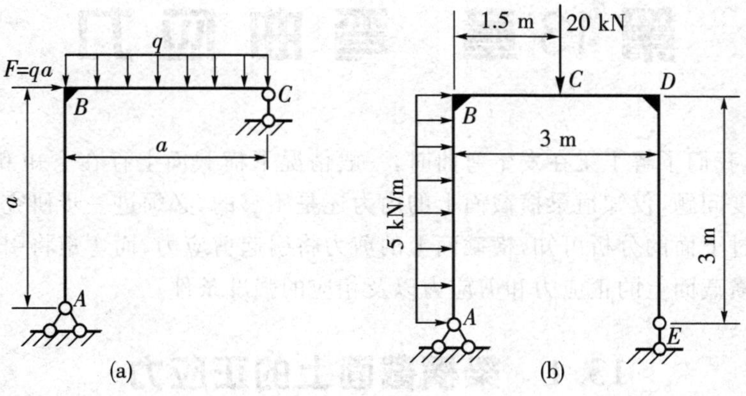

习题 12-8 图

第13章 弯曲应力

在上一章中，我们了解了梁在发生弯曲时，一般情况下横截面上存在弯矩和剪力两种内力。但要研究梁的强度问题，仅知道梁横截面上的内力还是不够的，必须进一步研究梁横截面上的内力分布规律。通过下面的分析可知，横截面上的剪力将引起剪应力，而弯矩将引起正应力。本章将研究梁弯曲时横截面上的正应力和剪应力以及相应的强度条件。

13.1 梁横截面上的正应力

13.1.1 纯弯曲时梁横截面上的正应力

我们把梁的横截面上只有弯矩而无剪力的弯曲情况，称为纯弯曲。如图13-1所示的简支梁，在受到两个对称集中荷载作用时，从剪力图和弯矩图可知，梁的 CD 段内的任一横截面上都只有弯矩而无剪力，这一段梁就是纯弯曲梁。下面我们取 CD 段，研究横截面上的正应力。

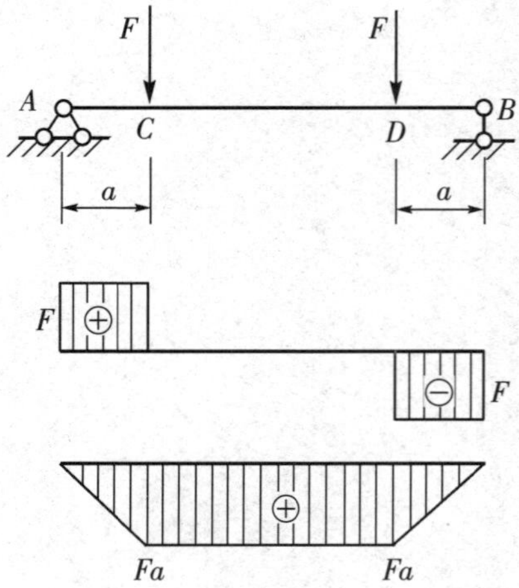

图 13-1

1. 几何变形

为了观察变形情况，加载前先在梁的表面上画一些垂直于轴线的横向线和平行于轴线的纵向线，如图13-2(a)所示，然后加载。梁变形后，我们可观察到下面变形现象，如图13-2(b)所示。

(1)各横向线段仍为直线。只不过相互倾斜了一个角度，但仍垂直于弯曲后梁的轴线。

(2)各纵向线都弯成的圆弧线。梁凹边的纵向线缩短了，凸边的纵向线伸长了。横截面的上部变宽，下部变窄。

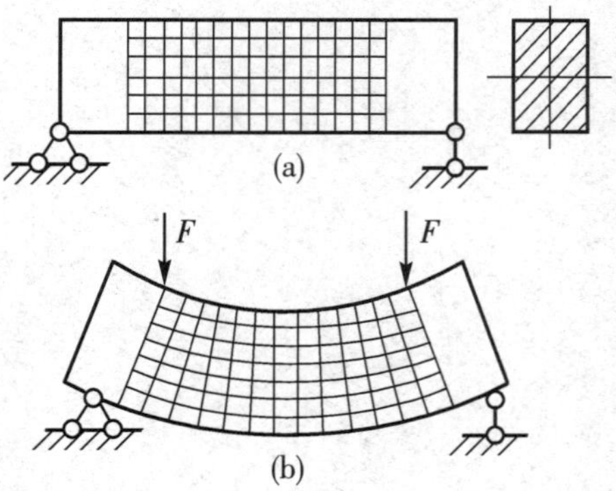

图 13-2

上面观察到的现象是梁弯曲外表面的变形现象。为了由表及里地推断梁内部的变形情况，我们可作以下的推断和假设：

①平面假设

根据观察到的代表横截面周边的横向线段仍为保持直线，只不过相互倾斜了一个角度，但仍垂直于弯曲后梁的轴线的现象。我们作出假设：梁横截面变形前是平面，变形后仍保持为平面，且仍垂直于弯曲后梁的轴线。此即为平面假设。它是建立梁横截面上的正应力计算公式的基础。

由观察到的梁凹边的纵向线缩短了，凸边的纵向线伸长的现象，再根据平面假设，我们可以设想梁是有无数层纵向纤维所组成，梁凹边的各层纤维将发生不同程度的缩短，梁凸边的各层纤维将发生不同程度的伸长。由变形的连续性可知，中间必有一层纤维在变形后的长度既不伸长也不缩短，我们称这一层纤维为中性层。中性层与横截面的交线称为中性轴。如图 13－3 所示。

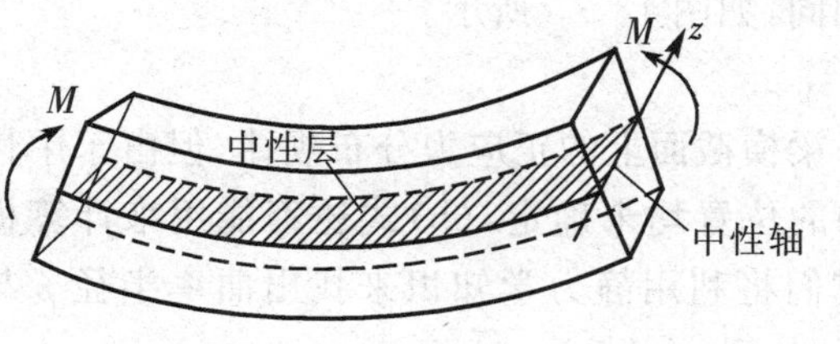

图 13－3

②单向受力假设

我们假设梁的各根纵向纤维之间无相互挤压，所以各根纤维仅发生单向拉伸或压缩。这样我们就可认为在纯弯曲时，梁中各点是处于单向应力状态的情况，可以使用轴向拉压时所提出的胡克定律，来解决应力应变之间的关系，即 $\sigma=E\varepsilon$。

从梁中取长为 dx 的微段来研究任一根纵向纤维的变形，如图 13－4(a)所示。从图 13－4(b)中可见，梁在变形后相距 dx 的两个相临横截面 1－1 与 2－2 相对转动后的延长线相交于 O 点，两个横截面间的转角为 $d\theta$。O 点即为中性层的曲率中心，中性层 O_1O_2 的曲率半径为 ρ。设 y 轴为截面的纵向对称轴，z 轴为中性轴。现来分析距中性层为 y 处的纵向纤维 K_1K_2 的变形。

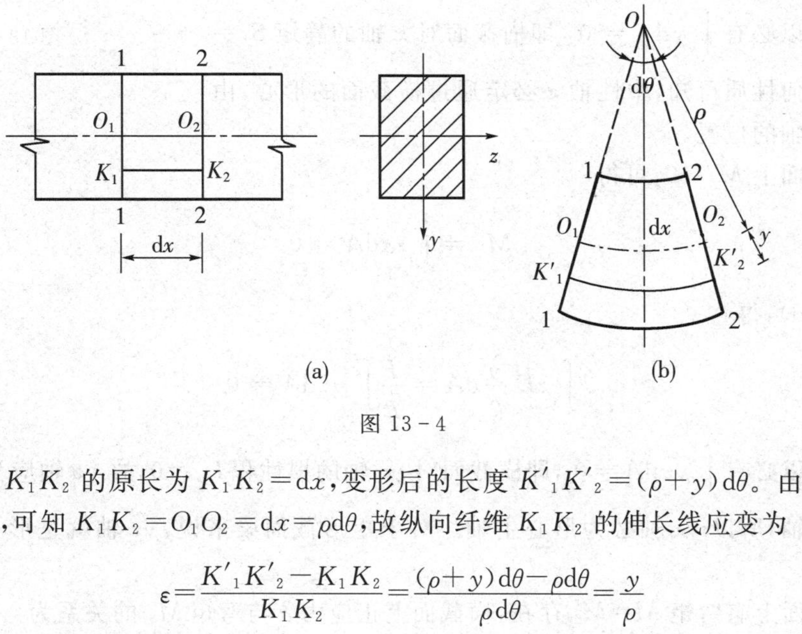

图 13－4

纵向纤维 K_1K_2 的原长为 $K_1K_2=dx$，变形后的长度 $K'_1K'_2=(\rho+y)d\theta$。由于中性层弯曲前后长度不变，可知 $K_1K_2=O_1O_2=dx=\rho d\theta$，故纵向纤维 K_1K_2 的伸长线应变为

$$\varepsilon=\frac{K'_1K'_2-K_1K_2}{K_1K_2}=\frac{(\rho+y)d\theta-\rho d\theta}{\rho d\theta}=\frac{y}{\rho} \qquad \text{(a)}$$

此式表明：各纵向纤维的纵向线应变 ε 与该点到中性层的距离 y 成正比。距中性层最远的上、下边缘处的线应变最大，而中性层处的线应变为零。

2. 物理方面

由于假设各纵向纤维不受挤压，所以各纵向纤维处于单向拉伸或压缩状态。当应力不超过材料的比例极限时，根据胡克定律，可得

$$\sigma=E\varepsilon=E\frac{y}{\rho} \qquad \text{(b)}$$

此式表明:横截面上任意一点处的正应力与该点到中性轴的距离成正比,上、下边缘处的正应力最大,中性轴处的正应力为零。距中性轴等远处各点的正应力相同,如图 13-5 所示。

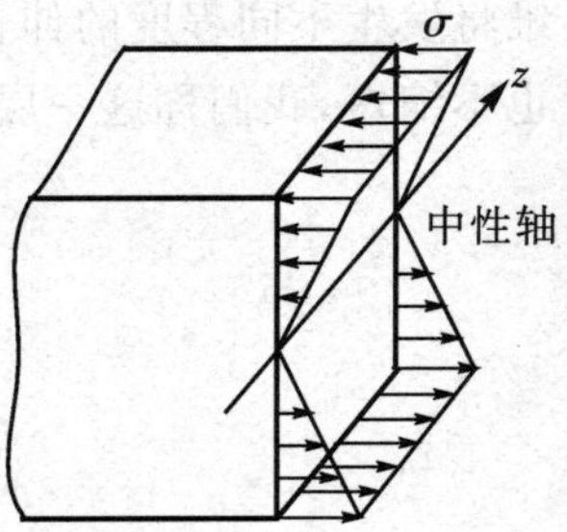

图 13-5

3. 静力学方面

上面我们已经找到了梁横截面上的正应力分布规律,但由于中性层的曲率半径 ρ 和中性轴的位置均未确定,(b)式还不能用来计算横截面上的正应力。下面我们将利用静力学知识来找出曲率半径 ρ 与受力的关系,确定中性轴的位置。

纯弯曲梁在横截面上的内力只有弯矩 $M_z=M$ 存在,而轴力 F_N 和弯矩 M_y 均为零。如图13-6所示。利用静力学求合力的知识,可知横截面上应力的合力就是横解面上相应的内力。

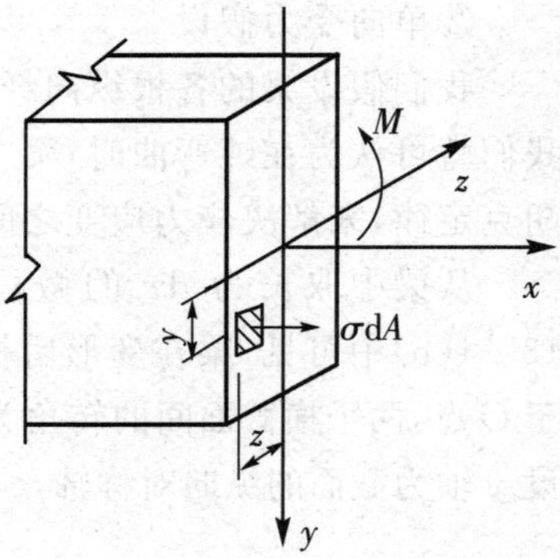

图 13-6

由于横截面上轴力 $F_N=0$,所以有

$$F_N=\int_A \sigma \mathrm{d}A=0 \qquad \text{(c)}$$

将(b)式代入(c),且 E 和 ρ 为常数,有

$$\int_A E\frac{y}{\rho}\mathrm{d}A=\frac{E}{\rho}\int_A y\mathrm{d}A=0$$

由于$\dfrac{E}{\rho}\neq 0$,所以必有 $\int_A y\mathrm{d}A=0$,即横截面对 z 轴的静矩 $S_z=0$,由截面的几何性质可知,中性轴 z 必定通过横截面的形心,由此确定了中性轴的位置。

由于横截面上 $M_y=0$,可得

$$M_y=\int_A z\sigma\mathrm{d}A=0 \qquad \text{(d)}$$

将(b)式代入(d),得

$$\int_A zE\frac{y}{\rho}\mathrm{d}A=\frac{E}{\rho}\int_A yz\mathrm{d}A=0$$

由于$\dfrac{E}{\rho}\neq 0$,所以必有 $\int_A yz\mathrm{d}A=0$,即横截面对 yz 轴的惯性积 $I_{yz}=0$,故 yz 轴应为主轴,因为中性轴 z 为形心轴,所以 yz 轴必为形心主轴。对于矩形截面梁来说,yz 轴就是形心主轴,$I_{yz}=0$ 自然满足。

由于横截面上有弯矩 $M=M_z$ 存在,横截面上正应力 σ 与弯矩 M_z 的关系为

$$M_z=\int_A y\sigma\mathrm{d}A=M \qquad \text{(e)}$$

将(b)式代入(e),得

$$\int_A \frac{E}{\rho}y^2\mathrm{d}A=\frac{E}{\rho}\int_A y^2\mathrm{d}A=M$$

式中 $\int_A y^2\mathrm{d}A=I_z$,$I_z$ 为横截面对中性轴 z 的惯性矩,所以上式可写为

$$\frac{1}{\rho}=\frac{M}{EI_z} \tag{13-1}$$

由(13-1)式便可确定中性层的曲率$\frac{1}{\rho}$，曲率反映了梁的变形程度。式中 EI_z 称为梁的抗弯刚度。梁的抗弯刚度 EI_z 越大，曲率$\frac{1}{\rho}$就越小。梁的抗弯刚度 EI_z 越小，曲率$\frac{1}{\rho}$就越大。所以梁的抗弯刚度 EI_z 反映梁抵抗弯曲变形的能力。

将(13-1)式代入(b)式中，可得

$$\sigma=\frac{My}{I_z} \tag{13-2}$$

这就是梁在纯弯曲时横截面上的正应力计算公式。(13-2)式表明，梁横截面上任一点处的正应力 σ 与横截面上的弯矩 M 和该点到中性轴的距离 y 成正比，与截面对中性轴的惯性矩 I_z 成反比。中性轴处各点的正应力等于零，离中性轴越远，正应力越大，正应力 σ 沿截面高度呈线性分布。

在用公式(13-2)计算横截面上各点的正应力时，M 和 y 均以绝对值代入，计算出正应力的数值。正应力的正负号可由弯矩 M 的正负来判断。当 $M>0$ 时，梁的上边受压，下边受拉，横截面中性轴以上的区域均为压应力，以下的区域均为拉应力。当 $M<0$ 时，梁的下边受压，上边受拉，横截面中性轴以上的区域均为拉应力，以下的区域均为压应力。

正应力计算公式(13-2)的使用条件是：

(1) 正应力计算公式(13-2)是在纯弯曲的前提下推出的，因此公式(13-2)适用于纯弯曲梁。

(2) 正应力计算公式(13-2)是由矩形截面梁导出的，但对具有纵向对称平面的其他各种截面的梁都适用。

(3) 正应力计算公式(13-2)在推导时使用了胡克定律，因此公式仅在应力不超过比例极限的范围内适用。

13.1.2　横力弯曲时梁横截面上的正应力

横力弯曲是实际工程中常见的弯曲问题。在横力弯曲时，梁的横截面上既有弯矩又有剪力。此时梁的横截面上既有弯矩引起的正应力，又有剪力引起的切应力。由于切应力的影响，梁的横截面在变形后将发生翘曲，不再保持为平面。同时，各纵向纤维之间还存在挤压应力。纯弯曲梁的正应力计算公式(13-2)在推导过程中的假设在横力弯曲时已不成立。但弹性力学的结果证明，对于跨长 l 和横截面高度 h 之比$\frac{l}{h}$大于 5 时，可忽略上述因素对正应力的影响，仍可使用正应力计算公式(13-2)来计算横力弯曲时横截面上的正应力。

在横力弯曲时，各横截面上的弯矩是随截面的位置 x 而变化的，任一横截面上任一点的正应力计算公式为

$$\sigma=\frac{M(x)y}{I_z} \tag{13-3}$$

式中，$M(x)$为距坐标原点为 x 的横截面上的弯矩。

13.1.3 梁的正应力强度条件

1. 梁的最大正应力

对于等直梁，弯矩最大的截面是危险截面，截面上离中性轴最远的边缘处为危险点，因此，全梁的最大正应力为

$$\sigma_{\max} = \frac{M_{\max} y_{\max}}{I_z} \tag{13-4a}$$

若横截面是关于中性轴对称的，截面上的最大拉应力和最大压应力相等，则令 $W_z = \frac{I_z}{y_{\max}}$，有

$$\sigma_{\max} = \frac{M_{\max}}{W_z} \tag{13-4b}$$

上式中，W_z 称为抗弯截面系数。它是一个与截面的形状和尺寸有关的量，反映了截面的尺寸和形状对弯曲强度的影响，W_z 越大，正应力 σ 就越小。其常用单位为 m^3，mm^3。

对于宽度为 b，高度为 h 的矩形截面

$$W_z = \frac{I_z}{y_{\max}} = \frac{\frac{bh^3}{12}}{\frac{h}{2}} = \frac{bh^2}{6}$$

对于直径为 d 的圆截面

$$W_z = \frac{I_z}{y_{\max}} = \frac{\frac{\pi d^4}{64}}{\frac{d}{2}} = \frac{\pi d^3}{32}$$

此外，对于各种型钢，例如工字钢、角钢和槽钢的 I_z 和 W_z 的值，可在附录的型钢表中查得。

若横截面关于中性轴不对称，如图 13－7 所示的 T 形截面。这时横截面上的最大拉应力和最大压应力不相等，则应分别以横截面上受拉和受压区域距中性轴最远的距离 $y_{1\max}$ 和 $y_{2\max}$ 代入(13－4a)式中，求得横截面上的最大拉应力和最大压应力，即

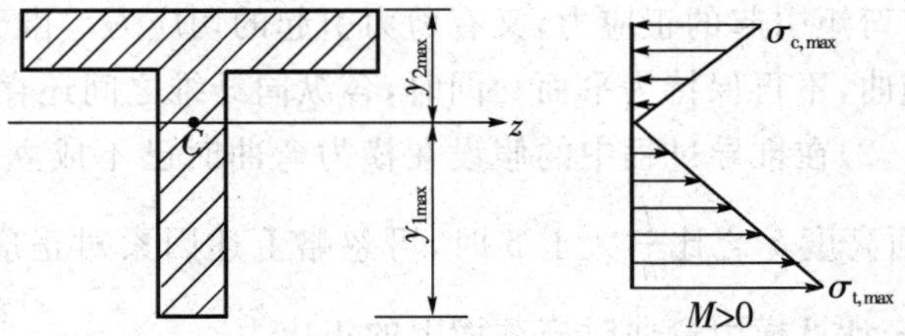

图 13－7

最大拉应力 $\sigma_{t,\max} = \frac{My_{1\max}}{I_z}$

最大压应力 $\sigma_{c,\max} = \frac{My_{2\max}}{I_z}$ (13－4c)

2. 梁的正应力强度条件

为了保证梁的正常工作，梁内的最大应力不应超过材料的许用应力，即

$$\sigma_{\max} = \frac{M_{\max}}{W_z} \leqslant [\sigma] \tag{13-5}$$

此即梁的正应力强度条件。根据强度条件可解决梁的强度校核、设计截面尺寸和确定许用荷载三类问题，即

(1)强度校核

在已知梁的材料、截面尺寸与形状、所受荷载的情况下(即已知$[\sigma]$、W_z 和 $M_{\max}$)，校核梁是否满足式(13-5)所示的强度条件。

(2)截面设计

当已知荷载和梁的材料(即已知 $M_{\max}$和$[\sigma]$)时，可根据强度条件选择截面尺寸。将式(13-5)所示的强度条件改写为

$$W_z \geqslant \frac{M_{\max}}{[\sigma]}$$

在求出 W_z 后，进一步根据梁的截面形状来确定截面的尺寸。若采用的是型钢，则可由型钢表查得所用型钢的号码。

(3)确定许用荷载

若已知梁的材料和截面尺寸(即已知$[\sigma]$和 W_z)，则可根据强度条件确定梁的最大许用弯矩$[M_{\max}]$。将式(13-5)所示的强度条件改写为

$$[M_{\max}] \leqslant W_z[\sigma]$$

然后根据荷载和弯矩的关系计算出许用荷载。

【例 13-1】 试计算图 13-8(a)所示的 10 槽钢构成的悬臂梁的最大拉应力和最大压应力。

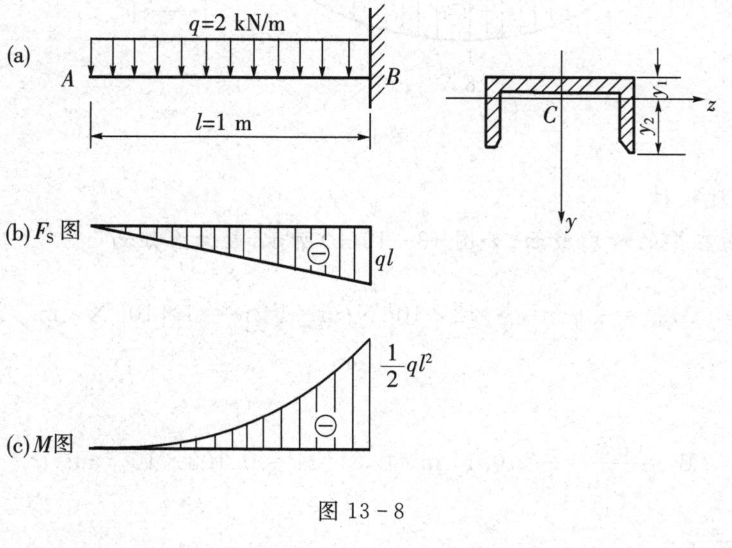

图 13-8

【解】 (1)作出梁的剪力图和弯矩图，如图 13-8(b)、(c)所示。梁在 B 截面具有最大弯矩，是危险截面。

$$M_{\max}=\frac{1}{2}ql^2=\frac{1}{2}\times2\times10^3\ \mathrm{N/m}\times1^2\ \mathrm{m}^2=1\times10^3\ \mathrm{N\cdot m}$$

(2)计算应力

由附录型钢表可查得10号槽钢横截面对中性轴的惯性矩为

$$I_z=25.6\ \mathrm{cm}^4$$

中性轴到上边缘的距离为 $y_1=1.52\ \mathrm{cm}$

中性轴到下边缘的距离为 $y_2=3.28\ \mathrm{cm}$

根据弯矩图可知,B截面中性轴以上为受拉区域,中性轴以下为受压区域。所以最大拉应力发生在截面的上边缘处

$$\sigma_{\mathrm{t,max}}=\frac{M_{\max}y_1}{I_z}=\frac{1\times10^3\ \mathrm{N\cdot m}\times1.52\times10^{-2}\ \mathrm{m}}{25.6\times10^{-8}\ \mathrm{m}^4}=59.4\times10^6\ \mathrm{Pa}=59.4\ \mathrm{MPa}$$

最大压应力发生在截面的下边缘处

$$\sigma_{\mathrm{c,max}}=\frac{M_{\max}y_2}{I_z}=\frac{1\times10^3\ \mathrm{N\cdot m}\times3.28\times10^{-2}\ \mathrm{m}}{25.6\times10^{-8}\ \mathrm{m}^4}=128.3\times10^6\ \mathrm{Pa}=128.3\ \mathrm{MPa}$$

【例13-2】 受均布荷载作用的矩形截面简支木梁如图13-9(a)所示,已知梁的跨长$l=4\ \mathrm{m}$,截面的$b=140\ \mathrm{mm}$,$h=210\ \mathrm{mm}$,均布荷载$q=2\ \mathrm{kN/m}$,弯曲时木材的许用正应力$[\sigma]=10\ \mathrm{MPa}$,试校核梁的强度并求出梁所能承受的最大荷载。

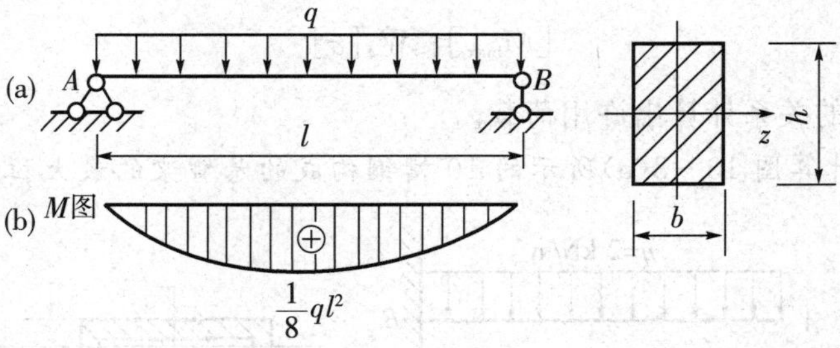

图13-9

【解】 (1)强度校核

梁的危险截面在梁的跨中截面,如图13-19(b)所示,最大弯矩为

$$M_{\max}=\frac{1}{8}ql^2=\frac{1}{8}\times2\times10^3\ \mathrm{N/m}\times4^2\ \mathrm{m}^2=4\times10^3\ \mathrm{N\cdot m}$$

抗弯截面系数为

$$W_z=\frac{bh^2}{6}=\frac{1}{6}\times0.14\ \mathrm{m}\times0.21^2\ \mathrm{m}^2=0.103\times10^{-2}\ \mathrm{m}^3$$

最大正应力为

$$\sigma=\frac{M_{\max}}{W_z}=\frac{4\times10^3\ \mathrm{N\cdot m}}{0.103\times10^{-2}\ \mathrm{m}^3}=3.88\times10^6\ \mathrm{Pa}=3.88\ \mathrm{MPa}<[\sigma]$$

所以梁的强度满足要求。

(2)求许用荷载

根据强度条件，梁所能承受的最大弯矩为

$$M_{max} = W_z[\sigma]$$

跨中最大弯矩为

$$M_{max} = \frac{1}{8}ql^2$$

所以

$$\frac{1}{8}ql^2 = W_z[\sigma]$$

解得

$$q = \frac{8W_z[\sigma]}{l^2} = \frac{8 \times 0.103 \times 10^{-2}\ \mathrm{m^3} \times 10 \times 10^6\ \mathrm{Pa}}{4^2\ \mathrm{m^2}} = 5150\ \mathrm{N/m} = 5.15\ \mathrm{kN/m}$$

即梁所能承受的最大荷载为

$$q_{max} = 5.15\ \mathrm{kN/m}$$

【例 13-3】 工字形截面简支梁如图 13-10(a)所示，已知荷载 $F=75$ kN，材料的许用应力$[\sigma]=152$ MPa，试按正应力强度条件选择工字钢的型号。

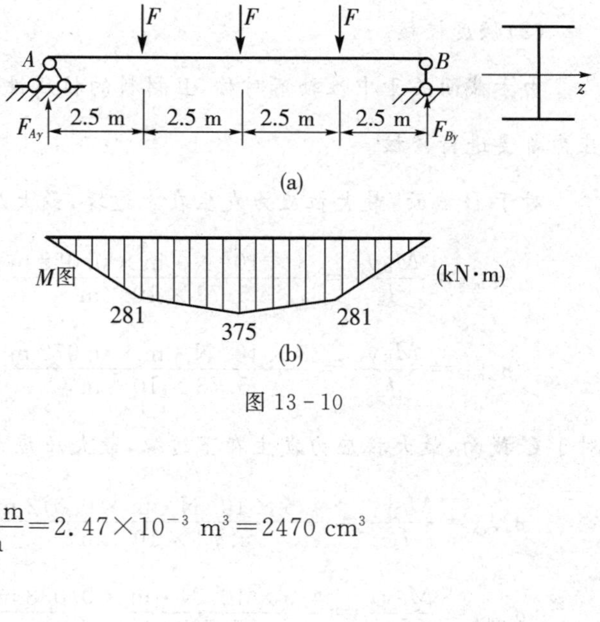

图 13-10

【解】 本题属于设计截面问题。首先根据梁的受力情况，画出梁的弯矩图，如图 13-10(b)所示。梁的最大弯矩在跨中截面，其值为

$$M_{max}=375\ \mathrm{kN \cdot m}$$

根据梁的正应力强度条件，梁所需的抗弯截面系数为

$$W_z \geqslant \frac{M_{max}}{[\sigma]} = \frac{375 \times 10^3\ \mathrm{N \cdot m}}{152 \times 10^6\ \mathrm{Pa}} = 2.47 \times 10^{-3}\ \mathrm{m^3} = 2470\ \mathrm{cm^3}$$

由附录型钢表查得，56b 工字钢的 W_z 为

$$W_z = 2450\ \mathrm{cm^3}$$

此值虽然小于所必需的 $W_z=2470\ \mathrm{cm^3}$，但相差仅为 0.8%。采用 56b 工字钢时，梁的最大正应力为

$$\sigma_{max} = \frac{M_{max}}{W_z} = \frac{375 \times 10^3\ \mathrm{N \cdot m}}{2450 \times 10^{-6}\ \mathrm{m^3}} = 153.06 \times 10^6\ \mathrm{Pa} = 153.06\ \mathrm{MPa}$$

虽然超过了许用应力$[\sigma]=152$ MPa，但也不到 1%。故选用 56b 工字钢。

【例 13-4】 T 形截面外伸梁如图 13-11(a)所示，已知荷载 $F_1=40$ kN，$F_2=15$ kN，材料

的许用拉应力$[\sigma_t]=50$ MPa，许用压应力$[\sigma_c]=150$ MPa。截面中性轴到上下边缘的距离分别为，$y_1=72$ mm，$y_2=38$ mm，截面对中性轴的惯性矩 $I_z=5.73\times10^{-6}$ m^4。试校核梁的正应力强度。

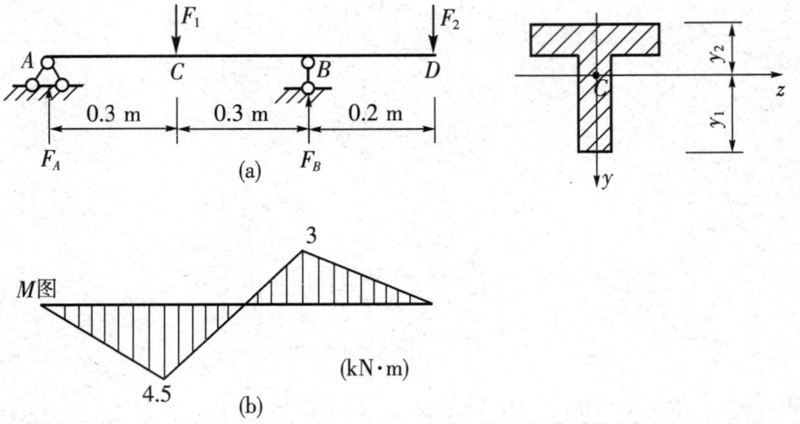

图 13－11

【解】 (1)画出梁的弯矩图，如图 13－11(b)所示。由弯矩图可见，C 截面是下侧受拉，上侧受压，B 截面是上侧受拉，下侧受压。

(2)强度校核

由于截面关于中性轴不对称，且材料的拉压性能不同。因此 B 和 C 两个截面的拉应力和压应力都要进行校核。

对于 B 截面，最大拉应力发生在上边缘，最大压应力发生在下边缘，其值为

$$\sigma_{t,max}=\frac{M_B y_2}{I_z}=\frac{3\times10^3\ \text{N}\cdot\text{m}\times0.038\ \text{m}}{5.73\times10^{-6}\ \text{m}^4}=19.9\times10^6\ \text{Pa}=19.9\ \text{MPa}<[\sigma_t]$$

$$\sigma_{c,max}=\frac{M_B y_1}{I_z}=\frac{3\times10^3\ \text{N}\cdot\text{m}\times0.072\ \text{m}}{5.73\times10^{-6}\ \text{m}^4}=37.7\times10^6\ \text{Pa}=37.7\ \text{MPa}<[\sigma_c]$$

对于 C 截面，最大拉应力发生在下边缘，最大压应力发生在上边缘，其值为

$$\sigma_{t,max}=\frac{M_C y_1}{I_z}=\frac{4.5\times10^3\ \text{N}\cdot\text{m}\times0.072\ \text{m}}{5.73\times10^{-6}\ \text{m}^4}=56.5\times10^6\ \text{Pa}=56.5\ \text{MPa}>[\sigma_t]$$

$$\sigma_{c,max}=\frac{M_C y_2}{I_z}=\frac{4.5\times10^3\ \text{N}\cdot\text{m}\times0.038\ \text{m}}{5.73\times10^{3}\ \text{m}^4}=29.8\times10^6\ \text{Pa}=29.8\ \text{MPa}<[\sigma_c]$$

从计算结果可见，C 截面上的最大拉应力超出了材料的许用拉应力，梁的正应力强度条件不满足要求。

13.2　梁横截面上的切应力

在梁发生横力弯曲时，梁的横截面上弯矩和剪力同时存在。这样横截面上不仅有弯矩引起的正应力，还有剪力引起的切应力。下面我们将讨论横截面上的剪力和切应力的关系。

13.2.1　梁横截面上的切应力

1. 矩形截面梁横截面上的切应力

图 13－12(a)所示的矩形截面梁受任意横向荷载作用。我们考虑最简单的情况，其他复杂的情况也能得出同样的结论。以 $m—m$ 和 $n—n$ 两个横截面假想的从梁中取出长为 $\mathrm{d}x$ 的微段，在一般情况下，该两个截面上的弯矩不一样大，微段受力如图 13－12(b)所示。

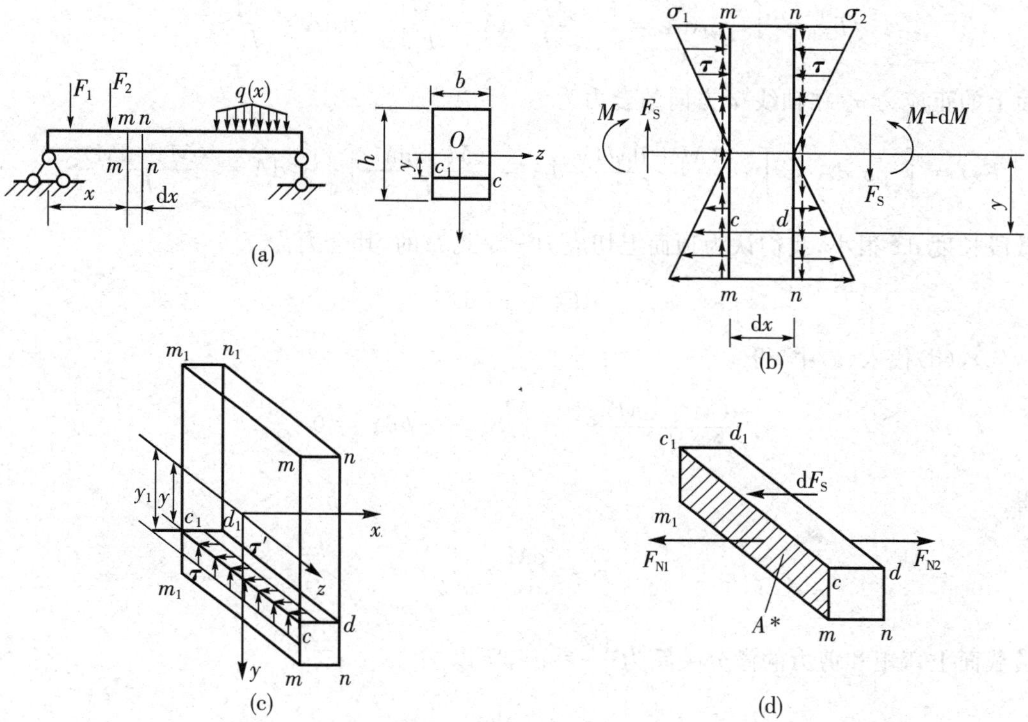

图 13－12

我们现在欲求出横截面上距中性轴为 y 处的切应力。在分析之前，对横截面上切应力的方向和分布作下列假设：

(1) 横截面上各点的切应力的方向均平行于横截面的侧边，即与剪力 F_S 同向。

(2) 横截面上到中性轴距离相同的点切应力相等，即切应力沿截面的宽度均布。

因为梁侧面上没有切应力存在，所以根据切应力互等定理可以确定，梁的横截面侧边上的点处的切应力应与侧边平行，由此假设横截面上其他各点的切应力也平行于侧边，这对于狭长矩形是合理的。同时，对于狭长矩形截面，切应力沿宽度变化不大。根据弹性力学的分析证实，上面的假设完全可用于狭长矩形截面梁的切应力计算。并且对于高度大于宽度的矩形截面梁也近似适用。

下面来计算横截面上距中性轴 y 处(即 cc_1 处)的切应力 τ。由于直接求横截面上的切应力有困难，我们采用间接的方法。我们在距中性轴 y 处作一水平截面 $c-d$，并取下部 $cdnm$ 为隔离体研究，如图 13－12(c)所示。根据切应力互等定理可知，在水平截面上 $c-d$ 上存在有切应力 τ'。我们将根据隔离体 $cdnm$ 的平衡条件，求出水平截面上 $c-d$ 上的切应力 τ'，也就知道横截面上的切应力 τ。

隔离体 $cdnm$ 在轴线 x 方向的受力分析如 13－12(d)所示，F_{N1}是左截面上的正应力 σ_1 在轴线 x 方向的合力，F_{N2}是右截面上的正应力 σ_2 在轴线 x 方向的合力，dF_S 是顶面上切应力 τ'的合力，隔离体侧面的面积为 A^*。根据轴线 x 方向平衡条件，有

$$\sum F_x = 0, F_{N2} - F_{N1} - dF_S = 0 \tag{a}$$

其中，左截面上的正应力 σ_1 在轴线 x 方向的合力为

$$F_{N1} = \int_{A^*} \sigma_1 dA = \int_{A^*} \frac{My_1}{I_z} dA = \frac{M}{I_z}\int_{A^*} y_1 dA = \frac{M}{I_z}S_z^* \tag{b}$$

右截面上的正应力 σ_2 在轴线 x 方向的合力为

$$F_{N2} = \int_{A^*} \sigma_2 dA = \int_{A^*} \frac{(M+dM)y_1}{I_z} dA = \frac{(M+dM)}{I_z}\int_{A^*} y_1 dA = \frac{(M+dM)}{I_z}S_z^* \tag{c}$$

由于微段长度 dx 很小，我们认为顶面上切应力 τ'是均布的，其合力为

$$dF_S = \tau' b dx \tag{d}$$

将(b)，(c)，(d)代入(a)中，得

$$\frac{(M+dM)}{I_z}S_z^* - \frac{M}{I_z}S_z^* - \tau' b dx = 0 \tag{e}$$

整理得

$$\tau' = \frac{dM}{dx} \times \frac{S_z^*}{I_z b} \tag{f}$$

由于横截面上弯矩和剪力的微分关系为$\frac{dM}{dx}=F_S$，所以

$$\tau' = \frac{F_S S_z^*}{I_z b} \tag{g}$$

根据切应力互等定理 $\tau=\tau'$，得

$$\tau = \frac{F_S S_z^*}{I_z b} \tag{13-6}$$

式(13－6)就是矩形截面梁横截面上任一点的切应力计算公式。式中 F_S 为横截面上的切应力，S_z^* 表示横截面上距中性轴为 y 横线以外的面积 A^* 对中性轴的静矩，I_z 为整个横截面对中性轴的惯性矩，b 为横截面的宽度。

F_S 和 S_z^* 均为代数量。但在利用式(13－6)计算横截面上的切应力时，F_S 和 S_z^* 均以绝对值代入，横截面上切应力 τ 的方向与剪力 F_S 的方向相同。

对于高为 h，宽为 b 的矩形截面，如图 13－13(a)所示，其面积 A^* 对中性轴的静矩为

$$S_z^* = A^* y_c^* = b\left(\frac{h}{2}-y\right)\left[y+\frac{\left(\frac{h}{2}-y\right)}{2}\right] = \frac{b}{2}\left(\frac{h^2}{4}-y^2\right)$$

将上式和 $I_z=\frac{bh^3}{12}$代入(13－6)式中，得

$$\tau=\frac{6F_{\mathrm{S}}}{bh^{3}}\left(\frac{h^{2}}{4}-y^{2}\right) \qquad 13-7(\mathrm{a})$$

此式说明，横截面上的切应力 τ 沿截面高度按二次抛物线规律分布，如图 13－13(b)所示。在横截面的上下边缘处，$\tau=0$；在中性轴处切应力达到最大值，其值为

$$\tau_{\max}=\frac{3F_{\mathrm{S}}}{2bh}=\frac{3F_{\mathrm{S}}}{2A} \qquad 13-7(\mathrm{b})$$

可见矩形截面上的最大切应力是截面上平均切应力的 1.5 倍。

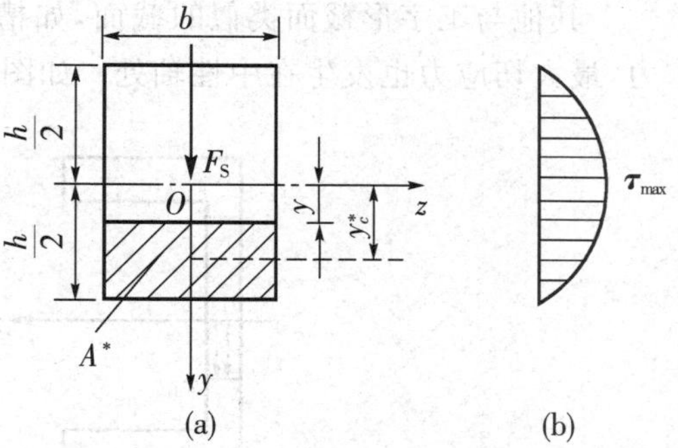

图 13－13

2. 工字形截面梁的切应力

工字形截面是由中间的腹板和上下的翼缘组成。如图 13－14(a)所示。工字形截面腹板和翼缘上都有切应力，但两处的切应力分布规律不同，根据研究结果知：翼缘上的最大切应力要比腹板中的最大切应力小得多，一般情况下不必计算。而横截面上的剪力主要由腹板来承担。

腹板是一块狭长的矩形，矩形截面的切应力计算公式推导过程中的两个假设完全适用于腹板，切应力与剪力同向且沿腹板的厚度均布。因此，我们可以利用矩形截面的切应力计算公式(13－6)来计算腹板上的切应力，即

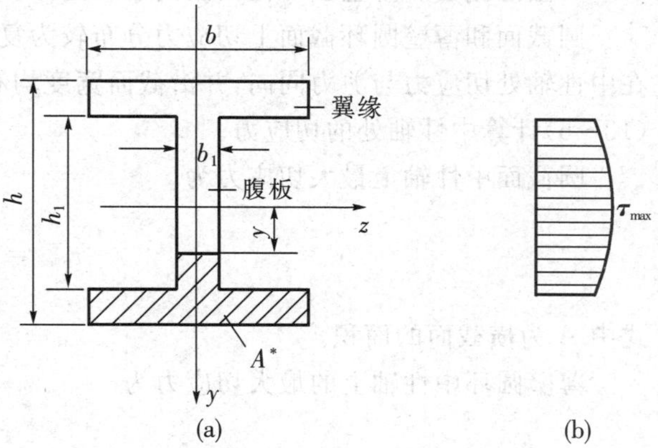

图 13－14

$$\tau=\frac{F_{\mathrm{S}}S_{z}^{*}}{I_{z}b_{1}} \qquad (13-8\mathrm{a})$$

式中，F_{S} 为所求切应力处横截面上的剪力，S_z^* 为横截面上所求切应力处平行于中性轴的平行线所截下面积 A^* 对中性轴的静矩，I_z 为工字形截面对中性轴的惯性矩，b_1 为腹板的宽度。

腹板上的切应力沿腹板的高度也是按二次抛物线规律分布的，如图 13－14(b)所示。在截面的中性轴处切应力有最大值，即

$$\tau_{\max}=\frac{F_{\mathrm{S}}S_{z\max}^{*}}{I_{z}b_{1}} \qquad (13-8\mathrm{b})$$

式中，$S_{z\max}^*$ 为中性轴任一边的半个工字形横截面面积对中性轴的静矩。对于标准的工字钢，可从型钢表中查出相应的 $\dfrac{I_z}{S_{z\max}^*}$ 数值。

研究表明，腹板上的最大切应力和最小切应力相差不大，如图 13－14(b)所示，且腹板上将承担横截面上 95%～97%的剪力。因此，可认为腹板内的切应力近似于均匀分布，可用近似公式计算腹板上的最大切应力，即

$$\tau_{\max}=\frac{F_{\mathrm{S}}}{b_{1}h_{1}} \qquad (13-8\mathrm{c})$$

式中：b_1 腹板的宽度，h_1 是腹板的高度。

其他与工字形截面类似的截面，如槽形、T 形截面也可使用(13-8a)式计算腹板上的切应力，最大切应力也发生在中性轴处。如图 13-15 所示。

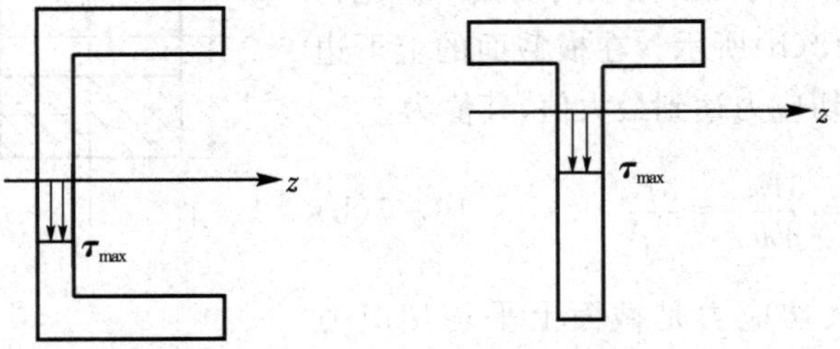

图 13-15

3. 圆形截面和薄壁圆环截面梁的切应力

圆截面和薄壁圆环截面上切应力分布较为复杂，研究表明，其最大切应力发生在中性轴处。在中性轴处切应力与剪力同向，并沿截面宽度均布，如图 13-16 所示。可利用矩形截面的公式(13-6)计算中性轴处的切应力。

圆截面中性轴上最大切应力为

$$\tau_{max}=\frac{4F_S}{3A} \tag{13-9}$$

式中 A 为横截面的面积。

薄壁圆环中性轴上的最大切应力为

$$\tau_{max}=2\frac{F_S}{A} \tag{13-10}$$

式中 A 为薄壁圆环横截面的面积。

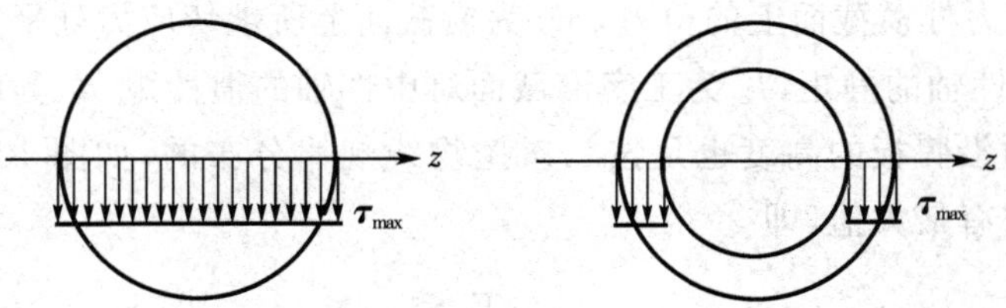

图 13-16

【例 13-5】 矩形截面简支木梁如图 13-17(a)所示，试求最大剪力所在截面上 a,b,c 三点处(图 13-17(b)所示)的切应力。

【解】 (1)作出梁剪力图，如图 13-17(c)所示，最大切应力在 A 截面或 B 截面，其数值为

$$F_{Smax}=\frac{1}{2}ql=\frac{1}{2}\times 3.5\ \text{kN/m}\times 3\ \text{m}=5.25\ \text{kN}$$

(2)计算各点处的切应力数值

$$\tau=\frac{F_S S_z^*}{I_z b}$$

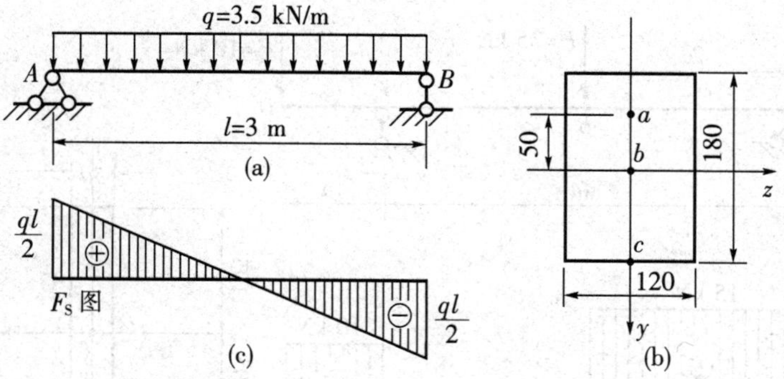

图 13-17

横截面对中性轴的惯性矩为

$$I_z=\frac{bh^3}{12}=\frac{120\ \text{mm}\times 180^3\ \text{mm}^3}{12}$$

$$=58.32\times 10^6\ \text{mm}^4=58.32\times 10^{-6}\ \text{m}^4$$

各点的 S_z^* 为

a 点 $S_{az}^*=A_a^* y_{C1}^*=120\ \text{mm}\times 40\ \text{mm}\times 70\ \text{mm}=336\times 10^3\ \text{mm}^3=336\times 10^{-6}\ \text{m}^3$

b 点 $S_{bz}^*=A_b^* y_{C2}^*=120\ \text{mm}\times 90\ \text{mm}\times 45\ \text{mm}=486\times 10^3\ \text{mm}^3=486\times 10^{-6}\ \text{m}^3$

c 点 $S_{cz}^*=0$

将 F_{Smax},I_z,b 及各点对应的 S_z^* 分别代入 τ 的计算式中,得

$$\tau_a=\frac{5.25\times 10^3\ \text{N}\times 336\times 10^{-6}\ \text{m}^3}{58.32\times 10^{-6}\ \text{m}^4\times 120\times 10^{-3}\ \text{m}}=252\times 10^3\ \text{N/m}^2=252\times 10^3\ \text{Pa}=0.252\ \text{MPa}$$

$$\tau_b=\frac{5.25\times 10^3\ \text{N}\times 486\times 10^{-6}\ \text{m}^3}{58.32\times 10^{-6}\ \text{m}^4\times 120\times 10^{-3}\ \text{m}}=365\times 10^3\ \text{N/m}^2=365\times 10^3\ \text{Pa}=0.365\ \text{MPa}$$

$$\tau_c=0$$

b 点的切应力也可用矩形截面最大切应力计算公式计算,即

$$\tau_b=\tau_{\max}=\frac{3}{2}\frac{F_{\text{Smax}}}{A}=\frac{3}{2}\times\frac{5.25\times 10^3\ \text{N}}{120\times 10^{-3}\ \text{m}\times 180\times 10^{-3}\ \text{m}}=365\times 10^3\ \text{N/m}^2=365\times 10^3\ \text{Pa}$$
$$=0.365\ \text{MPa}$$

【例 13-6】 试求图 13-18(a)所示倒 T 形截面外伸梁的最大切应力,横截面尺寸如图 13-18(c)所示,横截面对中性轴的惯性矩 $I_z=20420\ \text{cm}^4$。

【解】 (1)作出梁的剪力图。如图 13-18(b)所示,剪力最大值在 BC 段。

$$F_{\text{Smax}}=20\ \text{kN}$$

(2)计算最大剪应力。梁的最大切应力发生在剪力最大值截面的中性轴处。取中性轴以上部分作为 A^*,其对中性轴的静矩为

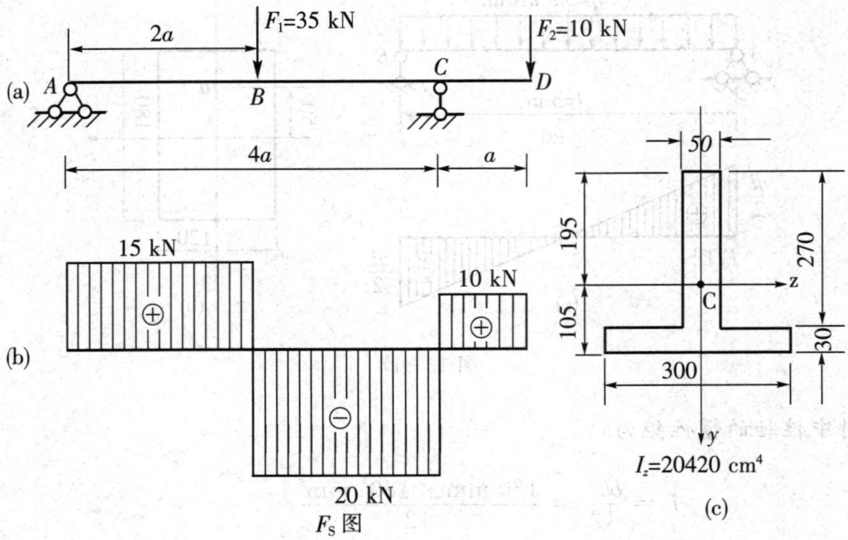

图 13-18

$$S_{z\max}^{*}=A^{*}y_{C}^{*}=195\ \text{mm}\times 50\ \text{mm}\times\frac{195\ \text{mm}}{2}=951\times 10^{3}\ \text{mm}^{3}=951\times 10^{-6}\ \text{m}^{3}$$

中性轴处截面的宽度为

$$b=50\ \text{mm}=0.05\ \text{m}$$

横截面对中性轴的惯性矩为

$$I_z=20420\ \text{cm}^4=204.2\times 10^{-6}\ \text{m}^4$$

所以,梁的最大切应力为

$$\tau_{\max}=\frac{F_{S\max}S_{z\max}^{*}}{I_z b}=\frac{20\times 10^{3}\ \text{N}\times 951\times 10^{-6}\ \text{m}^{3}}{204.2\times 10^{-6}\ \text{m}^{4}\times 0.05\ \text{m}}=1.86\times 10^{6}\ \text{N/m}^{2}=1.86\times 10^{6}\ \text{Pa}$$

$$=1.86\ \text{MPa}$$

13.2.2 梁的切应力强度条件

我们已经讨论了几种常见截面梁的切应力计算,一般情况下,最大切应力发生在横截面上的中性轴处,对于整根梁而言,剪力最大的截面将是切应力的危险截面,在该截面的中性轴处将产生全梁的最大切应力,即

$$\tau_{\max}=\frac{F_{S\max}S_{z\max}^{*}}{I_z b} \tag{13-11}$$

式中,$F_{S\max}$为梁的最大剪力,$S_{z\max}^{*}$为横截面中性轴以上(或以下)的面积对中性轴的静矩。b为中性轴处横截面的宽度。

为了保证梁的正常工作,梁的最大切应力$\tau_{\max}$不应超过材料的许用切应力[τ]。梁的切应力强度条件为

$$\tau_{\max}=\frac{F_{S\max}S_{z\max}^{*}}{I_{z}b}\leqslant[\tau] \quad (13-12)$$

在梁的强度计算时，必须同时满足梁的正应力和切应力强度条件。而梁的正应力强度条件是控制条件，必须首先满足，然后再校核梁的切应力强度。一般情况下，正应力强度条件满足后，切应力强度条件也能满足。但在下面几种情况，应特别重视切应力强度条件。

1. 弯矩较小而剪力较大的梁

例如梁的跨度较小或者集中荷载作用在支座附近。

2. 某些组合截面梁

例如自行焊接或铆接的组合截面钢梁（如工字形截面），其腹板宽度与梁的高度之比小于标准型钢截面相应的比值，这时，腹板上的切应力较大，梁可能因切应力强度不足而发生破坏。

3. 木梁

由于木材在顺纹方向的抗剪强度较差，在横力弯曲时，当横截面的中性轴处产生最大切应力时，根据切应力互等定理，在梁的中性层上也将产生相应的切应力。从而引起木梁的顺纹剪切破坏。

【例 13-7】 工字钢简支梁如图 13-19(a)所示，已知：跨长 $l=2$ m，$a=0.2$ m，均布荷载 $q=10$ kN/m，$F=200$ kN，材料的许用应力$[\sigma]=160$ MPa，$[\tau]=100$ MPa，试选择所需工字钢的型号。

【解】 (1)画出梁的剪力图和弯矩图，如图 13-19(b)和图 13-19(c)所示。

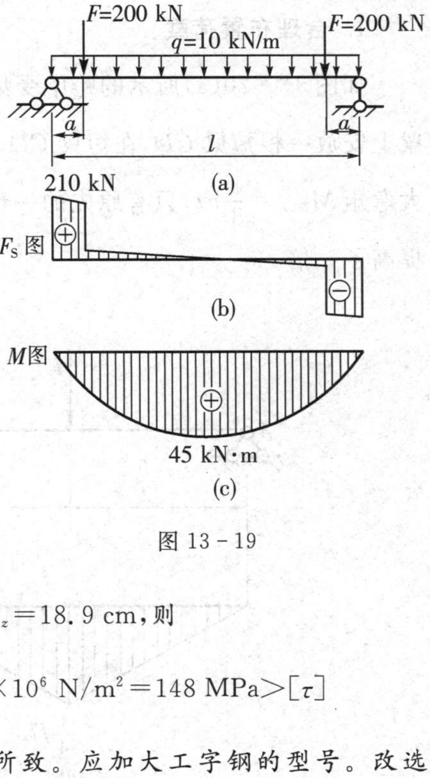

图 13-19

最大弯矩在跨中截面

$$M_{\max}=45\ \text{kN}\cdot\text{m}$$

最大剪力在两端截面

$$F_{S\max}=210\ \text{kNm}$$

(2)由正应力强度条件选择工字钢型号

$$W_{z}\geqslant\frac{M_{\max}}{[\sigma]}=\frac{45\times10^{3}\ \text{kN}\cdot\text{m}}{160\times10^{6}\ \text{Pa}}$$

$$=281\times10^{-6}\ \text{m}^{3}=281\ \text{cm}^{3}$$

查型钢表，选用 22a 工字钢，其 $W_z=309\ \text{cm}^3$。

(3)校核梁的切应力强度

从型钢表查得 22a 工字钢的腹板宽度 $d=0.75$ cm，$I_z/S_z=18.9$ cm，则

$$\tau_{\max}=\frac{F_{S\max}}{(I_z/S_z)d}=\frac{210\times10^{3}\ \text{N}}{18.9\times10^{-2}\ \text{m}\times0.75\times10^{-2}\ \text{m}}=148\times10^{6}\ \text{N/m}^{2}=148\ \text{MPa}>[\tau]$$

切应力强度条件不满足，这是因为集中荷载较为靠近支座所致。应加大工字钢的型号。改选 22b 工字钢，此时 22b 工字钢的腹板宽度 $d=1$ cm，$I_z/S_z=21.27$ cm，则

$$\tau_{\max}=\frac{F_{S\max}}{(I_z/S_z)d}=\frac{210\times10^{3}\ \text{N}}{21.27\times10^{-2}\ \text{m}\times1\times10^{-2}\ \text{m}}=98.6\times10^{6}\ \text{N/m}^{2}=98.6\ \text{MPa}<[\tau]$$

故选择 22b 工字钢,既能满足正应力强度条件,又满足切应力强度条件。

13.3 提高梁抗弯强度的途径

在前面的两节中,我们讨论了梁的强度问题。梁的合理设计就是要使得我们在设计梁时,充分发挥材料的性能,以较少的材料消耗来获得较大的抗弯强度,来满足工程上既安全又经济的要求。在一般情况下,梁的强度主要由正应力强度条件控制,所以要提高梁的抗弯强度主要就是要提高梁的正应力强度。

从弯曲正应力强度条件

$$\sigma_{\max}=\frac{M_{\max}}{W_z}\leqslant[\sigma]$$

可见,梁的最大正应力 $\sigma_{\max}$ 与最大弯矩 $M_{\max}$ 成正比,与抗弯截面系数 W_z 成反比,所以,要提高梁的抗弯强度主要从降低 $M_{\max}$ 和提高 W_z 入手。

13.3.1 合理布置荷载和支座位置

梁的内力与荷载位置和支座位置有关,在条件允许的情况下,合理地布置荷载与支座位置能减小梁中的最大弯矩。

1. 合理布置荷载

如图 13-20(a)所示的跨中受集中荷载作用的简支梁,梁中的最大弯矩为 $M_{\max}=\frac{1}{4}Fl$,若在梁上安放一根短梁 CD,在短梁 CD 的中点加集中荷载,如图 13-20(b)所示,此时 AB 梁中的最大弯矩 $M_{\max}=\frac{1}{8}Fl$,只有原先的一半。这就是合理配置荷载,使梁受力均匀一些,梁的承载能力提高了一倍。

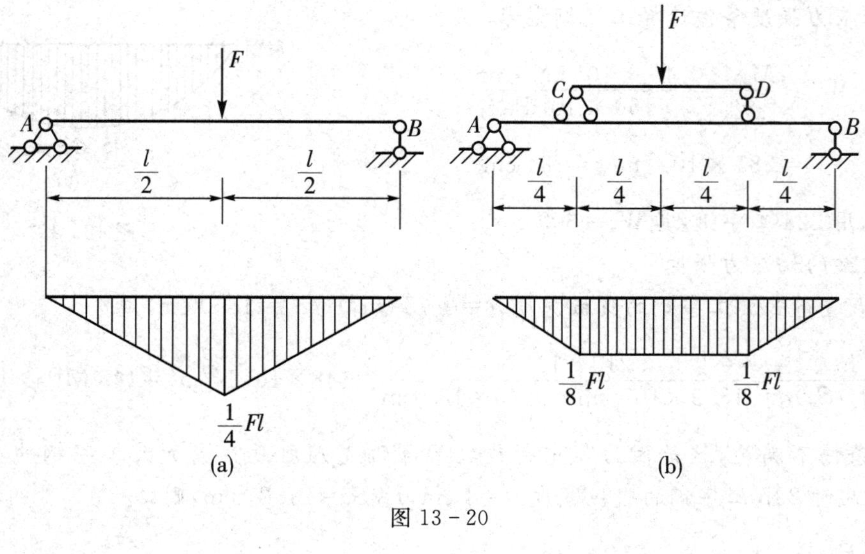

图 13-20

2. 合理布置支座位置

例如图 13 - 21(a)所示的受均布荷载作用的简支梁，最大弯矩 $M_{max}=\frac{1}{8}ql^2=0.125ql^2$ 若将两端的支座各向中间移动 $0.2l$，如图 13 - 21(b)所示，此时梁中的最大弯矩 $M_{max}=0.025ql^2$，仅是前者的$\frac{1}{5}$，通过合理布置支座位置，提高了梁的承载能力。

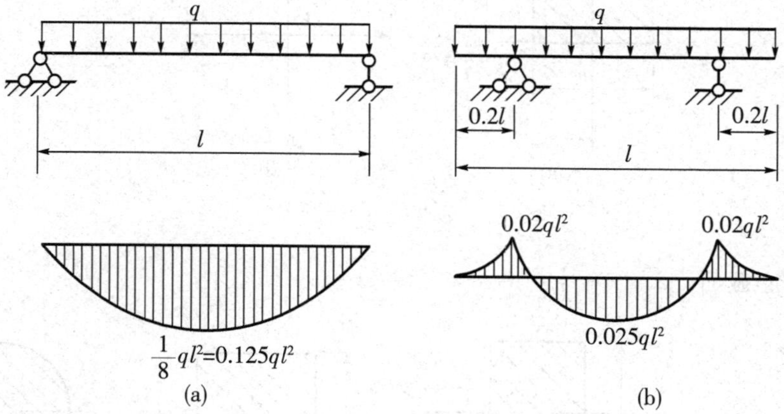

图 13 - 21

3. 增加支座

为了减少梁中的弯矩，我们还可以采用增加支座以减小梁的跨度. 例如在图 13 - 21(a)所示的受均布荷载作用简支梁的中间增加一个支座，如图 13 - 22 所示，此时梁中的最大弯矩 $M_{max}=0.03125ql^2$，仅为原梁的$\frac{1}{4}$。但这时梁变成了超静定梁。

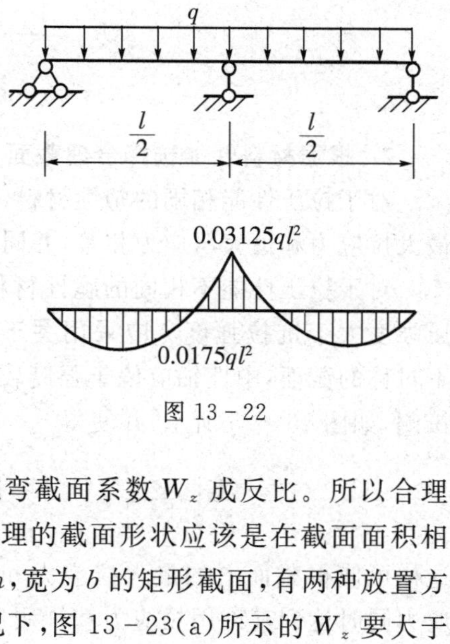

图 13 - 22

13.3.2　采用合理的截面形状

1. 根据抗弯截面系数选择合理截面

我们已经知道梁的强度主要由梁的正应力强度条件控制。在最大弯矩 M_{max}已定时，梁中的最大正应力 σ_{max}与抗弯截面系数 W_z 成反比。所以合理地提高抗弯截面系数 W_z 可有效地降低最大正应力 σ_{max}。合理的截面形状应该是在截面面积相同的情况下，具有较大的抗弯截面系数 W_z。例如一个高为 h，宽为 b 的矩形截面，有两种放置方式，如图 13 - 23(a)和图 13 - 23(b)所示，可知在 $h>b$ 的情况下，图 13 - 23(a)所示的 W_z 要大于图 13 - 23(b)所示的 W_z。

我们可以通过比较各种不同形状截面的$\frac{W_z}{A}$大小，来比较截面的合理性，比值越大，表明这种截面在相同的截面面积时承受弯曲的能力越大。由于抗弯截面系数 W_z 与截面面积的分布有关，面积分布离中性轴越远，W_z 就越大。所以计算表明，在面积相同的情况下，比值$\frac{W_z}{A}$从大到小的排序为：工字形、矩形、正方形、圆形，如图 13 - 24 所示的排列顺序。这也是符合弯曲正应力分布规律的，正应力大的地方应该多放一点面积。与此类似，在面积相同的情况下，空心截面的抗

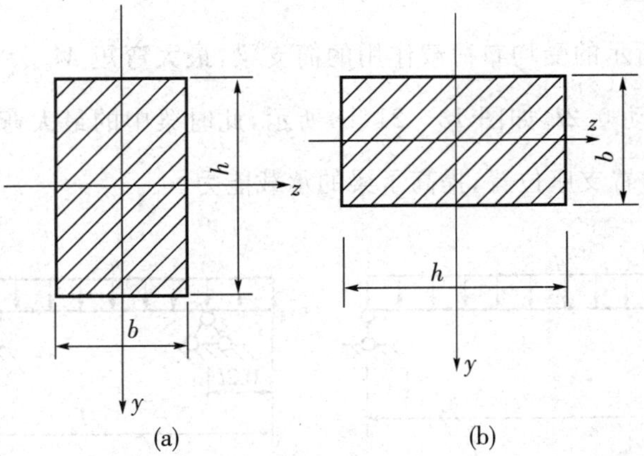

图 13-23

弯能力要优于实心截面。

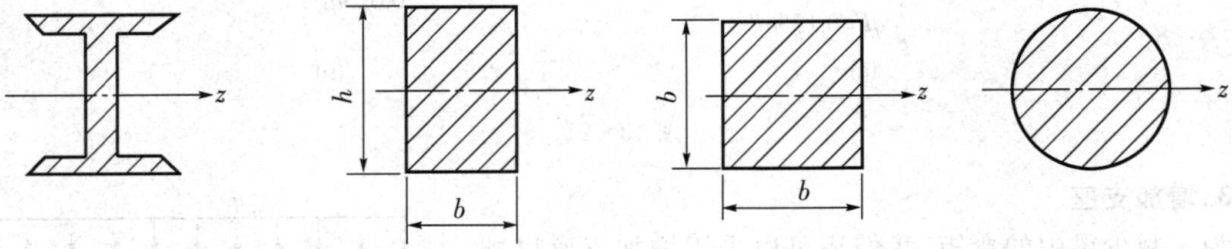

图 13-24

2. 根据材料性能选择合理截面

对于拉压性能相同的塑性材料，应采用关于中性轴对称的截面。这样，截面的上下边缘处的最大拉应力和最大压应力相等，并同时达到材料的许用应力。

对于拉压性能不相同的脆性材料，其抗压强度大于抗拉强度。应采用关于中性轴不对称的截面，中性轴应偏于强度较弱的受拉侧，如图 13-25 所示，并使得

$$\frac{y_1}{y_2}=\frac{[\sigma_t]}{[\sigma_c]}$$

这样可使得截面上的最大拉应力和最大压应力同时达到其许用拉应力和许用压应力，发挥材料的特性。

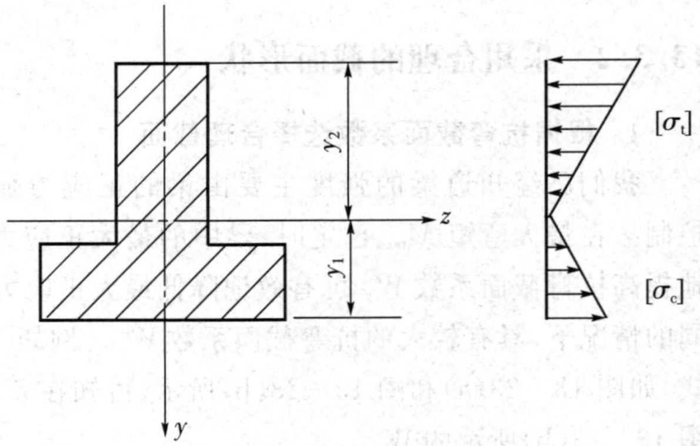

图 13-25

3. 根据弯矩变化规律采用变截面梁

一般情况下，一根梁各个横截面上的弯矩大小是不一样的。对于等截面梁，在进行强度计算时，梁的横截面尺寸是以最大弯矩 M_{max} 所在的危险截面来确定的，但当危险截面上的最大正应力达到材料的许用应力时，梁的其他截面上的最大正应力均小于材料的许用应力。为了节约材料，可以采取弯矩大的截面用较大的截面尺寸，弯矩小的截面用较小的截面尺寸的办法，使得梁的横截面沿轴线的变化符合弯矩图的变化规律。这种横截面尺寸沿轴线变化的梁称为变截面梁。最理想的变截面梁应该是使得梁的每个横

截面上的最大应力均达到材料的许用应力，这种梁称为等强度梁。即

$$\sigma_{\max}=\frac{M(x)}{W(x)}=[\sigma]$$

根据此式可计算出各截面的抗弯系数 $W_z(x)$，进一步可设计出等强度梁横截面沿轴线的变化形式。例如，宽度不变而高度变化的矩形截面简支梁，如图 13-26(a)所示，按等强度梁设计，即

$$\sigma_{\max}=\frac{M(x)}{W(x)}=\frac{\frac{F}{2}x}{\frac{bh^2(x)}{6}}=[\sigma] \quad \text{(a)}$$

从上式中求得

$$h(x)=\sqrt{\frac{3Fx}{b[\sigma]}} \quad \text{(b)}$$

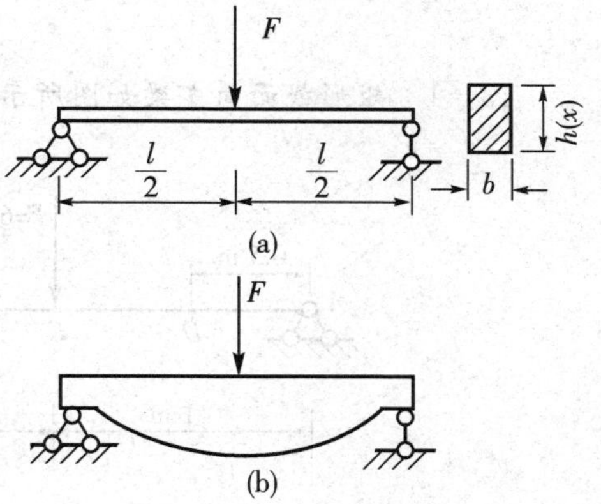

图 13-26

可见 $h(x)$ 按二次抛物线规律变化。

在支座处，应按梁的切应力强度条件来确定横截面的最小高度，即

$$\tau_{\max}=\frac{3F_S}{2A}=\frac{3}{2}\times\frac{\frac{F}{2}}{bh_{\min}}=[\tau] \quad \text{(c)}$$

求得

$$h_{\min}=\frac{3F}{4b[\tau]} \quad \text{(d)}$$

根据(b)和(d)式便确定了这根等强度简支梁的形状。工程中取其一半就是工程中常用的鱼腹梁，如图13-26(b)所示。

思考题

13—1 什么叫纯弯曲？

13—2 什么叫中性层？什么叫中性轴？平面弯曲时如何确定横截面的中性轴位置？

13—3 在平面弯曲时，当梁具有图示各种形状的横截面时，试画出各截面上弯曲正应力沿截面高度的分布规律。

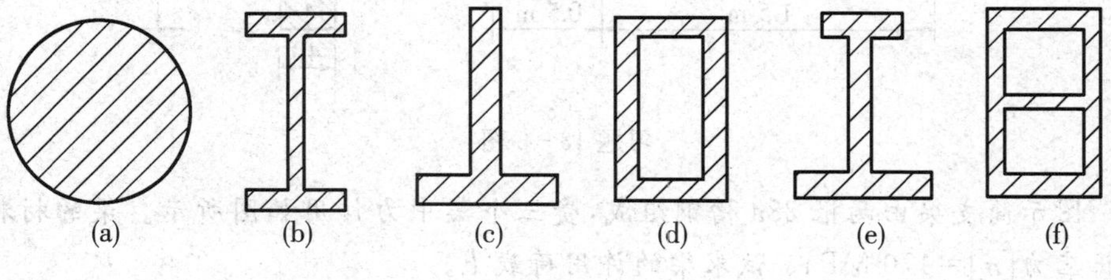

思考题 13-2 图

13—4 在横力弯曲时，梁的正应力计算公式的使用条件是什么？

13—5 对于拉压性能相同的材料，梁应选择哪一类横截面为好？对于拉压性能不相同的材

料,梁应选择哪一类横截面为好?

13—6 在进行梁的强度校核时,什么情况下应特别注意梁的切应力强度?

13—7 提高梁的抗弯能力的措施主要有哪些?

习 题

13—1 矩形截面简支梁如图所示,试求 D 截面上 a,b,c,d 四点的正应力。

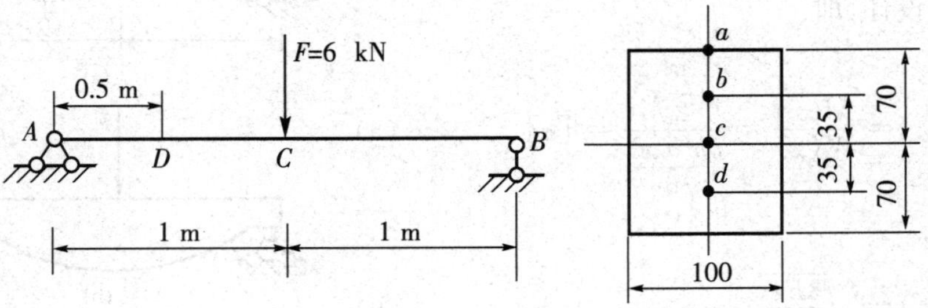

习题 13-1 图

13—2 图示由 20a 工字钢构成的简支梁,在受集中力作用,$F=30$ kN,梁的跨度 $l=6$ m,求梁中的最大正应力。

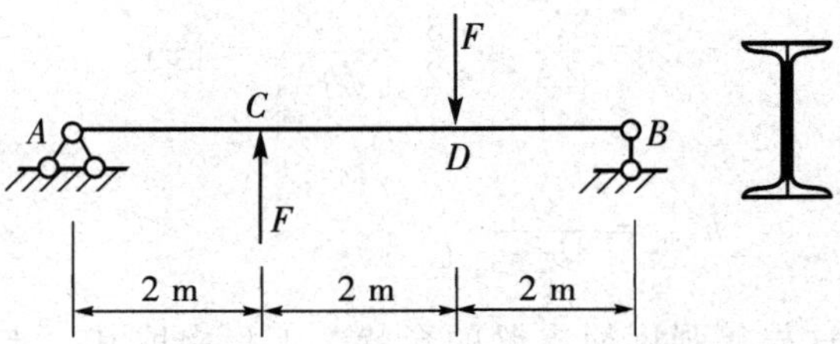

习题 13-2 图

13—3 图示 T 形截面外伸梁,受均布荷载作用,梁的横截面尺寸如图示,试求梁的最大拉应力和最大压应力。

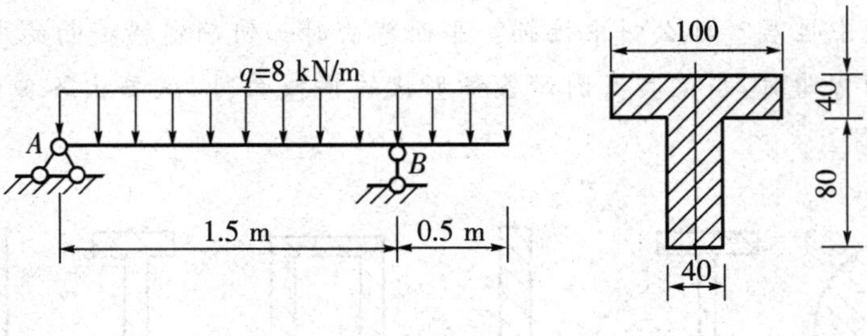

习题 13-3 图

13—4 图示简支梁由两根 28a 槽钢组成,受三个集中力作用如图所示。梁的材料为 Q235 钢,其许用正应力$[\sigma]=170$ MPa。试求梁的许用荷载 F。

13—5 图示木制圆截面外伸梁,受力如图示。已知:荷载 $F=3$ kN,$q=3$ kN/m,材料的许用应力$[\sigma]=10$ MPa。试选择圆截面的直径。

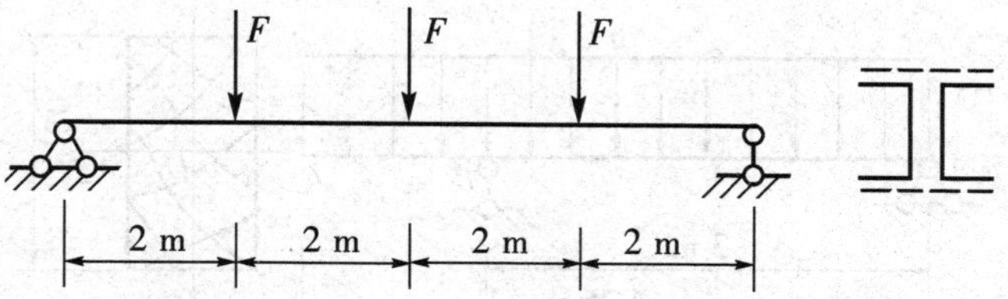

习题 13-4 图

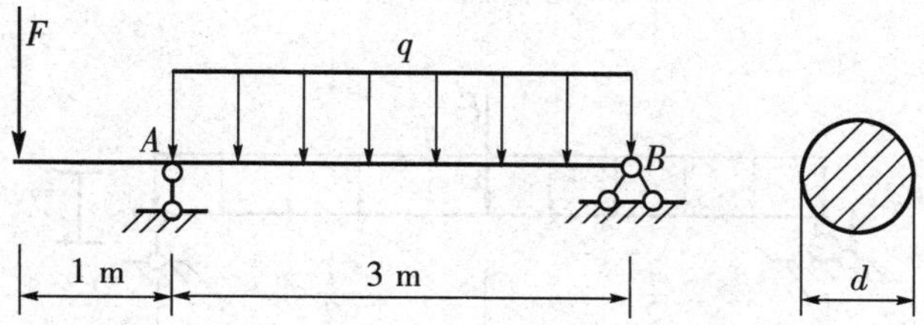

习题 13-5 图

13—6 图示铸铁水管两端放在支座上，水管的外径为 250 mm，壁厚为 10 mm，长度 $l=12$ m，铸铁的密度 $\rho=7.7\ \mathrm{kg/m^3}$，水管中充满了水。试求水管的最大拉、压应力。

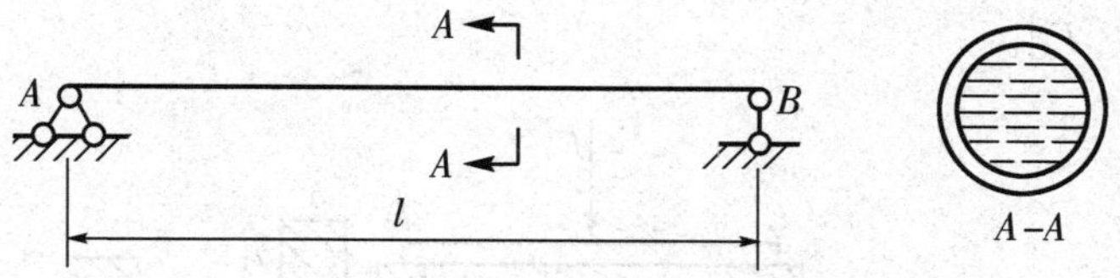

习题 13-6 图

13—7 图示由圆截面木料制成的矩形截面简支梁。已知：荷载 $F=5$ kN，$a=1.5$ m，材料的许用应力$[\sigma]=10$ MPa，试求梁所需木料的最小直径。

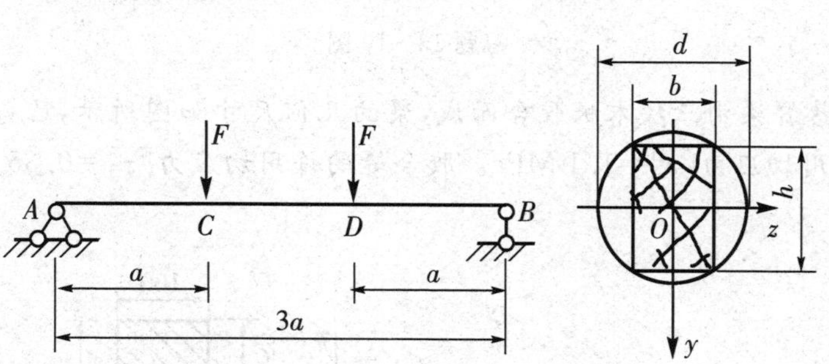

习题 13-7 图

13—8 矩形截面木梁如图所示，均布荷载 $q=1.3$ kN/m，材料的许用正应力$[\sigma]=10$ MPa，许用切应力$[\tau]=2$ MPa，试校核梁的正应力和切应力强度。

13—9 工字钢截面简支梁如图所示，已知：梁上作用的荷载 $F=20$ kN，$q=6$ kN/m，梁的跨度 $l=6$ m，材料的许用应力$[\sigma]=170$ MPa，$[\tau]=100$ MPa，试选择工字钢的号码。

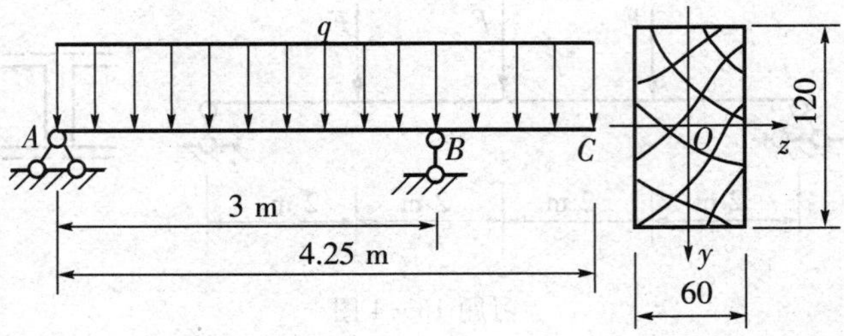

习题 13-8 图

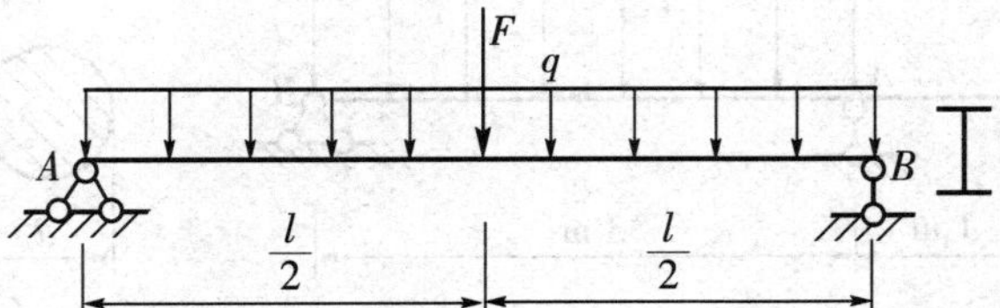

习题 13-9 图

13－10　图示由两根梁组成的结构，两根梁的材料相同。梁的尺寸如图所示，$l=3.6$ m，$a=1.3$ m，$h=150$ mm，$h_1=100$ mm，$b=100$ mm，材料的许用应力$[\sigma]=10$ MPa，$[\tau]=2.2$ MPa。试求该结构的许用荷载$[F]$。

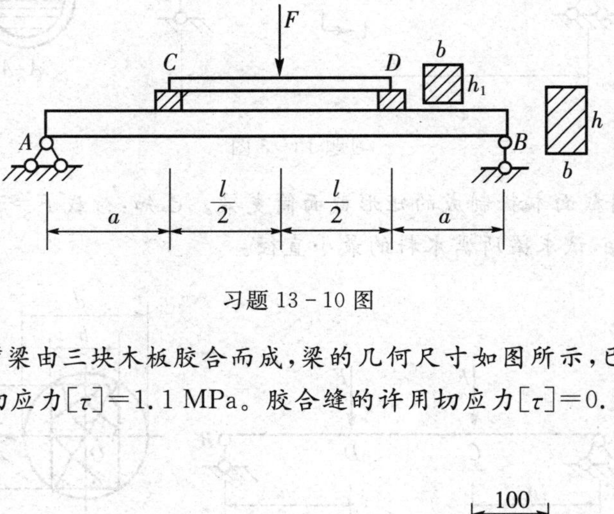

习题 13-10 图

13－11　图示悬臂梁由三块木板胶合而成，梁的几何尺寸如图所示，已知：材料的许用正应力$[\sigma]=10$ MPa，许用切应力$[\tau]=1.1$ MPa。胶合缝的许用切应力$[\tau]=0.35$ MPa。试求该梁的许用荷载$[F]$。

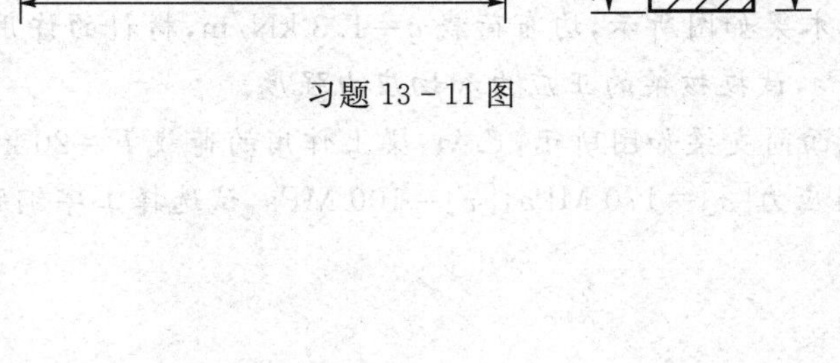

习题 13-11 图

13－12　图示简支梁上受一可移动的荷载作用，已知：荷载 $F=40\ \text{kN}$，材料的许用应力$[\sigma]=10\ \text{MPa}$，$[\tau]=3\ \text{MPa}$，矩形横截面的高宽比为$\dfrac{h}{b}=\dfrac{3}{2}$。试选择梁的截面尺寸。

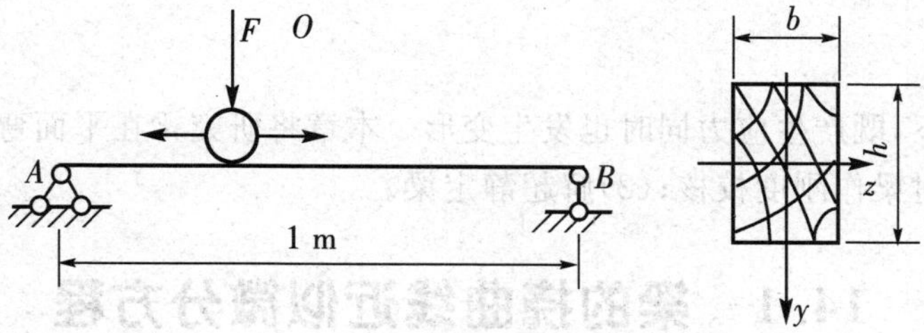

习题 13－12 图

第 14 章　弯曲变形

梁在荷载作用下，既产生应力同时也发生变形。本章将研究梁在平面弯曲时的变形问题，主要有两个目的：(1)对梁作刚度校核；(2)解超静定梁。

14.1　梁的挠曲线近似微分方程

14.1.1　概述

梁的变形通常用横截面形心处的竖向位移和横截面的转角这两个位移量来度量。如图 14-1。

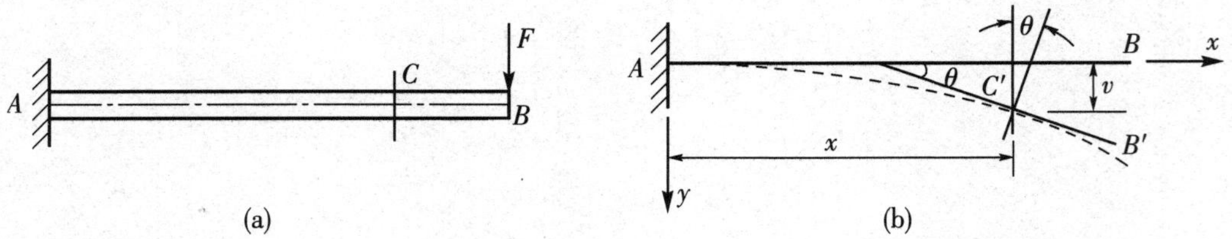

图 14-1

挠曲线：当梁在 xy 面内发生弯曲时，梁的轴线由直线变为 xy 面内的一条光滑连续曲线，称为梁的挠曲线。

挠度：横截面的形心在垂直于梁轴(x 轴)方向的线位移，称为横截面的挠度，并用符号 v 表示。在图示坐标系中，挠度以向下为正，反之为负。

$$v=f_1(x) \tag{a}$$

转角：横截面的角位移，称为截面的转角，用符号 θ 表示。θ 顺时针转为正，反之为负。

$$\theta=f_2(x) \tag{b}$$

从图 14-1(b)中可以看到，截面 C 的转角 θ 等于挠曲线上 C' 点的切线与 x 轴的夹角。所以

$$\tan\theta=\frac{\mathrm{d}v}{\mathrm{d}x} \tag{c}$$

由于梁为小变形，θ 角很小，所以

$$\theta\approx\tan\theta=\frac{\mathrm{d}v}{\mathrm{d}x} \tag{d}$$

综上所述，求梁的任一截面的挠度和转角，关键在于确定梁的挠曲线方程 $v=f_1(x)$

14.1.2　梁的挠曲线近似微分方程

由前一章知，梁轴线的曲率半径 ρ 与弯矩 M 的关系为

$$\frac{1}{\rho(x)}=\frac{M(x)}{EI} \tag{a}$$

数学上，曲线 $v=f(x)$上任一点的曲率为

$$\frac{1}{\rho(x)}=\pm\frac{\dfrac{d^2 v}{dx^2}}{\left[1+\left(\dfrac{dv}{dx}\right)^2\right]^{\frac{3}{2}}} \tag{b}$$

由于我们研究的梁为小变形，梁的挠曲线很平缓，$\dfrac{dv}{dx}$远小于 1，所以$\left(\dfrac{dv}{dx}\right)^2$项可忽略，于是

$$\frac{1}{\rho(x)}=\pm\frac{d^2 v}{dx^2} \tag{c}$$

由式 (a)和式(c)得

$$\pm\frac{d^2 v}{dx^2}=\frac{M(x)}{EI} \tag{14-1}$$

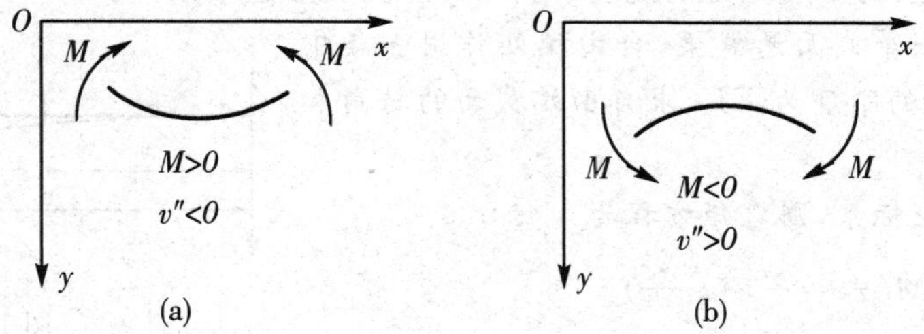

图 14 - 2

在我们选取的坐标系中，如图 14 - 2 所示，当梁段受正的弯矩时($M>0$)，挠曲线为凹向上的曲线。而数学上，此时曲线的 $v''<0$。当梁段受负的弯矩时($M<0$)，挠曲线为凹向下的曲线。而数学上，此时曲线的 $v''>0$。所以 $M(x)$与$\dfrac{d^2 v}{dx^2}$的符号总是相反，式(14 - 1)中应选取负号，即

$$-\frac{d^2 v}{dx^2}=\frac{M(x)}{EI} \tag{14-2a}$$

或

$$v''=-\frac{M(x)}{EI} \tag{14-2b}$$

式(14 - 2a)或(14 - 2b)就是梁的挠曲线的近似微分方程式。由于在计算中略去了剪力对变形的影响，并在式(b)中略去了$\left(\dfrac{dv}{dx}\right)^2$项，故称为近似微分方程式。

14.2 积分法求弯曲变形

1. 转角方程和挠曲线方程

对 $v''=-\dfrac{M(x)}{EI}$两侧积分,可得梁的转角方程为

$$\theta(x)=v'=\int -\frac{M(x)}{EI}\mathrm{d}x+C \tag{14-3a}$$

再积分一次,即可得梁的挠曲线方程

$$v(x)=\int\left(\int -\frac{M(x)}{EI}\mathrm{d}x\right)\mathrm{d}x+Cx+D \tag{14-3b}$$

式中 C 和 D 为积分常数,它们可由梁的约束所提供的已知位移条件来确定。

2. 积分常数的确定——边界条件和光滑连续性

固定端的挠度和转角都等于零;铰支座上挠度等于零。这种已知的变形条件称为边界条件。在挠曲线的任意点上,有唯一确定的挠度和转角。称为变形连续条件。

【例 14-1】 一等截面悬臂梁,自由端处作用一集中力 F,如图 14-3,梁的刚度为 EI_z,求自由端截面的转角和挠度。

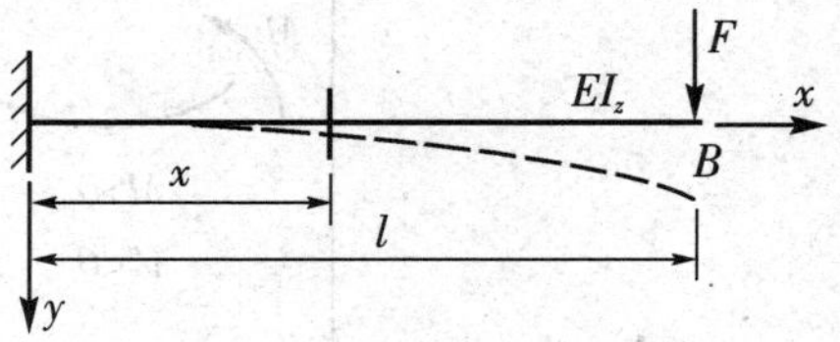

图 14-3

【解】 取图示坐标系,则弯矩方程为

$$M(x)=-F(l-x)$$

挠曲线的近似微分方程式为

$$EI_zv''=-M(x)=Fl-Fx$$

对该式进行一次和两次积分得

$$EI_zv'=EI_z\theta=Flx-\frac{1}{2}Fx^2+C \tag{a}$$

$$EI_zv=\frac{1}{2}Flx^2-\frac{1}{6}Fx^3+Cx+D \tag{b}$$

由边界条件确定积分常数

$$x=0,\theta_A=v'_A=0,\text{代入(a)式,得 }C=0$$

$$x=0,v_A=0,\text{代入(b)式,得 }D=0$$

梁的转角方程和挠度方程分别为

$$EI_z\theta=Flx-\frac{1}{2}Fx^2$$

$$EI_zv=\frac{1}{2}Flx^2-\frac{1}{6}Fx^3$$

或

$$\theta=\frac{1}{EI_z}(Flx-\frac{1}{2}Fx^2) \tag{c}$$

$$v=\frac{1}{EI_z}(\frac{1}{2}Flx^2-\frac{1}{6}Fx^3) \tag{d}$$

将 $x=l$ 代入式(c)和(d)，得自由端截面的转角和挠度为

$$\theta_B=\frac{Fl^2}{2EI_z}$$

$$v_B=\frac{Fl^3}{3EI_z}$$

【例 14-2】 如图 14-4 所示简支梁 AB 受均布荷载作用，梁的刚度为 EI_z，求梁的最大挠度和 B 截面的转角。

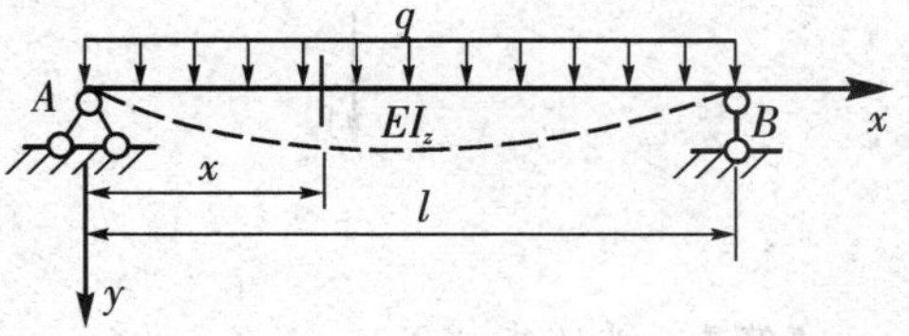

图 14-4

【解】 取图示坐标系，弯矩方程为

$$M(x)=\frac{1}{2}qlx-\frac{1}{2}qx^2$$

挠曲线的近似微分方程式为

$$EI_zv''=-M(x)=\frac{1}{2}qx^2-\frac{1}{2}qlx$$

对该式进行一次和两次积分得

$$EI_zv'=EI_z\theta=\frac{1}{6}qx^3-\frac{1}{4}qlx^2+C \tag{a}$$

$$EI_zv=\frac{1}{24}qx^4-\frac{1}{12}qlx^3+Cx+D \tag{b}$$

由边界条件确定积分常数

$x=0, v_A=0$，代入(b)式，得 $D=0$

$x=l, v_B=0$，代入(b)式，得 $C=\frac{1}{24}ql^3$

梁的转角方程和挠度方程分别为

$$\theta=v'=\frac{q}{24EI_z}(4x^3-6lx^2+l^3) \tag{c}$$

$$v=\frac{q}{24EI_z}(x^4-2lx^3+l^3x) \tag{d}$$

由于梁和梁上的荷载是对称的，所以最大挠度发生在跨中，将 $x=\frac{l}{2}$ 代入式(d)，得最大挠度为

$$v_{\max}=\frac{5ql^4}{384EI_z}$$

将 $x=l$ 代入式(c),得 B 截面的转角为

$$\theta_B=-\frac{ql^3}{24EI_z}$$

【例 14-3】 如图 14-5 所示简支梁 AB 受到集中力 F 作用,梁的刚度为 EI_z,求 C 截面的挠度和 A 截面的转角。

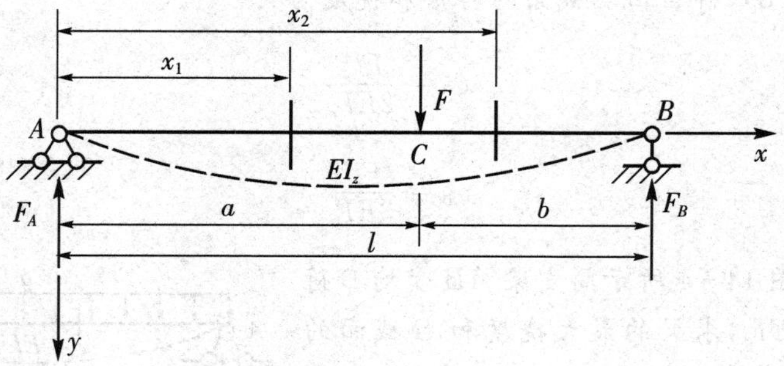

图 14-5

【解】 梁的反力为

$$F_A=\frac{b}{l}F \qquad F_B=\frac{a}{l}F$$

建立坐标系 xAy,分两段列出 AB 梁的弯矩方程为:

$$AC\text{段} \qquad M_1(x_1)=\frac{Fb}{l}x_1 \qquad (0\leqslant x_1\leqslant a)$$

$$CB\text{段} \qquad M_2(x_2)=\frac{Fb}{l}x_2-F(x_2-a) \qquad (a\leqslant x_2\leqslant l)$$

AC 和 CB 两段的挠曲线近似微分方程及积分结果,列表如下。

AC 段$(0\leqslant x_1\leqslant a)$	CB 段$(a\leqslant x_2\leqslant l)$
$EIv''_1=-\frac{Fb}{l}x_1$	$EIv''_2=F(x_2-a)-\frac{Fb}{l}x_2$
$EIv'_1=-\frac{Fb}{2l}x_1^2+C_1$	$EIv'_2=\frac{F}{2}(x_2-a)^2-\frac{Fb}{2l}x_2^2+C_2$
$EIv_1=-\frac{Fb}{6l}x_1^3+C_1x_1+D_1$	$EIv_2=\frac{F}{6}(x_2-a)^3-\frac{Fb}{6l}x_2^3+C_2x_2+D_2$

积分常数 C_1,D_1 和 C_2,D_2,需要变形连续条件和边界条件来确定。

梁的挠曲线在 C 截面的变形连续条件为

(1) $x_1=x_2=a$ 时,$\theta_1=\theta_2$

(2) $x_1=x_2=a$ 时,$v_1=v_2$

即

$$-\frac{Fb}{2l}a^2+C_1=-\frac{Fb}{2l}a^2+C_2$$

$$-\frac{Fb}{6l}a^3+C_1a+D_1=-\frac{Fb}{6l}a^3+C_2a+D_2$$

由上两式解得

$$C_1=C_2, D_1=D_2$$

梁在 A,B 两端的边界条件为

$$(3)x_1=0 \text{ 时}, v_1=0$$

$$(4)x_2=l \text{ 时}, v_2=0$$

由条件(3) $$D_1=0$$

由条件(4) $$\frac{F}{6}(l-a)^3-\frac{Fb}{6l}l^3+C_2l=0$$

解得

$$D_1=D_2=0 \qquad C_1=C_2=\frac{Fb}{6l}(l^2-b^2)$$

梁 AC 和 CB 段的转角方程和挠曲线方程列于下表：

AC 段 $(0\leqslant x_1\leqslant a)$	CB 段 $(a\leqslant x_2\leqslant l)$
$\theta_1(x_1)=\frac{Fb}{6lEI_z}(l^2-b^2-3x_1^2)$	$\theta_2(x_2)=\frac{Fb}{6lEI_z}\left[(l^2-b^2-3x_2^2)+\frac{3l}{b}(x_2-a)^2\right]$
$v_1(x_1)=\frac{Fbx_1}{6lEI_z}(l^2-b^2-x_1^2)$	$v_2(x_2)=\frac{Fb}{6lEI_z}\left[(l^2-b^2-x_2^2)x_2+\frac{l}{b}(x_2-a)^3\right]$

将 $x_1=a$ 或 $x_2=a$ 代入 AC 段或 CB 段挠曲线方程，经整理 C 截面的挠度为

$$v_C=\frac{Fab}{6lEI_z}(l^2-b^2-a^2)$$

将 $x_1=0$ 代入 AC 段转角方程，A 截面的转角为

$$\theta_A=\frac{Fb}{6lEI_z}(l^2-b^2)$$

在上例中，遵循了两个规则：(1)对各段梁，都是根据同一坐标原点到截面之间的梁段上的外力列出弯矩方程，所以后一梁段的弯矩方程中包括前一梁段的弯矩方程和新增的$(x-a)$项；(2)对$(x-a)$项的积分，以$(x-a)$作为自变量。于是，由挠曲线在$(x-a)$处的连续条件，就能得到两段梁上相应的积分常数分别相等的结果。对于弯矩方程需分为任意几段的情况，只要遵循上述规则，同样可以得到各梁段上相应的积分常数分别相等的结果，从而简化确定积分常数的工作。

积分法是求变形的基本方法。虽然用该法计算梁的转角和挠度比较繁，但该法在理论上是比较重要的。

为了实用上的方便，各种常见荷载作用下简单梁的转角和挠度计算公式及挠曲线的方程式均有表可查。表 14-1 中列举了一些常见的情况。

表 14-1 简单载荷作用梁的转角和挠度

支承和荷载情况	梁端转角	最大挠度	挠曲线方程式
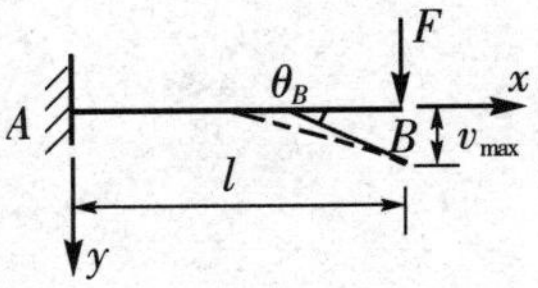	$\theta_B=\dfrac{Fl^2}{2EI_z}$	$v_{\max}=\dfrac{Fl^3}{3EI_z}$	$v=\dfrac{Fx^2}{6EI_z}(3l-x)$
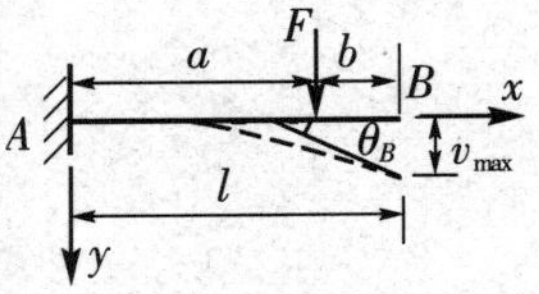	$\theta_B=\dfrac{Fa^2}{2EI_z}$	$v_{\max}=\dfrac{Fa^2}{6EI_z}(3l-a)$	$v=\dfrac{Fx^2}{6EI_z}(3a-x),0\leqslant x\leqslant a$ $v=\dfrac{Fa^2}{6EI_z}(3x-a),a\leqslant x\leqslant l$
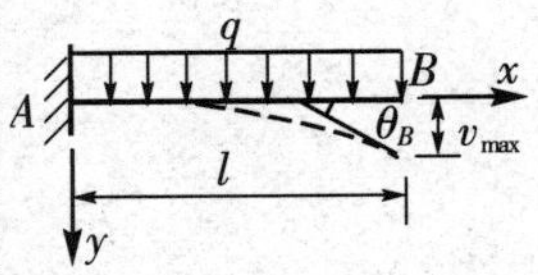	$\theta_B=\dfrac{ql^3}{6EI_z}$	$v_{\max}=\dfrac{ql^4}{8EI_z}$	$v=\dfrac{qx^2}{24EI_z}(x^2+6l^2-4lx)$
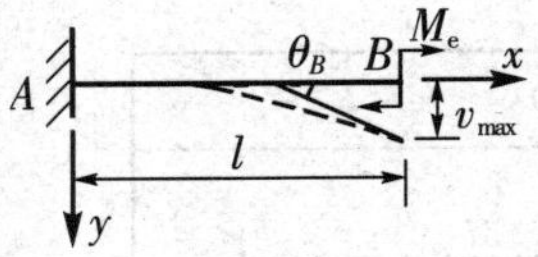	$\theta_B=\dfrac{M_e l}{EI_z}$	$v_{\max}=\dfrac{M_e l^2}{2EI_z}$	$v=\dfrac{M_e x^2}{2EI_z}$
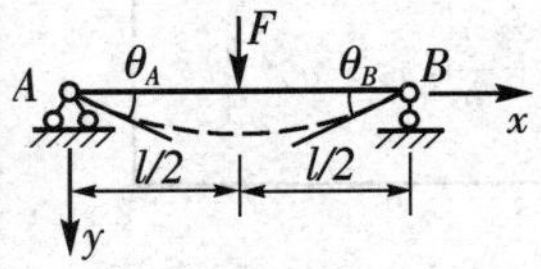	$\theta_A=-\theta_B=\dfrac{Fl^2}{16EI_z}$	$v_{\max}=\dfrac{Fl^3}{48EI_z}$	$v=\dfrac{Fx}{48EI_z}(3l^2-4x^2),0\leqslant x\leqslant\dfrac{l}{2}$
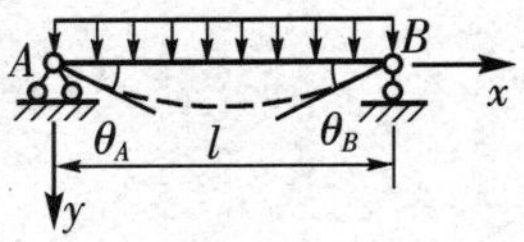	$\theta_A=-\theta_B=\dfrac{ql^3}{24EI_z}$	$v_{\max}=\dfrac{5ql^4}{384EI_z}$	$v=\dfrac{qx}{24EI_z}(l^2-2lx^2+x^3)$
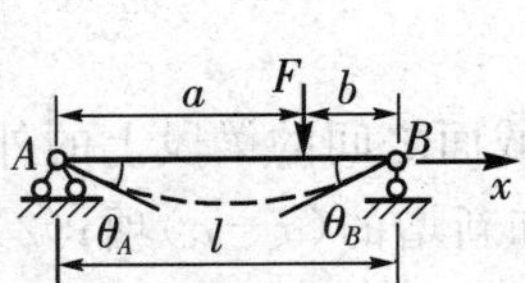	$\theta_A=\dfrac{Fab(l+b)}{6lEI_z}$ $\theta_B=\dfrac{-Fab(l+a)}{6lEI_z}$	$v_{\max}=\dfrac{Fb}{9\sqrt{3}lEI_z}(l^2-b^2)^{\frac{3}{2}}$ 在 $x=\dfrac{\sqrt{l^2-b^2}}{3}$处	$v=\dfrac{Fbx}{6lEI_z}(l^2-b^2-x^2),0\leqslant x\leqslant a$ $v=\dfrac{F}{EI_z}\left[\dfrac{b}{6l}(l^2-b^2-x^2)x+\dfrac{1}{6}(x-a)^3\right],a\leqslant x\leqslant l$
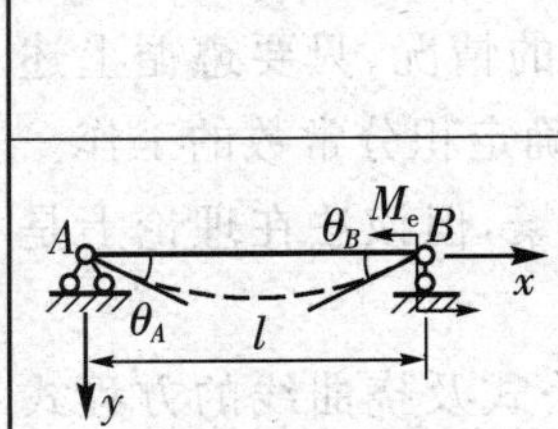	$\theta_A=\dfrac{M_e l}{6EI_z}$ $\theta_B=-\dfrac{M_e l}{3EI_z}$	$v_{\max}=\dfrac{M_e l^2}{9\sqrt{3}EI_z}$ 在 $x=\dfrac{l}{\sqrt{3}}$处	$v=\dfrac{M_e x}{6lEI_z}(l^2-x^2)$

14.3 叠加法求弯曲变形

当梁上有几个载荷共同作用时，可以分别计算梁在每个载荷单独作用时的变形，然后进行叠加，即可求得梁在几个载荷共同作用时的总变形。

应用叠加法求梁的变形时，若已知梁在简单载荷作用时的变形，是很方便的。

【例 14-4】 起重机大梁的自重是集度为 q 的均布载荷，集中力 F 作用于跨中。试求大梁跨度中间的挠度。(见图 14-6)

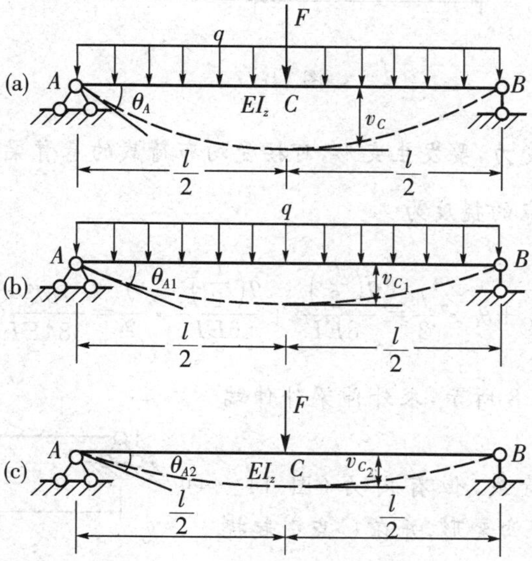

图 14-6

【解】

(1)分解载荷

均布载荷 q，集中力 F

(2)查表叠加

均布载荷单独作用下

$$v_{C_1}=(v_C)_q=\frac{5ql^4}{384EI}$$

集中力单独作用下

$$v_{C_2}=(v_C)_F=\frac{Fl^3}{48EI}$$

在均布载荷和集中力共同作用下

$$v_C=\frac{5ql^4}{384EI}+\frac{Fl^3}{48EI}$$

【例 14-5】 如图 14-7 所示悬臂梁 AB，在 BC 段所受均布荷载 q，求自由端 A 的挠度 v_A。

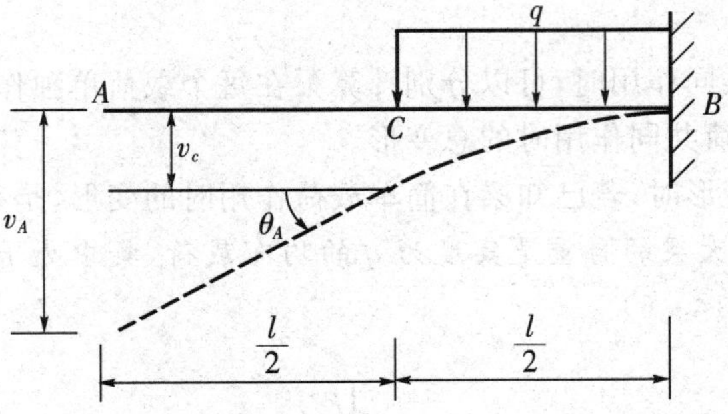

图 14-7

【解】 此梁只 BC 段受力，要发生变形，可按受均布荷载的悬臂梁处理，AC 段不受力，不变形，可视为刚性杆，所以 A 点的挠度为

$$v_A = v_C + \theta_C \cdot \frac{l}{2} = \frac{q\left(\frac{l}{2}\right)^4}{8EI} + \frac{q\left(\frac{l}{2}\right)^3}{6EI} \cdot \frac{l}{2} = \frac{7ql^4}{384EI}(\downarrow)$$

【例 14-6】 如图 14-8 所示，求外伸梁外伸端 C 的挠度 v_C。

【解】 AB 段虽无荷载，但有内力（图 14-8(e)），因此 AB 段要发生弯曲变形，并在 C 点引起挠度。用逐段刚化法分别计算各段变形引起 C 点的挠度，然后叠加。先把 AB 段看成刚体，计算 BC 段弯曲变形引起 C 点的挠度 v_1；再把 BC 段看成刚体，AB 段看成变形体，这时 AB 段可视为右端受集中力偶的简支梁，在变形时由于 B 截面产生转角 θ_B，将引起截面 C 产生挠度 v_2。

为了进一步说明这个问题，将 BC 段的荷载向 B 截面形心简化（图 14-8(c)）。简化结果，在截面 B 上有一集中力 qa 和一个集中力偶矩 $m=\frac{qa^2}{2}$。显然，集中力 qa 对简支梁 AB 的变形没有影响，只有集中力偶才使简支梁 AB 产生变形。

悬臂梁在均布荷载作用下，C 截面的挠度为

$$v_1 = \frac{qa^4}{8EI}(\downarrow)$$

简支梁 AB 在 B 端集中力偶 $m=\frac{qa^2}{2}$ 作用下，截面 B 的转角为

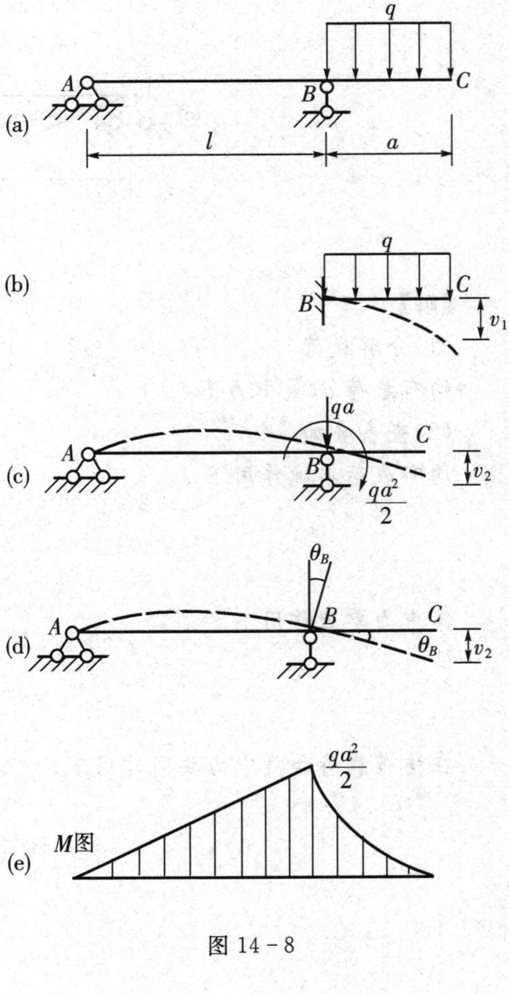

图 14-8

$$\theta_B=\frac{ml}{3EI}=\frac{\frac{qa^2}{2}\cdot l}{3EI}=\frac{qa^2 l}{6EI}$$

由于 B 端产生转角 θ_B，伸臂 BC(仍为直线)产生刚性转动引起 C 截面的挠度，在小变形条件下为

$$v_2=\theta_B\cdot a=\frac{qa^3 l}{6EI}$$

由叠加原理知，C 截面的挠度为

$$v_c=v_1+v_2=\frac{qa^4}{8EI}+\frac{qa^3 l}{6EI}=\frac{qa^3}{24EI}(3a+4l)(\downarrow)$$

14.4 梁的刚度校核

14.4.1 刚度条件

梁的刚度校核，是检查梁在荷载作用下产生的位移是否超过容许值。在机械工程中，一般对转角和挠度都进行校核；在建筑工程中，大多只校核挠度。校核挠度时，通常是以挠度的容许值与跨长的比$\left[\frac{v}{l}\right]$作为标准。

$$\frac{v_{\max}}{l}\leqslant\left[\frac{v}{l}\right] \tag{14-4}$$

该式就是梁的刚度条件。

根据不同的工程用途，在有关规范中，对$\left[\frac{v}{l}\right]$值均有具体的规定。例如在土建工程方面，$\left[\frac{v}{l}\right]$的值常限制在$\frac{1}{250}\sim\frac{1}{1000}$范围内。

强度条件和刚度条件都是梁必须满足的。在建筑工程中，一般情况下，强度条件常起控制作用。由强度条件选择的梁，大多能满足刚度要求。因此，在设计梁时，一般是先由强度条件选择梁的截面，选好后再校核刚度。

在对梁进行刚度校核后，如果梁的变形太大而不能满足刚度要求时，就要重新选择截面以满足刚度条件的要求。

14.4.2 提高梁的刚度措施

由梁的位移表可见(表 14-1)，当荷载一定时，梁的位移(挠度和转角)决定于截面的惯性矩 I_z、跨度 l 及材料的弹性模量 E。

(1)挠度与截面的惯性矩成反比，I_z 愈大梁产生的变形就愈小。因此，采用惯性矩比较大的工字形、槽形等形状的截面，不仅在强度方面是合理的，在刚度方面也是合理的。

(2)挠度与跨长 l 的次方成正比，说明跨长对梁的变形影响很大。因而，减少梁的跨度或在梁的中间增加支座将是减小变形的有效措施。

至于材料的弹性模量 E，虽然也与挠度成反比，但由于同类材料的 E 值都相差不多，故从材料方面来提高刚度的作用不大。例如，普通钢材与高强度钢材的 E 值基本相同，从刚度角度上

看,采用高强度材料是没有什么意义的。

14.5 简单超静定梁

前面分析过的梁,如简支梁和悬臂梁等,其支反力单凭静力平衡方程就可全部确定,这一类梁称为静定梁。在工程中所用的梁,有时为减小应力和挠度,往往采用更多的支座。例如一个长跨度的简支梁,若在其跨中增加一个支座;则将使其最大弯矩和最大挠度值显著地减小(图 14-9)。然而,这时梁的全部支反力就不可能单凭静力平衡方程来确定,因为其支反力未知量有三个,而独立的平衡方程只有两个。像这种单凭静力平衡方程不能求出全部支反力的梁,称为超静定梁。

与拉、压超静定问题相仿,在超静定梁中,多于维持其静力平衡所必需的约束,称为“多余”约束,与其相应的支反力则称为多余约束反力。例如在图 14-9(b)中,可以把支座 C 看作是“多余”约束,而与之相应的支反力就是多余约束反力。当然,也可以把支座 B 看作“多余”约束。超静定梁的“多余”约束的数目就等于其超静定的次数。例如,图 14-9(b)所示的梁是一次超静定梁,而图 14-10 所示的梁则为三次超静定梁。

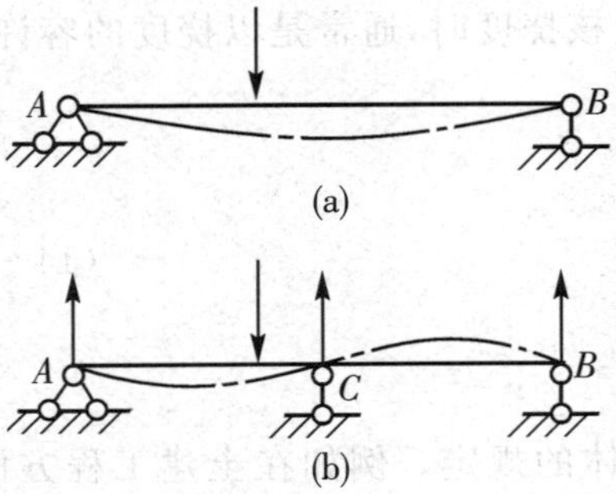

图 14-9

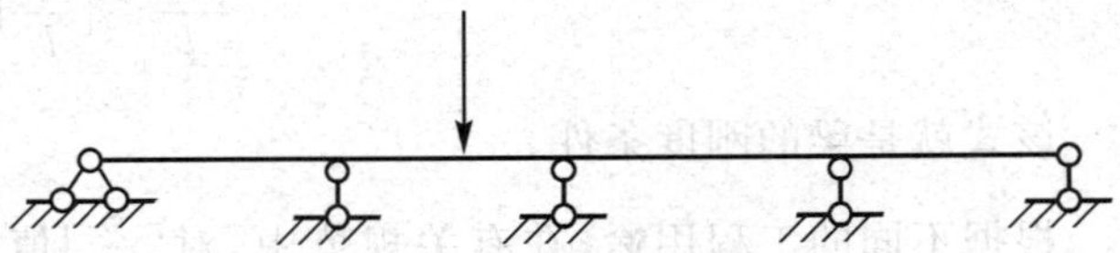

图 14-10

和前面求解拉、压超静定问题的原理相同,为求得超静定梁的全部支反力,也需要根据原超静定梁的变形相容条件写出变形几何方程,并通过力与位移间的物理关系,得到补充方程。然后,将补充方程与静力平衡方程联立求解,以得出梁的全部支反力。这也就是前面所述的综合运用变形的几何方程、物理关系和静力平衡条件三方面,求解超静定问题的方法。

下面就结合图 14-11(a)所示抗弯刚度为 EI 的一次超静定梁来具体说明超静定梁的解法。此梁在所示荷载作用下,共有三个未知的支反力,而独立的平衡方程只有两个。故需再找到一个补充方程。

在求解此超静定梁时,可设想将其支座 B 处的约束当作“多余”约束解除,并在 B 点处施加与所解除的约束相对应的支反力,假设其指向向上,从而得到一个静定的悬臂梁,称为原超静定梁的基本静定系,见图 14-11(b)。根据该超静定梁原有的约束条件可知,悬臂梁在 B 点处的挠度应等于零,这就是原超静定梁的变形相容条件。即

$$v_B = v_{Bq} + v_{BB} = 0 \tag{a}$$

物理方面

式中，v_{Bq} 为静定梁上只有均布荷载时 B 截面的挠度，其值为

$$v_{Bq}=\frac{ql^4}{8EI_z}$$

式中，v_{BB} 为静定梁上只有 F_B 时 B 截面的挠度，其值为

$$v_{BB}=-\frac{F_Bl^3}{3EI_z}$$

将 v_{Bq}，v_{BB} 代入(a)式得

$$\frac{ql^4}{8EI_z}-\frac{F_Bl^3}{3EI_z}=0 \tag{b}$$

由此补充方程式解得

$$F_B=\frac{3}{8}ql$$

再由静力平衡方程式即可求出 A 处反力

$$F_A=\frac{5}{8}ql$$

$$M_A=\frac{1}{8}ql^2$$

绘出梁的剪力图、弯矩图，如图 14-11(e)、(f)。

由上可得求解超静定梁的步骤如下：

(1)判断超静定次数。未知反力数与可列出的独立静力平衡方程数之差，即为超静定次数。

(2)选取基本静定系(需注意，在选择基本静定系时，只能解除多余约束，维持平衡必要的约束不能解除)，在基本静定系上加上荷载和多余约束反力。

(3)根据变形相容条件建立变形的几何关系，解除哪里的多余约束，就要写出哪里变形的几何关系。

(4)根据力与变形间的物理关系建立补充方程，即将几何条件转化为力的方程。

(5)将补充方程与静力平衡方程联立求解。

多余反力求出后，将多余反力当作已知力，把基本静定系当作静定梁一样看待，在已知荷载作用下，来求它的内力、应力、变形，进行强度、刚度计算。

以上是取支座 B 处的约束作为“多余”约束来求解此超静定梁的。同样，也可以取支座

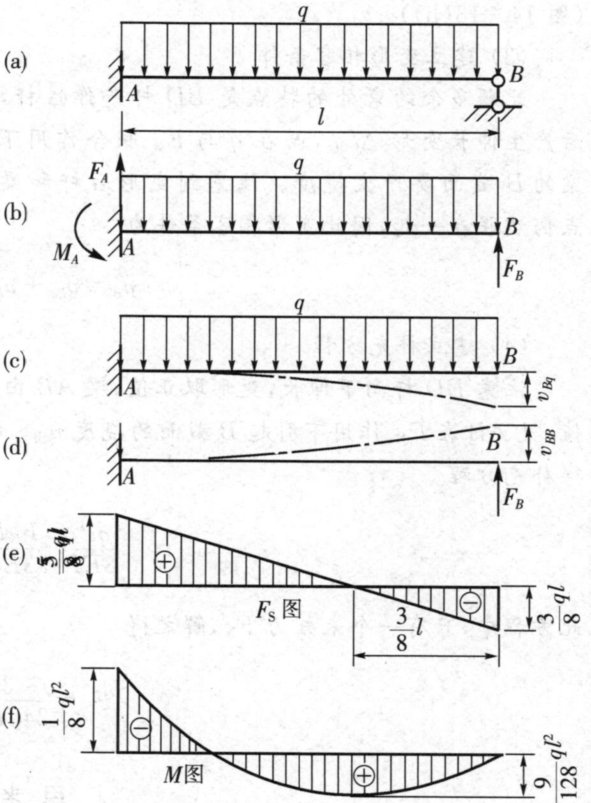

图 14-11

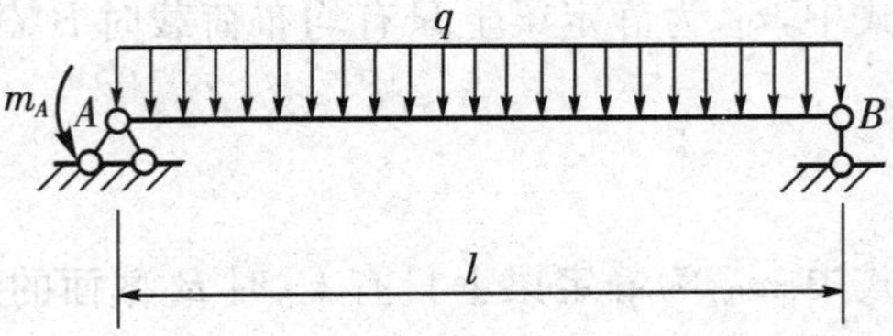

图 14-12

A 处阻止该梁端面转动的约束作为“多余”约束，将其解除并加上相应的多余反力偶 m_A，所得的基本静定系就是如图 14-12 所示的静定简支梁。根据原超静定梁 A 端面的转角应等于零的变形相容条件，即可写出其变形几何方程，从而建立一个补充方程，并由该方程解出 m_A。虽然所选的多余约束及其对应的基本静定系不同于上面的悬臂梁(图 14-11)，但两者所求得的全部支反力是相同的，建议读者自行验证。

【例 14-7】 如图 14-13(a)所示梁杆结构，已知 AB 梁的 EI 及 BD 杆的 EA，求 BD 杆的内力。

【解】 (1) 判断超静定次数

AB 梁有一个固定端就构成了悬臂梁。显然 BD 这根杆对于 AB 梁维持平衡来说是多余的。

固定端提供 3 个约束，BD 杆是一根拉杆，提供了一个约束。因此，共有 4 个约束。作用在 AB 梁上的力为平面力系，可列出 3 个独立平衡方程。因此，为一次超静定问题。

(2) 选取基本体系

解除多余约束 BD 杆，代之以相应的约束反力 F_N(图 14-13(b))。

(3) 建立变形相容条件

此题多余约束处的特点是 BD 杆是弹性杆，受力后产生伸长变形 Δl_{BD}，而在 q 与 F_N 联合作用下，AB 梁的 B 截面要产生挠度。注意到变形后杆和梁在 B 点仍然联在一起，因此变形相容条件为

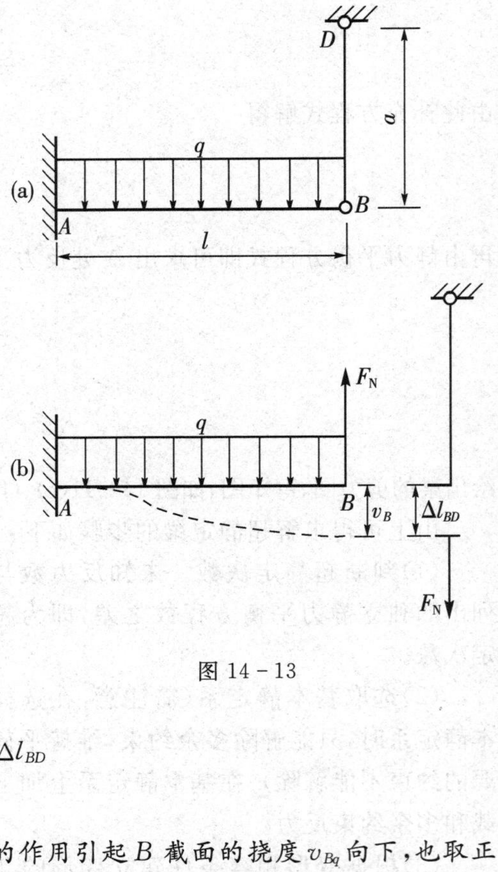

图 14-13

$$v_B = v_{Bq} + v_{BF_N} = \Delta l_{BD}$$

(4) 建立补充方程

注意 BD 杆向下伸长，变形取正值；梁 AB 由于 q 的作用引起 B 截面的挠度 v_{Bq} 向下，也取正值；梁 AB 在 F_N 作用下引起 B 截面的挠度 v_{BF_N} 向上，故取负值。将力与变形的物理关系代入，得补充方程

$$\frac{ql^4}{8EI} - \frac{F_N l^3}{3EI} = \frac{F_N a}{EA}$$

此方程中，只有一个未知力 F_N，解之得

$$F_N = \frac{3ql^4 A}{24aI + 8l^3 A}$$

思考题

14—1 什么是梁的挠度和转角？挠度和转角的正负是怎样规定的？

14—2　如何求梁的最大挠度和最大转角？最大挠度处的截面转角是否一定等于零？

14—3　弯矩等于零处是否截面转角等于零？弯矩最大处是否截面挠度最大？

14—4　如图所示梁，近根部中间开一孔。试问：对梁变形影响是否大？为什么？对梁强度影响是否大？为什么？

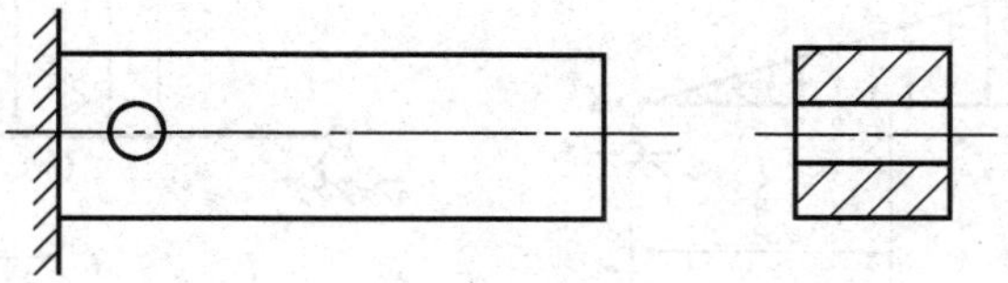

思考题 14-4 图

14—5　如图所示，根据弯矩及支座情况画出下列各梁挠曲线的大致形状。

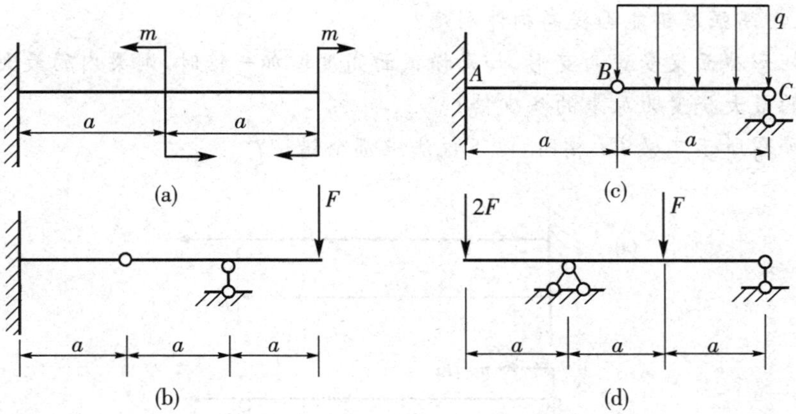

思考题 14-5 图

14—6　如图所示各梁 EI 均为常数，试列出用积分法求变形时的边界条件和连续条件。

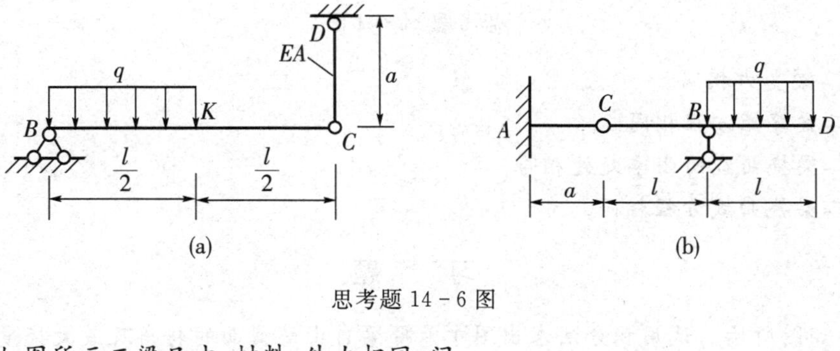

思考题 14-6 图

14—7　如图所示二梁尺寸、材料、外力相同，问

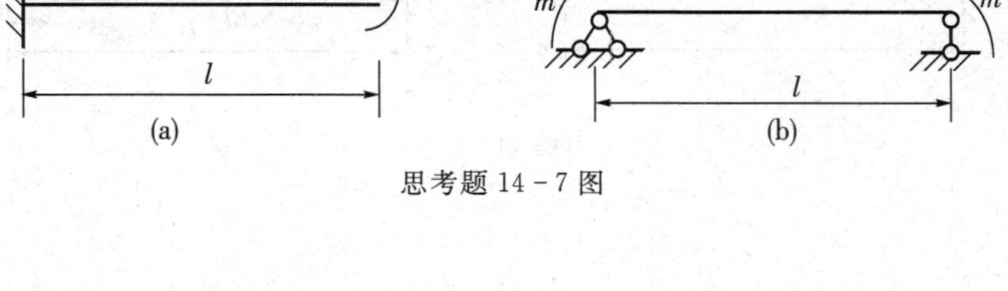

思考题 14-7 图

(1)两梁弯曲程度是否相同?

(2)两梁相应横截面位移是否相同?

14—8　如图所示,按叠加法确定下列各梁跨中截面的挠度 v_C。

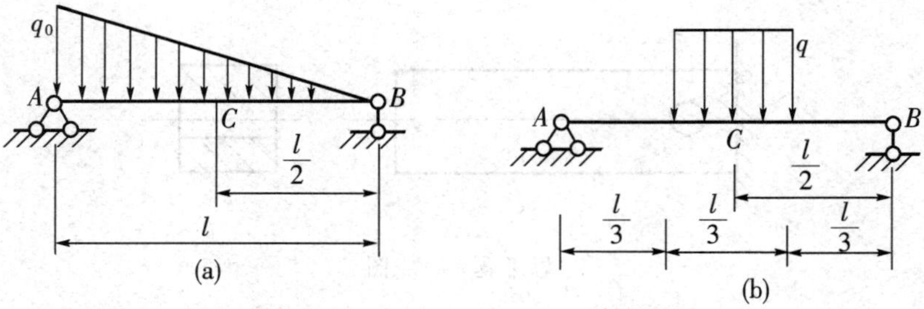

思考题 14-8 图

14—9　采用高强度钢能否提高构件刚度?

14—10　矩形截面梁受弯曲变形,如果横截面高度增加一倍时,则梁内的最大正应力为原来的多少倍?梁的最大挠度为原来的多少倍?

14—11　如图所示二梁 EI 相同,以下说法中哪个错误?

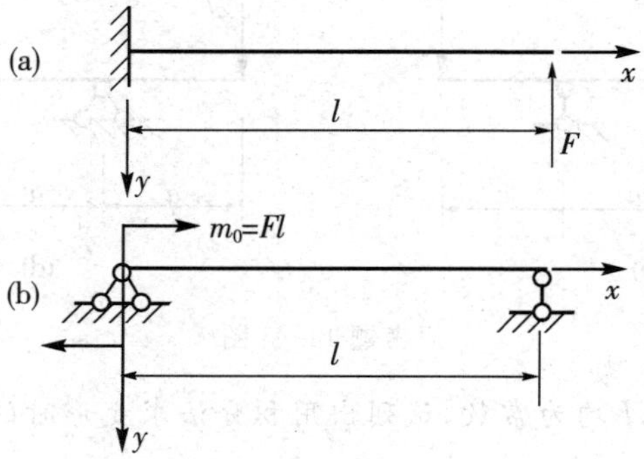

思考题 14-11 图

答:A. 二梁受力相同。

B. 二梁弯矩方程相同。

C. 二梁挠曲线的曲率处处相等。

D. 二梁挠曲线方程相同。

习　　题

14—1　如图所示。试用积分法求出图中悬臂梁自由端截面的转角及最大挠度。

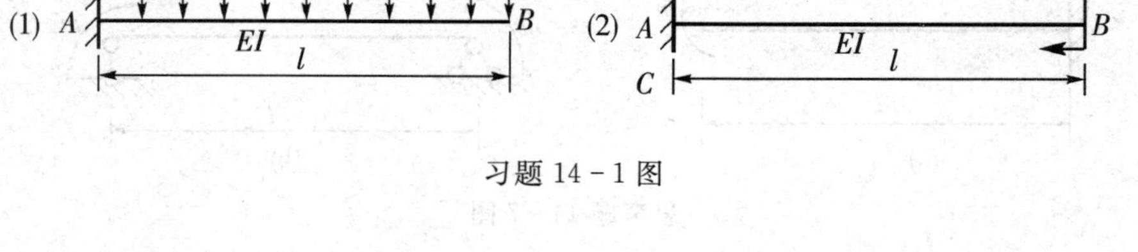

习题 14-1 图

14—2 用积分法求下列图所示简支梁 A,B 截面的转角和跨中截面 C 的挠度。

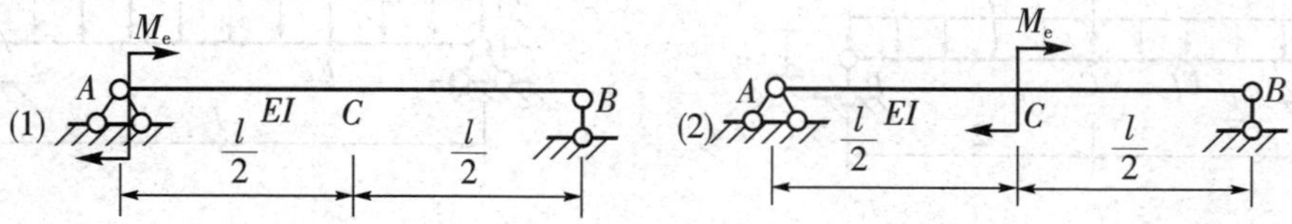

习题 14-2 图

14—3 试用积分法求题图所示外伸梁自由端截面的挠度和转角。设 EI 为常数。

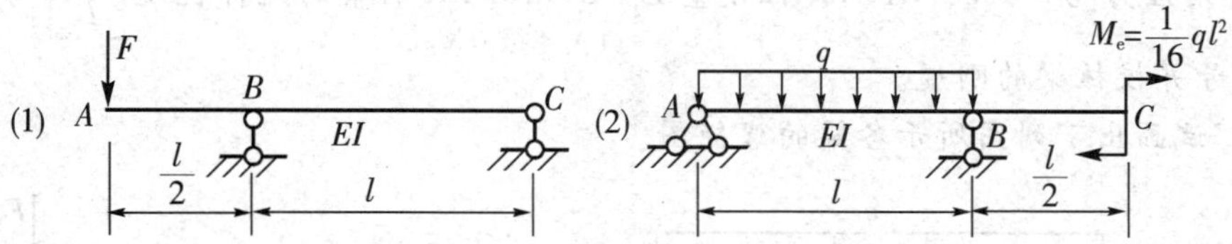

习题 14-3 图

14—4 用叠加法求题图所示梁自由端 C 处的挠度和转角。

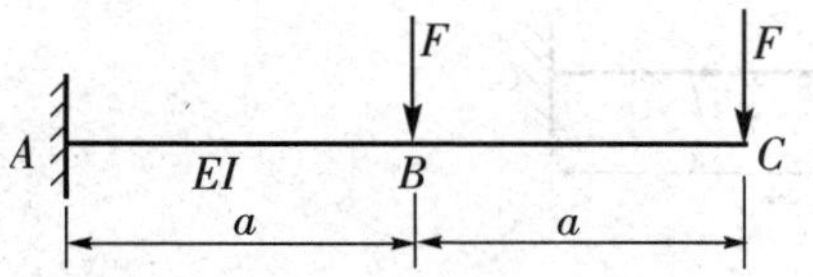

习题 14-4 图

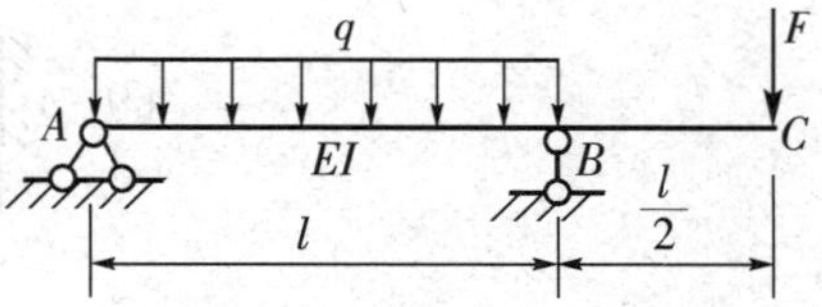

习题 14-5 图

14—5 用叠加法求题图所示梁自由端截面的转角和挠度,其中 $F=\frac{1}{6}ql$。

14—6 题图所示梁的右端由拉杆支承。已知梁的截面为 $b\times h$ 的矩形,拉杆的横截面面积为 A,材料的 E 相同,试求拉杆的伸长及梁中间截面的挠度。

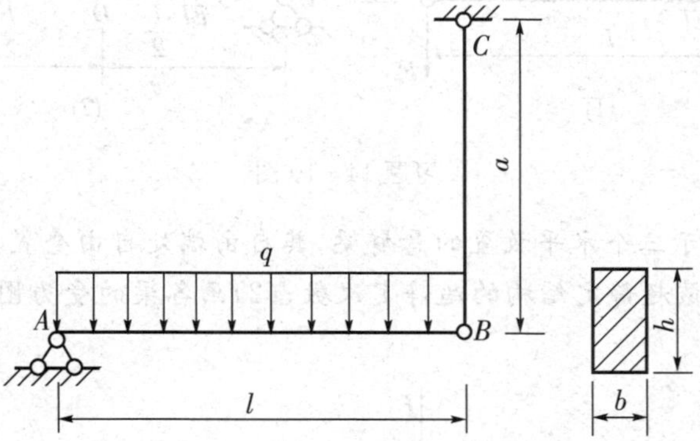

习题 14-6 图

14—7 一工字型钢的简支梁,梁上荷载如题图所示,已知 $l=6$ m,$F=10$ kN,$q=4$ kN/m,$\left[\frac{v}{l}\right]=\frac{1}{400}$,工字钢的型号为 20b,钢材的弹性模量 $E=2\times10^5$ MPa,试校核梁的刚度。

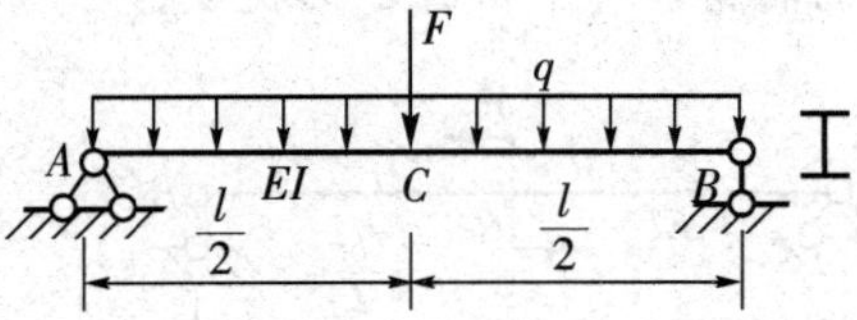

习题 14 - 7 图

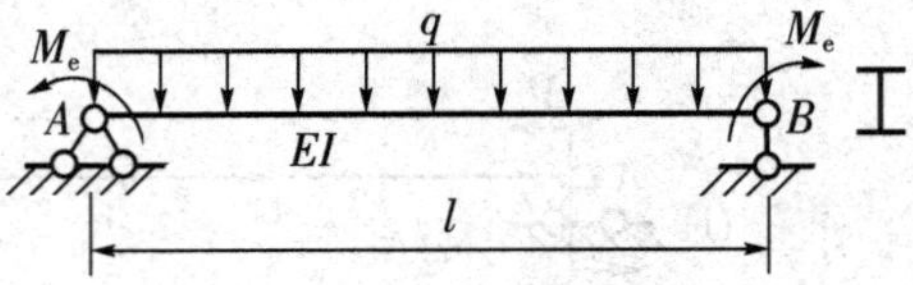

习题 14 - 8 图

14—8　一工字型钢的简支梁，梁上荷载如题图所示，已知 $l=6$ m，$q=8$ kN/m，$M_e=4$ kN·m，材料的许用应力$[\sigma]=170$ MPa，弹性模量 $E=2\times10^5$ MPa，梁的允许挠度$\left[\frac{v}{l}\right]=\frac{1}{400}$，试选择工字钢的型号并校核梁的刚度。

14—9　试画出下列图所示各梁的弯矩图。

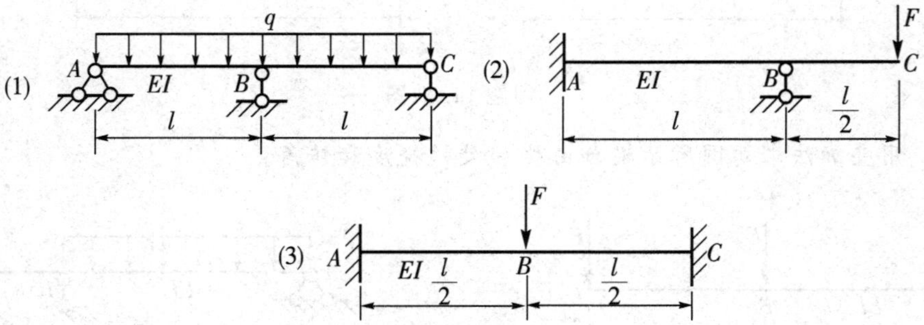

习题 14 - 9 图

14—10　在下列图所示结构中，已知横梁的弯曲刚度均为 EI，竖杆的拉伸刚度为 EA，试求在图示荷载作用下各竖杆的内力。

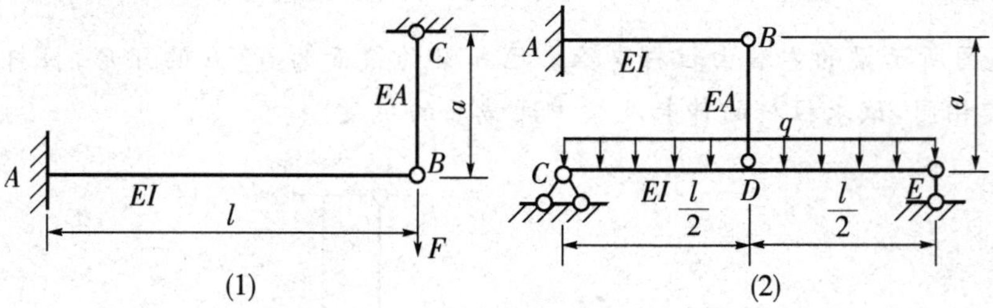

习题 14 - 10 图

14—11　如题图所示三个水平放置的悬臂梁，其自由端处自由叠置在一起，已知各梁的弯曲刚度均为 EI。(1)分析该超静定结构的超静定次数；(2)画各梁的受力图；(3)列出求解未知力的补充方程式。

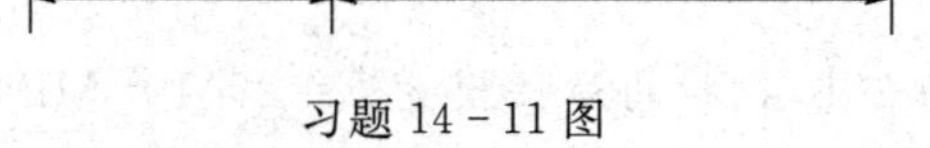

习题 14 - 11 图

第 15 章 应力状态分析和强度理论

本章先讨论受力构件内一点处的应力状态，然后研究关于材料破坏规律的强度理论。从而为在各种应力状态下的强度计算提供必要的基础。

15.1 应力状态的概念

前面已经知道，当求一点的应力时，若用不同方位的截面截取，其应力是不相同的。如单向拉伸时（图 15-1），A 点横截面上的应力只有正应力

$$\sigma=\frac{F_N}{A}$$

A 点斜截面上有正应力还有切应力

$$\sigma_\alpha=\sigma\cos^2\alpha$$

$$\tau_\alpha=\frac{\sigma}{2}\sin2\alpha$$

可以得出

$$\alpha=0\ 时, \sigma_{\max}=\sigma$$

$$\alpha=\frac{\pi}{4}\ 时, \tau_{\max}=\frac{\sigma}{2}$$

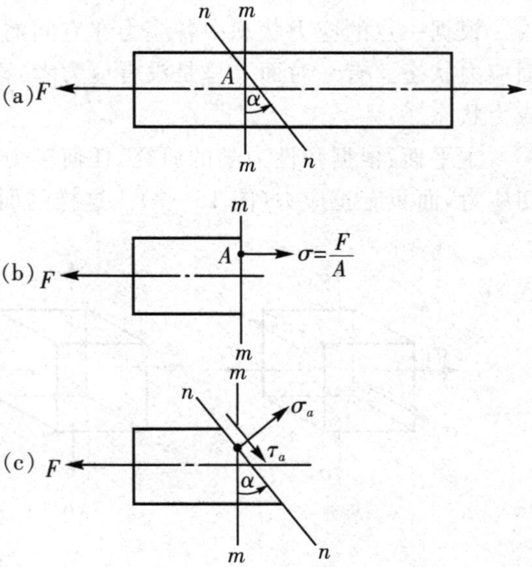

图 15-1

再如圆轴扭转时（图 15-2），某点横截面上的应力只有切应力

$$\tau=\frac{T\rho}{I_p}$$

而斜截面上既有正应力又有切应力

$$\sigma_\alpha=-\tau\sin2\alpha$$

$$\tau_\alpha=\tau\cos2\alpha$$

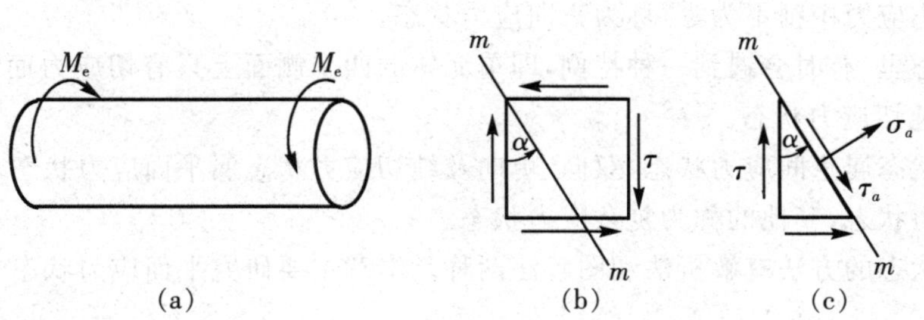

图 15-2

同样可以得出

$$\alpha=-\frac{\pi}{4}\text{时},\sigma_{max}=\tau$$

$$\alpha=\frac{\pi}{4}\text{时},\sigma_{min}=-\tau$$

$$\alpha=0\text{时},\tau_{max}=\tau$$

$$\alpha=\frac{\pi}{2}\text{时},\tau_{min}=-\tau$$

由上可知,要了解一点的全部应力情况,必须研究该点在所有截面上的应力情况,找出它们的变化规律,从而求出最大应力值及其所在截面的方位,为强度计算提供依据。

应力状态:过构件上一点有无数的截面,这一点的各个截面上应力情况的集合,称为这点的应力状态。

研究一点的应力状态时,往往围绕该点取一个无限小的正六面体(单元体)来研究。作用在单元体各面上的应力可认为是均匀分布的。

根据一点的应力状态中各应力在空间的不同位置,可以将应力状态分为空间应力状态和平面应力状态。有一对面上总是没有应力者,称为平面应力状态;所有面上均有应力者,称为空间应力状态。

主平面:根据弹性力学的研究,任何应力状态,总可找到三对互相垂直的面,在这些面上没有切应力,而只有正应力(图 15-3)。这样的面称为主平面。这样的单元体称为主单元体。

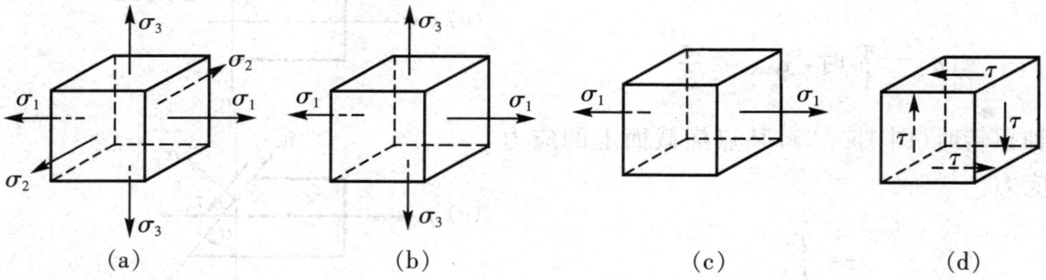

图 15-3

主应力:主平面上的正应力称为主应力 。一般以 σ_1,σ_2,σ_3 表示,三个主平面上的主应力按代数值的大小排列,即为 $\sigma_1>\sigma_2>\sigma_3$。

三个主应力中有一个不为零,称为单向应力状态。三个主应力中有两个不为零,称为二向应力状态。三个主应力中都不为零,称为三向应力状态。

在应力状态里,有时会遇到一种特例,即单元体的四个侧面上只有切应力而无正应力(图 15-3(d)),称为纯切应力状态。

三向应力状态属空间应力状态,双向、单向及纯切应力状态属平面应力状态。单向应力状态也称为简单应力状态,其他的称为复杂应力状态。

分析应力状态的方法有解析法和图解法两种。本章主要研究平面应力状态。

15.2　平面应力状态分析的解析法

15.2.1　任意斜截面上的应力

设从受力构件中某点取一单元体如图 15-4(a)所示，假想用一平面将单元体截开，取左边为研究对象，设斜截面的面积为 dA，斜截面上的应力 σ_α 和 τ_α 为正。

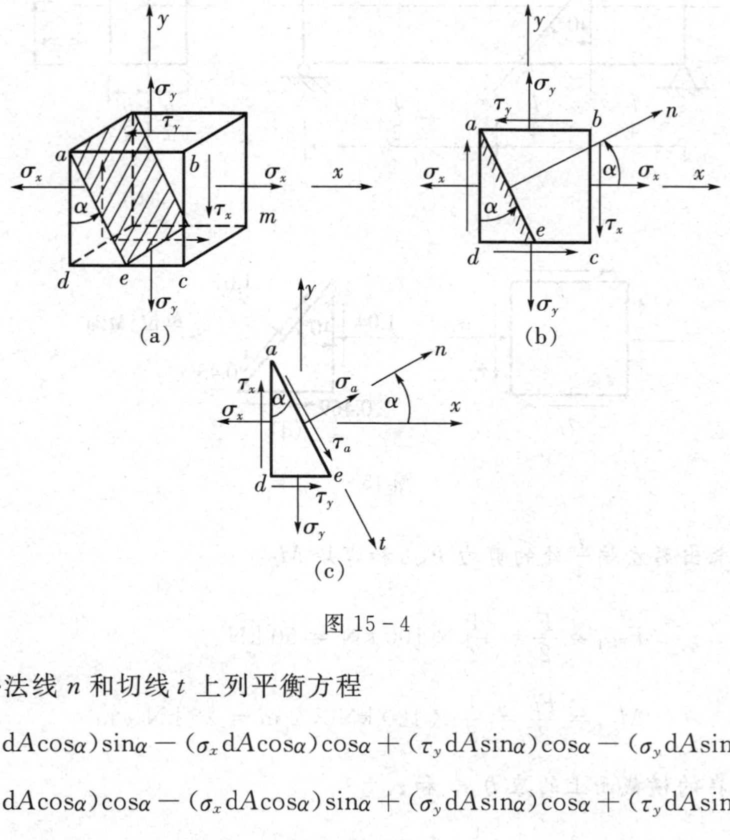

图 15-4

脱离体平衡，在外法线 n 和切线 t 上列平衡方程

$$\sigma_\alpha \mathrm{d}A + (\tau_x \mathrm{d}A\cos\alpha)\sin\alpha - (\sigma_x \mathrm{d}A\cos\alpha)\cos\alpha + (\tau_y \mathrm{d}A\sin\alpha)\cos\alpha - (\sigma_y \mathrm{d}A\sin\alpha)\sin\alpha = 0$$

$$\tau_\alpha \mathrm{d}A - (\tau_x \mathrm{d}A\cos\alpha)\cos\alpha - (\sigma_x \mathrm{d}A\cos\alpha)\sin\alpha + (\sigma_y \mathrm{d}A\sin\alpha)\cos\alpha + (\tau_y \mathrm{d}A\sin\alpha)\sin\alpha = 0$$

根据切应力互等定理，$\tau_x = \tau_y$，并考虑到下列三角关系

$$\cos^2\alpha = \frac{1+\cos2\alpha}{2},\ \sin^2\alpha = \frac{1-\sin2\alpha}{2},$$

$$2\sin\alpha\cos\alpha = \sin2\alpha$$

简化两个平衡方程，得

$$\sigma_\alpha = \frac{\sigma_x+\sigma_y}{2} + \frac{\sigma_x-\sigma_y}{2}\cos2\alpha - \tau_x\sin2\alpha \qquad (15-1)$$

$$\tau_\alpha = \frac{\sigma_x-\sigma_y}{2}\sin2\alpha + \tau_x\cos2\alpha \qquad (15-2)$$

上式正负号的规定为：正应力符号同前，拉应力为正，压应力为负；切应力以其对单元体内任一点的矩为顺时针者为正，反之为负；方位角 α 规定，从 x 轴正向逆时针转至外法线 n 方向时为

正，反之为负。

【例 15－1】 图 15－5(a)为一矩形截面简支梁，在跨中有集中力 F 作用。已知：$F=100\ \text{kN}$，$l=2\ \text{m}$，$b=200\ \text{mm}$，$h=600\ \text{mm}$，$\alpha=40^\circ$，求离左支座$\dfrac{l}{4}$处截面上 C 点在斜截面 n—n 上的应力。

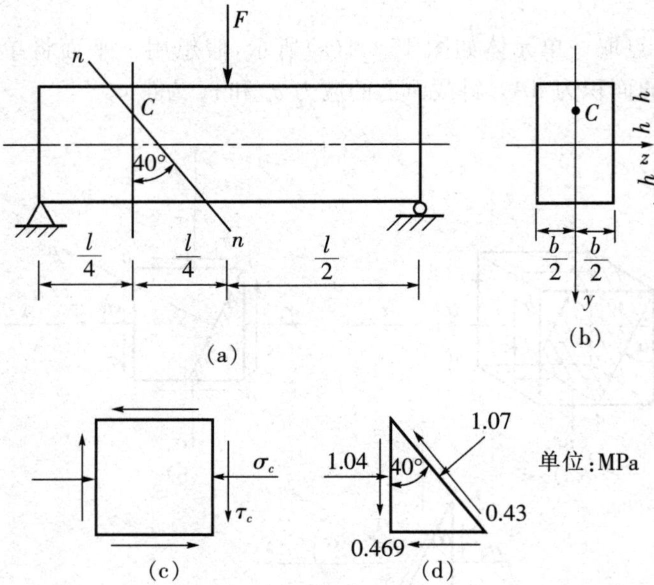

图 15－5

【解】 (1)先求出离左端$\dfrac{l}{4}$处的剪力 $F_{Sl/4}$ 和弯矩 $M_{l/4}$

$$F_{Sl/4}=\frac{F}{2}=\frac{1}{2}\times 100\ \text{kN}=50\ \text{kN}$$

$$M_{l/4}=\frac{Fl}{8}=\frac{1}{8}\times 100\ \text{kN}\times 2\ \text{m}=25\ \text{kN}\cdot\text{m}$$

(2)求 C 点所在的横截面上的应力 σ_C 和 τ_C

$$\sigma_C=\frac{M}{I_z}y=\frac{25\times 10^3\ \text{N}\cdot\text{m}\times(-\frac{1}{4}\times 600)\times 10^{-3}\ \text{m}}{\frac{200\times 600^3}{12}\times 10^{-12}\ \text{m}^4}=-1.04\times 10^6\ \text{Pa}=-1.04\ \text{MPa}$$

$$\tau_C=\frac{F_S\cdot S_z^*}{I_z b}=\frac{50\times 10^3\ \text{N}\times 200\times 150\times(150+75)\times 10^{-9}\ \text{m}^3}{\frac{1}{12}\times 200\times 600^3\times 10^{-12}\ \text{m}^4\times 200\times 10^{-3}\ \text{m}}=0.469\ \text{MPa}$$

(3)应用式(15－1)和(15－2)。以 σ_C 和 τ_C 分别代入式中的 σ_x 和 τ_x，得

$$\sigma_{40^\circ}=\frac{\sigma_C}{2}+\frac{\sigma_C}{2}\cos 2\alpha-\tau_C\sin 2\alpha=(-\frac{1.04}{2}+\frac{-1.04}{2}\cos 80^\circ-0.469\times\sin 80^\circ)\ \text{MPa}$$

$$=-1.07\ \text{MPa}$$

$$\tau_{40^\circ}=\frac{\sigma_C}{2}\sin 2\alpha+\tau_C\cos 2\alpha=(\frac{-1.04}{2}\sin 80^\circ+0.469\times\cos 80^\circ)\ \text{MPa}=-0.43\ \text{MPa}$$

两个应力均是负值，说明正应力是压应力，切应力的方向对单元体是逆时针转向的。相应的应力情况绘于图 15-5(d)。

15.2.2　主应力、主平面、主切应力

1. 极值应力

将正应力公式(15-1)对 α 取导数，得

$$\frac{\mathrm{d}\sigma_\alpha}{\mathrm{d}\alpha}=-2\left[\frac{\sigma_x-\sigma_y}{2}\sin 2\alpha+\tau_x\cos 2\alpha\right]$$

若 $\alpha=\alpha_0$ 时，导数 $\frac{\mathrm{d}\sigma_\alpha}{\mathrm{d}\alpha}=0$，即

$$\frac{\sigma_x-\sigma_y}{2}\sin 2\alpha_0+\tau_x\cos 2\alpha_0=0$$

$$\tan 2\alpha_0=-\frac{2\tau_x}{\sigma_x-\sigma_y} \tag{15-3}$$

此式有两个根：α_0 和 $\alpha_0\pm 90°$。在它们所确定的两个互相垂直的平面上，正应力取得极值。利用三角函数关系：

$$\cos 2\alpha_0=\pm\frac{1}{\sqrt{1+\tan^2 2\alpha_0}}$$

$$\sin 2\alpha_0=\pm\frac{\tan 2\alpha_0}{\sqrt{1+\tan^2 2\alpha_0}}$$

将式(15-3)代入式(15-1)，经整理后求得最大和最小正应力为

$$\left.\begin{matrix}\sigma_{\max}\\ \sigma_{\min}\end{matrix}\right\}=\frac{\sigma_x+\sigma_y}{2}\pm\sqrt{\left(\frac{\sigma_x-\sigma_y}{2}\right)^2+\tau_x^2} \tag{15-4}$$

将切应力公式(15-2)对 α 求导，得

$$\frac{\mathrm{d}\tau_\alpha}{\mathrm{d}\alpha}=(\sigma_x-\sigma_y)\cos 2\alpha-2\tau_x\sin 2\alpha$$

若 $\alpha=\alpha_\tau$ 时，导数 $\frac{\mathrm{d}\tau_\alpha}{\mathrm{d}\alpha}=0$，则在 α_τ 所确定的截面上，切应力取得极值。

$$(\sigma_x-\sigma_y)\cos 2\alpha_\tau-2\tau_x\sin 2\alpha_\tau=0$$

$$\tan 2\alpha_\tau=\frac{\sigma_x-\sigma_y}{2\tau_x} \tag{15-5}$$

求得切应力的最大值和最小值是：

$$\left.\begin{matrix}\tau_{\max}\\ \tau_{\min}\end{matrix}\right\}=\pm\sqrt{\left(\frac{\sigma_x-\sigma_y}{2}\right)^2+\tau_x^2} \tag{15-6}$$

2. 主应力、主平面

将式(15－3)代入式(15－2)切应力公式,得 τ_{α_0} 为零。这就是说,正应力为最大或最小所在的平面,就是主平面。所以,主应力就是最大或最小的正应力。

至于由式(15－4)所得的 α_0 和 $\alpha_0 \pm 90^\circ$ 中,哪个是 σ_{max} 所在面的方位角(以 α_1 表示),哪个是 σ_{min} 所在面的方位角(以 α_2 表示),可按下述规则判断:

$$\left.\begin{array}{l}(1)\text{若 } \sigma_x > \sigma_y\text{,则 } |\alpha_1| < 45^\circ \\ (2)\text{若 } \sigma_x < \sigma_y\text{,则 } |\alpha_1| > 45^\circ \\ (3)\text{若 } \sigma_x = \sigma_y\text{,则}\begin{cases}\text{当 } \tau_x > 0 \text{ 时},\alpha_1 = -45^\circ \\ \text{当 } \tau_x < 0 \text{ 时},\alpha_1 = 45^\circ\end{cases}\end{array}\right\} \tag{15-7}$$

求出 α_1 后,$\alpha_2 = \alpha_1 \pm 90^\circ$

上述规则由下节的应力圆可以证明。

3. 主应力所在的平面与切应力极值所在的平面之间的关系

由式(15－3)和(15－5)可得 α_0 与 α_τ 之间的关系为

$$\tan 2\alpha_0 = -\frac{1}{\tan 2\alpha_\tau}$$

$$2\alpha_\tau = 2\alpha_0 + \frac{\pi}{2}, \quad \alpha_\tau = \alpha_0 + \frac{\pi}{4}$$

这表明最大和最小切应力所在的平面与主平面的夹角为 45°。于是有

$$\left.\begin{array}{l}\alpha_{\tau 1} \\ \alpha_{\tau 2}\end{array}\right\} = \alpha_1 \pm 45^\circ$$

式中 $\alpha_{\tau 1}$,$\alpha_{\tau 2}$ 分为 τ_{max},τ_{min} 作用面的方位角。

【例 15－2】 图 15－6(a)表示一简支梁,跨中受集中力 F 作用,梁由 No. 20b 型工字钢制成。已知:$F=100$ kN,$l=1$ m。试求危险截面上腹板与上翼缘交界点的主应力及其方向。

【解】 (1)取跨中稍左的截面 $m-m$ 为危险截面(也可取跨中稍右的截面),该截面的

$$M = \frac{Fl}{4} = \frac{1}{4} \times 100 \text{ kN} \times 1 \text{ m} = 25 \text{ kN} \cdot \text{m}$$

$$F_S = \frac{F}{2} = \frac{1}{2} \times 100 \text{ kN} = 50 \text{ kN}$$

(2)求腹板与翼缘的交界点 c(图 15－6(b)、(c))的正应力 σ_c 和切应力 τ_c。根据下面公式计算:

$$\sigma_C = \frac{M}{I_z} y_C$$

$$\tau_C = \frac{F_S \cdot S_{z,c}}{I_z \cdot b}$$

由型钢表查得

$$I_z = 2500 \text{ cm}^4$$

以及截面的有关尺寸如图 15－6(c)所示，则

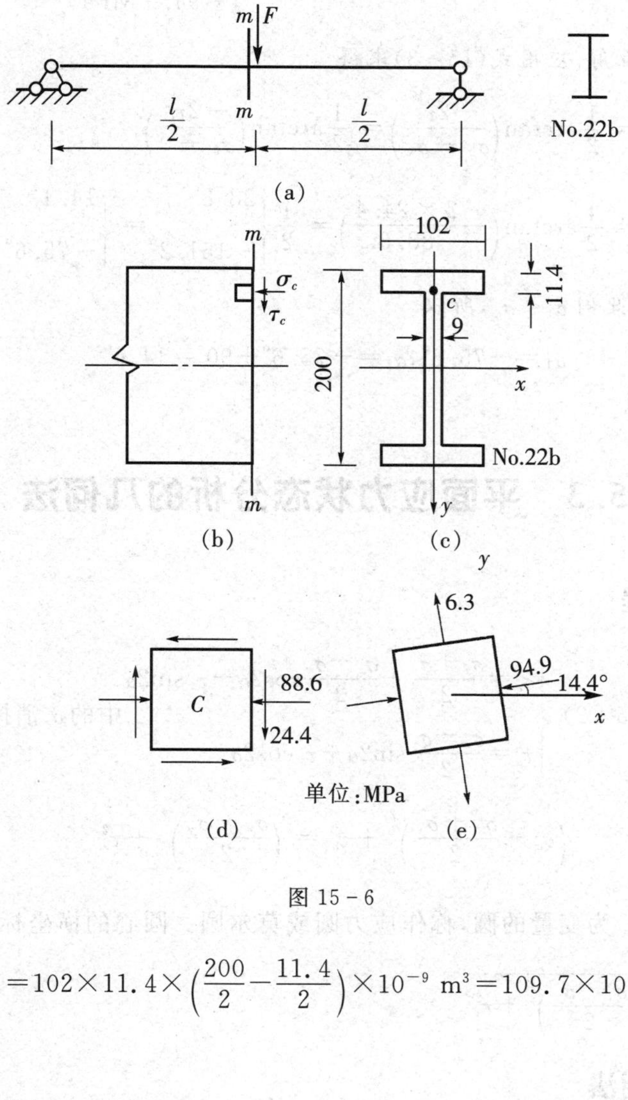

图 15－6

$$S_{zc}^{*}=102\times11.4\times\left(\frac{200}{2}-\frac{11.4}{2}\right)\times10^{-9}\ \mathrm{m^3}=109.7\times10^{-6}\ \mathrm{m^3}$$

分别代入上两式得

$$\sigma_c=\frac{25\times10^3\ \mathrm{Nm}}{2500\times10^{-8}\ \mathrm{m^4}}\left(\frac{200}{2}-11.4\right)\times10^{-3}\ \mathrm{m}=-88.6\times10^6\ \mathrm{Pa}=-88.6\ \mathrm{MPa}$$

$$\tau_c=\frac{50\times10^3\ \mathrm{N}\times109.7\times10^{-6}\ \mathrm{m^3}}{2500\times10^{-8}\ \mathrm{m^4}\times9\times10^{-3}\ \mathrm{m}}=24.4\times10^6\ \mathrm{Pa}=24.4\ \mathrm{MPa}$$

其应力情况如图 15－6(d)。

(3)求点 c 的主应力，应用式(15－4)求得

$$\left.\begin{matrix}\sigma_{\max}\\ \sigma_{\min}\end{matrix}\right\}=\left.\begin{matrix}\sigma_1\\ \sigma_3\end{matrix}\right\}=\frac{\sigma_x+\sigma_y}{2}\pm\sqrt{\left(\frac{\sigma_x-\sigma_y}{2}\right)^2+\tau_x^2}$$

$$=\frac{\sigma_C+0}{2}\pm\sqrt{\left(\frac{\sigma_C-0}{2}\right)^2+\tau_C^2}=\frac{-88.6}{2}\pm\sqrt{\left(\frac{-88.6}{2}\right)^2+24.4^2}$$

$$=(-44.3\pm 50.6)\ \text{MPa}=\begin{cases}6.3\ \text{MPa}\\-94.9\ \text{MPa}\end{cases}$$

(4)求主应力的方位角,应用式(15-3)求得

$$\alpha_0=\frac{1}{2}\arctan\left(\frac{-2\tau_x}{\sigma_x-\sigma_y}\right)=\frac{1}{2}\arctan\left(\frac{-2\tau_C}{\sigma_C-0}\right)$$

$$=\frac{1}{2}\arctan\left(\frac{-2\times 24.4}{-88.6}\right)=\frac{1}{2}\begin{cases}28.8^\circ\\-151.2^\circ\end{cases}=\begin{cases}14.4^\circ\\-75.6^\circ\end{cases}$$

根据判别规则(15-7),此例 $\sigma_x<\sigma_y$,所以

$$\alpha_1=-75.6^\circ,\alpha_2=-75.6^\circ+90^\circ=14.4^\circ$$

最后结果绘于图 15-6e。

15.3 平面应力状态分析的几何法

15.3.1 应力圆方程

将公式(15-1),(15-2) $\begin{cases}\sigma_\alpha=\dfrac{\sigma_x+\sigma_y}{2}+\dfrac{\sigma_x-\sigma_y}{2}\cos 2\alpha-\tau_x\sin 2\alpha\\ \tau_\alpha=\dfrac{\sigma_x-\sigma_y}{2}\sin 2\alpha+\tau_x\cos 2\alpha\end{cases}$ 中的 α 消掉,得

$$\left(\sigma_\alpha-\frac{\sigma_x+\sigma_y}{2}\right)^2+\tau_\alpha^2=\left(\frac{\sigma_x-\sigma_y}{2}\right)^2+\tau_x^2 \qquad \text{(a)}$$

由上式确定的以 σ_α 和 τ_α 为变量的圆,称作应力圆或莫尔圆。圆心的横坐标为$\frac{1}{2}(\sigma_x+\sigma_y)$,纵坐标为零,圆的半径为$\sqrt{\left(\frac{\sigma_x-\sigma_y}{2}\right)^2+\tau_x^2}$。

15.3.2 应力圆的画法

1. 建立 $\sigma-\tau$ 应力坐标系(注意选好比例尺)。

2. 在坐标系内画出点 $C(\sigma_x,\tau_x)$和 $C'(\sigma_y,\tau_y)$。

CC'与 σ 轴的交点 D 便是圆心。

3. 以 D 为圆心,以 CD 为半径画圆——应力圆。

从图 15-7(a)可以证明

圆心$\overline{OD}=\dfrac{\overline{OA}+\overline{OA'}}{2}=\dfrac{\sigma_x+\sigma_y}{2}$

$\overline{DA}=\dfrac{\overline{OA}-\overline{OA'}}{2}=\dfrac{\sigma_x-\sigma_y}{2}$

半径$\overline{CD}=\overline{CD'}=\sqrt{\overline{CA}^2+\overline{DA}^2}=\sqrt{\left(\dfrac{\sigma_x-\sigma_y}{2}\right)^2+\tau_x^2}$

所以,该圆就是相应于单元体应力状态的应力圆。

15.3.3　单元体与应力圆的对应关系

1. 圆上一点坐标等于单元体一个截面应力值

2. 圆上两点所夹圆心角等于两截面法线夹角的两倍

3. 对应夹角转向相同

欲求单元体 α 斜截面上的应力 σ_α 和 τ_α 时，在圆上以 $\overline{CD}$ 为基线，与 α 角同向转 2α 角，得 $\overline{DE}$ 线，E 点的坐标即 α 截面上的应力 σ_α 和 τ_α。证明如下。

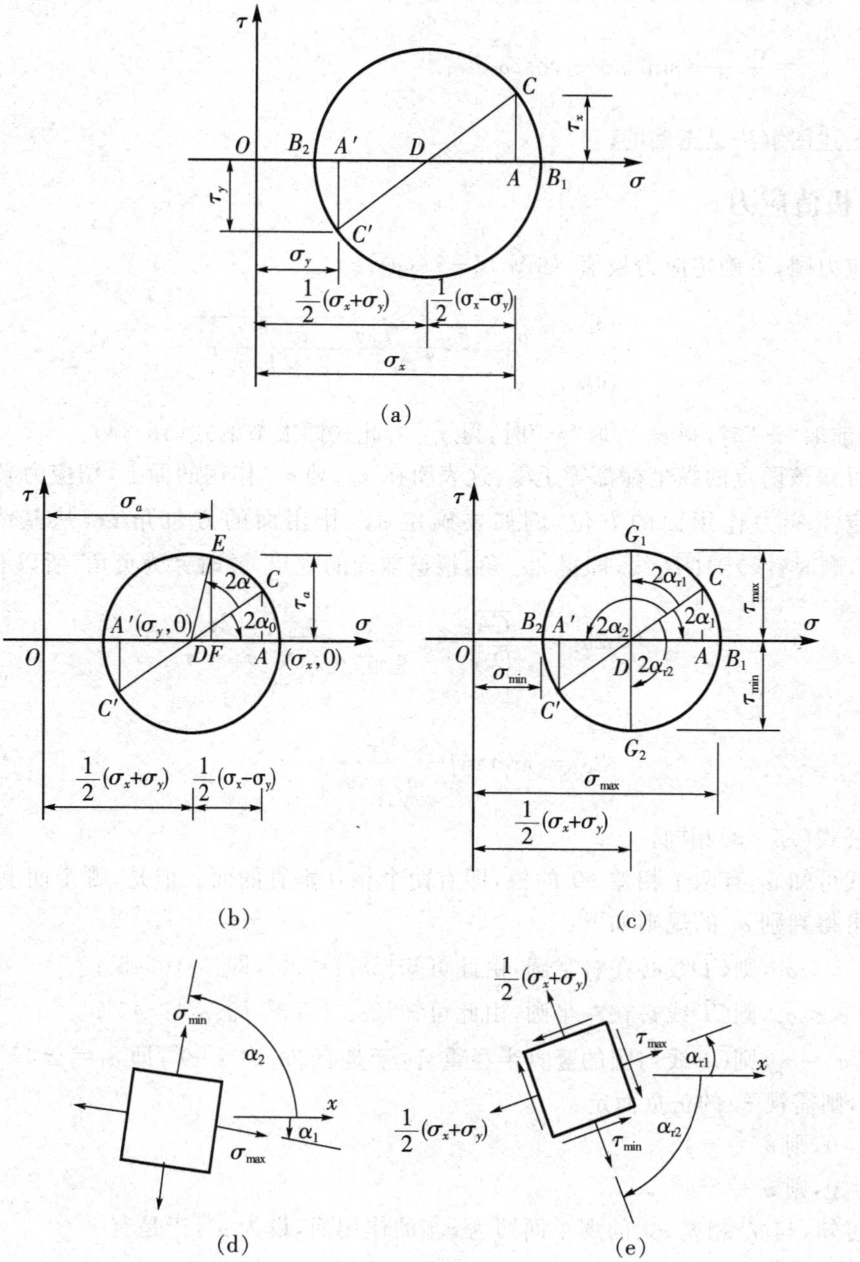

图 15 - 7

如图 15 - 7 (b)

$$\sigma_\alpha = \overline{OF} = \overline{OD} + \overline{DF} = \overline{OD} + \overline{DE}\cos(2\alpha + 2\alpha_0)$$

$$= \overline{OD} + (\overline{DC}\cos 2\alpha_0)\cos 2\alpha - (\overline{DC}\sin 2\alpha_0)\sin 2\alpha$$

$$= \frac{\sigma_x + \sigma_y}{2} + \overline{DA}\cos 2\alpha - \overline{CA}\sin 2\alpha$$

$$= \frac{\sigma_x + \sigma_y}{2} + \frac{\sigma_x - \sigma_y}{2}\cos 2\alpha - \tau_x \sin 2\alpha$$

$$\tau_\alpha = \overline{EF} = \overline{DE}\sin(2\alpha + 2\alpha_0) = (\overline{DC}\cos 2\alpha_0)\sin 2\alpha + (\overline{DC}\sin 2\alpha_0)\cos 2\alpha$$

$$= \frac{\sigma_x - \sigma_y}{2}\sin 2\alpha + \tau_x \cos 2\alpha$$

由此证明上述图解法是正确的。

15.3.4 极值应力

利用应力圆,可确定应力极值,如图 15-7((c))。

$$\left.\begin{matrix}\sigma_{\max} \\ \sigma_{\min}\end{matrix}\right\} = \frac{\sigma_x + \sigma_y}{2} \pm \sqrt{\left(\frac{\sigma_x - \sigma_y}{2}\right)^2 + \tau_x^2} \tag{b}$$

式中,根号前取“+”时,得 $\sigma_{\max}$,取“-”时,得 $\sigma_{\min}$。此式即上节的式(15-4)。

由图可知该两点的纵坐标都等于零,这表明在 $\sigma_{\max}$ 和 $\sigma_{\min}$ 作用的面上,切应力必等于零。

现确定主应力作用面的方位,例如要确定 $\sigma_{\max}$ 作用面的方位角 α_1,从基线 $\overline{CD}$ 起始(图 15-7(c)),顺时针转到 $\overline{DB_1}$ 线,即得 $2\alpha_1$ 角,根据前面的规定,顺时针为负角,所以有

$$\tan 2\alpha_1 = -\frac{\overline{CA}}{\overline{DA}} = -\frac{\tau_x}{\frac{\sigma_x - \sigma_y}{2}} = -\frac{2\tau_x}{\sigma_x - \sigma_y} \tag{c}$$

或

$$2\alpha_1 = \arctan\left(-\frac{2\tau_x}{\sigma_x - \sigma_y}\right) \tag{d}$$

与上节的公式(15-3)相同。

由上式可知 α_1 有两个相差 90°的根,即有两个相互垂直的面。但是,哪个面上作用的是 $\sigma_{\max}$ 呢? 由圆可得判别 α_1 的规则如下:

(1)若 $\sigma_x > \sigma_y$,则 $\overline{CD}$ 线必在右半圆,由此可知 $|2\alpha_1| < 90°$,即 $|\alpha_1| < 45°$;

(2)若 $\sigma_x < \sigma_y$,则 $\overline{CD}$ 线必在左半圆,由此可知 $|2\alpha_1| > 90°$,即 $|\alpha_1| > 45°$;

(3)若 $\sigma_x = \sigma_y$,则 $\overline{CD}$ 线与圆的竖直半径重合,于是有 $2\alpha_1 = \pm 90°$,即 $\alpha_1 = \pm 45°$,至于是 $+45°$ 还是 $-45°$,则需视 τ_x 的正负而定:

若 $\tau_x > 0$,则 $\alpha_1 = -45°$;

若 $\tau_x < 0$,则 $\alpha_1 = +45°$。

由图可知,与 α_1 相差 90°的那个面即为 $\sigma_{\min}$ 的作用面,设为 α_2,于是有

$$\alpha_2 = \alpha_1 \pm 90°$$

相应的主应力情况绘于图 15-7(d)。

切应力的极值

$$\left.\begin{cases}\tau_{\max}\\ \tau_{\min}\end{cases}\right. = \pm R = \pm\sqrt{\left(\frac{\sigma_x-\sigma_y}{2}\right)^2+\tau_x^2} \tag{e}$$

由图 15-7(c)可知，圆半径也等于 $\sigma_{\max}$ 和 $\sigma_{\min}$ 之差的一半——$\frac{\sigma_{\max}-\sigma_{\min}}{2}$，由此即得

$$\left.\begin{cases}\tau_{\max}\\ \tau_{\min}\end{cases}\right. = \pm\frac{\sigma_{\max}-\sigma_{\min}}{2}$$

即，切应力的极值等于两个主应力之差的一半。

切应力的极值也称为主切应力。

欲求主切应力的作用面的方位角 $\alpha_{\tau1}$ 和 $\alpha_{\tau2}$，可自基线 $\overline{CD}$ 起始反时针转到线 $\overline{G_1D}$ 为 $2\alpha_{\tau1}$，顺时针转到 $\overline{G_2D}$ 为 $2\alpha_{\tau2}$，由图可知 $\left.\begin{matrix}2\alpha_{\tau1}\\ 2\alpha_{\tau2}\end{matrix}\right\} = 2\alpha_1 \pm 90^\circ$，所以

$$\left.\begin{matrix}\alpha_{\tau1}\\ \alpha_{\tau2}\end{matrix}\right\} = \alpha_1 \pm 45^\circ$$

即最大切应力和最小切应力的作用面与最大主应力作用面相差 $\pm 45^\circ$。相应的主切应力情况绘于图 15-7(e)。

由图还可以看到，G_1 和 G_2 点的横坐标均等于 $\frac{\sigma_x+\sigma_y}{2}$，这表明在 $\tau_{\max}$ 和 $\tau_{\min}$ 作用的面上，正应力都等于任何方位时的两个正应力之和的一半。

最后，由图还很易证明关系式 $\sigma_{\max}+\sigma_{\min}=\sigma_x+\sigma_y$，请读者自证。

15.4　空间应力状态

15.4.1　空间应力状态的概念

对于受力物体内一点处的应力状态，最普遍的情况是所取单元体三对平面上都有正应力和切应力，而且切应力可分解为沿坐标轴方向的两个分量，如图 15-8 所示。图中 x 平面上有正应力 σ_x、切应力 τ_{xy} 和 τ_{xz}。切应力的两个下标中，第一个下标表示切应力所在平面，第二个下标表示切应力的方向。同理，在 y 平面上有正应力 σ_y、切应力 τ_{yx} 和 τ_{yz}；在 z 平面上有正应力 σ_z、切应力 τ_{zx} 和 τ_{zy}。这种单元体所代表的应力状态，称为一般空间应力状态。

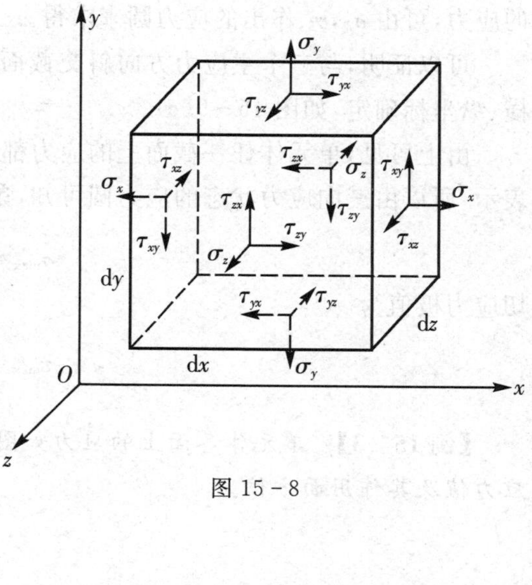

图 15-8

在最一般空间应力状态的 9 个应力分量中，根据切应力互等定理，在数值上有 $\tau_{xy}=\tau_{yx}$，$\tau_{yz}=\tau_{zy}$，$\tau_{zx}=\tau_{xz}$，因而，独立的应力分量是 6 个，即 σ_x，σ_y，

σ_z，σ_{xy}，σ_{yz}，σ_{zx}。

可以证明，在受力物体内的任一点处一定可以找到一个单元体，其三对相互垂直的平面均为主平面，三对主平面上的主应力分别为 σ_1，σ_2，σ_3。

15.4.2 空间应力状态的最大应力

如图 15-9(a)所示主单元体，先看与主应力 σ_3 平行的截面上的应力，如图 15-9(b)所示。由截面法可知图 15-9(b)中，σ_3 是自相平衡的，所以斜截面上的应力与 σ_3 无关，只由 σ_1，σ_2 决定。于是该截面上的应力就可用平面应力状态的方法来确定，即该截面上的应力就由 σ_1，σ_2 所确定的应力圆上一点的坐标来决定。为此，取 $\sigma O\tau$ 直角坐标系，在 σ 轴上按一定比例尺量取 σ_1 和 σ_2，以点(σ_1，0)，(σ_2，0)之间的距离为直径作圆，此圆周上一点的横、纵坐标就代表了平行于 σ_3 的相应截面上的应力。

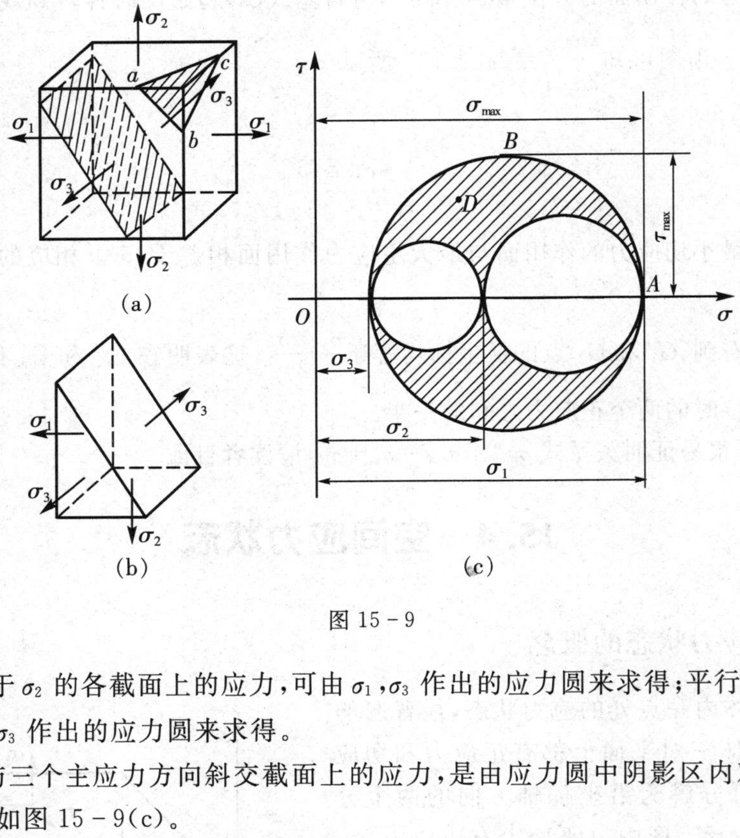

图 15-9

同理，平行于 σ_2 的各截面上的应力，可由 σ_1，σ_3 作出的应力圆来求得；平行于 σ_1 的各截面上的应力，可由 σ_2，σ_3 作出的应力圆来求得。

可以证明，与三个主应力方向斜交截面上的应力，是由应力圆中阴影区内对应的一点 D 的横、纵坐标确定，如图 15-9(c)。

由上可见，单元体任一截面上的应力都可由三个应力圆上或其阴影区内一点的横、纵坐标来表示，所以由三向应力状态的应力圆可知，单元体的正应力极值为

$$\sigma_{max}=\sigma_1，\sigma_{min}=\sigma_3 \tag{15-8}$$

切应力极值为

$$\tau_{max}=\frac{\sigma_1-\sigma_3}{2} \tag{15-9}$$

【例 15-3】 单元体各面上的应力如图 15-10(a)所示。作应力圆，并求出主应力和最大切应力值及其作用面方位。

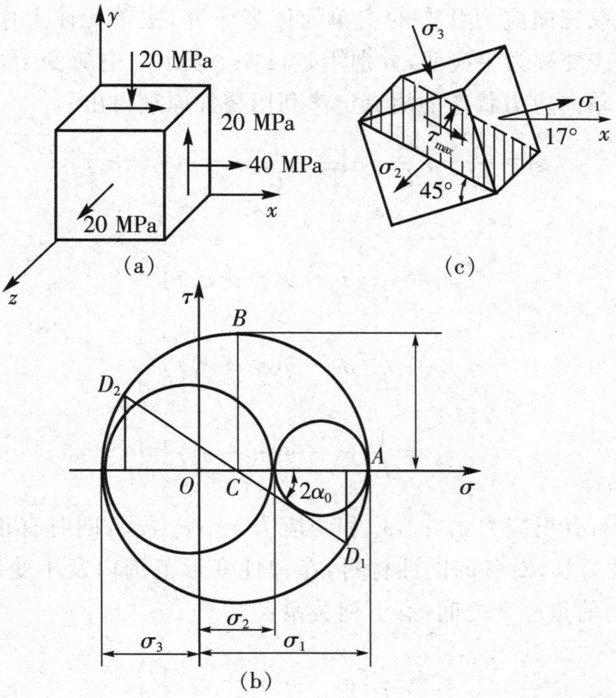

图 15 - 10

【解】 该单元体有一个已知的主应力 $\sigma_z=20$ MPa。因此，与该主平面正交的各截面上的应力与主应力 σ_z 无关，于是，可依据 x 截面和 y 截面上的应力画出应力圆(图 15 - 10(b))。从图上可量得两个主应力值为 46 MPa 和 −26 MPa。该单元体的三个主应力按其数值的大小顺序排列为

$$\sigma_1=46\ \text{MPa},\sigma_2=20\ \text{MPa},\sigma_3=-26\ \text{MPa}$$

根据上述三个主应力值，便可作出三个主应力圆如图 15 - 10(b)所示。在三个应力圆中的最大应力圆上，B 点的纵坐标(该圆的半径)即为该单元体的最大切应力，按比例尺量出为

$$\tau_{\max}=\overline{BC}=36\ \text{MPa}$$

从图 15 - 10(b)的应力圆上量得 $2\alpha_0=34°$，据此便可确定 σ_1 所在的主平面方位和主单元体各面间的相互位置。其中最大切应力所在截面与 σ_2 平行，与 σ_1 和 σ_3 所在的主平面各成夹角 45°，如图 15 - 10(c)所示。

15.5　广义胡克定律

15.5.1　应力—应变关系

前面我们知道。在弹性变形范围内，材料处于单向应力状态时的胡克定律是(图 15 - 11)

$$\varepsilon_1=\frac{\sigma}{E},\varepsilon'=-\upsilon\varepsilon_1=-\upsilon\frac{\sigma}{E}$$

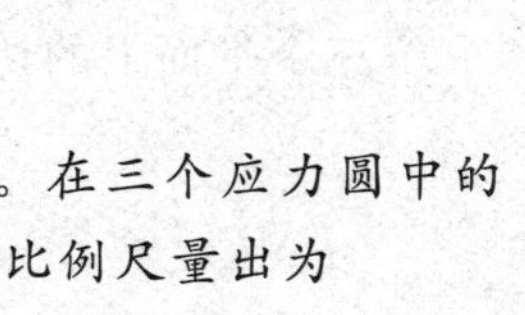

图 15 - 11

对于平面和空间应力状态，假定材料是各向同性的，变形是在线弹性范围内的小变形，则应力与应变之间仍为线性关系，此关系称为广义胡克

定律。为得到此关系,取三向应力状态的主单元体来研究,主单元体上作用 $\sigma_1,\sigma_2,\sigma_3$ 三个主应力,相应的三个方向的应变称为主应变,分别用 $\varepsilon_1,\varepsilon_2,\varepsilon_3$ 表示。主应变 $\varepsilon_1,\varepsilon_2,\varepsilon_3$ 与主应力 $\sigma_1,\sigma_2,\sigma_3$ 之间的关系,可仿照单向应力状态的胡克定律利用叠加原理得出

$$\varepsilon_1=\frac{\sigma_1}{E}-\upsilon\frac{\sigma_2}{E}-\upsilon\frac{\sigma_3}{E}=\frac{1}{E}[\sigma_1-\upsilon(\sigma_2+\sigma_3)]$$

$$\left.\begin{aligned}\varepsilon_1&=\frac{1}{E}[\sigma_1-\upsilon(\sigma_2+\sigma_3)]\\\varepsilon_2&=\frac{1}{E}[\sigma_2-\upsilon(\sigma_3+\sigma_1)]\\\varepsilon_3&=\frac{1}{E}[\sigma_3-\upsilon(\sigma_1+\sigma_2)]\end{aligned}\right\}\qquad(15-10)$$

在空间应力状态中,有正应力 $\sigma_x,\sigma_y,\sigma_z$ 和切应力 $\tau_{xy},\tau_{yz},\tau_{zx}$,同时有正应变 $\varepsilon_x,\varepsilon_y,\varepsilon_z$ 和切应变 $\gamma_{xy},\gamma_{yz},\gamma_{zx}$。由弹性力学,对各向同性材料,在弹性变形范围内及小变形条件下,其中三个方向的正应力与三个方向的正应变之间,有下列关系:

$$\left.\begin{aligned}\varepsilon_x&=\frac{1}{E}[\sigma_x-\upsilon(\sigma_y+\sigma_z)]\\\varepsilon_y&=\frac{1}{E}[\sigma_y-\upsilon(\sigma_z+\sigma_x)]\\\varepsilon_z&=\frac{1}{E}[\sigma_z-\upsilon(\sigma_x+\sigma_y)]\end{aligned}\right\}\qquad(15-11a)$$

三个平面上的切应力与三个平面内的切应变之间有下列关系:

$$\gamma_{xy}=\frac{\tau_{xy}}{G},\gamma_{yz}=\frac{\tau_{yz}}{G},\gamma_{zx}=\frac{\tau_{zx}}{G}\qquad(15-11b)$$

式(15-10)和式(15-11)就称为各向同性材料的广义胡克定律。

在平面应力状态下,设 $\sigma_z=0,\tau_{zx}=0,\tau_{yz}=0$,则由(15-11a)和(15-11b)两式可得

$$\left.\begin{aligned}\varepsilon_x&=\frac{1}{E}(\sigma_x-\upsilon\sigma_y)\\\varepsilon_y&=\frac{1}{E}(\sigma_y-\upsilon\sigma_x)\\\varepsilon_z&=-\frac{\upsilon}{E}(\sigma_x+\sigma_y)\end{aligned}\right\}\qquad(15-12a)$$

$$\gamma_{xy}=\frac{1}{G}\tau_{xy}\qquad(15-12b)$$

在平面应力状态下,广义胡克定律也可用主应力和主应变来表示,设 $\sigma_3=0$,则由式(15-10)可得

$$\left.\begin{aligned}\varepsilon_1 &= \frac{1}{E}(\sigma_1 - \upsilon\sigma_2)\\ \varepsilon_2 &= \frac{1}{E}(\sigma_2 - \upsilon\sigma_1)\\ \varepsilon_3 &= -\frac{\upsilon}{E}(\sigma_1 + \sigma_2)\end{aligned}\right\} \tag{15-12c}$$

由上式可见，平面应力状态的 $\sigma_3=0$，但其相应的主应变 $\varepsilon_3 \neq 0$。值得注意的是，在线弹性范围内，由于各向同性材料的正应力只引起线应变，因此，任一点的主应力指向与相应的主应变方向是一致的。而且，材料的三个弹性常数 E、G 和 υ 间存在着如下关系：

$$G = \frac{E}{2(1+\upsilon)} \tag{15-13}$$

【例 15-4】　平面应力状态如图 15-12 所示，已知主应力 $\sigma_1 \neq 0$，$\sigma_2 \neq 0$，$\sigma_3=0$，主应变 $\varepsilon_1 = 1.7\times10^{-4}$，$\varepsilon_2=0.4\times10^{-4}$，泊松比 $\upsilon=0.3$。试求主应变 ε_3。

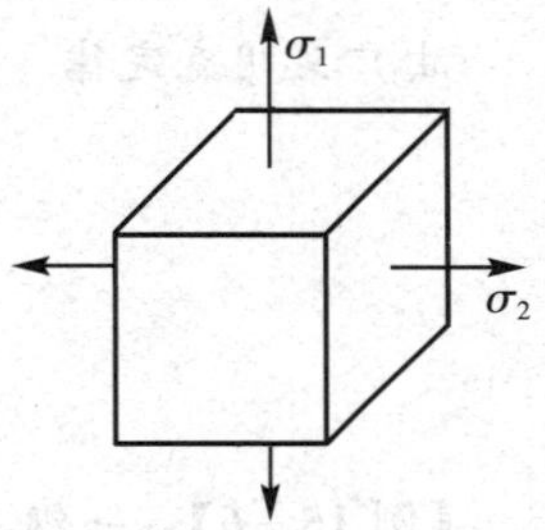

图 15-12

【解】　由广义胡克定律

$$\varepsilon_1 = \frac{1}{E}(\sigma_1 - \upsilon\sigma_2) \tag{a}$$

$$\varepsilon_2 = \frac{1}{E}(\sigma_2 - \upsilon\sigma_1) \tag{b}$$

$$\varepsilon_3 = -\frac{\upsilon}{E}(\sigma_1 + \sigma_2) \tag{c}$$

将式(a)和(b)相加得

$$\varepsilon_1 + \varepsilon_3 = \frac{1-\upsilon}{E}(\sigma_1 + \sigma_2)$$

由此得

$$\sigma_1 + \sigma_2 = \frac{E}{1-\upsilon}(\varepsilon_1 + \varepsilon_2) \tag{d}$$

将式(d)代入式(c)得

$$\varepsilon_3 = -\frac{\upsilon}{E}\frac{E}{1-\upsilon}(\varepsilon_1+\varepsilon_2) = -\frac{\upsilon}{1-\upsilon}(\varepsilon_1+\varepsilon_2)$$

$$= -\frac{0.3}{1-0.3}(1.7+0.4)\times10^{-4} = -0.9\times10^{-4}$$

ε_3 为负，表明该方向的变形是缩短。

【例 15-5】　圆轴在外力偶矩 m 作用下，自轴表面一点 K 截取出一单元体(图 15-13)，已求得其上的切应力 $\tau_x=50$ MPa。材料的弹性模量 $E=200$ GPa，泊松比 $\upsilon=0.3$。求 K 点在 $-45°$ 方向的线应变。

【解】　为求 $-45°$ 方向的线应变，必须先求 $-45°$ 方向和与之垂直的方向(即 $+45°$ 方向)的正

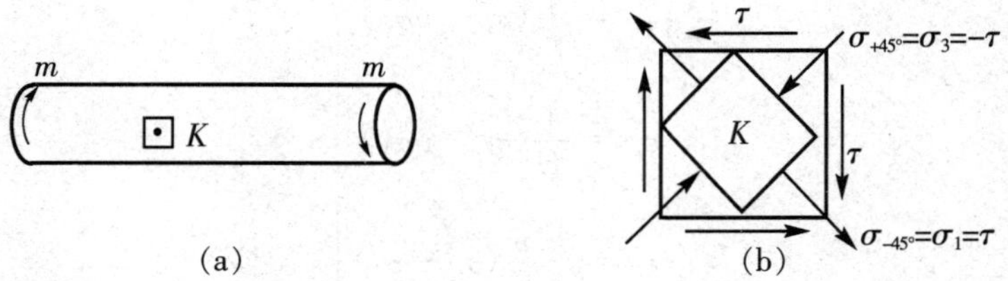

(a) (b)

图 15－13

应力。由式(15－1)和式(15－2)求得

$$\sigma_{-45^\circ}=\tau \qquad \tau_{-45^\circ}=0$$

$$\sigma_{+45^\circ}=-\tau \qquad \tau_{+45^\circ}=0$$

可见,45°方向正应力也就是主应力。

由广义胡克定律

$$\varepsilon_{-45^\circ}=\frac{1}{E}(\sigma_{-45^\circ}-\upsilon\sigma_{+45^\circ})=\frac{1}{E}(\tau+\upsilon\tau)$$

$$=\frac{1+\upsilon}{E}\tau=\frac{1+0.3}{200\times10^{9}}\times50\times10^{6}=3.25\times10^{-4}$$

【例 15－6】 一钢梁如图 15－14 所示,加力后测得梁上 A 点处的线应变为 $\varepsilon_x=4\times10^{-4}$,$\varepsilon_y=-1.2\times10^{-4}$,已知材料的弹性模量 $E=200$ GPa,泊松比 $\upsilon=0.3$。试求该点处正应力。

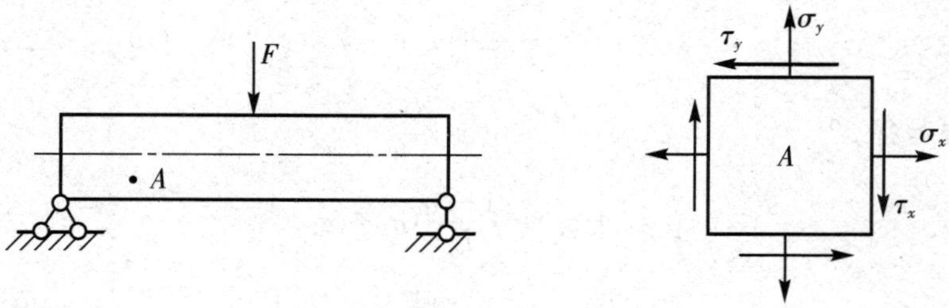

(a) (b)

图 15－14

【解】 因为线应变只与正应力有关,由广义胡克定律

$$\varepsilon_x=\frac{1}{E}(\sigma_x-\upsilon\sigma_y)$$

$$\varepsilon_y=\frac{1}{E}(\sigma_y-\upsilon\sigma_x)$$

解出 σ_x,σ_y,用 ε_x,ε_y 表示的形式为

$$\sigma_x=\frac{E}{1-\upsilon^2}(\varepsilon_x+\upsilon\varepsilon_y)$$

$$\sigma_y=\frac{E}{1-\upsilon^2}(\varepsilon_y+\upsilon\varepsilon_x)$$

将已知数据代入得

$$\sigma_x = \frac{200\times10^9\ \mathrm{Pa}}{1-0.3^2}(4-0.3\times1.2)\times10^{-4} = 80\ \mathrm{MPa}$$

$$\sigma_y = \frac{200\times10^9\ \mathrm{Pa}}{1-0.3^2}(-1.2+0.3\times4)\times10^{-4} = 0$$

所以 A 点处的正应力只有沿水平方向的拉应力，而没有沿 y 方向的应力。

15.5.2　体积应变

利用广义胡克定律，我们来计算单元体的体积改变。

如图 15-15 所示三向应力状态，单元体各边长为 $\mathrm{d}x,\mathrm{d}y,\mathrm{d}z$，单元体变形前的体积为

$$V=\mathrm{d}x\mathrm{d}y\mathrm{d}z$$

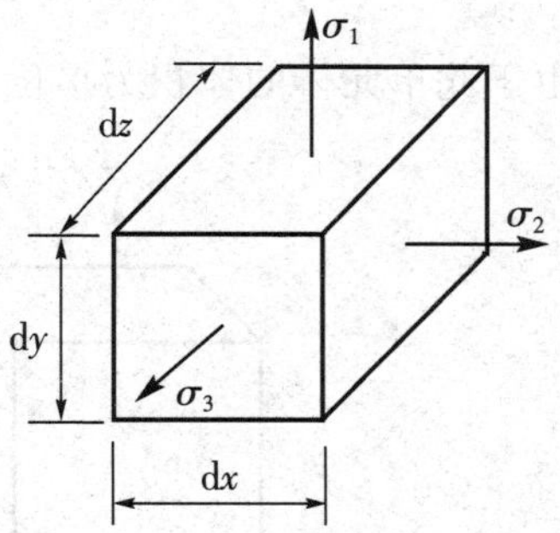

图 15-15

单元体变形后的体积为

$$V_1=V+\mathrm{d}V=(\mathrm{d}x+\varepsilon_1\mathrm{d}x)(\mathrm{d}y+\varepsilon_2\mathrm{d}y)(\mathrm{d}z+\varepsilon_3\mathrm{d}z)$$

略去高阶微量，可得单位体积的体积改变为

$$\theta=\frac{V_1-V}{V}=(1+\varepsilon_1)(1+\varepsilon_2)(1+\varepsilon_3)-1\approx\varepsilon_1+\varepsilon_2+\varepsilon_3 \tag{15-14}$$

θ 称为体积应变。

将三个方向主应变与三个方向主应力之间的关系代入上式，经整理得

$$\theta=\frac{1-2\upsilon}{E}(\sigma_1+\sigma_2+\sigma_3) \tag{15-15}$$

可见体积应变与三个主应力之和成正比。对于纯剪切的平面应力状态 $\sigma_1=-\sigma_3=\tau,\sigma_2=0$，代入体积应变的表达式可得 $\theta=0$。由此可见，体积应变与切应力无关。因此，对于任意单元体，其上的切应力只引起单元体形状的改变，不会引起单元体体积的改变。

15.6　复杂应力状态的应变能

15.6.1　弹性变形能的概念

一弹性体在外力作用下要发生变形，与此同时，作用在弹性体上的外力要做功，这个功将转变成为弹性体内部的能量。由于这个能量是因弹性体的变形而储存在体内的，所以称为变形能，又称应变能。比如，钟表的发条被外力拧紧后，外力偶对它做了功，发条内就积蓄了变形能，当撤去外力偶后，让发条慢慢复原，逐渐释放出能量，推动钟表内部的齿轮机构和指针转动，又对外做功。如果外力作用的整个过程中，弹性体始终处于平衡状态，没有刚体运动动能，且可略去变形过程中跟周围的能量交换，则外力对弹性体所做的功 W，在数值上将等于积蓄在弹性体内的应变能 V_ε，即

$$V_\varepsilon=W \tag{15-16}$$

15.6.2 弹性比能

弹性体单位体积内的应变能称为比能,用 v_ε 表示。对于单轴应力状态下的比能,可取各边长为 1 个单位的单元体来研究(图 15-16),单元体的外力即 $F=\sigma$,外力的作用位移即 $\Delta=\varepsilon$。当应力由零增长到最终值,在变形过程中外力所作的功在数值上等于积蓄在单元体内的应变能,即

$$V_\varepsilon=W=\frac{1}{2}F\Delta=\frac{1}{2}\sigma\varepsilon \tag{a}$$

由于此单元体的体积为单位值,所以 V_ε 也就是单轴应力状态下的比能 v_ε。

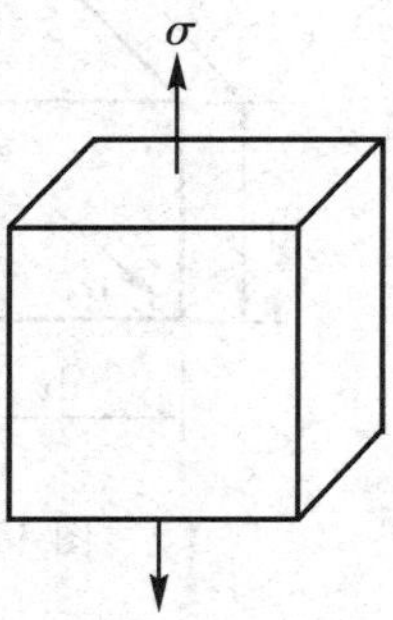

图 15-16

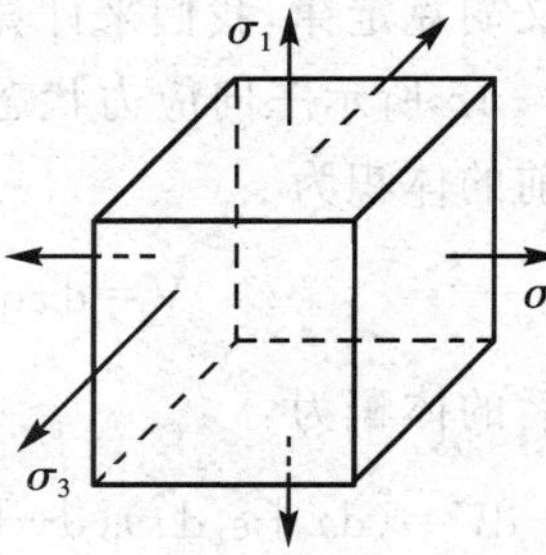

图 15-17

在空间应力状态下(图 15-17),设三个主应力 $\sigma_1,\sigma_2,\sigma_3$ 同时由零按比例增加至最终值,相应的三个主应变 $\varepsilon_1,\varepsilon_2,\varepsilon_3$ 也同时由零按比例增加至最终值。由于每个主应力与其他两个主应力方向的主应变是互相垂直的,根据力在与其垂直方向的位移上所作的功等于零,于是空间应力状态下,变形比能等于每个主应力与其相应的主应变的乘积之半的总和,即

$$v_\varepsilon=\frac{1}{2}(\sigma_1\varepsilon_1+\sigma_2\varepsilon_2+\sigma_3\varepsilon_3) \tag{b}$$

将广义胡克定律式(15-10)代入上式,得

$$v_\varepsilon=\frac{1}{2E}[\sigma_1^2+\sigma_2^2+\sigma_3^2-2\upsilon(\sigma_1\sigma_2+\sigma_2\sigma_3+\sigma_3\sigma_1)] \tag{15-17}$$

15.6.3 体积改变比能和形状改变比能

一般说来,弹性体的变形包括体积的改变(体积的胀大或缩小)和形状的改变(由正立方体变成为长方体或斜六面体)。因此,变形比能相应的也包括两部分:一部分变形比能是相应于体积改变的,称为体积改变比能,用 v_V 表示。另一部分变形比能是相应于形状改变的,称为形状改变比能,用 v_d 表示。两部分之和就等于比能,即

$$v_\varepsilon=v_V+v_d$$

为求这两部分比能,设空间应力状态单元体如图 15-18(a)所示,把它分解成为图 15-18(b)和(c)所示两种应力状态。在图 15-18(b)单元体各面上作用相等的主应力 σ_m,其大小为 $\sigma_m=\frac{1}{3}(\sigma_1+\sigma_2+\sigma_3)$。由于此单元体各棱边的应变均相等,所以各棱边按同一比例伸长或缩短,故此单元体只发生体积的膨胀或收缩 只有体积改变,而无形状改变。其比能就等于体积改变比能,用

式(15－17)计算如下

$$v_{\varepsilon,b}=v_V=\frac{1}{2E}\left[3\sigma_m^2-2\upsilon(3\sigma_m^2)\right]=\frac{1-2\upsilon}{6E}(\sigma_1+\sigma_2+\sigma_3)^2$$

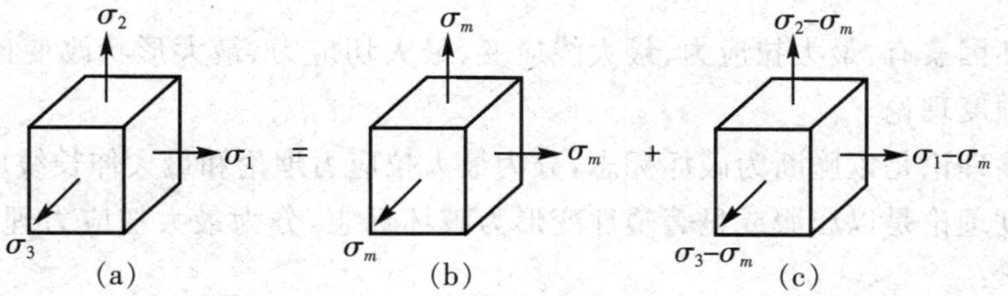

图 15－18

由于图 15－18(c)所示单元体的三个主应力之和为零，此单元体的体积应变为零，故此单元体不会发生体积改变，只会发生形状改变，其比能就等于形状改变比能

$$v_{\varepsilon,c}=v_d$$

由此可见，图 15－18(a)单元体的比能

$$v_\varepsilon=v_{\varepsilon,b}+v_{\varepsilon,c}=v_V+v_d=\frac{1-2\upsilon}{6E}(\sigma_1+\sigma_2+\sigma_3)^2+v_d$$

由此得

$$v_d=v_\varepsilon-\frac{1-2\upsilon}{6E}(\sigma_1+\sigma_2+\sigma_3)^2$$

将式(15－17)代入上式得

$$v_d=\frac{1+\upsilon}{6E}\left[(\sigma_1-\sigma_2)^2+(\sigma_2-\sigma_3)^2+(\sigma_3-\sigma_1)^2\right] \tag{15-18}$$

对于单轴应力状态，$\sigma_1=\sigma_1,\sigma_2=\sigma_3=0$，此式变为

$$v_d=\frac{1+\upsilon}{6E}2\sigma_1^2=\frac{1+\upsilon}{3E}\sigma_1^2$$

15.7　强度理论

长期以来，人们根据对材料破坏现象的分析，提出过各种各样的假说，认为材料的某一类型的破坏是由某种因素引起的，这种假说就称为强度理论。

比如铸铁，其拉伸试样是沿横截面断裂的，扭转圆试样则沿斜截面断裂，两者都是在无明显变形的情况下发生脆性断裂而破坏的。

又如低碳钢试样受拉伸和压缩时，通常会有显著的塑性变形，当构件变形过大时，就失去了正常工作和承载能力。

对于低碳钢这类塑性材料，其拉伸和压缩试样都会发生显著的塑性变形，有时并会发生屈服现象，构件也因之而失去正常工作能力，变得失效。

由是观之，材料破坏按其物理本质而言，可分为脆断破坏和塑性屈服两种类型。

同一种材料在不同的应力(受力)状态下，可能发生不同类型的破坏。如无槽低碳钢圆试样单向拉伸时发生塑性屈服；而有槽低碳钢圆试样拉伸时则发生脆性断裂，这是因为截面急剧改变处有应力集中，属三向拉应力。圆柱形大理石试样无侧压下受压破坏为脆性断裂，而有侧压时(保持侧压应力恒小于轴压应力)，却会显现出塑性变形。这说明，破坏形式不但与材料有关，还与应力有关。

构件的破坏因素有：最大拉应力、最大线应变、最大切应力、最大形状改变比能，由此而划分为两大类四种强度理论。

第一类强度理论是以脆断为破坏标志，分为最大拉应力理论和最大伸长线应变理论。

第二类强度理论是以屈服或显著塑性变形为破坏标志，分为最大切应力理论和形状改变比能理论。

15.7.1 最大拉应力理论(第一强度理论)

根据：当作用在构件上的外力过大时，其危险点处的材料就会沿最大拉应力所在截面发生脆断破坏。

假说：最大拉应力是引起材料脆断破坏的因素，也就是认为不论在什么样的应力状态下，只要构件内一点处的三个主应力中的最大拉应力达到材料的极限值，材料就会发生脆断破坏。

由于脆性材料拉断时的极限应力为拉伸强度极限 σ_b，所以破坏条件为

$$\sigma_1=\sigma_b$$

将 σ_b 除以安全因素，得许用应力$[\sigma]$，于是强度条件为

$$\sigma_1\leqslant[\sigma] \tag{15-19}$$

15.7.2 最大伸长线应变理论(第二强度理论)

根据：当作用在构件上的外力过大时，其危险点处的材料就会沿着垂直于最大伸长线应变方向的平面发生脆断破坏。

假说：最大伸长线应变是引起材料脆断破坏的因素，也就是认为不论在什么样的应力状态下，只要构件内一点处的最大伸长线应变达到材料的极限值，材料就会发生脆断破坏。

破坏条件为

$$\varepsilon_1=\varepsilon_u$$

假定脆性材料拉断前，其应力应变服从胡克定律，由广义胡克定律

$$\varepsilon_1=\frac{1}{E}[\sigma_1-\upsilon(\sigma_2+\sigma_3)]$$

而
$$\varepsilon_u=\frac{\sigma_b}{E}$$

即
$$\sigma_1-\upsilon(\sigma_2+\sigma_3)=\sigma_b$$

将 σ_b 除以安全因素，得许用应力$[\sigma]$，于是强度条件为

$$\sigma_1-\upsilon(\sigma_2+\sigma_3)\leqslant[\sigma] \tag{15-20}$$

15.7.3　最大切应力理论(第三强度理论)

根据:当作用在构件上的外力过大时,其危险点处的材料就会沿最大切应力所在截面滑移而发生屈服失效。

假说:最大切应力是引起材料屈服的因素,也就是认为不论在什么样的应力状态下,只要构件内一点处的最大切应力达到材料屈服时的极限值,材料就会发生屈服。

破坏条件为

$$\tau_{\max}=\tau_u=\frac{\sigma_s}{2}$$

复杂应力状态下,一点处的最大切应力为

$$\tau_{\max}=\frac{\sigma_1-\sigma_3}{2}$$

所以破坏条件为

$$\sigma_1-\sigma_3=\sigma_s$$

将 σ_s 除以安全因素,得许用应力[σ],于是强度条件为

$$\sigma_1-\sigma_3\leqslant[\sigma] \tag{15-21}$$

15.7.4　形状改变比能理论(第四强度理论)

根据:只要构件一点处的形状改变比能达到其形状改变比能极限值,该点处的材料就屈服。

假说:形状改变比能是引起材料屈服的因素,也就是认为不论在什么样的应力状态下,只要构件内的形状改变比能达到了材料的极限值,该点处的材料就会屈服。

破坏条件为

$$v_d=v_{du}$$

复杂应力状态下,一点处的形状改变比能为

$$v_d=\frac{1+\upsilon}{6E}[(\sigma_1-\sigma_2)^2+(\sigma_2-\sigma_3)^2+(\sigma_3-\sigma_1)^2]$$

而

$$v_{du}=\frac{1+\upsilon}{6E}2\sigma_s^2=\frac{1+\upsilon}{3E}\sigma_s^2$$

将 σ_s 除以安全因素,得许用应力[σ],于是强度条件为

$$\sqrt{\frac{1}{2}[(\sigma_1-\sigma_2)^2+(\sigma_2-\sigma_3)^2+(\sigma_3-\sigma_1)^2]}\leqslant[\sigma] \tag{15-22}$$

按照四个强度理论所建立的强度条件可统一写作

$$\sigma_r\leqslant[\sigma]$$

其中[σ]是根据单轴拉伸试验确定的材料的许用拉应力,σ_r 为复杂应力状态下 σ_1,σ_2,σ_3 按不同强度理论而形成的某种组合。从上式的形式来看,主应力的组合 σ_r 和单轴拉伸时的拉应力是相当的,因此,通常称 σ_r 为相当应力。对于

第一强度理论 $\sigma_{r1}=\sigma_1$

第二强度理论 $\sigma_{r2}=\sigma_1-\upsilon(\sigma_2+\sigma_3)$

第三强度理论 $\sigma_{r3}=\sigma_1-\sigma_3$

第四强度理论 $\sigma_{r4}=\sqrt{\frac{1}{2}[(\sigma_1-\sigma_2)^2+(\sigma_2-\sigma_3)^2+(\sigma_3-\sigma_1)^2]}$

最后,必须指出,强度问题是一个非常复杂的问题,各种因素彼此错综地相互影响,目前还没有完全清楚各种因素间的本质联系。上述几个理论都有一定的片面性,而且强度理论也不止上述几个。随着科学技术的发展,对材料的力学性质的进一步认识以及对应力状态与材料强度之间的关系的深入研究,将会提出更为适用的强度理论。

15.8 强度理论的应用

15.8.1 强度理论的选用

一般说来,在常温、静载条件下,脆性材料多发生脆断破坏,所以应选用第一或第二强度理论计算;塑性材料多发生屈服破坏,所以应选用第三或第四强度理论进行强度计算。第三强度理论计算简单,偏于安全;第四强度理论计算较繁,但与实验结果更符合。

另外,材料是脆性还是塑性破坏还与所处的应力状态有关,比如,不论是塑性材料还是脆性材料,当处于三轴拉伸应力状态时均呈脆性断裂,应选用第一或第二强度理论计算;当处于三轴压缩应力状态时,均产生屈服破坏,应选用第三或第四强度理论计算。

总之,在选用强度理论对构件进行强度计算时,必须满足两个条件:一是选用强度理论必须跟构件发生破坏的类型相一致;二是许用应力[σ]也必须是该破坏形式下的极限应力除以相应的安全系数。

15.8.2 在复杂应力状态下进行强度计算的步骤

在复杂应力状态下对受力构件进行强度计算的步骤如下:

(1)作构件的计算简图。将构件所受的外力向构件基本变形的受力方式进行简化或分解,并作基本变形下的内力图,确定危险截面;

(2)作危险截面的应力分布图确定危险点;

(3)作危险点的单元体应力状态图;

(4)分析危险点的应力状态,计算主应力 σ_1,σ_2,σ_3;

(5)选用适当的强度理论计算相当应力 σ_r;

(6)将 σ_r 与材料的许用应力[σ]比较,进行强度计算。

在建筑工程中,经常会遇到梁的强度计算问题。横力弯曲梁除应对弯矩最大截面的边缘点进行弯曲正应力强度计算,对剪力最大截面中性层上的点进行弯曲切应力强度计算外,有时还需对弯矩和剪力都较大的截面上的点进行强度计算。这些点的应力状态如图 15-19 所示,这种应力状态的主应力表达式变为

$$\sigma_1=\frac{\sigma_x}{2}+\sqrt{\left(\frac{\sigma_x}{2}\right)^2+\tau_x^2}$$

$$\sigma_3 = \frac{\sigma_x}{2} - \sqrt{\left(\frac{\sigma_x}{2}\right)^2 + \tau_x^2}$$

$$\sigma_2 = 0$$

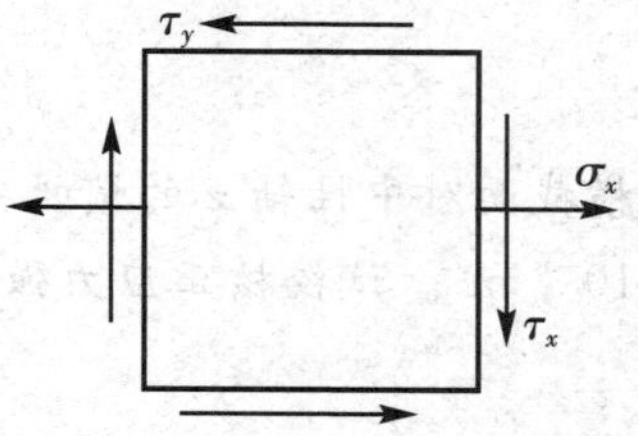

图 15 - 19

对于塑性材料做成的梁，这种应力状态选用第三或第四强度理论进行计算。将其分别代入第三或第四强度理论强度条件的表达式可得强度条件新的形式为

$$\sigma_{r3} = \sqrt{\sigma_x^2 + 4\tau_x^2} \leqslant [\sigma] \qquad (15-23)$$

$$\sigma_{r4} = \sqrt{\sigma_x^2 + 3\tau_x^2} \leqslant [\sigma] \qquad (15-24)$$

此式可使计算大大简化。

【例 15 - 7】　有一铸铁构件，其危险点处的应力状态如图 15 - 20 所示，已知 $\sigma_x = 20$ MPa，$\tau_x = 20$ MPa，材料的许用拉应力为 $[\sigma_t] = 35$ MPa，许用压应力 $[\sigma_c] = 120$ MPa。试校核此构件的强度。

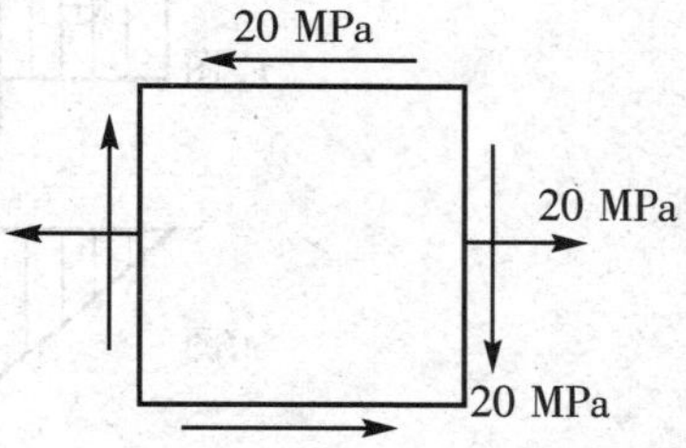

图 15 - 20

【解】　危险点处的主应力为

$$\sigma_1 = \frac{\sigma_x}{2} + \sqrt{\left(\frac{\sigma_x}{2}\right)^2 + \tau_x^2}$$

$$= \frac{20\text{ MPa}}{2} + \sqrt{\left(\frac{20\text{ MPa}}{2}\right)^2 + (20\text{ MPa})^2}$$

$$= 32.4\text{ MPa}$$

$$\sigma_3 = \frac{\sigma_x}{2} - \sqrt{\left(\frac{\sigma_x}{2}\right)^2 + \tau_x^2}$$

$$= \frac{20\text{ MPa}}{2} - \sqrt{\left(\frac{20\text{ MPa}}{2}\right)^2 + (20\text{ MPa})^2}$$

$$= -12.4\text{ MPa}$$

$$\sigma_2 = 0$$

因为铸铁材料，两个主应力中的一为拉应力，另一为压应力，且拉应力的绝对值为大，所以应选用第一强度理论校核

$$\sigma_{r1} = \sigma_1 = 32.4\text{ MPa} < [\sigma_t]$$

故该构件是安全的。

【例 15 - 8】　例图 15 - 21(a)所示一焊接工字钢梁，图 15 - 21(b)为截面形状。已知 $F = 750$ kN，$l = 4$ m，$b = 220$ mm，$h = 800$ mm，$t = 22$ mm，$d = 10$ mm，$[\sigma] = 170$ MPa。根据梁的受力情况，已绘出了剪力图和弯矩图，如图 15 - 21(c)所示，并已求得危险截面的最大弯矩和最大剪力分别为

$$M_{max} = \frac{3}{16}Fl = 562.5\text{ kN}\cdot\text{m}$$

$$F_{\text{Smax}}=\frac{3}{4}F=562.5\ \text{kN}$$

横截面对中性轴 z 的惯性矩及翼缘对中性轴 z 的静矩分别为 $I_z=2062\times10^{-6}\ \text{m}^4$，$S_{zc}^*=1990\times10^{-6}\ \text{m}^3$。试校核正应力强度，并按第四强度理论检验危险截面上翼腹板交界处 c 点的强度。

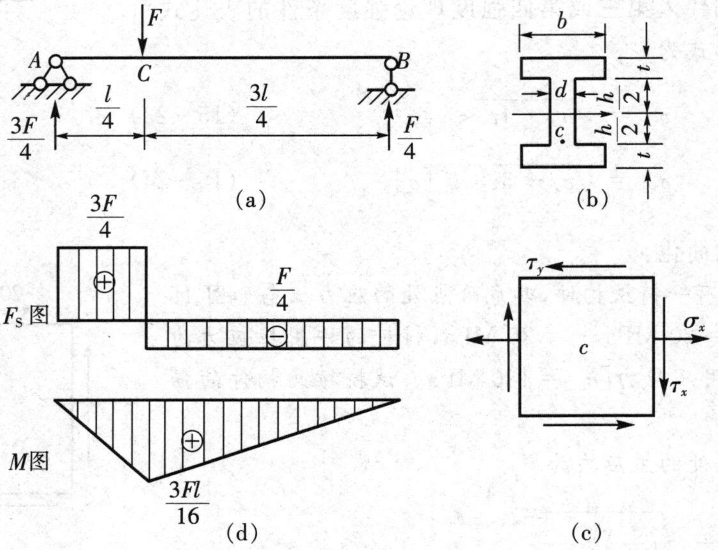

图 15-21

【解】 此梁的危险截面在 C 截面，该截面下边缘点有最大拉应力

$$\sigma=\frac{M_{\max}}{I_z}y_{\max}=\frac{562.5\times10^3\ \text{N}\cdot\text{m}}{2062\times1010^{-6}\ \text{m}^4}\left(\frac{0.8\ \text{m}}{2}+0.022\ \text{m}\right)$$

$$=115\ \text{MPa}<[\sigma]$$

该截面翼腹板交界处 c 点的应力状态如图 15-21(c)所示，其上的正应力和切应力分别为

$$\sigma=\frac{M_{\max}}{I_z}y_c=\frac{562.5\times10^3\ \text{N}\cdot\text{m}}{2062\times10^{-6}\ \text{m}^4}\times0.4\ \text{m}=109\ \text{MPa}$$

$$\tau_x=\frac{F_{\text{Smax}}S_{zc}^*}{I_z d}=\frac{562.5\times10^3\ \text{N}\times1990\times10^{-6}\ \text{m}^3}{2062\times10^{-6}\ \text{m}^4\times0.01\ \text{m}}=54.3\ \text{MPa}$$

代入第四强度理论的表达式(15-24)得

$$\sigma_{r4}=\sqrt{\sigma_x^2+3\tau_x^2}=\sqrt{(109\ \text{MPa})^2+3\times(54.3\ \text{MPa})^2}=144\ \text{MPa}\leqslant[\sigma]$$

比较两个结果可见，这种梁仅按横截面上的最大正应力计算其强度是不够的。

思考题

15－1 什么叫一点的应力状态？为什么要研究一点的应力状态？如何研究一点处的应力状态？

15－2 一梁如图所示，绘出了单元体 A,B,C,D,E 的应力状态。试指出并改正各单元体上所绘应力的错误。

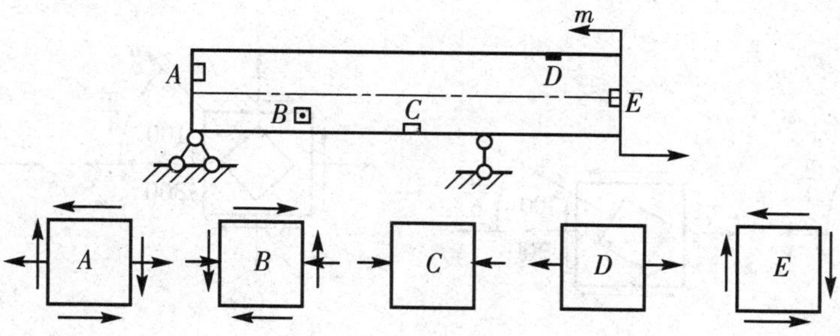

思考题 15 - 2 图

15—3　什么叫主平面？什么叫主应力？主应力和正应力有什么区别？过受力物体内一点有几个主平面？

15—4　何谓单轴及平面应力状态？圆轴受扭时，轴内各点处于何种应力状态？梁受横力弯曲时，梁顶、梁底及其他各点各处于何种应力状态？

15—5　在一个单元体中，最大正应力的面上有无剪应力？最大剪应力的面上有无正应力？

15—6　如图所示的几种应力圆各表示什么应力状态？

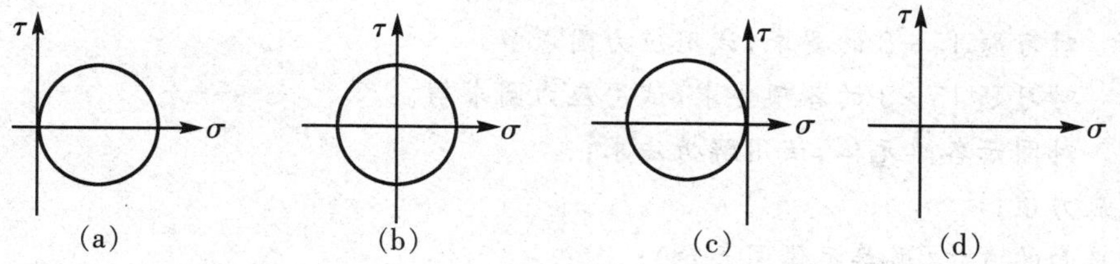

思考题 15 - 6 图

15—7　广义胡克定律是什么应力状态下的应力—应变关系？能否用于单轴应力状态？单轴应力状态下的胡克定律能否用于复杂应力状态？

15—8　受力构件中某点处只要在一个方向上的线应变为零，则该方向的正应力一定为零，对吗？反之，若沿某个方向的正应力为零，那么该点该方向的线应变一定为零，对吗？

15—9　何谓体积应变？纯剪切应力状态的体积应变为多少？

15—10　在常温静载条件下，材料破坏的形式除与材料形状有关外，还与什么因素有关？三轴拉伸和三轴压缩应力状态各使材料产生什么样的破坏形式？

习　题

15—1　已知应力情况如图所示，试用解析法求单元体在指定的斜方位时，四侧面上的应力值。

15—2　已知应力情况如图所示，试用解析法求单元体在指定的斜方位时，四侧面上的应力值。

15—3　对习题 15 - 1 和习题 15 - 2 所示各单元体，试用解析法求：

(1)主应力值；

(2)主平面的方位(用单元体图表示)；

(3)最大切应力值。

15—4　对习题 15 - 1 的要求，试用应力圆求解。

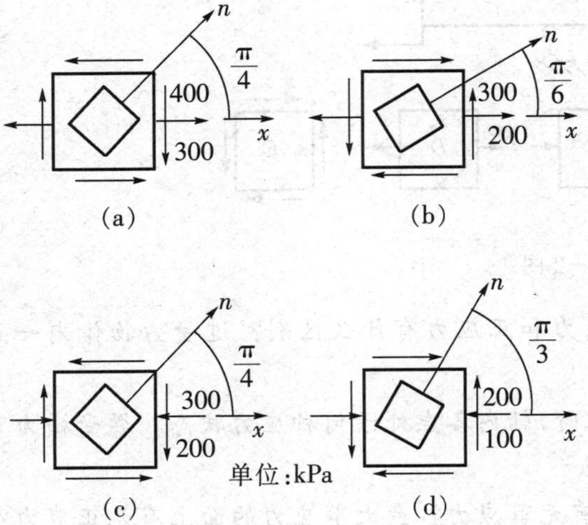

习题 15-1 图

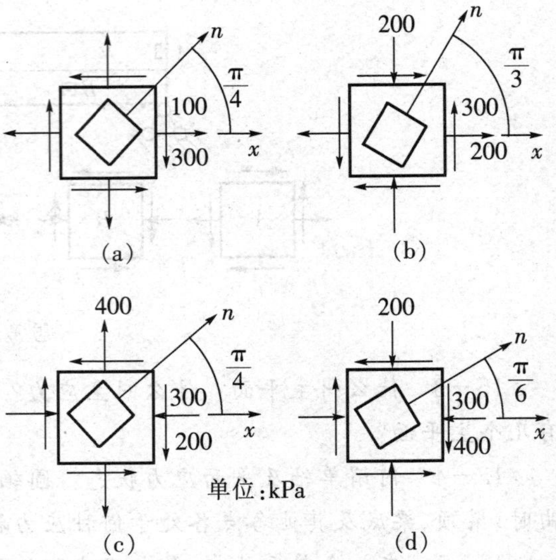

习题 15-2 图

15—5　对习题 15-2 的要求,试用应力圆求解。

15—6　对习题 15-3 的各项要求,试用应力圆求解。

15—7　对图示各单元体,试用解析法求:

(1)主应力值;

(2)主平面的方位(用单元体图表示);

(3)最大切应力值;

(4)最大切应力作用面的方位(用单元体图表示)。

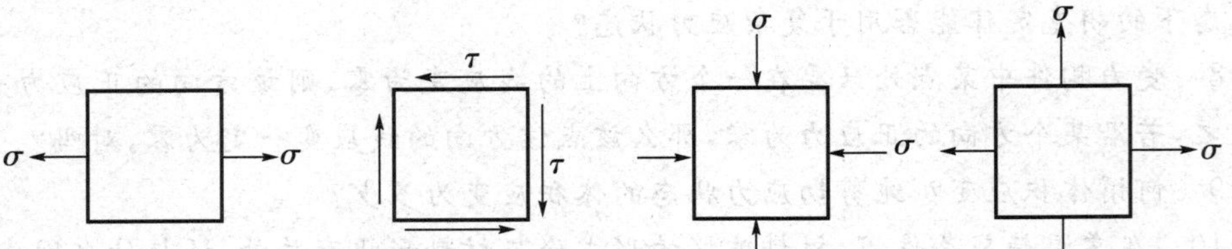

习题 15-7 图

15—8　对习题 15-7 的各项要求,试用应力圆求解。

15—9　对图示各单元体,试用解析法或应力圆求最大切应力 τ_{max} 的值(按三向应力状态考虑)。

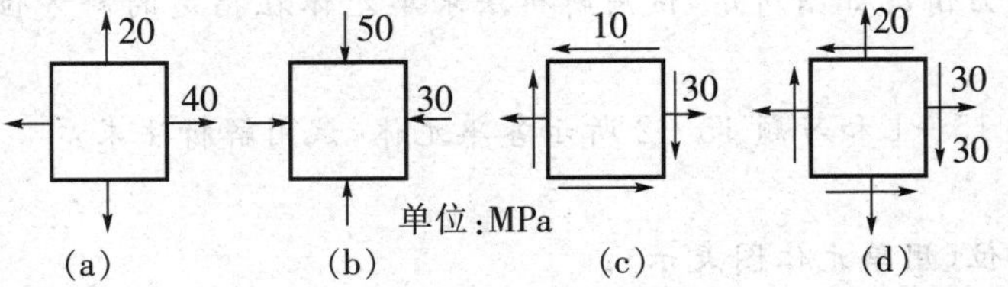

习题 15-9 图

15－10　如图所示两块钢板由斜焊缝联结(对接)。焊缝材料的许用应力为：$[\sigma]=145$ MPa，$[\tau]=100$ MPa。板宽 $b=200$ mm，板厚 $\delta=10$ mm，焊缝斜角 $\theta=\pi/6$ rad。试求此焊缝所许用的最大拉力$[F]$值。

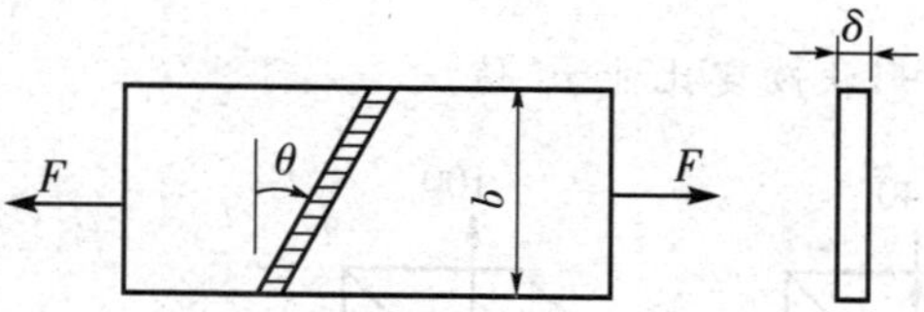

习题 15－10 图

15－11　如图所示一悬臂梁，已知：$F=50$ kN，$l=50$ cm。试求固定端截面上 A,B,C 三点的最大切应力值及其作用面的方位。

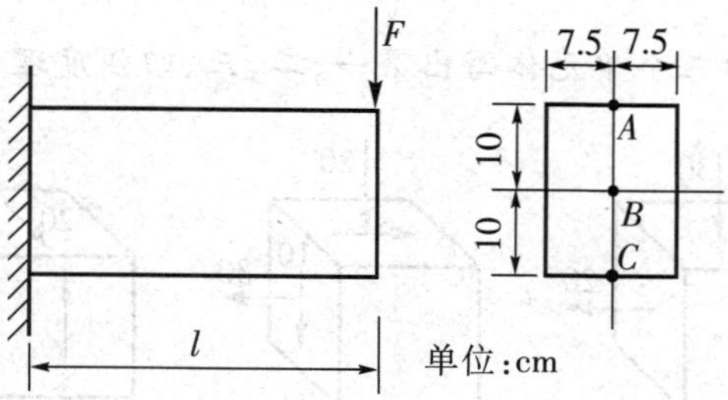

习题 15－11 图

15－12　如图所示一简支梁，截面为矩形，已知：$F=200$ kN，$l=4$ m。试求：

(1)在梁的危险截面上 a,b,c,d,e 五个点的主应力值及其作用面的方位(绘出单元体图)；

(2)该五个点的最大切应力值。

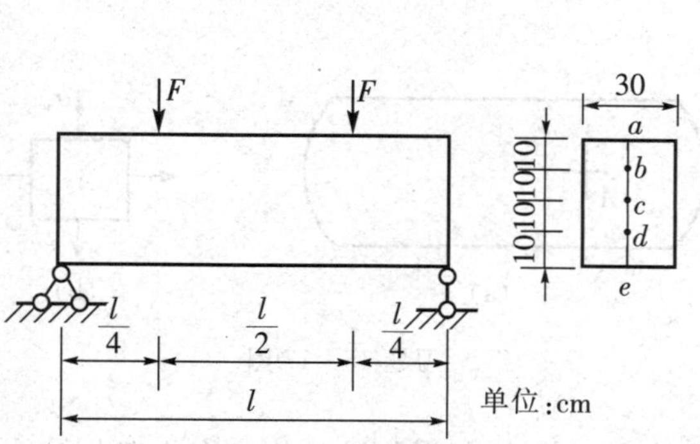

习题 15－12 图

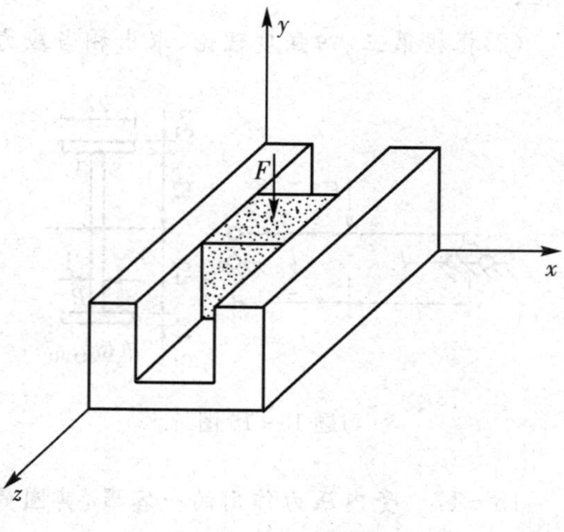

习题 15－13 图

15－13　如图所示一铜制正方块，每边长 $a=50$ mm，受压力 $F=150$ kN 的作用。已知铜的弹性模量 $E=100$ GPa，泊松比 $\upsilon=0.33$。试求铜块的三个主应力和体应变值。

15—14 如图所示两个单元体,已知:E=200 GPa,υ=0.3。试求:

(1)ε_x,ε_y 和 ε_z 值;

(2)体应变 θ 的值;

(3)比能 v_ε 值;

(4)体积改变比能 v_V 和形状改变比能 v_d 值。

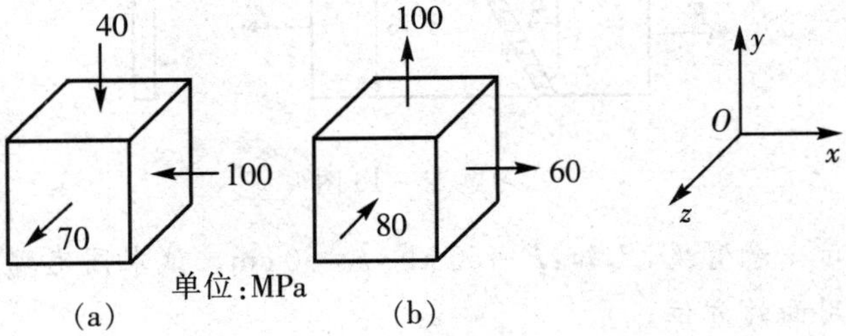

习题 15-14 图

15—15 试对如图所示三个单元体写出第一、二、三、四强度理论的相当应力值,设υ=0.3。

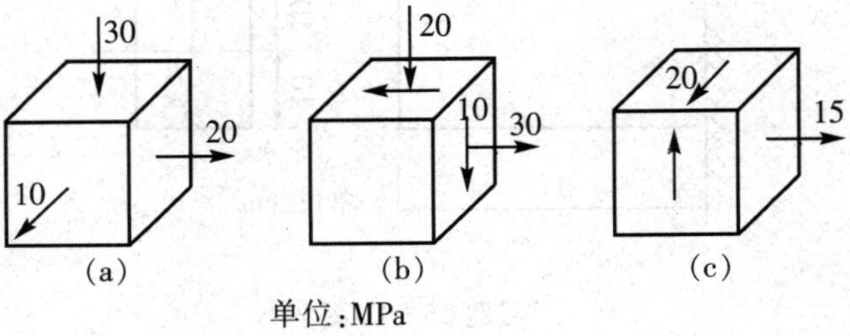

习题 15-15 图

15—16 如图所示一简支工字组合梁,由钢板焊成。已知:F=500 kN,l=4 m。求:

(1)在危险截面上位于翼缘与腹板交界处的 A,B 两点的主应力值,并指出它们的作用面的方位;

(2)根据第三、四强度理论,求出相当应力值。

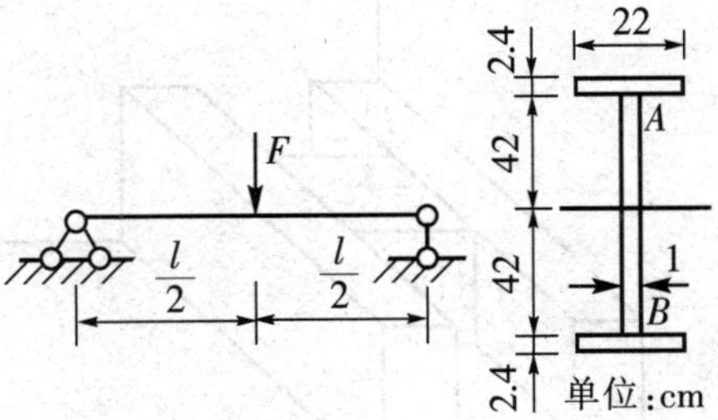

习题 15-16 图

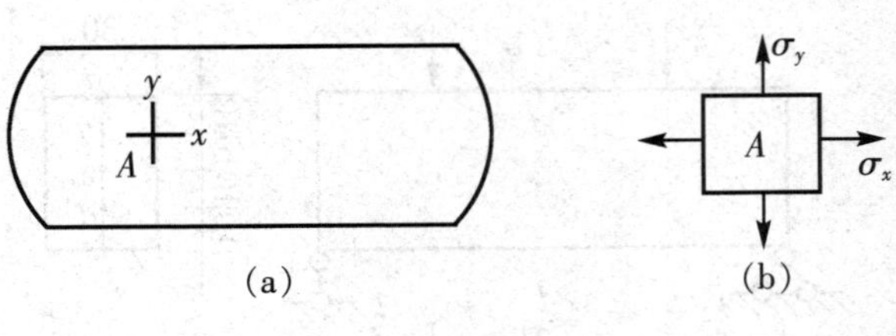

习题 15-17 图

15—17 受内压力作用的一容器,其圆筒部分任意一点 A(如图(a))处的应力状态如图(b)所示。当容器承受最大的内压力时,用应变计测得 $\varepsilon_x=1.88\times10^{-4}$,$\varepsilon_y=7.37\times10^{-4}$。已知钢材的弹性模量 E=210 GPa,泊松比 υ=0.3,许用应力[σ]=170 MPa。试按第三强度理论对 A 点作强度校核。

第16章 组合变形

在前面的各章中，我们分别研究了杆件的轴向拉伸（压缩）、剪切、扭转和弯曲四种基本变形。在此基础上，本章将主要研究工程中常见的组合变形问题，包括斜弯曲、拉伸（压缩）和弯曲组合、偏心拉伸（压缩）和弯扭组合变形。

16.1 组合变形的概念

在实际工程中，有许多受力的构件往往同时发生两种或两种以上的基本变形，这种变形情况称为组合变形。例如图 16－1(a)所示的烟囱，除了受到自重引起的轴向压缩外，还受到水平侧向风力引起的弯曲，烟囱发生的是轴向压缩和弯曲组合变形。又如图 16－1(b)所示的机器上的传动轴受到齿轮啮合力的作用，将发生两个平面内的弯曲和扭转的组合。再如图 16－1(c)所示的工业厂房中的吊车立柱，受到吊车梁传来的偏心竖向荷载作用，使得立柱发生偏心压缩。

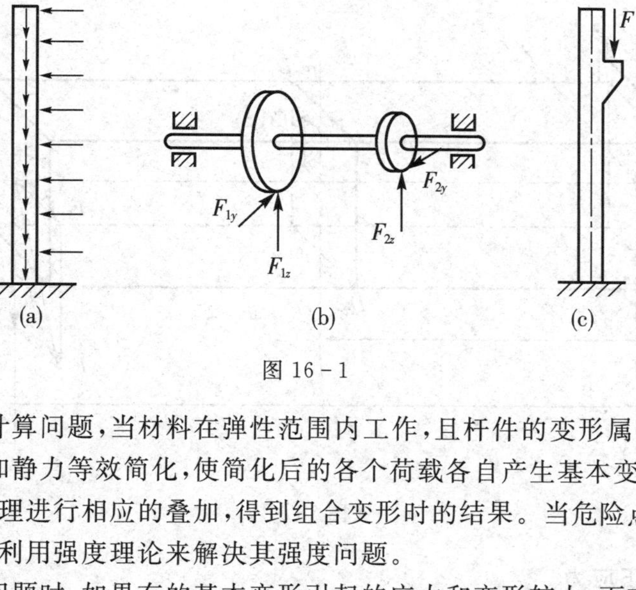

图 16－1

对于组合变形的计算问题，当材料在弹性范围内工作，且杆件的变形属于小变形范畴，我们可先将荷载进行分解和静力等效简化，使简化后的各个荷载各自产生基本变形，分别计算应力和变形，然后利用叠加原理进行相应的叠加，得到组合变形时的结果。当危险点的应力状态处于复杂应力状态时，我们将利用强度理论来解决其强度问题。

在计算组合变形问题时，如果有的基本变形引起的应力和变形较大，而有的基本变形产生的应力和变形很小，则应该把产生的应力和变形很小的基本变形忽略，而主要考虑引起的应力和变形较大的基本变形。

16.2 斜 弯 曲

在 12.1 节中我们讨论了平面弯曲问题，即对于具有纵向对称平面的梁，当横向外力作用在其纵向对称平面内时，梁的轴线也将在纵向对称平面内弯曲成一条平面曲线，这种弯曲变形称为平面弯曲，如图 16－2(a)所示。但在工程实际中有这样一些梁，所受的横向外力通过横截面的形心，但不作用在其纵向对称平面内时，这时梁弯曲后的轴线将不在其纵向对称平面内，这种弯曲称为斜弯曲。如图 16－2(b)所示。我们将采用叠加法来解决斜弯曲的应力和变形问题。现以如图 16－3 所示的矩形截面悬臂梁为例来说明计算过程。

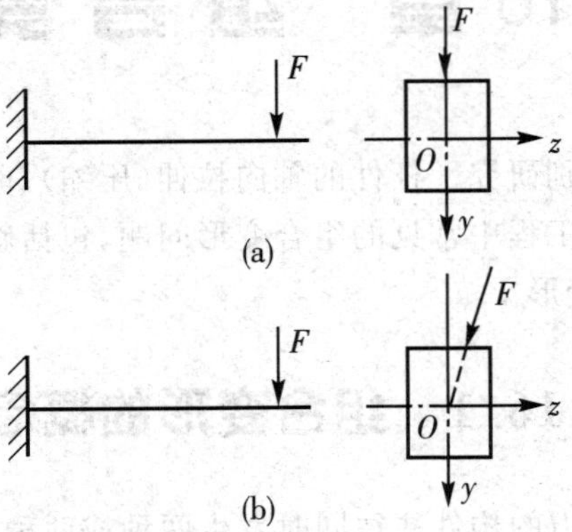

图 16－2

斜弯曲时，梁的横截面上既有正应力，也有切应力。但一般情况下切应力较小，所以在这里不予讨论。如图 16－3 所示的矩形截面梁悬臂梁，在自由端受集中力作用 F，F 通过截面形心且与 y 轴成 φ 角。现欲求 m—m 截面上 C 点的正应力。

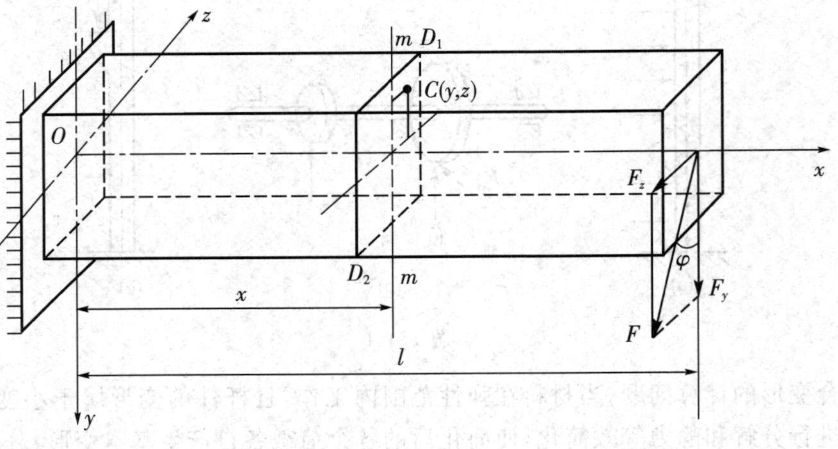

图 16－3

1. 横截面上的正应力

首先将力 F 分解成 F_z 和 F_y 两个分量，得

$$\left.\begin{aligned} F_z &= F\sin\varphi \\ F_y &= F\cos\varphi \end{aligned}\right\} \tag{a}$$

这两个分量将引起梁在铅直面和水平面的平面弯曲。F_z 和 F_y 分别引起 m—m 截面上的弯矩 M_y 和 M_z

$$\left.\begin{aligned} M_y &= F_z(l-x) = F(l-x)\sin\varphi = M\sin\varphi \\ M_z &= F_y(l-x) = F(l-x)\cos\varphi = M\cos\varphi \end{aligned}\right\} \tag{b}$$

式中 M 表示力 F 对 $m—m$ 截面的总弯矩。这样我们就可以利用平面弯曲的计算方法分别计算出两个平面弯曲分别引起的 C 点的正应力，即

$$\left.\begin{aligned}\sigma' &= \frac{M_y z}{I_y}\\ \sigma'' &= \frac{M_z y}{I_z}\end{aligned}\right\} \tag{c}$$

则在 F_z 和 F_y 共同作用下，$m—m$ 截面上 C 点处的正应力为

$$\sigma = \sigma' + \sigma'' = \frac{M_y z}{I_y} + \frac{M_z y}{I_z} \tag{16-1a}$$

或

$$\sigma = M\left(\frac{\sin\varphi}{I_y}z + \frac{\cos\varphi}{I_z}y\right) \tag{16-1b}$$

(16-1a)和(16-1b)式就是梁斜弯曲时，任一横截面上任一点的正应力计算公式。式中 I_z 和 I_y 分别表示横截面对 z 轴和 y 轴的惯性矩。y 和 z 分别表示所求应力点到 z 轴和 y 轴的距离，横截面上应力分布如图 16-4 所示，图 16-4(a)表示 M_y 作用时截面上应力分布，图 16-4(b)表示 M_z 作用时截面上应力分布，图 16-4(c)表示 M_y 和 M_z 共同作用时截面上应力分布。

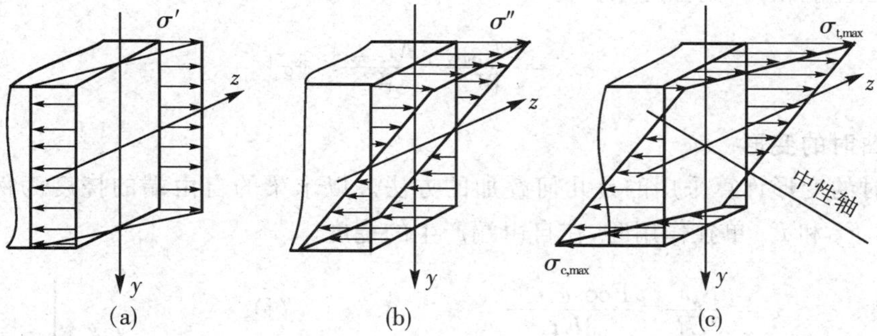

图 16-4

在用(16-1a)式计算正应力时，应将式中的 M_y，M_z，y 和 z 以绝对值代入，至于 σ' 和 σ'' 是拉应力还是压应力，我们可根据 F_z 和 F_y 所引起的梁的变形以及所求应力点的位置来直接判断。

2. 中性轴的位置

根据横截面中性轴上各点的正应力等于零的特点，用 z_0 和 y_0 代表中性轴上任一点的坐标，代入公式(16-1a)中，得中性轴方程

$$\frac{M_y z_0}{I_y} + \frac{M_z y_0}{I_z} = 0 \tag{16-2}$$

从中性轴方程中可以看出，斜弯曲时中性轴是一条通过横截面形心的直线，如图 16-5 所示，中性轴与 z 轴之间的夹角为 α，只要确定了 α 角，便可定出中性轴的位置，即

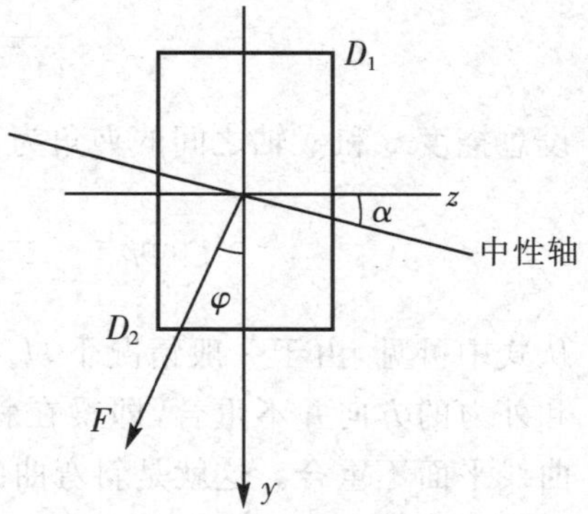

图 16-5

$$\tan\alpha = \left|\frac{y_0}{z_0}\right| = \frac{I_z}{I_y}\cdot\frac{M_y}{M_z} = \frac{I_z}{I_y}\tan\varphi \tag{16-3}$$

从(16-3)式中可见，一般情况下 $\alpha \neq \varphi$，即中性轴和外力作用面不垂直。只有当 $I_z = I_y$ 时，有 $\alpha = \varphi$，中性轴才垂直于外力作用面。

3. 最大正应力与强度条件

在确定了中性轴位置后，可作两条与中性轴平行并与截面周边相切的直线，其相切点就是该截面上的正应力最大的点，如图 16-5 所示的 D_1 和 D_2 点。对于矩形、工字形等具有两根对称轴且具有棱角的截面，其截面上的最大正应力点必在截面的角点处。

D_1 点处产生最大拉应力
$$\sigma_{t,\max} = \frac{M_y}{W_y} + \frac{M_z}{W_z} \tag{d}$$

D_2 点处产生最大压应力
$$\sigma_{c,\max} = -\frac{M_y}{W_y} - \frac{M_z}{W_z} \tag{e}$$

其中
$$W_z = \frac{I_z}{y_{\max}}, W_y = \frac{I_y}{z_{\max}}$$

对于全梁，其最大正应力发生在固定端截面，其最大正应力为

$$\sigma_{\max} = \frac{M_{y,\max}}{W_y} + \frac{M_{z,\max}}{W_z} \tag{16-4}$$

若材料的拉压性能相同，则强度条件为

$$\sigma_{\max} = \frac{M_{y,\max}}{W_y} + \frac{M_{z,\max}}{W_z} \leqslant [\sigma] \tag{16-5}$$

4. 斜弯曲时的变形

斜弯曲时的变形计算采用的是几何叠加的方法。以求梁的自由端的挠度为例，如图 16-6 所示，先求出 F_y 和 F_z 单独作用时，在自由端产生的挠度。

y 方向的挠度
$$v_y = \frac{F_y l^3}{3EI_z} = \frac{F\cos\varphi \cdot l^3}{3EI_z} \tag{f}$$

z 方向的挠度
$$v_z = \frac{F_z l^3}{3EI_y} = \frac{F\sin\varphi \cdot l^3}{3EI_y} \tag{g}$$

将 y 方向和 z 方向的挠度几何叠加后，得自由端的总挠度，即

$$v = \sqrt{v_y^2 + v_z^2} \tag{16-6}$$

设总挠度 v 和 y 轴之间的夹角为 β，则

$$\tan\beta = \frac{v_z}{v_y} = \frac{I_z}{I_y}\tan\varphi \tag{16-7}$$

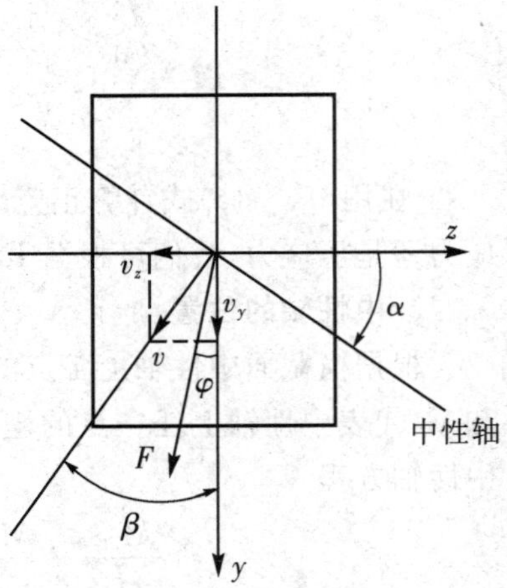

图 16-6

从式中可见，由于一般情况下，$I_z \neq I_y$，所以 $\beta \neq \varphi$，挠度的方向和外力的方向并不重合，即梁在斜弯曲时，外力所在平面与挠曲线平面不重合。这就是斜弯曲的特点。若梁的横截面是正方形、圆形，由于 $I_z = I_y$，所以 $\beta = \varphi$，这时外力所在平面与挠曲线平面始终重合，只会发生平面弯曲。

【例 16-1】 图 16-7 所示简支梁，由 22b 工字钢构成，在跨中截面受集中力 F 作用，$F = 10$ kN，材料的弹性模量 $E = 200$ GPa，$\varphi = 15°$。试求

(1) 梁的最大正应力。

(2) 梁的最大挠度及方向。

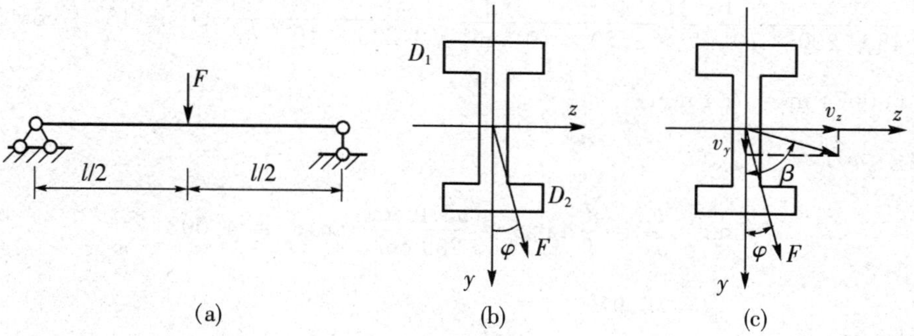

图 16-7

【解】 (1)计算梁的最大正应力

首先将力 F 沿着 z 和 y 方向分解,得

$$F_z = F\sin\varphi$$

$$F_y = F\cos\varphi$$

梁的最大弯矩将出现在跨中截面,相应的弯矩为

$$M_{z,\max} = \frac{1}{4}F_y l = \frac{1}{4}F\cos\varphi \cdot l$$

$$M_{y,\max} = \frac{1}{4}F_z l = \frac{1}{4}F\sin\varphi \cdot l$$

根据两个弯矩的作用方向,可判断梁的最大拉应力发生在 D_2 点,梁的最大压应力发生在 D_1 点。且最大拉应力和最大压应力数值相等,计算一点即可。由型钢表查得,$W_z = 325\ \text{cm}^3$,$W_y = 42.7\ \text{cm}^3$,所以

$$\sigma_{\max} = \frac{M_{z,\max}}{W_z} + \frac{M_{y,\max}}{W_y} = \frac{Fl}{4}\left(\frac{\cos\varphi}{W_z} + \frac{\sin\varphi}{W_y}\right)$$

$$= \frac{10\times10^3\ \text{N}\times 4\ \text{m}}{4}\left(\frac{\cos15^\circ}{325\times10^{-6}\ \text{m}^3} + \frac{\sin15^\circ}{42.7\times10^{-6}\ \text{m}^3}\right)$$

$$= 90.33\ \text{MPa}$$

(2)计算梁的最大挠度

梁的最大挠度发生在跨中截面。先分别计算出 F_y 和 F_z 引起的 y 方向和 z 方向的挠度,查型钢表可得,$I_y = 239\ \text{cm}^4$,$I_z = 3570\ \text{cm}^4$,所以

$$v_y = \frac{F_y l^3}{48EI_z} = \frac{F\cos\varphi \cdot l^3}{48EI_z}$$

$$v_z = \frac{F_z l^3}{48EI_y} = \frac{F\sin\varphi \cdot l^3}{48EI_y}$$

然后进行几何叠加得到梁的最大挠度,即

$$v=\sqrt{v_y^2+v_z^2}=\frac{Fl^3}{48EI_z}\sqrt{\left(\frac{I_z}{I_y}\right)^2\cdot\sin^2\varphi+\cos^2\varphi}$$

$$=\frac{10\times10^3\ \text{N}\times4^3\ \text{m}^3}{48\times200\times10^9\ \text{Pa}\times3570\times10^{-8}\ \text{m}^4}\sqrt{\left(\frac{3570\times10^{-8}\ \text{m}^4}{239\times10^{-8}\ \text{m}^4}\right)\cdot\sin^2 15^\circ+\cos^2 15^\circ}$$

$$=0.0074\ \text{m}=7.4\ \text{mm}$$

最大挠度的方向为

$$\tan\beta=\frac{v_z}{v_y}=\frac{I_z}{I_y}\tan\varphi=\frac{3570\ \text{cm}^4}{239\ \text{cm}^4}\tan15^\circ=4.002$$

所以 $\beta=75.97^\circ$

【例 16-2】 如图 16-8 所示矩形截面木檩条放置在斜面上，檩条长 $l=3$ m，受铅垂向下均布荷载作用，$q=800$ N/m，木檩条的许用应力$[\sigma]=12$ MPa，弹性模量 $E=10$ GPa，容许挠度为$\frac{l}{200}$，横截面的高宽比 $h/b=1.5$。试选择其横截面尺寸，并进行刚度校核。

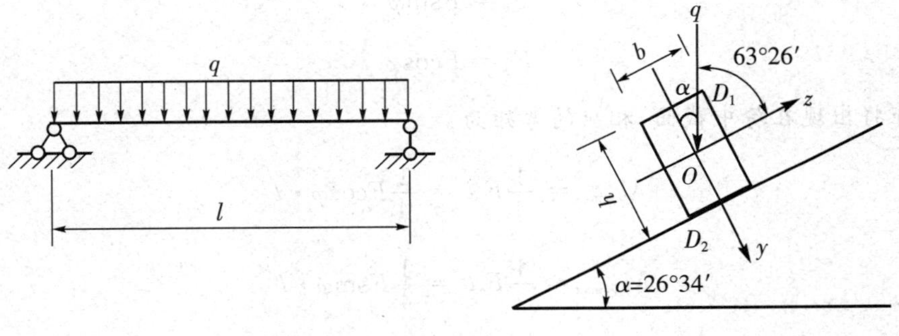

图 16-8

【解】 (1)选择横截面尺寸

先将均布荷载 q 分解为 q_z 和 q_y，即

$$q_z=q\sin\alpha=800\ \text{N/m}\times\sin26^\circ34'=358\ \text{N/m}$$

$$q_y=q\cos\alpha=800\ \text{N/m}\times\cos26^\circ34'=715\ \text{N/m}$$

梁的跨中截面是危险截面，与 q_y，q_z 相对应的最大弯矩为

$$M_{z,\max}=\frac{1}{8}q_yl^2=\frac{1}{8}\times715\ \text{N/m}\times3^2\ \text{m}^2=804\ \text{N}\cdot\text{m}$$

$$M_{y,\max}=\frac{1}{8}q_zl^2=\frac{1}{8}\times358\ \text{N/m}\times3^2\ \text{m}^2=403\ \text{N}\cdot\text{m}$$

根据梁的变形情况，可知梁的跨中截面上的 D_1 点有最大压应力，D_2 点有最大拉应力，且两点应力的数值相等，只要计算一点即可，梁的强度条件是

$$\sigma_{\max}=\frac{M_{z,\max}}{W_z}+\frac{M_{y,\max}}{W_y}\leqslant[\sigma] \tag{1}$$

由于横截面的高跨比 $h/b=1.5$，所以

$$\frac{W_z}{W_y}=\frac{bh^2/6}{hb^2/6}=\frac{h}{b}=1.5$$

即 $$W_z=1.5W_y$$

将上式代入(1)式中,得

$$\frac{M_{z,\max}}{1.5W_y}+\frac{M_{y,\max}}{W_y}\leqslant[\sigma]$$

即

$$W_y\geqslant\frac{1}{[\sigma]}\left(\frac{M_{z,\max}}{1.5}+M_{y,\max}\right)=\frac{1}{12\times10^6\ \text{Pa}}\left(\frac{804\ \text{N}\cdot\text{m}}{1.5}+403\ \text{N}\cdot\text{m}\right)$$

$$=78.25\times10^{-6}\ \text{m}^3$$

由 $$W_y=\frac{hb^2}{6}=\frac{1.5b^3}{6}\geqslant78.25\times10^{-6}\ \text{m}^3$$

解得 $b\geqslant6.79\times10^{-2}\ \text{m}=67.9\ \text{mm}, h=1.5b=10.19\times10^{-2}\ \text{m}=101.9\ \text{mm}$

故可选用 70 mm×105 mm 的矩形截面。

(2)梁的刚度校核

在梁的跨中截面将产生最大挠度,q_y 和 q_z 分别引起的挠度为

$$v_y=\frac{5q_yl^4}{384EI_z}=\frac{5q_yl^4}{384E\dfrac{bh^3}{12}}=\frac{5\times715\ \text{N/m}\times3^4\ \text{m}^4}{384\times10\times10^9\ \text{Pa}\times\dfrac{70\times105^3}{12}\times10^{-12}\ \text{m}^4}$$

$$=1.12\times10^{-2}\ \text{m}=11.2\ \text{mm}$$

$$v_z=\frac{5q_zl^4}{384EI_y}=\frac{5q_zl^4}{384E\dfrac{hb^3}{12}}=\frac{5\times358\ \text{N/m}\times3^4\ \text{m}^4}{384\times10\times10^9\ \text{Pa}\times\dfrac{105\times70^3}{12}\times10^{-12}\ \text{m}^4}$$

$$=1.26\times10^{-2}\ \text{m}=12.6\ \text{mm}$$

跨中的总挠度为

$$v=\sqrt{v_y^2+v_z^2}=\sqrt{11.2^2+12.6^2}\ \text{mm}=16.86\ \text{mm}$$

容许挠度

$$[v]=\frac{l}{200}=\frac{3\ \text{m}}{200}=0.015\ \text{m}=15\ \text{mm}$$

可见 $$v>[v]$$

由于跨中挠度超过了容许挠度 12.4%,所以该梁的刚度条件不满足。应加大截面尺寸,再作刚度计算。

16.3 拉伸(压缩)与弯曲

当杆件上同时作用有轴向外力和横向外力时,杆件除了发生轴向变形外,同时还将发生弯曲

变形。在小变形的条件下,我们采用叠加法计算拉伸(弯曲)与弯曲组合变形时横截面上的正应力。下面以图 16-9 所示受力杆件为例,来说明计算过程。

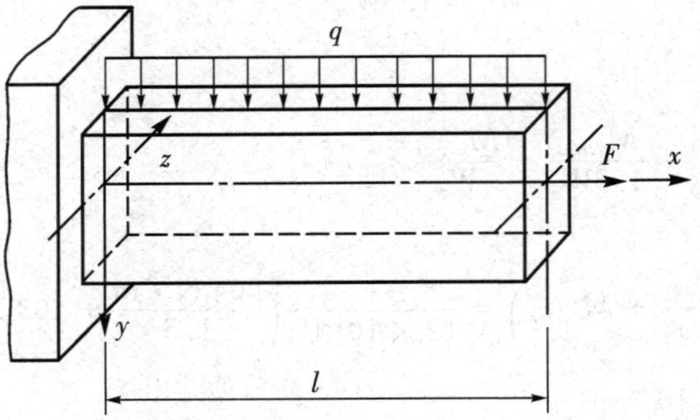

图 16-9

在轴向外力 F 的作用下,杆件处于轴向拉伸状态,各横截面上的轴力均为 $F_N = F$,横截面上的应力为

$$\sigma' = \frac{F_N}{A} \tag{a}$$

横截面上应力均布,如图 16-10(a)所示。

在横向均布荷载 q 作用下,梁发生平面弯曲,横截面上有弯矩 M,截面上任一点的弯曲正应力为

$$\sigma'' = \frac{My}{I_z} \tag{b}$$

弯曲正应力分布规律如图 16-10(b)所示。

在轴向外力 F 和横向荷载 q 共同作用下,横截面上的正应力为

$$\sigma = \sigma' + \sigma'' = \frac{F_N}{A} + \frac{M \cdot y}{I_z} \tag{16-8}$$

横截面上应力分布规律如图 16-10(c)所示。

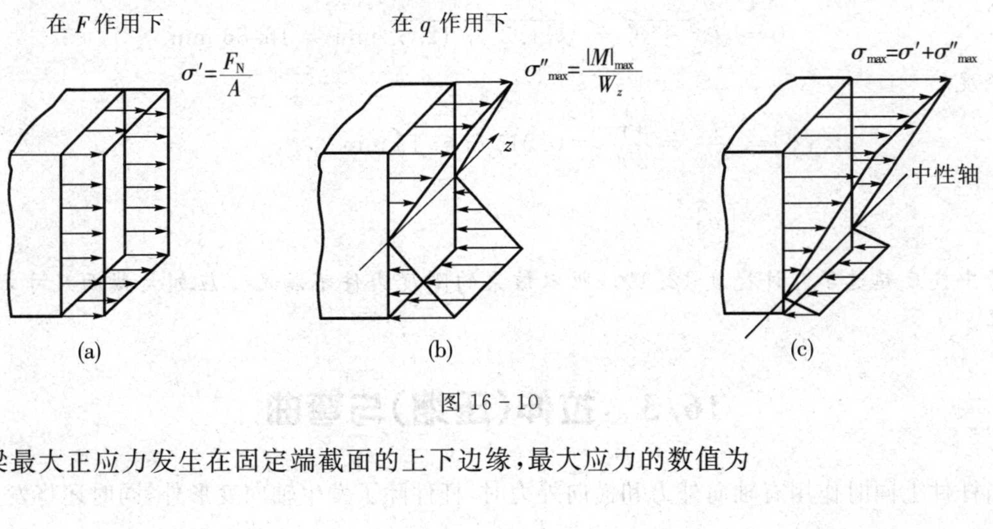

图 16-10

梁最大正应力发生在固定端截面的上下边缘,最大应力的数值为

$$\left.\begin{aligned}\sigma_{t,max}=\frac{F_N}{A}+\frac{M_{max}}{W_z}\\ \sigma_{c,max}=\frac{F_N}{A}-\frac{M_{max}}{W_z}\end{aligned}\right\}\tag{16-9}$$

若材料的拉压性能相同，则正应力强度条件为

$$\sigma_{max}=\left|\frac{F_N}{A}\pm\frac{M_{max}}{W_z}\right|\leqslant[\sigma]\tag{16-10}$$

若材料的拉压性能不相同，则应对最大拉应力和最大压应力分别进行强度校核。

【例 16-3】 图 16-11(a)所示的吊车，AB 梁由 18 号工字钢构成，荷载 $F=13$ kN，材料的许用应力$[\sigma]=160$ MPa，试校核该梁的强度。

【解】 由图中几何尺寸可得拉杆 CB 的长度为

$$l=\sqrt{2.2^2\ \text{m}^2+4^2\ \text{m}^2}=4.57\ \text{m}$$

AB 梁的受力如图 16-11(b)所示，由静力平衡方程

$$\sum M_A=0,$$

$$F_{NCB}\times\left(\frac{2.2\ \text{m}}{4.57\ \text{m}}\right)\times 4\ \text{m}-13\ \text{kN}\times 2\ \text{m}=0$$

解得 $F_{NCB}=13.5$ kN

由平衡条件可得

$$F_{Ax}=F_{Nx}=F_{NCB}\times\frac{4\ \text{m}}{4.57\ \text{m}}=11.8\ \text{kN}$$

$$F_{Ay}=F_{Ny}=F_{NCB}\times\frac{2.2\ \text{m}}{4.57\ \text{m}}=6.5\ \text{kN}$$

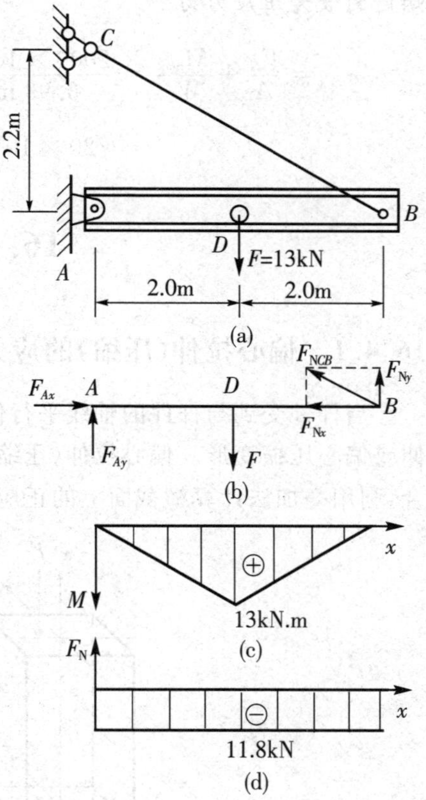

图 16-11

作出 AB 梁的弯矩图(图 16-11(c))和轴力图(16-11(d))，可见跨中 D 截面是危险截面，其内力为 $F_N=11.8$ kN，$M_{max}=13$ kN·m，在 D 截面的下边缘有最大拉应力，其值为

$$\sigma_{max}=\frac{F_N}{A}+\frac{M_{max}}{W_z}$$

由型钢表查得，18 号工字钢的 $A=30.6\ \text{cm}^2$，$W_z=185\ \text{cm}^2$，代入上式，得

$$\sigma_{max}=\frac{11.8\times10^3\ \text{N}}{30.6\times10^{-4}\ \text{m}^2}+\frac{13\times10^3\ \text{m}}{185\times10^{-6}\ \text{m}^3}=74.13\times10\ \text{N/m}^2=74.13\ \text{Mpa}<[\sigma]$$

所以 AB 的强度满足要求。

【例 16-4】 砖砌烟囱如图 16-12 所示，烟囱高 $h=30$ m，自重 $P=2000$ kN，受 $q=1$ kN/m 的水平侧向风力作用，烟囱底截面的外径 $D=3$ m，内径 $d=2$ m。求烟囱的最大压应力。

【解】 这是个轴向压缩和弯曲的组合变形问题，烟囱底截面 m—m 是危险截面，其上的轴向压力和弯矩分别为

$$F_N = P = 2000\ \text{kN}$$

$$M_{max} = \frac{qh^2}{2} = \frac{1\ \text{kN/m} \times 30^2\ \text{m}^2}{2} = 450\ \text{kN}\cdot\text{m}$$

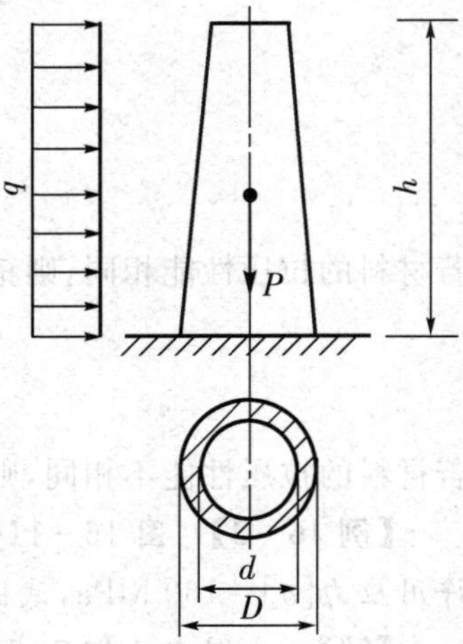

图 16－12

横截面的面积

$$A = \frac{\pi}{4}(D^2 - d^2) = \frac{\pi}{4}(3^2 - 2^2)\text{m}^2 = 3.93\ \text{m}^2$$

抗弯截面系数

$$W_z = \frac{\pi D^3}{32}\left[1 - \left(\frac{d}{D}\right)^4\right] = \frac{\pi \times 3^3\ \text{m}^3}{32}\left[1 - \left(\frac{2\ \text{m}}{3\ \text{m}}\right)^4\right] = 2.127\ \text{m}^3$$

烟囱的最大压应力为

$$\sigma_{max} = \frac{F_N}{A} + \frac{M_{max}}{W_z} = \frac{2000 \times 10^3\ \text{N}}{3.93\ \text{m}^2} + \frac{450 \times 10^3\ \text{kN}\cdot\text{m}}{2.127\ \text{m}^3}$$

$$= 720 \times 10^3\ \text{N/m}^2 = 0.72\ \text{MPa}$$

16.4 偏心拉伸(压缩)

16.4.1 偏心拉伸(压缩)的应力计算

当杆件受到与杆件的轴线平行但不通过截面形心的拉力或压力作用时，杆件将发生偏心拉伸或偏心压缩变形。偏心拉伸(压缩)可以分解为轴向拉伸(压缩)和弯曲变形两种基本变形的组合，利用叠加法计算横截面上的正应力。

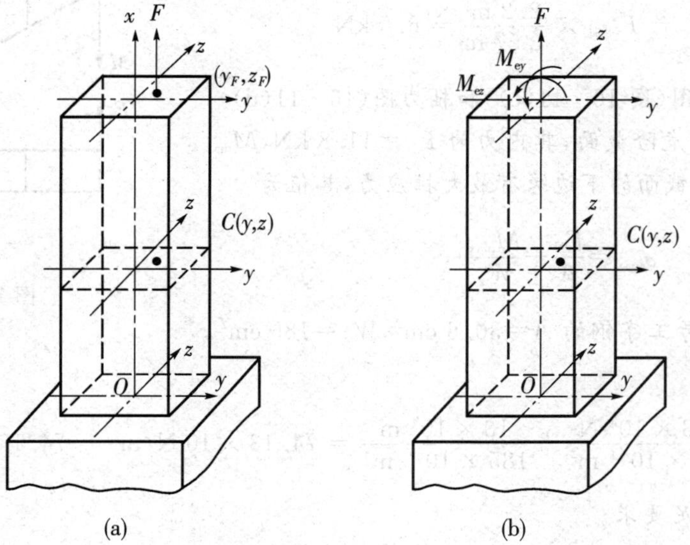

图 16－13

以图 16－13(a)所示的矩形截面偏心受拉杆为例，来说明计算过程。设 F 力作用点的坐标是 y_F 和 z_F。现欲求横截面上 C 点处正应力，C 点的坐标为 y 和 z。首先将 F 力向杆端截面的形

心简化，如图 16－13(b)所示，得到轴向力 F 和两个力偶 M_{ex}，M_{ey}，其力偶矩为

$$M_{ey}=Fz_F,M_{ez}=Fy_F \tag{a}$$

则欲求应力处横截面上的内力为

$$\left.\begin{aligned}F_N&=F\\M_y&=M_{ey}=Fz_F\\M_z&=M_{ez}=Fy_F\end{aligned}\right\} \tag{b}$$

它们分别引起点的应力为

$$\left.\begin{aligned}\sigma'&=\frac{F_N}{A}=\frac{F}{A}\\\sigma''&=\frac{M_y\cdot z}{I_y}=\frac{Fz_F\cdot z}{I_y}\\\sigma'''&=\frac{M_z\cdot y}{I_z}=\frac{Fy_F\cdot y}{I_z}\end{aligned}\right\} \tag{c}$$

相应的应力分布规律如图 16－14(a)、(b)、(c)所示。

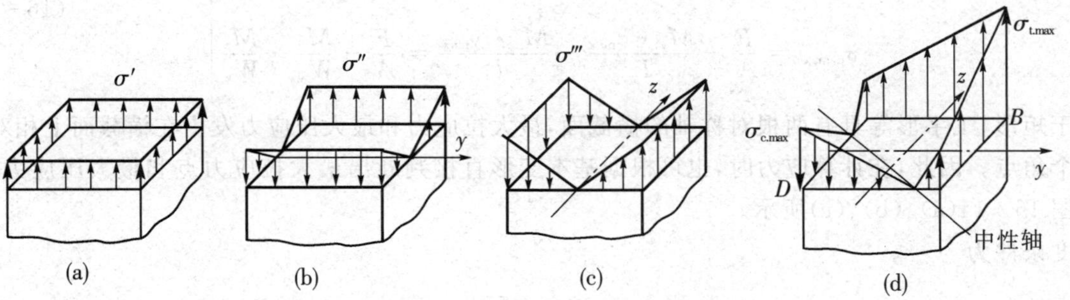

图 16－14

将三项应力相叠加，即得总应力

$$\sigma=\sigma'+\sigma''+\sigma'''=\frac{F_N}{A}+\frac{M_y\cdot z}{I_y}+\frac{M_z\cdot y}{I_z} \tag{16-11a}$$

或

$$\sigma=\frac{F}{A}+\frac{Fz_F\cdot z}{I_y}+\frac{Fy_F\cdot y}{I_z} \tag{16-11b}$$

叠加后横截面上的应力分布规律如图 16－14(d)所示。

现在来讨论中性轴的位置。将(16－11b)改写为

$$\sigma=\frac{F}{A}\left(1+\frac{z_F\cdot z}{I_y/A}+\frac{y_F\cdot y}{I_z/A}\right) \tag{d}$$

引入惯性半径

$$i_y=\sqrt{\frac{I_y}{A}},i_z=\sqrt{\frac{I_z}{A}} \tag{e}$$

则(d)改写为

$$\sigma=\frac{F}{A}\left(1+\frac{z_F\cdot z}{i_y^2}+\frac{y_F\cdot y}{i_z^2}\right) \tag{f}$$

设中性轴上的坐标为 z_0,y_0。因为中性轴上各点的应力等于零,故得到中性轴的方程

$$1+\frac{z_F\cdot z_0}{i_y^2}+\frac{y_F\cdot y_0}{i_z^2}=0 \tag{16-12}$$

可见,中性轴是一条不过横截面形心的直线,如图 16-14(d)所示。中性轴在 y 轴和 z 轴上的截距分别为

$$\left.\begin{aligned}a_y&=-\frac{i_z^2}{y_F}\\a_z&=-\frac{i_y^2}{z_F}\end{aligned}\right\} \tag{16-13}$$

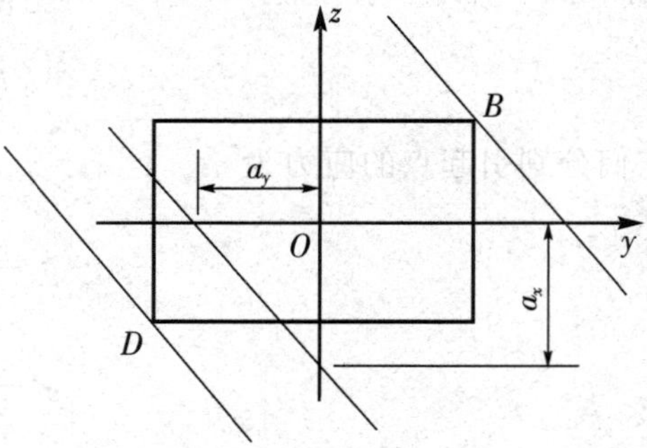

图 16-15

作两条平行于中性轴的直线与横截面相切,如图 16-15 所示。B 点有最大拉应力 $\sigma_{t,max}$,在 D 点有最大压应力 $\sigma_{c,max}$,其值为

$$\left.\begin{aligned}\sigma_{t,max}&=\frac{F}{A}+\frac{M_y\cdot z_{max}}{I_y}+\frac{M_z\cdot y_{max}}{I_z}=\frac{F}{A}+\frac{M_y}{W_y}+\frac{M_z}{W_z}\\\sigma_{c,max}&=\frac{F}{A}-\frac{M_y\cdot z_{max}}{I_y}-\frac{M_z\cdot y_{max}}{I_z}=\frac{F}{A}-\frac{M_y}{W_y}-\frac{M_z}{W_z}\end{aligned}\right\} \tag{16-14}$$

对于矩形、工字形等具有两根对称轴的横截面,最大拉应力和最大压应力发生在横截面上相对的两个角点。因此,在计算应力时,也可根据基本变形直接判断出最大拉应力点和最大压应力点,如图 16-14(a)、(b)、(c)所示。

强度条件为

$$\sigma_{t,max}\leqslant[\sigma_t] \tag{16-15a}$$

$$\sigma_{c,max}\leqslant[\sigma_c] \tag{16-15b}$$

【例 16-5】 图 16-16 所示矩形截面柱,已知 $F_1=60$ kN,$F_2=10$ kN,偏心距 $e=3$ cm,横截面的 $b=120$ mm,$h=200$ mm,柱高 $H=1$ m。求柱底截面的最大压应力。

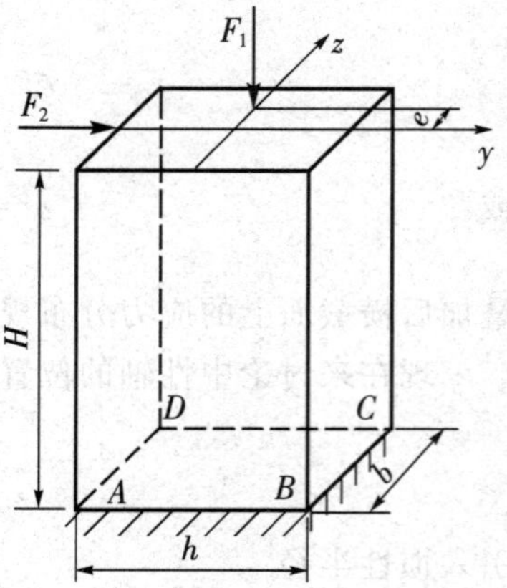

图 16-16

【解】 (1) 柱底截面的内力为

轴向压力

$$F_N=F_1=60\ \text{kN}$$

绕 y 轴的弯矩

$$M_y=F_1e=60\ \text{kN}\times0.03\ \text{m}=1.8\ \text{kN}\cdot\text{m}$$

绕 z 轴的弯矩

$$M_z=F_2H=10\ \text{kN}\times1\ \text{m}=10\ \text{kN}\cdot\text{m}$$

(2)应力计算

因为柱的横截面为矩形,所以根据直接观察可以看出,F_N,

M_y 和 M_z 都将在柱底截面的 C 点产生相应的最大压应力，故在叠加后 C 点是危险点，将产生最大压应力，其值为

$$\sigma_{c,\max}=\frac{F_N}{A}+\frac{M_y}{W_y}+\frac{M_z}{W_z}=\frac{F_N}{bh}+\frac{M_y}{hb^2/6}+\frac{M_z}{bh^2/6}$$

$$=\frac{60\times10^3\ \text{N}}{0.12\ \text{m}\times0.2\ \text{m}}+\frac{1.8\times10^3\ \text{N}\cdot\text{m}}{0.2\ \text{m}\times0.12^2\ \text{m}^2/6}+\frac{10\times10^3\ \text{N}\cdot\text{m}}{0.12\ \text{m}\times0.2^2\ \text{m}^2/6}$$

$$=18750\times10^3\ \text{N/m}^2=18.75\ \text{MPa}$$

16.4.2 截面核心

当杆件偏心受压时，横截面上的中性轴是一条不通过截面形心的直线，将横截面一分为二，一边是受拉区域，另一边是受压区域。且中性轴的位置与偏心压力的位置有关，偏心压力作用点离截面形心越近，中性轴离形心就越远。当偏心压力作用在形心附近某一特定区域的边界上时，中性轴将与截面周边相切，此时横截面上只有压应力出现，而无拉应力，这一区域称为截面核心。如图 16－17 所示。

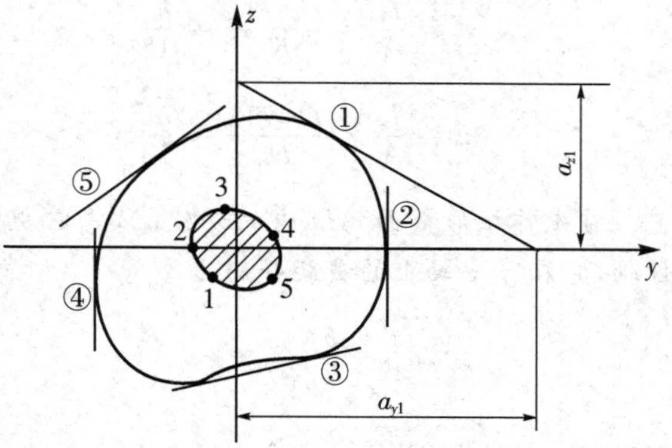

图 16－17

在工程中，有一些材料的抗压性能好而抗拉性能差，例如砖、石、混凝土等。这些材料适宜作为受压构件的材料，但由于材料的抗拉性能较差，所以在使用时最好不要在构件的截面上产生拉应力，即偏心压力应作用在截面核心的区域内。

根据偏心拉压时中性轴公式的截距形式(16－13 式)，可得确定截面核心边界的公式

$$\left.\begin{aligned}y_F&=-\frac{i_z^2}{a_y}\\z_F&=-\frac{i_y^2}{a_z}\end{aligned}\right\}\qquad(16-16)$$

即在计算时先假定中性轴与截面周边相切，再利用(16－16)式计算出与中性轴相应的偏心压力作用点的位置。下面通过例子来具体说明计算过程。

【例 16－6】 求图 16－18 所示直径为 d 的圆截面的截面核心。

【解】 圆截面的

$$i_y^2=i_z^2=\frac{I_z}{A}=\frac{\frac{\pi d^4}{64}}{\frac{\pi d^2}{4}}=\frac{d^2}{16}$$

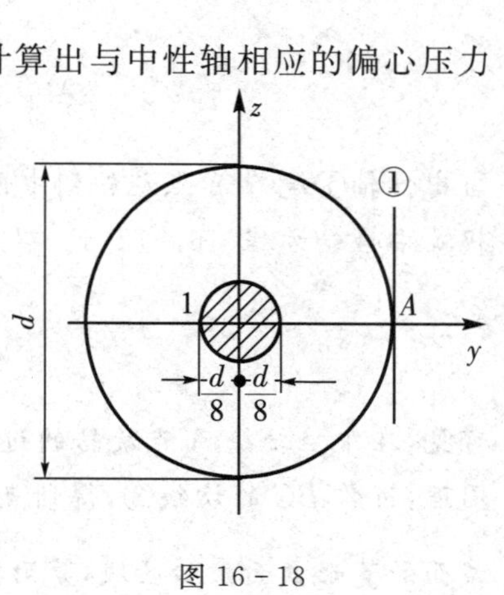

图 16－18

过 B 点作作圆周的切线①，将其视为中性轴，它在形心坐标轴 y,z 上的截距为

$$a_{y1}=\frac{d}{2},a_{z1}=\infty$$

利用(16-16)式，有

$$y_{F1}=-\frac{i_z^2}{a_{y1}}=-\frac{d^2/16}{d/2}=-\frac{d}{8},z_{F1}=-\frac{i_z^2}{a_{z1}}=0$$

即为偏心压力作用点1的坐标。由于圆截面关于圆心是极对称的，因此截面核心边界也应该是极对称的，所以圆截面的截面核心是一个半径为$\frac{d}{8}$的圆。

【例16-7】 试求图16-19所示矩形截面的截面核心。

【解】 矩形截面的

$$i_y^2=\frac{I_y}{A}=\frac{bh^3/12}{bh}=\frac{h^2}{12}$$

$$i_z^2=\frac{I_z}{A}=\frac{hb^3/12}{bh}=\frac{b^2}{12}$$

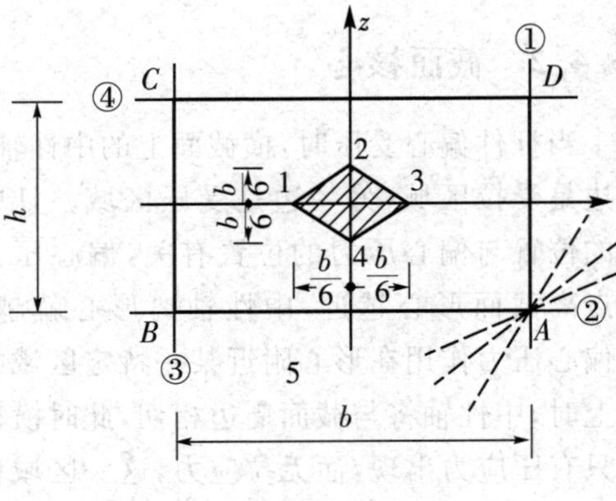

图16-19

首先作矩形截面AD边的切线①，将它视为中性轴，它在y,z轴上的截距分别为

$$a_{y1}=\frac{b}{2},a_{z1}=\infty$$

利用(16-16)式，得偏心压力作用点1的坐标。

$$y_{F1}=-\frac{i_z^2}{a_{y1}}=-\frac{b^2/12}{b/2}=-\frac{b}{6},z_{F1}=-\frac{i_z^2}{a_{z1}}=0$$

再作矩形截面AD边的切线②，将它视为另一根中性轴，它在y,z轴上的截距分别为

$$a_{y2}=\infty,a_{z2}=-\frac{h}{2}$$

同理，利用(16-16)式，得偏心压力作用点2的坐标

$$y_{F2}=-\frac{i_z^2}{a_{y2}}=0,z_{F2}=-\frac{i_y^2}{a_{z1}}=-\frac{h^2/12}{-h/2}=\frac{h}{6}$$

当中性轴①绕着A点旋转到中性轴②的时候，有无数条中性轴通过A点，将A点的坐标y_A,z_A代入中性轴方程(16-12)式，得

$$1+\frac{z_F\cdot z_A}{i_y^2}+\frac{y_F\cdot y_A}{i_z^2}=0$$

可见，在中性轴绕A点旋转的过程中，偏心力作用点移动的轨迹是一条从点1到点2的直线。同理，可作BC的切线③，得到点3。作CD的切线④，得到点4。将各点用直线相连，得到矩形截面的菱形截面核心区域，菱形对角线的长度分别为$\frac{h}{3}$和$\frac{b}{3}$。

16.5 弯曲与扭转

在工程中有一些构件同时受到弯曲和扭转的作用。例如机械中的传动轴、房屋中的雨篷梁等。现以图 16-20(a)所示的处于水平面内的曲拐为例，来说明弯曲与扭转组合变形强度计算的步骤。曲拐的 AB 段为等截面圆杆，A 端固定，BC 段为一与 AB 垂直的刚臂，在 C 端作用有铅垂向下的集中荷载。

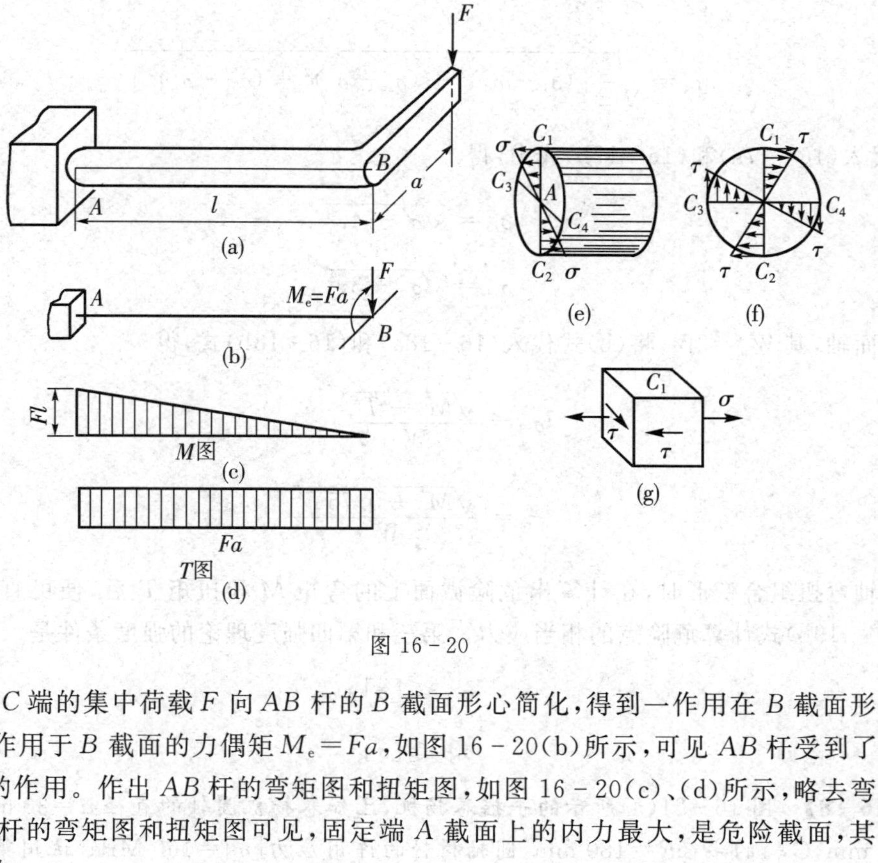

图 16-20

首先将 C 端的集中荷载 F 向 AB 杆的 B 截面形心简化，得到一作用在 B 截面形心的横向力 F 和一个作用于 B 截面的力偶矩 $M_e = Fa$，如图 16-20(b)所示，可见 AB 杆受到了弯曲与扭转组合变形的作用。作出 AB 杆的弯矩图和扭矩图，如图 16-20(c)、(d)所示，略去弯曲剪力的影响，由 AB 杆的弯矩图和扭矩图可见，固定端 A 截面上的内力最大，是危险截面，其最大弯矩和最大扭矩为

$$M = Fl, T = Fa \tag{a}$$

危险截面上的弯曲正应力和扭转切应力分布规律如图 16-20(e)和(f)所示，可见在危险截面上的 C_1 和 C_2 点分别有最大弯曲拉应力和最大弯曲压应力，同时这两点还伴有最大切应力，对于用拉压性能相同的塑性材料制成的轴，C_1 和 C_2 点的危险程度相同，取 C_1 点进行计算即可，C_1 点的最大拉应力和最大切应力为

$$\sigma = \frac{M}{W}, \tau = \frac{T}{W_p} \tag{b}$$

由于 C_1 点处于平面应力状态，如图 16-20(g)所示，应利用强度理论来校核强度，其主应力为

$$\left.\begin{aligned}\sigma_1 &= \frac{\sigma}{2}+\sqrt{\left(\frac{\sigma}{2}\right)^2+\tau^2}\\ \sigma_3 &= \frac{\sigma}{2}-\sqrt{\left(\frac{\sigma}{2}\right)^2+\tau^2}\end{aligned}\right\}\tag{c}$$

另一个主应力 $\sigma_2=0$。工程中的轴一般采用塑性材料制成,所以应采用第三或第四强度理论来建立强度条件,其相应的相当应力为

$$\sigma_{r3}=\sigma_1-\sigma_3 \tag{16-17a}$$

$$\sigma_{r4}=\sqrt{\frac{1}{2}[(\sigma_1-\sigma_2)^2+(\sigma_2-\sigma_3)^2+(\sigma_3-\sigma_1)^2]} \tag{16-17b}$$

将(c)式代入(16-17a)和(16-17b)式中,得

$$\sigma_{r3}=\sqrt{\sigma^2+4\tau^2} \tag{16-18a}$$

$$\sigma_{r4}=\sqrt{\sigma^2+3\tau^2} \tag{16-18b}$$

对于圆截面轴,其 $W_p=2W$,将(b)式代入(16-18a)和(16-18b)式,得

$$\sigma_{r3}=\frac{\sqrt{M^2+T^2}}{W} \tag{16-19a}$$

$$\sigma_{r3}=\frac{\sqrt{M^2+0.75T^2}}{W} \tag{16-19b}$$

这样在圆轴弯扭组合变形时,在计算出危险截面上的弯矩 M 和扭矩 T 后,便可直接利用(16-19a)和(16-19b)式计算危险点的相当应力。第三和第四强度理论的强度条件是

$$\sigma_{r3}\leqslant[\sigma] \tag{16-20a}$$

$$\sigma_{r4}\leqslant[\sigma] \tag{16-20b}$$

【例 16-8】 图 16-21(a)所示的手摇卷扬机,已知卷扬机圆轴的直径 $d=30$ mm,圆轴的长度 $l=800$ mm,C 轮的半径 $R=180$ mm,圆轴材料的许用应力 $[\sigma]=160$ MPa,试用第三强度理论确定卷扬机的最大起重量 G。

【解】 (1)计算危险截面的内力

将外力向圆轴 AB 的轴线简化,得到作用于 C 截面的横向力 G、扭转力偶矩 $M_{eC}=GR$ 和作用于 A 处的扭转力偶矩 M_{eA},这里忽略了作用在摇把上的力 F 到支承 A 的距离。简化后圆轴的受力如图 16-21(b)所示。画出 AB 轴的扭矩图(图 16-21(c))和弯矩图(图 16-21(d)),可见在 C 截面的左侧有最大弯矩和最大扭矩,为危险截面。

最大弯矩 $M_C=\dfrac{Gl}{4}=\dfrac{G\times 800\times 10^{-3}\text{ m}}{4}=0.2G(\text{N}\cdot\text{m})$

最大扭矩 $T_C=M_{eC}=GR=G\times 180\times 10^{-3}\text{ m}=0.18G(\text{N}\cdot\text{m})$

(2)强度计算

利用第三强度理论,将危险截面上的弯矩 M_C 和扭矩 T_C 代入(16-19a)式中,得

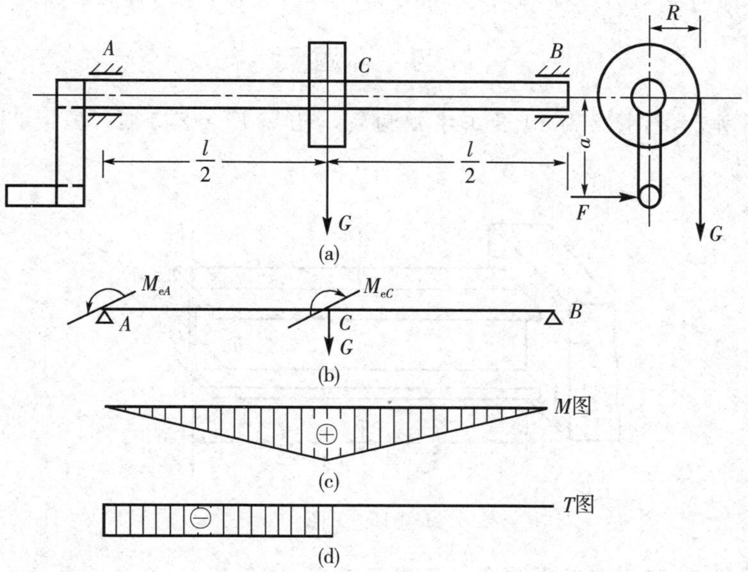

图 16-21

$$\sigma_{r3} = \frac{\sqrt{M^2 + T^2}}{W} = \frac{\sqrt{M_C^2 + T_C^2}}{\pi d^3/32} \leqslant [\sigma]$$

代入数据

$$\frac{\sqrt{(0.2G)^2 + (0.18G)^2}\ \mathrm{N \cdot m}}{\pi \times 30 \times 10^{-3}\ \mathrm{m}^3/32} \leqslant 160 \times 10^6\ \mathrm{Pa}$$

解得

$$G \leqslant 1580\ \mathrm{N} = 1.58\ \mathrm{kN}$$

思考题

16—1　何谓组合变形？如何对组合变形的杆件进行强度计算？

16—2　不同截面的悬臂梁受力如图所示，哪些发生平面弯曲？哪些发生斜弯曲？

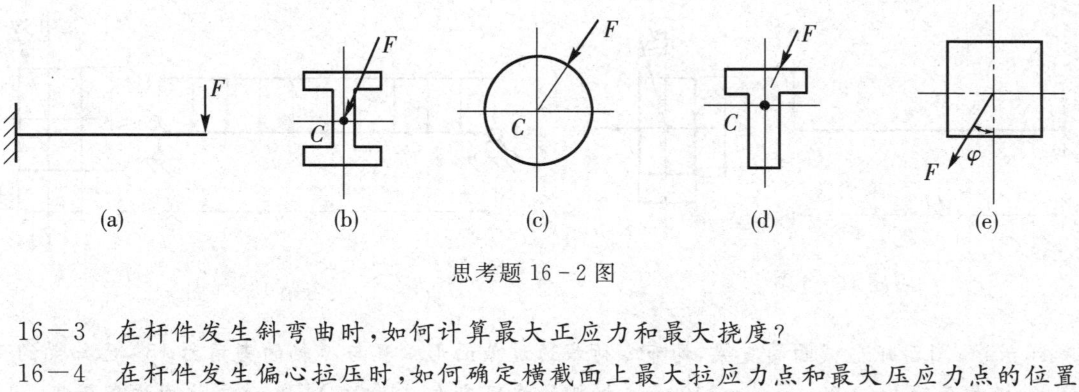

思考题 16-2 图

16—3　在杆件发生斜弯曲时，如何计算最大正应力和最大挠度？

16—4　在杆件发生偏心拉压时，如何确定横截面上最大拉应力点和最大压应力点的位置？

16—5　何谓截面核心？截面核心的概念在工程中有什么应用？

16—6　在杆件受到弯曲和扭转组合变形作用时，如何确定危险截面和危险点的位置？

16—7　如果杆件同时产生了轴向拉压、弯曲和扭转变形，如何对危险点进行强度校核？

习　题

16—1　如图所示，悬臂梁由14号工字钢构成。已知 $F_1=2.5\ \text{kN}$，$F_2=1\ \text{kN}$，$l=0.8\ \text{m}$，试求梁的最大正应力。

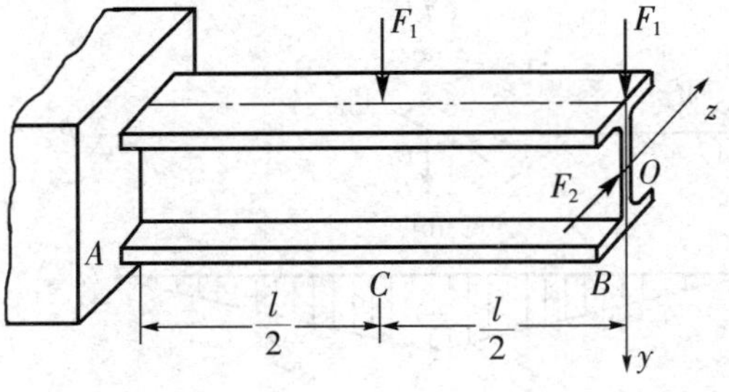

习题 16-1 图

16—2　如图所示，矩形截面木檩条放置在屋面上，檩条长 $l=4\ \text{m}$，受铅垂向下的均布荷载 q 作用，已知木材的许用应力 $[\sigma]=12\ \text{MPa}$，弹性模量 $E=9\ \text{GPa}$，容许挠度为 $\frac{l}{200}$，试校核檩条的强度和刚度。

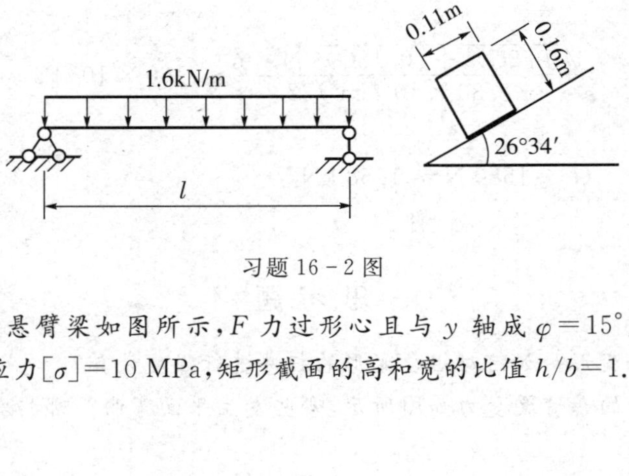

习题 16-2 图

16—3　矩形截面悬臂梁如图所示，F 力过形心且与 y 轴成 $\varphi=15°$ 角，已知 $F=1.2\ \text{kN}$，$l=2\ \text{m}$。材料的许用应力 $[\sigma]=10\ \text{MPa}$，矩形截面的高和宽的比值 $h/b=1.5$，试决定横截面的尺寸 h 和 b。

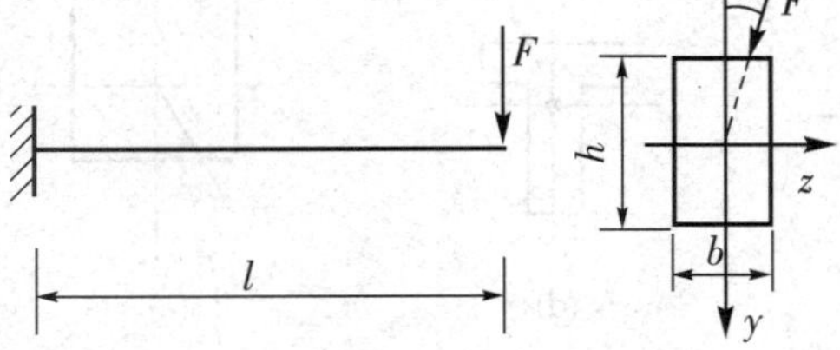

习题 16-3 图

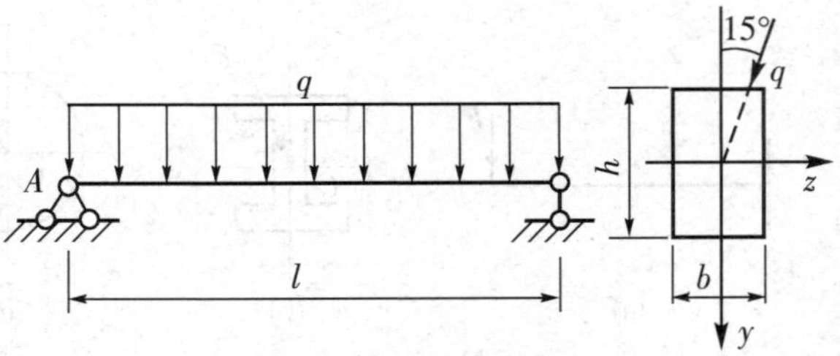

习题 16-4 图

16—4　图示矩形截面简支梁，均布 q 荷载通过截面形心且与 y 轴的夹角为 $15°$，已知梁的跨度 $l=4\ \text{m}$，横截面的 $b=100\ \text{mm}$，$h=150\ \text{mm}$，材料的许用应力 $[\sigma]=10\ \text{MPa}$，试求许用均布荷载 $[q]$。

16—5　图示木制楼梯斜梁，梁的长度 $l=4\ \text{m}$ 横截面的尺寸 $b=0.12\ \text{m}$，$h=0.2\ \text{m}$，铅垂向下

的均布荷载 $q=3\ \mathrm{kN/m}$。试作出梁的轴力图和弯矩图，并求出梁最大拉应力和最大压应力。

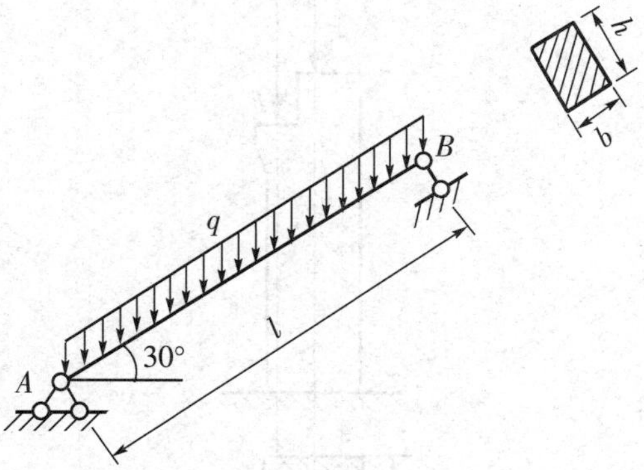

习题 16-5 图

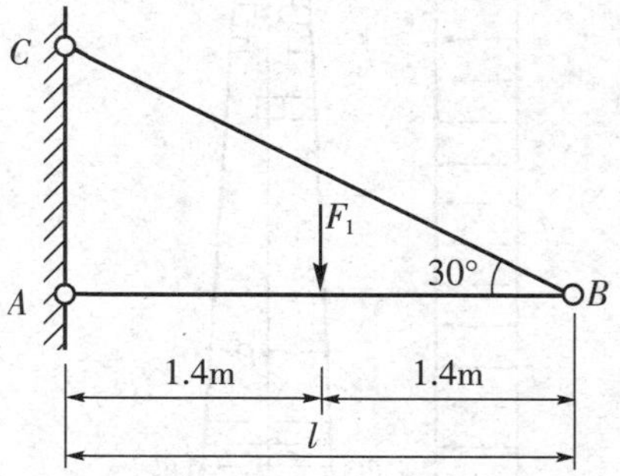

习题 16-6 图

16—6 图示三角架，杆 AB 由 18 号工字钢制成，已知 AB 杆长为 $l=2.8\ \mathrm{m}$，作用在跨中截面的力 $F=30\ \mathrm{kN}$，材料的许用应力$[\sigma]=170\ \mathrm{MPa}$。试校核 AB 杆的强度。

16—7 图示矩形截面受压杆，在中间开一槽口，已知力 $F=8\ \mathrm{kN}$，$b=100\ \mathrm{mm}$，$h=160\ \mathrm{mm}$。试求槽口处 n—n 截面上 A 点和 B 点的正应力。

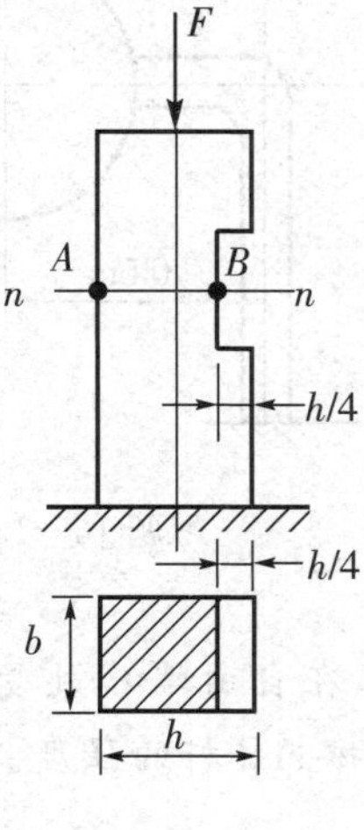

习题 16-7 图

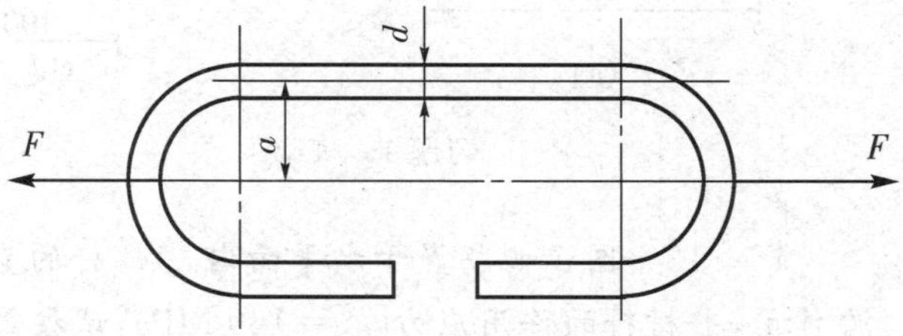

习题 16-8 图

16—8 图示开口链环由直径 $d=20\ \mathrm{mm}$ 的圆钢杆制成，链环两端所受拉力 $F=1.5\ \mathrm{kN}$，$a=30\ \mathrm{mm}$，材料的许用应力$[\sigma]=160\ \mathrm{MPa}$。试校核链环的强度。

16—9 图示砖砌烟囱，高 $h=30\ \mathrm{m}$，自重 $P=2000\ \mathrm{kN}$，底截面 m—m 的外径 $d_1=3\ \mathrm{m}$，内径 $d_2=2\ \mathrm{m}$，受风压力 q 作用，已知材料的$[\sigma_t]=1\ \mathrm{MPa}$，$[\sigma_c]=10\ \mathrm{MPa}$，求许用风压力$[q]$。

16—10 图示矩形截面柱，受压力 F_1 和 F_2 作用，已知 $F_1=100\ \mathrm{kN}$，$F_2=45\ \mathrm{kN}$，F_2 与轴线的偏心距 $e=0.2\ \mathrm{m}$，矩形截面的 $b=0.18\ \mathrm{m}$，$h=0.3\ \mathrm{m}$。试求柱内的最大拉应力和最大压应力。欲使柱的截面上不出现拉应力，截面的高度 h 应等于多少？

16—11 试确定图示各图形的截面核心区域。

16—12 图示路标信号板装在外径 $D=60\ \mathrm{mm}$ 的空心圆柱上，圆形信号板所受的最大风荷载 $p=2\ \mathrm{kN/m^2}$，空心圆柱材料的许用应力$[\sigma]=60\ \mathrm{MPa}$，试按第三强度理论计算空心圆柱所需的厚度。

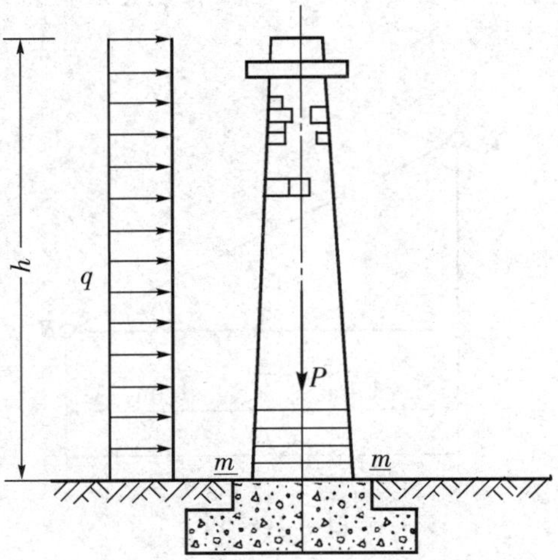

习题 16-9 图

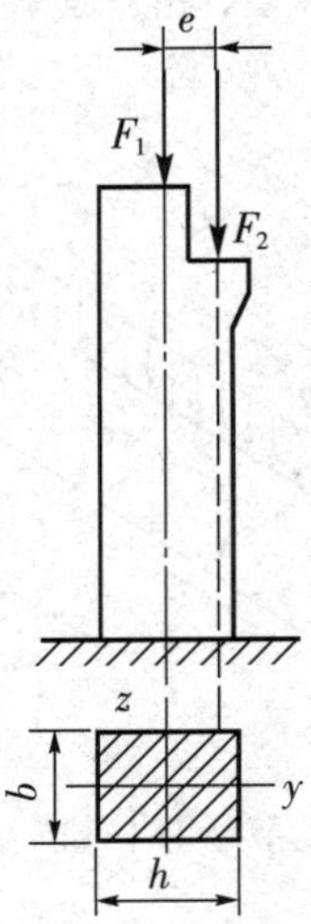

习题 16-10 图

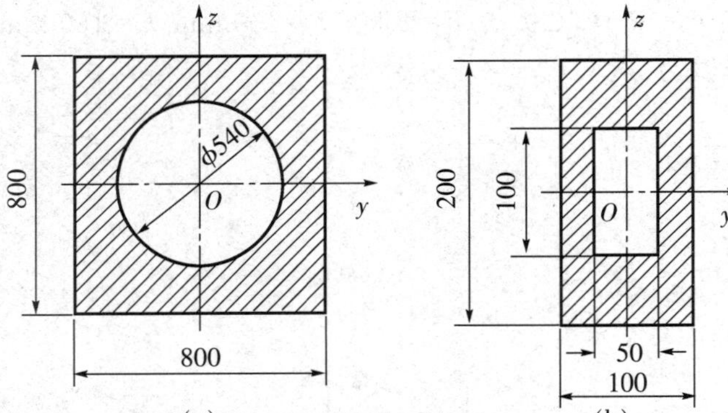

(a) (b)

习题 16-11 图

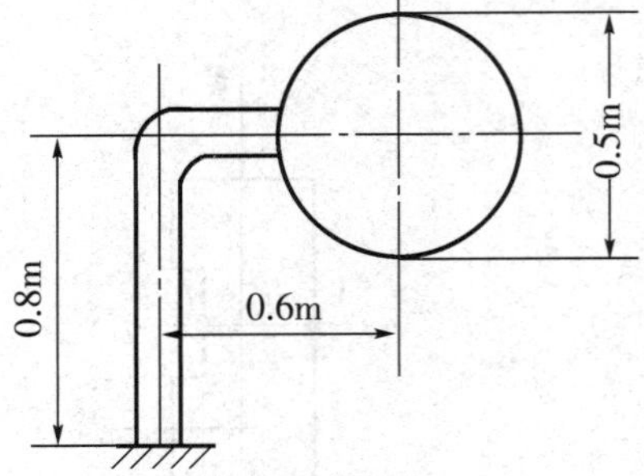

习题 16-12 图

16—13 图示曲拐置于水平面内,AB 杆的直径 $d=50$ mm,在自由端 C 处受铅垂向下的 F 力作用,若材料的许用应力$[\sigma]=160$ MPa,试按第四强度理论校核 AB 杆的强度。

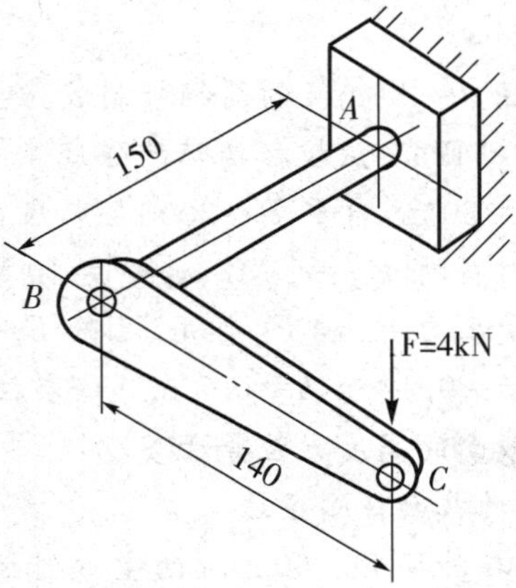

习题 16-13 图

16—14 图示 AB 轴上装有两个轮子，两轮受力如图，轴处于平衡状态，已知 $F_2=3$ kN，两轮的直径 $D_1=1$ m，$D_2=0.6$ m，材料的许用应力$[\sigma]=120$ MPa，试选择轴的直径。

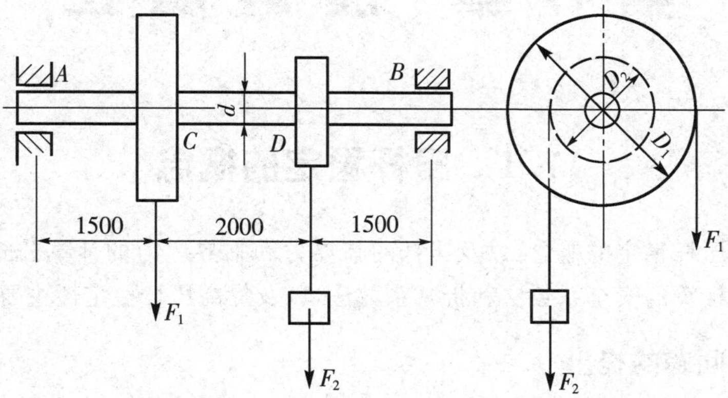

习题 16-14 图

第17章 压杆稳定

17.1 压杆稳定的概念

本章主要介绍压杆稳定的概念，以及压杆的临界力和临界应力的计算公式和适用范围。还介绍了压杆稳定性计算的安全系数法和折减系数法，以及提高压杆稳定性主要措施。

17.1.1 稳定性问题的提出

在轴向拉压问题中，我们从强度的观点出发，认为只要轴向受压杆横截面上的最大正应力不超过材料的许用应力，压杆就能正常工作。工程中发现这种观点对于较为粗短的压杆是正确的，这种粗短杆的破坏是由于强度不足而引起的。但是对于细长的杆件，在轴向压力的作用下，细长压杆横截面上的正应力并没有达到材料的极限应力，有时甚至远远低于材料的比例极限，杆件就会发生突然折弯的破坏现象。这种由于压杆不能维持原有的直线平衡状态而丧失工作能力的现象称为失去稳定，简称失稳。例如，取两根圆截面的直杆，两杆的直径均为 10 mm，材料均为 Q235 钢，材料的比例极限 $\sigma_p=200$ MPa，屈服极限 $\sigma_S=240$ MPa，一根是长为 0.02 m 的短杆，另一根是长为 2 m 的长杆。由轴向压缩试验知，短杆上的轴向压力达到 $F_{N1}=\frac{\pi}{4}\times(10\times10^{-3}\ \text{m})^2\times240\times10^6\ \text{Pa}=18.8\ \text{kN}$，发生屈服破坏。而长杆只能承受 $F_{N2}=240$ N 的轴向压力，此时长杆横截面上的正应力仅有 3.06 MPa，远远小于材料的比例极限。两杆的承载力相差近 70 倍。显然，细长压杆的失稳并不是由于强度不足造成的。

由于压杆的失稳是突然发生的，往往会造成严重的事故。典型事故就是 1907 年加拿大魁北克圣劳伦斯河上的大铁桥，因桁架中的一根受压杆的突然失稳破坏，最后引起了整座大桥的坍塌。

17.1.2 平衡的分类

为了研究压杆的稳定性，我们先来看一个小球平衡的稳定性问题。图 17-1 表示小球的三种平衡状态，当小球处于图 17-1(a)所示位置时，小球 A 保持平衡，若有一微小的干扰力使小球离开平衡位置，则当干扰力消失后，小球经过若干次往复运动后，仍然回到原位置保持平衡，即小球在平衡位置的平衡状态称为稳定的平衡状态。当小球处于图 17-1(b)所示位置时，小球在水平面上位置保持平衡，若有一微小的干扰力使小球离开平衡位置到达新的平衡位置，则当干扰力消失后，小球不能回到原来的平衡位置，将在新位置处保持新的平衡，即小球在原来平衡位置的平衡状态称为随遇平衡状态。当小球处于图 17-1(c)所示位置时，小球在平衡位置保持平衡，若有一微小的干扰力使小球离开平衡位置，则当干扰力消失后，小球将继续下滑，再也不能回到原来的平衡位置，即小球在平衡位置处的平衡称为不稳定的平衡状态。值得注意的是随遇平衡状态是介于稳定平衡状态和不稳定平衡状态之间的一种平衡状态，是从稳定平衡状态过渡到不稳定平衡状态的一种临界平衡状态。

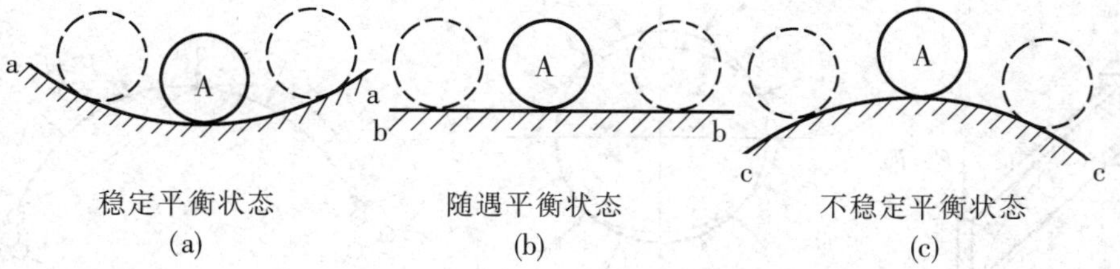

图 17－1

与小球的平衡情况相似，轴向中心受压直杆的平衡状态也有稳定、临界和不稳定之分。如图 17－2 所示轴向中心受压直杆，在轴向力作用下处于直线平衡状态。当轴向压力 F 小于某一特定值 F_{cr}时，若受一个横向干扰力作用，使杆从直线状态变为曲线状态，当干扰撤消后，杆将在直线平衡位置附近左右摆动，最终仍然回到原来的直线平衡状态，如图 17－2(a)所示，即压杆原来的直线平衡状态为稳定的平衡状态。当轴向压力 F 达到某一特定值 F_{cr}时，若受一个横向干扰力作用，使杆从直线状态变为微弯的曲线状态，当干扰撤消后，压杆回不到原来的直线平衡位置，压杆将在原来的直线平衡位置附近保持微弯的曲线状态的平衡，如图 17－2(b)所示，即压杆原来的直线平衡状态为临界平衡状态。当轴向压力 F 超过某一特定值 F_{cr}时，若受一个横向干扰力作用，使杆从直线状态变为微弯的曲线状态，当干扰撤消后，压杆将继续弯曲直到折弯，如图17－2(c)所示，即压杆原来的直线平衡状态为不稳定的平衡状态。压杆处于临界状态时所受的轴向压力 F_{cr}称为临界力。

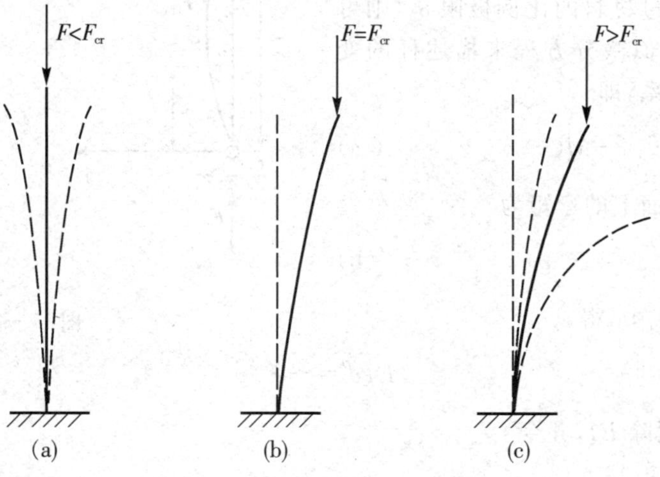

图 17－2

压杆失稳破坏的实质就是压杆失去了保持直线形状稳定平衡状态能力而造成的一种破坏现象。在实际工程中，因为干扰是不可避免的，决不允许压杆处于不稳定的平衡状态。因此作为判断压杆平衡状态指标的临界力 F_{cr}的计算是十分重要的。

工程中除了压杆会产生失稳问题外，还有一些其他形式的构件也存在失稳的问题。例如图 17－3(a)所示的狭长矩形截面悬臂梁，当 $F \geqslant F_{cr}$时，会发生侧向失稳现象。图 17－3(b)所示的薄壁球体，当 $q \geqslant q_{cr}$时，会失稳变为椭球。图 17－3(c)所示的薄壁拱在受压时也可能会发生失稳现象。

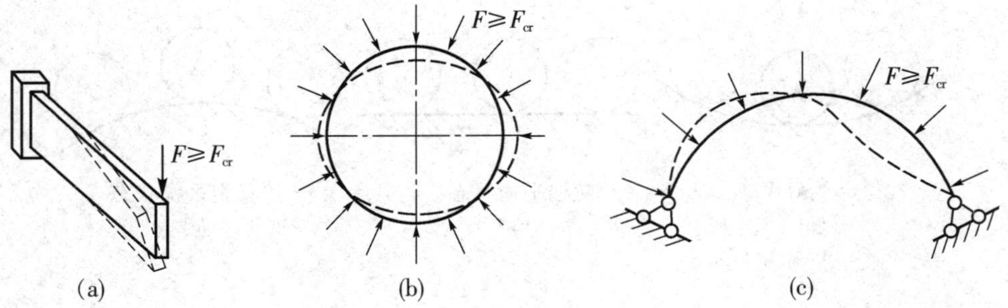

图 17 - 3

17.2 细长压杆的临界力

17.2.1 两端铰支压杆的临界力

为了研究两端铰支压杆的临界力计算，我们取长为 l，两端铰支的细长压杆 AB，在 B 端受轴向压力 F 作用。当 F 达到临界力 F_{cr} 时，即 $F=F_{cr}$，在受到干扰后，细长压杆 AB 处于微弯状态下的临界平衡。如图 17 - 4(a)所示。若杆内的应力不超过材料的比例极限 σ_p，则可以用梁的挠曲线近似微分方程来描述杆的变形和受力之间的关系，即

$$EIv''=-M(x) \tag{a}$$

此时杆的任一横截面上的弯矩为

$$M(x)=F_{cr}v \tag{b}$$

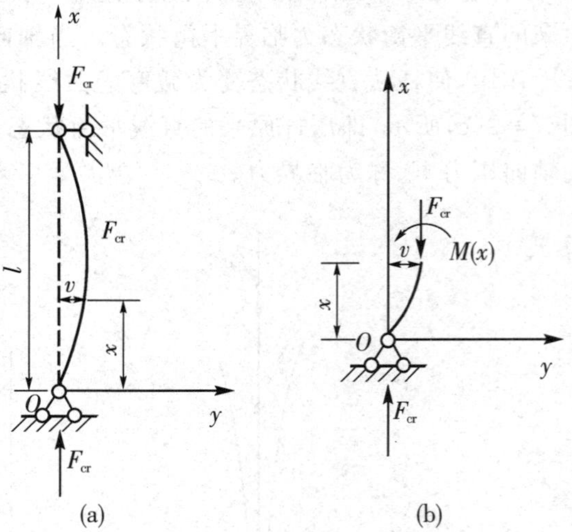

图 17 - 4

将(b)式代入 (a)式中，得

$$EIv''=-F_{cr}v \tag{c}$$

将(c)式左右两边同除 EI，并令

$$\frac{F_{cr}}{EI}=k^2 \tag{d}$$

则(c)式可改写为

$$v''+k^2v=0 \tag{e}$$

这是一个二阶常系数齐次线性微分方程式，它的通解为

$$v=C\sin kx+D\cos kx \tag{f}$$

式中 C,D 和 k 为待定常数，可由杆的边界条件确定。
杆 A 端的边界条件是：$x=0$，$v=0$；将此边界条件代入(f)式中，得

$$D=0$$

此时(f)式变为

$$v=C\sin kx \tag{g}$$

杆 B 端的边界条件是:$x=l,v=0$;将此边界条件代入(g)式中,得

$$C\sin kl=0$$

其中 $C\neq0$。因为如果 $C=0$,则由(g)式可知,$y=0$,这表示杆没有弯曲,此与杆处于微弯的平衡状态的前提不符。因此必须是

$$\sin kl=0$$

故有

$$kl=n\pi \qquad (n=0,1,2,\cdots,n)$$

所以

$$k^2=\frac{n^2\pi^2}{l^2}$$

将(d)式代入上式,得

$$F_{cr}=\frac{n^2\pi^2EI}{l^2} \qquad (n=0,1,2,\cdots,n)$$

式中若 $n=0$,则有 $F_{cr}=0$,这是没有工程意义的结果。因此满足压杆处于临界平衡状态的轴向压力应是 $n=1$ 时的 F_{cr} 值,即

$$F_{cr}=\frac{\pi^2EI}{l^2} \tag{17-1}$$

(17-1)式称为两端铰支细长压杆的临界力计算公式,又称为欧拉公式。式中的 E 为材料的弹性模量,值得注意的是:当压杆各个方向的支承情况相同时,I 为杆横截面的最小惯性矩。即当压杆失稳时,杆件将在抗弯刚度 EI 最小的纵向平面内弯曲。

当 $n=1$ 时,$k=\frac{\pi}{l}$,此时(g)式可写为

$$v=C\sin\frac{\pi x}{l}$$

可见两端铰支细长压杆临界微弯状态时的弹性曲线是一条半波的正弦曲线。当 $x=\frac{l}{2}$时,$C=\delta$,即常数 C 是压杆微弯状态时中点处的位移值。

17.2.2 其他支承情况下细长压杆的临界力

在上节中,我们导出了两端铰支细长压杆的临界力计算公式。可以发现压杆的临界力除了和材料、杆长、杆的横截面有关,还与杆端的约束情况有关。因为杆端的约束情况改变了,边界条件也随之改变,所得的临界力也就具有不同的数值。当杆端约束为其他各种情况时,压杆的临界力计算公式仍可按照上节的方法推出。这里不再一一推导,仅将计算结果列出。如表 17-1

所示。

表 17-1 各种支承约束条件下的等截面细长压杆的临界力计算公式

支承情况	两端铰支	一端嵌固 一端自由	一端嵌固，一端可上、下移动(不能转动)	一端嵌固 一端铰支	一端嵌固，另一端可水平移动但不能转动
弹性曲线形状	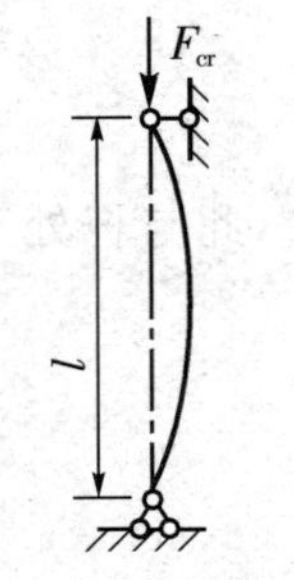	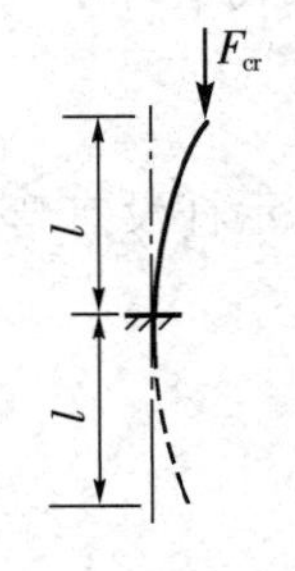	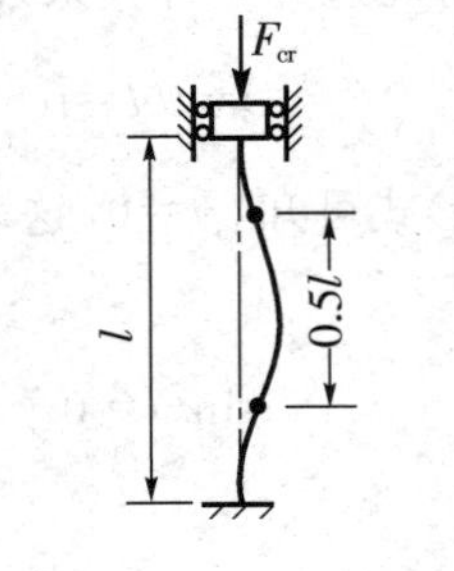	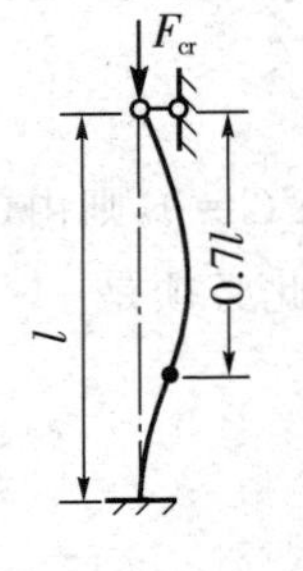	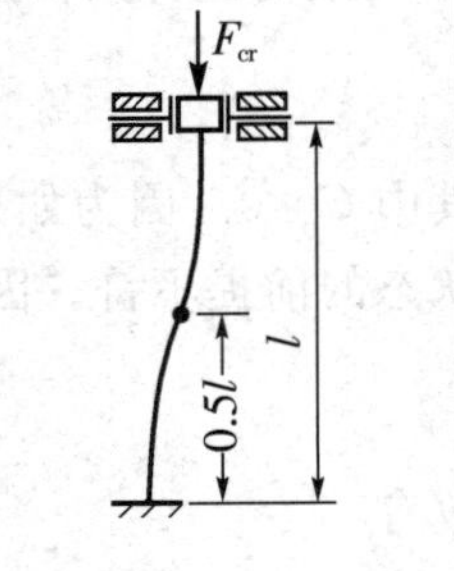
临界力公式	$F_{cr}=\frac{\pi^2 EI}{l^2}$	$F_{cr}=\frac{\pi^2 EI}{(2l)^2}$	$F_{cr}=\frac{\pi^2 EI}{(0.5l)^2}$	$F_{cr}=\frac{\pi^2 EI}{(0.7l)^2}$	$F_{cr}=\frac{\pi^2 EI}{l^2}$
计算长度	l	$2l$	$0.5l$	$0.7l$	l
长度系数	$\mu=1$	$\mu=2$	$\mu=0.5$	$\mu=0.7$	$\mu=1$

从表 17-1 所给的结果可以看出，各种约束情况下的压杆临界力公式相比，只是分母中杆长 l 前面的系数不同，因此，可将各种约束情况下的压杆临界力公式写成统一形式的欧拉公式

$$F_{cr}=\frac{\pi^2 EI}{(\mu l)^2} \tag{17-2}$$

式中 μ 称为长度系数，它反映了杆端约束对临界力的影响。

从表 17-1 中可以看出，各种约束情况下压杆的弹性曲线形状是不同的，但都包含了一个半波的正弦曲线，半波的正弦曲线的长度就是压杆临界力计算公式中的计算长度。

【例 17-1】 图 17-5 所示的细长压杆，两端约束为球铰，杆长 $l=2$ m。材料的弹性模量 $E=200$ GPa，横截面为：(1) 直径 $d=50$ mm 的圆截面；(2)16 号工字钢。试求其临界荷载。

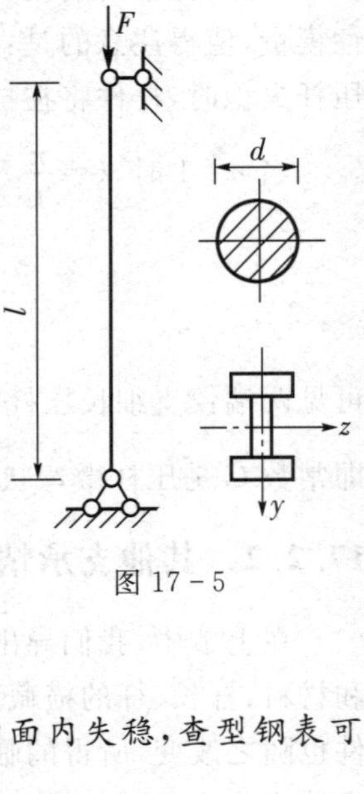

图 17-5

【解】 压杆两端约束为球铰，所以长度系数 $\mu=1$。下面分别计算两种截面杆的临界力。

(1) 圆截面杆

$$F_{cr}=\frac{\pi^2 EI}{(\mu l)^2}=\frac{\pi^2 E(\pi d^4/64)}{(1\times l)^2}$$

$$=\frac{\pi^2\times 200\times 10^9\ \text{Pa}\times(\pi^2\times 50^4\times 10^{-12}\ \text{m}^4/64)}{(2\ \text{m})^2}$$

$$=151.2\times 10^3\ \text{N}=151.3\ \text{kN}$$

(2) 16 号工字钢截面杆

因为工字钢的 $I_y<I_z$，所以取 $I_{min}=I_y$，此时压杆失稳应是绕 y 轴的面内失稳，查型钢表可得：$I_y=93.1\ \text{cm}^4$。

$$F_{cr}=\frac{\pi^2 EI}{(\mu l)^2}=\frac{\pi^2 EI_y}{(\mu l)^2}$$

$$=\frac{\pi^2\times 200\times 10^9\ \text{Pa}\times 93.1\times 10^{-8}\ \text{m}^4}{(2\ \text{m})^2}$$

$$=459\times 10^3\ \text{N}=459\ \text{kN}$$

【例 17-2】 一截面为 120×200 mm 的矩形截面中心受压的细长木柱，长 $l=8$ m。柱的支承情况是：在最大刚度平面内弯曲时为两端铰支（图 17-6(a)）；在最小刚度平面内弯曲时为两端固定（图 17-6(b)）。材料的弹性模量 $E=10$ GPa，试求木柱的临界力。

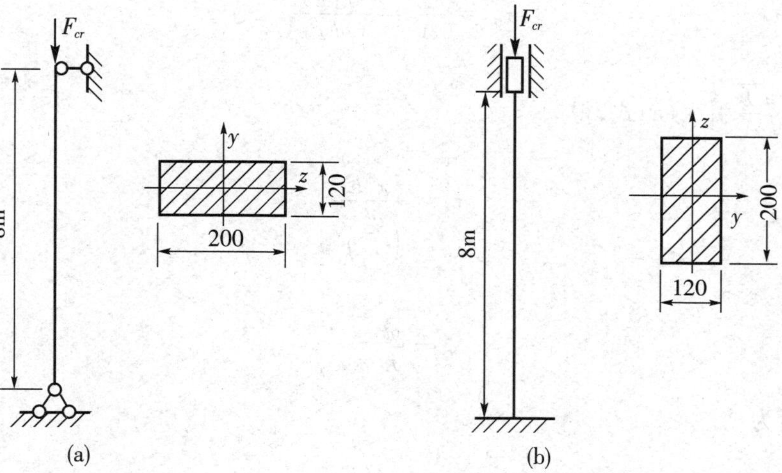

图 17-6

【解】 因为木柱在最大刚度平面和最小刚度平面内弯曲时的支承情况不同，所以需要分别计算两个平面内的临界力。

(1) 计算最大刚度平面内的临界力。压杆在最大刚度平面内失稳时是绕 y 轴弯曲，所以

$$I_y=\frac{120\ \text{mm}\times 200^3\ \text{mm}^3}{12}=8\times 10^7\ \text{mm}^4=8\times 10^{-5}\ \text{m}^4$$

此时压杆的两端为两端铰支，长度系数 $\mu_y=1$，故有

$$F_{cr}=\frac{\pi^2 EI_y}{(\mu_y l)^2}=\frac{\pi^2\times 10\times 10^9\ \text{Pa}\times 8\times 10^{-5}\ \text{m}^4}{(1\times 8\ \text{m})^2}=123\times 10^3\ \text{N}=123\ \text{kN}$$

(2) 计算最小刚度平面内的临界力。压杆在最小刚度平面内失稳时是绕 z 轴弯曲，所以

$$I_z=\frac{200\ \text{mm}\times 120^3\ \text{mm}^3}{12}=2.88\times 10^7\ \text{mm}^4=2.88\times 10^{-5}\ \text{m}^4$$

此时压杆的两端为两端固定，长度系数 $\mu_z=0.5$，故有

$$F_{cr}=\frac{\pi^2 EI_z}{(\mu_z l)^2}=\frac{\pi^2\times 10\times 10^9\ \text{Pa}\times 2.88\times 10^{-5}\ \text{m}^4}{(0.5\times 8\ \text{m})^2}=177\times 10^3\ \text{N}=177\ \text{kN}$$

比较两种情况的计算结果可知，第一种情况的临界力小，所以压杆失稳时将在最大刚度平面内绕 y 轴弯曲。压杆的临界力为 123 kN。此例说明，当压杆在最大刚度平面和最小刚度平面内弯曲

时的支承情况不同时,压杆不一定在最小刚度平面内失稳,必须经过计算才能确定失稳情况。

17.3 临界应力和欧拉公式的适用范围

17.3.1 临界应力

压杆在临界力 F_{cr}作用下处于直线的临界平衡状态时,其横截面上的压应力称为临界应力,用 σ_{cr}表示,即

$$\sigma_{cr}=\frac{F_{cr}}{A}=\frac{\pi^2 EI}{(\mu l)^2 A} \tag{a}$$

把惯性半径 $i=\sqrt{\dfrac{I}{A}}$引入(a)式,得

$$\sigma_{cr}=\frac{\pi^2 E}{\left(\dfrac{\mu l}{i}\right)^2} \tag{b}$$

令

$$\lambda=\frac{\mu l}{i} \tag{17-3}$$

于是,(b)式可写为

$$\sigma_{cr}=\frac{\pi^2 E}{\lambda^2} \tag{17-4}$$

(17-4)式为压杆临界应力的计算公式,该式是欧拉公式的另一种表达形式。式中 λ 是一个无量纲的量,称为柔度或长细比。它综合反映了压杆的长度、横截面尺寸和形状、杆端约束情况对压杆临界应力的影响。λ 大,表示压杆细而长,相应的临界应力就小,压杆越容易失稳;λ 小,表示压杆粗而短,相应的临界应力就大,压杆越不容易失稳。所以柔度 λ 在压杆稳定的计算中是一个很重要的参数。

17.3.2 欧拉公式的适用范围

在推导欧拉公式时,我们利用了梁的挠曲线近似微分方程,而梁的挠曲线近似微分方程在得出过程中利用了胡克定律。这就意味着欧拉公式只能在胡克定律的适用范围内使用,即压杆横截面上的应力不能超过材料的比例极限,即

$$\sigma_{cr}=\frac{\pi^2 E}{\lambda^2}\leqslant \sigma_p \tag{c}$$

或写为

$$\lambda \geqslant \pi\sqrt{\frac{E}{\sigma_p}} \tag{d}$$

令

$$\lambda_p=\pi\sqrt{\frac{E}{\sigma_p}} \tag{e}$$

则(d) 式可写为

$$\lambda \geqslant \lambda_p \tag{17-5}$$

(17-5)式就是用柔度表示的欧拉公式适用范围。只有当压杆的柔度 $\lambda \geqslant \lambda_p$ 时才能使用欧拉公式来计算压杆的临界力和临界应力。$\lambda \geqslant \lambda_p$ 的压杆称为大柔度杆或细长杆。

以 Q235 钢为例，其弹性模量 $E=206$ GPa，比例极限 $\sigma_p=200$ MPa，则由(e)式可得

$$\lambda_p = \pi\sqrt{\frac{E}{\sigma_p}} = \pi\sqrt{\frac{206\times10^9\ \text{Pa}}{200\times10^6\ \text{Pa}}} \approx 100$$

所以，用 Q235 钢制成的压杆，只有当其柔度 $\lambda \geqslant 100$ 时，才能使用(17-2)式和(17-4)式来计算临界力和临界应力。

17.3.3 超出比例极限时的临界应力的计算

当压杆的应力超出比例极限时，材料将处于弹塑性阶段，此时压杆的柔度 $\lambda < \lambda_p$，这类杆件的稳定问题属于弹塑性稳定问题。这类杆件不但有弹性变形，还有塑性变形，此时压杆的临界应力计算从理论上推导较为复杂，目前，工程上多采用以实验为基础的经验公式，常用的经验公式有直线型经验公式和抛物线型经验公式，下面加以介绍。

1. 直线型经验公式

直线型经验公式的表达式为

$$\sigma_{cr} = a - b\lambda \tag{17-6}$$

式中的 a 和 b 是与材料的力学性能有关的常数。表 17-2 给出了一些材料的 a 和 b 的数值。

表 17-2 直线型公式中的常数 a 和 b

材料		a/MPa	b/MPa
Q235 钢	$\sigma_b \geqslant 372$ MPa $\sigma_s \geqslant 235$ MPa	304	1.12
优质钢	$\sigma_b = 470$ MPa $\sigma_s = 306$ MPa	460	2.57
硅钢	$\sigma_b = 510$ MPa $\sigma_s = 353$ MPa	577	3.74
铸铁		332	1.45
铬钼钢		980	5.3
硬铅		372	2.14
松木		39	0.2

图 17-7 表示直线型经验公式与欧拉公式的关系，其中 λ_0 是使用直线型经验公式时的 λ 的最低界限，λ_0 所对应的临界应力为材料的压缩极限应力 σ_u（塑性材料的屈服极限 σ_s 或脆性材料的强度极限 σ_b）。例如对于塑性材料，由于

$$\sigma_{cr} = a - b\lambda \leqslant \sigma_s$$

故

$$\lambda \geqslant \frac{a-\sigma_s}{b}$$

令
$$\lambda_s = \frac{a-\sigma_s}{b} \tag{17-7}$$

以 Q235 号钢为例,从表 17-2 中查得,$a=304$ MPa,$b=1.12$ MPa,$\sigma_s=235$ MPa。将数值代入(17-7)式中,得

$$\lambda_s = \frac{304\ \text{MPa} - 235\ \text{MPa}}{1.12\ \text{MPa}} = 61.6$$

可见,用 Q235 号钢制成的压杆,当 $\lambda \geqslant 100$ 时,用欧拉公式计算临界应力。当 $61.6 \leqslant \lambda \leqslant 100$ 时,用直线型经验公式计算临界应力。当 $\lambda \leqslant 61.6$ 时,压杆发生强度破坏。

图 17-7 为相应的临界应力总图。从图中可见,压杆按其 λ 值被分为三类:

(1)细长压杆(大柔度杆):$\lambda \geqslant \lambda_p$,用欧拉公式计算临界应力。

(2)中长压杆(中柔度杆):$\lambda_s \leqslant \lambda \leqslant \lambda_p$,用直线型经验公式计算临界应力。

(3)粗短压杆(中柔度杆):$\lambda \leqslant \lambda_s$,此时压杆不会失稳,发生强度破坏,$\sigma_{cr}=\sigma_u$。

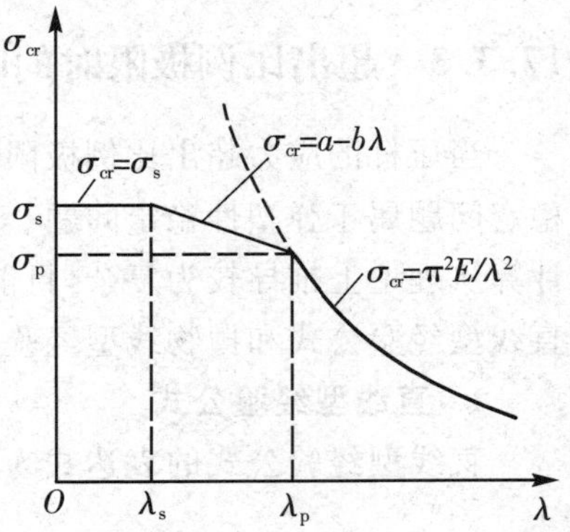

图 17-7

2. 抛物线型经验公式

抛物线型经验公式将非大柔度杆的临界应力表示为

$$\sigma_{cr} = a_1 - b_1\lambda^2 \tag{17-8}$$

式中,a_1 和 b_1 为与材料有关的常数。例如

对 Q235 钢,有

$$\sigma_{cr} = (235 - 0.00668\lambda^2)\ \text{MPa}$$

对 16Mn 钢,有

$$\sigma_{cr} = (345 - 0.0142\lambda^2)\ \text{MPa}$$

图 17-8 是 Q235 钢的抛物线型临界应力总图。图中曲线 ACB 为欧拉公式的双曲线,曲线 DC 为经验公式的抛物线。两条曲线交点 C 的横坐标为 $\lambda_c=123$,纵坐标为 $\sigma_c=134$ MPa。这里是以 $\lambda_c=123$ 而不是以 $\lambda_p=100$ 作为两曲线的分界点。把压杆分为两类:

(1) $\lambda \geqslant \lambda_c$ 的压杆,为细长压杆,用欧拉公式计算其临界应力。

(2) $\lambda < \lambda_c$ 压杆,为非细长压杆,用抛物线型经验公式计算其临界应力。

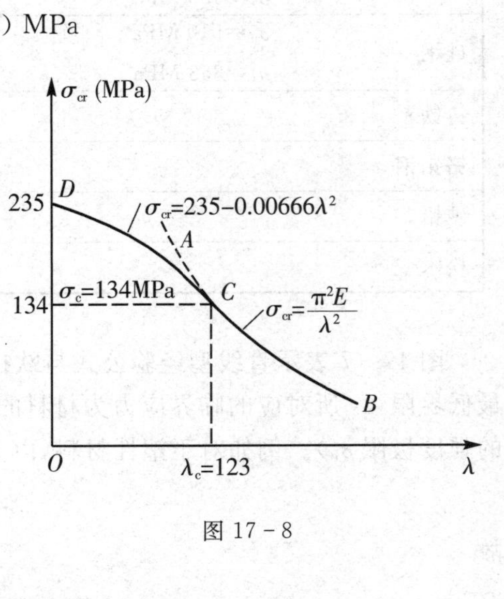

图 17-8

【例 17-3】 三根圆截面压杆的直径均为 $d=160$ mm,材料均为 Q235 钢,$E=206$ GPa,$\sigma_p=200$ MPa,$\sigma_s=235$ MPa。三根杆的两端均为铰支,长度分别为 $l_1=5$ m,$l_2=2.5$ m,$l_3=1.25$ m。试计算各杆的临界力。

【解】 (1)计算各杆的横截面积、惯性矩、惯性半径、λ_p 和 λ_0

$$A=\frac{\pi d^2}{4}=\frac{\pi\times 160^2\times 10^{-6}\ \mathrm{m}^2}{4}=2\times 10^{-2}\ \mathrm{m}^2$$

$$I=\frac{\pi d^4}{64}=\frac{\pi\times 160^4\times 10^{-12}\ \mathrm{m}^4}{64}=3.22\times 10^{-5}\ \mathrm{m}^4$$

$$i=\sqrt{\frac{I}{A}}=\sqrt{\frac{\pi d^4/64}{\pi d^2/4}}=\frac{d}{4}=\frac{160\times 10^{-3}\ \mathrm{m}}{4}=4\times 10^{-2}\ \mathrm{m}$$

$$\lambda_p=\pi\sqrt{\frac{E}{\sigma_p}}=\pi\sqrt{\frac{206\times 10^9\ \mathrm{Pa}}{200\times 10^6\ \mathrm{Pa}}}\approx 100$$

$$\lambda_s=\frac{a-\sigma_s}{b}=\frac{304\ \mathrm{MPa}-235\ \mathrm{MPa}}{1.12\ \mathrm{MPa}}=61.6$$

(3) 计算各杆的临界力

第一根杆：$l_1=5$ m

柔度 $\lambda_1=\frac{\mu l_1}{i}=\frac{1\times 5\ \mathrm{m}}{4\times 10^{-2}\ \mathrm{m}}=125>\lambda_p$

所以，第一根杆是大柔度杆，用欧拉公式来计算临界力。

$$F_{cr}=\frac{\pi^2 EI}{(\mu l_1)^2}=\frac{\pi^2\times 206\times 10^9\ \mathrm{Pa}\times 3.22\times 10^{-5}\ \mathrm{m}^4}{(1\times 5\ \mathrm{m})^2}$$

$$=2618.68\times 10^3\ \mathrm{N}=2618.68\ \mathrm{kN}$$

第二根杆：$l_2=2.5$ m

柔度 $\lambda_2=\frac{\mu l_2}{i}=\frac{1\times 2.5\ \mathrm{m}}{4\times 10^{-2}\ \mathrm{m}}=62.5$

可见 $\lambda_s<\lambda_2<\lambda_p$，所以第二根杆是中柔度杆，用直线型经验公式来计算临界力。

$$\sigma_{cr}=a-b\lambda=304\ \mathrm{MPa}-1.12\ \mathrm{MPa}\times 62.5=234\ \mathrm{MPa}$$

$$F_{cr}=\sigma_{cr}A=234\times 10^6\ \mathrm{Pa}\times 2\times 10^{-2}\ \mathrm{m}^2=4680\times 10^3\ \mathrm{N}=4680\ \mathrm{kN}$$

第三根杆：$l_3=1.25$ m

柔度 $\lambda_3=\frac{\mu l_3}{i}=\frac{1\times 1.25\ \mathrm{m}}{4\times 10^{-2}\ \mathrm{m}}=31.25<\lambda_s$

所以，第三根杆是小柔度杆，应按强度来计算承载力。

$$F_{cr}=\sigma_s A=235\times 10^6\ \mathrm{Pa}\times 2\times 10^{-2}\ \mathrm{m}^2=4800\times 10^3\ \mathrm{N}=4800\ \mathrm{kN}$$

17.4 压杆的稳定计算

17.4.1 压杆稳定计算的安全系数法

为了保证压杆的稳定性，压杆承受的工作压力 F 不仅必须小于压杆的临界力 F_{cr}，而且还要

考虑一定的安全储备,故压杆的稳定条件为

$$F \leqslant \frac{F_{cr}}{n_{st}} = [F_{cr}] \tag{17-9}$$

式中 n_{st} 为压杆的稳定安全系数,它是随柔度 λ 变化的,λ 越大,所取的稳定安全系数 n_{st} 也越大。$[F_{cr}]$为压杆的许用临界力。

稳定条件(17-9)也可用应力来表示,即

$$\sigma = \frac{F}{A} \leqslant \frac{F_{cr}}{An_{st}} = \frac{\sigma_{cr}}{n_{st}} = [\sigma_{cr}] \tag{17-10}$$

式中,σ 为压杆横截面上的工作应力,$[\sigma_{cr}]$为压杆的许用临界应力。

【例 17-4】 图 17-9 所示的两端为球形铰支的压杆,由两根 75 mm×75 mm×8 mm 的角钢构成,杆长 $l=2$ m,材料为 Q235 钢,$E=206$ GPa,稳定安全系数 $n_{st}=2.5$。试求该压杆的许用轴向压力。

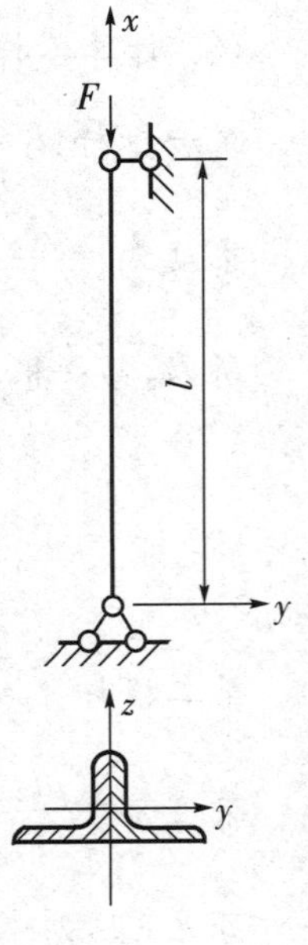

图 17-9

【解】 由于杆的两端为球形铰支,所以压杆失稳时将绕着惯性矩为最小的形心主轴而弯曲。单根 75 mm×75 mm×8 mm 角钢的有关数据

横截面积用 A_1 表示,$A_1=11.503\ \text{cm}^2$。

对 y 轴的惯性矩用 I_{1y} 表示,$I_{1y}=59.96\ \text{cm}^4$,相应的惯性半径 $i_{1y}=2.28$ cm。

对 z 轴的惯性矩用 I_{1z} 表示,$I_{1z}=112.97\ \text{cm}^4$。

对于两根 75 mm×75 mm×8 mm 的角钢构成的组合截面

$A=2A_1=23.006\ \text{cm}^2$,$I_y=2I_{1y}=119.92\ \text{cm}^4$,

$I_z=2I_{1z}=225.94\ \text{cm}^4$

因为 $I_y<I_z$,所以 y 轴为最小的形心主轴,压杆失稳时将绕着 y 轴弯曲。

于是组合截面对 y 轴的惯性半径为

$$i_y = \sqrt{\frac{I_y}{A}} = \sqrt{\frac{2I_{1y}}{2A_1}} = \sqrt{\frac{I_{1y}}{A_1}} = i_{1y} = 2.28\ \text{cm}$$

组合截面压杆的柔度为

$$\lambda_y = \frac{\mu l}{i_y} = \frac{1 \times 2\ \text{m}}{2.28 \times 10^{-2}\ \text{m}} = 87.7$$

而 Q235 钢的 $\lambda_p=100$,$\lambda_s=61.6$,$\lambda_s<\lambda_y<\lambda_p$,所以该压杆为中长杆,使用直线形经验公式计算压杆的临界应力,由表 17-2 知,Q235 钢的 $a=304$ MPa,$b=1.12$ MPa。压杆的临界应力为

$$\sigma_{cr} = a - b\lambda = 304\ \text{MPa} - 1.12\ \text{MPa} \times 87.7 = 205.8\ \text{MPa}$$

组合截面压杆的临界力为

$$F_{cr} = \sigma_{cr}A = 205.87\ \text{MPa} \times 23.006 \times 10^{-4}\ \text{m}^2 = 473.5 \times 10^3\ \text{N} = 473.5\ \text{kN}$$

故压杆的许用压力为

$$[F]=\frac{F_{cr}}{n_{st}}=\frac{473.5\ \text{kN}}{2.5}=189.4\ \text{kN}$$

【例 17-5】 图 17-10 所示结构，各杆均为圆截面杆，直径均为 $d=40$ mm，杆的 $l=1000$ mm。各杆的材料均为 Q235 钢，许用应力 $[\sigma]=160$ MPa，弹性模量 $E=200$ GPa，稳定安全系数 $n_{st}=3$，荷载 $F=100$ kN。试校核该结构的稳定性。

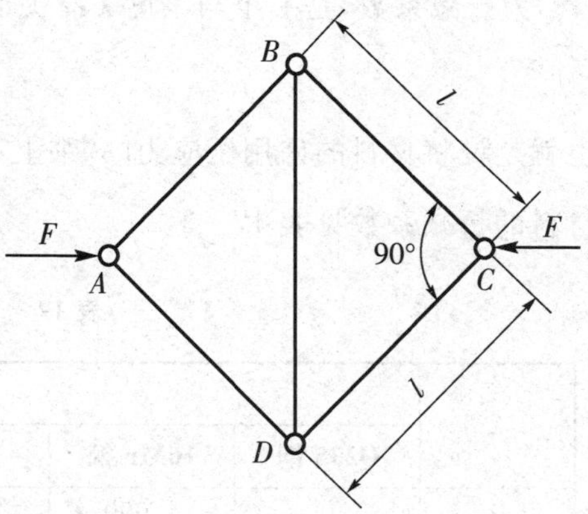

图 17-10

【解】 (1)求各杆的轴力。由静力平衡条件可求得各杆的轴力为

$$F_{NAB}=F_{NAD}=F_{NBC}=F_{NCD}$$

$$=\frac{\sqrt{2}}{2}F=70.71\ \text{kN(压力)}$$

$$F_{NBD}=F=100\ \text{kN(拉力)}$$

(2)稳定性校核

因为压杆 AB,AD,BC 和 CD 相同，只需要校核一根杆的稳定性即可，以压杆 AB 为例。

杆的柔度 $$\lambda=\frac{\mu l}{i}=\frac{\mu l}{d/4}=\frac{1\times1000\ \text{mm}\times4}{40\ \text{mm}}=100$$

对于 Q235 钢，其 $\lambda_p=100$。故压杆为大柔度杆，可用欧拉公式计算其临界力。

$$F_{cr}=\frac{\pi EI}{(\mu l)^2}=\frac{\pi E\cdot\pi d^4/64}{(\mu l)^2}=\frac{\pi\times200\times10^9\ \text{Pa}\times\pi\times0.04^4\ \text{m}^4/64}{1\times1\ \text{m}^2}=248.05\ \text{kN}$$

故 $$F_{NAB}<\frac{F_{cr}}{n_{st}}=\frac{248.05\ \text{kN}}{3}=82.68\ \text{kN}$$

所以该结构是稳定的。

对于拉杆 BD，则应进行强度校核

$$\sigma=\frac{F_{NBD}}{A}=\frac{F_{NBD}}{\pi d^2/4}=\frac{100\times10^3\ \text{N}}{\pi\times0.04^2\ \text{m}^2/4}=79.58\ \text{MPa}<[\sigma]$$

所以拉杆 BD 满足强度条件。

17.4.2 压杆稳定计算的折减系数法

在压杆稳定计算的安全系数法中，许用临界应力为

$$[\sigma_{cr}]=\frac{\sigma_{cr}}{n_{st}}$$

现将上式改写为

$$[\sigma_{cr}]=\frac{\sigma_{cr}}{n_{st}}\times\frac{[\sigma]}{[\sigma]}=\frac{\sigma_{cr}}{n_{st}[\sigma]}\times[\sigma]$$

式中$[\sigma]$为材料的许用压应力，令

$$\varphi=\frac{\sigma_{cr}}{n_{st}[\sigma]}$$

φ 称为折减系数,是一个与柔度 λ 有关的系数,其值小于 1。则许用临界应力又可表示为

$$[\sigma_{cr}]=\varphi[\sigma]$$

也就是说将材料的许用压应力[σ]乘上一个折减系数作为压杆的许用临界应力[σ_{cr}]。几种常见材料的折减系数见表 17-3。

表 17-3 几种常见材料的折减系数

λ	φ			λ	φ		
	Q235 钢	16Mn 钢	木材		Q235 钢	16Mn 钢	木材
0	1.000	1.000	1.000	110	0.536	0.384	0.248
10	0.995	0.993	0.971	120	0.466	0.325	0.208
20	0.981	0.973	0.932	130	0.401	0.279	0.178
30	0.958	0.940	0.883	140	0.349	0.242	0.153
40	0.927	0.895	0.822	150	0.306	0.213	0.133
50	0.888	0.840	0.751	160	0.272	0.188	0.117
60	0.842	0.776	0.668	170	0.243	0.168	0.104
70	0.789	0.705	0.575	180	0.218	0.151	0.093
80	0.731	0.627	0.470	190	0.197	0.136	0.083
90	0.669	0.546	0.370	200	0.180	0.124	0.075
100	0.604	0.462	0.300				

此时,压杆的稳定条件可表示为

$$\sigma=\frac{F_N}{A}\leqslant\varphi[\sigma]$$

【例 17-6】 图 17-11(a)所示结构,$F=15$ kN,BD 杆为正方形截面的木杆,边长 $a=10$ cm,材料的许用应力$[\sigma]=10$ MPa,结构中 $l=2$ m。试校核 BD 杆的稳定性(仅考虑平面内失稳)。

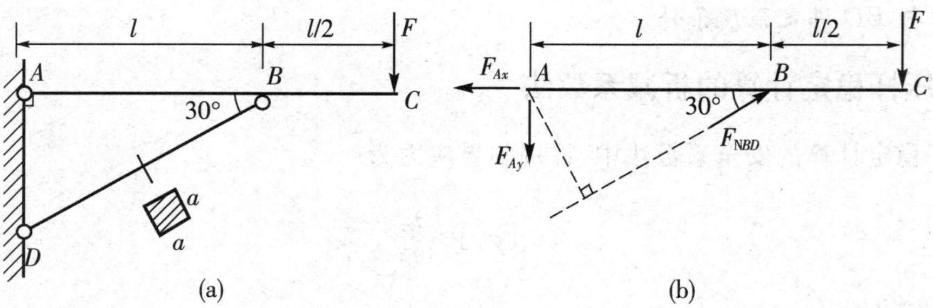

图 17-11

【解】 首先,取 AB 杆为研究对象,受力如图 17-11(b)所示。由静力平衡方程求出 BD 杆所受的压力,即

$$\sum M_A = 0, F_{NBD} \times \frac{l}{2} - F \times \frac{3l}{2} = 0$$

得 $$F_{NBD} = 3F = 45 \text{ kN}$$

然后,进行稳定性计算,即

BD 杆的惯性半径 $$i=\sqrt{\frac{I}{A}}=\sqrt{\frac{a^4/12}{a^2}}=a\sqrt{\frac{1}{12}}$$

BD 杆的柔度 $$\lambda=\frac{\mu l_{BD}}{i}=\frac{\mu \times l/\cos 30^\circ}{a\sqrt{\frac{1}{12}}}=\frac{1\times 2\text{ m}/\cos 30^\circ}{0.1\text{ m}\times\sqrt{\frac{1}{12}}}=80$$

查表得相应折减系数 $$\varphi=0.47$$

BD 杆横截面上的工作应力为 $$\sigma=\frac{F_{NBD}}{A}=\frac{F_{NBD}}{a^2}=\frac{45\text{ kN}}{0.1^2\text{ m}^2}=4.5\text{ MPa}$$

BD 杆的许用临界应力为 $$[\sigma_{cr}]=\varphi[\sigma]=0.47\times 10\text{ MPa}=4.7\text{ MPa}$$

因为 BD 杆 $$\sigma<[\sigma_{cr}]$$

所以满足稳定条件。

【例 17-7】 由两根直径相同的圆杆组成的结构,受铅垂向下荷载 F 作用,如图 17-12(a)所示。杆由 Q235 钢制成,材料的许用应力$[\sigma]=170$ MPa。高度 $h=0.4$ m,杆的直径 $d=20$ mm,求此结构的许用荷载(仅考虑平面内的情况)。

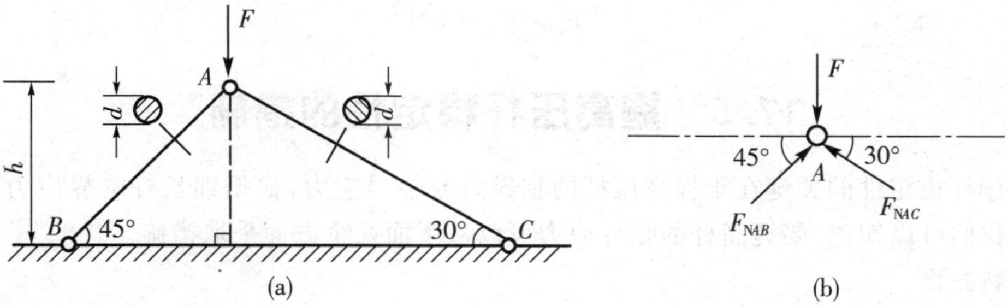

图 17-12

【解】 首先求两根杆所受的轴向压力。取结点 A 为研究对象,受力如图 17-12(b)所示。根据平衡方程

$$\sum F_x = 0, F_{NAB}\cos 45^\circ - F_{NAC}\cos 30^\circ = 0$$

$$\sum F_y = 0, F_{NAB}\sin 45^\circ - F_{NAC}\sin 30^\circ - F = 0$$

解得 $$F_{NAB} = 0.896F, F_{NAC} = 0.732F$$

然后进行稳定计算

两杆的长度分别为 $$l_{AB}=\frac{h}{\sin 45^\circ}=0.566\text{ m}, l_{AC}=\frac{h}{\sin 30^\circ}=0.8\text{ m}$$

两杆的惯性半径均为 $i=\sqrt{\dfrac{I}{A}}=\sqrt{\dfrac{\pi d^4/64}{\pi d^2/4}}=\dfrac{d}{4}=0.005\ \text{m}$

计算各杆的柔度 $\lambda_{AB}=\dfrac{\mu l_{AB}}{i}=\dfrac{1\times 0.556\ \text{m}}{0.005\ \text{m}}=113,\lambda_{AC}=\dfrac{\mu l_{AC}}{i}=\dfrac{1\times 0.8\ \text{m}}{0.005\ \text{m}}=160$

查表得两杆的折减系数为 $\varphi_{AB}=0.515,\varphi_{AC}=0.272$

求许用荷载

AB 杆

$$\frac{F_{NAB}}{A}\leqslant\varphi_{AB}[\sigma]$$

即

$$\frac{0.896F}{d^2/4}\leqslant\varphi_{AB}[\sigma]$$

所以 $F\leqslant\dfrac{(d^2/4)\times\varphi_{AB}[\sigma]}{0.896}=\dfrac{(0.02^2\ \text{m}^2/4)\times 0.515\times 170\ \text{MPa}}{0.896}=9.77\ \text{kN}$

AC 杆

$$\frac{F_{NAC}}{A}\leqslant\varphi_{AC}[\sigma]$$

即

$$\frac{0.732F}{d^2/4}\leqslant\varphi_{AC}[\sigma]$$

所以 $F\leqslant\dfrac{(d^2/4)\times\varphi_{AC}[\sigma]}{0.732}=\dfrac{(0.02^2\ \text{m}^2/4)\times 0.272\times 170\ \text{MPa}}{0.732}=6.32\ \text{kN}$

经比较,此结构的许用荷载为

$$[F]=6.32\ \text{kN}$$

17.5 提高压杆稳定性的措施

提高压杆稳定性的关键在于提高压杆的临界力或临界应力,根据细长杆临界应力计算公式(17-4),我们可以知道,要提高杆的临界应力可以从下面几个方面采取措施。

1. 材料方面

对于 $\lambda\geqslant\lambda_p$ 的细长杆,临界应力 $\sigma_{cr}=\dfrac{\pi^2 E}{\lambda^2}$。杆件材料的弹性模量 E 越大,则压杆的临界应力 σ_{cr} 也越大。所以选用 E 值较大的材料能提高细长压杆的稳定性。由于细长压杆的临界应力与材料的强度无关,在 E 值相同的材料中,就不应该选用高强度的材料。例如普通钢和高强度的合金钢,弹性模量 E 都在 200 GPa 左右,选用高强度的合金钢对提高稳定性用处不大,反而造成浪费。但对于中长杆,临界应力的计算采用的是经验公式,其临界应力与材料的强度有关,高强度钢对提高压杆的稳定性是有利的。

2. 杆件的几何尺寸与横截面形状方面

杆件的几何尺寸与横截面形状对压杆稳定性的影响是通过柔度 $\lambda=\dfrac{\mu l}{i}$ 来实现的。λ 越小,压杆的临界应力就越高。可以通过以下措施来减小杆的柔度。

(1)加强支承,减小长度系数 μ

长度系数 μ 与支承的情况有关。从表 17-1 可见,杆端处的固结程度越高,μ 值就越小。因此，加固杆端处的约束，可以提高压杆的稳定性。

(2)减小压杆的长度

减小压杆的长度是降低压杆柔度 λ，提高压杆稳定性的有效方法之一。在条件允许的情况下，应尽量减小压杆的长度，或在压杆的中间加支撑，如图 17－13 所示。

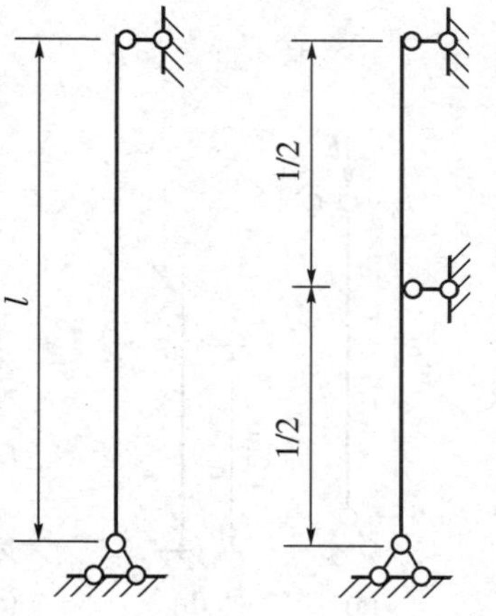

图 17－13

(3)选择合理的横截面形状

在杆的横截面面积相同的情况下，采用合理的截面形状，可以增大惯性矩 I，从而增大惯性半径 i，降低压杆柔度 λ，提高压杆的临界应力。例如在横截面积相同的情况下，空心圆管比实心圆杆更为合理，如图 17－14 所示。

此外，当压杆在各个方向的杆端支承情况相同时，压杆的稳定性是由最小惯性矩 I_{max} 方向的临界力所决定的。所以，此时应尽量使截面对任一形心主轴的惯性矩相等，使杆件在各个方向上具有相同的稳定性。例如，由两根槽钢组合而成的压杆，采用图 17－15(b)的截面要比图 17－15(a)的形式好。

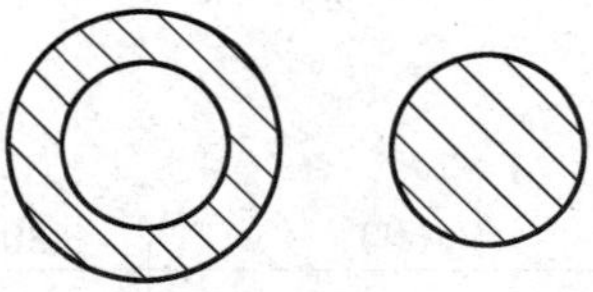

图 17－14

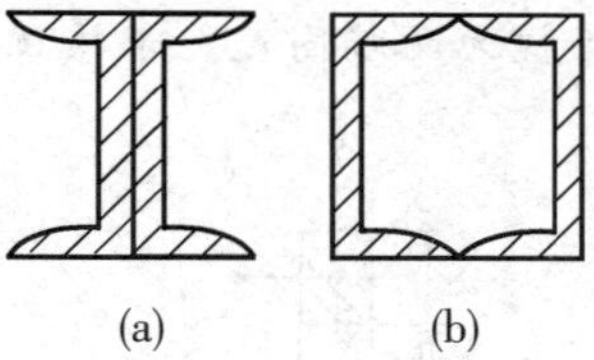

图 17－15

思考题

17－1　何谓失稳？何谓稳定平衡、临界平衡和不稳定平衡？

17－2　杆端约束对细长压杆的临界力有何影响？

17－3　试述压杆柔度的物理意义及其与压杆承载力的关系。根据柔度的大小可将压杆分为哪些类型？

17－4　常用的压杆稳定计算方法有哪些？有何异同？

17－5　提高压杆的稳定性有哪些措施？采用高强度优质钢对提高压杆的稳定性效果如何？

习　题

17－1　图示各杆均为细长压杆，各杆的材料、截面形状和截面面积均相同，试问哪一根杆的临界力最大？哪一根杆的临界力最小？

17－2　两端为球铰的细长压杆，材料的弹性模量 $E=200$ GPa。试求该压杆的临界力。杆的横截面分别为

(1)圆形截面，$d=30$ mm，$l=1.2$ m。

(2)矩形截面，$h=2b=50$ mm，$l=1.2$ m。

(3)No14 工字钢，$l=1.9$ m。

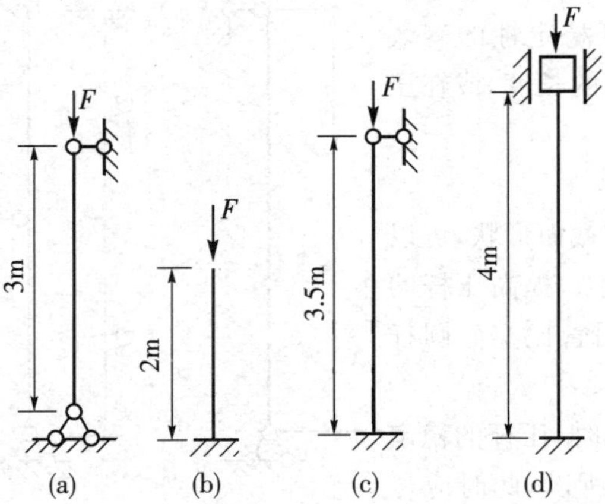

习题 17-1 图

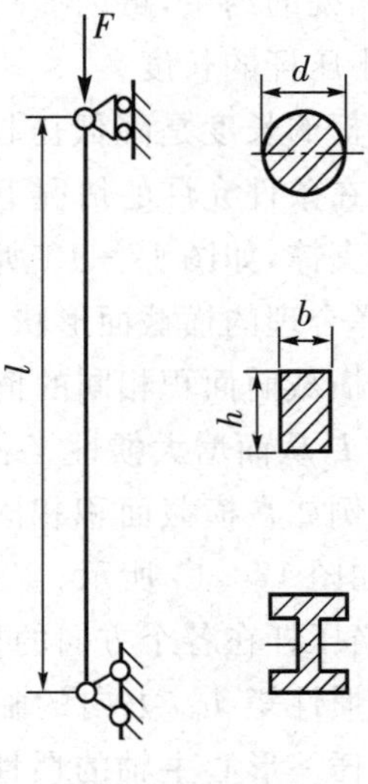

习题 17-2 图

17—3　图示矩形截面压杆，截面尺寸为 $b=40$ mm，$h=60$ mm，杆的长度 $l=2$ m，材料为 Q235 钢，弹性模量 $E=206$ GPa，比例极限 $\sigma_p=200$ MPa。杆在 xz 平面内可视为两端铰支，杆在 xy 平面内可视为两端固定。求该压杆的临界荷载。

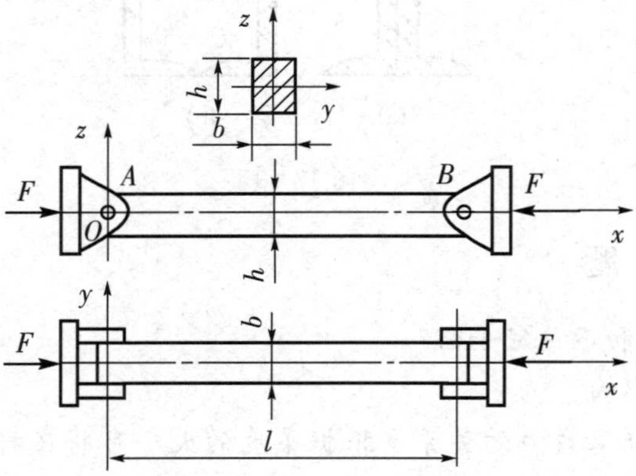

习题 17-3 图

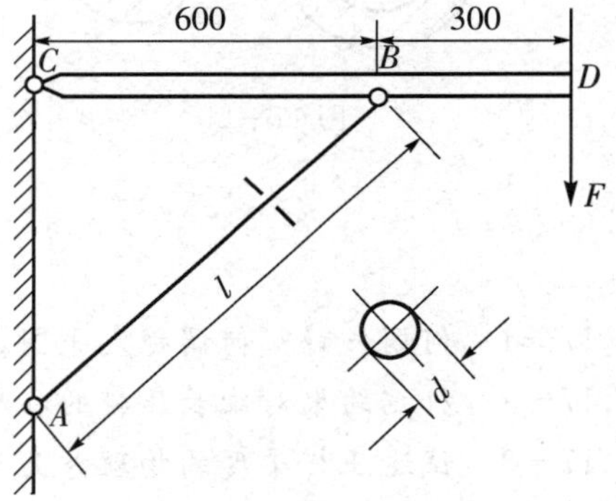

习题 17-4 图

17—4　图示支架，$F=70$ kN，支撑杆 AB 的直径 $d=40$ mm，杆的长度 $l=0.8$ m，材料为 Q235 钢，弹性模量 $E=206$ GPa，比例极限 $\sigma_p=200$ MPa，杆的两端为铰支。稳定安全系数 $n_{st}=2$，试校核支架的稳定性。

17—5　图示结构由两杆构成，BC 杆为两端铰支的圆截面杆，直径 $d=80$ mm，AC 杆为边长为 $a=70$ mm 的正方形截面杆。两杆的材料均为 Q235 钢，弹性模量 $E=210$ GPa，比例极限 $\sigma_p=200$ MPa。两杆可各自独立发生弯曲而互不影响，若该结构的稳定安全系数 $n_{st}=2.5$，试求该结构所能承受的最大安全压力。

17—6　图示三角支架，BC 杆为圆截面钢杆，直径 $d=40$ mm，材料为 Q235 钢，材料的许用应力$[\sigma]=170$ MPa。已知：$F=12$ kN，$a=1$ m。试校核 BC 杆的稳定性。

17—7　图示托架，其支撑杆 AB 为木制圆截面杆，AB 杆的两端为柱形铰。均布荷载 $q=50$ kN/m，木材的强度许用应力$[\sigma]=11$ MPa，试求 AB 的直径 d。

17—8 图示结构中，梁 AC 与支撑杆 CD 均由 Q235 钢制成，AC 的截面为矩形，CD 的截面为圆形，C 和 D 处均为球铰。已知：$d=20$ mm，$b=100$ mm，$h=180$ mm，材料的强度许用应力$[\sigma]=120$ MPa，杆的稳定安全系数 $n_{st}=3$，试确定该结构的最大许用荷载。

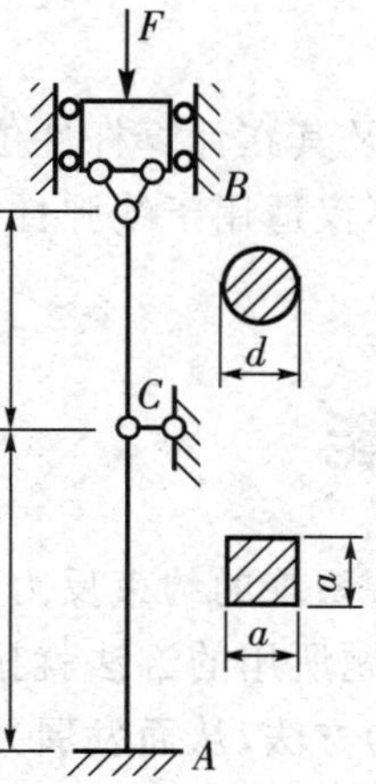

习题 17-5 图

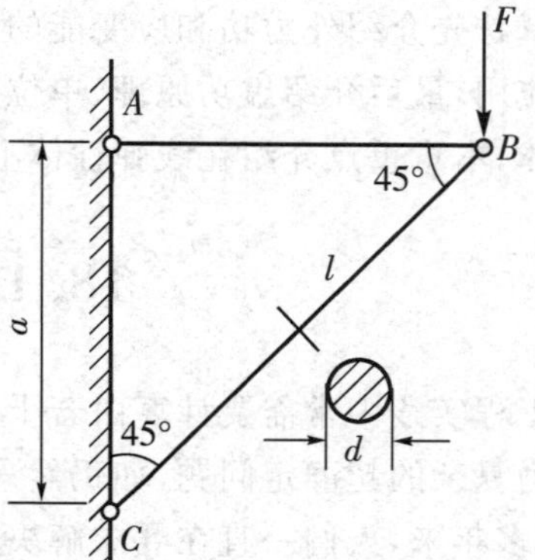

习题 17-6 图

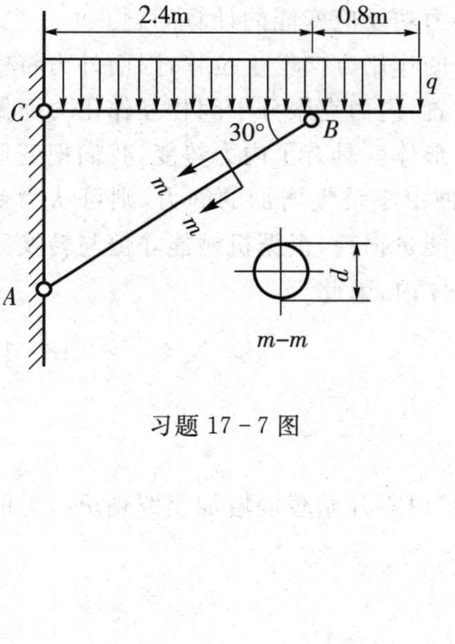

习题 17-7 图

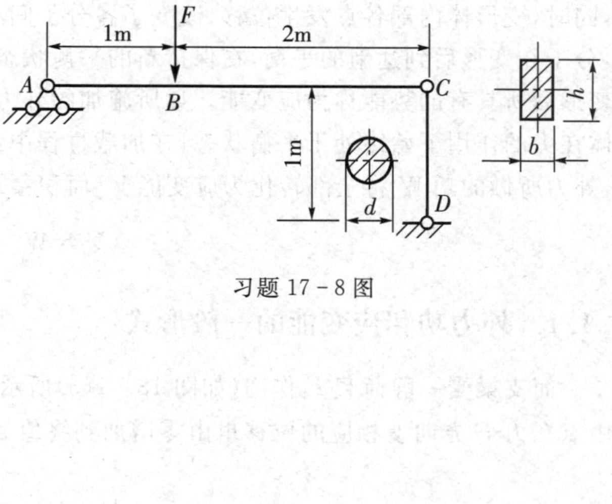

习题 17-8 图

第 18 章 能 量 法

本章首先介绍外力功和应变能的概念，然后介绍卡氏定理及其在计算杆件位移和超静定问题中的应用，最后介绍虚功原理、单位力法及图乘法。能量法不仅适用于线弹性体，也可用于非线弹性体，本章重点介绍在线弹性体上的应用。

18.1 外力功和应变能

在工程实践中常需要计算由若干简单杆件组合而成的杆件系统的约束反力及位移，特别是求解较为复杂的超静定问题，如仍然采用类似于求解梁变形问题所用的方法就显得复杂而又困难，两百多年来，人们一直在寻求解决这类问题的方便而有效的方法，从而发展并完善了用于结构分析的能量法，我们把利用功和能的关系求解变形体的变形、位移、内力或外力的方法称之为能量法。现在这一方法已广泛地应用于结构分析之中，随着近代力学的发展，能量法的地位越来越重要。

在深入研究能量法之前，必须要解决杆件发生变形时外力功及应变能的计算问题。

变形固体受外力作用发生变形时，外力的作用点将沿力的作用方向发生位移，因而外力将做功，同时，变形体内部各点发生位移，改变了各分子间相对位置，内力克服分子间相互作用力而做功，分子在变形后到达新的平衡，在保持新的平衡状态时，变形体就具有了内力势能，我们把变形体变形后所具有的势能称为应变能。如所施加的外力是一种由零缓慢增加的静力，则可认为变形体在力的作用下始终处于平衡状态，在加载过程中认为无能量损耗，根据机械能守恒与转换原理，外力所做的功 W 将全部转化为应变能 V_{ε} 而积蓄在变形体内，因此

$$V_{\varepsilon}=W \qquad (18-1)$$

18.1.1 外力功和应变能的一般形式

一简支梁受一静荷载 F 作用(如图 18-1(a)所示)，当 F 由零开始缓慢增加至终值 F_1，力的作用点在力 F 方向上相应的位移也由零增加到终值 Δ_1。

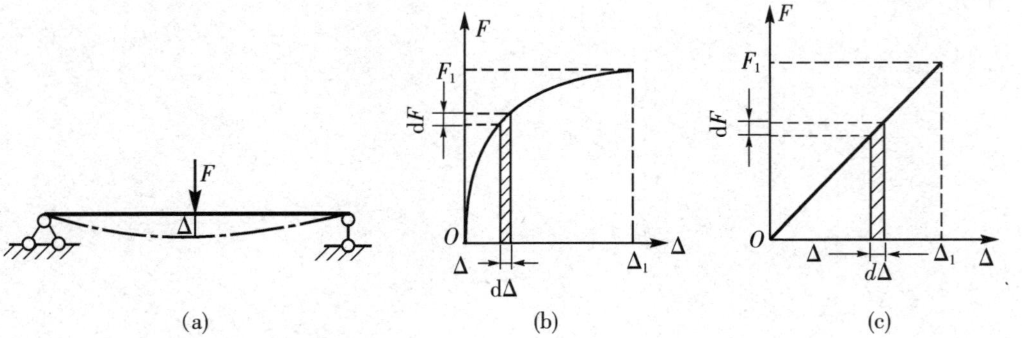

图 18-1

当荷载 F 增加微量 dF 时，位移 Δ 也增加 $d\Delta$，此时外力所做功 $dW=Fd\Delta$，即为图 18－1(b)中阴影部分的面积。在 F 由零到 F_1 的全过程中，荷载所做的总功

$$V_\varepsilon = W = \int_0^{\Delta_1} F d\Delta \tag{18-2}$$

即外力功对应着图 18－1(b)中 $F-\Delta$ 曲线下的曲边三角形面积。

对于材料满足胡克定律，又处于小变形条件，位移 Δ 与荷载 F 之间成线性关系，如图 18－1(c)，所以

$$V_\varepsilon = W = \int_0^{\Delta_1} F d\Delta = \frac{1}{2}F_1\Delta_1 \tag{a}$$

因此，只要力和位移成线性关系，应变能表达式可表示为

$$V_\varepsilon = W = \frac{1}{2}F\Delta \tag{18-3}$$

上式表明，静荷载在线弹性变形体上所做的功等于力的最终值与相应位移的最终值乘积的一半。

式(18－3)中，F 称为广义力，它既可以代表力，也可以代表力偶，Δ 称为广义位移，是与广义力相对应的位移，当广义力代表力时，广义位移代表线位移；广义力代表力偶时，广义位移代表角位移。

如果变形体上作用一组广义力为 $F_1, F_2, \cdots F_n$，与广义力相应的有一组广义位移为 $\Delta_1, \Delta_2, \cdots, \Delta_n$，那么只要 F_i 和 Δ_i 之间成线性关系，变形体的应变能就可用各个广义力所做的功总和来度量

$$V_\varepsilon = W = \sum_{i=1}^{n} \frac{1}{2}F_i\Delta_i \tag{18-4}$$

这一表达式表明应变能等于各个广义力最终值与相应广义位移最终值乘积的一半的总和，而与加力次序无关。

18.1.2 杆件基本变形的应变能

1. 轴向拉压

一等截面直杆受轴向力 F 的作用(如图 18－2(a)所示)。其加载方式是 F 由零逐渐增加至 F，杆件伸长由零逐渐增加到 Δl。

在线弹性范围内，Δl 与 F 成线性关系(如图 18－2(b)所示)。根据式(18－3)，拉(压)杆的应变能为

$$V_\varepsilon = W = \frac{1}{2}F\Delta l \tag{18-5a}$$

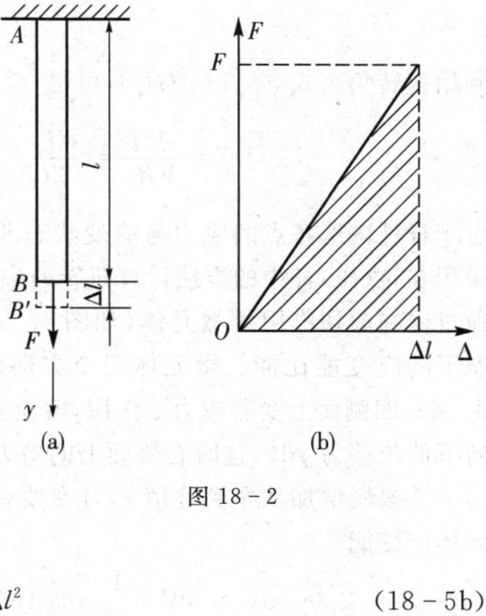

图 18－2

由于杆件内力 $F_N=F$，变形 $\Delta l=F_N l/(EA)$，所以拉压杆的应变能可以用内力或变形表示为

$$V_\varepsilon = \frac{F_N^2 l}{2EA} = \frac{EA}{2l}\Delta l^2 \tag{18-5b}$$

我们把单位体积内的应变能称为应变能比能,由下式定义

$$v_\varepsilon = \frac{dV_\varepsilon}{dV} \tag{18-6}$$

由于等截面直杆在 F 作用下各点的应力与应变状态完全相同,故其应变能比能应等于

$$v_\varepsilon = \frac{V_\varepsilon}{lA} \tag{b}$$

把式(18-5a),(18-5b)分别代入上式,并用 $F_N/A=\sigma,\Delta l/l=\varepsilon$ 代换,得到拉压情况下的应变能比能公式

$$v_\varepsilon = \frac{1}{2}\sigma\varepsilon = \frac{\sigma^2}{2E} = \frac{1}{2}E\varepsilon^2 \tag{18-7}$$

2. 扭转

对于一个两端受外力偶矩 T 作用发生扭转变形的杆件(图 18-3(a))来说,也可按式(18-3)得出其扭转应变能。在线弹性范围内,其应变能在数值上等于扭矩 T 和扭转角 φ 斜直线下的面积(图 18-3(b))。

$$V_\varepsilon = \frac{1}{2}T\varphi \tag{18-8a}$$

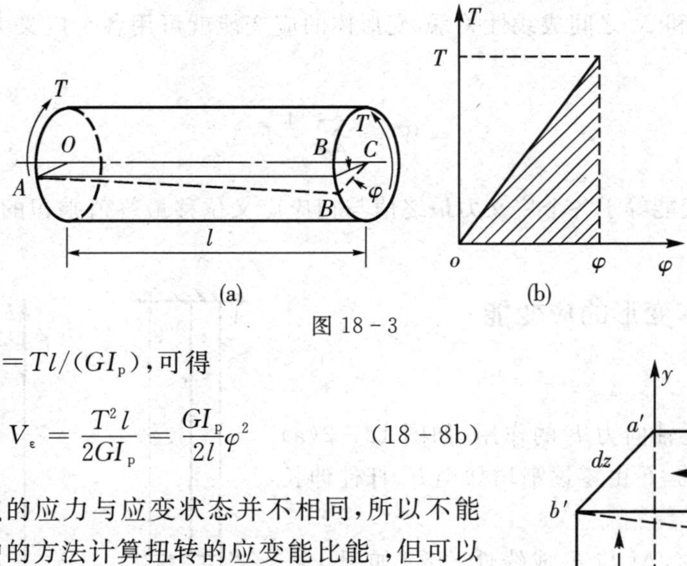

图 18-3

利用扭转角公式 $\varphi = Tl/(GI_p)$,可得

$$V_\varepsilon = \frac{T^2 l}{2GI_p} = \frac{GI_p}{2l}\varphi^2 \tag{18-8b}$$

由于杆件内部各点的应力与应变状态并不相同,所以不能采用在拉(压)杆中的方法计算扭转的应变能比能,但可以通过受纯剪切作用的微元体(如图 18-4),计算纯剪切状态下的应变能比能。微元体三个方向的长度分别为 dx,dy,dz,四侧面上受剪应力 τ 作用,剪应变为 γ,右侧面产生向下的位移为 γdx,这时右侧面上的剪力做功,考虑到剪应力 τ 是缓慢增加从零到终值 τ,且在线弹性范围内,所以微元体应变能

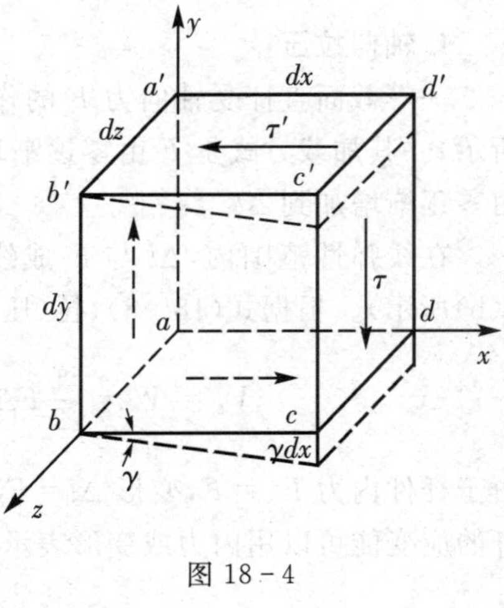

图 18-4

$$dV_\varepsilon = dW = \frac{1}{2}\tau\gamma dx dy dz \tag{c}$$

由
$$v_\varepsilon = \frac{\mathrm{d}V_\varepsilon}{\mathrm{d}V} = \frac{\frac{1}{2}\tau\gamma\,\mathrm{d}x\mathrm{d}y\mathrm{d}z}{\mathrm{d}x\mathrm{d}y\mathrm{d}z} \tag{d}$$

则
$$v_\varepsilon = \frac{1}{2}\tau\gamma \tag{18-9a}$$

利用剪切胡克定律 $\tau = G\gamma$，可得到纯剪切应力状态下应变能比能其他表达式

$$v_\varepsilon = \frac{G}{2}\gamma^2 = \frac{\tau^2}{2G} \tag{18-9b}$$

3. 弯曲

对于纯弯曲梁仍可采取上述两种情况所用的方法计算应变能。一两端受弯矩 M 作用，两端相对转角为 θ 的梁，其弯矩与转角间的关系曲线如图 18-5(b)所示，这时弯曲应变能

$$V_\varepsilon = W = \frac{1}{2}M\theta \tag{18-10a}$$

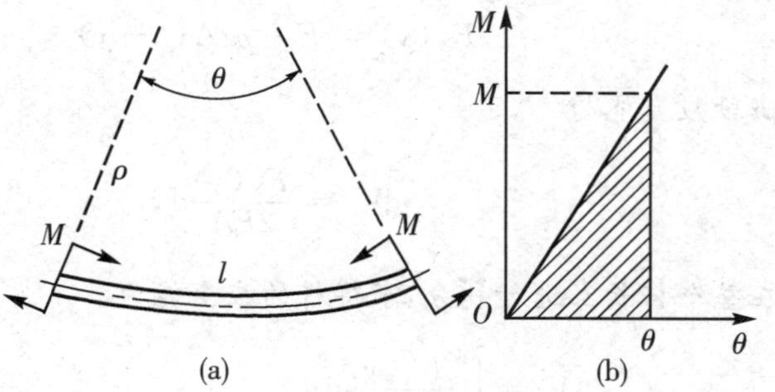

图 18-5

利用纯弯曲中有关公式

$$\theta = \frac{l}{\rho} \tag{e}$$

$$\frac{1}{\rho} = \frac{M}{EI_z} \tag{f}$$

得
$$\theta = \frac{Ml}{EI_z} \tag{g}$$

把上式代入式(18-10a)后，略加整理便可得出

$$V_\varepsilon = \frac{M^2 l}{2EI_z} = \frac{EI_z}{2l}\theta^2 \tag{18-10b}$$

以上三种基本变形的应变能，都是针对在长度上内力不变的情况下导出其计算式的，若杆件上的内力是坐标 x 的函数 $F_N = F_N(x)$，$T = T(x)$，$M = M(x)$，可取微段 $\mathrm{d}x$ 研究，在微段 $\mathrm{d}x$ 中认为内力不变，这时分别利用式(18-5b)、式(18-8b)和式(18-10b)计算微段的应变能 $\mathrm{d}V_\varepsilon$，然后在整个长度 l 上积分，便可求出杆件的应变能

拉(压)
$$V_\varepsilon = \int_l \mathrm{d}V_\varepsilon = \int_l \frac{F_N^2(x)}{2EA}\mathrm{d}x \tag{18-11}$$

扭转
$$V_\varepsilon = \int_l \mathrm{d}V_\varepsilon = \int_l \frac{T^2(x)}{2GI_p}\mathrm{d}x \tag{18-12}$$

弯曲
$$V_\varepsilon = \int_l \mathrm{d}V_\varepsilon = \int_l \frac{M^2(x)}{2EI_z}\mathrm{d}x \tag{18-13}$$

计算杆件的应变能常用式(18-11)、式(18-12)和式(18-13)。

在线弹性的条件下，若杆件的横截面上同时有轴力、弯矩和扭矩作用时，由于这三种内力分量引起的变形是互相独立的，因而总应变能等于三者单独作用时的应变能之和。

$$V_{\varepsilon}=\int_{l}\frac{F_{N}^{2}(x)}{2EA}\mathrm{d}x+\int_{l}\frac{T^{2}(x)}{2GI_{p}}\mathrm{d}x+\int_{l}\frac{M^{2}(x)}{2EI_{z}}\mathrm{d}x \tag{18-14}$$

【例 18-1】 一长为 l 的等截面直杆，截面面积为 A。材料弹性模量为 E，密度为 ρ，杆下端作用一集中力 F，求杆的应变能。

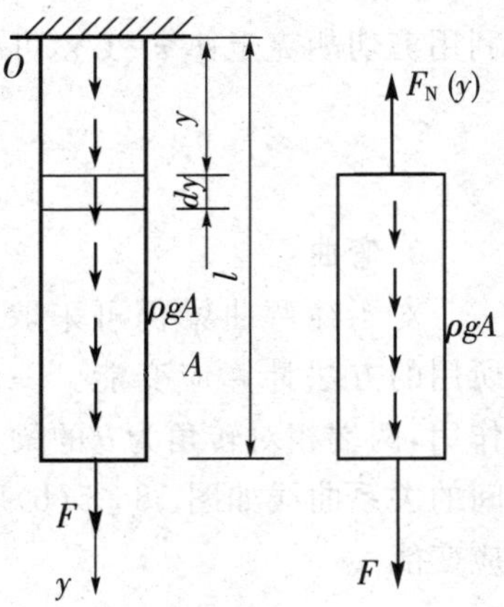

图 18-6

【解】 首先求 y 截面处微段 $\mathrm{d}y$ 的应变能 $\mathrm{d}V_{\varepsilon}$，为此先求 y 截面处轴力

$$F_{N}(y)=F+\rho gA(l-y) \tag{1}$$

微段应变能为

$$\mathrm{d}V_{\varepsilon}=\frac{F_{N}^{2}(y)}{2EA}\mathrm{d}y \tag{2}$$

在整个杆长上进行积分，求得杆的应变能为

$$\begin{aligned}V_{\varepsilon}&=\int_{0}^{l}\frac{F_{N}^{2}(y)}{2EA}\mathrm{d}y\\&=\frac{1}{2EA}\int_{0}^{l}[(F+\rho gAl)-\rho gAy]^{2}\mathrm{d}y\\&=\frac{F^{2}l}{2EA}+\frac{F\rho g}{2E}l^{2}+\frac{\rho^{2}g^{2}A}{6E}l^{3}\end{aligned} \tag{3}$$

由式(3)可以看出，一构件受几种荷载作用，一般来说，构件中的应变能并不是各个荷载产生的应变能的简单叠加。

【例 18-2】 试由拉伸(压缩)应变能比能公式(18-7)导出梁的弯曲应变能公式(18-13)和式(18-10b)。

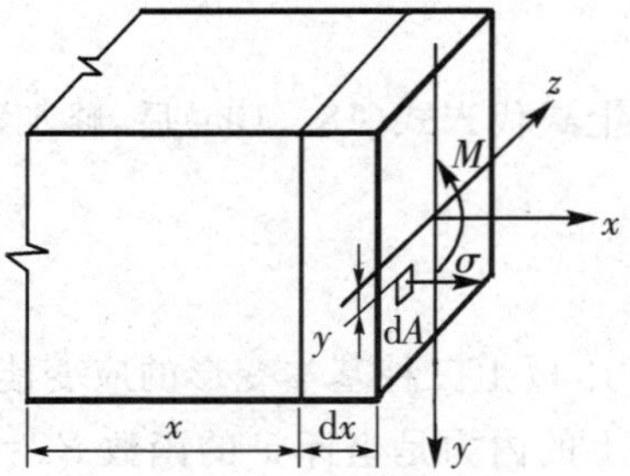

图 18-7

【解】 先计算应变能比能，利用式(18-7)

$$v_{\varepsilon}=\frac{\sigma^{2}}{2E} \tag{1}$$

式中

$$\sigma=\frac{M(x)y}{I_{z}}$$

微元体内的应变能

$$\mathrm{d}V_{\varepsilon}=v_{\varepsilon}\mathrm{d}V=\frac{M^{2}(x)y^{2}}{2EI_{z}^{2}}\mathrm{d}V \tag{2}$$

由图 18-7 可知：$\mathrm{d}V=\mathrm{d}A\mathrm{d}x$ 代入式(2)，并在整个梁作积分可得到梁的弯曲应变能

$$V_{\varepsilon}=\int_{V}v_{\varepsilon}\mathrm{d}V=\int_{V}\frac{M^{2}(x)y^{2}}{2EI_{z}^{2}}\mathrm{d}A\mathrm{d}x$$

$$= \int_l \left[\frac{M^2(x)}{2EI_z^2} \int_A y^2 \mathrm{d}A \right] \mathrm{d}x \tag{3}$$

式(3)右端方括号内的$\int_A y^2 \mathrm{d}A$积分是梁横截面的惯性矩I_z，代入式(3)得

$$V_\varepsilon = \int_l \frac{M^2(x)}{2EI_z} \mathrm{d}x \tag{4}$$

这是用内力弯矩表示的梁弯曲应变能公式(18－13)。若为纯弯曲，$M(x)$为常数，$M(x)=M$，则式(4)变为

$$V_\varepsilon = \frac{M^2 L}{2EI_z} \tag{5}$$

即纯弯曲梁的应变能表达式(18－10b)。

注意：横力弯曲时，梁横截面上除了有弯矩还有剪力，这时应变能不仅由弯矩产生还包括剪力产生的，应分别计算。但细长梁内剪力引起的应变能很小，通常可忽略不计，只需要计算弯矩引起的应变能，用式(18－13)即可。

18.2 卡氏定理

18.2.1 卡氏第一定理

当一个梁承受几个载荷$F_1, F_2, \cdots, F_n$作用，与其相应的位移为$\Delta_1, \Delta_2, \cdots, \Delta_n$，在线弹性范围内，则梁的应变能可表示为

$$V_\varepsilon = W = \sum_{i=1}^{n} \frac{1}{2} F_i \Delta_i \tag{a}$$

因为F_i与Δ_i线性相关，于是，梁的应变能V_ε可表示为位移$\Delta_1, \Delta_2, \cdots, \Delta_n$的函数，假设$F_i$力作用点的位移$\Delta_i$增加一个微量$\mathrm{d}\Delta_i$，梁内应变能的增量$\mathrm{d}V_\varepsilon$为

$$\mathrm{d}V_\varepsilon = \frac{\partial V_\varepsilon}{\partial \Delta_i} \mathrm{d}\Delta_i \tag{b}$$

其中，$\frac{\partial V_\varepsilon}{\partial \Delta_i}$表示应变能对位移$\Delta_i$的变化率。

另外，从机械能守恒出发，当仅位移Δ_i处增加一个微量$\mathrm{d}\Delta_i$时，相应的力F_i将要做功，而其他力不做功，此外力功$F_i \mathrm{d}\Delta_i$应等于梁内应变能的增量$\mathrm{d}V_\varepsilon$，所以

$$\mathrm{d}V_\varepsilon = \mathrm{d}W = F_i \mathrm{d}\Delta_i \tag{c}$$

比较式(b)和式(c)，可得

$$F_i = \frac{\partial V_\varepsilon}{\partial \Delta_i} \tag{18-15}$$

这一偏微分方程式称为卡氏第一定理，它表示弹性杆件的应变能V_ε对于杆件上一点位移的偏导数，就等于与该位移相应的荷载。由意大利工程师卡斯提里艾诺(Castigliano) 在1879年首

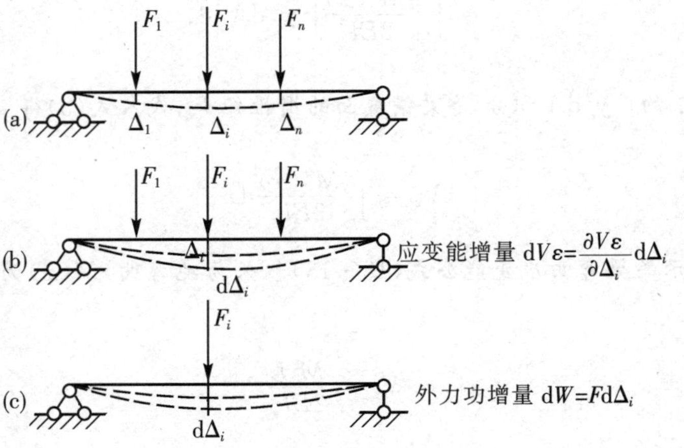

图 18 - 8

先完整导出。

利用卡氏第一定理不仅可以直接列出关于未知力 F_i 的方程组，据此求解未知力 F_i，由于应变能中包括有各荷载相应的位移 Δ_i，所以，也可用式(18 - 15)列出以位移作为未知量的方程组，从而求得位移 Δ_i。

【例 18 - 3】 如图 18 - 9 所示，一长度为 l，弯曲刚度为 EI 的悬臂梁，自由端转角为 θ，求加于自由端的外力矩 M。

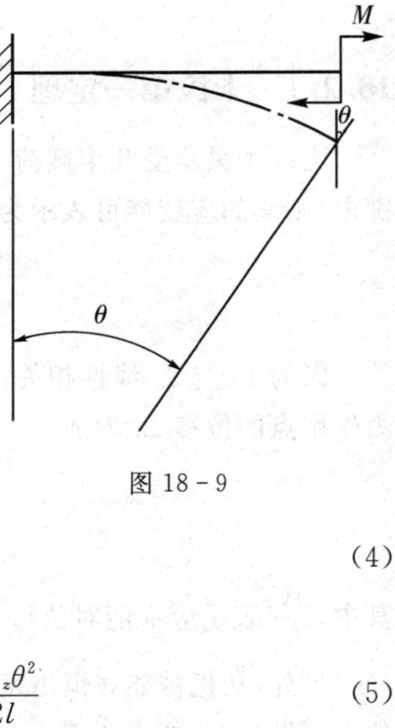

图 18 - 9

【解】 因为图示梁发生纯弯曲变形，则梁的线应变为

$$\varepsilon=\frac{y}{\rho} \tag{1}$$

又因为

$$\frac{1}{\rho}=\frac{\theta}{l} \tag{2}$$

所以

$$\varepsilon=\frac{y\theta}{l} \tag{3}$$

利用式(18 - 7)，计算梁内应变能比能

$$v_\varepsilon=\frac{1}{2}E\varepsilon^2=\frac{E\theta^2y^2}{2l^2} \tag{4}$$

所以全梁应变能

$$V_\varepsilon=\int_V v_\varepsilon dV=\int_l\frac{E\theta^2}{2l^2}(\int_A y^2dA)dx=\frac{EI_z\theta^2}{2l} \tag{5}$$

利用卡氏第一定理

$$M=\frac{\partial V_\varepsilon}{\partial\theta}=\frac{EI_z\theta}{l} \tag{6}$$

注意在应用卡氏第一定理时，要将应变能的表达式写成相应位移的函数形式，以便于求偏导数。

18. 2. 2 卡氏第二定理

对于线性问题，由于 F_i 与 Δ_i 线性相关，于是梁的应变能 V_ε 也可以表示为力 $F_1, F_2, \cdots, F_n$

的函数，梁内应变能对 F_i 的一阶偏导数为

$$\frac{\partial V_\varepsilon}{\partial F_i}=\Delta_i \tag{18-16}$$

该式被称为卡氏第二定理，即结构的线弹性应变能对一荷载的偏导数等于该荷载作用点沿荷载作用方向上的位移。证明如下：

当一个梁承受几个荷载 $F_1,F_2,\cdots F_n$ 作用，与其相应的位移为 $\Delta_1,\Delta_2,\cdots,\Delta_n$（如图18-8(a))，在线弹性范围内，则梁的应变能可表示为

$$V_\varepsilon=W=\sum_{i=1}^{n}\frac{1}{2}F_i\Delta_i \tag{d}$$

假设 F_i 有一微小增量 $\mathrm{d}F_i$，梁内应变能的增量 $\mathrm{d}V_\varepsilon$ 为

$$\mathrm{d}V_\varepsilon=\frac{\partial V_\varepsilon}{\partial F_i}\mathrm{d}F_i \tag{e}$$

同时由于其余的荷载、位移不变，应变能增量应等于 $\mathrm{d}F_i$ 增量所做的外力功

$$\begin{aligned}\mathrm{d}V_\varepsilon=\mathrm{d}W&=\frac{1}{2}(F_i+\mathrm{d}F_i)(\Delta_i+\mathrm{d}\Delta_i)-\frac{1}{2}F_i\Delta_i\\&=\frac{1}{2}(F_i\mathrm{d}\Delta_i+\Delta_i\mathrm{d}F_i+\mathrm{d}F_i\mathrm{d}\Delta_i)\end{aligned} \tag{f}$$

对于线性问题 $F_i=k\Delta_i$，相应的位移增量 $\mathrm{d}\Delta_i=\mathrm{d}F_i/k$，所以 $F_i\mathrm{d}\Delta_i=F_i\mathrm{d}F_i/k=\Delta_i\mathrm{d}F_i$，略去高阶微量，则

$$\mathrm{d}V_\varepsilon=\mathrm{d}W=\Delta_i\mathrm{d}F_i \tag{g}$$

比较(e)，(g)两式，得

$$\frac{\partial V_\varepsilon}{\partial F_i}=\Delta_i$$

虽然卡氏第二定理是在线弹性条件下推导的，但其应用极为广泛，由定理本身可以看出，可通过应变能 $V_\varepsilon(F_i)$ 对荷载 F_i 的偏导数，求得荷载作用点在 F_i 方向上的位移 Δ_i。

【例 18-4】 如图 18-10 所示，弯曲刚度为 EI，长度为 l 的悬臂梁，自由端受集中力 F 和力矩 M_e 的作用，求自由端的竖向位移和端面的转角(不计剪切应变能)。

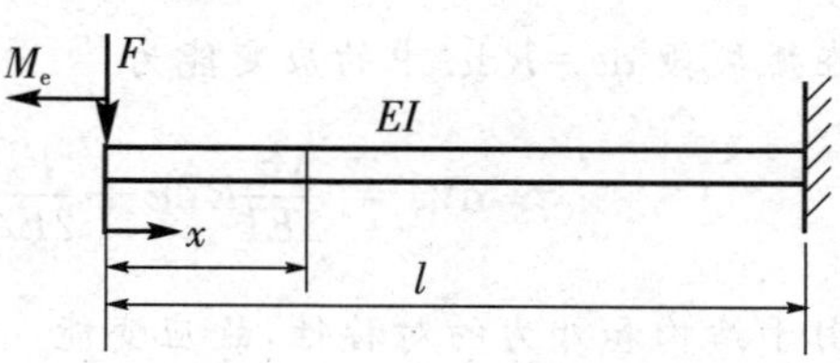

图 18-10

【解】 求内力方程

$$M=-(M_e+Fx) \tag{1}$$

该悬梁的应变能为 $V_\varepsilon=\int_0^l\frac{M^2}{2EI}\mathrm{d}x$ (2)

利用卡氏第二定理，求 F 对应的位移 Δ

$$\Delta=\frac{\partial V_\varepsilon}{\partial F}=\int_0^l\frac{M}{EI}\frac{\partial M}{\partial F}\mathrm{d}x \tag{3}$$

把式(1)代入式(3)得

$$\Delta=\int_0^l \frac{(M_e+Fx)x}{EI}\mathrm{d}x=\frac{M_e l^2}{2EI}+\frac{Fl^3}{3EI} \tag{4}$$

利用卡氏第二定理,求 M_e 对应的转角 θ

$$\theta=\frac{\partial V_\varepsilon}{\partial M_e}=\int_0^l \frac{M}{EI}\frac{\partial M}{\partial M_e}\mathrm{d}x \tag{5}$$

把式(1)代入式(5)得

$$\theta=\int_0^l \frac{M_e+Fx}{EI}\mathrm{d}x=\frac{M_e l}{EI}+\frac{Fl^2}{2EI} \tag{6}$$

因此,可以把利用卡氏第二定理求位移的步骤归纳如下:

(1)写出内力方程;

(2)求构件的应变能;

(3)把力视为广义力,位移视为广义位移,其对应关系为 $F-\Delta, M-\theta, T-\varphi$,若求某一位移则利用卡氏第二定理,对相应的力求偏导。

值得指出的是,若要求某一点位移,而该点并无相应的载荷,则需施加虚载荷 F_i,最后令 $F_i=0$,即

$$\Delta_i=\left(\frac{\partial V_\varepsilon}{\partial F_i}\right)_{F_i=0} \tag{18-17}$$

【例 18-5】 如图 18-11 所示,弯曲刚度为 EI 的开口圆环(大曲率杆)由线弹性材料制成,开口处受一对集中力作用,不计剪力对位移的影响,试确定开口处的张开位移 Δ。

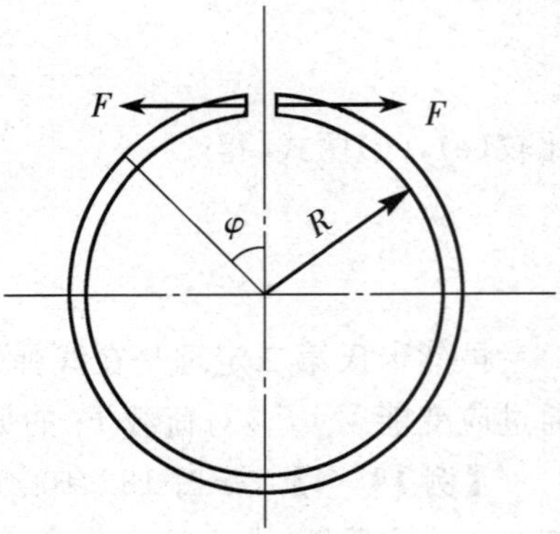

图 18-11

【解】 截面位置用 φ 表示,先求出任意截面的轴力方程和弯矩方程

$$F_N=-F\cos\varphi \tag{1}$$

$$M=-FR(1-\cos\varphi) \tag{2}$$

在弧微段 $\mathrm{d}s=R\mathrm{d}\varphi$ 中的应变能为

$$\mathrm{d}V_\varepsilon=\frac{M^2}{2EI}R\,\mathrm{d}\varphi+\frac{F_N^2}{2EA}R\,\mathrm{d}\varphi \tag{3}$$

由于结构和外力的对称性,故应变能

$$V_\varepsilon=2\int_0^\pi \frac{M^2}{2EI}R\,\mathrm{d}\varphi+2\int_0^\pi \frac{F_N^2}{2EA}R\,\mathrm{d}\varphi$$

$$=\int_0^\pi \frac{M^2}{EI}R\,\mathrm{d}\varphi+\int_0^\pi \frac{F_N^2}{EA}R\,\mathrm{d}\varphi \tag{4}$$

根据卡氏第二定理,得开口处的张开位移 Δ

$$\Delta=\frac{\partial V_\varepsilon}{\partial F}=\frac{2R}{EI}\int_0^\pi M\frac{\partial M}{\partial F}\mathrm{d}\varphi+\frac{2R}{EA}\int_0^\pi F_N\frac{\partial F_N}{\partial F}\mathrm{d}\varphi \tag{5}$$

把式(1)和式(2)代入式(5)

$$\Delta=\frac{2R^3F}{EI}\int_0^{\pi}(1-\cos\varphi)^2\mathrm{d}\varphi+\frac{2RF}{EA}\int_0^{\pi}\cos^2\varphi\mathrm{d}\varphi$$

$$=\frac{3R^3F\pi}{EI}+\frac{RF\pi}{EA} \tag{6}$$

将 $I=\pi r^4/4, A=\pi r^2$ 代入上式

$$\Delta=\frac{3\pi FR^3}{EI}+\frac{\pi FR}{EA}=\frac{12FR^3}{Er^4}+\frac{FR}{Er^2} \tag{7}$$

把式(7)中等式右侧的弯矩引起的位移和轴力引起的位移相比

$$\frac{12FR^3}{Er^4}\bigg/\frac{FR}{Er}=12\left(\frac{R}{r}\right)^2$$

由此可知，对于直梁或大曲率杆$\frac{R}{r}>10$，弯矩引起的位移比轴力产生的位移大两个量级，所以，上述情况轴力产生的位移可略去不计。

【例 18-6】 跨度为 l 的简支梁，抗弯刚度为 EI，右端受力偶矩 M_e 的作用(见图 18-12)，试用卡氏第二定理求梁的挠曲线方程。

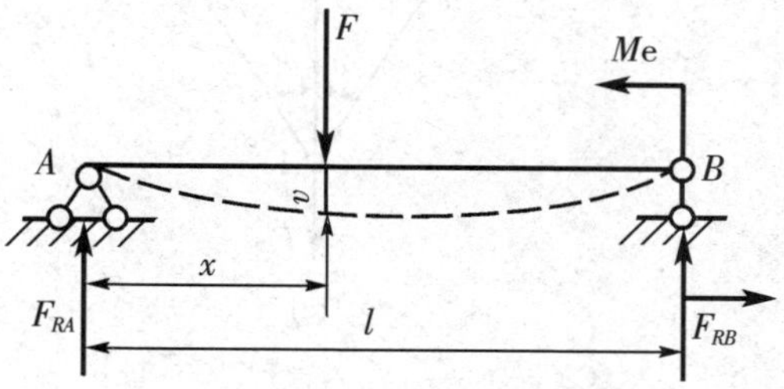

图 18-12

【解】 在 x 处施加集中力 F，x 处挠度为 v。A、B 两支座的约束反力为

$$F_{RA}=\frac{M_e}{l}+\frac{l-x}{l}F \tag{1}$$

$$F_{RB}=-\frac{M_e}{l}+\frac{x}{l}F \tag{2}$$

以 x_0 表示梁的横截面位置，弯矩方程为

$$M_1(x_0)=F_{RA}x_0=\frac{M_e}{l}x_0+\frac{l-x}{l}Fx_0 \qquad (0\leqslant x_0\leqslant x) \tag{3}$$

$$M_2(x_0)=F_{RB}x_0-F(x_0-x)$$

$$=\frac{M_e}{l}x_0+\frac{l-x}{l}Fx_0-F(x_0-x) \qquad (x\leqslant x_0<l) \tag{4}$$

略去剪力影响，梁的应变能为

$$V_\varepsilon=\int_0^x\frac{M_1^2(x_0)}{2EI}\mathrm{d}x_0+\int_x^l\frac{M_2^2(x_0)}{2EI}\mathrm{d}x_0 \tag{5}$$

利用卡氏第二定理求 x 处位移，需把 V_ε 对 F 求偏导，而后令 $F=0$，则

$$v=\left[\frac{\partial V_\varepsilon}{\partial F}\right]_{F=0}=\left[\int_0^x\frac{M_1}{EI}\frac{\partial M_1}{\partial F}\mathrm{d}x_0+\int_x^l\frac{M_2}{EI}\frac{\partial M_2}{\partial F}\mathrm{d}x_0\right]_{F=0} \tag{6}$$

式(3)，(4)分别代入式(6)得

$$v=\frac{M_e}{6EI}\left(lx-\frac{x^3}{l}\right) \tag{7}$$

利用卡氏第二定理除了直接求位移之外，还可以用于求解超静定问题。

若构件有几个多余约束，其约束反力为 $X_i(i=1,2,\cdots n)$，在多余约束反力的方向上限制了位移。对于理想约束来说，在约束反力的方向上位移为零。由卡氏第二定理则可直接得出几个方程

$$\frac{\partial V_\varepsilon}{\partial X_i}=0 \qquad (i=1,2,\cdots n) \tag{18-18}$$

解此联立方程组，便可以求得几个多余约束反力 X_i。

【例 18-7】 结构如图，3 个杆的抗拉刚度均为 EA，1，2 杆的杆长为 l，在 A 铰受集中力 F 的作用，求各杆的轴力。

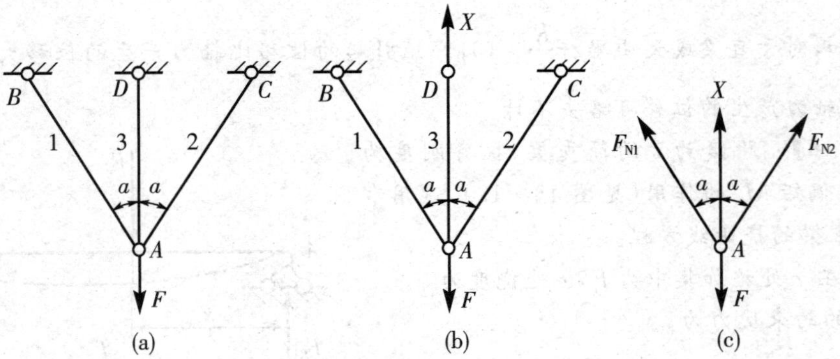

图 18-13

【解】 (1)这是一次超静定问题，以 D 铰为多余约束，约束反力为 X，$F_{N3}=X$，取节点 A 受力分析(如图 18-13(c))，由平衡方程

$$\sum F_x=0:F_{N1}\sin\alpha=F_{N2}\sin\alpha \qquad F_{N1}=F_{N2} \tag{1}$$

$$\sum F_y=0:2F_{N1}\cos\alpha=F-X \qquad F_{N1}=F_{N2}=\frac{F-X}{2\cos\alpha} \tag{2}$$

(2)求应变能

$$V_\varepsilon=\frac{F_{N1}^2 l_1}{2EA}+\frac{F_{N2}^2 l_2}{2EA}+\frac{F_{N3}^2 l_3}{2EA} \tag{3}$$

(3)因为 D 铰位移为零，由卡氏第二定理得

$$\frac{\partial V_\varepsilon}{\partial X}=\frac{F_{N1}l_1}{EA}\cdot\frac{\partial F_{N1}}{\partial X}+\frac{F_{N2}l_2}{EA}\cdot\frac{\partial F_{N2}}{\partial X}+\frac{F_{N3}l_3}{EA}\cdot\frac{\partial F_{N3}}{\partial X}$$

$$=-2\frac{(F-X)l}{4\cos^2\alpha EA}+\frac{Xl\cos\alpha}{EA}=0 \tag{4}$$

所以

$$X=F_{N3}=\frac{F}{1+2\cos^3\alpha} \tag{5}$$

$$F_{N1} = F_{N2} = \frac{F\cos^2\alpha}{1+2\cos^3\alpha} \tag{6}$$

【例 18-8】 刚架各段 EI 相同，水平段受均布荷载 q 作用（如图 18-14(a)），解超静定刚架并画出内力图。

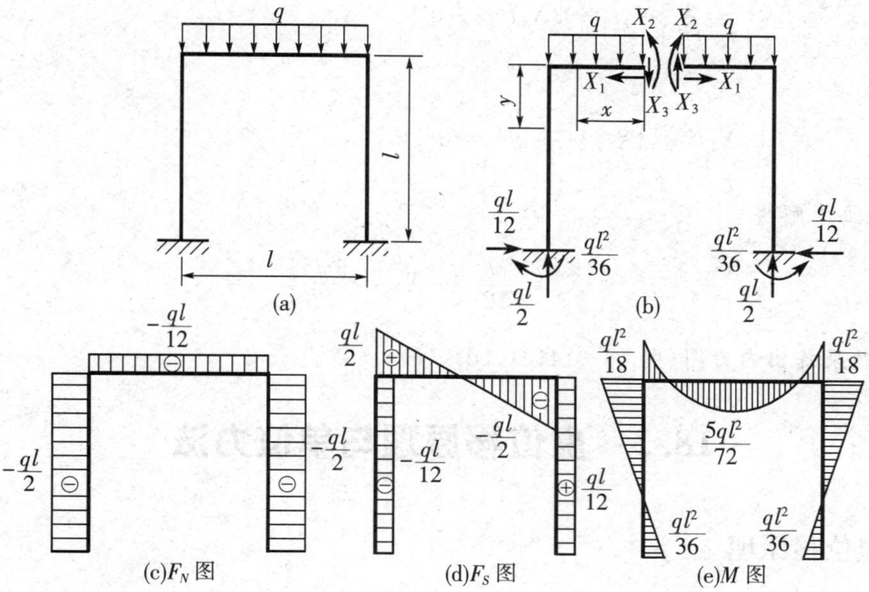

图 18-14

【解】 假想用一平面将刚架沿对称面截开，两部分相互作用力用 X_1，X_2 和 X_3 表示（如图 18-14(b)），因为结构、约束和作用于结构上的荷载是对称的，所以反对称内力剪力 $X_3=0$，并且可只计算一半刚架的应变能再乘以 2。只考虑弯矩引起的变形能，弯矩方程为

$$M(x) = X_2 - \frac{1}{2}qx^2$$

$$M(y) = X_2 - \frac{1}{2}q\left(\frac{l}{2}\right)^2 + X_1 y$$

所以刚架的应变能为

$$V_\varepsilon = \frac{2}{2EI}\left\{\int_0^{\frac{l}{2}}\left(X_2 - \frac{1}{2}qx^2\right)^2 \mathrm{d}x + \int_0^l \left[X_2 - \frac{1}{2}q\left(\frac{l}{2}\right)^2 + X_1 y\right]^2 \mathrm{d}y\right\} \tag{1}$$

由于假想截开处两边截面无相对位移 $\Delta_1 = 0$，则

$$\frac{\partial V_\varepsilon}{\partial X_1} = \frac{2}{EI}\left\{\int_0^l \left[X_2 - \frac{1}{2}q\left(\frac{l}{2}\right)^2 + X_1 y\right] y\,\mathrm{d}y\right\}$$

$$= \frac{1}{EI}\left\{X_2 l^2 - \frac{ql^4}{8} + \frac{2l^3}{3}X_1\right\} = 0$$

即

$$16lX_1 + 24X_2 - 3ql^2 = 0 \tag{2}$$

由截面两边相对转角为零 $\Delta_2=0$，则

$$\Delta_2=\frac{\partial V_\varepsilon}{\partial X_2}=\frac{2}{EI}\left\{\int_0^{\frac{l}{2}}(X_2-\frac{1}{2}qx^2)\mathrm{d}x+\int_0^l\left[X_2-\frac{1}{2}q(\frac{l}{2})^2+X_1y\right]\mathrm{d}y\right\}$$

$$=\frac{1}{EI}\left\{X_1l^2+3X_2l-\frac{7}{24}ql^3\right\}=0$$

即

$$X_1l^2+3X_2l-\frac{7}{24}ql^3=0 \tag{3}$$

式(2)，(3)联立求解得

$$X_1=\frac{ql}{12} \qquad X_2=\frac{5ql^2}{72} \tag{4}$$

根据计算的结果作出内力图(图 18-14(c)、(d)、(e))。

18.3 虚位移原理与单位力法

18.3.1 虚位移原理

刚体的虚位移原理指出刚体在给定位置平衡的充要条件为：作用于刚体的所有外力在该位置的任一虚位移上所做虚功之和等于零。

对于变形体来说，由于研究对象会发生形状改变，所以当变形体有一个虚位移时，相应的变形体就有虚变形，这样外力虚功就不再为零。

变形体的虚位移原理指出，变形体给定位置平衡的充要条件为：作用于变形体上的所有外力在该位置的任一虚位移上所做虚功之和等于变形体的内力在相应虚变形上所做虚功之和。

虚位移为假想的约束所容许的任何微小的位移与受力状态无关。由于是微小位移，所以它并不改变研究对象所受外力的作用性质。在研究弹性杆件时，虚位移是指满足约束条件和变形连续条件的可能位移，它对着一条假想的变形曲线。变形体的虚位移和外力产生的实际位移间有相同之处，如它们都是符合约束条件的微小位移，各对应着一条变形曲线。但也有根本上的差别，即虚位移大小是虚设的与外力无关，而实际位移却是外力的函数。

作用力沿虚位移所做的功称为虚功，外力在虚位移上所做虚功之和称为外力虚功，用 W_e 表示；内力在虚变形上所做虚功之和称为内力虚功，用 W_i 表示。变形体的虚位移原理可表示成

$$W_e=W_i \tag{18-19a}$$

现证明如下：如图 18-15 所示，梁上受几个荷载作用，以 $F_1,F_2,\cdots,F_n$ 广义力表示梁上的外力，给梁一个任意虚位移，用 $\overline{\Delta}_1,\overline{\Delta}_2,\cdots,\overline{\Delta}_n$ 广义位移表示外力作用点沿外力方向的虚位移，由于外力在虚位移中保持不变，所以外力虚功为

$$W_e=\sum_{i=1}^{n}F_i\overline{\Delta}_i \tag{a}$$

这时梁的内力对虚位移做功，取微段 $\mathrm{d}x$ 进行研究，微段 $\mathrm{d}x$ 的虚位移分为刚体虚位移和虚

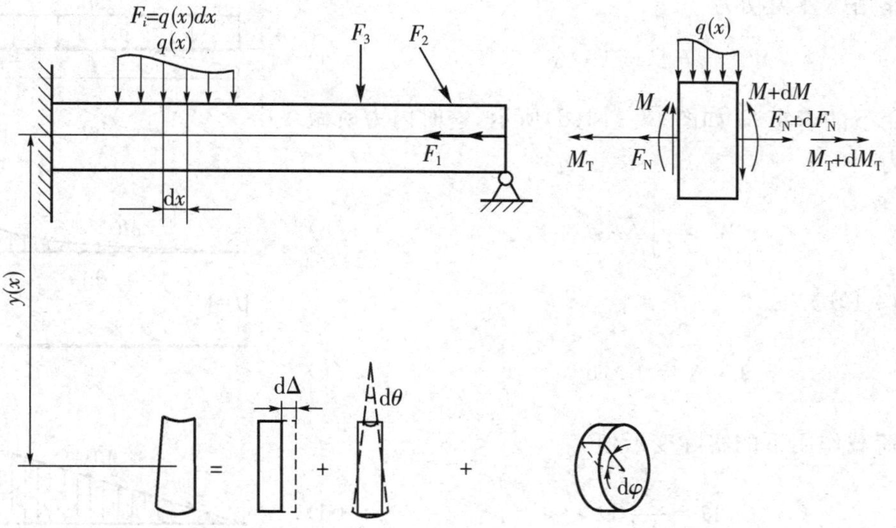

图 18－15

变形两部分，由于微段受力平衡，根据刚体的虚位移原理，内力在刚体虚位移上做的虚功为零，内力在虚变形上做虚功，微段轴向虚变形用 dΔ 表示，相对弯曲虚变形用 dθ 表示，相对扭转角虚变形用 dφ 表示，由于虚变形很小，内力只在相应的虚变形上做功，微段内力虚功之和为

$$W_i = \int_l F_N \mathrm{d}\Delta + \int_l M \mathrm{d}\theta + \int_l T \mathrm{d}\varphi \tag{b}$$

由虚位移原理的表达式 $W_e = W_i$，可得

$$\sum_{i=1}^{n} F_i \overline{\Delta}_i = \int_l F_N \mathrm{d}\Delta + \int_l M \mathrm{d}\theta + \int_l T \mathrm{d}\varphi \tag{18-19b}$$

在虚位移原理中包含有两个系统的四种物理量：外力和由外力引起的内力；虚位移和由它引起的虚变形。这两组物理量互不相干，而每组中的两个物理量是互相依赖的，由外力可求出各截面的内力，由虚位移亦不难求出虚变形，利用虚位移原理，对于给出一组物理量，可以求出另外一组物理量。若给出虚位移求力，称为虚位移法，若给出虚设载荷求出实际位移，就称为虚力法，下面介绍虚位移原理的应用——单位力法，单位力法本质上是属于虚力法。

18.3.2　单位力法

以单位力作为荷载，而把构件产生的实际位移作为虚位移计算的方法，就称为单位力法。通过求受均布荷载的悬臂梁的位移计算，介绍单位力法的具体应用。

如图 18－16(a)所示，一长度为 l 受均布荷载 q 作用的悬臂梁 AB，材料的拉伸弹性模量为 E，求自由端 A 点的竖向位移 Δ。

在均布荷载 q 作用下，梁的弯矩图如图 18－16(b)所示，对于已知荷载的情况下，若给出虚位移求实际位移难度较大。我们从另一方面考虑，若同一根梁我们使它承受一个虚设荷载 F 作用，最简单的荷载是 $F=1$，即单位荷载(图 18－16(c))，要使它对所求的位移做功，其作用点必须是所求位移的点且方向必须与所求位移的方向对应。这时把受荷载 q 作用的梁产生的实际位移作为虚位移，利用虚位移原理便可求得 F 作用点的位移。

在单位力作用下外力功为

$$W_e = F\Delta = 1 \cdot \Delta \tag{a}$$

单位力作用下的弯矩 $\overline{M}$ 如图 18-16(d)所示,这时内力所做的内力功为

$$W_i = \int_l \overline{M} \mathrm{d}\theta \tag{b}$$

利用式(18-19b)

$$1 \cdot \Delta = \int_l \overline{M} \mathrm{d}\theta \tag{c}$$

$\mathrm{d}\theta$ 为实际荷载作用下的实际变形值

$$\mathrm{d}\theta = \frac{M}{EI}\mathrm{d}x \tag{d}$$

把式(d)代入式(c),就得到所求位移 Δ 的计算式

$$\Delta = \int_l \frac{\overline{M}M}{EI}\mathrm{d}x \tag{e}$$

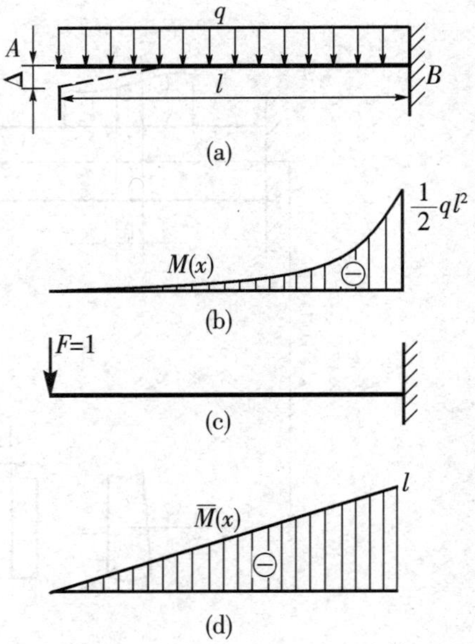

图 18-16

若杆件横截面同时存在轴力、弯矩和扭矩时,根据上述分析,可写出含有所有内力的积分表达式:

$$\Delta = \int_l \frac{\overline{F_{\mathrm{N}}}F_{\mathrm{N}}}{EA}\mathrm{d}x + \int_l \frac{\overline{M}M}{EI}\mathrm{d}x + \int_l \frac{\overline{T}T}{GI_{\mathrm{p}}}\mathrm{d}x \tag{18-20}$$

这样求位移 Δ 的问题就归结为(18-20)式右边的积分运算,F_{N},M,T 为实际荷载作用下杆件横截面上的内力方程,$\overline{F_{\mathrm{N}}}$,$\overline{M}$,$\overline{T}$ 为单位荷载作用下杆件横截面上的内力方程。

对于两根或两根以上杆件构成的结构,上式写成

$$\Delta = \sum_{i=1}^{n}\int_{l_i} \frac{\overline{F_{\mathrm{N}i}}F_{\mathrm{N}i}}{E_iA_i}\mathrm{d}x + \sum_{i=1}^{n}\int_{l_i} \frac{\overline{M_i}M_i}{E_iI_i}\mathrm{d}x + \sum_{i=1}^{n}\int_{l_i} \frac{\overline{T_i}T_i}{G_iI_{i\mathrm{p}}}\mathrm{d}x \tag{18-21}$$

当各杆内力分量为常量时,上式变为

$$\Delta = \sum_{i=1}^{n} \frac{\overline{F_{\mathrm{N}i}}F_{\mathrm{N}i}l_i}{E_iA_i} + \sum_{i=1}^{n} \frac{\overline{M_i}M_il_i}{E_iI_i} + \sum_{i=1}^{n} \frac{\overline{T_i}T_il_i}{G_iI_{i\mathrm{p}}} \tag{18-22}$$

单位力法求位移的步骤可以归结如下

(1)确定实际荷载产生的各内力分量的方程,实际荷载产生的各内力并不一定都有,要根据具体对象确定其项目;

(2) 在欲求位移处施以单位力,单位力是广义力,如求线位移则施加的单位力是数值为 1 的集中力;如求结构上两点间相对位移,则在两点上施加一对作用线过两点的集中力对;如求某截面的转角 θ,则在该截面施以数值等于 1 的单位力偶;

(3)确定梁上单位力引起的各内力分量的方程;

(4)利用式(18-20),(18-21),(18-22)计算单位力对应的位移。

下面通过具体算例进一步说明如何应用单位力法。

【例 18-9】 一桁架如图 18-17,各杆 EA 相同,节点 A 承受水平集中力 F 和竖直集中力

2F 作用，求 AB 杆转角。

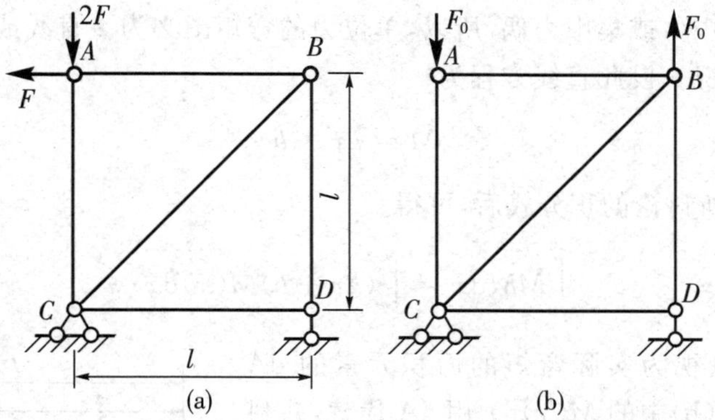

图 18－17

【解】 欲求 AB 杆转角，则应在 AB 杆两端施加与转角相应的一对单位力偶 $\overline{M}(F_0,F'_0)$（如图 18－17(b)所示），因为 $\overline{M}=F_0\times l=1$，所以 $F_0=1/l$，设 AB 杆的转角为 θ_{AB}，由式(18－22)得

$$\theta_{AB}=\sum_{i=1}^{n}\frac{\overline{F}_{Ni}F_{Ni}l_i}{E_iA_i} \tag{1}$$

在单位力偶 $\overline{M}(F_0,F'_0)$ 作用下结构的各杆内力及实际内力见表 18－1。

表 18－1 桁架内力表

杆名	长度	F_{Ni}	$\overline{F_{Ni}}$	$\overline{F_{Ni}}F_{Ni}l_i$
AB	l	F	0	0
AC	l	$-2F$	$-1/l$	$2F$
BD	l	F	$1/l$	F
CD	l	0	0	0
CB	$\sqrt{2}l$	$-\sqrt{2}F$	0	0

把表中数值代入得

$$\theta_{AB}=\sum_{i=1}^{5}\frac{\overline{F}_{Ni}F_{Ni}l_i}{E_iA_i}=\frac{3F}{EA} \tag{2}$$

18.4 图 乘 法

上节已讨论了如何用单位力法计算位移。在单位荷载作用下的内力方程和实际荷载作用下的内力方程列出之后，需进行下列积分运算

$$\Delta=\int_l\frac{\overline{F}_N F_N}{EA}dx+\int_l\frac{\overline{M}M}{EI}dx+\int_l\frac{\overline{T}T}{GI_p}dx$$

这里介绍一种较为简便的方法——图乘法求上述积分值。

现以弯矩项 $\int_l\frac{\overline{M}M}{EI}dx$ 为例来说明。弯曲刚度 EI 沿杆的长度不变，因此，积分号内的 EI 可

以提到积分号以外，因而只需要对积分 $\int_l \overline{M}M\mathrm{d}x$ 进行计算。

由于单位力是集中力或集中力偶，所以，单位力的弯矩图必为一直线或一折线。现在先讨论此弯矩图是直线的情况。设此直线方程为

$$\overline{M} = kx + b \tag{a}$$

将式(a)中的 $\overline{M}$ 代入所讨论的积分式后，可得

$$\int_l \overline{M}M\mathrm{d}x = \int_l (kx+b)M(x)\mathrm{d}x \tag{b}$$

式中的 $M(x)\mathrm{d}x$ 可以视为实际弯矩的面积元素的 $\mathrm{d}A$(图 18-18(a))，将式(b)中的 $M(x)\mathrm{d}x$ 用 $\mathrm{d}A$ 代替，并利用计算静矩的公式，令 $\int_A x\mathrm{d}A = Ax_c$，即得

$$\int_l \overline{M}M\mathrm{d}x = \int_l (kx+b)\mathrm{d}A = k\int_A x\mathrm{d}A + b\int_A \mathrm{d}A$$

$$= kx_cA + bA = A(kx_c + b) \tag{c}$$

式中：x_c——实际弯矩图图形形心的横坐标；

A——实际弯矩图的面积

由式(a)可知，式(c)中的 $kx_c + b = \overline{M}(x_c)$ 是 $\overline{M}(x)$ 图中与图 $M(x)$ 的形心 C 对应的纵坐标(图 18-18(b))，则式(c)可以改写成

$$\int_l \overline{M}M\mathrm{d}x = A\overline{M}(x_c) \tag{18-23}$$

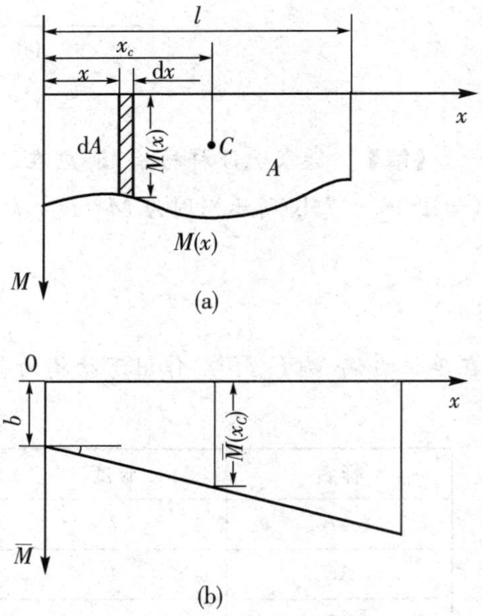

图 18-18

这就是图乘法所使用的公式。它表示：积分 $\int_l \overline{M}M\mathrm{d}x$ 等于实际弯矩 $M(x)$ 图图形面积 A 乘以单位力弯矩 $\overline{M}(x)$ 图中与 $M(x)$ 图图形形心对应的弯矩值 $\overline{M}(x_c)$。这种计算积分 $\int_l \overline{M}M\mathrm{d}x$ 的方法就称为图乘法。

同理，对于类似的积分也可以用图乘法进行计算。

式(18-23)是根据单位力弯矩图是一直线的情况得到的，如果单位力弯矩图为一折线，则应该分别对每一直线部分按前面所述的原理用图乘法计算后相加；因此，在具体问题中，将实际弯矩面积按单位力弯矩图上的折角点相应划分成若干部分，并分别求出每一部分实际弯矩图图形面积 A 与相应的单位力弯矩值 $\overline{M}(x_c)$ 的乘积 $A\overline{M}(x_c)$，然后再求和就可得到积分 $\int_l \overline{M}M\mathrm{d}x$ 的数值。

应用图乘法运算时，积分值的正负号根据下面的规则确定：实际弯矩图及与其相应的单位力弯矩图上的 $\overline{M}(x_c)$ 在横轴的同一侧，则积分值为正，在横轴的异侧时，则积分值为负。

由于应用图乘法运算时，需要计算图形的面积和形心的位置，在表 18-2 中给了几种常见图形的面积和形心位置的计算公式。

表 18－2 几种常见图形的面积和形心位置的计算公式

序号	图形	面积 A	形心坐标	
			x_c	$l-x_c$
1	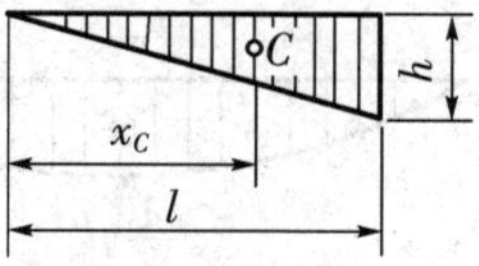	$\frac{lh}{2}$	$\frac{2}{3}l$	$\frac{1}{3}l$
2	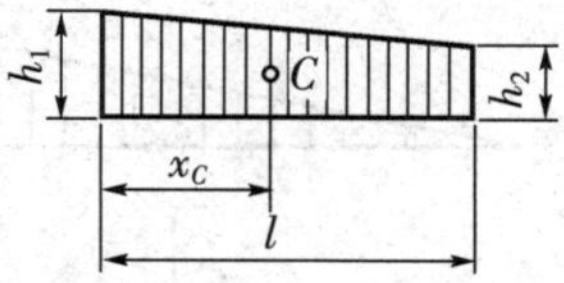	$\frac{(h_1+h_2)l}{2}$	$\frac{h_1+2h_2}{3(h_1+h_2)}l$	$\frac{2h_1+h_2}{3(h_1+h_2)}l$
3	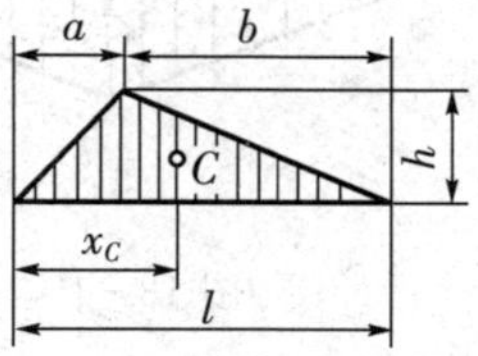	$\frac{lh}{2}$	$\frac{a+l}{3}$	$\frac{b+l}{3}$
4	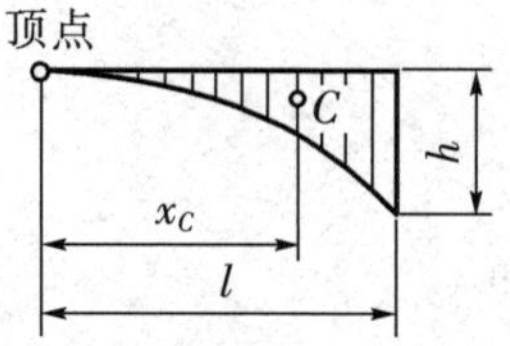	$\frac{lh}{3}$	$\frac{3}{4}l$	$\frac{1}{4}l$
5	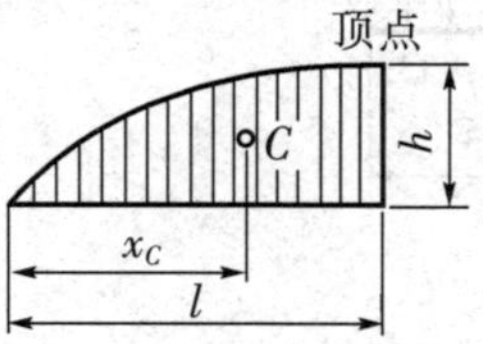	$\frac{2}{3}lh$	$\frac{5}{8}l$	$\frac{3}{8}l$

【例 18－10】 如图 18－19 所示的简支梁受均布载荷 q 作用，求右端截面转角 θ_B 和跨中点 C 的挠度 v_c。

【解】 (1)计算右端截面转角 θ_B，在右端截面虚设一个单位力偶 1，分别作实际载荷 q 和虚设荷载单位力偶的弯矩图 M 和 $\overline{M}$，在 M 图中，二次抛物线与横轴之间的面积为

$$A=\frac{2}{3}\times\frac{1}{8}ql^2\times l=\frac{1}{12}ql^3 \tag{1}$$

M 图的形心距左端为 $l/2$，对应的 $\overline{M}$ 图形的纵坐标为 $\overline{M}(x_c)=1/2$，$\overline{M}(x_c)$ 和 M 图分别处在横轴的两侧面，积分值为负，所以，右端截面转角为

$$\theta_B=-\frac{A\overline{M}(x_c)}{EI}=-\frac{1}{EI}\times\frac{1}{12}ql^3\times\frac{1}{2}=-\frac{ql^3}{24EI} \tag{2}$$

负值表示 θ_B 的转向与单位力偶的方向相反，是逆时针方向。

(2)计算跨中 C 点的挠度 υ_c，在截面 C 处虚设一个单位力 $F=1$，并作弯矩图 $\overline{M}$，与 M 图乘。$\overline{M}$ 图为一折线需分段图乘，并注意其符号

AC 段 $$A_1=\frac{2}{3}\times\frac{1}{8}ql^2\times\frac{l}{2}=\frac{1}{24}ql^3 \tag{3}$$

$$\overline{M}(x_{c1})=\frac{5}{8}\times\frac{1}{4}l=\frac{5}{32}l \tag{4}$$

CB 段 $$A_2=\frac{2}{3}\times\frac{1}{8}ql^2\times\frac{l}{2}=\frac{1}{24}ql^3 \tag{5}$$

$$\overline{M}(x_{c2})=\frac{5}{8}\times\frac{1}{4}l=\frac{5}{32}l \tag{6}$$

$$\upsilon_c=\frac{1}{EI}[A_1\,\overline{M}(x_{c1})+A_2\,\overline{M}(x_{c2})]$$

$$=\frac{1}{EI}[\frac{1}{24}ql^3\times\frac{5}{32}l+\frac{1}{24}ql^3\times\frac{5}{32}l]$$

$$=\frac{5ql^4}{384EI} \tag{7}$$

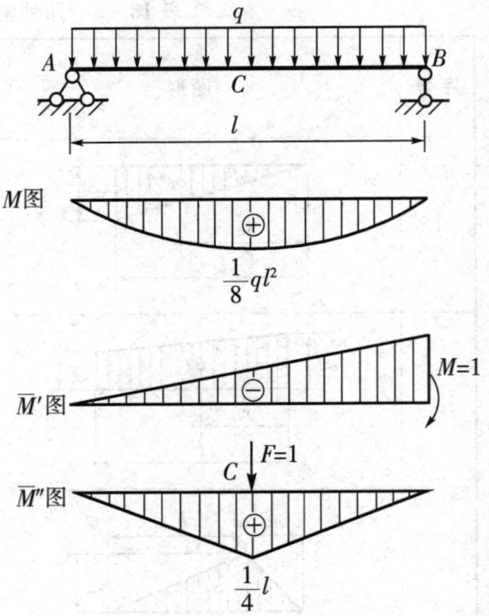

图 18 - 19

由此例可以看出，图乘法比积分计算方便得多。

【例 18 - 11】 一外伸梁如图 18 - 20 所示，求 C 点的挠度 υ_c。

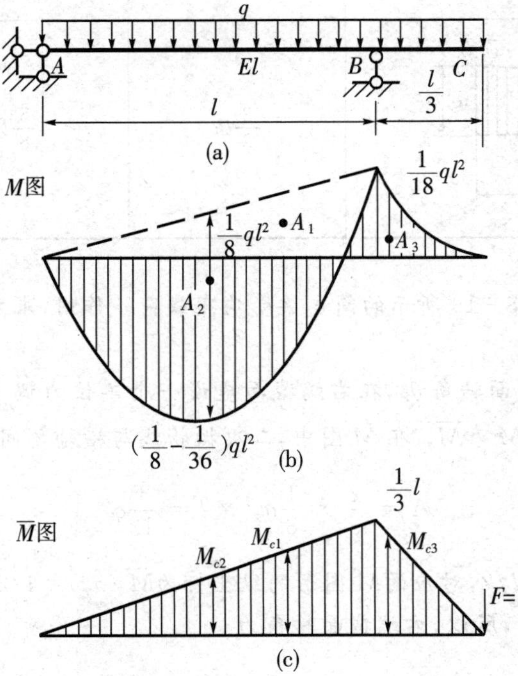

图 18 - 20

【解】 在 C 点虚设一单位集中力 $F=1$，分别作 M 图和 $\overline{M}$ 图。因 $\overline{M}$ 图为一折线，包括两段

直线，故应分两段应用图乘法，AB 段的 M 图分解为一负三角形和一正抛物线以便于图乘，BC 段 M 图为一抛物线，M 图的面积和 $\overline{M}$ 图弯矩值 $\overline{M}(x_c)$ 分别计算如下

$$A_1 = \frac{1}{2} \times \frac{1}{18}ql^2 \times l = \frac{1}{36}ql^3 \qquad \overline{M}(x_{c1}) = \frac{2}{3} \times \frac{1}{3}l = \frac{2}{9}l \tag{1}$$

$$A_2 = \frac{2}{3} \times \frac{1}{8}ql^2 \times l = \frac{1}{12}ql^3 \qquad \overline{M}(x_{c2}) = \frac{1}{2} \times \frac{1}{3}l = \frac{1}{6}l \tag{2}$$

$$A_3 = \frac{1}{3} \times \frac{1}{18}ql^2 \times \frac{l}{3} = \frac{1}{162}ql^3 \qquad \overline{M}(x_{c3}) = \frac{3}{4} \times \frac{1}{3}l = \frac{1}{4}l \tag{3}$$

所以

$$\begin{aligned} v_c &= \frac{1}{EI}[A_1\overline{M}(x_{c1}) - A_2\overline{M}(x_{c2}) + A_3\overline{M}(x_{c3})] \\ &= \frac{1}{EI}[\frac{1}{36}ql^3 \times \frac{2}{9}l - \frac{1}{12}ql^3 \times \frac{1}{6}l + \frac{1}{162}ql^3 \times \frac{1}{4}l] \\ &= -\frac{ql^4}{162EI} \end{aligned} \tag{4}$$

负号表示 C 点挠度与单位载荷方向相反，是向上的。

思考题

18—1　应变能与加力次序有无关系？

18—2　应变能是否可以叠加？为何计算杆件组合变形时的应变能都是将各个基本变形的应变能叠加呢？

18—3　若用卡氏第二定理求如图所示悬臂梁自由端 B 截面的铅垂位移 Δ_{By}，不计剪力和轴力对位移的影响，试问能否用 $\frac{\partial V_\varepsilon}{\partial F} = \Delta_{By}$？为什么？

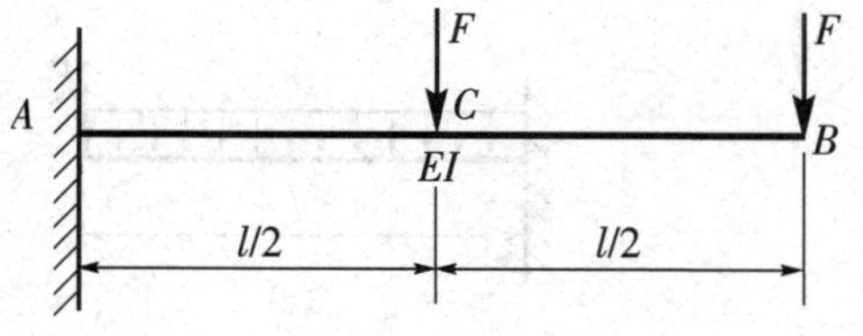

思考题 18－3 图

18—4　什么是虚位移？什么是虚功？虚功和实功有什么区别？

18—5　运用单位力法计算位移有何优越性？试与卡氏第二定理予以比较。

18—6　图乘法的适用条件是什么？

18—7　用图乘法求位移时，如所得结果为正，则位移方向与单位力方向一致，这是什么缘故？

习　题

18—1　图示 A_1B_1 和 A_2B_2 的材料相同，它们的长度和横截面面积也相同，A_1B_1 受作用于端部的集中荷载 F 的作用，A_2B_2 受沿杆长均匀分布的轴向分布力的作用，分布力的集度 q 为 F

与 l 之比，试比较两种情况下的应变能。

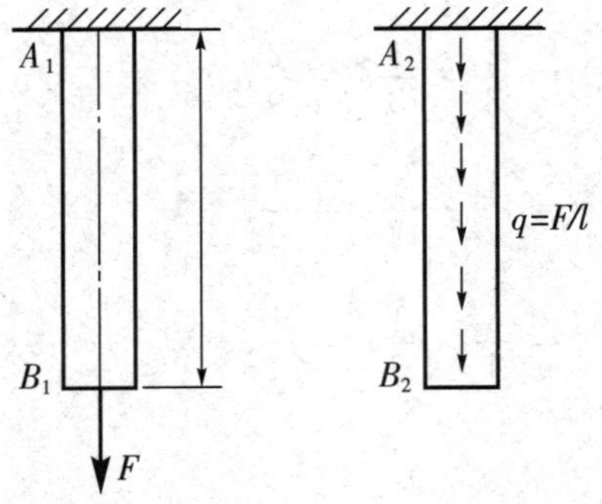

习题 18-1 图

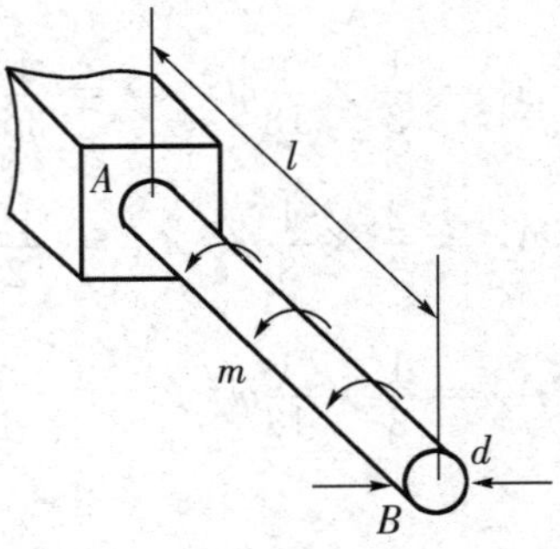

习题 18-2 图

18—2　图示一端固定的圆截面杆 AB 承受集度为 m 的均匀分布的外力偶的作用，求杆内积蓄的应变能。

18—3　木制的矩形截面悬臂梁长 $l=2$ m，横截面尺寸为 $h\times b=200\times120$ mm^2，材料的弹性模量 $E=0.1\times10^5$ MPa 梁，承受集度 $q=12$ kN/m 的均布荷载，求其应变能。

18—4　一弹簧扁钢带宽 3.2 mm，厚 0.5 mm，长 2 m，缠绕在直径 $D=500$ mm 的圆筒上。若钢的弹性模量 $E=2.1\times10^5$ MPa，求钢带内积蓄的应变能。

18—5　一起重支架如图所示，AB 与 BC 两杆拉压刚度均为 EA，在节点 B 受竖向力 F 作用，试用卡氏第一定理求 B 点的位移。

18—6　用卡氏第二定理计算如习题 18-5 图所示结构节 B 点的水平位移与铅垂位移，并把计算结果同用卡氏第一定理得到的结果作比较。

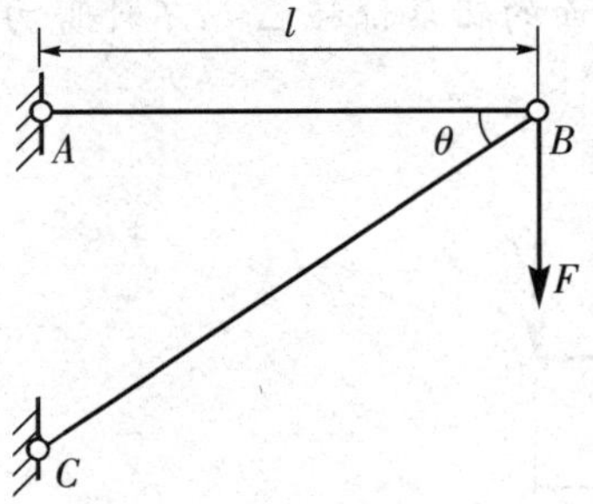

习题 18-5 图

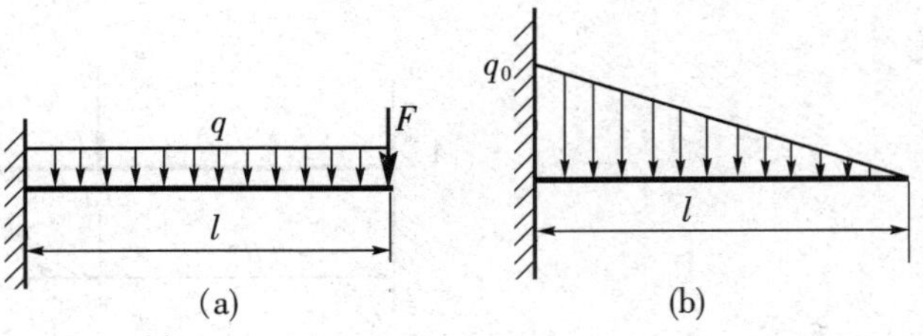

习题 18-7 图

18—7　利用卡氏第二定理计算图示各梁自由端的挠度，各梁的 EI 为已知。

18—8　用卡氏第二定理计算如图示各刚架 A 截面处的位移和 B 截面处转角，略去剪力和轴力的影响，EI 为已知。

18—9　用卡氏第二定理计算刚架两点 A，B 的相对位移，EI 为已知。

18—10　用卡氏第二定理求下列梁的挠曲线方程。

18—11　利用单位力法计算图示各梁在荷载的作用下截面 A，C 处的挠度和 A 截面的转角，已知各梁的 EI，并略去剪力对位移的影响。

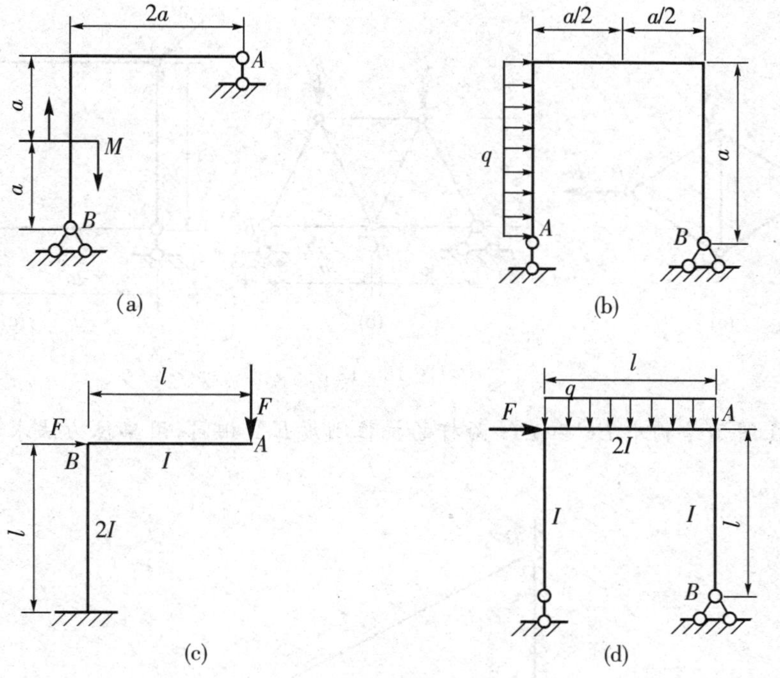

习题 18-8 图

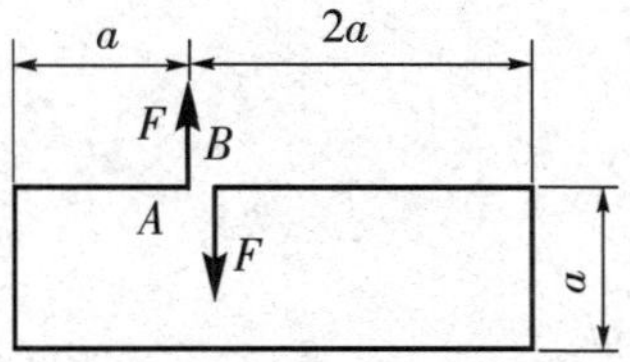

习题 18-9 图

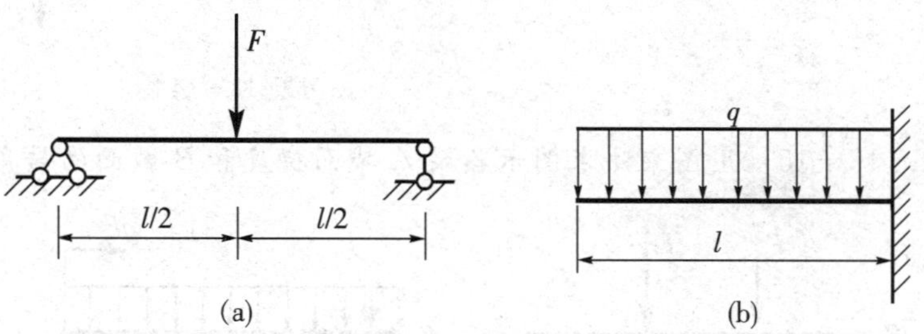

习题 18-10 图

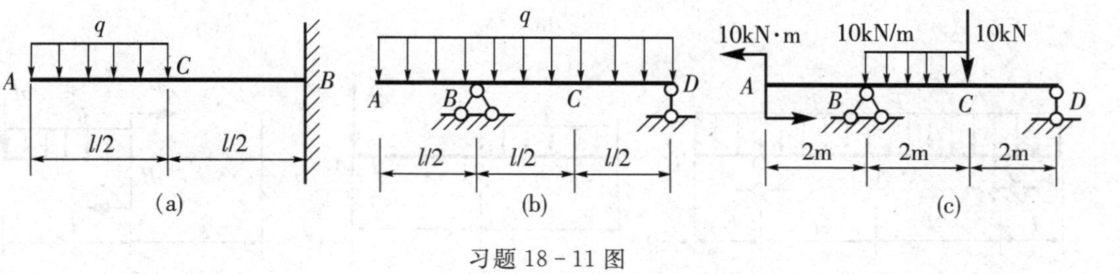

习题 18-11 图

18—12 利用单位力法，求图示杆系的下列位移：

(a) 已知各杆 EA 相同，长均为 a，求节点 A，B 间的相对位移和 C，D 间的相对位移。

(b) 已知各杆 EA 相同，求节点 C 的铅垂位移和节点 B 的水平位移。

(c) 已知各杆 EI 相同，求在铰 C 处由于各杆弯曲引起的铅垂位移和 B，C 间的相对位移。

18—13 用单位力法求下列梁自由端的挠度(如习题 18-7 图所示)并和用卡氏第二定理计算的结果作比较。

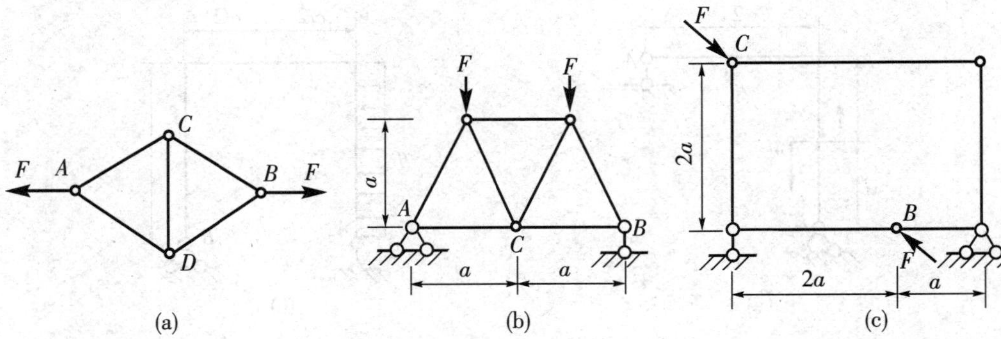

习题 18-12 图

18—14 在图示结构中 BC 和 DC 两杆的抗拉刚度 EA 相同,用单位力法求 F 引起的节点 C 的位移。

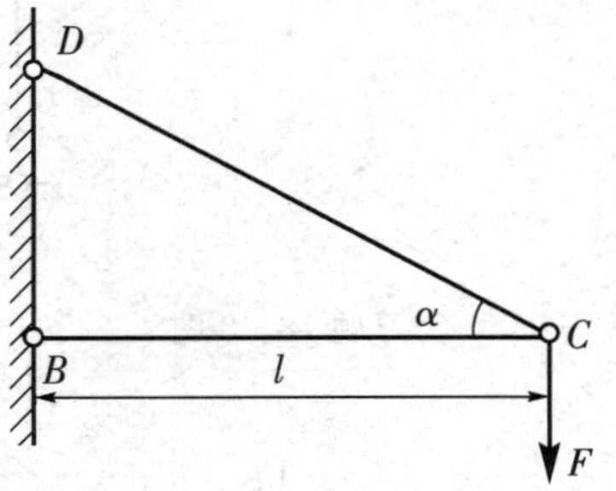

习题 18-14 图

18—15 用图乘法求图示各梁 A 截面挠度和 B 截面的转角。

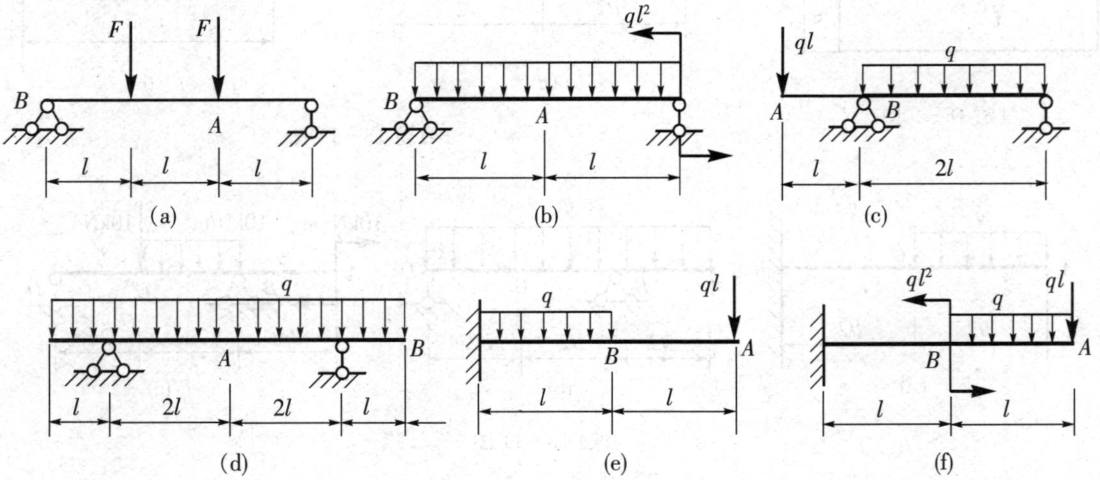

习题 18-15 图

18—16 用图乘法校核习题 18-11 图中各题的计算结果。

18—17 用图乘法计算下例刚架在指定截面处的位移和转角。

(a)求 Δ_{Ax},Δ_{Ay}。

(b)求 Δ_{Ax},θ_A。

(c)求 θ_A，θ_B，Δ_{Bx}。

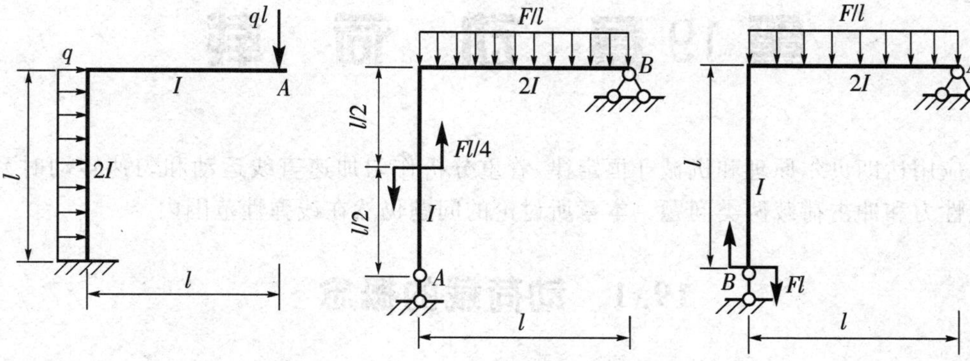

习题 18-17 图

18—18　用单位力法计算起重架 D 点的竖向位移，然后用图乘法校核。已知 $F=120\ \mathrm{kN}$，BD 杆的惯性矩 $I=4\times10^{-4}\ \mathrm{m}^2$，$AB$ 杆截面面积 $A_1=5000\ \mathrm{mm}^2$，AC 杆截面面积为 $A_2=20000\ \mathrm{mm}^2$。

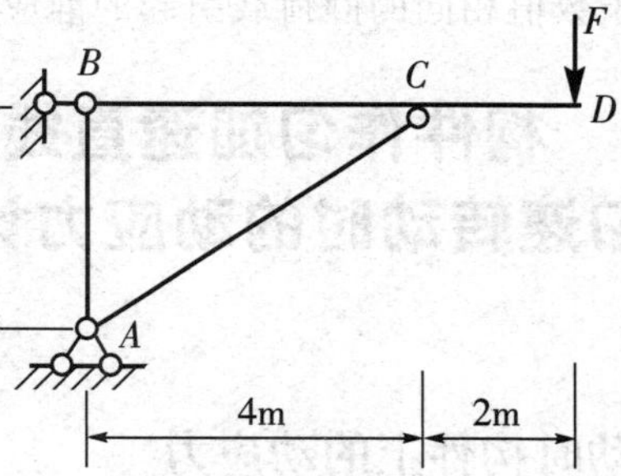

习题 18-18 图

第19章 动 荷 载

本章应用达朗贝尔原理和机械守恒定律，着重分析作匀加速直线运动和匀速转动时系统中构件的惯性力和冲击荷载两类问题。本章所讨论的问题仍然在线弹性范围内。

19.1 动荷载的概念

本书前面各章所讨论的都是构件在静荷载作用下强度、刚度和稳定性的计算问题。静荷载作用下产生的应力称为静载应力，简称静应力。静应力的特点：一是与加速度无关；二是不随时间改变而变化。

而在工程中一些高速旋转或者以很高的加速度运动的构件，以及承受冲击物作用的构件，其上作用的荷载，称为动荷载，构件上由于动荷载作用产生的应力称为动应力。一般情况下，动应力会达到很高的数值，大大高于数值相同的静荷载引起的静应力，从而导致构件或零件失效。

19.2 构件作匀加速直线运动和匀速转动时的动应力计算

19.2.1 匀加速度直线运动时构件上的动应力

对于以匀加速度作直线运动的构件，只要确定其加速度 a，就可以应用达朗贝尔原理施加惯性力，如果为集中质量 m，则惯性力为集中力，

$$F_{\mathrm{I}} = -ma \tag{a}$$

如果是连续分布质量，则作用在质量微元上的惯性力为

$$\mathrm{d}F_{\mathrm{I}} = -\mathrm{d}ma \tag{b}$$

然后，按照静荷载作用下的应力分析方法对构件进行动应力计算，以及强度与刚度设计，这种方法称为动静法。

现以实例来说明这类问题的解法。

以图 19-1(a)中的升降机为例，在开始吊起重量为 P 的吊笼瞬时，吊笼具有向上的加速度 a，按动静法，吊笼上便有方向向下的惯性力，如图 19-1(b)所示。这时吊起吊笼的钢索，除了承受吊笼的重量，还要承受吊笼上的惯性力，吊笼的重量则是钢索的静荷载。不计钢索的重量，钢索横截面上的内力是惯性力与静载荷之和

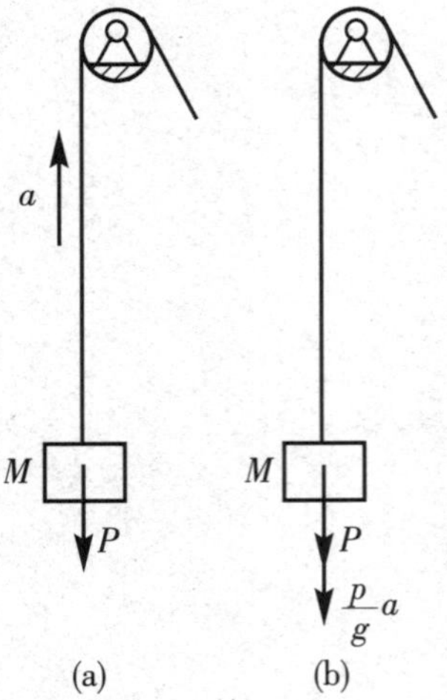

图 19-1

$$F_{\mathrm{Nd}} = F_{\mathrm{Nst}} + F_{\mathrm{I}} = P + \frac{P}{g}a \tag{c}$$

式中，F_{Nd} 为钢索的轴力；F_{Nst}，F_1 分别为静荷载与惯性力。

按照轴向拉伸时杆件的正应力公式，钢索横截面面积为 A，钢索横截面上的正应力为

$$\sigma_d=\frac{F_{Nd}}{A}=\frac{F_{Nst}+F_1}{A}=(1+\frac{a}{g})\frac{P}{A} \tag{d}$$

其中 $\sigma_{st}=\frac{P}{A}$ 为静应力，则动应力表达式可以写成静应力乘以一个大于 1 的系数的形式：

$$\sigma_d=(1+\frac{a}{g})\sigma_{st}=K_d\sigma_{st} \tag{19-1}$$

系数 K_d 称为动荷系数，也是动内力和静内力之比。对于作匀加速度直线运动的构件，根据式(19-1)动荷系数为

$$K_d=1+\frac{a}{g} \tag{19-2}$$

因此可直接求出动内力及动应力，建立动应力的强度条件为

$$\sigma_{dmax}=K_d\sigma_{stmax}\leqslant[\sigma] \tag{19-3}$$

式中 $[\sigma]$ 是钢索材料在静荷载作用下的许用应力。

【例 19-1】　如图 19-2(a)所示，一等直杆 AB 以匀加速度 a 上升，设杆长为 l，横截面积为 A，材料容重为 ρ，试分析杆内的应力情况。

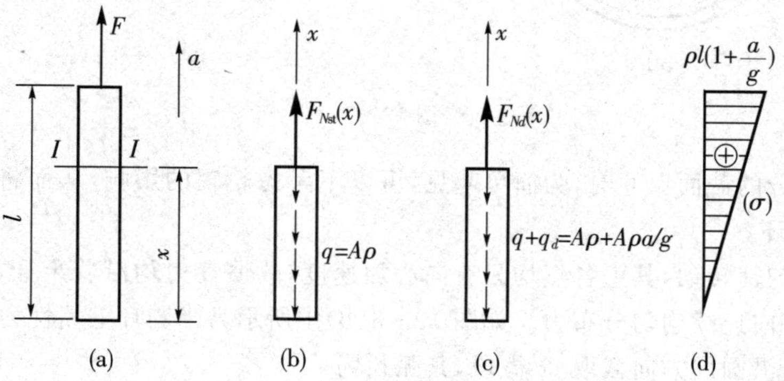

图 19-2

【解】　(1)在距下端距离为 x 处用 m—m 截面将杆件截开，见图 19-2(c)，假设这一横截面上的轴力为 $F_{Nd}(x)$，分析下段受力，由于加速度的方向向上，则在杆上应加上向下的分布惯性力 $\rho Ax\frac{a}{g}$，如图 19-2(c)，由静力平衡条件得

$$F_{Nd}(x)=\rho Ax+\rho Ax\frac{a}{g}=(1+\frac{a}{g})\rho Ax \tag{1}$$

横截面上的正应力为

$$\sigma_d=\frac{F_{Nd}}{A}=\rho x(1+\frac{a}{g}) \tag{2}$$

由于在自重作用下，杆件的静应力为

$$\sigma_{st}=\frac{F_{Nst}}{A}=\rho x \tag{3}$$

所以

$$\sigma_d=(1+\frac{a}{g})\sigma_{st}=K_d\sigma_{st} \tag{4}$$

这时杆件内的正应力是静载的1倍以上，且沿杆长按直线规律变化，如图19-2(d)所示。

19.2.2 构件作匀速转动时的动应力计算

旋转构件由于动应力而引起的失效问题在工程中也是很常见的，处理这类问题也可用动静法，首先分析构件的运动，确定其加速度，然后应用达朗贝尔原理，在构件上施加惯性力，最后按照静荷载的分析方法，确定构件的内力和应力。

考察图19-3(a)中以匀角速度 ω 旋转的飞轮。飞轮材料容重为 ρ，轮缘平均半径为 R，轮缘部分的横截面积为 A。

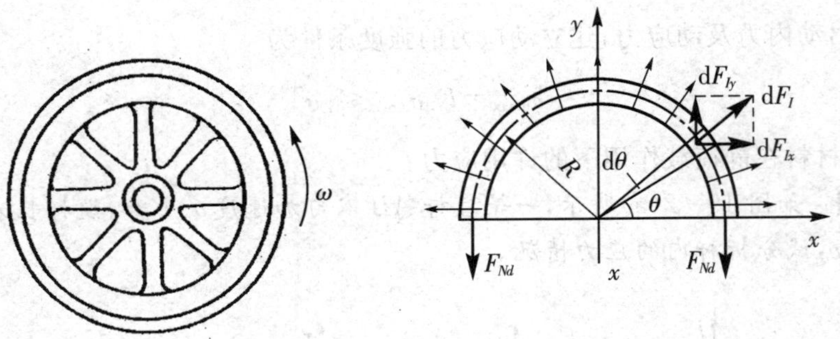

(a) (b)

图19-3

设计轮缘部分的截面尺寸时，为简单起见，可以不考虑轮辐的影响，从而将飞轮简化为平均半径等于 R 的圆环。

由于飞轮作匀速转动，其上各点均只有向心加速度，故惯性力均沿着半径方向、背向旋转中心，且为沿圆周方向连续均匀分布力。如图19-3(b)中所示为半圆环上惯性力的分布情形。

为求惯性力，沿圆周方向截取 $d\theta$ 微段，其弧长为

$$ds=Rd\theta \tag{e}$$

圆环微段的质量为

$$dm=\rho A ds/g=\rho AR d\theta/g \tag{f}$$

于是，圆环上的微段的惯性力大小为

$$dF_1=R\omega^2 dm=R^2\omega^2\rho A d\theta/g \tag{g}$$

为计算圆环横截面上的应力，采用截面法沿直径将圆环截为两个半环，其中一半环的受力如图19-3(b)所示。图中 F_{Nd} 为横截面上的环向拉力，左右对称。以圆心为原点，建立坐标系，由平衡方程，

$$\sum F_y=0 \tag{h}$$

有

$$\int_0^{\pi} \mathrm{d}F_1 \sin\theta - 2F_{\mathrm{Nd}} = 0 \tag{i}$$

式中，$\mathrm{d}F_1\sin\theta$ 为半圆环上微段的惯性力 $\mathrm{d}F_1$ 在 y 轴上的投影，将式(g)代入式(i)，飞轮轮缘横截面上的轴力为

$$F_{\mathrm{Nd}} = \frac{1}{2g}\int_0^{\pi} \rho A R^2 \omega^2 \sin\theta \mathrm{d}\theta = \rho A R^2 \omega^2 / g = \rho A v^2 / g \tag{j}$$

其中，v 为飞轮轮缘上任意点的速度。

当轮缘厚度远小于半径 R 时，圆环横截面上正应力可视为均匀分布，并用 σ_{d} 表示。于是，由式(j)可得飞轮轮缘横截面上的动应力为

$$\sigma_{\mathrm{d}} = \frac{F_{\mathrm{N}}\mathrm{d}}{A} = \rho v^2 / g \tag{19-4}$$

这说明，飞轮以匀速转动时，其轮缘中的动应力与轮缘上点的速度平方成正比。

设计时必须使动应力满足设计准则

$$\sigma_{\mathrm{d}} \leqslant [\sigma] \tag{19-5}$$

于是，由式(19-4)和式(19-5)得到一个重要结果

$$v \leqslant \sqrt{\frac{[\sigma]}{\rho} g} \tag{19-6}$$

这一结果表明，为保证飞轮具有足够的强度，对飞轮轮缘点的速度必须加以限制，使之满足式(19-6)。工程上将这一速度称为极限速度；对应的转动速度称为极限转速。

上述结果还表明，飞轮中的动应力与轮缘的横截面积无关。因此，增加轮缘部分的横截面积，无助于降低飞轮轮缘横截面上的动应力，对于提高飞轮的强度没有任何意义。

【例 19-2】 如图 19-4(a)所示，一等直杆端部连接一重量为 P 的重物，以角速度绕铅垂轴在水平面内转动。杆件长度为 l，杆的横截面积为 A，重量为 P_1。试求杆内最大的正应力和杆的伸长量。

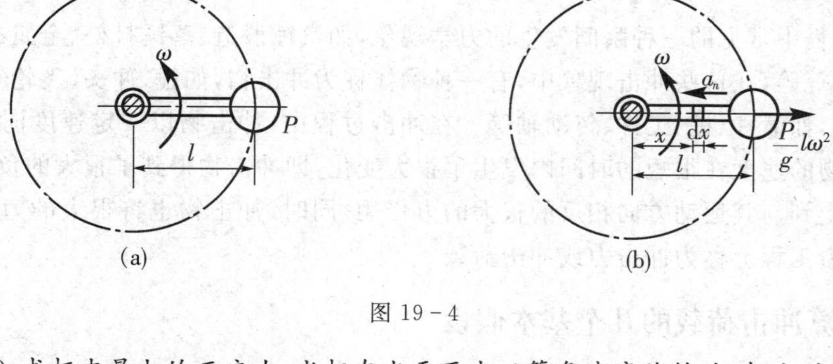

图 19-4

【解】 (1) 求杆内最大的正应力，当杆在水平面内以等角速度旋转时，杆上的各个质点具有数值不同的向心加速度，其值为

$$a_n = x\omega^2 \tag{1}$$

其中 x 为质点到轴心的距离。杆上各质点的加速度与各质点到轴心的距离成正比。杆的

一微段 $\mathrm{d}x$ 的惯性力为

$$\mathrm{d}F_1 = \frac{P_1}{gl}\mathrm{d}x \cdot x\omega^2 \tag{2}$$

重物有向心加速度 $a_n = l\omega^2$，则重物质心的惯性力为 $Pl\omega^2/g$，见图 19-4(b)所示。

为了确定杆内的最大正应力及杆的伸长量，首先必须确定杆横截面上的最大轴力，用假想截面在距轴心任意处 x 将杆截开，假设这一横截面上的轴力为 $F_{\mathrm{Nd}}(x)$，考察截面 x 以外部分的平衡，由静力平衡方程 $\sum F_x = 0$，可得距轴心 x 处截面的轴力

$$F_{\mathrm{Nd}}(x) = \int_x^l \frac{P_1}{gl}\omega^2 x\mathrm{d}x + \frac{P}{g}\omega^2 l = \frac{P_1}{2gl}\omega^2(l^2 - x^2) + \frac{P}{g}\omega^2 l \tag{3}$$

当 $x=0$ 时，即可求得杆在轴心截面的轴力，即杆横截面上的最大轴力

$$(F_{\mathrm{Nd}})_{\max} = \left(\frac{P_1}{2} + P\right)\frac{\omega^2 l}{g} \tag{4}$$

根据上述结果，即可计算杆在轴心处的横截面上的正应力最大，其值为

$$(\sigma_{\mathrm{d}})_{\max} = \frac{(F_{\mathrm{Nd}})_{\max}}{A} = \left(\frac{P_1}{2} + P\right)\frac{\omega^2 l}{Ag} \tag{5}$$

注：上述计算未考虑弯矩的影响。

(2) 求杆的伸长量，分析微段 $\mathrm{d}x$，该段上轴力为 $F_{\mathrm{Nd}}(x)$，则微段的伸长由胡克定律得

$$\Delta(\mathrm{d}x) = \frac{F_{\mathrm{Nd}}(x)\mathrm{d}x}{EA} \tag{6}$$

全杆的伸长为

$$\Delta l = \int \Delta(\mathrm{d}x) = \frac{1}{EA}\int_0^l \left[\frac{P_1\omega^2}{2gl}(l^2 - x^2) + \frac{P}{g}\omega^2 l\right]\mathrm{d}x = \frac{\omega^2 l^2(P_1 + 3P)}{3gEA} \tag{7}$$

19.3 冲击荷载作用下的应力和变形计算

冲击是工程中常见的一种瞬间发生的力学现象，如汽锤锻造、落锤打桩、金属冲压加工、传动轴的突然制动等等，在这些冲击现象中，有一种物体称为冲击物，如锤、冲头、飞轮等，另一种物体称为被冲击物，如锻件、桩、工件、传动轴等。在冲击过程中，冲击物以一定速度向着静止的构件冲击时，冲击物的速度在很短的时间内发生了很大变化，即冲击物得到了很大的负值加速度。这表明，冲击物受到与其运动方向相反的很大的力作用，同时，冲击物也将很大的力施加于被冲击构件上，这种力工程上称为冲击力或冲击荷载。

19.3.1 计算冲击荷载的几个基本假设

由于冲击是在瞬间发生的，冲击物的负值加速度很难精确测得，因此冲击荷载难以用动静法计算，但可以利用机械能守恒定律进行近似计算，这种方法是偏于安全的简化计算方法，工程中这种简化计算基于以下假设：

(1)假设冲击物是刚体，应变和应变能可以忽略不计，从开始冲击至冲击产生最大位移时，冲

击物与被冲击构件一起运动，而不发生回弹。

(2)忽略被冲击构件的质量，假设被冲击构件仍处在线弹性范围内，认为冲击荷载引起的应力和应变成正比，不考虑时间的影响。

(3)假设冲击过程中只有动能和势能(含应变能)的转化，机械能守恒定律成立，没有其他形式的能量损失。

19.3.2 冲击荷载的计算

现以简支梁受自由落体冲击作用为例，说明应用机械能守恒定律计算冲击荷载的近似方法。

如图 19－5 中所示一简支梁，设有一质量为 P 的物体，在其上方高度为 h 处自由下落，冲击在梁的中点。

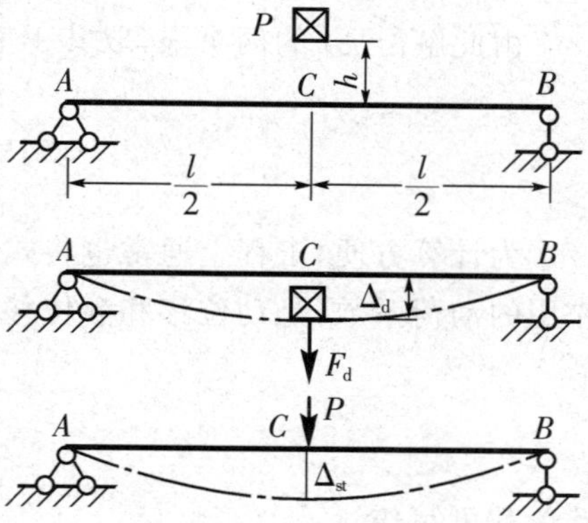

图 19－5

冲击瞬间，冲击荷载及梁中点的位移都达到最大值，二者分别用 F_d 和 Δ_d 表示，设冲击之前，梁没有发生变形时的位置为位置 1；冲击结束，即梁和重物运动到梁的最大变形的位置为位置 2。考察这两个位置时系统的动能和势能。

重物下落前和冲击结束时，其速度均为零，因而在位置 1 和 2，系统的动能均为零，即

$$E_{k1}=E_{k2}=0 \tag{a}$$

以位置 1 为重力势能零点，即系统在位置 1 的重力势能为零

$$E_{p1}=0 \tag{b}$$

则重物在位置 2 时的重力势能为

$$E_{p2}=-P(h+\Delta_d) \tag{c}$$

重物在位置 1 时的系统无变形，应变势能 $V_{\varepsilon 1}$ 为零

$$V_{\varepsilon 1}=0 \tag{d}$$

梁在位置 2 时的应变势能 $V_{\varepsilon 2}$ 等于冲击荷载 F_d 在冲击过程中所做的功，假设在冲击过程中，被冲击构件仍在弹性范围内，由于冲击过程中 F_d 和 Δ_d 都是由零开始增加到最终值，所以

$$V_{\varepsilon 2}=\frac{1}{2}F_d\ \Delta_d \tag{e}$$

而且，冲击力 F_d 和冲击位移 Δ_d 之间存在线性关系，即

$$F_d=k\Delta_d \tag{f}$$

k 为刚度系数，动荷载与静荷载的刚度系数相同。所以

$$V_{\varepsilon 2}=\frac{1}{2}k\Delta_d^2 \tag{j}$$

根据机械能守恒定律，重物下落前和冲击后，系统的机械能守恒，即

$$E_{k1}+E_{p1}+V_{\varepsilon 1}=E_{k2}+E_{p2}+V_{\varepsilon 2} \tag{h}$$

将式(a)至(j)代入(h)式后,有

$$P(h+\Delta_d)=\frac{1}{2}k\Delta_d^2 \tag{i}$$

考虑到静荷载时,$F_{st}=P$,且 $F_{st}=k\Delta_{st}$,Δ_{st}是重物 P 作为静荷载作用时的静位移,将 $k\Delta_{st}$代入上式,消去常数 k,整理得到 Δ_d 的一元二次方程:

$$\Delta_d^2-2\Delta_{st}\Delta_d-2\Delta_{st}h=0 \tag{j}$$

由此解出 Δ_d 的两个根,取其正值根

$$\Delta_d=(1+\sqrt{1+\frac{2h}{\Delta_{st}}})\Delta_{st}=K_d\Delta_{st} \tag{19-7}$$

为计算方便,工程上通常也将式(19-7)写成动荷系数的形式,K_d 为简支梁受自由落体冲击作用的动荷系数,是动位移和静位移之比,也是动荷载和静荷载之比

$$K_d=(1+\sqrt{1+\frac{2h}{\Delta_{st}}}) \tag{19-8}$$

动荷载可写作

$$F_d=K_dF_{st}=(1+\sqrt{1+\frac{2h}{\Delta_{st}}})P \tag{19-9}$$

这一结果表明,构件承受的冲击荷载是静荷载的若干倍数,最大冲击荷载与静位移有关,即与梁的刚度有关,梁的刚度愈小,静位移愈大,冲击载荷将相应的减少。设计承受冲击荷载的构件时,应当充分利用这一特性,以减少构件所承受的冲击力。

若令式(19-9)中 $h=0$,得到

$$F_d=2P \tag{19-10}$$

这等于将重物突然放置在梁上,这时梁上的实际荷载是重物重量的两倍。这种荷载称为突加荷载。

由冲击荷载引起的应力也可以用动荷系数表示

$$\sigma_d=K_d\sigma_{st} \tag{19-11}$$

当冲击开始瞬间,冲击物的速度为 v,那么式(19-8)中的 h 可以用$\frac{v^2}{(2g)}$来代替,则

$$K_d=(1+\sqrt{1+\frac{v^2}{g\Delta_{st}}}) \tag{19-12}$$

上述计算过程,不考虑有任何其他形式能量的损失,所以冲击荷载较实际高,依此进行强度计算结果偏于安全。

【例 19-3】 如图 19-6 所示,直径为 $d=300$ mm,长为 $l=6$ m 的圆木桩,下端固定,上端受重 $P=5$ kN 的重锤作用,木材的 $E=10$ GPa,求:(1)重锤以静荷载的方式作用于木桩上,木桩内的最大正应力;(2)重锤从离桩顶 1 m 的高度处自由落下,木桩内的最大正应力。

【解】 (1)重锤以静荷载的方式作用于木桩,木桩内的最大正应力为

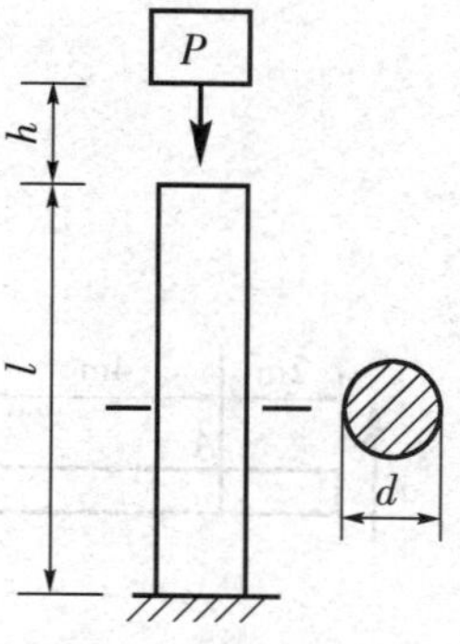

图 19-6

$$\sigma_{st}=\frac{P}{A}=\frac{5\times10^3\ \text{N}}{\frac{\pi}{4}\times300^2\times10^{-6}\ \text{m}^2}$$

$$=0.0707\times10^6\ \text{Pa}=0.0707\ \text{MPa}$$

(2)重锤从 $h=1$ m 的高度处自由下落

$$\Delta_{st}=\frac{Pl}{EA}=\frac{5\times10^3\times6\ \text{N}\cdot\text{m}}{10\times10^9\times\frac{\pi}{4}\times300^2\times10^{-6}\ \text{Pa}\cdot\text{m}^2}$$

$$=4.25\times10^{-5}\ \text{m}$$

动荷系数

$$K_d=1+\sqrt{1+\frac{2h}{\Delta_{st}}}=1+\sqrt{1+\frac{2\times1\ \text{m}}{4.25\times10^{-5}\ \text{m}}}=218$$

故木桩内的最大正应力为

$$\sigma_d=K_d\sigma_{st}=218\times0.0707\ \text{MPa}=15.4\ \text{MPa}$$

由上述计算可见,重锤从高度为 h 处自由下落冲击木桩时的动荷系数竟高达 $K_d=218$,因此在工程中应尽力避免冲击作用。

思考题

19—1 什么是动荷载?它与静荷载有什么不同?

19—2 动荷载是否一定大于静荷载?为什么?

19—3 什么是动荷系数?

19—4 胡克定律在动荷问题中能否使用?有什么条件?

19—5 汽车的轮子要提高强度,应采取什么措施?

19—6 在计算冲击问题的动荷系数时,要用到 Δ_{st},试说明 Δ_{st} 是什么荷载作用在何处产生的,是什么性质的位移?

习 题

19—1 图示,一起重机起吊重物 $P=40$ kN,以等加速度 $a=2\ \text{m/s}^2$ 向上提升,设绳索长为 $l=200$ m,绳索的材料密度为 $\rho=18$ N/m,其容许应力为$[\sigma]=80$ MPa。试确定绳索的横截面面积 A。

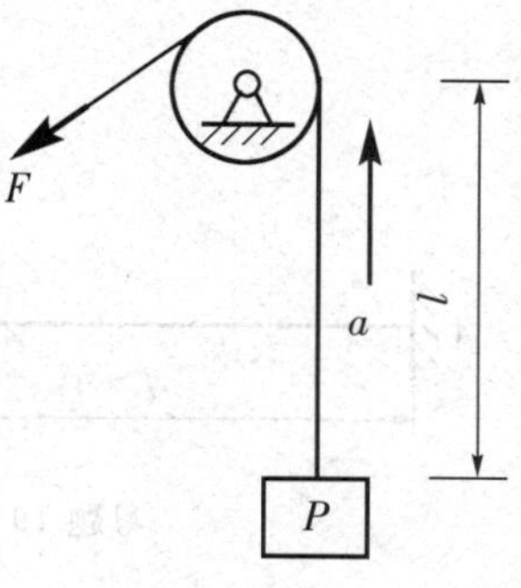

习题 19-1 图

19—2 如图所示,用两根吊索将长度为 12 m 的 16 号工字钢在图示位置以 $a=10\ \text{m/s}^2$ 的加速度平行地面向上提升,试求工字钢内的最大动应力。

19—3 如图所示,飞轮的最大圆周速度 $v=25$ m/s,材料的密度 $\rho=72.6\ \text{kN/m}^3$,如不计轮辐的影响,试求轮缘内的最大正应力。

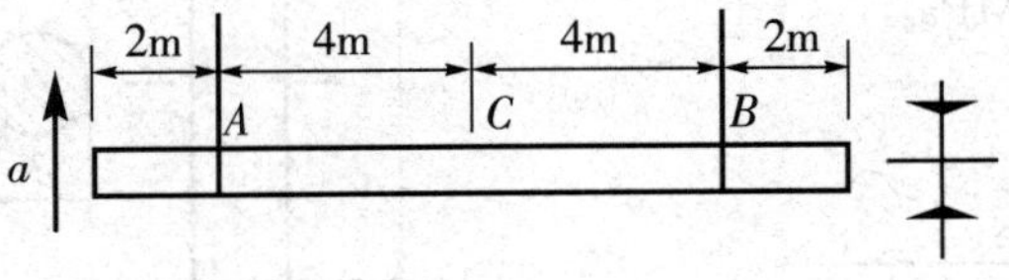

习题 19-2 图

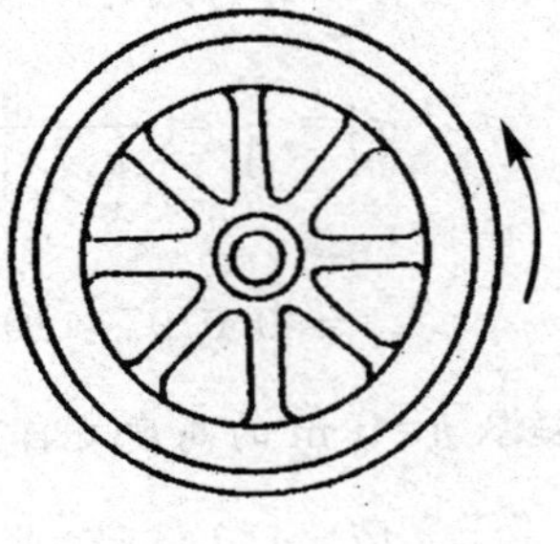

习题 19-3 图

19—4 如图所示,机车匀速前进,车轮以匀角速度 ω 运转,AB 杆连接两车轮,长为 $l=2$ m,横截面为矩形 $b=30$ mm,$h=60$ mm,材料密度为 $\rho=8\times10^3$ kg/m^3,曲柄长 $r=0.3$ m,车轮转速 $n=300$ r/min,求连杆内的最大正应力。

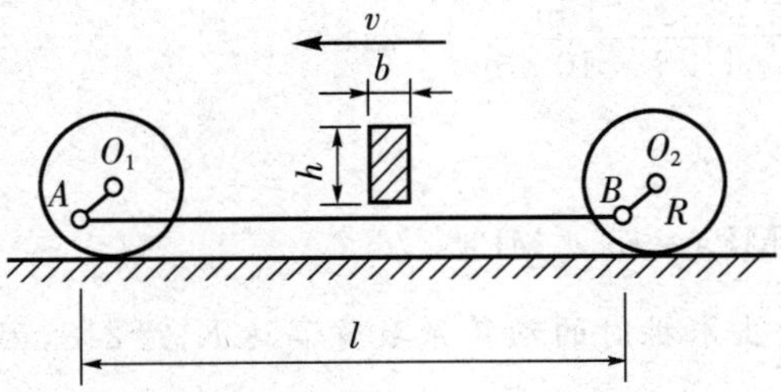

习题 19-4 图

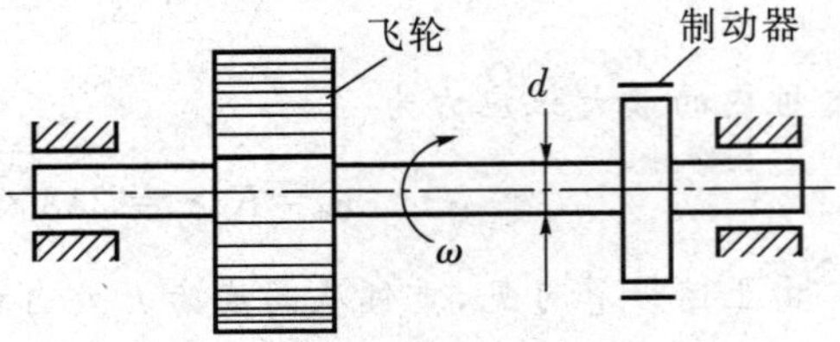

习题 19-5 图

19—5 如图所示,直径为 $d=100$ mm 的轴上装有转动惯量 $J_x=500$ kg·m^2 的飞轮。轴的转速为 $n=300$ r/min。制动器开始作用后,在 20 转内将飞轮刹停,试求轴内最大剪应力。设在制动器作用前,轴已与驱动装置脱开,且不计轴承内摩擦力。

19—6 如图所示,一悬臂梁,A 端固定,自由端 B 的上方有一重物自由落下,撞击自由端。梁的弹性模量为 $E=10$ GPa,梁长 $l=2$ m,截面为 120 mm×200 mm 的矩形,重物高度为 40 mm,重量为 $P=1$ kN。求:(1)梁所受的冲击载荷;(2)梁横截面上的最大冲击正应力与最大冲击挠度。

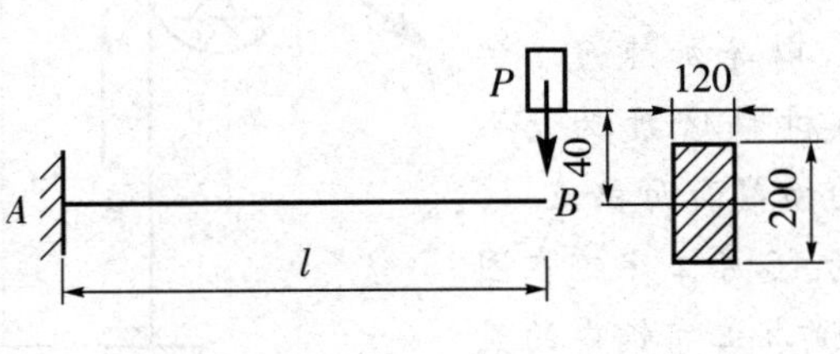

习题 19-6 图

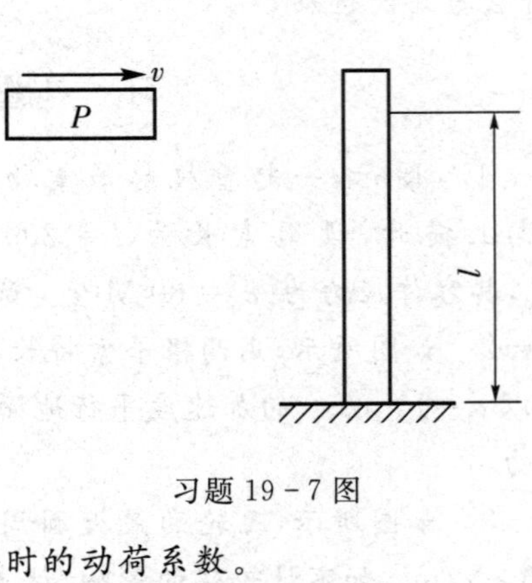

习题 19-7 图

19—7 如图所示,试导出冲击物水平方向冲击杆件时的动荷系数。

19—8 如图所示,钢杆的下端有一圆盘,其上有一弹簧,弹簧在 1 kN 的静荷载作用下缩短

0.0625 cm，钢杆直径 $d=4$ cm，$l=4$ m，许用应力$[\sigma]=120$ MPa，$E=200$ GPa，若有重为 15 kN 重物自由下落，求其许可的高度 h。如没有弹簧，许可的高度又将为多少？

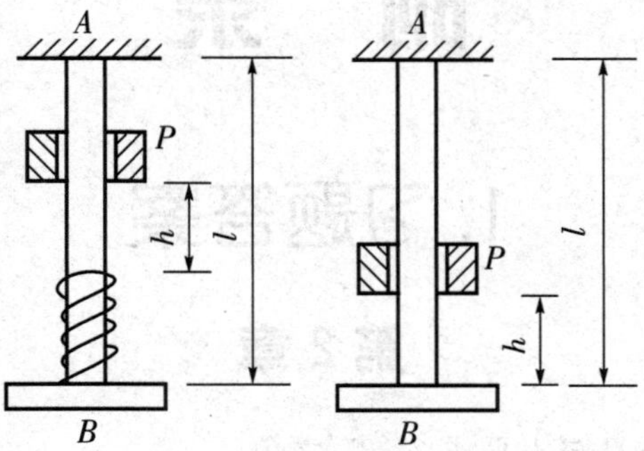

习题 19-8 图

19—9 重为 P 的重物，自高度 H 自由下落在图示的简支梁上。设梁的弹性模量 E、截面惯性矩 I_z 及抗弯截面模量 W_z 为已知，试求冲击时梁内的最大正应力和梁中间截面的挠度。

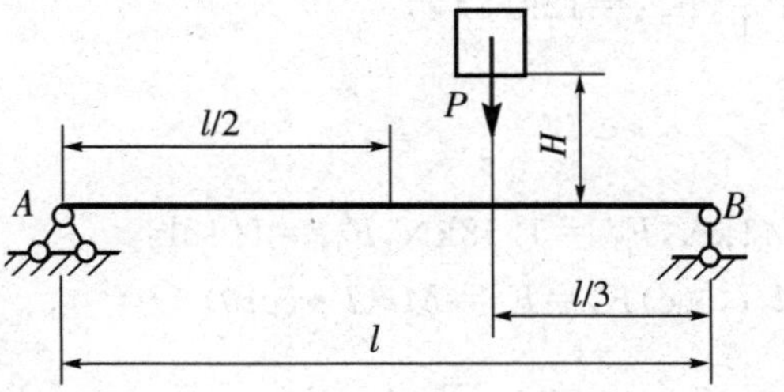

习题 19-9 图

19—10 图示一钢梁左端吊在一弹簧上，右端置于一弹簧上，重量为 $P=40$ kN 的重物自高度 $h=15$ mm 处自由下落，冲击在梁的中点处，已知两弹簧的刚度系数 $k=25.32$ N/m，钢梁的弹性模量 $E=210$ MPa，梁的截面为 $b=40$ mm，$h=8$ mm 的矩形，求梁内的最大冲击正应力。

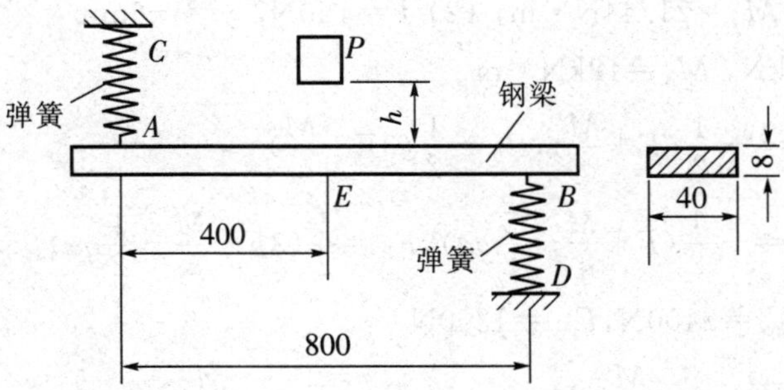

习题 19-10 图

附　录

1. 习题答案

第 2 章

2－1　$F_R=5kN$,指向左下方且与水平成 $38°27'$之角

2－2　$F_{AB}=54.64kN$(拉),$F_{CB}=74.64kN$(压)

2－3　$F_{TAC}=0.974kN$,$F_{TBC}=0.684kN$

2－4　$F_{NA}=P\tan\alpha$,$F_{NC}=P\sec\alpha$,$AC=l\cos^2\alpha$

2－5　$F=15kN$,$\alpha=\arctan\frac{3}{4}$,$F_{\min}=12kN$

2－6　$M_A(\boldsymbol{F})=-15N\cdot m$

2－7　$F_N=1.07kN$

2－8　$F_{T1}=1kN$, $F_{T2}=1.41kN$,$F_{T3}=1.58kN$,$F_{T4}=1.15kN$

2－9　(a)、(b)$F_A=F_B=M/l$, (c)$F_A=F_B=M/(l\cdot\cos\theta)$

2－10　$F_A=F_C=\dfrac{M}{2\sqrt{2}a}$

2－11　$F=\dfrac{M}{a}\cot2\theta$

第 3 章

3－1　(1)$F'_R=150N$, $M_O=21.44N\cdot m$, (2) $F=150N$, $y=-6mm$

3－2　$F_{Ax}=0$, $F_{Ay}=6kN$, $M_A=12kN\cdot m$

3－3　(a)$F_{Ax}=0$, $F_{Ay}=-\frac{1}{2}(F+\frac{M}{a})$,$F_B=\frac{1}{2}(3F+\frac{M}{a})$

(b)$F_{Ax}=0$, $F_{Ay}=-\frac{1}{2}(F+\frac{M}{a}-\frac{5}{2}qa)$,$F_B=\frac{1}{2}(3F+\frac{M}{a}-\frac{1}{2}qa)$

3－4　$F_{BC}=848.5N$,$F_{Ax}=2400N$,$F_{Ay}=1200N$

3－5　(a)$F_{Ax}=\frac{M}{a}\tan\theta$,$F_{Ay}=-\frac{M}{a}$, $M_A=-M$,$F_B=F_C=\frac{M}{a\cos\theta}$

(b)$F_{Ax}=\frac{qa}{2}\tan\theta$, $F_{Ay}=\frac{1}{2}qa$, $M_A=\frac{1}{2}qa^2$,$F_{Bx}=\frac{qa}{2}\tan\theta$,$F_{By}=\frac{1}{2}qa$, $F_C=\frac{qa}{2\cos\theta}$

3－6　$F_{Ax}=-F_{Bx}=120kN$,$F_{Ay}=F_{By}=300kN$

3－7　$F_A=-15kN$,$F_B=40kN$,$F_C=5kN$,$F_D=15kN$

3－8　$F_{Ax}=1200N$,$F_{Ay}=150N$,$F_B=1050N$,$F_{BC}=1500N$(压)

3－9　$F_{Ax}=0$,$F_{Ay}=15.1kN$,$M_A=68.4kN\cdot m$,$F_{Bx}=-22.8kN$,$F_{By}=-17.85kN$,

$F_{Cx}=22.8\text{kN},F_{Cy}=4.55\text{kN}$

3—10 $F_{Ax}=-60\text{kN},F_{Ay}=30\text{kN},F_{BD}=100\text{kN},F_{BC}=-50\text{kN},F_{Ex}=60\text{kN},F_{By}=30\text{kN}$

3—11 $F_{Ax}=0,F_{Ay}=-\dfrac{M}{2a},F_{Dx}=0,F_{Dy}=\dfrac{M}{a},F_{Bx}=0,F_{By}=-\dfrac{M}{2a}$

3—12 $F_4=21.83\text{kN}$(拉)，$F_5=16.73\text{kN}$(拉)，$F_7=-20\text{kN}$(压)，$F_{10}=-43.64\text{kN}$(压)

3—13 $P_2=333.3\text{kN},x=6.75\text{m}$

3—14 $F_1=-5.333F$(压)，$F_2=2F$(拉)，$F_3=-1.667F$(压)

3—15 $F_1=-\dfrac{4}{9}F$(压)，$F_2=-\dfrac{2}{3}F$(压)，$F_3=0$

第 4 章

4—1 $M_z=-101.4\text{N}\cdot\text{m}$

4—2 $M=Fa\sin\beta\sin\theta$

4—3 $M_x(\boldsymbol{F})=0$, $M_y(\boldsymbol{F})=80\text{N}\cdot\text{m}$, $M_z(\boldsymbol{F})=-50\text{N}\cdot\text{m}$, $M_O(\boldsymbol{F})=80j-50k\,\text{N}\cdot\text{m}$

4—4 $\sum M_x(\boldsymbol{F})=8680\text{N}\cdot\text{cm}$, $\sum M_y(\boldsymbol{F})=2160\text{N}\cdot\text{cm}$, $\sum M_z(\boldsymbol{F})=-860\text{N}\cdot\text{cm}$

4—5 $M_x=\dfrac{F}{4}(h-3r)$, $M_y=\dfrac{\sqrt{3}}{4}F(r+h)$, $M_z=-\dfrac{Fr}{2}$

4—6 $F_A=F_B=-26.39\text{kN}$(压)，$F_C=33.36\text{kN}$(拉)

4—7 $F_{CA}=-\sqrt{2}P$(压)，$F_{BD}=P(\cos\theta-\sin\theta)$，$F_{BE}=(\cos\theta+\sin\theta)$，$F_{AB}=-\sqrt{2}P\cos\theta$

4—8 $M=438\text{N}\cdot\text{cm},\alpha=76.82^\circ,\beta=166.66^\circ,\gamma=86.57^\circ$

4—9 $F_{Ax}=F_{Bx}=-1.5\text{N},F_{Az}=F_{Bz}=2.5\text{N}$

第 5 章

5—1 $F_{Rx}=345.4\text{kN}$, $F_{Ry}=249.6\text{kN}$, $F_{Rz}=10.56\text{kN}$

$M_z=-51.78\text{kN}\cdot\text{m}$, $M_y=-36.65\text{kN}\cdot\text{m}$, $M_z=103.6\text{kN}\cdot\text{m}$

5—2 $F_{N1}=25\text{N}$, $F_{N2}=525\text{N}$, $F_{N3}=450\text{N}$

5—3 $F_A=8.34\text{kN}$, $F_B=78.34\text{kN}$, $F_C=43.33\text{kN}$

5—4 $F_{Ox}=-5\text{kN}$, $F_{Oy}=-30\text{kN}$, $F_{Oz}=0$

$M_{Ox}=16\text{kN}\cdot\text{m}$, $M_{Oy}=-30\text{kN}\cdot\text{m}$, $M_{Oz}=20\text{kN}\cdot\text{m}$

5—5 $F_3=4\text{kN}$, $F_4=2\text{kN}$, $F_{Ax}=-6.375\text{kN}$, $F_{Az}=1.299\text{kN}$, $F_{Bx}=-4.125\text{kN}$,

$F_{Bz}=3.897\text{kN}$

5—6 $Q=36\text{N},F_{Ax}=-69.3\text{kN}$, $F_{Az}=160\text{N},F_{Bx}=17.3\text{N},F_{Bz}=230\text{N}$

5—7 $F_1=F_5=-F$, $F_3=F$, $F_2=F_4=F_6=0$

5—8 $F_{DE}=667\text{N},F_{Mx}=133\text{N},F_{Mz}=500\text{N},F_{Kx}=-667\text{N},F_{Kz}=-100\text{N}$

5—9 $x_C=\dfrac{r_1r_2^2}{2(r_1^2-r_2^2)}$

5—10 (a)$x_C=0$, $y_C=60.8\text{mm}$

(b)$x_C=110\text{mm},y_C=0$

5—11 $x_C=135\text{mm},y_C=140\text{mm}$

5－12　$x_C=2.02\text{m}, y_C=1.15\text{m}, z_C=0.716\text{m}$

5－13　$h=\frac{r}{\sqrt{2}}$

第 6 章

6－1　$s=0.456l$

6－2　$f_s=\frac{1}{2\sqrt{3}}$

6－3　$l_{\min}=100\text{mm}$

6－4　$\frac{M\sin(\theta-\varphi)}{l\cos\theta\cos(\beta-\varphi)}\leqslant F\leqslant\frac{M\sin(\theta+\varphi)}{l\cos\theta\cos(\beta+\varphi)}$

6－5　$b_{\min}=\frac{f_s h}{3}$,与门重无关

6－6　$b\leqslant110\text{m}$

6－7　$49.61\text{N}\cdot\text{m}\leqslant M_C\leqslant70.39\text{N}\cdot\text{m}$

6－8　$\frac{\sin\theta-f_s\cos\theta}{\cos\theta+f_s\sin\theta}P\leqslant F\leqslant\frac{\sin\theta+f_s\cos\theta}{\cos\theta-f_s\sin\theta}P$

6－9　$f_s=0.223$

6－10　$40.21\text{kN}\leqslant P_E\leqslant104.2\text{kN}$

第 8 章

8－1　(a)$F_{N1}=0$, $F_{N2}=-F$, $F_{N3}=0$

(b)$F_{N1}=F$, $F_{N2}=-F$, $F_{N3}=F$

8－2　$F_{N1}=-20\text{kN}, \sigma=-100\text{MPa}; F_{N2}=-10\text{kN}, \sigma=-33.3\text{MPa}; F_{N3}=10\text{kN}, \sigma=25\text{MPa}$

8－3　$\sigma=10\text{MPa}$

8－4　$\Delta l_{\text{I}}=0.5\text{mm}, \Delta l_{\text{II}}=0, \Delta l_{\text{III}}=-1\text{mm}$

$\varepsilon_{\text{I}}=0.05\%$, $\varepsilon_{\text{II}}=0$, $\varepsilon_{\text{III}}=-0.05\%$

$\Delta l=-0.5\text{mm}$

8－5　$\Delta_A=10.27\text{mm}$,与水平轴成 74.05°

8－6　$x=1.08\text{m}$,1 杆的 $\sigma=43.93\text{MPa}$,2 杆的 $\sigma=33\text{MPa}$

8－7　$A_1=0.576\text{m}^2$, $A_2=0.665\text{m}^2$, $\Delta A=2.24\text{mm}$

8－8　$\sigma_{AB}=74\text{MPa}$　满足强度条件

8－9　$d\geqslant9.2\text{mm}$

8－10　$2L20\times3$

8－11　$W=30\text{kN}$

8－12　$[F]=97.1\text{kN}$

8－13　最大拉力 $F_N=\frac{7}{4}F$,最大压力 $F_N=\frac{5}{4}F$

8－14　$F_{N1}=\frac{5}{6}P, F_{N2}=\frac{1}{3}P, F_{N3}=-\frac{1}{6}F$

8－15　$F_{N1}=1.33kN$(压)，$F_{N2}=2.66kN$(拉)，$F_{N3}=1.33kN$(压)

8－16　$\sigma_{上}=-64MPa$，$\sigma_{下}=-32MPa$

第 9 章

9－1　$h \geqslant 13.3mm$

9－2　钢丝的切应力 $\tau_A=51MPa$，销子的切应力 $\tau_C=61.2MPa$

9－3　$\tau=59.7MPa$，$\sigma_{bs}=94MPa$

9－4　$\delta=80mm$

9－5　$l=200mm$，$a=20mm$

9－6　$\tau=137MPa$，$\sigma_{bs}=172MPa$，$\sigma=172MPa$

9－7　$\tau=0.77MPa$，$(\sigma_{bs})_{0^\circ}=0.577MPa$，$(\sigma_{bs})_{90^\circ}=0.78MPa$

第 10 章

10－1　$y_C=0.275m$，$S_{z_0}=-2\times10^{-2}m^3$

10－2　(a)$I_{z_0}=\dfrac{\pi}{64}(d_1^4-d_2^4)$；(b)$I_{z_0}=\dfrac{1}{12}(a_1^4-a_2^4)$

10－4　$I_{z_0}=0.878\times10^{-2}m^4$

10－5　$I_z=\dfrac{1}{3}a^4$，$I_p=\dfrac{2}{3}a^4$

10－6　$I_{z_0}=\dfrac{bh^3}{36}$，$I_{z_1}=\dfrac{bh^3}{12}$

10－7　$a=9.76\times10^{-2}m$

10－8　$I_{z_0}=1.15\times10^{-2}m^4$，$y_C=0.302m$

10－9　$I_{z_0}=0.468\times10^{-3}m^4$

10－10　$I_y=I_z=I_{y_1}=I_{z_1}=\dfrac{a^4}{12}$

10－12　$I_{z_0}=3.21\times10^6mm^4$，$I_{y_0}=0.57\times10^6mm^4$，$\alpha_0=23.8^\circ$

第 11 章

11－2　$m=0.133kN\cdot m/m$

11－3　(a)$T_{AC}=200N\cdot m$，$T_{CD}=400N\cdot m$，$T_{DB}=1000N\cdot m$

(b)AC:$\tau_{max}=1.99MPa$，CD:$\tau_{max}=3.98MPa$，DB:$\tau_{max}=9.95MPa$，$\varphi=0.505^\circ$

(c)直径可减少 15%

11－4　(1)$\tau_A=71.4MPa$，$\tau_B=71.4MPa$，$\tau_C=35.7MPa$

(2)$\tau_{max}=71.4MPa$

(3)$\varphi=1.02^\circ$

11－5　$d=63mm$

11－6　$d=78mm$

11－7　(1)$\tau_{max}=46.5MPa$，(2)$P=71.7kW$

11—8　$\tau_{max}=47.8MPa$，$\varphi_{max}=0.015rad$

11—9　$v=0.3$

11—10　$d\geqslant 111mm$

11—11　$\tau=2.64MPa$,安全

11—12　$\tau_{AC}=49.4MPa<[\tau]$,$\tau_{DB}=21.3MPa<[\tau]$

$\theta_{max}=1.77°/m<[\theta]$,安全

11—13　$M_e=0.723kN\cdot m$，$\tau_{max}=57.6MPa$

11—14　$\tau_{max}=54MPa$,其方向与水平轴成0.206rad角

11—15　$\tau_{max}=125MPa$，$\varphi=18.4°$

11—16　$M_A=\frac{b}{l}M_e$,$M_B=\frac{a}{l}M_e$

第12章

12—1　(a)$F_{S1}=1.2kN$，$M_1=-0.6kN\cdot m$

(b)$F_{S1}=0$，$M_1=-2kN\cdot m$;$F_{S2}=-5kN$，$M_2=-12kN\cdot m$

(c)$F_{S1}=2kN$,$M_1=6kN\cdot m$;$F_{S2}=-3kN$,$M_2=6kN\cdot m$

(d)$F_{S1}=4kN$,$M_1=4kN\cdot m$;$F_{S2}=4kN$,$M_2=-6kN\cdot m$

(e)$F_{S1}=-5kN$,$M_1=18kN\cdot m$

(f)$F_{S1}=-\frac{q_0 l}{8}$，$M_1=-\frac{q_0 l^2}{48}$

12—2　(a)$F_S=F$，$M=\frac{Fl}{3}$

(b)$F_S=7kN$，$M=2kN\cdot m$

(c)$F_S=-7kN$,$M=17kN\cdot m$

(d)$F_S=-2kN$,$M=4kN\cdot m$

第13章

13—1　$\sigma_a=-4.6MPa$,$\sigma_b=-2.3MPa$,$\sigma_c=0$,$\sigma_d=2.3MPa$

13—2　$\sigma_{max}=84.39MPa$

13—3　$\sigma_{t,max}=15.09MPa$,$\sigma_{c,max}=9.6MPa$

13—4　$[F]=29MPa$

13—5　$d=145mm$

13—6　$\sigma_{max}=40.7MPa$

13—7　$d=227mm$

13—8　$\sigma_{max}=7.05MPa$,$\tau_{max}=0.478MPa$

13—9　No22b

13—10　$[F]=1.85kN$

13—11　$[F]=3.94kN$

13—12　$h=208mm$，$b=138.7mm$

第14章

14—1　(1)$\theta_B=\frac{ql^3}{6EI}$，$v_B=\frac{ql^4}{8EI}$　(2)$\theta_B=\frac{M_e l}{EI}$，$v_B=\frac{M_e l^2}{2EI}$

14—2 (1)$\theta_A=\dfrac{M_e l}{3EI}$, $\theta_B=-\dfrac{M_e l}{6EI}$, $v_C=\dfrac{M_e l}{16EI}$ (2)$\theta_A=\theta_B=-\dfrac{M_e l}{24EI}$, $v_C=0$

14—3 (1)$\theta_A=-\dfrac{7Fl^2}{24EI}$, $v_A=\dfrac{Fl^3}{8EI}$ (2)$\theta_C=-\dfrac{ql^3}{96EI}$, $v_C=-\dfrac{ql^4}{384EI}$

14—4 $\theta_C=-\dfrac{5Fa^2}{2EI}$, $v_C=-\dfrac{7Fa^3}{2EI}$

14—5 $\theta_C=-\dfrac{ql^3}{144EI}$, $v_C=0$

14—6 $v=\dfrac{ql}{4E}\left(\dfrac{5l^3}{8bh^3}+\dfrac{a}{F}\right)$

14—7 $\dfrac{v_{max}}{l}=3.75\times10^{-3}$

14—8 选 25a 号工字钢

14—10 (1) $F_N=\dfrac{FAl^3}{3Ia+Al^3}$ (2)$F_N=\dfrac{5Al^4}{24(Al^3+16aI)}q$

第 15 章

15—1 (a)$\sigma_\alpha=-100\text{kPa}$, $\tau_\alpha=200\text{kPa}$
$\sigma_1=560.6\text{kPa}$, $\sigma_3=-160.6\text{kPa}$, $\tau_{max}=360.6\text{kPa}$

(b)$\sigma_\alpha=409.8\text{kPa}$, $\tau_\alpha=-63.4\text{kPa}$
$\sigma_1=416.2\text{kPa}$, $\sigma_3=-216.2\text{kPa}$, $\tau_{max}=316.2\text{kPa}$

(c)$\sigma_\alpha=-350\text{kPa}$, $\tau_\alpha=-150\text{kPa}$
$\sigma_1=100\text{kPa}$, $\sigma_3=-400\text{kPa}$, $\tau_{max}=250\text{kPa}$

(d)$\sigma_\alpha=148.2\text{kPa}$, $\tau_\alpha=56.7\text{kPa}$,
$\sigma_1=156.2\text{kPa}$, $\sigma_3=-256.2\text{kPa}$, $\tau_{max}=206.2\text{kPa}$

15—2 (a)$\sigma_\alpha=-150\text{kPa}$, $\tau_\alpha=-50\text{kPa}$,
$\sigma_1=454.1\text{kPa}$, $\sigma_3=-154.1\text{kPa}$, $\tau_{max}=304.1\text{kPa}$

(b)$\sigma_\alpha=159.8\text{kPa}$, $\tau_\alpha=323.2\text{kPa}$,
$\sigma_1=360.6\text{kPa}$, $\sigma_3=-360.6\text{kPa}$, $\tau_{max}=360.6\text{kPa}$

(c)$\sigma_\alpha=-150\text{kPa}$, $\tau_\alpha=-350\text{kPa}$,
$\sigma_1=256.2\text{kPa}$, $\sigma_3=-156.2\text{kPa}$, $\tau_{max}=206.2\text{kPa}$

(d)$\sigma_\alpha=-621.4\text{kPa}$, $\tau_\alpha=156.7\text{kPa}$,
$\sigma_1=153.1\text{kPa}$, $\sigma_3=-653.1\text{kPa}$, $\tau_{max}=403.1\text{kPa}$

15—7 (a)$\sigma_1=\sigma$, $\sigma_2=\sigma_3=0$, $\tau_{max}=\dfrac{\sigma}{2}$

(b)$\sigma_1=\tau$, $\sigma_2=0$, $\sigma_3=-\tau$, $\tau_{max}=\tau$

(c)$\sigma_1=0$, $\sigma_2=\sigma_3=-\sigma$, $\tau_{max}=\dfrac{\sigma}{2}$

(d)$\sigma_1=\sigma_2=\sigma$, $\sigma_3=0$, $\tau_{max}=\dfrac{\sigma}{2}$

15—9 (a)$\tau_{max}=20\text{MPa}$, (b)$\tau_{max}=25\text{MPa}$, (c)$\tau_{max}=33\text{MPa}$, (d)$\tau_{max}=27.7\text{MPa}$

15－10 [F]＝370kN

15－11 τ_A＝±10MPa,其作用面与梁的横截面成$\frac{\pi}{4}$rad 角。

15－12 σ_a＝－2MPa，σ_b＝－12.5MPa,τ_b＝1.875MPa,$\alpha_{1,b}$＝－81.65°

15－13 θ＝－0.000272

15－14 (a)θ＝－0.00014,v_ε＝49950Nm

(b)θ＝0.00016，v_ε＝60200Nm

15－15 (a)σ_{r2}＝26MPa，(b)σ_{r3}＝53.86MPa，σ_{r4}＝46.91MPa，(c)σ_{r4}＝37.75MPa

15－16 σ_{r3}＝96.9MPa，σ_{r4}＝94.1MPa

15－17 σ_{r3}＝183MPa

第 16 章

16－1 $\sigma_{\max}$＝79.1MPa

16－2 $\sigma_{\max}$＝10.53MPa，$v_{\max}$＝20.56mm

16－3 h≥141mm，b≥94mm

16－4 [q]＝1.39kN/m

16－5 $\sigma_{t,\max}$＝6.37MPa,$\sigma_{c,\max}$＝－6.62MPa

16－6 $\sigma_{\max}$＝122MPa

16－7 σ_A＝0，σ_B＝－1.34MPa

16－8 $\sigma_{\max}$＝62.1MPa

16－9 [q]＝7.13kN/m

16－10 $\sigma_{t,\max}$＝0.648MPa，h＝0.372m

16－11 (a)截面核心是一正方形,其对焦顶点在两对称轴上,相对两顶点间的距离为 36.4mm。

(b)截面核心是一平行四边形,四个顶点分别在两对称轴上,两顶点之间距离分别为 4.16mm 和 8.34mm。

16－12 厚度 δ＝2.65mm

16－13 σ_{r3}＝66.88MPa

16－14 d≥88.4mm

第 17 章

17－1 (d)最大，(b)最小。

17－2 (1)F_{cr}＝54.5kN，(2) F_{cr}＝89.24kN，(3)F_{cr}＝352.1kN

17－3 F_{cr}＝366kN

17－4 不安全

17－5 [F_{cr}]＝376kN

17－6 稳定

17－7 d＝193.7mm

17－8 [F]＝15.5kN

第 18 章

18－1 $V_\varepsilon=\dfrac{F^2l}{2EI_z}$，$V_\varepsilon=\dfrac{F^2l}{6EI_z}$

18－2 $V_\varepsilon=\dfrac{m^2l^3}{6GI_p}$

18－3 $V_\varepsilon=144\text{N}\cdot\text{m}$

18－4 $V_\varepsilon=0.224\text{N}\cdot\text{m}$

18－5 $\Delta_{Bx}=\dfrac{Fl}{EA}\cot\theta$，$\Delta_{By}=\dfrac{Fl(1+\cos^3\theta)}{EA\sin^2\theta\cos\theta}$

18－6 $\Delta_{Bx}=\dfrac{Fl}{EA}\cot\theta$，$\Delta_{By}=\dfrac{Fl(1+\cos^3\theta)}{EA\sin^2\theta\cos\theta}$

18－7 (a)$\Delta=\dfrac{Fl^3}{3EI}+\dfrac{ql^4}{8EI}$ (b)$\Delta=\dfrac{q_0l^4}{30EI}$

18－8 (a)$\Delta_{Ax}=\dfrac{17M_ea^2}{6EI}(\rightarrow)$，$\theta_B=\dfrac{5M_ea}{3EI}(\swarrow)$；

(b)$\Delta_{Ax}=\dfrac{29qa^4}{24EI}(\rightarrow)$，$\theta_B=\dfrac{7qa^3}{8EI}(\swarrow)$；

(c)$\Delta_{Ax}=\dfrac{5Fl^3}{12EI}(\rightarrow)$，$\Delta_{Ay}=\dfrac{13Fl^3}{12EI}(\downarrow)$，$\theta_B=\dfrac{3Fl^2}{4EI}(\swarrow)$；

(d)$\Delta_{Ax}=\dfrac{ql^4}{48EI}+\dfrac{Fl^3}{2EI}(\rightarrow)$，$\Delta_{Ay}=0(\downarrow)$，$\theta_B=\dfrac{Fl^2}{12EI}+\dfrac{ql^3}{48EI}(\searrow)$

18－9 $\Delta_{AB}=\dfrac{11Fa^3}{EI}$

18－10 (a)$v=\dfrac{Fx}{12EI}(\dfrac{3}{4}l^2-x^2)$ $(0\leqslant x\leqslant\dfrac{l}{2})$；

(b)$v=\dfrac{q}{24EI}(x^2-4l^3x+3l^4)$

18－11 (a)$\Delta_{Ay}=\dfrac{41ql^4}{384EI}(\downarrow)$，$\Delta_{Cy}=\dfrac{7ql^4}{192EI}(\downarrow)$，$\theta_A=\dfrac{7ql^3}{48EI}(\searrow)$；

(b)$\Delta_{Ay}=\dfrac{ql^4}{128EI}(\downarrow)$，$\Delta_{Cy}=\dfrac{-ql^4}{192EI}(\downarrow)$，$\theta_A=\dfrac{ql^3}{48EI}(\searrow)$；

(c)$\Delta_{Ay}=\dfrac{-3333(\text{N}\cdot\text{m}^3)}{EI}(\downarrow)$，$\Delta_{Cy}=\dfrac{2000(\text{N}\cdot\text{m}^3)}{EI}(\downarrow)$，$\theta_A=\dfrac{8238(\text{N}\cdot\text{m}^2)}{EI}(\searrow)$

18－12 (a)$\Delta_{AB}=\dfrac{5Fa}{3EA}(\leftarrow\rightarrow)$，$\Delta_{CD}=\dfrac{-\sqrt{3}Fa}{3EA}(\updownarrow)$

(b)$\Delta_{Cy}=\dfrac{Fa}{8EA}(3+10\sqrt{5})(\downarrow)$，$\Delta_{Bx}=\dfrac{Fa}{2EA}(\rightarrow)$

(c)$\Delta_{Cx}=\dfrac{8\sqrt{2}Fa^3}{6EI}(\rightarrow)$，$\Delta_{BC}=\dfrac{-8Fa^3}{3EI}$

18－13 (a)$\Delta=\dfrac{Fl^3}{3EI}+\dfrac{ql^4}{8EI}$；(b)$=\dfrac{q_0l^4}{30EI}$

18－14 $\Delta_{Cx}=\dfrac{Fl}{EA}\cot\alpha$，$\Delta_{Cy}=\dfrac{Fl(1+\cos^3\alpha)}{EA\sin^2\alpha\cos\alpha}$

18－15　(a)$\Delta_A=\dfrac{5Fl^3}{6EI}(\downarrow),\theta_B=\dfrac{Fl^2}{EI}(\swarrow)$

(b)$\Delta_A=\dfrac{11ql^4}{24EI}(\downarrow),\theta_B=\dfrac{2ql^3}{3EI}(\swarrow)$

(c)$\Delta_A=\dfrac{4ql^4}{3EI}(\downarrow),\theta_B=\dfrac{-qL^3}{3EI}(\swarrow)$

(d)$\Delta_A=\dfrac{7ql^4}{3EI}(\downarrow),\theta_B=\dfrac{-3ql^3}{2EI}(\swarrow)$

(e)$\Delta_A=\dfrac{71ql^4}{24EI}(\downarrow),\theta_B=\dfrac{5ql^3}{3EI}(\swarrow)$

(f)$\Delta_A=\dfrac{23ql^4}{8EI}(\downarrow),\theta_B=\dfrac{3ql^3}{2EI}(\swarrow)$

18－16　(a)$\Delta_{Ay}=\dfrac{41ql^4}{384EI}(\downarrow),\Delta_{Cy}=\dfrac{7ql^4}{192EI}(\downarrow),\theta_A=\dfrac{7ql^3}{48EI}(\searrow)$

(b)$\Delta_{Ay}=\dfrac{ql^4}{182EI}(\downarrow),\Delta_{Cy}=\dfrac{-ql^4}{192EI}(\downarrow),\theta_A=\dfrac{ql^3}{48EI}(\searrow)$

(c)$\Delta_{Ay}=\dfrac{-3333(\mathrm{N\cdot m^3})}{EI}(\downarrow),\Delta_{Cy}=\dfrac{2000(\mathrm{N\cdot m^3})}{EI}(\downarrow),\theta_A=\dfrac{8238(\mathrm{N\cdot m^2})}{EI}(\searrow)$

18－17　(a)$\Delta_{Ax}=\dfrac{5ql^4}{16EI}(\rightarrow),\Delta_{Ay}=\dfrac{11ql^4}{12EI}(\downarrow)$

(b)$\Delta_{Ax}=\dfrac{11ql^4}{96EI}(\rightarrow),\theta_A=\dfrac{-7Fl^2}{48EI}(\swarrow)$

(c)$\theta_A=\dfrac{89Fl^2}{48EI}(\swarrow),\theta_B=\dfrac{-3Fl^2}{16EI}(\swarrow),\Delta_{Bx}=\dfrac{19Fl^3}{16EI}(\rightarrow)$

第 19 章

19－1　$A\geqslant 0.602\times10^{-3}\,\mathrm{m^2}$

19－2　$\sigma_{\mathrm{dmax}}=17.3\mathrm{MPa}$

19－3　$\sigma_{\mathrm{d}}=4.63\mathrm{MPa}$

19－4　$\sigma_{\mathrm{dmax}}=118.4\mathrm{MPa}$

19－5　$\tau_{\max}=20\mathrm{MPa}$

19－6　$F_{\mathrm{d}}=6\mathrm{kN},\sigma_{\mathrm{dmax}}=15\mathrm{MPa},\Delta_{\mathrm{dmax}}=20\mathrm{mm}$

19－7　$K_{\mathrm{d}}=v/\sqrt{g\Delta}$

19－8　$h=0.384\mathrm{m},h=0.0095\mathrm{m}$

19－9　$K_{\mathrm{d}}=1+\sqrt{1+(243hEI/2Pl^3)}$

19－10　$\sigma_{\mathrm{dmax}}=166\mathrm{MPa}$

2. 型钢表

附表 1　热轧等边角钢(GB9787—88)

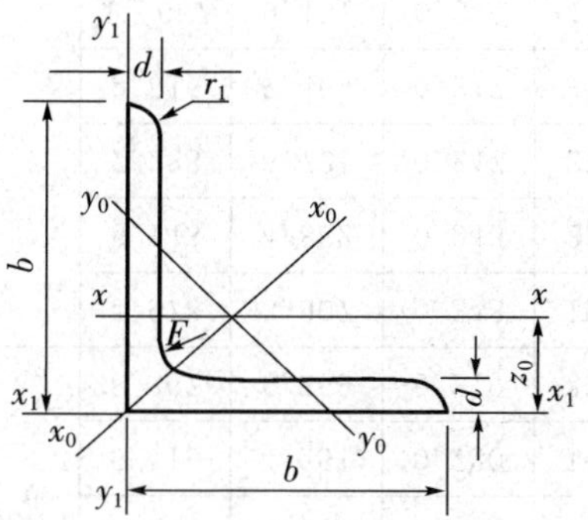

符号意义：b——边宽度；　　I——惯性矩；

d——边厚度；　　i——惯性半径；

r——内圆弧半径；　　W——截面系数；

r_1——边端内圆弧半径；　　z_0——重心距离。

角钢号数	尺寸 mm			截面面积	理论重量	外表面积	参考数值										z_0
							$x-x$			x_0-x_0			y_0-y_0			x_1-x_1	
	b	d	r				I_x	i_x	W_x	I_{x_0}	i_{x_0}	W_{x_0}	I_{y_0}	i_{y_0}	W_{y_0}	I_{x_1}	
				cm^2	kg/m	m^2/m	cm^4	cm	cm^3	cm^4	cm	cm^3	cm^4	cm	cm^3	cm^4	cm
2	20	3	3.5	1.132	0.889	0.078	0.40	0.59	0.29	0.63	0.75	0.45	0.17	0.39	0.20	0.81	0.60
		4		1.459	1.145	0.077	0.50	0.58	0.36	0.78	0.73	0.55	0.22	0.38	0.24	1.09	0.64
2.5	25	3		1.432	1.124	0.098	0.82	1.76	0.46	1.29	0.95	0.73	0.34	0.49	0.33	1.57	0.73
		4		1.859	1.459	0.097	1.03	0.74	0.59	1.62	0.93	0.92	0.43	0.48	0.40	2.11	0.76
3.0	30	3	4.5	1.749	1.373	0.117	1.46	0.91	0.68	2.31	1.15	1.09	0.61	0.59	0.51	2.71	0.85
		4		2.276	1.786	0.117	1.84	0.90	0.87	2.92	1.13	1.37	0.77	0.58	0.62	3.63	0.89
3.6	36	3		2.109	1.656	0.141	2.58	1.11	0.99	4.09	1.39	1.61	1.07	0.71	0.76	4.68	1.00
		4		2.756	2.163	0.141	3.29	1.09	1.27	5.22	1.38	2.05	1.37	0.70	0.93	6.25	1.04
		5		3.382	2.654	0.141	3.95	1.08	1.56	6.24	1.36	2.45	1.65	0.70	1.09	7.84	1.07

续附表 1

角钢号数	尺寸 mm			截面面积	理论重量	外表面积	参考数值										z_0
							$x-x$			x_0-x_0			y_0-y_0			x_1-x_1	
	b	d	r				I_x	i_x	W_x	I_{x_0}	i_{x_0}	W_{x_0}	I_{y_0}	i_{y_0}	W_{y_0}	I_{x_1}	
				cm^2	kg/m	m^2/m	cm^4	cm	cm^3	cm^4	cm	cm^3	cm^4	cm	cm^3	cm^4	cm
4.0	40	3	5	2.359	1.852	0.157	3.59	1.23	1.23	5.69	1.55	2.01	1.49	0.79	0.96	6.41	1.09
		4		3.086	2.422	0.157	4.60	1.22	1.60	7.29	1.54	2.58	1.91	0.79	1.19	8.56	1.13
		5		3.791	2.976	0.156	5.53	1.21	1.96	8.76	1.52	3.10	2.30	0.78	1.39	10.74	1.17
4.5	45	3		2.659	2.088	0.177	5.17	1.40	1.58	8.20	1.76	2.58	2.14	0.89	1.24	9.12	1.22
		4		3.486	2.736	0.177	6.65	1.38	2.05	10.56	1.74	3.32	2.75	0.89	1.54	12.18	1.26
		5		4.292	3.369	0.176	8.04	1.37	2.51	12.74	1.72	4.00	3.33	0.88	1.81	15.25	1.30
		6		5.076	3.985	0.176	9.33	1.36	2.95	14.76	1.70	4.64	3.89	0.88	2.06	18.36	1.33
5	50	3	5.5	2.971	2.332	0.197	7.18	1.55	1.96	11.37	1.96	3.22	2.98	1.00	1.57	12.50	1.34
		4		3.897	3.059	0.197	9.26	1.54	2.56	14.70	1.94	4.16	3.82	0.99	1.96	16.96	1.38
		5		4.803	3.770	0.196	11.21	1.53	3.13	17.79	1.92	5.03	4.64	0.98	2.31	20.90	1.42
		6		5.688	4.465	0.196	13.05	1.52	3.68	20.68	1.91	5.85	5.42	0.98	2.63	25.14	1.46
5.6	56	3	6	3.343	2.624	0.221	10.19	1.75	2.48	16.14	2.20	4.08	4.24	1.13	2.02	17.56	1.48
		4		4.390	3.446	0.220	13.18	1.73	3.24	20.92	2.18	5.28	5.46	1.11	2.52	23.43	1.53
		5		5.415	4.251	0.220	16.02	1.72	3.97	25.42	2.17	6.42	6.61	1.10	2.98	29.33	1.57
		8		8.367	6.568	0.219	23.63	1.68	6.03	37.37	2.11	9.44	9.89	1.09	4.16	47.24	1.68
6.3	63	4	7	4.978	3.907	0.248	19.03	1.96	4.13	30.17	2.46	6.78	7.89	1.26	3.29	33.35	1.70
		5		6.143	4.822	0.248	23.17	1.94	5.08	36.77	2.45	8.25	9.57	1.25	3.90	41.73	1.74
		6		7.288	5.721	0.247	27.12	1.93	6.00	43.03	2.43	9.66	11.20	1.24	4.46	50.14	1.78
		8		9.515	7.469	0.247	34.46	1.90	7.75	54.56	2.40	12.25	14.33	1.23	5.47	67.11	1.85
		10		11.657	9.151	0.246	41.09	1.88	9.39	64.85	2.36	14.56	17.33	1.22	6.36	84.31	1.93

续附表 1

角钢号数	尺寸 mm			截面面积	理论重量	外表面积	参考数值										z_0
							$x-x$			x_0-x_0			y_0-y_0			x_1-x_1	
	b	d	r				I_x	i_x	W_x	I_{x_0}	i_{x_0}	W_{x_0}	I_{y_0}	i_{y_0}	W_{y_0}	I_{x_1}	
				cm^2	kg/m	m^2/m	cm^4	cm	cm^3	cm^4	cm	cm^3	cm^4	cm	cm^3	cm^4	cm
7	70	4	8	5.570	4.372	0.275	26.39	2.18	5.14	41.80	2.74	8.44	10.99	1.40	4.17	45.74	1.86
		5		6.875	5.397	0.275	32.21	2.16	6.32	51.08	2.73	10.32	13.34	1.39	4.95	57.21	1.91
		6		8.160	6.406	0.275	37.77	2.15	7.48	59.93	271	12.11	15.61	1.38	5.67	68.73	1.95
		7		9.424	7.398	0.275	43.09	2.14	8.59	68.35	2.69	13.81	17.82	1.38	6.34	80.29	1.99
		8		10.667	8.373	0.274	48.17	2.12	9.68	76.37	2.68	15.43	19.98	1.37	6.98	91.92	2.03
7.5	75	5	9	7.412	5.818	0.295	39.97	2.33	7.32	63.30	2.92	11.94	16.63	1.50	5.77	70.56	2.04
		6		8.797	6.905	0.294	46.95	2.31	8.64	74.38	2.90	14.02	19.51	1.49	6.67	84.55	2.07
		7		10.160	7.976	0.294	53.57	2.30	9.93	84.96	2.89	16.02	22.18	1.48	7.44	98.71	2.11
		8		11.503	9.030	0.294	59.96	2.28	11.20	95.07	2.88	17.93	24.86	1.47	8.19	112.97	2.15
		10		14.126	11.089	0.293	71.98	2.26	13.64	113.92	2.84	21.48	30.05	1.46	9.56	141.71	2.22
8	80	5	9	7.912	6.211	0.315	48.79	2.48	8.34	77.33	3.13	13.67	20.25	1.60	6.66	85.36	2.15
		6		9.397	7.376	0.314	57.35	2.47	9.87	90.98	3.11	16.08	23.72	1.59	7.65	102.50	2.19
		7		10.860	8.525	0.314	65.58	2.46	11.37	104.07	3.10	18.40	27.09	1.58	8.58	119.70	2.23
		8		12.303	9.658	0.314	73.49	2.44	12.83	116.60	3.08	20.61	30.39	1.57	9.46	136.97	2.27
		10		15.126	11.874	0.313	88.43	2.42	15.64	140.09	3.04	24.76	36.77	1.56	11.08	171.74	2.35
9	90	6	10	10.637	8.350	0.354	82.77	2.79	12.61	131.26	3.51	20.63	34.28	1.80	9.95	145.87	2.44
		7		12.301	9.656	0.354	94.83	2.78	14.54	150.47	3.50	23.64	39.18	1.78	11.19	170.30	2.48
		8		13.944	10.946	0.353	106.47	2.76	16.42	168.97	3.48	26.55	43.97	1.78	12.35	194.80	2.52
		10		17.167	13.476	0.353	128.58	2.74	20.07	203.90	3.45	32.04	53.26	1.76	14.52	244.07	2.59
		12		20.306	15.940	0.352	149.22	2.71	23.57	236.21	3.41	37.12	62.22	1.75	16.49	293.76	2.67

续附表 1

角钢号数	尺寸 mm			截面面积	理论重量	外表面积	参考数值										
							$x-x$			x_0-x_0			y_0-y_0			x_1-x_1	z_0
	b	d	r	cm^2	kg/m	m^2/m	I_x cm^4	i_x cm	W_x cm^3	I_{x_0} cm^4	i_{x_0} cm	W_{x_0} cm^3	I_{y_0} cm^4	i_{y_0} cm	W_{y_0} cm^3	I_{x_1} cm^4	cm
10	100	6	12	11.932	9.366	0.393	114.95	3.01	15.68	181.98	3.90	25.74	47.92	2.00	12.69	200.07	2.67
		7		13.796	10.830	0.393	131.86	3.09	18.10	208.97	3.89	29.55	54.74	1.99	14.26	233.54	2.71
		8		15.638	12.276	0.393	148.24	3.08	20.47	235.07	3.88	33.24	61.41	1.98	15.75	267.09	2.76
		10		19.261	15.120	0.392	179.51	3.05	25.06	284.68	3.84	40.26	74.35	1.96	18.54	334.48	2.84
		12		22.800	17.898	0.391	208.90	3.03	29.48	330.95	3.81	46.80	86.84	1.95	21.08	402.34	2.91
		14		26.256	20.611	0.391	236.53	3.00	33.73	374.06	3.77	52.90	99.00	1.94	23.44	470.75	2.99
		16		29.627	23.257	0.390	262.53	2.98	37.82	414.16	3.74	58.57	110.89	1.94	25.63	539.80	3.06
11	110	7	12	15.196	11.928	0.433	177.16	3.41	22.05	280.94	4.30	36.12	73.38	2.20	17.51	310.64	2.96
		8		17.238	13.532	0.433	199.46	3.40	24.95	316.49	4.28	40.69	82.42	2.19	19.39	355.20	3.01
		10		21.261	16.690	0.432	242.19	3.38	30.60	384.39	4.25	49.42	99.98	2.17	22.91	444.65	3.09
		12		25.200	19.782	0.431	282.55	3.35	36.05	448.17	4.22	57.62	116.93	2.15	26.15	534.60	3.16
		14		29.056	22.809	0.431	320.71	3.32	41.31	508.01	4.18	65.31	133.40	2.14	29.14	625.16	3.24
12.5	125	8	14	19.750	15.504	0.492	297.03	3.88	32.52	470.89	4.88	53.28	123.16	2.50	25.86	521.01	3.37
		10		24.373	19.133	0.491	361.67	3.85	39.97	573.89	4.85	64.93	149.46	2.48	30.62	651.93	3.45
		12		28.912	22.696	0.491	423.16	3.83	41.17	671.44	4.82	75.96	174.88	2.46	35.03	783.42	3.53
		14		33.367	26.193	0.490	481.65	3.80	54.16	763.73	4.78	86.41	199.57	2.45	39.13	915.61	3.61
14	140	10		27.373	21.488	0.551	514.65	4.34	50.58	817.27	5.46	82.56	212.04	2.78	39.20	915.11	3.82
		12		32.512	25.522	0.551	603.68	4.31	59.80	958.79	5.43	96.85	248.57	2.76	45.02	1099.28	3.90
		14		37.567	29.490	0.550	688.81	4.28	68.75	1093.56	5.40	110.47	284.06	2.75	50.45	1284.22	3.98
		16		42.539	33.393	0.549	770.24	4.26	77.46	1221.81	5.36	123.42	318.67	2.74	55.55	1470.07	4.06

续附表 1

角钢号数	尺寸 mm			截面面积	理论重量	外表面积	参考数值										z_0
							$x-x$			x_0-x_0			y_0-y_0			x_1-x_1	
	b	d	r				I_x	i_x	W_x	I_{x_0}	i_{x_0}	W_{x_0}	I_{y_0}	i_{y_0}	W_{y_0}	I_{x_1}	
				cm^2	kg/m	m^2/m	cm^4	cm	cm^3	cm^4	cm	cm^3	cm^4	cm	cm^3	cm^4	cm
16	160	10	16	31.502	24.729	0.630	779.53	4.98	66.70	1237.30	6.27	109.36	321.76	3.20	52.76	1365.33	4.31
		12		37.441	29.391	0.630	916.58	4.95	78.98	1455.68	6.24	128.67	377.49	3.18	60.74	1639.57	4.39
		14		43.296	33.987	0.629	1048.36	4.92	90.95	1665.02	6.02	147.17	431.70	3.16	68.24	1914.68	4.47
		16		49.067	38.518	0.629	1175.08	4.89	102.63	1865.57	6.17	164.89	484.59	3.14	75.31	2190.82	4.55
18	180	12		42.241	33.159	0.710	1321.35	5.59	100.82	2100.10	7.05	165.00	542.61	3.58	78.41	2332.80	4.89
		14		48.896	38.383	0.709	1514.48	5.56	116.25	2407.42	7.02	189.14	625.53	3.56	88.38	2723.48	4.97
		16		55.467	43.542	0.709	1700.99	5.54	131.13	2703.37	6.98	212.40	698.60	3.55	97.83	3115.29	5.05
		18		61.955	48.634	0.708	1875.12	5.50	145.64	2988.24	6.94	234.78	762.01	3.51	104.43	3502.43	5.13
20	200	14	18	54.642	42.894	0.788	2103.55	6.20	144.70	3343.26	7.82	236.40	863.83	3.98	111.82	3734.10	5.46
		16		62.013	48.680	0.788	2366.15	6.18	163.65	3760.89	7.79	265.93	971.41	3.96	123.96	4270.39	5.54
		18		69.301	54.401	0.787	2620.64	6.15	182.22	4164.54	7.75	294.48	1076.74	3.94	135.52	4808.13	5.62
		20		76.505	60.056	0.787	2867.30	6.12	200.42	4554.55	7.72	322.06	1180.04	3.93	146.55	5347.51	5.69
		24		90.661	71.168	0.785	3338.25	6.07	236.17	5294.97	7.64	374.41	1381.53	3.90	166.65	6457.16	5.87

注：截面图中的 $r_1=1/3d$ 及表中 r 值的数据用于孔型设计，不作交货条件。

附表 2　热轧不等边角钢(GB9788—88)

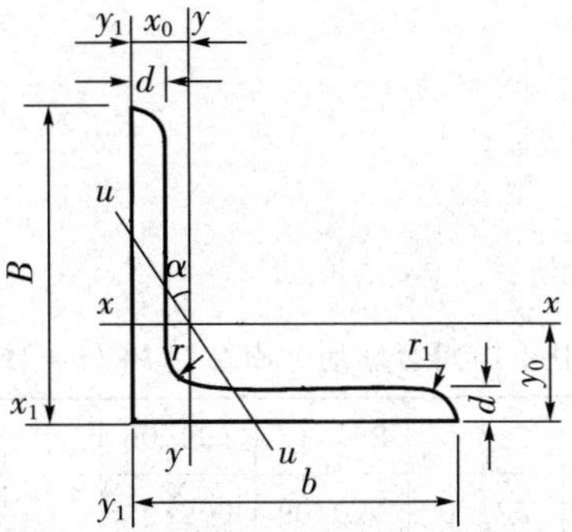

符号意义：B——长边宽度；　　b——短边宽度；

d——边厚度；　　r——内圆弧半径；

r_1——边端内圆弧半径；　　I——惯性矩；

i——惯性半径；　　W——截面系数；

x_0——重心距离；　　y_0——重心距离。

角钢号数	尺寸 mm				截面面积	理论重量	外表面积	参考数值													
								$x-x$			$y-y$			x_1-x_1		y_1-y_1		$u-u$			
	B	b	d	r	cm^2	kg/m	m^2/m	I_x cm^4	i_x cm	W_x cm^3	I_y cm^4	i_y cm	W_y cm^e	I_{x_1} cm^4	y_0 cm	I_{y_1} cm^4	x_0 cm	I_u cm^4	i_u cm	W_u cm^3	$\tan\alpha$
2.5/1.6	25	16	3	3.5	1.162	0.912	0.080	0.70	0.78	0.43	0.22	0.44	0.19	1.56	0.86	0.43	0.42	0.14	0.34	0.16	0.392
			4		1.499	1.176	0.079	0.88	0.77	0.55	0.27	0.43	0.24	2.09	0.90	0.59	0.46	0.17	0.34	0.20	0.381
3.2/2	32	20	3		1.492	1.171	0.102	1.53	1.01	0.72	0.46	0.55	0.30	3.27	1.08	0.82	0.49	0.28	0.43	0.25	0.382
			4		1.939	1.522	0.101	1.93	1.00	0.93	0.57	0.54	0.39	4.37	1.12	1.12	0.53	0.35	0.42	0.32	0.374
4/2.5	40	25	3	4	1.890	1.484	0.127	3.08	1.28	1.15	0.93	0.70	0.49	5.39	1.32	1.59	0.59	0.56	0.54	0.40	0.385
			4		2.467	1.936	0.127	3.93	1.26	1.49	1.18	0.69	0.63	8.53	1.37	2.14	0.63	0.71	0.54	0.52	0.381
4.5/2.8	45	28	3	5	2.149	1.687	0.143	4.45	1.44	1.47	1.34	0.79	0.62	9.10	1.47	2.23	0.64	0.80	0.61	0.51	0.383
			4		2.806	2.203	0.143	5.69	1.42	1.91	1.70	0.78	0.80	12.13	1.51	3.00	0.68	1.02	0.60	0.66	0.380
5/3.2	50	32	3	5.5	2.431	1.908	0.161	6.24	1.60	1.84	2.02	0.91	0.82	12.49	1.60	3.31	0.73	1.20	0.70	0.68	0.404
			4		3.177	2.494	0.160	8.02	1.59	2.39	2.58	0.90	1.06	16.65	1.65	4.45	0.77	1.53	0.69	0.87	0.402

续附表 2

角钢号数	尺寸 mm				截面面积	理论重量	外表面积	参考数值													
								$x-x$			$y-y$			x_1-x_1		y_1-y_1		$u-u$			
	B	b	d	r	cm^2	kg/m	m^2/m	I_x cm^4	i_x cm	W_x cm^3	I_y cm^4	i_y cm	W_y cm^e	I_{x_1} cm^4	y_0 cm	I_{y_1} cm^4	x_0 cm	I_u cm^4	i_u cm	W_u cm^3	$\tan\alpha$
5.6/3.6	56	36	3	6	2.743	2.153	0.181	8.88	1.80	2.32	2.92	1.03	1.05	17.54	1.78	4.70	0.80	1.73	0.79	0.87	0.408
			4		3.590	2.818	0.180	11.45	1.79	3.03	3.76	1.02	1.37	23.39	1.82	6.33	0.85	2.23	0.79	1.13	0.408
			5		4.415	3.466	0.180	13.86	1.77	3.71	4.49	1.01	1.65	29.25	1.87	7.94	0.88	2.67	0.78	1.36	0.404
6.3/4	63	40	4	7	4.058	3.185	0.202	16.49	2.02	3.87	5.23	1.14	1.70	33.30	2.04	8.63	0.92	3.12	0.88	1.40	0.398
			5		4.993	3.920	0.202	20.02	2.00	4.74	6.31	1.12	2.71	41.63	2.08	10.86	0.95	3.76	0.87	1.71	0.396
			6		5.908	4.638	0.201	23.36	1.96	5.59	7.29	1.11	2.43	49.98	2.12	13.12	0.99	4.34	0.86	1.99	0.393
			7		6.802	5.339	0.201	26.53	1.98	6.40	8.24	1.10	2.78	58.07	2.15	15.47	1.03	4.97	0.86	2.29	0.389
7/4.5	70	45	4	7.5	4.547	3.570	0.226	23.17	2.26	4.86	7.55	1.29	2.17	45.92	2.24	12.26	1.02	4.40	0.98	1.77	0.410
			5		5.609	4.403	0.225	27.95	2.23	5.92	9.13	1.28	2.65	57.10	2.28	15.39	1.06	5.40	0.98	2.19	0.407
			6		6.647	5.218	0.225	32.54	2.21	6.95	10.62	1.26	3.12	68.35	2.32	18.58	1.09	6.35	0.98	2.59	0.404
			7		7.657	6.011	0.225	37.22	2.20	8.03	12.01	1.25	3.57	79.99	2.36	21.84	1.13	7.16	0.97	2.94	0.402
(7.5/5)	75	50	5	8	6.125	4.808	0.245	34.86	2.39	6.83	12.61	1.44	3.30	70.00	2.40	21.04	1.17	7.41	1.10	2.74	0.435
			6		7.260	5.699	0.245	41.12	2.38	8.12	14.70	1.42	3.88	84.30	2.44	25.37	1.21	8.54	1.08	3.19	0.435
			8		9.467	7.431	0.244	52.39	2.35	10.52	18.53	1.40	4.99	112.50	2.52	34.23	1.29	10.87	1.07	4.10	0.429
			10		11.590	9.098	0.244	62.71	2.33	12.79	21.96	1.38	6.04	140.80	2.60	43.43	1.36	13.10	1.06	4.99	0.423
8/5	80	50	5		6.375	5.005	0.255	41.96	2.56	7.78	12.82	1.42	3.32	85.21	2.60	21.06	1.14	7.66	1.10	2.74	0.388
			6		7.560	5.935	0.255	49.49	2.56	9.25	14.95	1.41	3.91	102.53	2.65	25.41	1.18	8.85	1.08	3.20	0.387
			7		8.724	6.848	0.255	56.16	2.54	10.58	16.96	1.39	4.48	119.33	2.69	29.82	1.21	10.18	1.08	3.70	0.384
			8		9.867	7.745	0.254	62.83	2.52	11.92	18.85	1.38	5.03	136.41	2.73	34.32	1.25	11.38	1.07	4.16	0.381

续附表 2

角钢号数	尺寸 mm				截面面积	理论重量	外表面积	参考数值													
								$x-x$			$y-y$			x_1-x_1		y_1-y_1		$u-u$			
	B	b	d	r	cm^2	kg/m	m^2/m	I_x cm^4	i_x cm	W_x cm^3	I_y cm^4	i_y cm	W_y cm^e	I_{x_1} cm^4	y_0 cm	I_{y_1} cm^4	x_0 cm	I_u cm^4	i_u cm	W_u cm^3	$\tan\alpha$
9/5.6	90	56	5	9	7.212	5.661	0.287	60.45	2.90	9.92	18.32	1.59	4.21	121.32	2.91	29.53	1.25	10.98	1.23	3.49	0.385
			6		8.557	6.717	0.286	71.03	2.88	11.74	21.42	1.58	4.96	145.59	2.95	35.58	1.29	12.90	1.23	4.13	0.384
			7		9.880	7.756	0.286	81.01	2.86	13.49	24.36	1.57	5.70	169.60	3.00	41.71	1.33	14.67	1.22	4.72	0.382
			8		11.183	8.779	0.286	91.03	2.85	15.27	27.15	1.56	6.41	194.17	3.04	47.93	1.36	16.34	1.21	5.29	0.380
10/6.3	100	63	6	10	9.617	7.550	0.320	99.06	3.21	14.64	30.94	1.79	6.35	199.71	3.24	50.50	1.43	18.42	1.38	5.25	0.394
			7		11.111	8.722	0.320	113.45	3.20	16.88	35.26	1.78	7.29	233.00	3.28	59.14	1.47	21.00	1.38	6.02	0.394
			8		12.584	9.878	0.319	127.37	3.18	19.08	39.39	1.77	8.21	266.32	3.32	67.88	1.50	23.50	1.37	6.78	0.391
			10		15.467	12.142	0.319	153.81	3.15	23.32	47.12	1.74	9.98	333.06	3.40	85.73	1.58	28.33	1.35	8.24	0.387
10/8	100	80	6		10.637	8.350	0.354	107.04	3.17	15.19	61.24	2.40	10.16	199.83	2.95	102.68	1.97	31.65	1.72	8.37	0.627
			7		12.301	9.656	0.354	122.73	3.16	17.52	70.08	2.39	11.71	233.20	3.00	119.98	2.01	36.17	1.72	9.60	0.626
			8		13.944	10.946	0.353	137.92	3.14	19.81	78.58	2.37	13.21	266.61	3.04	137.37	2.05	40.58	1.71	10.80	0.625
			10		17.167	13.476	0.353	166.87	3.12	24.24	94.65	2.35	16.12	333.63	3.12	172.48	2.13	49.10	1.69	13.12	0.622
11/7	110	70	6		10.637	8.350	0.354	133.37	3.54	17.85	42.92	2.01	7.90	265.78	3.53	69.08	1.57	25.36	1.54	6.53	0.403
			7		12.301	9.656	0.354	153.00	3.53	20.60	49.01	2.00	9.09	310.07	3.57	80.82	1.61	28.95	1.53	7.50	0.402
			8		13.944	10.946	0.353	172.04	3.51	23.30	54.87	1.98	10.25	354.39	3.62	92.70	1.65	32.45	1.53	8.45	0.401
			10		17.167	13.476	0.353	208.39	3.48	28.54	65.88	1.96	12.48	443.13	3.70	116.83	1.72	39.20	1.51	10.29	0.397
12.5/8	125	80	7	11	14.096	11.066	0.403	227.98	4.02	26.86	74.42	2.30	12.01	454.99	4.01	120.32	1.80	43.81	1.76	9.92	0.408
			8		15.989	12.551	0.403	256.77	4.01	30.41	83.49	2.28	13.56	519.99	4.06	137.85	1.84	49.15	1.75	11.18	0.407
			10		19.712	15.474	0.402	312.04	3.98	37.33	100.67	2.26	16.56	650.09	4.14	173.40	1.92	59.45	1.74	13.64	0.404
			12		23.351	18.330	0.402	364.41	3.95	44.01	116.67	2.24	19.43	780.39	4.22	209.67	2.00	69.35	1.72	16.01	0.400

续附表 2

角钢号数	尺寸 mm				截面面积	理论重量	外表面积	参考数值													
								x—x			y—y			x_1—x_1		y_1—y_1		u—u			
	B	b	d	r	cm^2	kg/m	m^2/m	I_x cm^4	i_x cm	W_x cm^3	I_y cm^4	i_y cm	W_y cm^e	I_{x_1} cm^4	y_0 cm	I_{y_1} cm^4	x_0 cm	I_u cm^4	i_u cm	W_u cm^3	tanα
14/9	140	90	8	12	18.038	14.160	0.453	365.64	4.50	38.48	120.69	2.59	17.34	730.53	4.50	195.79	2.04	70.83	1.98	14.31	0.411
			10		22.261	17.475	0.452	445.50	4.47	47.31	140.03	2.56	21.22	913.20	4.58	245.92	2.12	85.82	1.96	17.48	0.409
			12		26.400	20.724	0.451	521.59	4.44	55.87	169.79	2.54	24.95	1096.09	4.66	296.89	2.19	100.21	1.95	20.54	0.406
			14		30.456	23.908	0.451	594.10	4.42	64.18	192.10	2.51	28.54	1279.26	4.74	348.82	2.27	114.13	1.94	23.52	0.403
16/10	160	100	10	13	25.315	19.872	0.512	668.69	5.14	62.13	205.03	2.85	26.56	1362.89	5.24	336.59	2.28	121.74	2.19	21.92	0.390
			12		30.054	23.592	0.511	784.91	5.11	73.49	239.06	2.82	31.28	1635.56	5.32	405.94	2.36	142.33	2.17	25.79	0.388
			14		34.709	27.247	0.510	896.30	5.08	84.56	271.20	2.80	35.83	1908.50	5.40	476.42	2.43	162.23	2.16	29.56	0.385
			16		39.281	30.835	0.510	1003.04	5.05	95.33	301.60	2.77	40.24	2181.79	5.48	548.22	2.51	182.57	2.16	33.44	0.382
18/11	180	110	10	14	28.373	22.273	0.571	956.25	5.80	78.96	278.11	3.13	32.49	1940.40	5.89	447.22	2.44	166.50	2.42	26.88	0.376
			12		33.712	26.464	0.571	1124.72	5.78	93.53	325.03	3.10	38.32	2328.38	5.98	538.94	2.54	194.87	2.40	31.66	0.374
			14		38.967	30.589	0.570	1286.91	5.75	107.76	369.55	3.08	43.97	2716.60	6.06	631.95	2.59	222.30	2.39	36.32	0.372
			16		44.139	34.649	0.569	1443.06	5.72	121.64	411.85	3.06	49.44	3105.15	6.14	726.46	2.67	248.94	2.38	40.87	0.369
20/12.5	200	125	12		37.912	29.761	0.641	1570.90	6.44	116.73	483.16	3.57	49.99	3193.85	6.54	787.74	2.83	285.79	2.74	41.23	0.392
			14		43.867	34.436	0.640	1800.97	6.41	134.65	550.83	3.54	57.44	3726.17	6.02	922.47	2.91	326.58	2.73	47.34	0.390
			16		49.739	39.045	0.639	2023.35	6.38	152.18	615.44	3.52	64.69	4258.86	6.70	1058.86	2.99	366.21	2.71	53.32	0.388
			18		55.526	43.588	0.639	2238.30	6.35	169.33	677.19	3.49	71.74	4792.00	6.78	1197.13	3.06	404.83	2.70	59.18	0.385

注：1. 括号内型号不推荐使用。

2. 截面图中的 $r_1=1/3d$ 及表中 r 的数据用于孔型设计，不作交货条件。

附表 3 热轧槽钢(GB707—88)

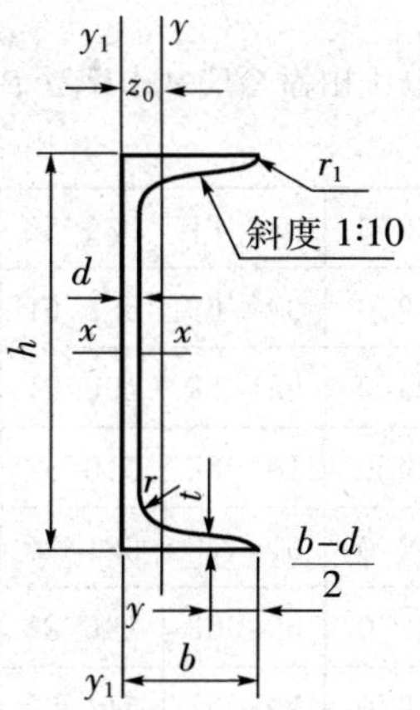

h——高度；
b——腿宽度；
d——腰厚度；
t——平均腿厚度；
r——内圆弧半径；
r_1——腿端圆弧半径；
I——惯性矩；
W——截面系数；
i——惯性半径；
z_0——$y-y$ 轴与 y_1-y_1 轴间距。

型号	尺寸 mm						截面面积	理论重量	参考数值							
									$x-x$			$y-y$			y_1-y_2	z_0
	h	b	d	t	r	r_1	cm^2	kg/m	W_x cm^3	I_x cm^4	i_x cm	W_y cm^3	I_y cm^4	i_y cm	I_{y_1} cm^4	cm
5	50	37	4.5	7	7.0	3.5	6.928	5.438	10.4	26.0	1.94	3.55	8.30	1.10	20.9	1.35
6.3	63	40	4.8	7.5	7.5	3.8	8.451	6.634	16.1	50.8	2.45	4.50	11.9	1.19	28.4	1.36
8	80	43	5.0	8	8.0	4.0	10.248	8.045	25.3	101	3.15	5.79	16.6	1.27	37.4	1.43
10	100	48	5.3	8.5	8.5	4.2	12.748	10.007	39.7	198	3.95	7.8	25.6	1.41	54.9	1.52
12.6	126	53	5.5	9	9.0	4.5	15.692	12.318	62.1	391	4.95	10.2	38.0	1.57	77.1	1.59
14 a	140	58	6.0	9.5	9.5	4.8	18.516	14.535	80.5	564	5.52	13.0	53.2	1.70	107	1.71
14 b	140	60	8.0	9.5	9.5	4.8	21.316	16.733	87.1	609	5.35	14.1	61.1	1.69	121	1.67
16 a	160	63	6.5	10	10.0	5.0	21.962	17.240	108	866	6.28	16.3	73.3	1.83	144	1.80
16	160	65	8.5	10	10.0	5.0	25.162	19.752	117	935	6.10	17.6	83.4	1.82	161	1.75

续附表 3

型号	尺寸 mm						截面面积	理论重量	参考数值							
									$x-x$			$y-y$			y_1-y_2	z_0
	h	b	d	t	r	r_1	cm^2	kg/m	W_x cm^3	I_x cm^4	i_x cm	W_y cm^3	I_y cm^4	i_y cm	I_{y_1} cm^4	cm
18 a	180	68	7.0	10.5	10.5	5.2	25.699	20.174	141	1270	7.04	20.0	98.6	1.96	190	1.88
18	180	70	9.0	10.5	10.5	5.2	29.299	23.000	152	1370	6.84	21.5	111	1.95	210	1.84
20 a	200	73	7.0	11	11.0	5.5	28.837	22.637	178	1780	7.86	24.2	128	2.11	244	2.01
20	200	75	9.0	11	11.0	5.5	32.837	25.777	191	1910	7.46	25.9	144	2.09	268	1.95
22 a	220	77	7.0	11.5	11.5	5.8	31.846	24.999	218	2390	8.67	28.2	158	2.23	298	2.10
22	220	79	9.0	11.5	11.5	5.8	36.246	28.453	234	2570	8.42	30.1	176	2.21	326	2.03
a	250	78	7.0	12	12.0	6.0	34.917	27.410	270	3370	9.82	30.6	176	2.24	322	2.07
25 b	250	80	9.0	12	12.0	6.0	39.917	31.335	282	3530	9.41	32.7	196	2.22	353	1.98
c	250	82	11.0	12	12.0	6.0	44.917	35.260	295	3690	9.07	35.9	218	2.21	384	1.92
a	280	82	7.5	12.5	12.5	6.2	40.034	31.427	340	4760	10.9	35.7	218	2.33	388	2.10
28 b	280	84	9.5	12.5	12.5	6.2	45.634	35.823	366	5130	10.6	37.9	242	2.30	428	2.02
c	280	86	11.5	12.5	12.5	6.2	51.234	40.219	393	5500	10.4	40.3	268	2.29	463	1.95
a	320	88	8.0	14	14.0	7.0	48.513	38.083	475	7600	12.5	46.5	305	2.50	552	2.24
32 b	320	90	10.0	14	14.0	7.0	54.913	43.107	509	8140	12.2	49.2	336	2.47	593	2.16
c	320	92	12.0	14	14.0	7.0	61.313	48.131	543	8690	11.9	52.6	374	2.47	643	2.09
a	360	96	9.0	16	16.0	8.0	60.910	47.814	660	11900	14.0	63.5	455	2.73	818	2.44
36 b	360	98	11.0	16	16.0	8.0	68.110	53.466	703	12700	13.6	66.9	497	2.70	880	2.37
c	360	100	13.0	16	16.0	8.0	75.310	59.118	746	13400	13.4	70.0	536	2.67	948	2.34
a	400	100	10.5	18	18.0	9.0	75.068	58.928	879	17600	15.3	78.8	592	2.81	1070	2.49
40 b	400	102	12.5	18	18.0	9.0	83.068	65.208	932	18600	15.0	82.5	640	2.78	1140	2.44
c	400	104	14.5	18	18.0	9.0	91.068	71.488	986	19700	14.7	86.2	688	2.75	1220	2.42

注：截面图和表中标注的圆弧半径 r、r_1 的数据用于孔型设计，不作交货条件。

附表 4　热轧工字钢(GB706—88)

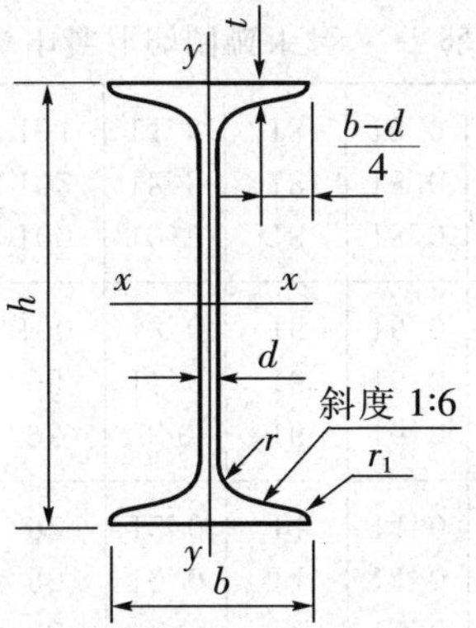

符号意义

h——高度；

b——腿宽度；

d——腰厚度；

t——平均腿厚度；

r——内圆弧半径；

r_1——腿端圆弧半径；

I——惯性矩；

W——截面系数；

i——惯性半径；

S——半截面的静矩。

型号	尺寸 mm						截面面积	理论重量	参考数值						
									$x-x$				$y-y$		
	h	b	d	t	r	r_1			I_x	W_x	i_x	$I_x:S_x$	I_y	W_y	i_{y_1}
							cm^2	kg/m	cm^4	cm^3	cm	cm	cm^4	cm^3	cm
10	100	68	4.5	7.6	6.5	3.3	14.345	11.261	245	49.0	4.14	8.59	33.0	9.72	1.52
12.6	126	74	5.0	8.4	7.0	3.5	18.118	14.223	488	77.5	5.20	10.8	46.9	12.7	1.61
14	140	80	5.5	9.1	7.5	3.8	21.516	16.890	712	102	5.76	12.0	64.4	16.1	1.73
16	160	88	6.0	9.9	8.0	4.0	26.131	20.513	1130	141	6.58	13.8	93.1	21.2	1.89
18	180	94	6.5	10.7	8.5	4.3	30.756	24.143	1660	185	7.36	15.4	122	26.0	2.00
20 a	200	100	7.0	11.4	9.0	4.5	35.578	27.929	2370	237	8.15	17.2	158	31.5	2.12
20 b	200	102	9.0	11.4	9.0	4.5	39.578	31.069	2500	250	7.96	16.9	169	33.1	2.06
22 a	220	110	7.5	12.3	9.5	4.8	42.128	33.070	3400	309	8.99	18.9	225	40.9	2.31
22 b	220	112	9.5	12.3	9.5	4.8	46.528	36.524	3570	325	8.78	18.7	239	42.7	2.27
25 a	250	116	8.0	13.0	10.0	5.0	48.541	38.105	5020	402	10.2	21.6	280	48.3	2.40
25 b	250	118	10.0	13.0	10.0	5.0	53.541	42.030	5280	423	9.94	21.3	309	52.4	2.40

续附表 4

型号	尺寸 mm						截面面积 cm^2	理论重量 kg/m	参考数值						
									$x-x$				$y-y$		
	h	b	d	t	r	r_1			I_x cm^4	W_x cm^3	i_x cm	$I_x:S_x$ cm	I_y cm^4	W_y cm^3	i_{y_1} cm
28 a	280	122	8.5	13.7	10.5	5.3	55.404	43.492	7110	508	11.3	24.6	345	56.6	2.50
28 b	280	124	10.5	13.7	10.5	5.3	61.004	47.888	7480	534	11.1	24.2	379	61.2	2.49
32 a	320	130	9.5	15.0	11.5	5.8	67.156	52.717	11100	692	12.8	27.5	460	70.8	2.62
32 b	320	132	11.5	15.0	11.5	5.8	73.556	57.741	11600	726	12.6	27.1	502	76.0	2.61
32 c	320	134	13.5	15.0	11.5	5.8	79.956	62.765	12200	760	12.3	26.8	544	81.2	2.61
36 a	360	136	10.0	15.8	12.0	6.0	76.480	60.037	15800	875	14.4	30.7	552	81.2	2.69
36 b	360	138	12.0	15.8	12.0	6.0	83.680	65.689	16500	919	14.1	30.3	582	84.3	2.64
36 c	360	140	14.0	15.8	12.0	6.0	90.880	71.341	17300	962	13.8	29.9	612	87.4	2.60
40 a	400	142	10.5	16.5	12.5	6.3	86.112	67.598	21700	1090	15.9	34.1	660	93.2	2.77
40 b	400	144	12.5	16.5	12.5	6.3	94.112	73.878	22800	1140	15.6	33.6	692	96.2	2.71
40 c	400	146	14.5	16.5	12.5	6.3	102.112	80.158	23900	1190	15.2	33.2	727	99.6	2.65
45 a	450	150	11.5	18.0	13.5	6.8	102.446	80.420	32200	1430	17.7	38.6	855	114	2.89
45 b	450	152	13.5	18.0	13.5	6.8	111.446	87.485	33800	1500	17.4	38.0	894	118	2.84
45 c	450	154	15.5	18.0	13.5	6.8	120.446	94.550	35300	1570	17.1	37.6	938	122	2.79
50 a	500	158	12.0	20.0	14.0	7.0	119.304	93.654	46500	1860	19.7	42.8	1120	142	3.07
50 b	500	160	14.0	20.0	14.0	7.0	129.304	101.504	48600	1940	19.4	42.4	1170	146	3.01
50 c	500	162	16.0	20.0	14.0	7.0	139.304	109.354	50600	2080	19.0	41.8	1220	151	2.96
56 a	560	166	12.5	21.0	14.5	7.3	135.435	106.316	65600	2340	22.0	47.7	1370	165	3.18
56 b	560	168	14.5	21.0	14.5	7.3	146.635	115.108	68500	2450	21.6	47.2	1490	174	3.16
56 c	560	170	16.5	21.0	14.5	7.3	157.835	123.900	71400	2550	21.3	46.7	1560	183	3.16
63 a	630	176	13.0	22.0	15.0	7.5	154.658	121.407	93900	2980	24.5	54.2	1700	193	3.31
63 b	630	178	15.0	22.0	15.0	7.5	167.258	131.298	98100	3160	24.2	53.5	1810	204	3.29
63 c	630	180	17.0	22.0	15.0	7.5	179.858	141.189	10200	3300	23.8	52.9	1920	214	3.27

注：截面图和表中标注的圆弧半径 r、r_1 的数据用于孔型设计，不作交货条件。

参考文献

1. 哈尔滨工业大学理论力学教研室.理论力学(Ⅰ)(第六版).北京:高等教育出版社,2002
2. 同济大学理论力学教研室.理论力学(上册).上海:同济大学出版社,1990
3. 胡龙根.理论力学(上册).上海:同济大学出版社,2001
4. 重庆建筑大学.理论力学(第三版).北京:高等教育出版社,1999
5. 张曙红,张宝中.理论力学.重庆:重庆大学出版社,1998
6. 蒋桐,郭光林.工程力学(上册).北京:知识产权出版社,中国水利水电出版社,2004
7. 蒋沧如.理论力学.武汉:武汉工业大学出版社,2001
8. 周国瑾,施美丽,张景良.建筑力学(第二版).上海:同济大学出版社,2000
9. 孙训方,方孝淑,关来泰.材料力学(Ⅰ)、(Ⅱ)(第四版).北京:高等教育出版社,2002
10. 干光瑜,秦惠民.材料力学(第三版).北京:高等教育出版社,1999
11. 杨力斌,赵萍.建筑力学(上册).北京:机械工业出版社,2005
12. 李前程,安学敏,赵彤.建筑力学.北京:高等教育出版社,2004
13. 李庆华.材料力学(第三版).成都:西南交通大学出版社,2005
14. 袁海庆.材料力学.武汉:武汉工业大学出版社,2000
15. 顾志平.工程力学.西安:西北工业大学出版社,2005
16. 吴玉亮.工程力学.北京:化学工业出版社,2004
17. 杜建根,陈庭吉.工程力学.北京:机械工业出版社,2004
18. 殷尔禧,张诒宁.材料力学.北京:科学文献出版社,1994